항공기 왕복기관

항공기 왕복기관 개정2판

초판 발행 2010년 2월 5일
개정판 발행 2014년 1월 24일
개정2판 2쇄 2021년 10월 8일

지은이 구자예
펴낸이 최국주
펴낸곳 동명사
출판등록 1950년 11월 1일(제1-76호)
주소 (우 10881) 경기도 파주시 회동길 50(문발동)
전화 031-955-7200(대표)~2, 7203(편집부), 7204(물류)
팩스 031-955-7205
전자우편 webmaster@dmsbook.com
홈페이지 www.dmsbook.com

ISBN 978-89-411-8179-8 93550
값 35,000원

東明社

개정판 머리말

연비향상과 환경오염문제를 해결하기 위해 왕복기관 기술은 고효율, 고출력뿐만 아니라 배기가스규제와 안전에 관한 사항도 동시에 만족시켜야 한다. 재료 및 가공 기술과 함께 전자 기술의 발달로 인해 이전에 아이디어는 있었으나 실현 불가능하였던 그림자 기술이 이제는 실현 가능하게 되었다. 왕복기관의 신기술로는 가솔린 직접분사기술(GDI), 초고압 전자제어식 커먼레일기술, 균일예혼합 압축착화엔진기술(HCCI), 가변밸브기술(VVT, VVL), 연소제어기술, 바이오연료 등의 대체연료기술 등이 있다. 이러한 새로운 기술의 원리와 기술내용을 개정판에 추가하여 날로 발전하는 왕복기관기술의 기초를 다질 수 있게 재구성하였다.

또 항공용 왕복기관으로는 스파크점화기관이 주로 사용되고 있지만 연료구입의 용이성이나 항속거리, 항속시간 등의 장점이 있는 압축착화기관이 다시금 재조명을 받고 있기 때문에 새로운 장을 추가하여 압축착화기관(디젤엔진)에 대하여 자세하게 설명하였다.

개정판에 기술된 신기술과 추가된 내용으로 왕복기관에 보다 흥미를 가지고 기술 발전의 밑거름이 되기를 희망해 본다.

2014년 1월

엮은이 씀

초판 머리말

프로펠러를 회전시켜 추진력을 얻는 동력장치는 피스톤 왕복기관과 가스터빈으로 구동되는 터보프롭 기관이 있다. 터보프롭 장착 항공기는 터보제트나 터보팬에 비하여 단거리, 중소형 항공기용으로 사용되고 있다. 피스톤 왕복기관은 가스터빈이 본격적으로 사용되기 전인 2차 세계대전 이전에는 성형 왕복기관을 비롯한 많은 종류의 기관이 사용되었지만 현재는 소형항공기용으로 대향형 기관이 주로 사용되고 있다. 초기 항공용 왕복기관 기술은 자동차용 기관으로 많은 기술이 이전되어 내연기관의 급속한 발전계기가 되었지만, 소형 항공기용 왕복기관은 수요가 한정되어 있어서 오늘날의 기술 발전은 오히려 자동차용 내연기관에 비하여 더딘 것이 사실이다. 비록 현재는 사용되지 않는 왕복기관의 종류라 할지라도 그곳에는 많은 공학적인 내용과 기술을 포함하고 있으므로 본 책에서는 그 부분까지도 취급하였다.

기존에 출간되어 있는 대부분의 항공용 왕복기관 도서는 왕복기관과 관련된 이론적 내용이 충분하지 못하여 대학에서 사용하기에는 적합하지 않은 면이 있다. 또 항공 및 우주 관련 학과의 일부 졸업생들은 단순히 학과와 관련된 직종으로 진로를 정하지 않고 자동차와 관련된 직종으로 진로를 정하고 있으므로 내연기관의 기초지식도 필요한 것이 사실이다.

이러한 측면에서 항공용 왕복기관 이론과 실무를 함께 공부할 수 있고 더불어 내연기관의 기본 원리도 공부할 수 있는 교재가 필요하다고 생각하는 바이다. 항공용 왕복기관 과목을 다년간 강의한 노트와 여러 자료를 정리하여 엮은 것이 본 책이며 참고로 사용한 도서 및 자료는 참고문헌에 나타내었다. 별표(*)한 부분은 연속성을 해치지 않고 생략해도 괜찮은 부분이다. 부족한 부분이나 수정할 내용 또는 추가될 내용이 있으리라 생각되지만 추후에 보완하기로 하고 일단 원고를 마감하여 한 권의 책으로 묶어 보았다.

본 교재를 엮으면서 처음부터 끝까지 원고를 읽고 부족한 부분과 수정사항을 지적하여 주신 최일규 교수님께 감사드립니다. 또 수업시간 중 토론에 응해준 학생들과 원고 및 자료 정리를 도와준 이성용군에게 감사한 마음을 전하고, 동명사 편집부 여러분께도 감사드립니다.

2006년 3월

엮은이 씀

CONTENTS

| 제3장 | 왕복기관의 성능 • 84

| 제4장 | 가솔린 왕복기관의 연소 • 124

| 제8장 | 윤활 및 냉각 시스템 • 363

| 제9장 | 점화 및 시동 시스템 • 402

| 제10장 | 압축착화엔진 • 436

| 제11장 | 프로펠러 • 469

| 제12장 | 왕복기관의 운용 • 494

CHAPTER 1

항공용 왕복기관 일반

1.1 기관의 분류

자연에 존재하는 여러 가지 형태의 에너지를 이용하여 우리 생활에 소비되는 동력을 발생시키는 기계를 총칭하여 원동기(prime mover) 또는 동력장치라 한다. 원동기에는 풍력, 수력, 열에너지 등을 이용하는 것이 있으나, 이중에서 연료에 저장된 화학에너지를 열에너지 형태로 변환하여 작동가스를 팽창시켜 열에너지를 이용하는 장치를 열기관이라 하며, 이 열기관은 여러 가지 원동기 중에서 가장 많이 사용되고 있다.

열기관을 작동유체의 가열 방법에 따라 크게 구별하면 내연기관(internal combustion engine)과 외연기관(external combustion engine)으로 분류된다. 내연기관은 연료와 공기의 혼합기 또는 연소가스 자체가 작동유체인 기관으로 연료의 연소를 직접 기관 내부에서 일으켜 그 연소가스의 열에너지를 역학적 에너지로 변환시켜 주는 것이다. 왕복기관과 가스터빈이 이에 속한다. 외연기관은 작동유체가 연료와 공기의 혼합기 또는 연소가스에 직접 접촉되지 않고 외부에서 연소에 의해 발생한 열이 물과 같은 유체에 열에너지를 가하여 증기를 발생시키게 되고 이 증기가 작동유체가 되어 기관에 작용하여 역학적 에너지를 얻을 수 있는 장치이다. 외연기관에는 증기기관(steam engine)과 증기터빈(steam turbine) 등이 있는데, 특수한 용도 이외에는 많이 사용되지 않고 있다.

열기관을 에너지 전환 방법에 따라 분류하면 피스톤형 왕복기관과 터빈식 회전기관으로 분류할 수 있다.

항공기에서 비행에 필요한 추진력을 발생시키는 장치는 기관이며, 여러 종류의 다양한 항공기관이 사용되고 있다. 항공용 기관은 작동가스의 압축방법, 작동가스 및 추진력을 발생시키는 가스의 종류에 따라 표 1-1과 같이 분류할 수 있다.

표 1-1 항공용 기관의 분류

기관 형식	압축 방법	연소 방법	특 징
왕복기관	피스톤의 왕복 운동에 의함	간헐연소	프로펠러 구동에 의해 추진력 발생
로터리기관	로터가 축 주위를 회전운동하면서 체적변화시켜 압축	간헐연소	직접 회전운동을 얻을 수 있으며 구조가 간단하고, 진동이 적고 중량당 마력이 크나 기밀이 어렵다.
터보제트기관	터빈으로 구동되는 압축기의 회전에 의함	연속연소	배기노즐을 통한 작동가스에 의해 추진력 발생
터보팬기관			배기노즐과 팬노즐을 통한 작동가스에 의해 추진력 발생
터보프롭기관			프로펠러에 의해 80~90%의 추진력 발생되고 배기노즐을 통한 작동가스에 의해 10~20%의 추진력 발생
터보샤프트기관			프로펠러에 의해 100% 추진력 발생
램제트기관	고속 비행에 의해 발생하는 램 압력에 의함	연속연소	압축기와 터빈이 없음
펄스제트기관	연소에 의해 발생하는 압력 및 밸브개폐에 의함	간헐연소	펄스디토네이션기관(PDE)으로 발전
로켓기관	연소에 의해 발생하는 압력에 의함	연속연소	외부공기 필요하지 않고 자체산화제 보유로 공기 없는 영역에서도 작동 가능

항공용 왕복기관은 항공용 가솔린이 사용되며, 피스톤의 왕복운동에 의해 연료와 공기의 혼합기가 흡입되고 압축되며, 압축말기에 전기 스파크로 점화함으로써 혼합기를 연소시켜 열에너지를 발생시킨다. 발생된 열에너지는 크랭크 기구를 통해 회전운동으로 변환되고 프로펠러를 구동시켜 추력이 발생된다. 프로펠러 단면은 에어포일 형상이며 비행방향으로 양력이 발생하여 추력이 발생한다.

왕복기관은 점화방법과 사용연료에 따라 스파크 점화기관(spark ignited engine)과 압축착화기관(compression ignition engine)으로 나눌 수 있다. 스파크 점화기관은 보통 가솔린기관이라 불리며 압축착화기관은 보통 디젤기관으로 불리고 있다. 현재 항공용 왕복기관의 대부분은 가솔린기관이 사용되고 있다.

1.2 항공용 왕복기관의 발달

(1) 초기의 기관

1680년대 초기에 휘겐스(Huygens)는 동력을 발생시키기 위하여 화약을 사용하는 화약기관을 제안하였고 1712년 뉴코맨(Newcomen)은 증기기관을 제작하였다. 18세기 후반과 19세기 초반에 걸쳐 왕복기관에 관한 많은 제안과 특허가 나왔으며 왕복기관이 발명되어 급속도로 발달한 것은 19세기 중엽이었다. 일반적으로 사용할 수 있었던 최초의 기관은 1860년 르누와르(Lenoir)에 의해 만들어졌으며 연료로 가스를 사용하는 최초의 4사이클 기관이 1876년 독일인 오토(Otto)와 랑겐(Langen)에 의해 제작되었다. 이 기관은 현재 사용되는 왕복기관의 원형이며 효율은 약 14% 정도였다. 1881년에는 클럭(Clerk)에 의해 소기방식에 2행정기관이 개발되었다. 1883년에 독일인 다임러(Daimler)는 가솔린을 연료로 사용하는 오늘날의 기관과 거의 같은 형식의 4사이클 가솔린기관을 만들었고 독일인 벤츠(Benz)도 비슷한 가솔린기관을 만들었다. 이 다임러와 벤츠의 기관은 자동차에 사용되어 성공하였으며 1893년에는 디젤(Rodolf Diesel)에 의해 압축착화기관이 실용화 개발되었고 그 후 이런 종류의 기관들은 급속한 발전을 거듭하여 오늘에 이르고 있다.

(2) 최초의 항공용 기관

19세기 중에도 많은 사람들이 항공기에 각종 기관을 장착하여 동력 비행을 시도했으나 결국 성공하지 못하였는데 그 주된 이유는 에어포일 설계 잘못이 아니라 비행을 유지시킬 수 있는 충분한 출력을 발생시킬 수 있는 기관 개발의 기술결핍 때문이었다.

1903년 12월 17일 라이트 형제(Wright brothers)에 의해 North Carolina의 Kitty Hawk에서 최초로 59초 동안 852 ft를 동력 비행으로 성공하였고 이때 사용된 프로펠러는

2개로 8½ ft 길이의 목재로 된 것이며 기관은 라이트형제와 동료 기술자 테일러(Charles Taylor)에 의해 이미 개발된 자동차용 가솔린기관을 개조 · 설계하여 장착하였으며 이 기관의 주요 특징은 표 1-2에 나타내었다. 그림 1-1은 라이트 형제가 사용한 비행기와 기관을 나타내고 있다.

(a) 비 행 기

(b) 기 관

그림 1-1 라이트 형제의 비행기와 사용된 기관

표 1-2 ▶ 라이트 형제가 사용한 기관의 특징

1) 수냉식 2) 4기통 3) 실린더 안지름(bore) : 4 ⅜ inches, 행정(stroke) ; 4 inch, 배기량 ; 240 in^3 4) 동력 : 12 HP 5) 중량 : 180 lbs 6) 알루미늄판으로 된 물 재킷(jackets)이 있는 주철 실린더 7) 배기 밸브는 기계적으로 작동하고 흡기 밸브는 자동으로 작동 8) 알루미늄 합금으로 된 크랭크 케이스 9) 가열된 매니폴드로 연료 흐름을 줌으로써 기화 10) 고압 마그네토에 의한 점화

(3) 왕복기관의 발달

라이트 형제의 성공 후 제1차 세계대전(1914~1918년)을 계기로 항공기는 급속히 발달하였다. 항공기의 대형화, 고속화는 항공용 왕복기관의 고출력화, 경량화를 촉진하게 되어 제작자는 공랭식의 채용, 기관구조에 경합금의 사용, 성형이나 중량을 줄인 실린더 배열을 채택하는 방식 등으로 대응하였다. 항공용 왕복기관의 발달 과정에서 1910년대에 널리 사용된 형식의 하나가 회전식 공랭 성형기관이 있다.

초기의 항공용 왕복기관은 실린더가 전부 강으로 만들어졌고 항공기의 속도도 낮았으므로, 공랭식 기관에서는 실린더의 냉각을 충분히 할 수 없었다. 그 때문에 크랭크축을 기체에 고정하고 크랭크 케이스(crankcase) 및 실린더가 그 주변을 회전하여 실린더의 냉각을 하도록 한 것이다.

회전식 기관에서 회전부분은 질량이 크고 토크와 자이로 효과 때문에 항공기를 조종하는 것이 어려웠으며 구조상, 또 사용상에 큰 결점이 있었다. 그 후 기관 카울링(engine cowling)의 개량이나 실린더의 냉각 효과의 향상으로 충분한 실린더의 냉각이 가능해져서 고정식 공랭기관이 사용 가능하게 되었다. 제1차 세계대전 당시에는 로터리 성형기관과 도립 직렬형 기관, V형 기관도 사용되었다. 제1차 세계대전 이후에 성형기관, 대향형 기관 등의 다양한 많은 기관이 개발되었다.

항공용 왕복기관의 경량화는 설계나 공작 기술의 발달, 금속 재료의 발달 등에 의해 진전되어 라이트 형제의 비행기 기관이 6.0 lb(2.7 kg) 정도였던 마력 당 중량은 1.2 lb(0.54 kg) 정도가 되었고 1.0 lb(0.45 kg)가 안 되는 것도 출현했다.

항공기는 크기, 탑재능력 및 속도가 점차 증가되어 왔다. 이들의 증가에 따라 보다 큰 기관 출력이 요구되었는데, 그것은 기관과 프로펠러의 개선에 의해 충족되어졌으나, 그 반면 항공용 왕복기관은 점차로 복잡해지게 되었다. 보다 많은 출력을 얻기 위해 보다 많은 실린더가 장착되었으며, 그 결과 크기와 중량이 증가되어 많은 점에서 복잡한 문제점이 생기게 되었다. 예를 들면 대형기관은 그 출력의 30% 이상을 기관 자체와 그 장비 등을 움직일 때의 항력 및 냉각에 사용해야 한다. 이와 같은 이유로 1943년 P&W R-4360형(4중 성형, 28 실린더) 기관이 2,800 rpm에서 출력 3800마력에 달했을 때, 기구의 복잡화와 중량의 증대로 대형화의 한계를 보이기 시작하였으며, 프로펠러 효율들의 이유로 인한 고속화의 한계로 1935년부터 1945년 사이에는 터보제트기관과 같은 새로운 동력장치가 등장했다. 그림 **1-2**는 P&W R-985 9기통 공랭식, 슈퍼차저 장착 성형기관을 나타내고 있다. P&W R-985 기관은 군용과 민간용의 여러 기종에 장착되었으며 1932년 최초로 개발되었을 때는 300마력이었는데 점차 개선되어 1936년에는 400마력, 2차 세계대전 중에는 450마력까지 출력을 낼 수 있었다.

(4) 최근의 항공용 왕복기관

예전의 항공용 왕복기관은 저출력용으로 공랭 직렬형, V열형, 성형이고 고출력용으로는 공랭 다중렬 성형, 수냉 V형 등 여러 형식의 것이 사용되었다. 현재의 저출력기관은 전면면적 형상 및 밸런스의 점에서 유리한 공랭 수평 대향형(헬리콥터용에는 수직으로 부착한 수직 대향형도 있음)으로 바뀌고 있다. 대향형 기관은 경항공기와 경헬리콥터에 대부분 사용되며, 마력은 통상 100~400 HP 정도이다.

현재 항공용 왕복기관은 러시아, 폴란드, 체코슬로바키아 등 동구에서 성형이 계속 제조되고 있는 것 외에는 모두 대향형 기관만이 제조되고 있다.

지금의 수평 대향형 기관의 기본형은 1940년경에 컨티넨탈사에 의해 완성되었고, 그 후 라이코밍사, 프랭클린사도 수평 대향형 기관의 제조에 참여했다. 제2차 세계대전 후 미국이 세계의 항공분야에 선두주자로서 급성장하여 소형기의 생산도 급증했던 시대를 배경으로 하여 수평 대향형 기관의 이점에다, 전쟁 중 개발된 대형 성형기관의 다음과 같은 기술을 사용해서 그 성능을 향상시킴으로써 현재는 우위를 지키고 있다. 대전 후에 이루어진 개량 기술에는 반구형 연소실, 전자형 다이나믹 댐퍼, 유압 태핏, 프로펠러 감속장치, 연료 분사 장치 및 슈퍼차저(supercharger) 등이 있다.

제2차 세계대전 당시에는 경항공기가 비교적 저고도의 비행에 한정되었으나, 위와 같이 개량된 수평 대향형 기관에 의해서 오늘날에는 20,000 ft(6,096 m)를 넘는 고도에서 순항할 수 있게 되었다.

또, 프랭클린사는 그 후 수평 대향형 기관의 제조를 중단하였고, 현재 수평 대향형 항공용 왕복기관은 대부분이 미국의 텍스트론-라이코밍사(Textron Lycoming) 및 텔레다인-컨티넨탈사(Teledyne Continental Motors)에서 제작되고 있으며, 현재 FAA에서 사용 승인된 항공용 왕복기관은 대향형이 유일하다.

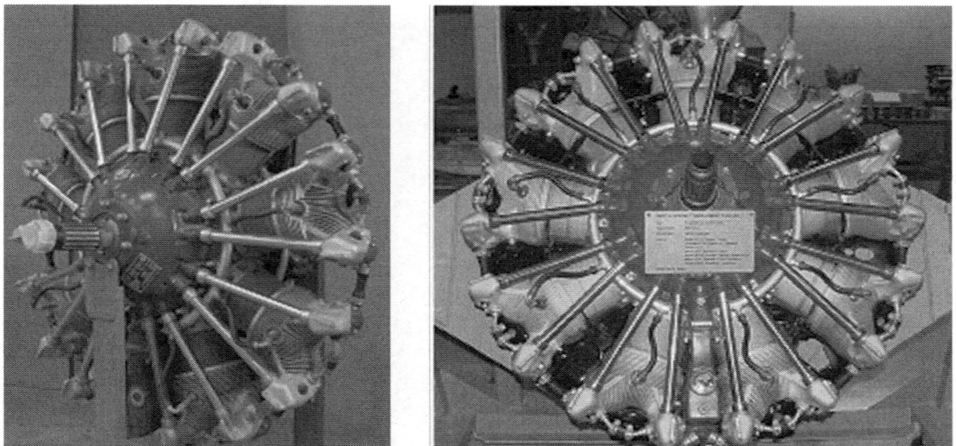

그림 1-2 P&W R-985 9기통 성형기관

표 1-3 텍스트론-라이코밍사의 IO-360-A, C, D, J, K 시리즈 기관

형 식	IO-360-A	IO-360-C	IO-360-D	IO-360-J	IO-360-K
이륙상승(HP/rpm)	200/2,700	200/2,700	200/2,700	200/2,700	200/2,700
연속 최대(HP/rpm)	180/2,700	180/2,700	180/2,700	180/2,700	180/2,700
안지름 및 행정 inch	5.125/4.375	5.125/4.375	5.125/4.375	5.125/4.375	5.125/4.375
배기량, $\in^3(l)$ 실린더 수	361(5.92), 4	361(5.92), 4	361(5.92), 4	361(5.92), 4	361(5.92), 4
압축비	8.7	8.7	8.7	8.7	8.7
옥탄가	100/130	100/130	100/130	100/130	100/130
중량 lb(kg)	319(134)	319(134)	322(135)	323(136)	311(131)
점화순서, 점화시기	1-3-2-4, BTDC 25°	1-3-2-4, BTDC 25°	1-3-2-4, BTDC 25°	1-3-2-4, BTDC 25°	1-3-2-4, BTDC 25°
탑재기종	무니M20J				

표 1-4 텍스트론-라이코밍사의 대향형 기관

형 식	해면상 출력		배기량$\in^3(l)$, 실린더 수	압축비	옥탄가	중 량 lb(kg)	탑재기종
	이륙상승 (HP/rpm)	연속최대 (HP/rpm)					
O-235-L3C	118/2,800	112/2,600	233(3.82), 4	8.5	100/100LL	218(99)	세스나152 파이퍼PA-38
O-320-A2B	150/2,700	150/2,700	319(5.2), 4	7.0	80/87	272(123)	에어로코멘더100 세스나177 파이퍼PA-28-140
O-320-D2A,D3G	160/2,700	160/2,700	319(5.2), 4	8.5	91/96	250(113)	세스나172
IO-360-A,C	200/2,700	180/2,700	361(5.92), 4	8.7	100/130	319(135)	세스나172R
IO-360-BIB	180/2,700	1680/2,700	361(5.92), 4	8.5	91/96	295(134)	FA-200-160
HIO-360-A1A	180/2,900	180/2,900	361(5.92), 4	8.7	100/130	315(134)	FA-200-160
TVO-435-A1A	260/3,200	220/3,200	434(7.8), 6	7.3	100/130	468(212)	휴즈269B
TVO-435-D1A,B	270/3,200	220/3,200	434(7.8), 6	7.3	100/130	478(217)	벨47G3B-KH4
IO-540-K1B5	300/2,700	300/2,700	541(8.86), 6	8.7	100/130	442(200)	BN-2A-2
IGSO-540-B1A,B	380/3,400	360/3,200	541(8.86), 6	7.3	100/130	532(241)	에어로코멘더680F
TIO-540-R2AD	340/2,500	340/2,500	541(8.86), 6	7.3	100/130	399(181)	
TIO-541-E1A4	380/2,900	380/2,900	541(8.86), 6	7.3	100/130	595(270)	비치A60

표 1-5 텔레다인-컨티넨탈사의 대향형 기관

형 식	해면상 출력		배기량 $in^3(l)$, 실린더 수	압축비	옥탄가	중 량 lb(kg)	탑재기종
	이륙상승 (HP/rpm)	연속최대 (HP/rpm)					
O-200-A~C	100/2,750	100/2,750	201(3.3), 4	7.0 : 1	80/87	190(86)	세스나150
O-300-A~E	145/2,700	145/2,700	301(4.9), 6	7.0 : 1	80/87	268(122)	세스나172
TISO-360F	200/2,575	200/2,575	(360(5.9), 6	7.5 : 1	100/130	385(175)	파이퍼PA-28R
IO-470-K	225/2,600	225/2,600	471(7.7), 6	7.0 : 1	80/87	400(181)	비치E33
GTSIO-520-F	435/3,400	435/3,400	520(8.5), 6	7.5 : 1	100/130	614(279)	에어로코멘더685
IO-520-F	300/2,850	300/2,850	520(8.5), 6	7.5 : 1	100/130	429(195)	세스나307
TISO-520-G	300/2,700	300/2,700	520(8.5), 6	7.5 : 1	100/130	434(197)	세스나T207
TISO-520-R	310/2,700	310/2,700	520(8.5), 6	7.5 : 1	100/100LL	436(198)	세스나T210M
GTSIO-521-M	375/3,350	375/3,350	520(8.5), 6	7.5 : 1	100/130	545(247)	세스나404

표 1-4 및 표 1-5는 텍스트론-라이코밍사 및 텔레다인-컨티넨탈사의 대향형 기관의 주요 제원을 나타내고 있다. 그림 1-3은 텍스트론-라이코밍사의 4기통 대향형 기관이며, 그림 1-4는 텔레다인-컨티넨탈사의 6기통 대향형 기관이다. 텍스트론-라이코밍사 IO-360- A,-C,-D,-J,-K 시리즈 기관의 제원은 표 1-3에 나타나 있다.

그림 1-5는 기관용도에 따른 기관출력과 열효율, 평균 피스톤 속력, 제동 평균유효압력, 단위 배기량당 출력의 관계를 나타내고 있다. 항공용 왕복기관의 평균 피스톤속도는 10~15 m/s 정도이고 제동 평균유효압력은 1.4~1.7 MPa이며 평균 피스톤 면적당 출력은 0.46~0.58 kW/cm^2 정도임을 알 수 있다.

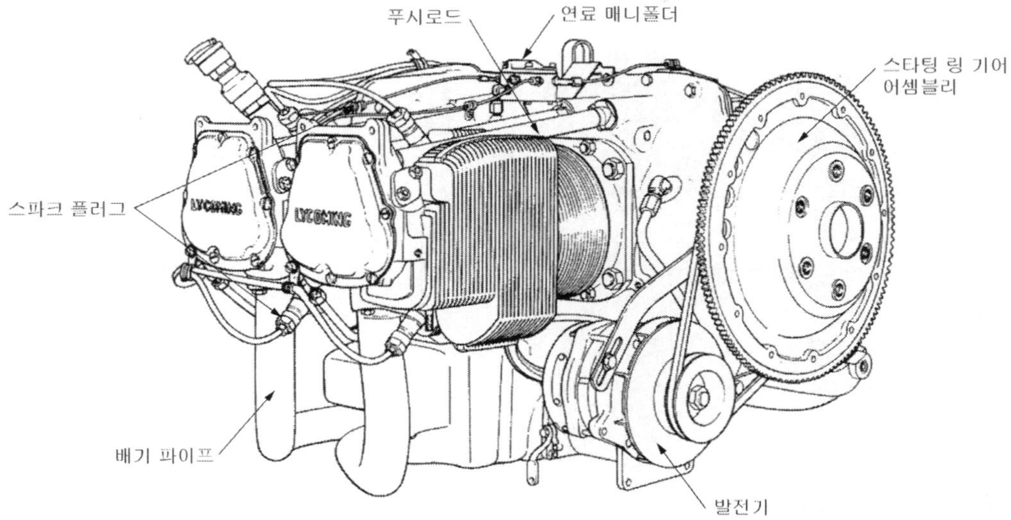

그림 1-3 텍스트론-라이코밍사의 4기통 대향형 기관

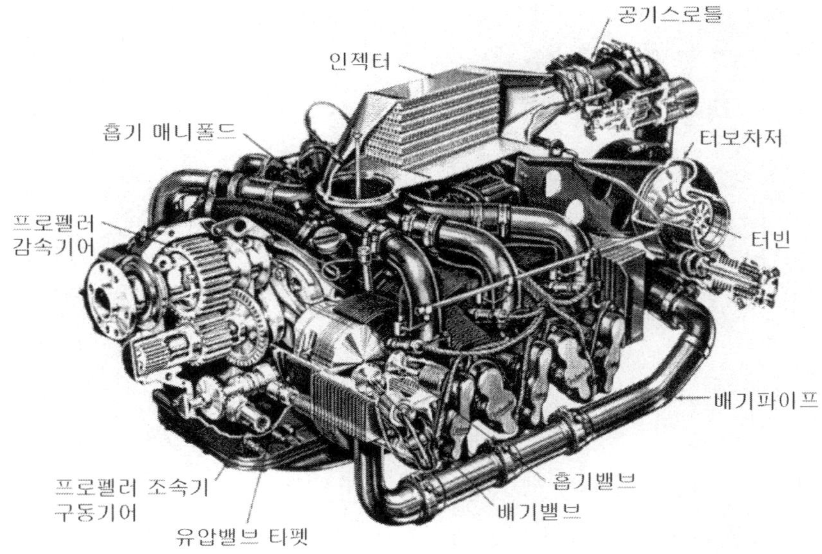

그림 1-4 텔레다인-컨티넨탈사의 6기통 대향형 기관

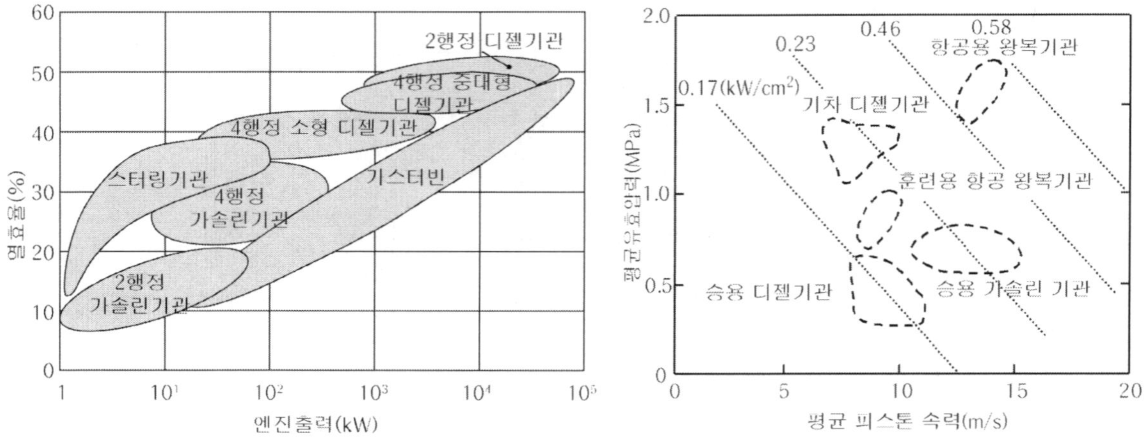

그림 1-5 기관용도에 따른 기관출력과 열효율, 평균 피스톤속력, 평균피스톤 면적당 출력, 평균유효압력

1.3 항공용 왕복기관의 구비 조건

항공용 왕복기관은 비행상태에서 작동해야 하므로 육상용 내연기관보다 구비조건이 까다로우며 다음과 같은 조건이 요구된다.

(1) 신뢰성 및 내구성이 우수해야 한다.

비행상태가 크게 변화하거나 악천후에서도 항공용 기관은 언제나 규정된 출력을 낼 수 있어야 한다. 비행 중의 기관 고장은 단발기에서는 모든 출력을 잃게 되는 치명적인 상태가 되며, 다발기에서는 나머지 기관에 의해 비행할 능력을 갖고는 있지만, 이착륙시에 고장이 발생한 경우에는 위험한 상태가 되는 등 비행 안전에 커다란 영향을 미치게 된다.

항공용 기관의 신뢰성(reliability)은 "항공기가 비행하는 모든 비행 상태 및 기상 상태에서 고장이 없고 규정된 출력을 낼 수 있는 것"이라 정의할 수 있다. 내구성(durability)은 "원하는 신뢰성을 유지하면서 달성할 수 있는 기관 난기성능(사용 한계 시간)의 수명"이라 정의된다.

내구성에 대한 명확한 기준은 정해져 있지 않지만, 항공용 기관은 모두 정부의 감독 기관에서 정한 안전 규칙에 따라 형식마다 150시간 내구시험을 하는 시간점검(time test)을 실시하게 되어 있으며, 시간점검에 합격하지 않으면 항공용 기관으로써 사용할 수 없다. 시간점검은 150시간의 대부분을 최대출력으로 작동하는 내구시험으로, 이것은 보통의 운항에서는 1,000시간 정도에 상당한다. 시간점검에 합격한 기관은 규정된 오버홀(overhaul)을 실시할 때까지 정상작동으로 장시간의 사용이 가능하다. 오버홀 실시 간격(Time Between Overhaul : TBO)은 기관의 사용 온도 및 사용 시간 중 고출력 사용의 비율 등 기관 운전 상태와 그동안에 실시된 정비의 내용에 따라 변하지만, 표준적인 사용 상태에 대해서는 기관 제작사가 형식마다 TBO를 권고하고 있다. 제1차 세계대전 중 사용된 수냉식 8기통 V형 Cutiss OX-5 기관은 TBO가 100시간이었지만 현재의 4기통 수평대향형 라이코밍 O-235는 TBO가 2,000시간으로 늘어났다. 표 **1-6**은 제1차 세계대전시의 커티스 OX-5 기관과 현재의 라이코밍 O-235 기관의 작동특성과 중량, 연료소비율 TBO를 비교, 나타내고 있다.

항공용 기관이 신뢰성과 내구성은 기관 제작사에 의해 확립되지만, 이 신뢰성과 내구성을 잘 유지해 가는 것은 정비, 오버홀 및 기관 작동에 따라 달라진다.

기관의 고장을 줄이고 신뢰성과 내구성을 향상시키기 위해서는 제작사가 정한 기관의 운용한계를 엄밀하게 지켜야 하며, 또 운항 중이나 정지시 주의 깊게 정비 및 오버홀을 하여야 한다.

표 1-6 제1차 세계대선 당시 기관과 현재 기관의 비교

변수	Curtiss OX-5	Lycoming O-235
기관형식	V형	수평대향형
마　력	90	110
실린더 수	8	4
배 기 량	503 in^3	233 in^3
중　량	400 lb	207 lb
냉각방식	수냉	공랭
RPM	1,400	2,550
프로펠러 길이	96 in	72 in
연료 소비율	9.0 GPH	6.0 GPH
오버홀 실시간격(TBO)	100시간	2,000 시간

(2) 작동의 유연성이 있어야 한다.

작동의 유연성(operating flexibility)이라는 것은 기관이 무리 없이 회전하여 아이들 상태에서 최대출력까지 모든 회전수 범위에서 필요로 하는 성능을 낼 수 있는 능력을 말한다. 항공기가 비행하는 고도와 비행속도 등의 운항 범위는 광범위하고 비행 중의 기상 상태도 크게 변화될 수 있고, 항공기의 운동에 의해서 그 비행자세도 심하게 변화되므로, 항공용 기관은 이러한 모든 경우에서도 적절히 작동하고 최고의 성능을 얻을 수 있어야 한다. 이들 모든 조건을 만족하기 위하여 항공용 기관에는 이중점화, 건식 섬프(dry sump), 압력식 기화기 또는 연속 흐름 연료 분사장치, 자동혼합기 조절장치, 진동 흡수 장치, 육상과 해상용 기관에는 필요하지 않은 그 외의 특수한 장치가 사용되고 있다.'

(3) 마력당 중량비가 낮고 출력당 소형 경량화 되어야 한다.

항공기용 기관으로서 가솔린기관이 사용되는 주된 이유 중의 하나는 마력당 중량이 다른 기관에 비해서 매우 적기 때문이다. 기관의 마력당 중량을 낮추면 그만큼 여객과 화물 등의 유상하중(payload)을 늘릴 수 있고 항공기의 성능도 향상된다.

라이트 형제가 제작한 기관에서 이미 마력당 중량은 6.0 lb(2.7 kg)였지만 그 후 설계와 제작 기술의 진보와 금속 재료의 발달에 의해 점차 경량화가 촉진되어, 현재 사용 중인 수평 대향형 왕복기관의 마력당 중량은 1.2 lb(0.54 kg)에서 1.5 lb(0.7 kg)가 보통이며 어떤 기관은 1 lb(0.45 kg)인 것도 있다. 표 1-4 및 1-5에 마력 및 중량이 나와 있으며 마력당 중량을 구할 수 있다.

표 1-7은 각종 기관의 사용연료와 마력당 중량을 나타내고 있는데, 항공용 가솔린기관이 매우 가벼운 것을 알 수 있다. 공랭식 가솔린기관의 중량이 낮은 점이 다른 기관에서는 성공하지 못했던 항공기의 동력 비행을 성공시켜 각종 항공기 기관으로 사용되었다.

자동차용 내연기관은 마력당 중량이 2~5 kg 정도이므로 항공용 왕복기관이 가볍게 만들어졌다는 것을 알 수 있다. 항공용 왕복기관이 가벼운 것은 공랭식 채용뿐만 아니라 사용 금속재료 제작법 등에서도 차이가 있지만, 설계에 있어서 경량화를 위해 안전율을 작게 하였기 때문이다. 항공용 왕복기관은 안전율이 아주 작으므로 그 작동과 운전에서 자동차용 내연기관과는 비교되지 않을 정도의 신중함이 필요하고, 또한 그 정비에 있어서도 세심한 주의가 요구된다. 항공용 왕복기관의 운용은 제11장에서 자세히 다루고 있다.

표 1-7 각종 기관의 사용연료와 마력당 중량

분 류	기관 명칭	사용연료	출력당 중량(kg/PS)
선박용 기관	증기 기관	석탄	80~200
	디젤기관	경유(고속용), 중유(저속용)	5~60
	가스터빈 기관	중유, 경유, 가스	10~15
자동차용 기관	디젤기관	경유	4~9
	가솔린기관	가솔린	2~5
항공용 기관	공랭식 가솔린기관	항공용 가솔린	0.45~1.2
	터보제트 기관	제트연료(JP)	0.15~0.5(추력)
	터보제트 기관	제트연료(JP)	0.10~0.3(축출력)

기관의 소형화는 전면면적을 작게 하고 항공기의 유해 항력을 적게 하기 위해 필요하며, 중량을 감소시키는 것과도 일치되며, 제동 마력당 중량(비중량)이 작아야 한다.

(4) 열효율이 높고 연료 소비율이 낮아야 한다.

연료 소비율이 낮기 위해서는 열효율이 높아야 한다. 특히 항공기에서는 낮은 연료 소비율의 기관을 사용하면 연료의 필요량이 적은 만큼 유상하중을 여분으로 늘릴 수 있고, 항속거리도 늘릴 수도 있으며 경제적인 측면에서도 운항 경비를 줄일 수 있다.

항공기의 운항 경비 속에 연료비는 큰 비중을 차지하고 있으므로 경제적인 면에서도 연료 소비율이 낮은 것이 크게 요구된다.

(5) 진동이 적어야 한다.

비행기의 구조 부품은 가벼워서 휘어지기 쉽기 때문에 기관 진동이 심한 경우에는 부품의 구조 수명을 감소시킨다. 구조가 위험하게 되지 않더라도 기관의 진동은 각종 튜브와 배선을 손상시킬 뿐만 아니라 기관 자체와 프로펠러를 손상시킨다. 실린더수가 늘어나면 토크의 변동이 적게 되어 진동이 적어지지만 최적 실린더수와 형태는 여러 가지 설계 상황을 고려하여 결정된다. 회전 질량의 균형을 잡기 위해 평형추(counter-weight)를 이용하기도 하고 평형추 장착을 응용한 다이나믹 댐퍼(dynamic damper)로써 진동을 감쇠시키기도 한다.

(6) 정비성이 우수해야 한다.

항공용 기관의 점검과 정비를 확실히 실시하기 위해서 정비성이 양호하여야 한다. 정비성이 좋은 기관은 오버홀에서도 작업 공정이 감소함에 따라 비용과 작업 시간이 감소된다.

(7) 외관이 유선형이어야 한다.

항공기 속도가 낮을 때 외관의 유선형(streamlineability)은 그리 중요하지 않으나 항공기가 고속으로 비행할 때는 항력을 줄이기 위해 카울 등을 사용하여 기관외관을 유선형으로 만들어야 한다.

1.4 왕복기관의 분류

1.4.1 왕복기관의 주요 용어 및 기하학적 변수

왕복기관의 기하학적 구성은 그림 1-6에 나타나 있으며 주요 용어 및 변수들은 다음과 같다.

(1) 사점(Dead Center : DC) : 왕복운동을 하는 피스톤이 되돌아가는 점을 사점이라 하며, 실린더 헤드에 가까운 것을 상사점(Top Dead Center : TDC), 그 반대측의 것을 하사점(bottom dead center : BDC)이라 한다.

(2) 행정(stroke) : 피스톤이 상사점과 하사점 또는 하사점과 상사점 사이의 거리를 행정이라 하며, 한 행정당 크랭크축은 180° 회전한다. 행정(s)은 크랭크 반지름(a)의 2배이다.

(3) 안지름(bore) : 피스톤이 작동되는 실린더의 안쪽 지름을 말한다.

(4) 간극체적(clearance volume) : 피스톤이 상사점에 위치하고 있을 때의 실린더 체적을 간극체적 또는 틈새체적이라 한다.

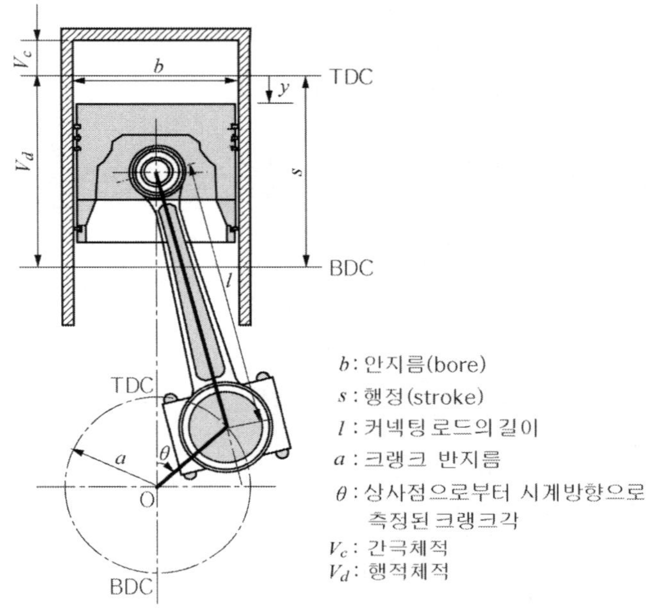

그림 1-6 왕복기관의 기하학적 변수

(5) 행정체적(displacement volume) : 피스톤이 상사점에서 하사점 또는 하사점에서 상사점까지 이동할 때의 실린더 체적을 행정체적이라 하며 배기량(swept volume)이라고도 한다.

$$V_d = \frac{\pi}{4} b^2 \times s \text{ (1기통당 행정체적)} \tag{1 · 1}$$

$$\text{총배기량 } V_{total} = k V_d \tag{1 · 2}$$

b : 안지름(bore), $V_d (= V_s)$: 행정체적, s : 행정(stroke), k : 실린더 수

(6) 압축비(compression ratio) : 최소 실린더 체적, 즉 간극체적에 대한 최대 실린더 체적의 비를 압축비라 한다. 압축비는 체적비이며 압력비와 혼동하지 않도록 유의해야 한다.

$$r_v = \frac{V_c + V_d}{V_c} \tag{1 · 3}$$

(7) 임의의 크랭크각 θ에서 상사점으로부터 피스톤 상부까지 길이

피스톤 핀과 크랭크 중심축과의 길이는 $a\cos\theta + \sqrt{l^2 - a^2\sin^2\theta}$ 으로 표시되

므로 상사점으로부터 피스톤 상부까지의 길이 y 는

$$y(\theta) = a + l - \left\{a\cos\theta + \sqrt{l^2 - a^2\sin^2\theta}\right\}$$

$$= a\left[(1-\cos\theta) + \lambda\left(1 - \sqrt{1 - \frac{\sin^2\theta}{\lambda^2}}\right)\right] \qquad (1 \cdot 4)$$

여기서 $\lambda = \frac{l}{a}$이고 보통 3~4 정도의 값을 갖는다.

(8) 평균 피스톤 속력(mean piston speed) : 피스톤이 상사점과 하사점 사이의 한 행정을 이동할 때의 평균속력이며 다음과 같이 나타낼 수 있다.

$$\overline{U_p} = \frac{2s}{1/N} = 2sN \qquad (1 \cdot 5)$$

여기서 N (rps(rev/s))은 초당 크랭크축의 회전수이고 s 는 행정(stroke)이다. 대부분의 기관에서 평균 피스톤 속력은 5~15 m/s이며, 기관 부품의 기계적인 강도와 실린더에 들어오고 나가는 가스유동 때문에 순간 피스톤 속도와 평균 피스톤 속도가 제한된다.

(9) 상사점으로부터 시계방향으로 임의의 크랭크각 θ 에서 순간 피스톤 속도

$U_p = \frac{dy}{dt} = \frac{dy}{d\theta}\frac{d\theta}{dt}$이고 $\frac{d\theta}{dt}$[rad/time]= N [rev/time] 2π[rad/rev]관계를 이용하면 평균 피스톤 속도에 대한 순간 피스톤 속도를 구할 수 있다.

$$U_p(\theta) = \overline{U_p} \times \frac{\pi}{2} sin\theta\left(1 + \frac{\cos\theta}{\sqrt{(\lambda^2 - \sin^2\theta)}}\right) \qquad (1 \cdot 6)$$

여기서 $\lambda = \frac{l}{a}$이며, 보통 소형기관에서 λ는 3~4이고 대형기관에서는 5~10이다.

U_p가 (+)값이면 피스톤은 BDC 쪽으로 향하고 있고, (−)값이면 피스톤은 TDC 쪽으로 향하고 있다.

(10) 임의의 크랭크각 θ 에서 연소실 체적

$$V(\theta) = V_c + \frac{\pi}{4}b^2 y \qquad (1 \cdot 7)$$

(11) 임의의 순간 실린더 체적 변화율

$$\frac{dV}{d\theta} = \frac{\pi}{4} b^2 a \sin\theta \left(1 + \frac{\cos\theta}{\sqrt{\lambda^2 - \sin^2\theta}}\right) \tag{1·8}$$

(12) 왕복운동 질량의 속도 및 가속도

식 (1 · 4)에서 θ를 ωt 로 치환하면

$$y(\theta) = a\left[(1 - \cos\omega t) + \lambda\left(1 - \sqrt{1 - \frac{\sin^2\omega t}{\lambda^2}}\right)\right] \tag{1·9}$$

여기서 ω는 크랭크 샤프트의 각속도이며 단위는 radian/s이다.

Taylor시리즈 전개를 이용하면 $\left(1 - \frac{\sin^2\omega t}{\lambda^2}\right)^{\frac{1}{2}}$은 $\frac{\sin^2\omega t}{\lambda^2}$가 매우 작으므로 $1 - \frac{1}{2}\frac{\sin^2\omega t}{\lambda^2}$로 바꿀 수 있으며 식 (1 · 9)는 다음과 같이 된다.

$$y = a(1 - \cos\omega t) + a\lambda\left[1 - \left(1 - \frac{1}{2}\frac{\sin^2\omega t}{\lambda^2}\right)\right]$$

$$y = a(1 - \cos\omega t) + \frac{a^2}{2l} sin^2\omega t \tag{1·10}$$

또 $\sin^2\omega t = \frac{(1 - \cos 2\omega t)}{2}$이므로 식 (1 · 10)은 다음과 같이 된다.

$$y = \left(a + \frac{a^2}{4l}\right) - a\cos\omega t - \frac{a^2}{4l} cos2\omega t \tag{1·11}$$

따라서 속도는

$$\frac{dy}{dt} = a\omega\left(\sin\omega t + \frac{1}{2\lambda} sin2\omega t\right) \tag{1·12}$$

가속도는

$$\frac{d^2y}{dt^2} = a\omega^2\left(\cos\omega t + \frac{1}{\lambda} cos2\omega t\right) \tag{1·13}$$

피스톤의 질량과 커넥팅 로드의 유효질량을 알면 식 (1 · 12)와 식 (1 · 13)으로부터 y방향의 모멘텀과 관성력을 구할 수 있다.

식 (1 · 12)와 식 (1 · 13)에는 크랭크 샤프트와 같은 속도로 변동하는 항과 크랭크 샤프트의 2배 속도로 변동하는 항이 있음을 알 수 있다.

왕복질량에 의한 축방향 F_y는 다음과 같이 구할 수 있다.

$$F_y = m_r a\omega^2\left(\cos\theta + \frac{1}{\lambda}cos2\theta\right) \qquad (1 \cdot 14)$$

여기서 m_r는 피스톤 질량과 커넥팅 로드와 같은 회전질량에서 구한 등가 회전질량이다.

예제 1-1

안지름 87 mm, 행정 88 mm인 6기통 기관이 3,000 rpm에서 작동하고 있다. 이 기관의 압축비는 9.0이며 커넥팅 로드 길이는 17.6 cm이다. 이 기관은 상사점 전 25°CA에서 점화하여 상사점 후 20°CA에서 연소가 종료된다. 이 기관의 총배기량, 간극체적, 평균 피스톤 속력, 점화시와 연소종료시 TDC로부터의 피스톤 위치, 점화시와 연소종료시 순간 피스톤 속도, 점화시와 연소종료시의 연소실 체적을 구하여라.

풀이

(1) 총배기량

$$V_{total} = kV_d = k \cdot \frac{\pi}{4}b^2 \times s = 6 \times \frac{\pi}{4} \times (8.7)^2 \times (8.8) = 3{,}139\,\text{cm}^3$$

(2) $r_v = \dfrac{V_c + V_d}{V_c} = 1 + \dfrac{V_d}{V_c}$ 에서 $V_c = \dfrac{V_d}{(r_v - 1)} = \dfrac{523.13}{(9.0-1)} = 65.4\,\text{cm}^3$

(3) $\overline{U_p} = 2sN = 2 \times 88 \times 10^{-3} \times 3000/60 = 8.8\,\text{m/s}$

(4) 점화시 피스톤 위치

크랭크 반지름 $a = \dfrac{s}{2} = \dfrac{0.088}{2} = 0.044\,\text{m} = 4.4\,\text{cm}$

$$\lambda = \frac{l}{a} = \frac{17.6}{4.4} = 4.0$$

$$y = a\left[(1-\cos\theta) + \lambda\left(1 - \sqrt{1 - \frac{\sin^2\theta}{\lambda^2}}\right)\right]$$

$$= 4.4\left[(1-\cos 335°) + 4.0\left(1 - \sqrt{1 - \frac{(\sin 335°)^2}{(4.0)^2}}\right)\right]$$

$$= 0.511\,\text{cm}$$

연소종료시 피스톤 위치

$$y = 4.4\left[(1-\cos 20°) + 4.0\left(1 - \sqrt{1 - \frac{(\sin 20°)^2}{(4.0)^2}}\right)\right]$$

$= 0.30\,\text{cm}$

(5) 점화시는 25°BTDC, 연소종료시는 20°ATDC이다.

점화시 피스톤 속도

$$U_p = \overline{U_p} \times \frac{\pi}{2} sin\theta \left(1 + \frac{\cos\theta}{\sqrt{(\lambda^2 - \sin^2\theta)}}\right)$$

$$= 8.8 \frac{\pi}{2} sin 335° \left(1 + \frac{\cos 335°}{\sqrt{((4.0)^2 - (\sin 335°)^2)}}\right)$$

$= -7.17\,\text{m/s}$ (−값을 가지므로 TDC쪽으로 향하고 있음)

연소종료시 피스톤 속도

$$U_p = 8.8 \frac{\pi}{2} sin 20° \left(1 + \frac{\cos 20°}{\sqrt{((4.0)^2 - (\sin 20°)^2)}}\right)$$

$= 8.8 \times 0.666 = 5.86\,\text{m/s}$ (+값을 가지므로 BDC쪽으로 향하고 있음)

(6) 점화시 연소실 체적

$$V = V_c + \frac{\pi}{4} b^2 y = 65.4 + \frac{\pi}{4} \times (8.7)^2 \times (0.511) = 95.8\,\text{cm}^3$$

연소종료시 연소실 체적

$$V = 65.4 + \frac{\pi}{4} \times (8.7)^2 \times (0.30) = 83.2\,\text{cm}^3$$

1.4.2 사이클 형식에 따른 분류

최초 상태의 시스템이 여러 과정을 지나 최종적으로 최초의 상태로 되돌아갈 때 시스템은 사이클을 이룬다고 말한다. 엄밀하게 말하면 기관 내에서 작동하는 작동유체는 열역학적 상태변화의 규칙적 과정을 거쳐 처음 상태로 돌아가는 열역학적 사이클을 이루지 않지만 각종 부품은 처음상태로 돌아가므로 기계적 사이클을 이룬다. 1사이클을 마치는 데 크랭크축이 1회전하는 기관, 즉 피스톤이 1왕복 사이에 1회의 연소과정을 가지는 기관을 2행정기관이라 하며, 1사이클을 마치는 데 크랭크축이 2회전하는 기관, 즉 피스톤이 2왕복하는 사이에 1회의 연소과정을 가지는 기관을 4행정기관이라고 한다.

(1) 4행정 기관

1860년 프랑스의 E. Lenoir는 증기기관의 증기대신에 연료가스와 공기와의 혼합가스를 실린더에 흡입시켜 이것을 연소시킴으로써 처음으로 내연기관을 제작하는 데 성공하였지만 이 기관의 열효율은 3~4% 정도로 아주 낮은 것이었다. 1862년 프랑스의 Beau De Rochas는 효율을 높이기 위해서는 혼합가스를 압축하여 급격히 연소를 시켜 주는 방안을 제시하였다. 이 제안에 따라 N. Otto(독일, 1876년)는 압축비가 2.5이고, 피스톤과 크랭크 기구를 갖는 4행정 가스기관을 만들어, 10~20%의 열효율을 갖는 기관을 제작하였다. G. Daimler(독일, 1885~1886)는 기화기를 발명하여 가솔린 사용에 성공하였으며 4행정 가솔린기관의 원형을 이루었다. 다임러는 이 기관을 사용하여 내연기관을 사용한 자동차의 제작에 성공하였다.

4행정 기관은 그림 **1-7**에서 보는 바와 같이 1사이클이 다음의 4행정으로 이루어지고 있다.

(a) 흡입행정(suction stroke) : 흡기 밸브가 열려 피스톤이 하강하면서 공기(fresh air) 또는 연료와 공기의 혼합가스인 신기(fresh mixture)가 흡입된다.

(b) 압축행정(compression stroke) : 흡입한 혼합가스를 피스톤의 상승행정에서 압축한다. 이 행정말 가까이에서 점화플러그에 의하여 점화된다.

(c) 팽창행정(expansion stroke) : 압축된 가스를 연소 폭발시켜 팽창하는 힘으로 피스톤을 내리누르는 일을 한다. 따라서 이 행정을 일행정(working stroke) 또는 동력행정(power stroke)이라고도 한다.

(d) 배기행정(exhaust stroke) : 제2의 상승행정에 의하여 배기 밸브를 통하여 연소가스가 대기 중으로 배출된다.

4행정 기관은 피스톤의 4행정(2왕복), 즉 크랭크의 2회전으로 1사이클이 완료되어 다시 원상태에 되돌아온다.

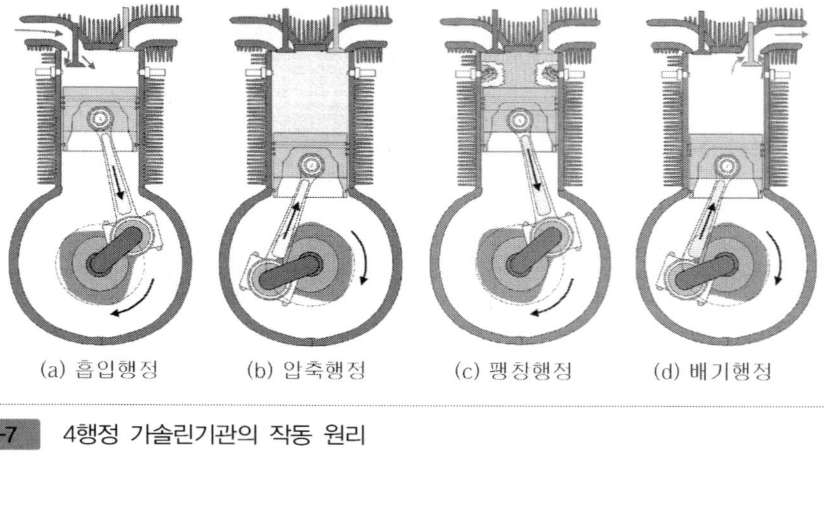

(a) 흡입행정 (b) 압축행정 (c) 팽창행정 (d) 배기행정

그림 1-7 4행정 가솔린기관의 작동 원리

흡기 밸브나 배기 밸브의 개폐시기는, 가스의 관성과 최대충전효율을 고려하여 꼭 TDC나 BDC가 아니고, 열어주는 것은 좀 일찍, 닫아주는 것은 좀 늦게 맞추어 준다. 점화시기는 점화의 지연이나 화염의 전파속도를 생각하여, TDC보다 조금 앞서서 점화하여, 최고폭발압력이 언제나 TDC 후 10~15° 부근에 오게 한다. 저속시에는 TDC 가까이에서, 고속이 될수록 점화시기를 이보다 훨씬 빨리 해주어야 한다. 이와 같이 기관회전수에 따른 점화진각의 조절은 점화시기 자동진각장치에 의하여 자동 조절되고 있다.

가솔린기관에서 흡입되는 공기와 연료는 기화기나 연료분사장치에 의하여 중량비로 약 1/12~1/13의 일정한 공기-연료 혼합기가 되어 실린더 내로 유입되지만 완전히 기화되지는 못한다. 실제로 실린더에 들어가기 전까지 연료는 약 20~25% 정도밖에 기화되지 않으며, 나머지는 액체입자 상태로 흡기관을 통하여 실린더에 들어가 흡입행정과 압축행정 중에 전부 기화된다. 이때 필요한 공기량은 가솔린기관에서 1마력당 약 1 g/s 정도이다.

디젤기관에서는 기화기를 사용하지 않고 공기만을 흡입하여 압축한다. 일반적으로 1기압 25℃의 공기를, 체적이 1/15이 되도록 단열적으로 압축하면, 그 온도가 약 600℃가 되어, 20기압 이상에서의 경유의 자기착화온도인 약 200℃보다 훨씬 높은 온도가 된다. 1882년 R. Diesel(독일)은 이 원리에 착안하여 실린더 내에 흡입한 공기를 고압축하고, 이 속에다 연료를 분사하여 자연착화, 연소시키는 기관에 대하여 특허를 얻었다. 이것이 오늘날 디젤기관이라 불리는 압축착화기관의 원조이다.

현용 디젤기관에서 압축행정말기의 공기압력은 약 40kgf/cm^2 내외, 온도는 약 500℃ 내외가 된다. 압축행정말기, 즉 상사점 조금 전에 연료분사 펌프를 이용하여 연료를 실린더 내에 분사하면, 연료는 분무를 형성하여 미립화하고 기화하여 압축된 고온공기와 혼합되어서 산화반응을 일으켜 자연발화되며 연소 폭발하게 된다. 이와 같은 연료의 분사는 상사점을 지나도 꽤 오랫동안 계속되며, 연료가 분사되는 동안 연속적인 연소를 한다. 팽창이나 배기행정은 가솔린기관 때와 같다.

(2) 2행정 기관

4행정 사이클은 크랭크축의 2회전으로 1회의 일을 한다. 이것을 1회전에 1회의 일을 한다면 같은 크기의 기관으로 고출력을 얻을 수가 있다. 1회전에 혼합기 유입, 연소, 팽창, 소기과정으로 1사이클을 완료하는 형식을 2행정기관이라 한다. 이 2행정사이클은

1881년 영국의 Dugald Clerk에 의해 개발되었다.

2행정 기관은 그림 1-8에서와 같이 흡기 밸브나 배기 밸브 대신, 소기공(scavenge port)과 배기공(exhaust port)이 실린더 측면에 붙어 피스톤 자체가 밸브의 작용을 한다. 2행정 기관에서는 독립된 흡배기 행정이 없으므로 이상 사이클에서는 펌핑 손실이 없다. 그림 1-8에서 실린더실과 크랭크실에서 가스의 상태를 요약하여 나타내면 표 1-8과 같다.

피스톤이 하사점에서 상사점으로 상승하는 초기 상승과정 중에도 신기의 혼합가스는 소기공을 통해 계속 실린더실 안으로 공급된다. 이전 사이클에서 생성된 연소가스는 배기공이 닫힐 때까지 배출되고 피스톤이 상승해서 배기공을 닫아 버리면 실린더실 내 혼합가스는 상사점까지 압축된다. 또, 압축행정이 끝날 무렵에 흡기공이 열리면 크랭크실에는 새로운 혼합가스가 흡입된다.

크랭크실 내 압축된 혼합가스는 점화플러그에 의해 점화되어 폭발하며 연소가스의 팽창압력으로 피스톤이 밀려 내려와 동력이 발생된다. 피스톤이 하강하는 행정 중에 크랭크실의 신기(fresh mixture)가 소기공을 통해 실린더로 유입되는 혼합기 유입과정이 시작된다. 하강이 끝날 무렵 배기공이 열리면서 소기공도 열려서 크랭크실의 신기(fresh mixture)가 실린더 내에 유입되며 동시에 실린더실 내에 남아 있는 배기를 배출시킨다. 신기의 유입과 배기가스의 배출은 피스톤이 하사점을 거쳐 다시 상승하여 소기공과 배기공을 닫을 때까지 계속된다. 배기와 소기는 동시에 이루어지는데 이것을 소기작용(scavenging)이라 하며 2행정기관의 특징이다.

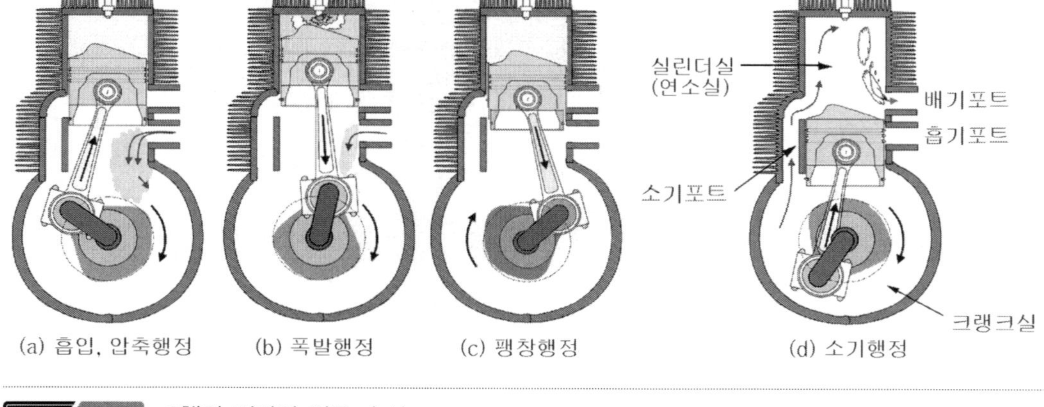

그림 1-8 2행정 기관의 작동 순서

표 1-8 2행정 기관의 실린더실과 크랭크실의 가스상태

과정	실린더실	크랭크실
a	압축	혼합기 유입
b	폭발	압축
c	팽창	압축
d	소기 및 혼합기 유입	실린더실로 혼합기 유출

4행정 기관에 대비한 2행정기관의 장단점은 다음과 같다.

1) 2행정 기관의 장점

(a) 이론상으로 2배의 출력을 낼 수 있으며 무게당 출력비(HP/weight)가 높다.

매 회전마다 폭발이 일어나므로 같은 크기의 실린더이면 이론상 4행정 기관의 2배의 출력을 낼 수 있으나 잔류가스가 많아 실제로는 1.2~1.5배 정도이다.

(b) 구조가 간단하다.

밸브가 없거나 있어도 간단하며, 또 같은 마력에 대해서 실린더 체적을 작게 할 수 있으므로 무게를 줄일 수 있다.

(c) 피스톤 기구의 관성력이 완화된다.

왕복운동 부분의 관성력이 연소압력에 의하여 완화되므로 커넥팅 로드, 베어링에 작용하는 힘은 4행정보다 적고 비교적 고속에서도 주철 피스톤을 사용할 수 있다.

(d) 회전력이 균일하다.

매 회전마다 유효행정이 일어나므로 4행정 기관에 비해서 플라이휠도 소형 · 경량으로 할 수 있다.

(e) 역전이 쉽다.

4행정은 흡 · 배기 밸브, 연료캠의 형상(profile)을 전부 바꾸지 않으면 역전시킬 수 없으나, 2행정에서는 밸브장치가 없어도 연료캠의 형상만을 바꾸면 되므로 선박용 기관에서는 편리하게 사용할 수 있다.

2) 2행정 기관의 단점

(a) 소기펌프가 필요하고 소음이 높다.

소형 고속기관에서는 간단하고 성능이 좋은 소기펌프를 얻기가 힘들다. 회전

식 · 원심식은 어느 것이나 고음이고 배기음과 공명하여 운전 중 소음이 심하다.

(b) 연료 소비율이 높다.

소기과정에서 배기공을 통하여 그냥 방출되어 버리는 연료량이 많으므로 연료의 소비량이 많다.

(c) 윤활유 소비량이 많다.

실린더 하부에 배기공이 마련되어 있으므로 윤활유가 누출되어 배기와 혼합되므로 소비량이 많다.

(d) 효율이 낮다.

유효행정이 짧고 소기과정 중 신기손실이 있어서 평균 유효압력이나 효율을 높이기가 곤란하다.

(e) 과열되기 쉽다.

배기공이 실린더 중앙에 위치하고 있기 때문에 피스톤이나 실린더를 과열시키기가 쉽고 윤활이 불완전하게 되므로 과속운전이 곤란하다.

(f) 잔류가스가 많고 운전이 불안정하다.

잔류가스가 많으면 불완전 연소를 일으키므로 특히 저속, 경부하일 때 2행정기관의 운전은 안정되지 못하고 시동성이 나쁘며 HC의 배출이 많다.

이상의 장 · 단점을 요약해 보면 대형기관이 될수록 2행정은 장점이 더욱 현저하게 나타나고 단점은 보강하기 쉬우므로 대형기관은 주로 2행정이 채택되고 있다.

1.4.3 실린더 배열방법에 의한 분류

항공용 왕복기관은 실린더의 배열법에 따라, 여러 가지 형식으로 분류된다. 저출력용으로는 공랭 직렬형, 공랭 V형, 공랭 성형 등이 있고, 고출력용으로서 공랭 다중렬 성형, 수냉 V형 등이 널리 사용되었지만, 이들은 모두 과거의 것이고 현재는 435 HP 이하 공랭 대향형(수평 · 수직)만이 항공용 왕복기관으로 사용되고 있다.

항공용 왕복기관은 그림 1-9처럼 실린더의 배열에 따라 다음과 같이 분류된다.

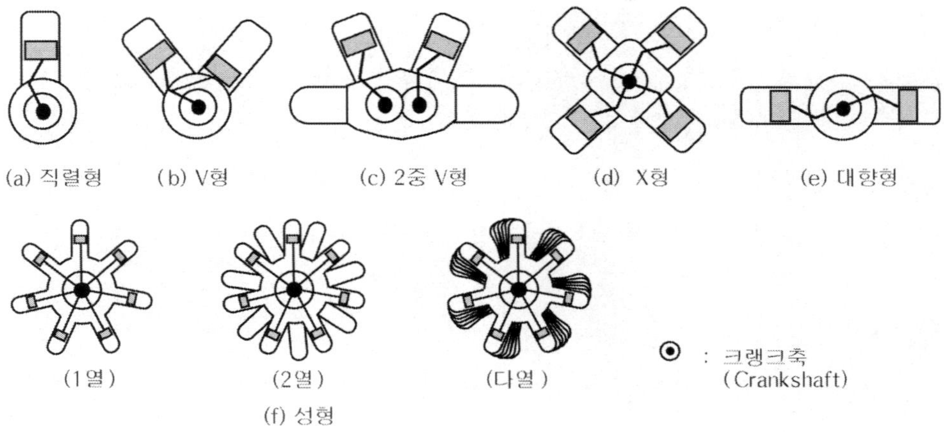

그림 1-9 실린더 배열에 따른 분류

1) 직렬형(in-line, upright)
   도립 직렬형(in-line, inverted)
2) V형(V-type, upright)
   ① 도립 V형(V-type, inverted)
   ② 이중 V형(double V-type)
3) 대향형(opposed and flat type)
4) X형(X-type)
5) 성형(radial type)
   ① 1열(single row) 성형
   ② 2열(double row) 성형
   ③ 다중열(multiple row) 성형

(1) 직렬형 기관(in-line engine)

크랭크축과 평행한 면에 일직선으로 실린더를 배치한 것으로서, 전면 면적이 작고 저출력용으로 적합하다. 실린더수는 중량과 냉각을 고려해서 6개 이내가 적합하다. 정립식과 도립식(inverted type)이 있으며, 도립식으로 하면 실린더가 프로펠러축 아래가 되어 조종사의 전방 시계가 좋아지고 기체의 중심선과 프로펠러축 중심을 일치시키기 쉬우므로 도립식이 많이 사용된다.

(2) V형 기관(V-type engine)

크랭크축상에서 V자를 이루듯이 실린더를 배열한 것으로서 직렬형에 비해 전면 면적은 크지만, 2조의 커넥팅 로드에서 1개의 크랭크핀을 구동할 수 있으므로 마력당 중량을 큰 폭으로 감소시킬 수 있는 이점을 가지고 있다. 직렬형에서는 마력이 더 필요해 실린더 개수를 늘리려면 V형 기관으로 하는 것이 좋다. 정립식과 도립식이 있다.

(3) 2중 V형 기관

출력비를 높이기 위해 발달한 것으로 V형의 전면 면적을 그다지 증가시키지 않고 마력을 2배로 할 수 있으며, 보통 2개의 크랭크축을 가지고 있다.

(4) X형 기관

이중 V형이 크랭크축을 2개 필요로 하는 것과는 대조적으로 X형 기관에서는 1개면 된다.

(5) 대향형 기관(opposed type engine)

직렬형 기관은 전면 면적이 작은 이점이 있는 반면에, 공랭이 어렵고 크랭크축이 길고 가늘기 때문에 뒤틀림 진동에 약한 결점이 있다. 성형기관은 크랭크축과 크랭크케이스를 작고 튼튼하게 할 수 있고 공랭도 충분히 할 수 있지만, 전면 면적이 커지는 결점이 있다. 2차 세계대전 직전과 전쟁 중에 4기통 및 6기통 대향형 기관이 개발되기 시작하였다. 대향형 기관은 마력당 중량비가 비교적 낮고, 공기흐름이 유선형이며, 진동이 직렬형보다 작은 장점이 있으며 100~140 마력의 경량공기와 경헬리콥에 사용된다. 대향형 6기통 기관은 7기통 성형기관을 기관의 유선형을 확보하면서 대체할 수 있었다. 대향형 기관은 1개의 크랭크축 양쪽에 피스톤이 좌우 대칭으로 운동을 하는 1개의 실린더를 배치한 것으로 실린더 수는 4, 6 및 8이고, 직렬형에 비해 균형이 양호하다. 수평 대향형 기관은 직렬형과 성형의 중간으로 전면면적이 커지지만, 구조적으로는 크랭크축이 짧고 크랭크케이스의 강성을 높일 수 있는 이점이 있다. 폭이 넓은 것도 병렬 좌석의 동체 장착에 적당하고 날개에 장착하는 경우에는 상하폭이 작아서 공기역학적으로 유리하고 시야확보도 유리하다. 수평 대향형 기관은 성형기관보다 빠르게 회전하며, 높은 rpm 때문에 짧은 길이의 프로펠러 사용이 요구된다. 또한 대향형에는 헬리콥터용으로써 크랭크축을 수직으로 한 수직 대향형도 있다(텍스트론-라이코밍 VO-540형, VO-435형, TVO-435형 등).

(6) 성형기관(radial engine)

1개의 크랭크축 주위의 원형 평면상에 3~9개의 홀수 실린더를 배열한 것으로 1열형 및 2중 혹은 4중으로 겹친 다중열형이 있다. 다중열형의 경우는 냉각을 위해 전후의 실린더 배열을 엇갈리게 한다. 고출력을 얻기 위해 다수의 실린더를 배치하는 경우에는 성형이 가장 마력당 중량을 경감할 수 있는 배열이며, 마력당 중량은 1.0 lb(0.45 kg) 정도까지 경량화될 수 있다.

1.4.4 냉각방법에 의한 분류

기관의 과도한 열은 혼합기의 연소상태에 나쁜 영향을 미치고, 기관 부품의 약화와 수명을 단축시키며, 윤활을 해치므로 왕복기관에 바람직하지 못하다.

항공기 기관은 공기나 액체에 의해 냉각된다. 액랭식 기관은 1920년 중반 이후 거의 사용하고 있지 않다.

만약 기관 실린더 내부의 온도가 과도하게 높으면 혼합기에 조기에 열이 가해질 것이며, 연소는 적당한 시기 이전에 일어날 것이다. 조기 연소는 데토네이션(또는 노킹), 기타 비정상 연소의 원인이 되며 이는 과도한 과열 상태로 악화되어 피스톤과 밸브의 손상을 초래하게 한다. 또한 과열은 윤활유의 점성을 낮게 하여 유막 형성을 못하게 하며 심하면 기관 작동을 정지시키는 결과를 유발한다.

1.4.4.1 공랭식(air cooling)

공랭식 기관에서는 디플렉터(deflector) 또는 배플(baffle)이라 불리는 얇은 금속판이 실린더의 벽과 실린더 헤드의 바깥 면에 붙어 있을 수 있다. 공기가 이 얇은 판 위로 흐를 때, 실린더로부터 과도한 열을 흡수하여 대기 중으로 방출한다. 그림 1-10처럼 실린더 주위의 디플렉터 또는 배플은 최대냉각 효과를 위하여 공기 흐름을 실린더 둘레에 골고루 주기 위해 장착한 것이다.

이 디플렉터 또는 배플은 알루미늄판으로 만들어져 있으며 압력 배플(pressure baffle)이라고도 부른다. 항공기가 고속으로 비행할 때 기관 한쪽의 공간은 속도에너지가 압력에너지로 바뀌게 되므로 압력이 높고 기관 다른 쪽은 조정 가능한 카울 플랩(cowl flap)으로 출구를 통해 공기를 내보내므로 압력이 낮다. 실린더의 양쪽 두 공간의

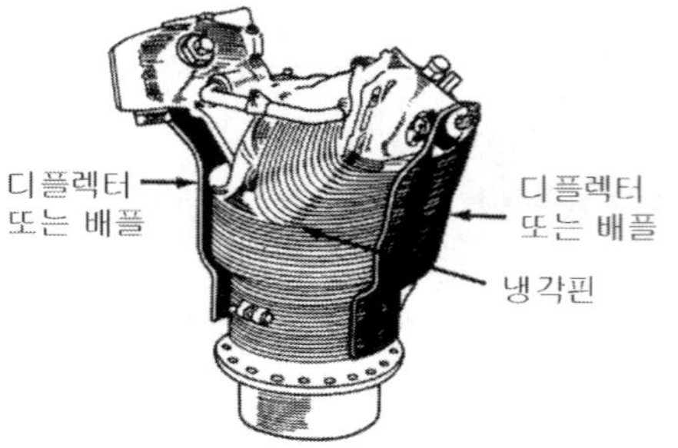

그림 1-10 냉각을 위한 실린더의 압력 디플렉터(배플)

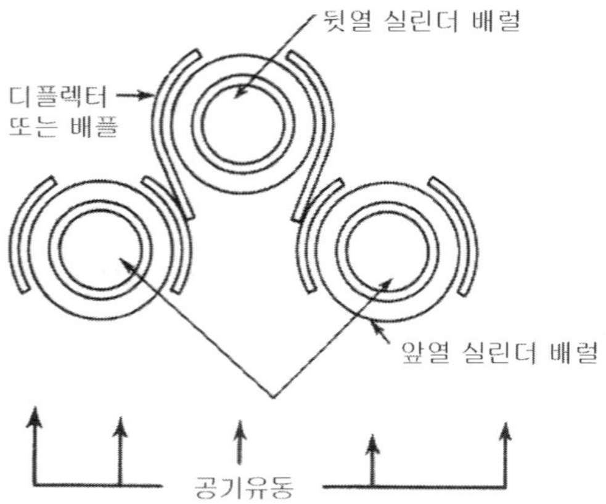

그림 1-11 2열 성형기관의 디플렉터(배플) 배열순서

압력차이로 빠른 공기가 핀 주위로 흘러 냉각시키는 압력냉각을 이용하기도 한다. 기관의 작동 온도는 기관 카울링(cowling)에 붙어 있는 카울 플랩에 의하여 조종된다. 이 카울 플랩은 보통 전기식 작동 모터로 작동되거나 수동으로 작동된다.

복열 성형기관의 디플렉터 또는 배플의 적절한 배치는 그림 1-11에서 보여준다. 배플은 고속 공기 흐름을 실린더 가까이 냉각핀을 통하여 흐르게 하여야 하기 때문에 나사, 볼트, 스프링 훅(spring hook) 또는 특수한 잠금 장치에 의해 부착된다.

헬리콥터는 램공기 압력(ram air pressure)이 기관을 냉각시키는 데 충분하지 않다. 특히 호버링(hovering)할 때는 기관 구동 냉각팬을 장치하여 이것으로 기관을 냉각시킨다.

공랭식의 주요한 장점은 동일한 마력의 액랭식 기관보다 무게가 가볍고 장치가 간단하며, 기온이 낮은 데서 작동하는 데 큰 영향을 받지 않고, 또한 냉각제 유출의 위험이 없고, 총격(gun-fire)에 덜 취약하다.

1.4.4.2 액랭식(liquid cooling)

액랭식 기관은 현재 항공기 기관에는 1920년대 중반 이후 거의 사용되지 않고 있으나 공랭식보다 압축비를 높일 수 있고 낮은 연료소비율을 나타내고 또 고고도에서 급격히 하강시 열충격에 덜 노출되므로 최근에는 텔레다인-콘티넨탈사의 Voyager 형에서 사용하고 있다. 열충격은 고고도에서 급격히 하강할 경우처럼 비행속도가 줄어듦과 동시에 기관동력이 갑자기 감소되어 냉각이 급격히 증가되어 작동온도의 급격한 변화가 될 때 일어난다. 나노유체를 사용하여 열전달계수를 증가시켜 냉각효율을 향상시킬 수 있는 새로운 액랭식 시스템도 연구 개발되고 있다.

액랭식 장치에는 라디에이터(radiator), 온도 조절 장치, 펌프, 연결 파이프와 호스들로 구성된다. 물은 액랭식 기관의 기본 냉각제(coolant)이나 에틸렌글리콜(ethylene glycol)의 우수한 끓는점 350°F(176℃), 어는점 0°F(−17.78℃) 때문에 물과 에틸렌글리콜을 혼합하여 냉각제로서 사용하고 있다. 에틸렌글리콜과 물의 혼합비율을 1:1로 하면 어는점은 −34℃까지 내려가고 혼합비율을 7:3으로 하면 −51℃까지 어는점이 내려간다.

1.4.5 실린더 배열과 배기량에 의한 기관 분류와 명칭

현재 많이 사용하고 있는 왕복기관의 특성과 형식을 나타내는 문자는 다음과 같다.

L : Left-hand engine rotation
T : Turbocharged
TS : Turbosupercharged
V : Vertical
H : Horizontal
A : Acrobatic
I : Fuel injected
G : Geared
S : Supercharged
O : Opposed cylinders
R : Radial engine

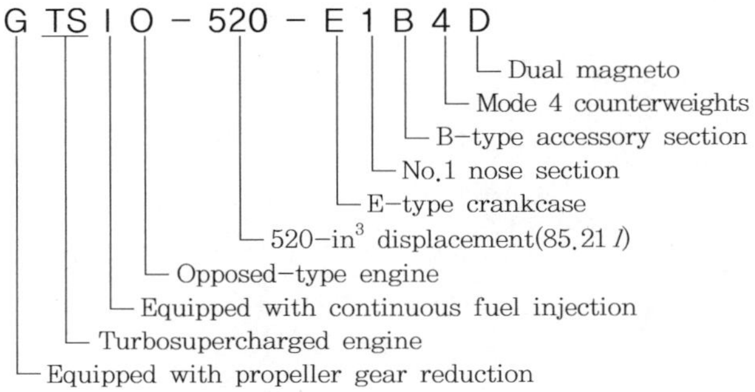

예로써 배기량 520in^3 터보차저 부착 대향형 기관은 다음과 같이 나타내고 구체적인 특성은 주어진 바와 같다.

배기량 뒤의 첫 문자는 출력부의 형태이고 뒤이은 숫자는 전방 부분의 설계 형태로써 숫자는 1~9까지이다. 그 다음의 문자는 보기류 부분의 형태를 나타내며 다음 숫자는 평형추에서 볼 수 있는 진동 모드이고, 마지막 문자는 마그네토형식을 나타낸다.

1.4.6 연소방식에 의한 분류

연소방식에 의한 분류는 스파크 점화기관과 압축착화기관으로 분류할 수 있으며 주요 특징은 표 1–9와 같다.

표 1–9 가솔린기관(SI)과 디젤(SI)기관의 차이점

	가솔린기관(SI)	디젤기관(CI)
연 료	가솔린 : –자연발화온도 : • 보통 가솔린 : 300℃ • 프리미엄 가솔린 : 400℃ • 항공용 가솔린 : 500℃ –이론 공연비 : 14.7~14.8 : 1 –저위 발열량 : 10,500 kcal/kg =44 MJ/kg –옥탄가가 높을 것 (자연발화에 잘 견딜 것) –밀 도 : • 보통 가솔린 : 720∼760kg/cm^3 • 프리미엄 가솔린 : 730∼780kg/cm^3 • 항공용 가솔린 : 720kg/cm^3	경 유 : –자연 발화온도 : 250℃ –이론 공연비 : 14.0∼14.5 : 1 –저위 발열량 : 10,000 kcal/kg =42 MJ/kg –세탄가가 높을 것 (자연발화하기 쉬울 것) –밀 도 : 830∼850kg/cm^3
압 축 비	8∼12(9) 정도	15∼22(DI : 15∼18, IDI : 20∼24)
흡입기체	공기와 가솔린 혼합기, 또는 공기(GDI 경우)	공기
연료공급	연료 분사 장치 또는 기화기에 의해 공기와 가솔린을 일정비로 혼합	연료 분사 펌프에 의해 연료를 압송하고 고압 노즐에서 분사
연소방식	균일, 예혼합 화염 및 연소	불균일, 확산 화염 및 연소
착 화	고압전기에 의해 점화플러그에서 점화 발화	압축된 고온의 공기 중에서 분사된 연료의 자연발화
기관부하조절	스로틀 밸브의 개도에 의해 혼합기 양을 조절	연료 분사 펌프에 의해 연료량을 조절
평균공연비	13∼18	16∼150(50 정도가 적당)
압력상승률	1.5kgf/cm^2/°CA	3∼7kgf/cm^2/°CA
최대연소 폭발압력	40∼60 bar	무과급 : 60∼90 bar DI : 80 bar IDI : 60 bar이고 와류식이 약간 높음. 과 급 : 100∼140 bar

표 1-9 (계속)

	가솔린기관(SI)	디젤기관(CI)
적용실린더 크기	자연발화가 일어나기 전에 화염전파가 완료되어야 한다. 실린더 안지름은 ϕ100(mm)까지 가능 * 항공용에서는 2개의 스파크플러그를 사용하므로 ϕ200(mm)까지 가능	실린더 크기가 너무 작으면 연료분사, 연소가 곤란하므로 작은 크기가 제한된다. 실린더 안지름은 ϕ75~1000(mm)까지 가능
열 효 율	24~30% 배기손실 : 33~37% 냉각손실 : 32~34% 기계손실 : 5~6%	30~38%(IDI : 33%, DI : 38%) 배기손실 : 30~33% 냉각손실 : 30~31% 기계손실 : 5~7%
연료 소비율 (2000~3000 cc)	200~280 g/PS · h	160~225 g/PS · h
배기당 출력	50~100 PS/l	30~70 PS/l
마력당 기관중량	1.0~3 kg/PS	3.0~5.0 kg/PS
압축압력	15~25 bar	33~35 bar
압축온도	400~600℃	700~900℃
배기가스온도	평균 : 400~600℃ 공회전시 : 300~400℃ 최대출력시 : 800~900℃	평균 : 200~500℃ (압축비가 SI보다 높아 배기 밸브가 열릴 때 팽창냉각이 크고 평균 공연비가 SI보다 희박하므로 배기가스온도는 낮음)

1.5 왕복기관의 신기술

에너지 절약과 환경오염 문제를 해결하기 위하여 왕복기관 기술은 고출력, 고효율뿐만 아니라 배기가스규제와 안전에 관한 사항도 동시에 만족시켜야 한다. 지구온난화 방지를 위해 화석연료 사용시 배출되는 CO_2가스 배출저감의 규제가 전 세계적으로 강화되고 있다. CO_2저감을 위해서는 연비향상기술이 개발되고 적용되어야 한다. 왕복기관의 신기술로는 초희박연소기술, 가솔린 직접분사기술(GDI), 초고압 전자제어식 분사시스템기술, 균일예혼합 압축착화엔진기술(HCCI), 가변압축기술, 가변밸브기술(VVT, VVL),

연소제어기술, 연소후 배기가스 후처리기술, 바이오연료등 대체연료기술 등이 있다.

기존의 다중흡기포트분사(MPI)엔진은 흡기포트 내에 연료를 분사하여 흡입되는 공기와 혼합시켜 혼합기를 만들기 때문에 혼합기 형성에 대한 가솔린직접분사(GDI)기술은 연료를 연소실에 직접분사하고 정밀한 연소제어에 의하여 매우 희박한 혼합기에서도 연소가 가능하게 압축비도 높여 연료소비율 저감(연비향상)과 고출력을 동시에 얻어내고 있다. 가솔린 직접분사엔진이 약 30% 정도의 연비향상을 이룰 수 있는 이유는 저부하영역에서 압축행정후반에 분사한 연료의 층상혼합기 조성으로 희박연소 실현이 가능하고 또 흡기행정 중의 펌핑손실을 저감시킬 수 있기 때문이다. 가솔린 직접분사엔진의 출력은 약 10% 정도 증대되는데 그 이유는 연소실로 액체연료분무를 직접분사하면 기화잠열로 인한 실린더 온도를 낮추어 체적효율을 향상시킬 수 있고, 연소실내 온도가 낮아지므로 데토네이션 가능성이 줄어들어 압축비를 1.5~2 정도 증가시킬 수 있기 때문이다.

엔진흡배기 밸브가 열리고 닫히는 밸브타이밍은 캠의 형상과 위상각에 의해 조절되는데 엔진내의 흡배기를 최적화하기 위해서는 엔진회전 속도에 따라 밸브 개폐시기와 열림정도를 최적으로 조절하는 것이 필요하다. 가솔린엔진의 효율을 향상시킬 수 있는 기술은 가변밸브장치를 사용하여 밸브타이밍을 운전 상황에 맞게 최적으로 제어하고 밸브리프트를 조절하여 밸브오버랩과 흡입공기량을 조절하는 것이다. 가변밸브기술에 이어 연속가변기구 및 캠이 없는 밸브기구도 개발되고 있다.

가변밸브장치를 사용하면 팽창행정을 압축행정보다 크게 하여 유효일을 크게 할 수 있기도 하다. 또 가변밸브장치는 균일예혼합 압축착화엔진(HCCI)구현에서 연소제어 방법으로도 사용되기도 한다.

디젤엔진은 가솔린 엔진에 비하여 열효율이 15~20% 정도 높지만 불균일한 분무연소로 인하여 질소산화물과 매연 및 입자상 물질이 많이 배출된다. 질소산화물과 입자상물질의 생성메카니즘은 서로 상반되는 관계가 있는데 이를 동시에 저감하는 방법은 초고압 연료분사장치를 사용함과 동시에 분사시기를 지연시키는 것이다. 1,500~2,000기압정도의 초고압분사와 전자화를 동시에 실현할 수 있는 방법은 축압실이 있는 커먼레일분사장치를 사용하는 것이다. 커먼레일방식을 사용하면 엔진회전속도에 관계없이 분사율, 분사량, 분사기간 등의 제어가 가능하다. 또 커먼레일을 사용하면 다단분사가 가능하고 연소제어도 가능하므로 소음도 저감할 수 있으며, 포스트분사를 통해 후처리기술에 도움을 줄 수 있다.

최근에는 가솔린엔진의 예혼합혼합기 장점과 디젤엔진의 자연착화 방법을 혼합한

신 연소방식인 균일예혼합 압축착화방식(HCCI)엔진이 연구개발되고 있다. HCCI는 피스톤인 압축하는 초기에 연료를 분사하여 희박화된 예혼합기가 압축착화되어 실런더내 다점에서 동시에 착화연소되는 방식이다. 연료와 공기가 예혼합된는 것은 SI엔진과 원리가 유사하고 착화연소되는 것은 CI엔진과 원리가 유사하다. HCCI엔진은 스스로 틀이 없고 순수한 SI엔진보다 압축비를 높일 수 있어 고출력과 연비개선 효과가 있다. 경유를 사용하는 HCCI엔진은 균일예혼합에 의한 저온연소로 질소산화물과 매연 및 입자상물질을 저감할 수 있다. HCCI엔진에서 착화과정은 온도에 크게 의존하므로 연소시작을 직접제어할 방법은 없으며 압축비, 흡기온도, 공연비, 가변밸브시스템채용 등에 의해 제어할 수 있다. HCCI엔진은 저회전과 고회전 영역에서의 작동제한사항으로 운전영역이 좁고, 연소제어가 쉽지 않기 때문에 완전 실용화되지는 못하고 있다.

연습문제

1. 식 (1 · 6), 식 (1 · 8), 식(1 · 13)을 유도하라.

2. 임의의 크랭크 각 θ에서의 실린더 체적 $V(\theta)$를 간극체적 V_c로 무차원화한 값이 다음과 같이 됨을 보이라.

$$\frac{V(\theta)}{V_c}=1+\frac{r_v-1}{2}\left[(1-\cos\theta)+\lambda\left(1-\sqrt{1-\frac{\sin^2\theta}{\lambda^2}}\right)\right]$$

3. 기관의 냉각방법의 분류에 대해 항공용 기관과 자동차용 기관을 비교 설명하라.

4. 가솔린기관과 디젤기관의 차이점을 설명하라.

5. 4행정 기관과 2행정 기관의 장단점을 서로 비교하고 설명하라.

6. 압축비 9.8, 커넥팅 로드 길이 12.9 cm이고 총 배기량이 3,000 cc, 6기통 SI기관이 3,600 rpm에서 작동하고 있다. 이 기관의 점화 시기는 BTDC 20°이며 연소 종료는 ATDC 22°이다.

1) 이 기관의 안지름(b)과 행정(s)이 같을 때, 안지름과 행정을 구하라.
2) 실린더 하나를 생각할 때 실린더 간극체적을 구하라.
3) 3,600 rpm에서 평균 피스톤의 속도를 구하라.
4) 점화시기에서의 연소실 체적을 구하라.
5) 연소 종료시기에서 피스톤의 행정길이(y)를 구하라.

7. 실린더 안지름 130mm, 행정 111mm, 압축비 8.7을 갖는 기관의 피스톤이 하사점에서 상사점으로 이동하고 그 후에 하사점으로 다시 돌아올 동안, 즉 크랭크가 1회전할 동안 크랭크각 변화(가로축)에 따른 순간 피스톤 속도를 평균 피스톤 속력으로 나눈 값과 순간 가속도를 평균 가속도 값으로 나눈 값을 세로축에 나타내는 그래프를 각각 그려라. 크랭크 반경에 대한 커넥팅 로드의 길이비 λ는 3, 4, 5, 10, 20으로 변환시키면서 동일 그래프상에서 나타내어라.

8. 실린더 안지름 130mm, 행정 111mm, 압축비 8.7을 갖는 기관의 피스톤이 하사점에서 상사점으로 이동하고 그 후에 하사점으로 다시 돌아올 동안, 즉 크랭크가 1회전할 동안 크랭크각 변화(가로축)에 따른 실린더 체적 변화율과 간극체적으로 무차원화한 실린더 체적을 각각 세로축에 나타내는 그래프를 그려라. 크랭크 반경에 대한 커넥팅 로드의 길이비는 3, 5, 10으로 변화시키면서 비교하라.

9. 무인 항공기용에 사용되는 기관의 요구조건, 종류 및 특성에 대하여 설명하라.

CHAPTER 2 왕복기관의 열역학과 사이클 해석

2.1 왕복기관의 열역학

항공 왕복기관을 공부하는 주요 목적은 왕복기관의 작동원리를 이해하고 실린더 내에서 발생하는 여러 가지 과정과 작동 상황을 잘 이해하여 여러 작동변수에 따른 출력, 연료소비율, 배기가스, 기관의 신뢰성 등의 작동 특성과 운전 특성을 알고자 하는 것이다. 이러한 목적을 달성하기 위하여 왕복기관과 관련된 열역학 기본지식을 정리한다.

2.1.1 단위

열, 유체 및 왕복기관과 관련하여 사용되는 물리량인 차원은 길이, 시간, 질량, 힘, 중력 가속도, 열, 온도 등이며 이들 차원에 부여된 임의의 크기를 단위라 하고, 차원을 여러 가지 단위로 정리하면 표 2-1과 같다.

항공용 왕복기관에서는 영국 공학단위인 피트-파운드 단위계가 아직도 대부분 사용되고 있으나 본 책에서는 편의상 SI 단위, 공업계 단위, 영국 공학단위계를 혼용하여 사용하였다.

SI 단위계에서 질량은 kg으로 나타내고, 영국 공학단위에서는 lb으로 나타내며 $1\,\text{lb} = 0.45359\,\text{kg}$이다. SI 단위계에서 길이는 m이고 영국 공학단위계에서는 ft로 나타내며 $1\,\text{ft} = 0.3048\,\text{m}$이다. SI 단위에서 1 kg의 질량을 $1\,\text{m/s}^2$로 가속시키는 데 필요한 힘을 1 N이라 하고 공업계 단위에서 1 kgf = 9.80665 N이다. 영국 공학단위계에서 1 lb 질량을 32.174 ft/sec^{2}로 가속시키는 데 필요한 힘을 1 lbf라 한다. 에너지의 한 형태인 일은 힘과 거리의 곱으로 정의한다. 1 N의 힘으로 1 m의 거리를 움직이는 데 필요한 일을 1 J이라 한다. 영국 공학단위계에서 에너지는 Btu가 사용되며 68°F인 물 1 lb를 1°F 온도 높이는 데 필요한 에너지로 정의되며, CGS 공업계 단위에서 에너지는 cal가 사용되며 15°C인 물 1 g을 1°C 온도 높이는 데 필요한 에너지로 정의된다. 1 cal는 4.1855 J 또는 0.4268 kgf · m에 해당하며 1 Btu는 1055 J과 같다.

표 2-1 단위시스템

차원 \ 단위	SI 단위	MKS 공업계 단위	영국 공학단위
길 이	m	m	ft
시 간	s	s	sec
힘	N	kgf	lb
질 량	kg	kg	lb
온 도	K	℃	℉
에너지	J	kcal	Btu

2.1.2 열역학적 상태 방정식과 온도 및 압력

열역학적 성질 또는 상태량(property)으로는 온도, 압력, 비체적, 내부에너지, 엔탈피, 엔트로피 등이 있으며 질량의 크기에 관계없는 온도, 압력, 비체적을 강성적 성질(intensive property), 질량의 크기에 따라 변하는 내부에너지, 엔탈피, 엔트로피 등의 종량적 성질(extensive property)이라 한다. Gibbs 상법칙은 $F = C - P + 2$로 주어진다. F는 자유도 즉 독립적으로 변할 수 있는 열역학적 상태량의 수이고 C는 성분의 수, P는 상의 수이다. 예를 들어 1개의 성분이 1개의 상으로 존재할 때 독립적으로 변할 수 있는 열역학 상태량은 2개이다. 앞에서 열거한 여러 가지 상태량 중에서 2개만이 자유로이 변한다. 즉 온도와 압력, 또는 온도와 엔탈피 등등 어느 2개의 상태량이 정해지면 그 이외의 나머지 상태량은 자동적으로 결정된다. 상태량 사이의 관계식을 나타내는 식을 상태 방정식이라 한다. 온도가 높고 압력이 낮을수록 기체는 이상기체 거동을 하며 이상기체에 적용할 수 있는 상태 방정식은 다음과 같이 주어진다.

$$Pv = RT \tag{2·1}$$

여기서 P는 압력, v는 비체적, R는 기체상수, T는 절대온도이다. $v = \frac{V}{m}$이고, $R = \frac{R_u}{M}$, $n = \frac{m}{M}$이므로 윗식은 다음과 같이 변한다.

$$PV = mRT \tag{2·2}$$

또는

$$PV = nR_u T \tag{2·3}$$

여기서 n은 몰수이고 R_u는 일반 기체상수이다. 일반 기체상수 R_u는 8.314 kJ/kmol · K 또는 1545 ft · lb_f / lb_m · R이다. 공기의 분자량을 28.9 kg/kmol이라면 공기의 기체상수는 0.287 kJ/kg · K이 된다. 압력이 임계압력보다 높고 온도가 낮으면 기체는 이상기체 상태 방정식을 따르지 않으며 이를 실제기체라 하며 실제기체에서는 상태 방정식이 다음과 같이 된다.

$$Pv = ZRT \tag{2·4}$$

여기서 Z는 압축성인자라 하며 이상기체에서 $Z = 1$이 되고 실제기체에서는 Z는 1보다 크거나 작게 되어 1에서 벗어난 값이 된다. 실제기체의 다른 상태 방정식을 van der Waals, Beatti-Bridgeman, Benedict-Webb-Rubin, Redlich-Kwong 등이 특정 온도와 특정 압력범위에서 맞는 식을 제안하였으며 자세한 내용은 열역학책을 참조하기 바란다.

열역학 상태량 중 압력의 균형상태가 이루어지면 기계적 평형이라 하고 온도의 균형상태가 이루어지면 열적 평형이라 하고, 화학적 조성(성분)의 균형상태가 이루어지면 화학적 평형이라 하고, 각 상의 질량이 균형을 이루면 상평형이라 한다. 두 물체가 제3의 물체와 열적 평형에 있다면, 이 물체들은 서로 열적 평형에 있다. 이것을 열역학 제0법칙이라 하며 온도측정의 타당성에 대한 근거가 된다. 이 제3의 물체를 온도계로 대체함으로써, 제0법칙은 두 물체가 접촉하고 있지 않다 하더라도 온도 눈금이 같으면 열적평형에 있다. SI 단위계에서 온도는 섭씨(Celsius) 눈금을 사용하며 열역학에서는 절대온도 눈금을 사용하며 이를 Kelvin 눈금이라 한다.

$$T(K) = T(°C) + 273.15 \qquad (2 \cdot 5)$$

영국 단위계에서 온도는 화씨(Fahrenheit) 눈금을 사용하며 열역학에서는 절대온도 눈금을 사용하며 이를 Rankine 눈금이라 한다.

$$T(R) = T(°F) + 459.67 \qquad (2 \cdot 6)$$

압력은 단위면적당 힘으로 정의되며 $1\,N/m^2$을 1 Pa이라 한다. 압력으로 많이 사용되는 단위는 bar, atm(표준대기압), kgf/cm^2가 있으며 이들 사이의 관계는 다음과 같다.

$$1\,bar = 10^5\,Pa = 0.1\,MPa = 14.504\,Psia = 1.01972\,kgf/cm^2 = 0.98692\,atm$$

$$1\,atm = 101325\,Pa = 0.101325\,MPa = 1.01325\,bar = 760\,torr$$

$$1\,kgf/cm^2 = 9.807 \times 10^4\,Pa = 0.9807\,bar = 0.96788\,atm$$

$1\,kgf/cm^2$은 공업 단위계에서는 1 at라 하며 1 at = 0.9807 bar = 10 mAq에 해당한다. 대기압을 영국 공학단위계로 환산하면 압력은 1 atm = 14.696 psi (lb_f/in^2)이고 $1\,kgf/cm^2$ = 14.223 psi 이다. 대기압과 계기 압력과의 합을 절대압력($P_{abs} = P_{atm} + P_{gage}$)이라 한다. 열역학 관계식에서 온도와 압력은 절대온도와 절대압력을 사용한다.

국제민간항공기구(ICAO)에서 자주 사용되는 국제 표준대기는 평균 해수면상의 기압이 1013.25hPa, 지상 기온 15℃, 기온 체감률은 고도 11km(36,000 ft)까지(대류권)는 6.5℃/km, 대류권계면 11~20km는 0℃/km이며 대류권 계면 시작고도 11km이고, 대류권 계면 기온은 −56.5℃, 해면상의 공기밀도는 $1.225kg/m^3$, 중력 가속도는 $9.8066m/s^2$, 그 밖의 대기의 조성은 고도 80km까지 일정하고, 수증기를 포함하지 않는 건조공기로 되어 있다.

표준 대기압은 표준 중력가속도($g = 9.8066\,m/s^2$)하에 0℃의 수은($\rho_{Hg} = 13.955\,kg/m^3$), 기둥의 높이 760mm(29.92 in Hg)에 의해 발생하는 압력으로 정의된다. 단위 mmHg를 토르(torr)라 부르기도 한다. 수은 대신 물을 사용하면 물기둥의 높이는 약 10.3m가 된다.

2.1.3 열역학 제1법칙

개방계에서 그림 2-1과 같은 제어체적에서의 질량 보존 법칙은 다음과 같다.

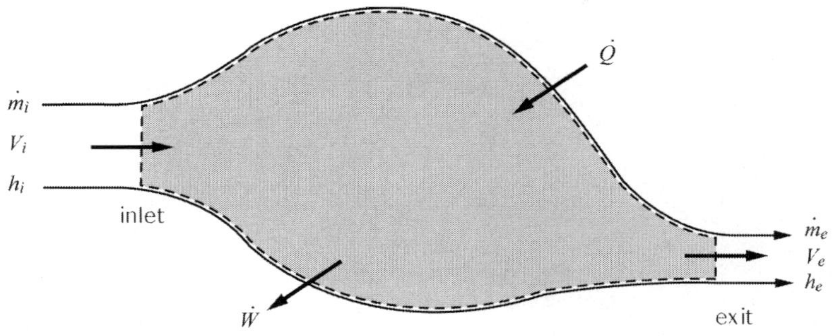

그림 2-1 제어체적을 지나는 유체유동

$$\sum_{inlet}\dot{m} - \sum_{exit}\dot{m} = \frac{dm_{sys}}{dt} \tag{2·7}$$

또 열역학 제1법칙은 다음과 같이 나타낼 수 있다.

$$\dot{Q} - \dot{W} + \sum_{inlet}\dot{m}(h+e_k+e_p) - \sum_{exit}\dot{m}(h+e_k+e_p) = \frac{d}{dt}(E_{sys}) \tag{2·8}$$

여기서 $\dot{Q}$는 제어체적으로 들어가는 열전달량을 (+)로 하며 $\dot{W}$는 시스템이 외부에 하는 일을 (+)로 한다. h, e_k, e_p는 각각 단위 질량당 엔탈피, 운동 에너지, 위치 에너지이다. 또 여기서 시스템의 에너지는 내부 에너지, 운동 에너지, 그리고 위치 에너지의 합이다. 밀폐계에서는 열과 일의 에너지 전달은 있지만 물질전달은 없다. 따라서 식 (2 · 8)은 $\dot{Q} - \dot{W} = \frac{dE_{sys}}{dt}$가 되고 다음과 같이 쓸 수 있다.

$$\delta Q - \delta W = dE \tag{2·9}$$

δQ와 δW는 경로에 관계되는 도정함수(path function)이며 dE는 경로에 무관한 점함수(point function)이다. 식 (2 · 9)를 폐적분하면 다음과 같다.

$$\oint \delta Q = \oint \delta W \tag{2·10}$$

식 (2 · 9)를 1과 2 사이에서 적분하면

$$E_2 - E_1 = \int_1^2 (\delta Q - \delta W) \tag{2·11}$$

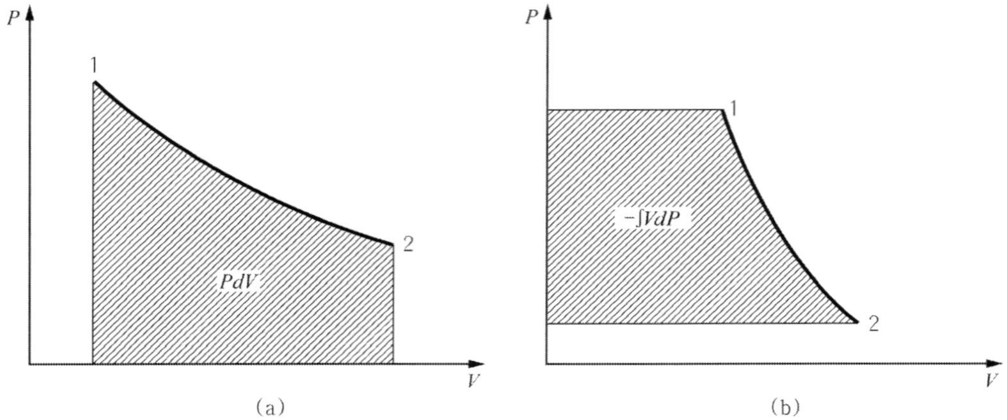

그림 2-2 경계일과 정상과정일

1과 2 사이에서 위치 에너지 차이와 운동 에너지 차이를 무시하면 식 (2 · 9)는 $\delta Q-\delta W=dU$가 되고, 가역과정에서 계의 경계가 이동하는 경계일은 그림 2-2 (a)와 같이 나타내며 그 값은 $\delta W=PdV$로 나타낼 수 있으므로

$$\delta Q=dU+PdV \tag{2 · 12}$$

$H=U+PV$를 윗식에 대입하면

$$\delta Q=dH-VdP \tag{2 · 13}$$

마찰이 없는 가역 정상유동과정의 일은 그림 2-2 (b)와 같이 나타내며 그 값은 $\delta W=-\int VdP$가 됨을 유의하기 바란다.

정적과정에서는 식 (2 · 12)로부터 $\delta Q=dU$가 되고, 정압과정에서는 식 (2 · 13)으로부터 $\delta Q=dH$가 된다. 등온과정에서는 이상기체는 온도만의 함수이므로 $dU=0$이 되고 $\delta Q=dW$가 된다. 등온과정에서의 경계일 $W_{12}=Q_{12}=P_1V_1\ln\left(\frac{V_2}{V_1}\right)$가 되고 정상과정일 $W_{12}=P_1V_1\ln\left(\frac{P_1}{P_2}\right)$가 된다. 기체의 실제 팽창이나 압축과정 동안, 압력과 체적은 $PV^n=const$인 폴리트로픽 과정을 거치게 된다. 폴리트로픽 과정에서의 경계일 $W_{12}=\int_1^2 PdV=\frac{P_2V_2-P_1V_1}{1-n}$이 되고, 개방시스템 정상과정일 $W_{12}=-\int_1^2 VdP=\frac{n}{n-1}(P_1V_1-P_2V_2)$

이 된다. 가역단열과정에서는 $PV^{\gamma} = const$ 인 관계가 성립하고 이때의 경계일 $W_{12} = \int_1^2 PdV = \frac{P_2V_2 - P_1V_1}{1-\gamma}$이 되고, 개방시스템 정상과정일 $W_{12} = -\int_1^2 VdP = \frac{\gamma}{\gamma - 1}(P_1V_1 - P_2V_2)$이 된다. 또 이상기체 상태방정식 $Pv = RT$와 가역단열과정 관계식 $Pv^{\gamma} = const$를 사용하여 정리하면 이상기체의 가역 단열과정 관계식을 얻을 수 있다.

$$\frac{T_2}{T_1} = \left(\frac{P_2}{P_1}\right)^{\frac{\gamma-1}{\gamma}} = \left(\frac{v_1}{v_2}\right)^{\gamma-1} = \left(\frac{\rho_2}{\rho_1}\right)^{\gamma-1} \qquad (2 \cdot 14)$$

흡기과정과 배기과정의 비열비는 다르며 흡기과정 중 공기의 물성치 및 비열은 298K의 값을 취하고 배기과정 중 혼합가스의 물성치 및 배열은 보통 850K의 공기물성치를 사용한다. 이 값은 부록 표 D-1에 나와 있다.

2.1.4 열역학 제2법칙과 열역학 제3법칙

열역학 제1법칙은 에너지의 양에 관한 법칙이고 열역학 제2법칙은 에너지의 질에 관한 법칙으로 엔트로피라는 개념을 이용하고 있다.

상태량 엔트로피는 다음과 같이 정의된다.

$$dS = \frac{\delta Q_{Rev}}{T} \text{ 또는 } ds = \frac{\delta q_{Rev}}{T} \qquad (2 \cdot 15)$$

열전달이 가역과정이 아닐 때는 $dS > \frac{\delta Q}{T}$이므로 일반적으로 엔트로피 변화와 열전달량 변화는

$$dS \geq \frac{\delta Q}{T} \qquad (2 \cdot 16)$$

$$S_2 - S_1 \geq \int_1^2 \frac{\delta Q}{T} \qquad (2 \cdot 17)$$

등호는 가역단열과정에서 성립하고 부등호는 비가역 과정에서 성립한다. 임의의 과정 1–2 중 엔트로피 생성을 S_{gen}이라 하면 식 (2 · 17)은 다음과 같이 나타낼 수 있다.

$$\Delta S_{sys} = S_2 - S_1 = \int_1^2 \frac{\delta Q}{T} + S_{gen} \tag{2 · 18}$$

$S_{gen} \geqq 0$이 되고 이것을 엔트로피 증가의 원리라 한다.

가역단열과정에서는 $\delta Q = TdS$이므로 식 (2 · 12)와 식 (2 · 13)에 이를 대입하면

$$TdS = dU + PdV \tag{2 · 19}$$

$$TdS = dH - VdP \tag{2 · 20}$$

식 (2 · 19), (2 · 20)을 Gibbs식 또는 TdS식이라 부른다. 엔트로피도 점함수(point function) 상태량이므로 기준값을 정할 필요가 있으며 절대온도 0 K에서 순수물질의 엔트로피는 0이다. 이것을 열역학 제3법칙이라 한다.

2.1.5 이상기체의 열역학적 성질

왕복기관의 실린더 내 압력이 아주 높으므로 엄밀하게 말하면 이상기체 성질을 나타내지는 않지만 본 책에서 왕복기관을 해석할 때 작동가스는 이상기체로 가정한다. 이상기체 상태방정식은 $Pv = RT$ 또는 $PV = mRT$, $PV = nR_u T$로 표기할 수 있다. 정압비열 $c_p = \frac{dh}{dT}$, 정적비열 $c_v = \frac{du}{dT}$로 나타낼 수 있으며 이상기체의 내부에너지와 엔탈피는 온도만의 함수이다. 또 이상기체에서 $c_p - c_v = R$이고 비열비 $\gamma = \frac{c_p}{c_v}$이다. 앞에서 나온 관계식을 이용하면 $c_v = \frac{R}{\gamma - 1}$, $c_p = \frac{\gamma}{\gamma - 1}R$가 된다. Gibbs식에서 $dQ = \frac{du + Pdv}{T} = \frac{dh - vdP}{T}$이므로 이상기체 관계식을 대입하면

$$ds = c_v \frac{dT}{T} + R\frac{dv}{v} \tag{2 · 21}$$

$$ds = c_p \frac{dT}{T} - R\frac{dP}{P} \tag{2 · 22}$$

윗식을 적분하면

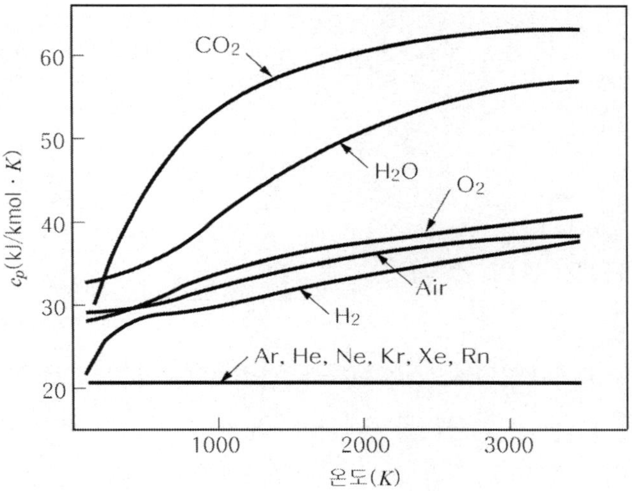

그림 2-3 온도에 따른 정압비열 c_p의 변화

$$s_2 - s_1 = \int_{T_1}^{T_2} c_v \frac{dT}{T} + R\ln\frac{v_2}{v_1} \qquad (2 \cdot 23)$$

$$s_2 - s_1 = \int_{T_1}^{T_2} c_p \frac{dT}{T} - R\ln\frac{P_2}{P_1} \qquad (2 \cdot 24)$$

정압비열 c_p와 정적비열 c_v는 온도가 증가하면 증가하지만 그 증가율은 정적비열이 크므로 비열비는 온도가 증가하면 감소한다. 그림 2-3은 온도에 따른 정압비열 c_p의 변화를 나타내고 있다.

해석하는 온도 범위가 좁을 때 c_p 및 c_v는 일정하다고 가정할 수 있고 이때 식 (2 · 23)과 식 (2 · 24)는

$$s_2 - s_1 = c_{v,\,av}\, 1n\frac{T_2}{T_1} + R1n\frac{v_2}{v_1} \qquad (2 \cdot 23)$$

$$s_2 - s_1 = c_{p,\,av} \ln\frac{T_2}{T_1} - R\ln\frac{P_2}{P_1} \qquad (2 \cdot 24)$$

이상기체의 등엔트로피 과정에서 엔트로피 변화는 0이므로 식 (2 · 23)에서 $1n\frac{T_2}{T_1}$가 $-\frac{R}{c_v}1n\frac{v_2}{v_1}$되고 정리하면 $\frac{T_2}{T_1} = \left(\frac{v_1}{v_2}\right)^{\gamma-1}$이 된다. 식 (2 · 24)에서 $\frac{T_2}{T_1} = \left(\frac{P_2}{P_1}\right)^{\frac{\gamma-1}{\gamma}}$ 이 되고

$\frac{T_2}{T_1} = \left(\frac{P_2}{P_1}\right)^{\frac{\gamma-1}{\gamma}} = \left(\frac{v_1}{v_2}\right)^{\gamma-1}$ 이 됨을 알 수 있고, 이 식을 다시 표현하면 다음과 같다.

$$Pv^{\gamma} = const \tag{2 · 25}$$

2.1.6 혼합기체의 성질

왕복기관의 연소실에서 일어나는 혼합기와 연소 반응 후 생성물은 여러 가지 기체의 혼합물이다. 전체 혼합물의 전체 몰수에서 임의의 성분 i가 차지하는 몰수를 몰분율(mole fraction)이라 하고 다음과 같이 나타낸다. 각 성분 몰의 전체합은 1이 된다.

$$x_i \equiv \frac{n_i}{n} = \frac{n_i}{\sum n_i} \tag{2 · 26}$$

$$\sum x_i = 1 \tag{2 · 27}$$

여기서 n은 전체 몰수이고 n_i는 성분 i의 몰수이다. 전체 혼합물의 전질량에서 임의의 성분 i가 차지하는 질량을 질량분율(mass fraction)이라 하고 다음과 같이 나타낸다.

$$y_i \equiv \frac{m_i}{m} = \frac{m_i}{\sum m_i} \tag{2 · 28}$$

$$\sum y_i = 1 \tag{2 · 29}$$

여기서 m은 전체 질량이고 m_i는 성분 i의 질량이다.

혼합기체의 분자량은

$$M = \sum x_i M_i \tag{2 · 30}$$

몰분율과 질량분율의 관계는

$$y_i = \frac{m_i}{m} = \frac{n_i M_i}{nM} = x_i \frac{M_i}{M} \tag{2 · 31}$$

일정한 온도와 체적의 혼합기체에서 온도와 체적이 일정할 때 각 성분 i가 나타내는 분압의 합은 혼합물 전체의 압력과 같다. 이것을 Dalton의 법칙이라 하며 식으로 나타내면

$$P = \sum (P_i)_{T,V} \qquad (2 \cdot 32)$$

여기서 P는 혼합물 전체의 압력이고 $(P_i)_{T,V}$는 온도와 체적이 일정할 때 i 성분의 분압이다.

i 성분의 분압, 몰분율, 전체 압력의 관계식은

$$P_i = \frac{Z_{i,D}}{Z_D} x_i P \qquad (2 \cdot 33)$$

여기서 $Z_{i,D}$와 Z_D는 각각 Dalton의 법칙에서 i 성분의 압축성 인자와 혼합물 전체의 압축성 인자이다. 이상기체에서는 $Z_{i,D} = Z_D = 1.0$이다.

또 일정 온도와 부피의 혼합기체에서 온도와 부피가 일정할 때 각 성분 i가 나타내는 분체적의 합은 혼합물 전체의 체적과 같다. 이것을 Amagat 법칙이라 하며 식으로 나타내면

$$V = \sum (V_i)_{T,P} \qquad (2 \cdot 34)$$

여기서 V는 혼합물 전체의 압력이고 $(V_i)_{T,P}$는 온도와 압력이 일정할 때 i 성분의 분체적이다.

$$V_i = \frac{Z_{i,A}}{Z_A} x_i V \qquad (2 \cdot 35)$$

여기서 $Z_{i,A}$와 Z_A는 각각 Amagat의 법칙에서 i 성분의 압축성 인자와 혼합물 전체의 압축성 인자이며, 이상기체에서는 $Z_{i,A} = Z_A = 1.0$이다.

이상기체에서 식 (2 · 33)과 식 (2 · 35)를 적용하면

$$x_i \equiv \frac{n_i}{n} = \frac{P_i}{P} = \frac{V_i}{V} \qquad (2 \cdot 36)$$

이상기체에서는 체적비나 압력비를 몰비로 간주할 수 있다. 이상기체 혼합물에서 내부에너지는 다음 성질을 갖고 있다.

$$U = \sum U_i$$

$$u = \sum y_i u_i$$

$$\bar{u} = \sum x_i \bar{u}_i$$

여기서 u 는 단위질량당 내부에너지이고, $\overline{u}$ 는 단위몰당 내부에너지이다. 혼합기체의 엔탈피, 엔트로피 정압비열, 정적비열도 같은 방법으로 다음과 같이 나타낼 수 있다.

$$H = \sum H_i$$

$$h = \sum y_i h_i$$

$$\overline{h} = \sum x_i \overline{h}_i$$

$$S = \sum S_i$$

$$s = \sum y_i s_i$$

$$\overline{s} = \sum x_i \overline{s}_i$$

$$c_v = \left.\frac{\partial u}{\partial T}\right)_v = \sum y_i c_{v,i}$$

$$\overline{c}_v = \sum x_i \overline{c}_{v,i}$$

$$c_p = \left(\frac{\partial h}{\partial T}\right)_p = \sum y_i c_{p,i}$$

$$\overline{c}_p = \sum x_i \overline{c}_{p,i}$$

2.1.7 화학반응과 기준 엔탈피

연료는 산화제(또는 공기)와 반응하여 생성물을 만들며 그림 2-4는 화학반응 계략도를 나타낸다. 연소현상은 연료가 산소와 급격히 반응하여 열과 빛을 내는 반응이다. 개방계의 정상유동 열역학 제1법칙은 반응로 입구와 반응로 출구의 운동 에너지와 위치 에너지 차이를 무시하면 다음과 같다.

$$\dot{Q} - \dot{W} + \sum_{inlet} (\dot{m}h)_i - \sum_{exit} (\dot{m}h)_j = 0 \qquad (2 \cdot 37)$$

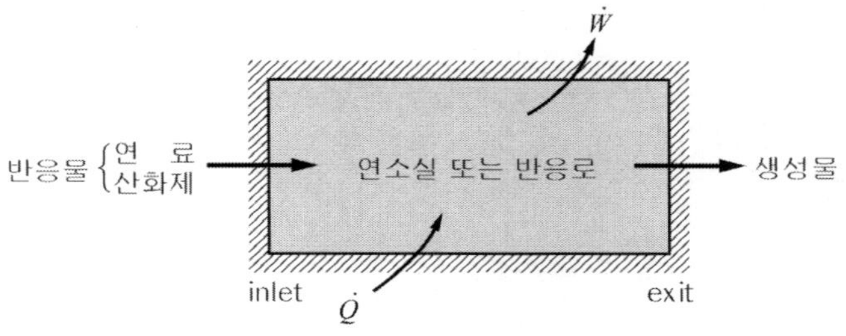

그림 2-4 화학반응 개략도

몰기준으로 표시하면

$$\dot{Q} - \dot{W} + \sum_{inlet} (\dot{n}\,\bar{h})_i - \sum_{exit} (\dot{n}\,\bar{h})_j = 0 \qquad (2 \cdot 38)$$

시간적분하면

$$Q - W + \sum_{inlet} (n\,\bar{h})_i - \sum_{exit} (n\,\bar{h})_j = 0 \qquad (2 \cdot 39)$$

$W = 0$인 경우 $Q = \sum_{exit} (n\,\bar{h})_j - \sum_{inlet} (n\,\bar{h})_i$가 되고 입구는 반응물(Reactant), 출구는 생성물(Product)이 되므로

$$Q = H_{PR} - H_{RE} = \Delta H \qquad (2 \cdot 40)$$

발열반응에서는 Q와 ΔH 부호는 (−)이고, 흡열반응에서는 (+)가 된다.

엔탈피는 점함수(point function)의 상태량이므로 기준이 필요하다. 25℃, 1 atm에서 안정된 원소의 엔탈피는 0으로 하며, 25℃, 1 atm에서 화합물이 생성될 때의 엔탈피를 형성 엔탈피(enthalpy of formation)라 하고 $\overline{h_f^0}$으로 나타낸다. 윗첨자 ^{0}는 기준상태를 의미한다. 임의의 온도 T와 기준온도 25℃에서의 엔탈피 차이를 현열 엔탈피(sensible enthalpy)라 하고 $\Delta\,\bar{h}$로 나타낸다. $\Delta\,\bar{h}$는 JANAF 표를 찾거나 정압비열을 아는 경우 $\int_{T_{ref}}^{T} c_p\,dT$를 취하면 구할 수 있다.

임의의 온도 T인 곳에서의 몰기준 절대 엔탈피는

$$\overline{h_T} = \overline{h_f^0} + \Delta\,\bar{h} \qquad (2 \cdot 41)$$

이 사실은 그림으로 나타내면 다음과 같으며 이것을 Hess의 법칙이라 한다.

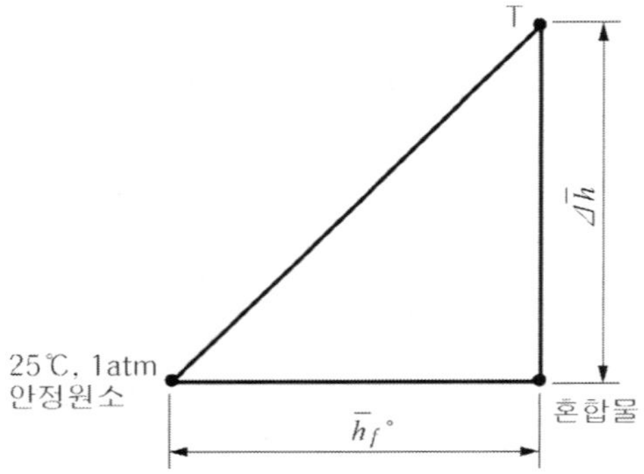

그림 2-5 Hess의 법칙

연소엔탈피는 1몰의 연료가 기준온도에서 공기와 완전연소 반응하여 반응물이 생성된 후 주어진 기준온도로 식었을 때 생성물의 엔탈피와 초기 기준온도에서의 반응물의 엔탈피 차이를 말하며 다음과 같다.

$$\Delta \overline{h_c} = \sum_{PR}(n\,\overline{h^0})_j - \sum_{RE}(n\,\overline{h^0})_i \qquad (2 \cdot 42)$$

연소열은 연료가 완전연소하여 생성물이 초기기준온도로 식었을 때에 발생하는 열량이며 이를 발열량이라 한다. 연소엔탈피는 (−)값이므로 발열량은 연소엔탈피에 절대값을 취한 값과 같다.

단위질량당 $HV = |\Delta h_c|$

단위몰당 $HV = |\Delta \overline{h_c}|$

생성물 중의 H_2O 가 수증기 상태로 있을 때를 저위발열량(LHV), H_2O 가 액체 상태로 있을 때를 고위발열량(HHV)이라 하며 이들 관계는

$$\text{연료 1몰당 LHV} = \text{연료 1몰당 HHV} - (n\,\overline{h_{fg}})_{H_2O} \qquad (2 \cdot 43)$$

$$\text{또는 연료 1 kg당 LHV} = \text{연료 1 kg당 HHV} - (m h_{fg})_{H_2O}$$

여기서 $\overline{h_{fg}}$ 는 단위 몰당 H_2O 의 증발잠열이고 h_{fg} 는 단위 질량당 H_2O 의 증발잠열이다. 각 연료의 발열량은 부록표에 나와 있다.

2.2 효율의 정의

왕복기관은 열역학적 사이클이 아닌 기계적 사이클을 따른다. 왕복기관의 유동은 사이클의 최종상태에서 초기상태로 재순환하지 않고 새로운 것으로 대체되는 개방사이클로 엄밀한 의미의 열역학적 사이클을 이루지는 않지만 2행정이든 4행정 사이클이든지 간에 왕복기관 사이클에서 시작과 끝점은 기계적으로 동일하기 때문에 기계적 사이클을 이루며 일을 생산하는 장치이다. 왕복기관의 매 사이클마다 최종상태에서 연소가스는 배출되고 작동유체는 새로운 공기와 연료의 혼합기로 대체된다. 열효율은 투입된 열량에 대한 열기관에 의해 발생된 정미일의 비이며 다음과 같이 나타낼 수 있다.

$$\eta_{th} = \frac{W_{net}}{Q_{in}} \tag{2 · 44}$$

2.2.1 제2법칙 효율 또는 상대효율

연료와 공기(즉, 반응물질)는 주위온도 T_0, 주위압력 P_0에서(즉, 주변상태에서) 동력장치로 들어간다. 배출은 보통 압력 P_0에서 이루어지지만 일반적으로 내연기관의 배기 생성물의 온도는 주변 온도 T_0보다 더 높은 온도에서 배출되며 배기 생성물질이 부가적인 사이클을 이루는 열동력장치의 열원으로 사용된다면 추가적인 일을 할 수 있다. 최대의 일을 내기 위해서는 모든 과정은 가역적이어야 하며 생성물질은 P_0일 뿐만 아니라 T_0로 기관에서 배출되어야 하지만 실제로는 그렇지 않다.

이상기체, 가역과정, 비사이클, 정상유동에서 가역과정일은 다음과 같다.

$$W_{Rev} = B_{in} - B_{out} \tag{2 · 45}$$

여기서 B는 정상유동의 가용함수(availability function)이며 $B \equiv H - T_0 S$이다.

왕복기관의 경우 반응물과 생성물의 조성이 다르긴 하지만, 주위 온도와 주위 압력으로 동력장치에 유입되고 배출된다고 하면 이상적일 것이다. 따라서

$$W_{Rev} = (G_{R_0} - G_{P_0}) \equiv -\Delta G_0 \tag{2 · 46}$$

여기서 Gibbs 함수 G는 다음과 같이 정의된다.

$$G \equiv H - TS \tag{2·47}$$

그리고 G_{R_0}는 P_0, T_0에서 반응물의 G이고, G_{P_0}는 P_0, T_0에서 생성물의 G이다.

식 (2·46)은 주어진 화학반응으로부터 얻을 수 있는 가역 최대일(W_{rev})을 나타낸다. 가역 최대일은 왕복기관의 실제 출력을 비교할 때 기준으로 사용될 수도 있으며 가역 최대일 중 실제 한 일은 제2법칙 효율 또는 비효율(rational efficiency) 혹은 상대효율(relative efficiency)이라 하며 다음과 같이 정의된다.

$$\eta_R = \frac{W}{W_{Rev}} \tag{2·48}$$

여기서 W는 실제 유용한 일출력이고 W_{Rev}는 최대 가능한 가역과정 가용일이다.

상대효율 또는 제2법칙 효율은 열효율과 다르다. 제2법칙 효율은 사이클을 이루는 장치의 사이클 효율로 사용되어야 하기 때문에 제2법칙 효율의 상한은 사이클을 이루는 장치의 열효율과는 다르게 100%가 될 수 있으며, 각 부품마다 제2법칙 효율을 체크하여 전체 시스템 중 어느 부품을 개선해야 할지 판단할 때 사용될 수도 있다.

2.2.2 이론열효율(theoretical thermal efficiency) η_{th}

이론열효율이란 열역학상 비가역변화에 기인되는 손실만을 가진 사이클에 의해 일로 변환된 열량과 그 사이클에 공급된 열량과의 비를 말한다. 한 사이클 동안 가해진 열은 다음과 같이 나타낼 수 있다.

$$Q_{in} = m_f\, CV \eta_c \quad \text{또는} \quad \dot{Q}_{in} = \dot{m}_f\, CV \eta_c \tag{2·49}$$

여기서 m_f는 연료질량, $\dot{m}_f$는 연료소모율, CV는 연료의 저위발열량으로써 $-\Delta H_0$와 동일한 값이며, η_c는 연소효율이고 보통 0.95~0.98 정도이다.

열역학 제1법칙에서 일로 변환된 열량은 그 사이클에 공급된 열량(수열량) Q_{in}과 방출된 열량(방열량) Q_{out}과의 차이므로 다음과 같이 표시한다.

$$\eta_{th} = \frac{W_{net}}{Q_{in}} = \frac{Q_{in} - Q_{out}}{Q_{in}} = \frac{W_{th}}{m_f\, CV \eta_c} = \frac{\dot{W}_{th}}{\dot{m}_f\, CV \eta_c} \tag{2·50}$$

여기서 W_{th}는 한 사이클 동안의 이론일이다.

2.2.3 도시열효율(indicated thermal efficiency) η_i

실린더 내에서 가스가 피스톤에 하는 일은 이론 사이클로 얻어지는 일보다 불완전연소, 연소의 지연, 가스누설, 냉각손실 또는 흡·배기에 소비되는 일 때문에 작게 된다. 작동가스가 피스톤에 하는 일을 도시일(W_i)이라 하며 그 동력을 도시마력(indicated horse power) HP_i라 하고 여기에 관계되는 열효율을 도시열효율이라고 한다. 즉, 도시열효율은 연료의 화학적 에너지가 열에너지로 변화되어 피스톤에 작용하는 기계적 일로 변환되는 효율을 의미한다. 이 효율은 아무리 높아도 그 사이클에 대한 이론열효율 이상으로는 될 수 없다.

$$\eta_i = \frac{W_i}{Q_{in}} = \frac{W_i}{m_f\, CV\eta_c} \tag{2 · 51}$$

2.2.4 제동열효율(brake thermal efficiency) η_b

실제로 기관의 크랭크축에서 얻어지는 축일 W_b는 도시일에서 운동부분의 마찰, 밸브, 펌프, 기타 운전에서 필요한 보조장치를 구동시키는 데 필요한 일을 뺀 것이다. 기관 축에서 얻어지는 동력을 제동마력(brake horse power) 또는 축마력(shaft horse power)이라 하고 여기에 관계되는 열효율을 제동열효율이라 한다. 제동열효율은 연료의 화학적 에너지가 열에너지로 변환되고 다시 프로펠러(또는 차축)를 구동시키는 데 변환되는 총효율(η_o)과 동일하다.

$$\eta_b = \frac{W_b}{Q_{in}} = \frac{W_b}{m_f\, CV\eta_c} = \frac{W_b}{m_f\,|-\Delta H_0|\eta_c} = \frac{HP_b}{\dot{m}_f\, CV\eta_c} \tag{2 · 52}$$

제동열효율식을 다음과 같이 고쳐 쓸 수 있다.

$$\eta_b = \eta_o = \frac{W_b}{m_f\, CV\eta_c} = \frac{\mathrm{BHP}/\mathrm{N}^*}{m_f\, CV\eta_c} = \frac{\mathrm{BHP}}{m_f\, N^* CV\eta_c}$$

$$= \frac{\text{BHP}}{\dot{m}_f}\frac{1}{CV\eta_c} = \frac{1}{bsfc}\frac{1}{CV}\frac{1}{\eta_c} \qquad (2 \cdot 53)$$

여기서 N^*는 4행정 기관에서는 $rps/2$이고, 2행정기관에서는 rps이다. 또 $bsfc$는 단위제동마력당 연료소비를 나타내는 제동연료소비율이다.

항공용 가솔린은 1 gallon이 6 lb이고, 1 lb당 20,000 Btu의 열량을 가지고 있으므로 항공용 가솔린 사용시에 제동열효율은 다음과 같이 나타낼 수 있다.

$$\eta_b = \frac{33{,}000 \times \text{BHP}}{\text{분당 소비되는 연료의 질량(lb)} \times 20{,}000 \times 778} \qquad (2 \cdot 54)$$

예를 들어 시간당 13.0 gallon의 항공용 가솔린을 사용하여 154 BHP의 출력을 내고 있다면 이 기관의 열효율은 $\eta_b = \dfrac{33{,}000 \times 154}{\dfrac{13.0 \times 6}{60} \times 20{,}000 \times 778} = 0.251 = 25.1\%$이다.

2.2.5 기계효율(mechanical efficiency) η_m

제동열효율이 낮을 경우에 도시열효율이 나쁜지 아니면 기계 자신의 손실이 많아서인지 모른다. 이것을 명확하게 하기 위해서 다음과 같이 정의된 기계효율을 사용한다. 그리고 자동차기관에서는 기계효율은 대략 0.8~0.85이다.

η_m는 실린더 내에서 연소가스에 의한 열에너지가 하는 일 중 크랭크축이 하는 제동일의 비율이며 다음식으로 표시된다.

$$\eta_m = \frac{W_b}{W_i} = \frac{HP_b}{HP_i} = \frac{\eta_b}{\eta_i} \qquad (2 \cdot 55)$$

기계효율은 기계마찰의 대소에 관계되며 도시마력과 제동마력의 차는 기계의 내부마찰 및 보조장치의 구동에 소비되는 부분으로 이것을 마찰마력(friction horse power) HP_f라 한다.

$$HP_f = HP_i - HP_b \qquad (2 \cdot 56)$$

위에서 설명한 η_{th} 및 η_b 사이에 일어나는 주요한 열손실을 표시하면 그림 2-6과 같다.

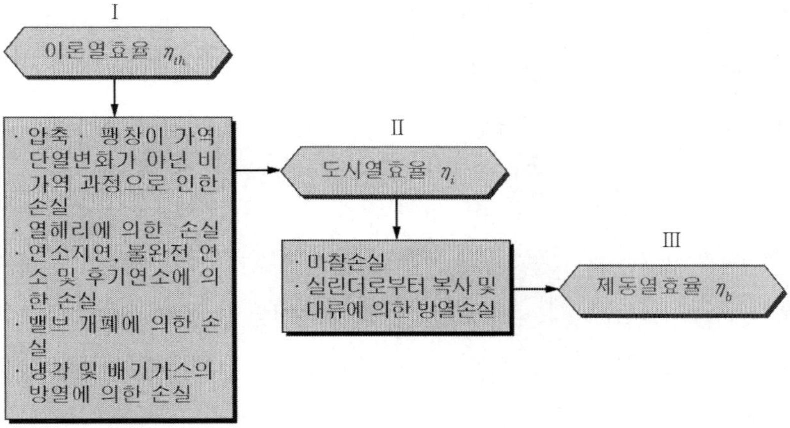

그림 2-6 주요 열손실

2.2.6 열 분배

열역학 제1법칙, 즉 에너지 보존의 법칙에 따르면 "연료의 총 방열량에 해당하는 에너지는 항상 어떤 형태로든 변화되어 존재한다"이다. 기관에 공급된 연료가 완전 연소되어 발생된 총 발열량을 100%로 하고 이 열량이 유효일 이외에 어떤 형태로 변환되어 분배되어 있는가를 표시하는 것을 열 분배 또는 열정산(heat balance)이라 하며, 각각 기관의 평가에 사용된다. 일반적으로 열에너지는 다음과 같이 크게 4가지로 분배되어 있다.

(1) 유효일로 변환된 열량(제동마력)
(2) 냉각매질(물 또는 공기)로 전열되는 열량과 오일에 의한 냉각열량(냉각손실)
(3) 배출가스로 배출되는 열량(배기손실)
(4) 기계마찰열, 복사열, 전단열로 주위에 잃어버린 열량(기타 손실)

유효일로 변환된 열량은 기관을 동력계에서 운전하여 제동마력과 연료 소비량을 측정함으로써 연료 소비율을 구하고, 또 제동열효율을 구한다. 냉각손실은 이론마력과 도시마력과의 차에서 구할 수 있다. 배기손실은 열역학상의 모든 열원, 즉 대기 중에 방출된 열량으로 배기온도의 측정에서 구해지나 불완전팽창에 의한 손실에너지도 포함된다. 기타 손실은 냉각매질이나 오일의 온도 상승 및 대기의 복사열도 있어 그 양의 측정은 어렵다.

기관의 열 분배는 기관의 종류에 따라, 또 운전조건이나 환경에 따라 여러 가지 모양으로 분배된다. 수냉식 자동차용 기관에서 연료에 공급된 열량은 대체적으로 유효일의 약 25~30%, 배출가스에 약 30~40%, 수냉각 매질에 약 25~35%, 기타 약 5~10% 정도로 분배된다. 그러나 공랭식 항공용 기관의 순항 비행시 연료-공기의 등가비는 약 0.9이고, 평균 유효압력은 8~10 bar이며, 연소실로 투입되는 에너지 중 크랭크 축의 유효일은 약 25~30%, 배출가스로 약 40~50%, 공랭식 냉각에 의해 주위공기로 약 15~20%, 오일에 의한 냉각으로 약 5~10%, 기타 약 5~10% 정도로 분배된다.

공랭식 항공기관의 이륙시에는 연료-공기의 등가비는 약 1.65이고, 평균 유효압력은 12 ~15 bar이며 공급되는 연료 중 약 45% 정도만 연소실에서 동력발생으로 사용되고 나머지 약 55%의 연료는 데토네이션 발생방지를 위해 배기가스와 함께 외부 대기로 빠져 나가면서 연소실 온도를 낮추는 역할을 한다. 이륙시 동력발생으로 사용되는 에너지 중 크랭크 축의 유효일은 약 30~35%, 기타 약 5~10% 정도로 분배된다. 이륙시 공급되는 연료대비 전체 열효율은 0.45×0.35=0.1575로 아주 낮지만, 이륙기간은 기껏해야 5분 이내이므로 전체 연료 소비율은 그리 중요하지 않으며, 출력을 최대로 내면서 데토네이션이 일어나지 않아야 한다. 이데 대한 자세한 내용은 7.4절에 설명되어 있다.

예제 2-1

배기량이 3,000 cc인 6기통 4행정 가솔린기관이 동력계와 연결되어 3,600 rpm에서 운전되고 있다. 기관의 실제 동력이 동력계에 기록되는 동력인 동력계 효율은 95%이며 동력계의 소비동력은 75 kW이다. 3,600 rpm에서 가솔린기관의 연소효율은 100%이고 기계적 효율은 85%이다. 가솔린의 발열량은 44 MJ/kg이고 소비되는 연료의 질량유량은 0.0060 kg/s이다. 3,600 rpm에서 이 기관의 제동마력, 도시마력, 마찰마력, 제동열효율, 도시열효율, 제동연료소비율을 구하라.

풀이

제동마력

$$\dot{W}_b = (75\,\mathrm{kW})(0.95) = 71.25\,\mathrm{kW}$$

도시마력

$$\eta_m = \frac{\dot{W}_b}{\dot{W}_i} \text{에서 } \dot{W}_i = \frac{\dot{W}_b}{\eta_m} = \frac{71.25}{0.85} = 83.8\,\mathrm{kW}$$

마찰마력

$$\dot{W}_f = \dot{W}_i - \dot{W}_b = 83.8\,\mathrm{kW} - 71.25\,\mathrm{kW} = 12.55\,\mathrm{kW}$$

제동열효율

$$\eta_b = \frac{\dot{W}_b}{\dot{m}_f\, CV \eta_c} = \frac{71.25\,\mathrm{kW}}{0.0060\,\mathrm{kg/s} \times 44000\,\mathrm{kJ/kg} \times 1.0} = 0.2698 = 27\,\%$$

도시열효율

$$\eta_m = \frac{\eta_b}{\eta_i} \text{에서 } \eta_i = \frac{\eta_b}{\eta_m} = \frac{0.2698}{0.85} = 0.3175 = 31.8\,\%$$

제동연료소비율

$$bsfc = \frac{\dot{m}_f}{BHP} = \frac{0.0060\,kg/s}{71.25\,kW} = 8.42 \times 10^{-5} kg/kW \cdot s = 303\,g/kW \cdot hr$$

또는

$$bsfc = \frac{1}{\eta_b}\frac{1}{CV} = \frac{1}{0.2698}\frac{1}{44000\,kJ/kg} = 8.42 \times 10^{-5} kg/kW \cdot s = 303\,g/kW \cdot hr$$

2.3 사이클 해석

2행정이나 4행정의 작동에 관계없이, 또 스파크 점화나 압축착화에 관계없이 왕복기관은 열역학적 사이클이 아닌 기계적 사이클을 따른다. 그러나 이런 기관의 열효율은 기관의 지시선도에 상응하는 가상 사이클의 상태선도 사이의 유사성 때문에 공기 표준 사이클의 열효율과 비교하여 평가된다. 기관의 지시선도는 실린더체적이 변할 때 압력의 변화를 기록한 것이다. 압력-체적선도는 선도 내부의 면적이 사이클에서의 일과 같으므로 아주 유용하다.

이상공기 표준 사이클에서 연료-공기 혼합기의 특성을 고려하면 연료-공기 사이클이 되고, 연료-공기 사이클에서 연료손실, 시간손실, 열손실을 고려하면 실제 사이클이 된다. 실제 사이클에서 기관의 마찰손실을 제외하면 실제 크랭크축에서 이용될 수 있는 유효일을 구할 수 있다.

2.3.1 이상공기 표준 사이클

왕복기관의 출력 및 연료소비율은 사이클에 좌우된다. 사이클을 해석함에 있어서 P-v 선도의 $\int PdV$ 는 일(W)의 양과 같고 T-s 선도의 $\int TdS$ 는 열전달(Q)과 같다.

만약 $P-v$ 선도를 사용하면 $\int Pdv = w$ 이고 $T-s$ 선도를 사용하면 $\int Tds = q$ 와 같다. 여기서 $v = V/m$, $w = W/m$, $s = S/m$ 이다.

실제 왕복기관의 사이클은 작동가스의 상태변화가 복잡한 까닭에 정량적 계산이 매우 복잡해진다. 그러나 실제 사이클의 정성적 성질, 경향 및 도달할 수 있는 한도 등을 조사하기 위해서 실제 사이클의 내적 비가역성과 복잡성을 제거하여 실제 사이클과 매우 유사하지만 내적 가역과정으로 구성되는 이상공기 표준 사이클을 다음과 같은 가정하에 해석한다. 실제 사이클을 이론화한 이상공기 표준 사이클에 대한 고찰만으로도 실제 사이클의 정량적인 정보를 얻을 수 있다.

1) 작동유체는 일정한 질량의 완전공기(가스)이며, 비열은 온도나 압력에 의해 변화되지 않고 사이클 중 일정하다.
2) 압축 및 팽창행정은 가역 단열변화이다. 즉, 외부와의 열교환은 없다.
3) 작동가스의 가열은 작동가스 자체의 연소 발생열에 의한 것이 아니고 외부로부터 가한 열량에 의한 것으로 생각하며 열의 공급은 상사점, 열의 방출은 하사점에서 열교환에 의해 순간적으로 이루어진다고 가정한다.
4) 사이클은 밀폐 사이클로서 실린더 내의 가스는 항상 실린더 내에 있다.
5) 흡·배기과정이 없다. 따라서 흡·배기행정의 압력선은 대기압선과 일치한 수평선이다.

이상공기 표준 사이클에서는 실제 사이클보다는 약 2배의 높은 열효율을 가지며, 또 최고압력·온도도 훨씬 높다.

(1) 이상공기 표준 오토사이클(4행정 SI기관에 적용)

이상공기 표준 오토사이클은 스파크 점화기관(가솔린기관)의 이상 사이클로서 열공급이 정적과정에서 순간적으로 이루어지므로 고속기관의 특성을 나타내고 정적사이클이라고도 한다. 이 사이클로 작동되는 기관은 1876년 N. A. Otto가 처음으로 4행정기관을 제작하였기 때문에 붙여진 이름이다.

이상공기 표준 오토사이클(4행정)은 그림 2-7에서 보는 바와 같이, 2개의 등엔트로피 과정과 2개의 정적과정으로 이루어지고 있다.

과정 0－1 : 대기압하에서 작동가스(공기)가 흡입된다(흡기과정).

과정 1－2 : 흡인된 작동가스를 가역 단열 압축한다(가역 단열 압축과정).

과정 2 − 3 : 압축이 끝난 상태점 2에서 열공급이 시작되어 체적의 변화 없이 압력이 상승하여 3의 상태점에서 순간적으로 열공급이 끝난다고 생각한다. 정적과정 2 − 3에서 열량 Q_{in} 이 작동가스에 순간적으로 공급된다(정적 연소과정).

과정 3 − 4 : 고온 · 고압가스가 가역 단열적으로 팽창한다(가역 단열 팽창과정).

과정 4 − 1 : 상태 4에서 배기 밸브가 열려 체적의 변화 없이 열이 배출된다. 이때 과정 4 − 1을 따라 열량 Q_{out} 가 방출된다(정적 방열과정).

과정 1 − 0 : 실린더 내의 작동가스를 대기 중에 배출한다(배기과정).

가역단열 압축과정 1 − 2와 가역단열 팽창과정 3 − 4 중의 가역 압축일과 팽창일은 각각 $W_{1-2} = (P_2V_2 - P_1V_1)/(1-\gamma)$와 $W_{3-4} = (P_4V_4 - P_3V_3)/(1-\gamma)$로 표기되고 한 사이클 동안의 정미일은 $W_{net} = W_{1-2} + W_{3-4}$이다. 오토사이클에서는 가스 질량 m kg에 대하여 변화 2 → 3 사이에서 열량 Q_{in} 이 공급되며, 변화 4 → 1 사이에서 열량 Q_{out} 가 방출된다고 생각할 수 있다. 두 변화는 모두 정적 변화이므로 지금 비열이 일정하다고 보면,

$$\text{공급열량 } Q_{in} = m\int_{T_2}^{T_3} c_v\,dT = m \cdot c_v(T_3 - T_2)$$

$$\text{방출열량 } Q_{out} = m\int_{T_1}^{T_4} c_v\,dT = m \cdot c_v(T_4 - T_1)$$

이고 유효일로 사용되는 열량은 $Q_{in} - Q_{out}$ 이다. 따라서 이론열효율은

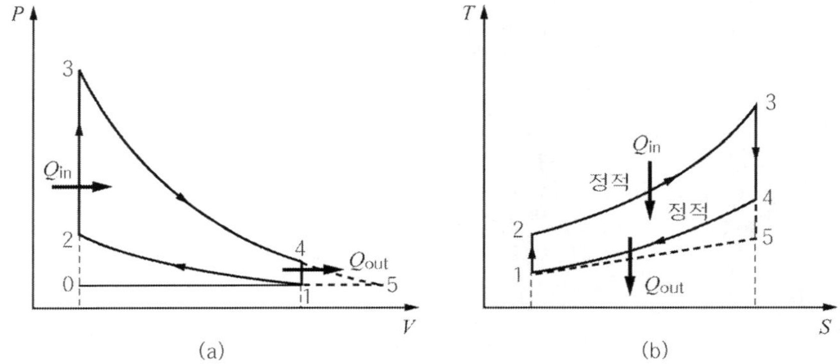

그림 2-7 이상공기 표준 오토사이클의 P–V 선도와 T–S 선도

$$\eta_{Otto} = \frac{Q_{in} - Q_{out}}{Q_{in}} = \frac{(T_3 - T_2) - (T_4 - T_1)}{(T_3 - T_2)} = 1 - \frac{T_4 - T_1}{T_3 - T_2} \tag{2 · 57}$$

과정 1 − 2와 3 − 4는 가역 단열변화이고 $V_1 = V_4$, $V_2 = V_3$이므로

$$\frac{T_1}{T_2} = \left(\frac{V_2}{V_1}\right)^{\gamma - 1} = \left(\frac{V_3}{V_4}\right)^{\gamma - 1} = \frac{T_4}{T_3} \text{ 또는 } \frac{T_3}{T_2} = \frac{T_4}{T_1}$$

따라서 식 (2 · 57)은 $\eta_{Otto} = 1 - \frac{T_1}{T_2}\left(\frac{T_4 / T_1 - 1}{T_3 / T_2 - 1}\right) = 1 - \frac{T_1}{T_2}$이 된다.

$$\eta_{Otto} = 1 - \frac{T_1}{T_2} = 1 - \left(\frac{V_2}{V_1}\right)^{\gamma - 1} = 1 - \left(\frac{1}{r_v}\right)^{\gamma - 1} \tag{2 · 58}$$

여기서 $r_v = (V_1 / V_2)$은 압축비이다.

식 (2 · 58)에서 이론 이상공기 표준 오토사이클의 열효율은 공급된 열량에는 관계가 없으며, 비열비(γ)가 증가할수록 또 압축비(r_v)가 증가할수록 증가한다. 그러나 실제 가솔린기관에서는 압축비가 너무 크면 노킹이 일어나므로 압축비가 약 8~10에서 사용되고 있다. 비열비 1.4, 압축비 9.0인 이상공기 표준오토사이클의 효율은 약 58.5%로 실제 스파크 점화기관 효율의 약 2배 값을 가진다. 이상공기 표준오토사이클과 실제 스파크 점화기관 효율의 차이는 누출손실, 마찰손실, 열전달손실, 흡배기 손실, 불완전 연소 등에 기인한다.

도시평균유효압력(IMEP)은 제3장에서 자세히 설명될 예정이지만, 한 사이클에서의 순일을 피스톤의 팽창기간 동안에 일정하게 했다고 가정할 때의 압력으로 생각하여 다음과 같이 나타낼 수 있다. 즉, 행정체적당의 도시순일을 도시평균유효압력이라 한다.

$$\overline{P}_i = IMEP = \frac{W_{net}}{V_1 - V_2} = \frac{W_{net}}{V_d} = \frac{w_{net}}{v_1 - v_2} \tag{2 · 59}$$

도시 평균유효압력을 초기 압력 P_1으로 무차화하기 위해 식 (2 · 59)의 W_{net}에 ηQ_{in}을 대입하고 $V_d = \frac{r_v - 1}{r_v} V_1$을 대입하면 다음과 같이 된다.

$$\frac{IMEP}{P_1} = \frac{Q_{in}}{P_1 V_1}\left(\frac{r_v}{r_v - 1}\right)\eta \tag{2 · 60}$$

이상기체 오토사이클에서는 η가 η_{otto}가 대입되고 이상기체 디젤사이클에서는 η_{Diesel}을 사용한다.

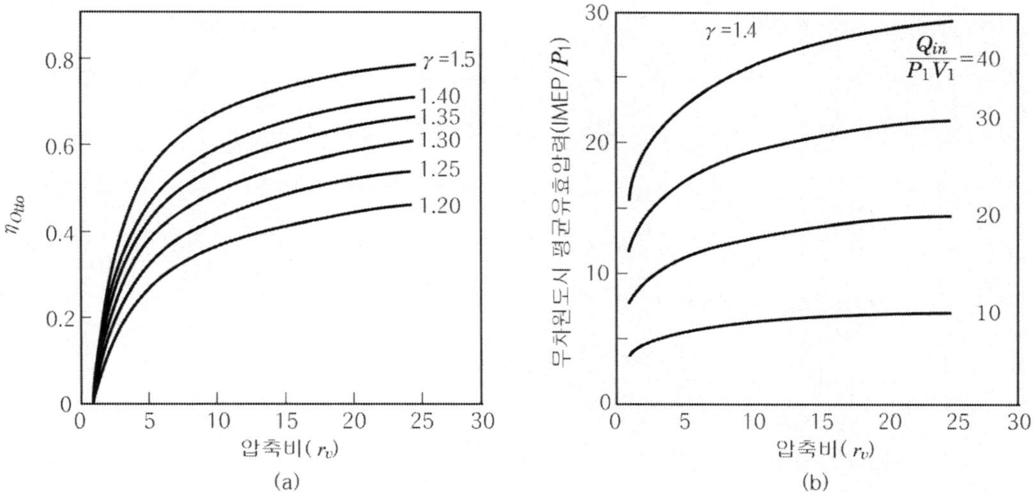

그림 2-8 압축비 변화에 따른 이상공기 표준 오토사이클의 열효율과 무차원 도시평균유효압력

그림 2-8 (a)는 여러 가지 비열비에서 압축비 변화에 따른 이상공기 표준 오토사이클의 열효율을 나타내고 그림 2-8 (b)는 무차원 열 유입량과 압축비 변화에 따른 도시평균유효압력을 나타내고 있다.

예제 2-2

한 실린더의 행정체적이 500 cm³에 상응하고 압축비가 9이고 이상공기 표준 오토사이클로 운전되는 기관에서 압축행정 초기 압력과 온도는 각각 0.1 MPa, 300 K이다. 사이클당 실린더 공기로의 열전달량이 1,200 kJ/kg일 때 압축 시작시 실린더의 가스질량, 사이클 내에서 최고온도와 압력, 열효율, 평균유효압력을 구하라.

풀이

그림 2-7의 각 상태점의 기호를 사용한다.

$$r_v = \frac{V_c + V_d}{V_c} = 1 + \frac{V_d}{V_c} \text{에서} \ \ V_c = \frac{V_d}{r_v - 1} = \frac{500}{9.0 - 1} = 62.5\,\text{cm}^3$$

압축초기체적 $V_1 = V_c + V_d = 562.5\,\text{cm}^3$

$P_1 = 0.1\,\text{MPa}, \ T_1 = 300\,\text{K}$이므로

$$v_1 = \frac{RT_1}{P_1} = \frac{0.287 \times 300}{100} = 0.861\,\text{m}^3/\text{kg}$$

$$m = \frac{V_1}{v_1} = \frac{562.5 \times 10^{-6}}{0.861} = 6.533 \times 10^{-4}\,\text{kg}$$

$$\frac{T_2}{T_1}=\left(\frac{V_1}{V_2}\right)^{\gamma-1}=(9)^{0.4}=2.41\text{이므로 } T_2=2.41\,T_1=723\,\mathrm{K}$$

$$\frac{P_2}{P_1}=\left(\frac{V_1}{V_2}\right)^{\gamma}=(9)^{1.4}=21.67\text{이므로 } P_2=21.67P_1=2.167\,\mathrm{MPa}$$

$$\gamma_v=\frac{V_1}{V_2}=\frac{v_1}{v_2}\text{에서 } v_2=\frac{v_1}{r_v}=\frac{0.861}{9.0}=0.0957\,\mathrm{m^3/kg}$$

$$q_{2_3}=c_v(T_3-T_2)\text{에서 } T_3=T_2+\frac{q_{2_3}}{c_v}=723+\frac{1200}{0.718}=2394\,\mathrm{K}$$

$$P_3=P_2\left(\frac{T_3}{T_2}\right)=2.167\left(\frac{2394}{723}\right)=7.18\,\mathrm{MPa}$$

$$\frac{T_3}{T_4}=\left(\frac{V_4}{V_3}\right)^{\gamma-1}=(9)^{0.4}=2.41\text{에서 } T_4=2394/2.41=993\,\mathrm{K}$$

$$\frac{P_3}{P_4}=\left(\frac{V_4}{V_3}\right)^{\gamma}=(9)^{1.4}=21.67\text{이므로 } P_4=5.48/21.67=0.331\,\mathrm{MPa}$$

따라서 최고압력은 $P_3=7.18\,\mathrm{MPa}$이고 최고온도는 $T_3=2394\,\mathrm{K}$이다.

$$q_{4_1}=c_v(T_4-T_1)=0.718(995-300)=499\,\mathrm{kJ/kg}$$

$$w_{net}=\frac{W_{net}}{m}=(q_{2_3}-q_{41})=(1200-499)=701\,\mathrm{kJ/kg}$$

$$\eta_{Otto}=1-\frac{Q_{out}}{Q_{in}}=1-\frac{499}{1200}=0.585=58.5\%$$

또는 $\eta_{Otto}=1-\left(\frac{1}{r_v}\right)^{\gamma-1}=1-\left(\frac{1}{9}\right)^{1.4-1}=0.585=58.5\%$

$$\overline{P_i}=IMEP=\frac{w_{net}}{v_1-v_2}=\frac{w_{net}}{v_1\left(1-\frac{v_2}{v_1}\right)}=\frac{w_{net}}{\frac{RT_1}{P_1}\left(1-\frac{1}{r_v}\right)}$$

$$=\frac{702}{\left(\frac{(0.287)(300)}{0.1\times1000}\right)\left(1-\frac{1}{9}\right)}=917\,\mathrm{kPa}=0.917\,\mathrm{MPa}$$

(2) 이상공기 표준 디젤(Diesel)사이클 (4행정 CI기관에 적용)

R. Diesel이 제작한 기관은 정압연소에 가깝기 때문에 정압사이클이라고도 부른다. 정압연소과정은 정적연소과정보다 느리게 일어난다. 현재의 디젤기관은 정압연소가 어려우나 이 이상공기 표준 디젤사이클(4행정)의 $P-V$선도 및 $T-S$선도는 그림 2-9와 같다.

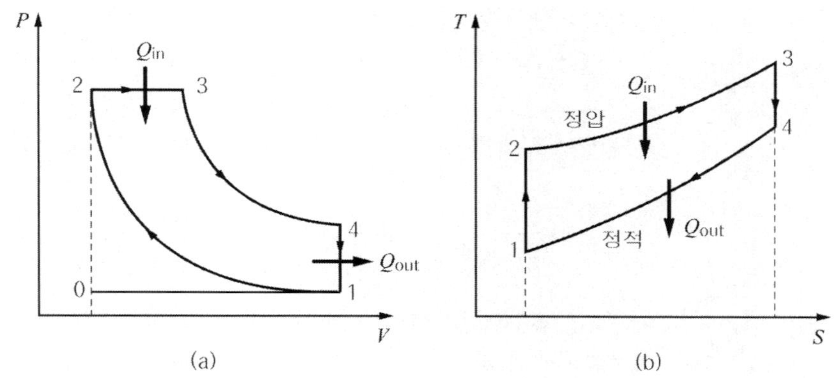

그림 2-9 이상공기 표준 디젤사이클의 P-V 선도와 T-S 선도

즉, 압축 $1-2$, 팽창 $3-4$는 가역 단열과정이고 열공급은 일정한 압력 $2-3$에서 행하여지며 열량 Q_{in}이 실린더 내에 가해진다. 또 배기는 오토사이클에서와 마찬가지로 $4-1$의 정적상태에서 이루어지고 열량 Q_{out}이 밖으로 방출된다.

$$\text{공급열량 } Q_{in} = m\int_{T_2}^{T_3} c_p\, dT = m \cdot c_p (T_3 - T_2)$$

$$\text{방출열량 } Q_{out} = m\int_{T_1}^{T_4} c_v\, dT = m \cdot c_v (T_4 - T_1)$$

따라서 이론열효율 η_{Diesel}는

$$\eta_{Diesel} = 1 - \frac{Q_{out}}{Q_{in}} = 1 - \frac{c_v(T_4 - T_1)}{c_p(T_3 - T_2)} = 1 - \frac{(T_4 - T_1)}{\gamma(T_3 - T_2)} \qquad (2 \cdot 61)$$

지금 $\alpha = V_3 / V_2$ 등압팽창비 또는 연료 차단비(cut off ratio)라 하고, 단열변화 $1-2$에 대하여

$$\frac{T_2}{T_1} = \left(\frac{V_1}{V_2}\right)^{\gamma-1} = r_v^{\gamma-1} \text{ 이므로 } T_2 = r_v^{\gamma-1} T_1$$

정압변화 $2-3$에 대해서는

$$\frac{T_3}{T_2} = \frac{V_3}{V_2} = \alpha \text{ 이므로 } T_3 = \alpha T_2 = \alpha r_v^{\gamma-1} T_1$$

단열변화 $3-4$에 대하여

$$\frac{T_2}{T_1} = \left(\frac{V_1}{V_2}\right)^{\gamma-1} \text{이므로 } T_4 = \left(\frac{V_3}{V_4}\right)^{\gamma-1} T_3 = \left(\alpha\frac{V_2}{V_1}\right)^{\gamma-1} \alpha r_v^{\gamma-1}\, T_1 = \alpha^{\gamma}\, T_1$$

위의 각 식을 식 (2 · 61)에 대입하면

$$\eta_{Diesel} = 1 - \frac{\alpha^{\gamma}\, T_1 - T_1}{\gamma(\alpha r_v^{\gamma-1} T_1 - r_v^{\gamma-1} T_1)} = 1 - \left(\frac{1}{r_v}\right)^{\gamma-1}\left[\frac{\alpha^{\gamma}-1}{\gamma(\alpha-1)}\right] \qquad (2 \cdot 62)$$

디젤기관의 이론 열효율은 압축비에 비례하여 증가하지만 압축비가 너무 크면 마찰손실로 인한 손실이 더 크기 때문에 직접분사식(DI)기관에서는 약 16.0, 간접분사식(IDI) 디젤기관에서는 냉시동성을 고려하여 약 22.0 부근의 압축비가 되도록 기관을 설계 제작하고 있다. 식 (2 · 62)가 유용하게 사용될 수 있지만 정압 열유입구간인 등압팽창동안의 차단비를 유입열량 Q_{in}으로 나타내면 다음과 같다.

$$\alpha = 1 + \frac{\gamma-1}{\gamma}\left(\frac{Q_{in}}{P_1\, V_1}\right)\left(\frac{1}{r_v}\right)^{\gamma-1} \qquad (2 \cdot 63)$$

그림 2-10은 압축비 변화에 따른 이상공기표준 디젤사이클의 열효율과 무차원 도시평균유효압력 및 차단비 변화에 따른 η_{Diesel}을 나타내고 있다. 압축비가 높을수록 η_{Diesel}이 커짐을 알 수 있고 과정 2-3구간에서 열유입이 없으면 이상기체 오토사이클에 해당됨을 알 수 있다. 또 차단비 α 가 증가하면 가역과정(3-4과정)이 작아지기 때문에 디젤기관의 이론 열효율은 감소된다.

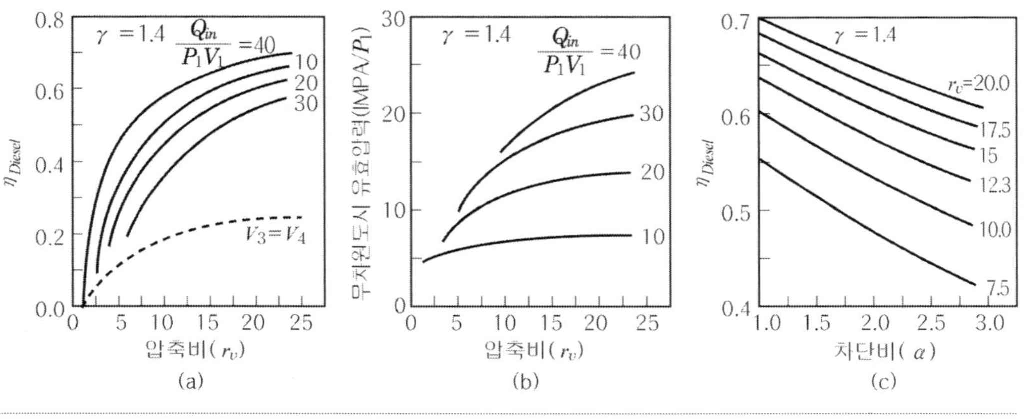

그림 2-10 이론공기 표준 디젤사이클의 열효율과 무차원 도시평균유효압력

(3) 이상공기 표준 복합사이클

현재 고속디젤기관은 정압연소만으로 이루어지지 않으며 정압연소와 정적연소의 혼합 과정으로 생각할 수 있다. 이상공기 표준 복합사이클은 그림 2-11에서 보는 바와 같이 오토사이클과 디젤사이클을 합성한 모양의 사이클로, 고속 디젤사이클의 실제 사이클이며 사바데(Sabathe)사이클이라고도 한다. 이상공기표준 복합사이클에서 열공급은 정적과정보다는 느리지만 정압과정보다는 빠른 연소과정에 적합하다.

이 경우 압축 $1-2$, 팽창 $3-4$는 가역 단열변화를 하지만 상태점 2까지 압축된 후 연료가 분사되면 $2-s$ 의 정적과정과 $s-3$의 정압과정을 통해 열량이 공급된다. 따라서 공급되는 열량 Q_{in} 및 방출열량 Q_{out} 는

$$\text{공급열량 } Q_{in} = Q_{in,v} + Q_{in,p} = m \cdot c_v(T_s - T_2) + m \cdot c_p(T_3 - T_s)$$
$$\text{방출열량 } Q_{out} = m \cdot c_v(T_4 - T_1)$$

이론 열효율은

$$\eta_{Sabathe} = \frac{Q_{in} - Q_{out}}{Q_{in}} = 1 - \frac{c_v(T_4 - T_1)}{c_v(T_s - T_2) + c_p(T_3 - T_s)}$$
$$= 1 - \frac{(T_4 - T_1)}{(T_s - T_2) + \gamma(T_3 - T_s)} \quad (2 \cdot 64)$$

이 식의 각 온도를 정리하면

$$\text{단열변화 } 1-2 \qquad T_2 = \left(\frac{V_1}{V_2}\right)^{\gamma-1} T_1 = r_v^{\gamma-1} T_1$$

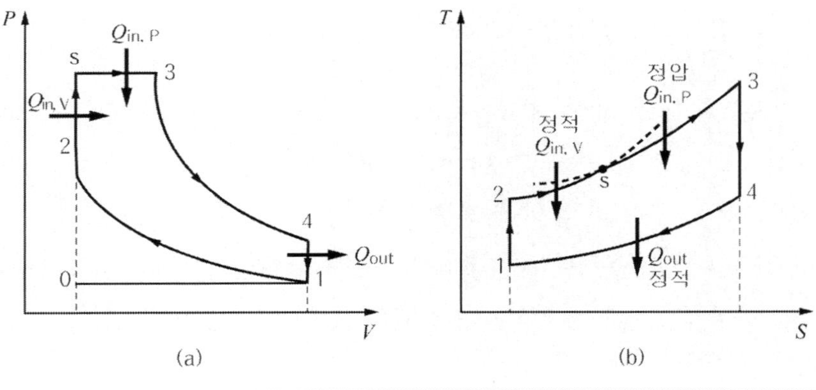

그림 2-11 사바데사이클의 P-V 선도와 T-S 선도

지금 $\frac{V_3}{V_s}=\alpha$ 이고, $r_p=\frac{P_3}{P_2}=\frac{P_s}{P_2}=\frac{T_s}{T_2}$를 압력비라고 하면 $r_p=\frac{1}{{r_v}^{\gamma}}\frac{P_3}{P_1}$인 관계가 있으며 $\frac{P_3}{P_1}$는 보통 50~60 정도이다.

정적변화 $2-s$ 구간에서 $T_s=\frac{P_s}{P_2}T_2=r_v^{\gamma-1}r_p T_1$

정압변화 $s-3$ 구간에서 $T_3=\frac{V_3}{V_s}T_s=\alpha r_v^{\gamma-1}r_p T_1$

단열변화 $3-4$ 구간에서 $T_4=\left(\frac{V_3}{V_4}\right)^{\gamma-1}T_3=\alpha^{\gamma}r_p T_1$

T_2, T_s, T_3, T_4의 값을 식 (2 · 64)에 대입하면 복합사이클 이론 열효율은 다음과 같이 정리된다.

$$\eta_{Sabathe}=1-\frac{\alpha^{\gamma}r_p-1}{r_v^{\gamma-1}(r_p-1)+\gamma r_v^{\gamma-1}r_p(\alpha-1)}$$

$$=1-\left(\frac{1}{r_v}\right)^{\gamma-1}\left[\frac{\alpha^{\gamma}r_p-1}{(r_p-1)+\gamma r_p(\alpha-1)}\right] \quad (2 \cdot 65)$$

식 (2 · 65)가 유용하게 사용될 수 있지만 차단비를 정적과정과 정압과정에서의 열유입항인 Q_{in}과 압력비 r_p로 나타나면 다음과 같다.

$$\alpha=1+\frac{\gamma-1}{\gamma r_p}\left[\frac{Q_{in}}{P_1 V_1}\frac{1}{{r_v}^{\gamma-1}}-\frac{r_p-1}{\gamma-1}\right] \quad (2 \cdot 66)$$

여기서 $r_p=\frac{1}{r_v^{\gamma}}\frac{P_3}{P_1}$로 표기될 수 있다.

이상공기 표준 복합사이클의 열효율은 압축비뿐만이 아니고 α 및 r_p의 값에 따라 다르다. 이상공기 표준 오토사이클 및 이상공기 표준 디젤사이클은 각각 이상공기 표준 복합사이클에서 α=1, r_p=1 의 특별한 경우로 이상공기 표준 오토사이클에서는 가열량이 열효율에 영향을 미치지 못하며 이상공기 표준 디젤사이클에서는 가열량이 많을수록 열효율이 낮고, 이상공기 표준 복합사이클의 열효율은 가열량의 정적부분이 많을수록 높고 정압 부분이 많을수록 낮다.

(4) 4행정 각 사이클의 비교

앞에서 이론적으로 각 사이클을 고찰한 바와 같이, 어느 것이나 압축비를 크게 함으로써 기관의 열효율을 증대시킬 수 있다. 그러나 이상공기 표준 오토사이클에서는 공급열량에는 관계없이 압축비의 증대만으로 열효율 η_{Otto}가 높아지고, 이상공기 표준 디젤사이클에서는 압축비의 증가와 더불어 열효율 η_{Diesel} 은 높아지나 차단비 (α)가 증가하면 $\eta_{Sabathe}$ 은 반대로 감소되므로 공급열량에 관계된다. 이상공기 표준 복합사이클에 있어서는 압축비 및 압력비의 증가와 더불어 열효율 $\eta_{Sabathe}$ 는 높아지고, 차단비가 증가하면 반대로 η_{Diesel} 은 떨어지기 때문에 디젤사이클과 마찬가지로 공급열량에 관계된다. 어느 사이클이건 이론적으로 압축비를 높여 줄수록 열효율은 증대되지만, 실제기관에서는 적용되는 압축비는 서로 다르다. 위의 3가지 효율식으로 공급열량과 압축비를 일정하게 할 때에는 $\eta_{Otto} \geq \eta_{Sabathe} \geq \eta_{Diesel}$ 가 되고, 공급열량 및 최대압력이 일정할 때에는 반대로 $\eta_{Otto} \leq \eta_{Sabathe} \leq \eta_{Diesel}$ 가 된다. 이 사실은 다음 **그림 2-12**에서도 확인될 수 있다.

그림 2-12(a)에서 동일 압축비에서 오토사이클은 1-2-3'-4-1이고, 디젤사이클은 1-2-3- 4-1이고 복합사이클은 1-2-S"-3"-4-1이다. T-S 선도에서 투입열량은 오토사이클, 복합사이클, 디젤사이클의 순이며, 열효율도 이 순서로 됨을 알 수 있다. **그림 2-12(b)**에서 공급열량과 최대압력이 일정할 때 오토사이클은 1-2'-3-4이고, 디젤사이클은 1-2-3-4-1이고, 복합사이클은 1-2"-S'-3-4-1이다. T-S 선도에서 투입열량은 디젤사이클, 복합사이클, 오토사이클의 순이며, 열효율도 이 순서로 됨을 알 수 있다.

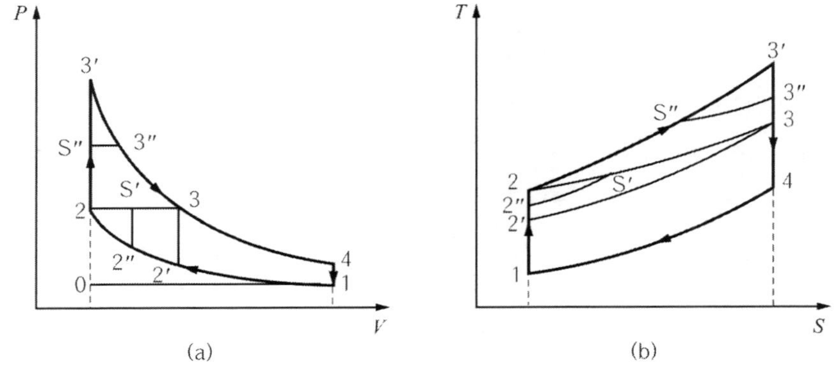

그림 2-12 오토사이클, 디젤사이클, 복합사이클의 비교

그러나 실제의 경우 압축비를 많이 높인다는 것은 최고압력을 높이는 것이다. 최고 압력이 높아지면 각 구조부의 강도, 골격 및 냉각 등 문제로 제약을 받게 된다. 특히 가솔린기관에서는 데토네이션(노킹)이라는 이상연소 현상이 일어나기 때문에 압축비를 8~12 정도밖에 높여 주지 못하고 있다.

디젤기관에서도 디젤 노킹이라고 하는 현상이 있으나, 이는 가솔린기관의 노킹과 반대로 압축비를 높여도 무방하여 15~22(IDI ; 16정도, DI ; 22정도) 정도로 높여주고 있다.

한편 출력이 비교적 크고 또 저속인 디젤기관과 같은 기관에서 오토사이클을 채택할 수 없는 이유로는 연료분사량이 많고 피스톤 속도가 높아 실질적으로 정적연소를 시키기가 불가능하다는 점을 들 수 있다. 이 때문에 오토사이클이 주로 가솔린기관에 사용되고, 고속 디젤기관에서는 사바데사이클이 채택되고 있는 이유이기도 하다.

예제 2-3

오토사이클, 디젤사이클 및 사바테사이클의 이론열효율을 각각 η_{Otto}, η_{Diesel}, $\eta_{Sabathe}$ 로 하고, 동일한 압축비일 때 $\eta_{Otto} \ge \eta_{Sabathe}, \ge \eta_{Diesel}$ 됨을 보여라.

풀이

먼저 η_{Otto}와 $\eta_{Sabathe}$를 비교하자.

$$\eta_{Otto} - \eta_{Sabathe} = 1 - \left(\frac{1}{r_v}\right)^{\gamma-1} - 1 + \frac{\alpha^{\gamma} r_p - 1}{r_v^{\gamma-1}\{r_p - 1 + \gamma r_p(\alpha-1)\}}$$

$$= \frac{1}{r_v^{\gamma-1}} \frac{r_p(\alpha^{\gamma}-1) - \gamma r_p(\alpha-1)}{\{r_p - 1 + \gamma r_p(\alpha-1)\}} = \frac{1}{r_v^{\gamma-1}} \frac{r_p(\alpha-1)\left\{\dfrac{\alpha^{\gamma}-1}{\alpha-1} - \gamma\right\}}{\{r_p - 1 + \gamma r_p(\alpha-1)\}}$$

$r_p \ge 1,\ \alpha \ge 1$ 이고,

$(\alpha^{\gamma}-1)/(\alpha-1) - \gamma = (1+\alpha-\gamma) + \alpha^2 + ... + \alpha^{\gamma-1}$,

$\gamma = 1.4$ 이므로, $(\alpha^{\gamma}-1)/(\alpha-1) - \gamma > 0$

$\therefore \eta_{Otto} \ge \eta_{Sabathe}$ ··(1)

다음으로 $\eta_{Sabathe}$와 η_{Diesel}을 비교하자.

$$\eta_{Sabathe} - \eta_{Diesel} = 1 - \frac{\alpha^{\gamma} r_p - 1}{r_v^{\gamma-1}\{r_p - 1 + \gamma r_p(\alpha-1)\}} - 1 + \frac{\alpha^{\gamma}-1}{\gamma r_v^{\gamma-1}(\alpha-1)}$$

$$= \frac{1}{\gamma_v^{\gamma-1}}(\alpha^{\gamma}-1)\frac{\gamma_p - 1 + \gamma\gamma_p(\alpha-1) - (\alpha^{\gamma}\gamma_p - 1)\gamma(\alpha-1)}{\gamma(\alpha-1)\{\gamma_p - 1 + \gamma\gamma_p(\alpha-1)\}}$$

$$= \frac{1}{r_v^{\gamma-1}} \frac{(r_p-1)(\alpha-1)\left\{\dfrac{\alpha^{\gamma}-1}{\alpha-1} - \gamma\right\}}{\gamma(\alpha-1)\{r_p - 1 + \gamma r_p(\alpha-1)\}}$$

$r_p \geq 1$, $\alpha \geq 1$이고, $\dfrac{\alpha^{\gamma}-1}{\alpha-1}-\gamma > 0$

$$\therefore \eta_{Sabathe} \geq \eta_{Diesel} \quad \cdots\cdots (2)$$

따라서 (1), (2)식에서

$\eta_{Otto} \geq \eta_{Sabathe}, \geq \eta_{Diesel}$ 가 된다.

(5) 앳킨슨사이클과 밀러사이클

보통의 오토사이클이나 디젤사이클 기관에서는 흡입(흡기), 압축, 팽창(폭발), 배기 과정의 각 행정길이가 동일하지만 동력(일)은 팽창 행정에서 발생하므로 압축행정보다 팽창행정을 길게 하여 기관의 효율을 높이는 사이클이 앳킨슨사이클과 밀러사이클이다. 앳킨슨사이클은 1885년 James Atkinson에 의해 고안되었고 밀러사이클은 1947년에 Miller에 의해 고안되었다. 오토사이클에서는 압축비와 팽창비가 같기 때문에 팽창비를 크게 할 수 없다. 통상 가솔린기관에서 압축비와 팽창비를 크게 하면 압축비가 커짐에 따라 효율이 높아지지만 노킹 때문에 압축비는 10~12 정도에서 제한된다. 압축비는 크게 하지 않으면서 팽창비를 크게 할 수 있는 것이 앳킨슨사이클과 밀러사이클이다.

원래 앳킨슨사이클에서는 압축행정보다 흡입행정이 길고, 흡입행정보다 팽창행정이 길며, 팽창행정보다 배기행정이 길다. 그림 2-13은 앳킨슨사이클 기관의 피스톤 거동과 P-V 선도를 나타내고 있다.

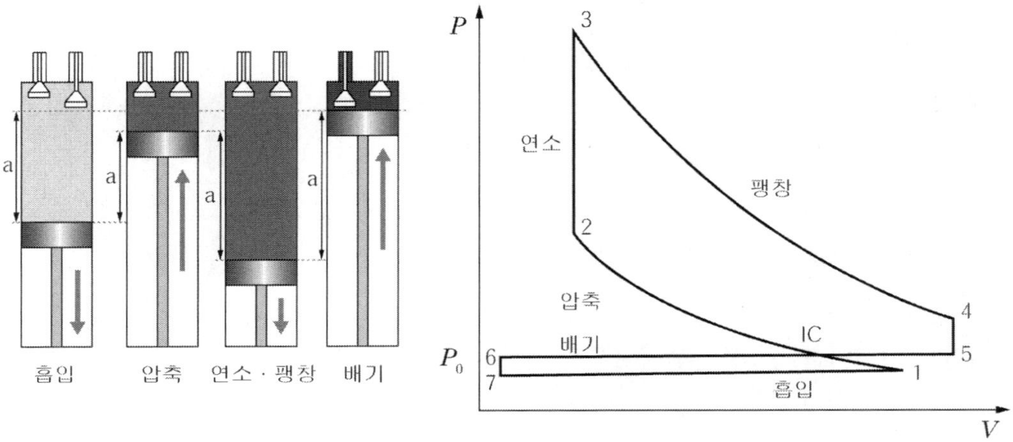

그림 2-13 앳킨슨사이클의 피스톤 거동과 P-V 선도

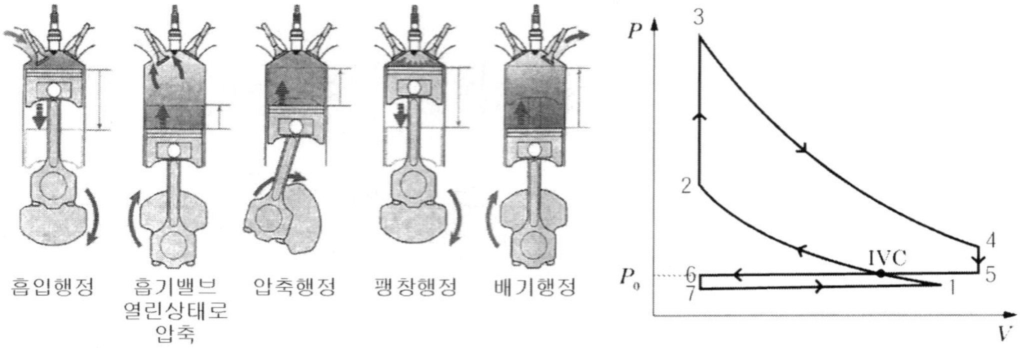

그림 2-14 밀러사이클의 행정개략도와 P-V 선도

앳킨슨사이클 기관에서는 압축비가 낮게 되고 노킹이 잘 일어나지 않는다. 한편 팽창행정은 길이가 길어서 동력(일)유효기관이 길어서 열효율이 높게 된다. 흡입행정보다 배기행정이 더 길어서 배기상사점에 연소실 체적이 작게 되어 잔류 가스가 적게 된다. 이 때문에 연소가 양호하고 노킹이 잘 일어나지 않는다. 앳킨슨사이클은 각 행정길이가 다르므로 크랭크 샤프트에 기구가 복잡하게 되고, 고회전이 곤란하게 되어 흡입공기량이 적게 되어 출력이 불리하게 되고 내구성과 생산성 측면에서도 문제가 있을 수 있어 실용화되기가 쉽지 않다.

앳킨슨사이클 개념에서 압축비보다 팽창비만 크게 하여 1940년에 밀러(Miller)가 고안한 사이클이 밀러사이클이며 앳킨슨사이클보다 훨씬 간단한 기구로 실현가능한 기관을 만들 수 있다. 오토사이클에서는 압축행정 초기부터 흡기밸브가 닫혀있지만 밀러사이클에서는 하사점 후 압축행정 초기에 흡기밸브가 열린 상태로 압축되다가 약간후 흡기밸브가 닫힌 상태에서 상사점까지 압축되기 때문에 실질 압축비가 팽창비보다 낮다. 그림 2-14는 밀러사이클의 행정개략도와 $P-V$선도이다.

밀러사이클 기관에서는 유효 압축비가 낮게 되므로 노킹이 잘 일어나지 않고 팽창행정이 압축행정보다 크게 되어 사이클의 열효율이 커진다. 그러나 흡입행정이 짧아지므로 흡입공기 체적이 배기량이 작은 엔진과 같게 되므로 토크저하가 일어날 수 있다. 이것을 보충하려면 밀러사이클에서는 과급 밀러사이클을 사용하는 것이 좋다. 밀러사이클에서는 배기량이 작게 된 것과 동일한 효과가 있으므로 동일한 토크를 낼 때에는 부분부하에서는 스로틀 개도를 크게 하여 흡입관 압력을 대기압에 가깝게 할 필요가 있다. 그 결과 펌핑 손실이 작으므로 연비가 좋아진다.

2.3.2 연료-공기 사이클

이상공기 표준사이클의 효율을 실제 기관의 효율을 약 2배까지 과대평가한다. 이상공기 표준사이클에서는 동작유체를 완전가스의 법칙에 따르는 공기라고 했으나 실제 기관에서의 동작유체는 스파크 점화기관의 경우, 압축행정에서는 연료-공기 혼합기와 잔류가스의 혼합가스이고, 압축점화기관의 경우에는 공기와 잔류가스의 혼합가스이다. 팽창행정에서의 동작유체는 어느 경우나 다같이 연소가스이고, 일반적으로 그 평균분자량은 미연혼합기보다 작으며, 이들 가스는 온도 상승에 따라 정압비열과 정적비열은 각각 커지지만 비열비는 작아지며, 고온에서는 해리가 발생하여 열을 흡수한다. 이와 같은 실린더 내 가스의 실제 물리량을 사용하여 계산하는 이론 사이클을 연료-공기 사이클이라 한다. 연료-공기 사이클은 열전달이 사이클이기는 하나 실린더 가스조성을 고려하고, 비열의 변화를 고려하고 열해리현상을 고려하므로 실제 사이클에 매우 근접한 사이클이다.

연료-공기 사이클을 상세히 다루고 계산하기 위해서는 연료-공기 혼합기의 열화학(thermochemistry)의 지식과 동작유체의 열역학 성질을 알아야 한다.

그림 2-15과 그림 2-16는 압축비와 등가비 변화에 따른 연료-공기 사이클의 효율의 변화를 나타내고 있다. 여기서 등가비는 실제 연공비를 이론적인 연공비로 나눈 비이다. 압축행정시작에서의 상태는 압력 $P_1 = 1.013$ bar, 온도 $T_1 = 115$℃, 잔류가스 질량분 $f = 0.05$, 절대습도(공기 중 수증기 질량분) $w = 0.02$이다. 그림 2-15는 등가비(ϕ)를 변수로 하여 매개변수로 압축비를 취하여 이들 변수에 대한 열효율을 구한 결과이다. 고압축비일수록 효율은 증대하며 등가비가 감소할수록 공기에 가까워 비열비가 커지며 희박혼합기일수록 효율은 증가하는데 $\phi = 1.0$에서 변곡점이 생긴다. $\phi = 1.0$에서 변곡점이 생기는 이유는 $\phi > 1$에서는 공기(산소)부족으로 연소효율이 급격히 저하하기 때문이다. 그림 2-16은 압축비를 변수로 하고, 등가비를 매개변수로 하여 연료-공기사이클의 효율을 구한 것이다. 그림에서 보는 바와 같이 압축비 증가에 따라 효율은 증가하며, 희박혼합기일수록 효율이 증가함을 보여주고 있으며, 연료-공기사이클의 효율은 공기 표준사이클의 효율에 비해서 매우 낮아짐을 알 수 있다. 그림 2-17은 압축비 8, 등가비 1.2, 연료는 옥탄 C_8H_{16}을 사용한 정적 연료-공기 사이클과 공기 표준사이클을 비교한 것이다. Taylor는 이들 문제를 상세하게 다루고 있다. 그림에서 (a)는 공기 표준사이클이고, (b)도 공기 표준사이클이나 동작유체의 비열을 온도의 함수로 한 가변비열을 취한 경우로 비열비가 1.4보다 낮은 경우이다. (c)는 연료-공기 사이클이다. 효율에 있어서 비열

비가 낮은 (b)의 경우는 (a)에 비하여 효율이 7.6% 감소하며, 연료–공기 사이클인 (c)의 경우는 효율이 상당히 감소하고 있다. 일정비열에서 가변비열을 취함에 따라 실제의 것으로 접근함을 알 수 있다.

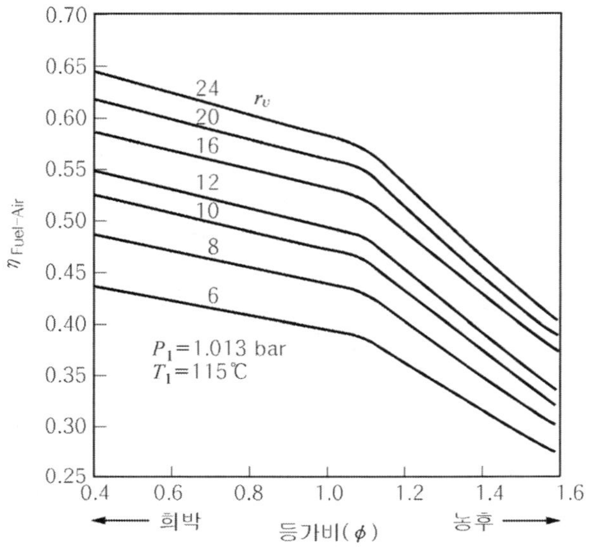

그림 2–15 여러 가지 압축비에 대한 1–octane 연료의 정적 연료–공기 사이클에서 등가비 변화에 따른 효율의 변화(Stone에서 인용)

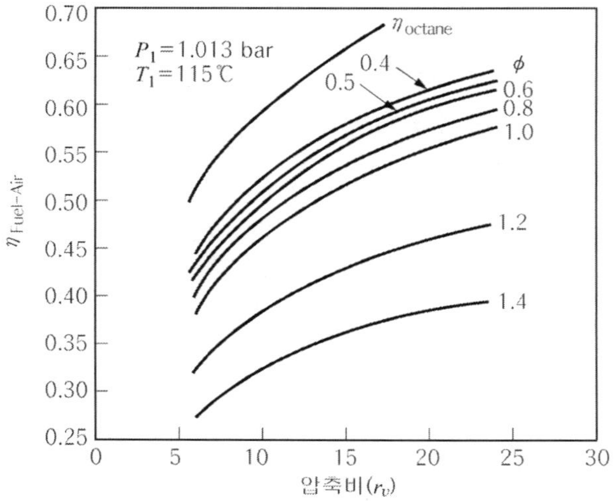

그림 2–16 각 등가비에 대한 정적 연료–공기 사이클의 압축비 변화에 대한 효율의 변화(옥탄연료 – Stone에서 인용)

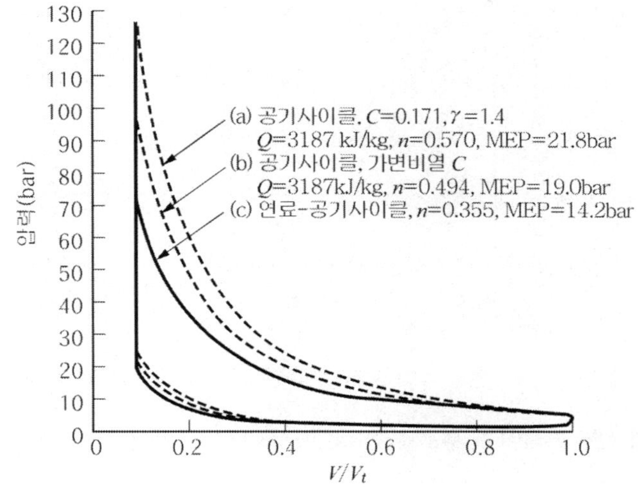

그림 2-17 연료–공기 정적사이클과 정적 이론 공기 사이클과의 비교
(연료 : 옥탄, 압축비 : 8.0, 등가비 : 1.2, 초기압력 : 1bar, $T_1 = 333\,\mathrm{K}$)

2.3.3 실제 사이클

실린더 내의 가스는 1사이클이 이루어지는 동안 온도, 압력, 체적 및 가스조성이 변화한다. 1사이클에 있어서 실린더 내의 체적과 피스톤에 작용하는 압력의 변화를 나타낸 것을 $P-V$선도 또는 지압선도(indicate diagram)라 하며 그림 2-18은 전부하, 부분부하, 과급사이클의 $P-V$선도를 나타내고 있다. 실제 기관의 작동에서 지압선도를 채취하기 위해서는 일련의 계측시스템이 필요하다. 이 계측시스템은 기관의 연소실에 삽입되는 압력변환기(pressure transducer)와 압력변환기에서 감지한 정보를 증폭하는 증폭기를 거쳐 이 정보는 오실로스코프 또는 컴퓨터에 입력시켜 필요한 자료를 연산처리하여 기록장치에서 기록된다. 1사이클을 경과할 동안 실린더 내 가스압력이 시간경과에 따라 변화하는 압력선도를 기록한 것이 지압선도이다. 이것은 통상 크랭크각 θ의 변위에 대한 압력변화곡선으로 되며 $P-\theta$선도로써 기록되며 그림 2-19는 $P-\theta$선도를 나타내고 있다.

이 선도의 $P-\theta$선도로부터 용이하게 $P-V$선도로 바꿀 수 있다. 이 지압선도는 마찰손실을 제외한 모든 손실과 기관 작동시의 모든 영향이 고려된 사이클이므로 실제 사이클이라 부르고 있는 것이다.

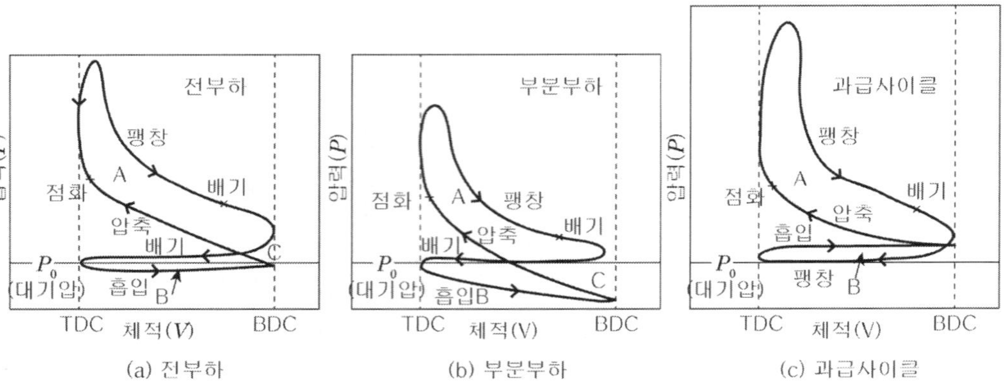

그림 2-18 실제 전부하 사이클, 부분부하 사이클, 과급사이클의 P–V 선도

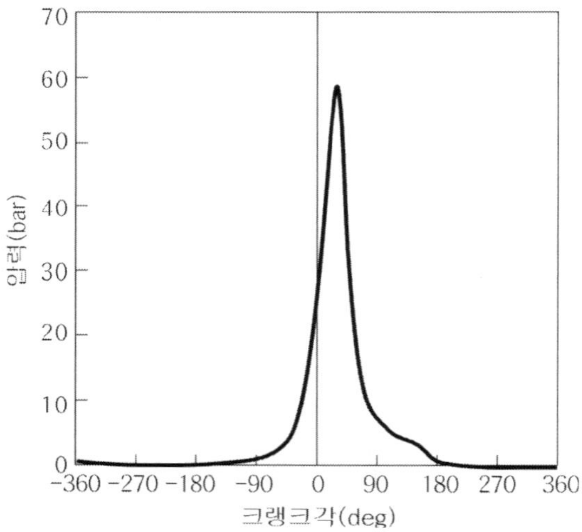

그림 2-19 크랭크각에 따른 실린더 내 압력변화

지압선도로부터 얻을 수 있는 지식은 도시동력 HP_i 및 도시 평균유효압력 P_i 을 비롯하여 연소에 관한 지식, 즉 연소최고압력, 점화지연, 압력상승률, 연소기간, 연소율, 열발생율 등 많은 것을 얻어낼 수 있기 때문에 왕복기관 실험에 있어서 지압선도의 채취는 필수적이다.

사이클 손실이란 사이클을 수행하는 동안에 발생하는 손실을 말하며, 블로바이에 의한 누출, 불완전연소, 시간손실(time loss), 열손실(heat loss) 및 블로다운 손실(blow–down loss)이 있다.

(1) 블로바이에 의한 누출 : 항공용 왕복기관은 보통 3개의 압축링과 오일조절링, 오일스크래퍼링 등 5개의 피스톤링을 가지고 있다. 압축링 및 피스톤과 실린더 사이의 유막은 피스톤과 실린더 벽사이의 틈새를 밀봉하여 실린더가스가 크랭크 케이스로 누설되는 것을 방지한다. 그러나 밀봉역할이 완전하기 않으면 실린더가스가 피스톤을 통과하여 크랭크 케이스로 가스가 누출되며, 이를 블로바이(blowby) 가스라 한다. 누출은 블로바이의 측정에 의하여 추정될 수 있으며 블로바이 가스는 크랭크 케이스 내 압력을 증가시키고 연료와 배기가스로 오일을 오염시킨다.

(2) 불완전연소 : 배기 밸브가 열리기 이전에 연소실 내 화염은 이론적 화학평형에 도달하지 못하기 때문에 실제 연소는 결코 완전연소가 될 수 없고 정도의 차이는 있지만 항상 불완전연소를 하며 경험으로 볼 때, 스파크 점화기관의 배기 중에는 항상 불완전연소 성분이 존재한다. 밸브나 점화플러그의 틈새, 피스톤과 실린더 벽 사이의 간극과 틈새(crivice)에서는 열발생률보다 냉각 표면에서의 냉각이 커서 소염현상(quenching)이 일어나서 불완전연소의 원인이 되기도 한다. 배기 중의 미연소분은 스모그 또는 악취의 원인이 되기 때문에 중요하다.

(3) 시간손실(time loss) : 시간손실은 연소과정에 피스톤 운동이 수반되기 때문에 생기는 사이클 일의 손실을 말한다. 이론 정적사이클의 경우에는 상사점에서 혼합기 전체가 순간적으로 연소한다고 가정하고 있다. 그러나 스파크 점화기관에 있어서 혼합기의 연소는 화염전파에 의하여 이루어지며, 점화로부터 연소가 완료되기까지에는 피스톤 운동이 수반되고, 크랭크각으로 약 40°~60°의 기간이 필요하다. 따라서 실제로는 점화시기를 상사점보다 앞서게 하여 상사점 후의 적당한 시기에 연소가 완료되도록 하고 있다. 이와 같은 연소 소요시간 때문에 피스톤 운동을 수반하게 되어, 실제 사이클의 연소과정은 곡선으로 된다. 따라서 정적연소를 하는 연료-공기사이클에 비하여 수평으로 그은 면적에 상응하는 사이클 일의 감소를 가져오며 Taylor에 의하면 시간손실은 발생열량의 약 6% 정도가 된다.

(4) 열손실 : 연소기간과 이어지는 팽창행정에 있어서는 가스온도가 주위 벽면온도보다 훨씬 높기 때문에 실린더 헤드 및 실린더 벽면으로의 열전달에 의한 열손실이 있으며, 그 열량은 냉각에 의하여 외부로 버려진다. 또, 피스톤에 전달된 열량의 일부는 피스톤 링을 통하여 실린더 벽에 전달되고, 일부는 실린더 벽면에 공급된 윤활유에 의하여 방출된다.

실제 사이클에서도 연소에 따른 열손실 때문에 최고압력은 연료–공기사이클에 비하여 더욱 낮아진다. 또, 팽창과정에 있어서도 열손실 때문에 압력은 등엔트로피 경우보다 더욱 빨리 저하한다.

(5) 블로다운손실 : 이론 사이클에서는 연소가스의 배출이 하사점에서 순간적으로(정적으로) 행해지는 것으로 가정하고 있다. 그러나 배기 밸브가 열려 연소가스의 유출이 시작되고부터 실린더 압력이 대기압으로 되기까지에는 어느 정도의 시간이 필요하다. 따라서 실제로는 배기행정의 끝(하사점) 이전의 적당한 시기에 배기 밸브를 열어 하사점에서는 이미 대기압의 절반 정도로 압력을 낮아지게 하는 것이 보통이다. 따라서 팽창일의 감소를 가져오며, 이 팽창일의 감소를 블로다운손실 또는 배기손실이라 한다.

배기가스의 온도는 블로다운 동안 압력이 대기압까지 갑자기 감소하므로 팽창냉각에 의해 냉각되며 그림 2–7의 가상의 등엔트로피 과정인 4–5 과정을 통해 배기온도 T_5가 된다고 생각할 수 있다. 점 5는 가상상태이고 실제물리적 피스톤 위치에는 대응하지는 않는다. V_5는 연소 후 P_0로 팽창된 전체 사이클 동안에 실린더 내 가스혼합물이 차지하는 가상체적이다.

$$T_{ex} = T_5 = T_4\left(\frac{P_5}{P_4}\right)^{\frac{\gamma-1}{\gamma}} = T_3\left(\frac{P_5}{P_3}\right)^{\frac{\gamma-1}{\gamma}}$$

$$= T_4\left(\frac{P_5}{P_4}\right)^{\frac{\gamma-1}{\gamma}} = T_4\left(\frac{P_0}{P_4}\right)^{\frac{\gamma-1}{\gamma}} \qquad (2 \cdot 67)$$

여기서, 보통 P_5는 배기압력이며 주위대기압력과 같다. 즉 $P_5 = P_{ex} = P_0$이다.

블로다운손실은 발생열량의 약 2% 정도로 추정하고 있다. 블로다운에 의하여 이와 같은 손실이 있기는 하나, 가스교환이 촉진되므로 그 이득이 더욱 크다. 그림 2–18은 연료–공기 사이클과 실제 사이클을 정성적으로 비교하여 표시하였다.

2.3.4 실제 사이클의 지압선도

지압선도($P-V$선도)는 일반적으로 다음 두 가지 목적에 사용된다. 첫째는 기관의 실린더 내에서 무엇이 어떻게 일어나고 있는가를 나타내므로 기관이 올바르게 운전되고 있는가의 여부와 성능의 향상을 꾀하기 위하여 무엇을 어떻게 조성해야 하는가를 알 수 있고, 둘째는 $P-V$선도로 둘러싸인 면적은 1사이클 동안의 일을 나타내므로 기관출력을 계산하는 데 유용하다. 그림 2-20은 4사이클로 작동하는 실제 기관의 $P-V$선도를 피스톤 위치와 흡기 밸브 및 배기 밸브의 개폐시기와 대응시켜 나타내는 것이다. 예를 들어 흡기 밸브 열림은 상사점 전 15°, 흡기 밸브 닫힘은 하사점 후 45°, 배기 밸브 열림은 하사점 전 70°, 배기 밸브 닫힘은 상사점 후 15°인 기관의 경우를 나타내었다. 밸브개폐시기에 대한 보다 자세한 설명은 6.5절을 참조하기 바란다.

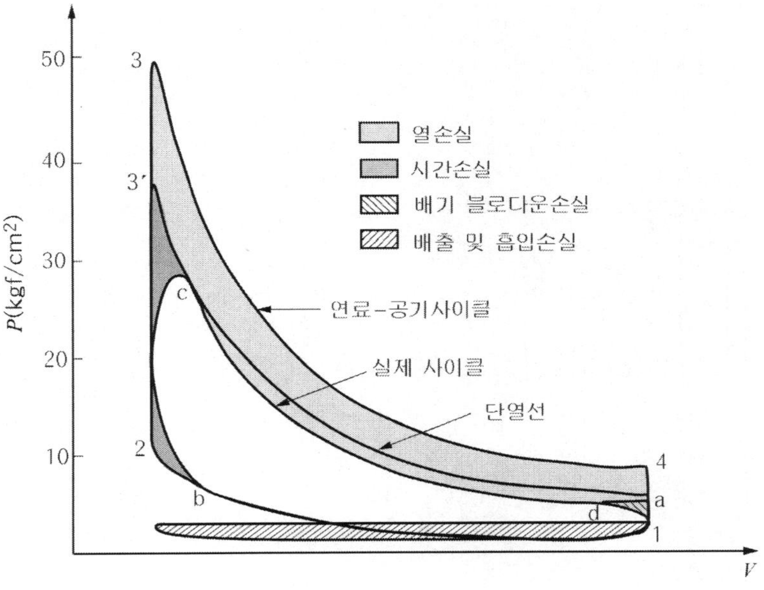

그림 2-20 연료-공기 사이클과 실제 사이클의 비교

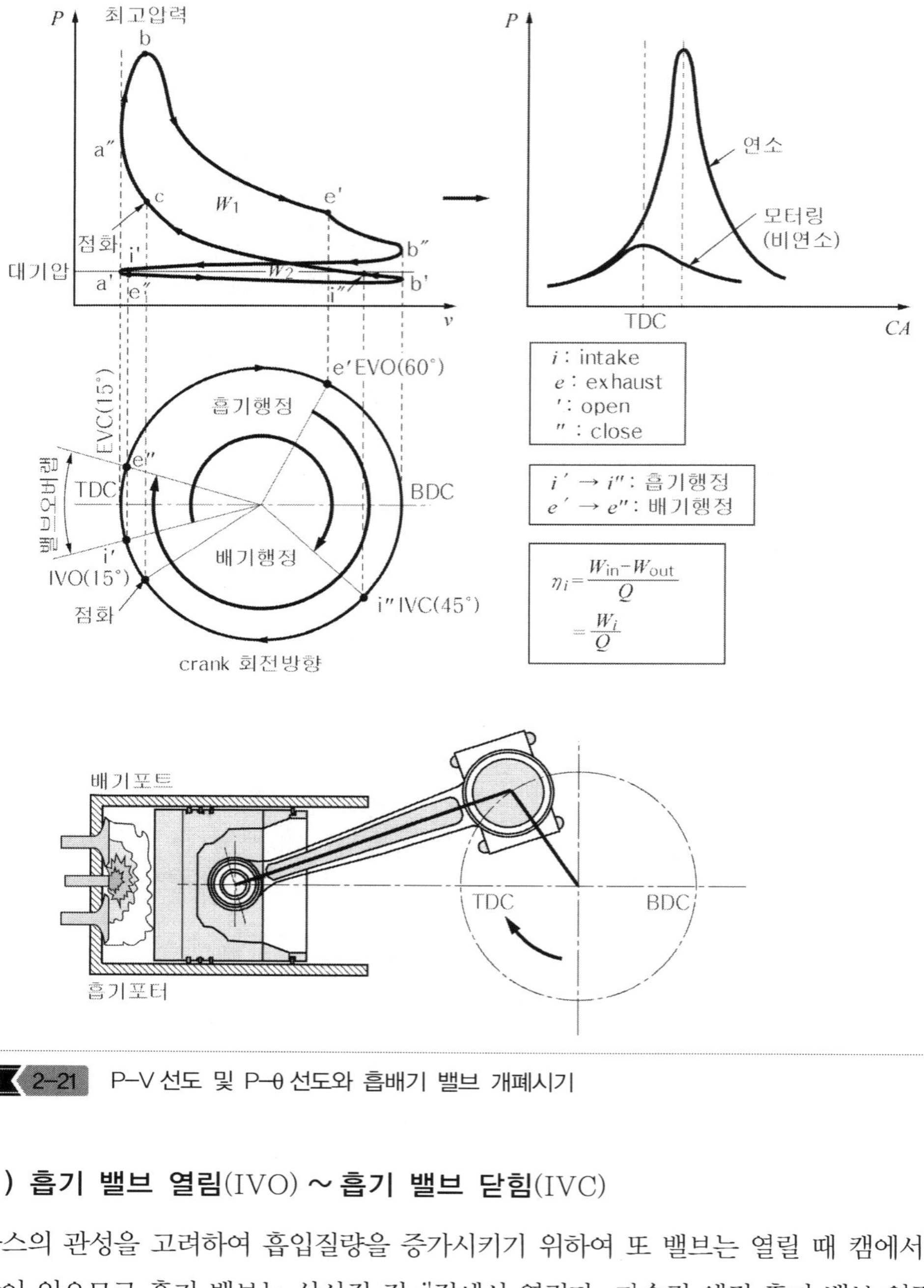

그림 2-21 P-V 선도 및 P-θ 선도와 흡배기 밸브 개폐시기

(1) 흡기 밸브 열림(IVO) ~ 흡기 밸브 닫힘(IVC)

가스의 관성을 고려하여 흡입질량을 증가시키기 위하여 또 밸브는 열릴 때 캠에서 무효각이 있으므로 흡기 밸브는 상사점 전 i'점에서 열린다. 가솔린 엔진 흡기 밸브 열림시기(i')는 엔진설계에 따라 다르며 상사점선 5~25°이다. 보통 흡입행정 중의 ($a' \to b'$) 구간에서는 흡기저항 때문에 대기압을 0으로 기준하여 상대압력은 부압으로 되고, BDC에 도달하여도 부압이 된다. 정압이 되려면 압축 행정에 들어가서도 꽤 시간이 경과한 후인

i''점이다. 이 부압기간 동안에는 신기(fresh mixture)가 실린더 내로 유입된다. 즉, 정압 직전에 흡기 밸브를 닫는 것이 보다 많은 신기를 도입하는 데 효과적이다. 흡기행정 중에 실린더로 들어오는 혼합기 중의 연료는 미증발의 액상 또는 증기이지만 흡기행정 후 압축 행정에서 증발이 촉진된다. 흡기 밸브 열림이 너무 빠르면 자연흡입식 기관에서는 배기가스가 역류할 수도 있으며, 부분부하시에는 잔류가스가 역류할 수도 있다. 흡기 밸브 열림이 늦으면 펌핑일이 증가한다. 흡기밸브 닫힘시기(i'')는 보통 하사점 후 40~60°이다. 고속에서 흡기 밸브 닫힘이 너무 빠르면 체적효율이 감소하고 저속에서 흡기 밸브 닫힘이 너무 늦으면 혼합기가 흡기계로 역류되어 체적효율이 감소한다. 고속출력이 강조될 때에는 흡기 밸브 닫힘 시기를 지연시키고 저속출력이 강조될 때에는 닫힘시기를 앞당긴다.

(2) 흡기 밸브 닫힘(IVC) ~ 배기 밸브 열림(EVO)

흡기행정 중에 흔한 대부분의 연료가 미증발의 증기 혹은 액상이지만 흡기행정 후 압축 행정에서 증발이 촉진된다. 압축 후는 실린더 벽으로 열손실을 수반하여 온도와 압력이 상승한다. TDC 전인 c에서 점화, 약간의 점화지연 후에 점화하여 화염전파에 의해 급속히 연소가 일어난다. 착화 후 곧 상사점 a''에 도달하지만 이후에도 연소가 계속되며, 생성된 고온, 고압가스가 피스톤을 밀어내면서 일을 하고 팽창한다. 팽창기간에 실린더벽을 통하여 열손실을 수반한다. b점에서 최고 압력이 되면 최고압력이 커져 열효율이 좋아진다. 최고압력을 높이려면 압축비를 높이고 점화시기를 진각시키면 되지만 노킹의 한계 때문에 제한된다.

(3) 배기 밸브 열림(EVO) ~ 배기 밸브 닫힘(EVC)

동력행정이 진행되고 작동 가스는 약간 후연하면서 e'점(보통 하사점전 40~60°)에 도달하면, 배기 밸브는 열린다. 이 점에서는 실린더 내 압력은 꽤 높기 때문에 배기 밸브가 열린 직후는 작동가스는 배기관 내로 음속으로 분출하며 초크유동이 된다. 이것을 배기 블로다운(blow down)이라 한다. 블로다운시 실린더 내 압력은 급속히 저하하고 배기관 내 압력은 상승한다. 피스톤이 더 하강하여 $P_e / P_{cyl} < P_c$이면 배기 밸브를 지나는 가스 유출 속도는 음속이 되고 $P_e / P_{cyl} \geq P_c$이면 배기 밸브를 지나는 가스는 압력차에 의해 분출된다. 여기서 P_e는 배기압력, P_{cyl}는 실린더 압력, P_c는 임계압력이다. e'점(EVO점)이 빠르면 블로다운하여 손실열이 많아지고, 늦으면 b''를 지나서도 배기압이 높아서 펌핑손실이 증가하게 된다. $b'' \rightarrow a'$에서는 배기저항 때문에 가스 압력은 대기압보다 높으므로 이

에 대항해서 피스톤은 일을 하게 되며 이것을 배기손실일이라 한다. 배기 밸브를 여는 시기는 BBDC 40~60°이다. 배기밸브 열림시기를 지연시키면 배기 행정중의 펌핑 손실이 증가하게 되고, 배기 밸브 열림시기를 앞당기면 팽창행정 중 열 손실이 증가하게 된다. 배기가스의 관성을 이용하기 위해 배기 밸브는 상사점을 지난 e''점(보통 상사점후 5~20°)에서 닫는다.

배기 밸브가 닫힐 때 배기관 내의 정압력은 $P_e - \rho V^2/2$ 이므로 P_{cyl} 가 $P_e - \rho V^2/2$ 이 될 때까지 배기 밸브를 열어주며, 또 작동가스의 관성효과를 이용하여 가스교환 기능을 높이기 위해 흡기 밸브는 상사점 전에 열리고 배기 밸브는 상사점 후에 닫힌다. 배기 밸브 닫힘시기가 너무 빠르면 고속에서 배기효율과 체적효율이 나쁘고, 느리면 저속에서 배기가스의 역류로 인하여 충진효율이 나쁘게 된다. IVO부터 EVC까지 기간은 흡기 밸브와 배기 밸브가 다 같이 열려 있는 기간이며 이를 밸브오버랩(valve overlap) 기간이라 한다. 고속기관에서는 밸브오버랩이 크고 저속기관에서는 밸브오버랩이 작다. 적절한 밸브오버랩 기간인 경우, 배기의 관성으로 흡기의 실린더 내 유입을 돕고, 흡기의 관성으로 배기를 밀어냄으로써 체적효율이 향상된다. 그러나 저속, 특히 아이들시는 밸브오버랩 기간 동안 배기가 흡기쪽으로 역류되는 현상이 발생할 수 있고 잔류가스량이 증가하여 오히려 체적효율이 떨어진다. 밸브오버랩이 증가하면 고속에서는 출력이 증가하지만 저속에서는 배기 역류에 의해 흡기 효율이 감소하며, 밸브오버랩이 작으면 고속에서는 흡기 효율이 감소하고 저속이나 아이들시 엔진작동이 안정적이다. 엔진성능에 미치는 민감도 순서는 IC>EO>EC>IO로 흡기밸브 닫힘시기가 엔진성능에 가장 크게 영향을 미치고, 흡기 밸브 열림시기가 영향이 가장 작다. 흡기밸브 닫힘이 너무 늦으면 저속출력이 감소하고, 흡기 밸브 닫힘이 너무 빠르면 고속출력이 감소한다. 배기 밸브 열림이 너무 빠르면 열손실이 증가하고 배기 밸브 열림이 너무 늦으면 펌핑손실이 증가한다. 배기 밸브 닫힘이 너무 빠르면 고속에서 배기효율이 나쁘고, 배기 밸브 닫힘이 너무 늦으면 저속에서 체적효율이 나쁘다. 흡기 밸브 열림이 너무 빠르면 배기가스가 역류하기 쉽고, 흡기 밸브 열림이 너무 늦으면 펌핑일이 증가한다. 전형적인 밸브타이밍은 그림 6-33, 6-34에 나타나 있다.

잔류가스는 혼합기 중 존재하는 배기가스의 질량이며 잔류가스 질량분율은 다음과 같이 나타낼 수 있다.

$$y_r = \frac{m_{ex}}{m_m} \qquad (2 \cdot 68)$$

스로틀을 완전히 열은 전부하일 때 y_r은 약 3~7%이고, 부분부하 운전시 y_r은 약 20%까지 증가할 수도 있다. 배기행정동안 배기가스의 상태는 압력 1기압, 식(2−26)에서 주어진 온도 T_5, 그림 2−7의 점 5에서 보여준 비체적으로 근사된다. 즉 배기가스 압력은 P_0, 배기가스 비체적은 v_5이다. 그림 2−7의 블로다운 과정 4−5를 등엔트로피 팽창으로 가정하면

$$\frac{P_4}{P_5} = \frac{P_4}{P_0} = \left(\frac{V_5}{V_4}\right)^{\gamma} \tag{2 · 69}$$

$$\frac{P_3}{P_5} = \frac{P_3}{P_0} = \left(\frac{V_5}{V_3}\right)^{\gamma} \tag{2 · 70}$$

블로우다운 후 배기행정전 실린더의 배기질량은

$$m_5 = \frac{V_1}{v_{ex}} = \frac{V_1}{v_5}$$

배기행정 말기에서 실린더의 배기질량은

$$m_{ex} = \frac{V_0}{v_5} = \frac{V_2}{v_5} \tag{2 · 71}$$

가스 혼합물의 질량은

$$m_m = \frac{V_1}{v_1} = \frac{V_4}{v_4} = \frac{V_5}{v_5} \tag{2 · 72}$$

식 (2 · 71)과 (2 · 72)를 식 (2 · 68)에 대입하면 잔류가스 질량분율은 다음과 같다.

$$y_r = \frac{\frac{V_o}{v_5}}{\frac{V_4}{v_4}} = \left(\frac{V_0}{V_4}\right)\left(\frac{v_4}{v_5}\right) = \frac{1}{r_v}\left(\frac{v_4}{v_5}\right) = \frac{1}{r_v}\left(\frac{T_4}{T_5}\right)\left(\frac{P_5}{P_4}\right) \tag{2 · 73 a}$$

또 $T_5 = T_4\left(\frac{P_5}{P_4}\right)^{\frac{\gamma-1}{\gamma}}$ 이므로 잔류가스 질량분율은 다음과 같이 나타낼 수 있다.

$$y_r = \frac{1}{r_v}\left(\frac{P_5}{P_4}\right)^{\frac{1}{\gamma}} \tag{2 · 73 b}$$

전형적인 잔류가스 비율은 0.03~0.12 범위이다.

흡기과정 중 신기와 잔류가스는 섞이며 다음 사이클의 혼합기가 되며, 에너지 보존 법칙에 의해

$$m_{ex}h_{ex} + m_a h_a = m_m h_m \qquad (2 \cdot 74)$$

이상기체에서는 $h = C_p T$를 적용하고 식 (2 · 68)을 적용하면 압축과정 시작점 1점에서 신기와 배기가스가 혼합된 실린더 내의 혼합기온도는 다음과 같이 나타낼 수 있다.

$$(T_m)_1 = y_r T_{ex} + (1 - y_r) T_a \qquad (2 \cdot 75)$$

여기서 T_{ex}는 배기온도이고 $T_{ex} = T_5$, T_a는 주위대기온도이다.

예제 2-4

예제 2-2의 조건에서 작동하는 기관이 배기가스를 대기중으로 배출한다. 배기는 완전히 배출되지 않고 잔류가스가 있다고 가정할 때 배기온도, 잔류가스 질량 분율, 압축행정 시작 전 혼합기의 온도를 구하라. 대기의 온도는 25℃이고 압력은 0.103MPa이다. 배기가스 비열비는 1.34로 가정한다.

풀이

배기가스 온도는

$$T_{ex} = T_5 = T_3\left(\frac{P_5}{P_3}\right)^{\frac{\gamma-1}{\gamma}} = 2394\left(\frac{0.103}{7.176}\right)^{\frac{1.34-1}{1.34}} = 815.6\,\mathrm{K}$$

잔류가스 질량 분율

$$y_r = \frac{1}{r_v}\left(\frac{T_4}{T_5}\right)\left(\frac{P_5}{P_4}\right) = \frac{1}{9.0}\left(\frac{993}{815.6}\right)\left(\frac{0.103}{0.33}\right) = 0.042$$

압축시작 전 혼합기의 온도는

$$(T_m)_1 = y_r T_{ex} + (1 - y_r) T_a = 0.042 \times 815.6 + (1 - 0.042)(298) = 319.7\,\mathrm{K}$$

2.3.5 실제 사이클 기관의 비교

실제 사이클로 대표적으로 사용되는 기관은 가솔린기관(SI엔진)과 디젤기관(CI엔진)이다. 그림 1-5에서 보듯이 4행정 디젤기관이 가솔린기관보다 열효율이 높음을 알 수 있다. 디젤기관이 가솔린기관보다 높은 이유는 첫째 디젤기관은 압축비가 약 17 정도로 압축비가 약 10인 가솔린기관보다 13% 높지만 실제에는 냉각손실, 기계저항 등이 증가하므로 압축비로 인한 열효율 차이는 약 5% 정도이다. 둘째로 디젤기관에서는 스로틀이 없으므로

부분부하에서 가솔린기관에 비해 열효율이 약 10~15% 정도 향상된다. 셋째로 연소에 의한 온도상승이 억제되어 냉각손실이 절감하고, 연소가스 중에 CO_2, H_2O의 비율이 감소하므로 고온이 되어도 비열이 증가하지 않고 또 열해리의 영향도 적다. 이론공연비에서 작동하는 가솔린기관에 비해 디젤기관은 약 20% 정도의 열효율이 높지만 연소실 내에 국부적인 고온이 되는 손실이 있으므로 실제에는 10~15% 정도 열효율이 높다. 이상의 3가지를 종합하면 디젤기관은 가솔린기관에 비해 25~30% 열효율이 높을 것으로 생각된다. 그러나 디젤기관은 피스톤의 저항이 증가하고, 고압연료분사 펌프등의 기계적 저항손실이 있으므로 가솔린기관보다는 실제로 열효율이 15~20% 증가하게 된다. 디젤기관과 가솔린기관의 열효율 차이는 15~20% 정도이지만 출력 성능을 나타내는 가솔린기관과 디젤기관을 비교할 때 실제 동등한 디젤기관의 연비는 가솔린기관보다 약 30% 높다. 그 이유는 첫째, 열효율 측면에서는 디젤기관이 가솔린기관보다 15% 정도 높다. 둘째, 나머지 10~15%는 과급 다운사이징(down sizing) 효과 때문에 일어난다. 다운사이징에 의해 운전영역이 고부하 측에 쉬프트되므로 10~15%의 연비 개선 효과를 얻을 수 있다.

디젤엔진에서는 가솔린 엔진보다 낮은 회전수에서 1.5~2배의 최대 토크가 발생하므로 최종기계비(final gear ratio)를 높게 설정할 수 있다. 다시말하면 보다 낮은 회전수에서 동일한 힘과 속도로 타이어를 회전시킬 수 있다. 따라서 디젤차는 약 2/3정도의 다운사이징이 가능하다. 최고출력에서 동급성능을 갖는 가솔린기관과 디젤기관의 성능를 비교하면 표 2-2와 같다.

표 2-2 동급성능을 갖는 가솔린기관과 디젤기관 비교

	가솔린기관(QR25DE)	디젤기관(M9R)
총 배기량(cc)	2,488	1,995(다운사이징 효과를 나타냄)
압축비	9.6	15.6
최고출력[kW(PS)/rpm]	125(170)/6,000	127(173)/3,750
최대토크[N · m(kgfm)/rpm]	230(23.5)/4,400	360(36.7)/2,000
연료탱크(ℓ)	가솔린 65ℓ	경유 65ℓ
연비(km/ℓ)	11.6	15.2

연습문제

1. 식 (2 · 60), (2 · 63), (2 · 65), (2 · 66)을 유도하라.

2. 이론 열효율, 도시 열효율, 제동 열효율을 비교 설명하라.

3. 이상공기 표준 오토사이클, 디젤사이클, 복합사이클을 비교 설명하라.

4. 압축비가 8.9인 이상공기 표준 오토사이클에서 비열비가 1.33과 1.4일 때 각각의 열효율을 구하라.

5. 안지름 90 mm, 행정 90 mm, 간극체적 71.58 cm^3인 6기통 4행정 가솔린기관이 있다. 이 기관이 동력계에서 측정된 마력은 110 kW이다. 10분 동안 실험하는 동안 연료는 5.2 kg 소모되었다. 연료의 발열량은 45 MJ/kg이다. 실험조건은 27℃, 1기압이며, 이때 공기소비량은 10분 동안 86 kg이다. 공기의 기체상수는 287 J/kg · K이다.

1) 제동연료소비율 [kg/kW · h]을 구하라.
2) 제동공기소비율 [kg/kW · h]을 구하라.
3) 공기-연료비를 구하라.
4) 제동열효율을 구하라.

6. 5번 문제에서 이상공기 표준 오토사이클에서 열효율을 구하고, 제동열효율과 이상공기 오토사이클 열효율이 차이가 나는 이유는 무엇 때문인지 설명하라. 또 구한 열효율 이외의 나머지 에너지는 어디로 분배(소모)되는지에 관한 열정산에 대하여 설명하라.

7. 실제 기관에서 $P-V$선도를 그리고, 흡 · 배기 밸브 개폐시기(IVO, IVC, EVO, EVC)와 점화시기를 표기하고 각 시기가 그렇게 정해진 이유에 대해 서로 비교 설명하라.

8. 배기량이 4,950 cc인 9기통 4행정 가솔린기관이 4,000 rpm에서 운전되고 있다. 이 기관을 공기표준 오토사이클로 가정하여 해석하고자 한다. 공기표준 오토사이클에서 압축초기 압력이 0.1 MPa, 온도는 300K이다. 압축비가 8.5이며 사이클당 열공급량이 1,000 kJ/kg일 때 압축 시작시 실린더의 가스질량, 사이클의 최고온도 및 압력을 구하고 열효율과 평균유효압력을 구하라.

9. 배기량이 4,950 cm^3인 9기통 4행정 가솔린기관이 4,000 rpm에서 동력계로 시험되고 있다. 동력계 효율은 93%이고 동력계의 소비동력은 125 kW이다. 4,000 rpm에서 이 기관의 연소효율은 97%이고 기계적 효율은 83%이다. 연료의 발열량은 45 MJ/kg이고, 이 기관의 연료소비율은 0.0102 kg/s이다. 4,000 rpm에서 이 기관의 제동마력, 도시마력, 마찰마력, 제동열효율, 도시열효율, 제동연료 소비율을 구하라. 단, 기체상수 $R=0.287$ KJ/kg · K이다.

10. 안지름 89 mm, 행정 90 mm인 이상기체 오토사이클로 작동하는 왕복기관을 생각하자. 이 기관의 압축비는 9.0이고, 피스톤이 하사점에 있을 때 1기압, 25℃라 생각한다. 또 연소는 일어나지 않고 단열 압축 및 단열팽창만 일어난다고 생각한다.
피스톤이 하사점에서 상사점까지 왕복운동을 할 때 가로축을 크랭크각으로 하고 세로축을 연소실의 온도와 압력으로 하여 크랭크각 단위로 온도와 압력을 도시하라. 크랭크 반경에 대한 커넥팅 로드길이비 λ는 3, 5, 10으로 변환시켜서 구하라.

11. 비열비 1.33이고 $P_3/P_1=60$, 무차원 열유입$(Q_{in}/P_1V_1)=30$인 경우에 압축비를 3에서 25까지 변화시킬 때 이상기체 오토사이클, 이상기체 복합사이클, 이상기체 디젤사이클의 효율과 무차원 도시평균유효압력$(IMEP/P_1)$을 나타내는 그래프를 그리고 비교 설명하여라.

12. 압축 초기의 압력과 온도가 각각 0.1 MPa, 300 K이고 공급열량이 1,200 kcal/kg으로 일정할 때 압축비를 4에서 25까지 변화시킬 때 이상기체 오토사이클, 이상기체 복합사이클, 이상기체 디젤사이클의 효율을 나타내는 그래프를 그리고 비교 설명하라. 단, 차단비는 1.5이고, 압축말기 압력과 최고압력의 압력비인 $\dfrac{P_3}{P_2}=50$이다. 연소가스의 비열비는 1.33으로 간주하라.

13. 압축비 8.5, 팽창말기 압력 500kPa인 이상기체 오토사이클의 잔류가스 비율을 구하라. 단, 비열비는 1.3이고 대기 압력은 101kPa이다.

CHAPTER 3

왕복기관의 성능

3.1 평균유효압력

기관의 토크와 마력은 특정 기관이 일을 할 수 있는 능력과 일률을 나타내지만 이것은 기관치수에 의존한다. 기관치수에 관계없이 더욱 유용한 기관성능을 나타낼 수 있는 것이 1사이클 중에 일어나는 압력의 변화를 일정한 평균압력으로 생각한 평균유효압력(mean effective pressure : MEP)이다. 평균유효압력은 사이클 일을 행정체적으로 나눈 값으로 정의된다.

평균유효압력을 사용하면 기관의 실린더 크기 및 개수, 그리고 기관의 회전속도에 관계없이 단위행정의 체적당 발생일을 나타내는 척도로 기관을 비교평가할 수 있어 매우 유용하다. 평균유효압력은 도시평균유효압력(Indicated Mean Effective Pressure : IMEP)과 제동평균유효압력(Break Mean Effective Pressure : BMEP)의 2가지가 있다.

3.1.1 도시평균유효압력(IMEP)

기관의 지압선도 면적은 가스가 피스톤에 가한 도시일이며 연소실에 압력센서를 장착하여 순간 순간의 압력을 측정함으로써 지압선도를 그릴 수 있다. 도시평균유효압력은 단위행정의 체적에 대하여 이루어진 도시일의 크기를 말하며, 그림 3-1에서 사선으로 그은 직사각형의 면적은 사이클의 유용면적과 같게 그려진 것이다. 이 면적의 높이가 평균유효압력이 된다.

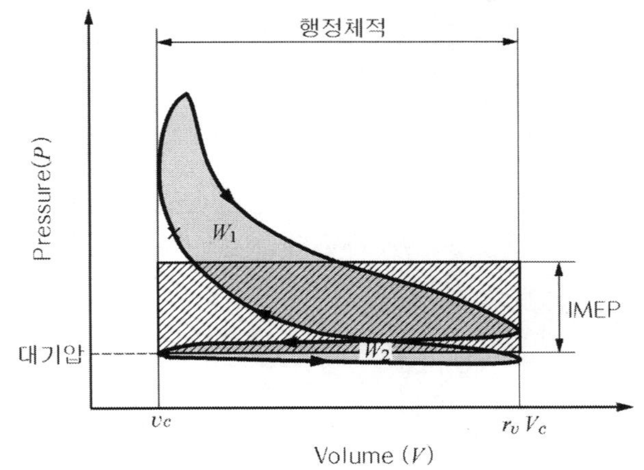

그림 3-1 도시평균유효압력(IMEP)

IMEP는 다음과 같이 정의된다.

$$\overline{P_i} = \text{IMEP}\,(\text{N/m}^2) = \frac{\text{매회 사이클에서 실린더당 도시일}\,(\text{Nm})}{\text{실린더당 행정체적}\,(\text{m}^3)} = \frac{W_i}{V_d} \quad (3 \cdot 1)$$

사이클당 순도시일은 압축행정과 팽창행정에서 정(+)의 도시일로부터 흡입행정과 배기행정에서의 부(−)의 도시일, 즉 펌핑으로 인한 손실일을 뺀 값이다.

$$\text{순 도시일}\,(W_i) = \text{총 도시일}\,(W_1) - \text{펌핑일}\,(W_2) \quad (3 \cdot 2)$$

자연흡입식 4행정 스파크 점화기관의 IMEP는 같은 조건의 터보과급식 기관의 IMEP보다 낮다. 그 이유는 터보과급기관은 보통 흡입 공기밀도가 커서 더욱 많은 연료의 연소가 이루어지기 때문이다.

3.1.2 제동평균유효압력(BMEP)

도시일로서 표시되는 일은 그대로 크랭크축에서 유효하게 사용되지 못하고 피스톤과 실린더 벽 사이의 마찰, 베어링에서의 마찰, 캠축 및 보기구동 마찰 등의 기계적 마찰 손실일 때문에 실제 크랭크축에서 유효하게 되는 일은 도시일보다 작으며 이를 제동일(축일)이라 한다. 제동일은 동력계에서 측정된다. 제동평균유효압력은 기관의 압력이 아니며 출력을 나타내는 수단으로 사용된다. 제동일에 대한 지압선도는 그릴 수 없지만 제동일로부터 제동평균유효압력을 다음과 같이 계산할 수 있다.

$$\overline{P_b} = \text{BMEP}\,(\text{N/m}^2)$$

$$= \frac{\text{매회 사이클에서 실린더당 제동일}(Nm)}{\text{실린더당 행정체적}(m^3)} = \frac{W_b}{V_d} \qquad (3 \cdot 3)$$

도시평균유효압력과 제동평균유효압력의 차이를 마찰평균유효압력(FMEP)이라 하며 그 관계는 다음과 같다.

$$\text{FMEP} = \text{IMEP} - \text{BMEP} \qquad (3 \cdot 4)$$

3.2 기관출력

3.2.1 토크(torque)

기관이 회전할 때 물체를 회전시킬 수 있는 능력을 토크(torque)라 하며 토크의 측정은 회전하는 기관에 브레이크를 걸 때 이 브레이크에 필요한 힘을 측정하면 토크를 알 수 있다. 기관에서 토크를 측정하는 장치를 동력계(dynamometer)라 하며 그림 3-2는 브레이크 동력계의 원리를 나타내고 있다. 그림 3-2에서 축이 1회전할 때의 일은 $2\pi r \times f$ 이다. 동력계의 눈금이 P이고 팔의 길이가 R일 때 토크는 $R \times P$이며 이 값은 $r \times f$ 와 같으며 토크 T라 한다. 축이 n rpm으로 회전할 때 매분당의 일, 즉 동력은 $2\pi n T$가 된다.

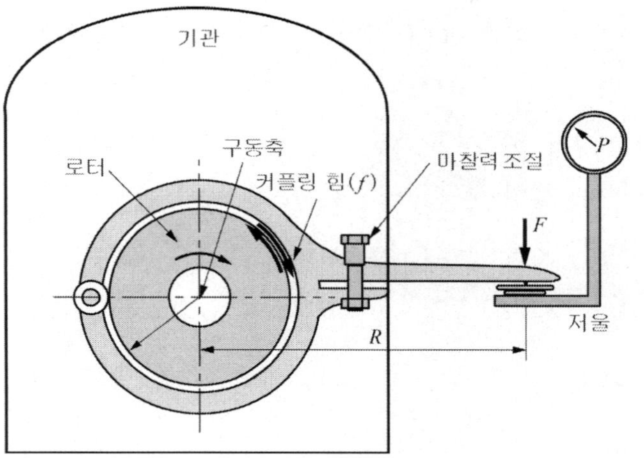

그림 3-2 동력계 기본원리

3.2.2 동력(power)

동력(power)은 단위시간당 일할 수 있는 능력을 나타내는 일률로서 기관의 출력성능을 나타낸다. 기관의 출력을 표시하는 동력으로 SI 단위에서는 와트(W) 또는 킬로와트(kW)가 사용되지만, 왕복기관에서는 마력(horse power)이 많이 사용된다. 마력은 작동가스가 피스톤에 작용하는 일률인 도시마력과 프로펠러 또는 다른 구동장치에 전달되는 제동마력으로 구분할 수 있다. 마력의 단위에는 독일, 프랑스계의 PS와 영국, 미국계의 HP가 있다. 우리나라는 자동차용으로 PS를 사용하고 있으며, 항공용에서는 HP를 주로 사용하고 있다. 본 책에서는 관계식을 설명할 때 편의상 HP와 PS를 구분하지 않고 마력이라는 의미에서 모두 HP로 나타내었으며 필요시 적절히 PS로 바꾸어 사용하여야 한다. SI계 단위의 킬로와트와 마력과의 관계는 다음과 같다.

$$1[\mathrm{PS}] = 75\left[\frac{\mathrm{kgf \cdot m}}{\mathrm{s}}\right] = 0.736\,[\mathrm{kW}]$$

$$1[\mathrm{HP}] = 550\left[\frac{\mathrm{ft \cdot lbf}}{\mathrm{s}}\right] = 0.746\,[\mathrm{kW}] = 2545\,[\mathrm{Btu/hr}]$$

$$1\,[\mathrm{kW}] = 1.34\,[\mathrm{HP}]$$

3.2.3 토크와 동력과의 관계

동력계에 기관을 장착하여 직접 측정하는 것은 토크이며, 기관의 동력은 토크와 기관 회전수를 알면 다음과 같이 구할 수 있다.

(1) 공업계 단위

$$Power = \frac{2\pi n T}{75 \times 60}$$

여기서 Power는 PS, T는 토크이며 단위는 kgf · m이고, n은 rpm이다.

(2) 피트-파운드 영국계 단위

$$Power = \frac{2\pi n T}{550 \times 60}$$

여기서 Power는 HP, T는 토크이며 단위는 ft · lbf 이고, n은 rpm이다.

(3) SI 단위

$$Power = \frac{2\pi n T}{60} \times 10^{-3}$$

여기서 Power는 kW, T는 토크이며 단위는 N · m이고, n은 rpm이다.

3.2.4 평균유효압력과 동력 및 토크의 관계

평균유효압력은 단위행정 체적당 매회 사이클에서의 일을 나타내고, 동력은 단위시간당 일을 나타내는 일률이므로 제동동력을 알면 제동평균유효압력을 계산할 수 있고 도시평균 유효압력을 알면 도시동력을 계산할 수 있다.

$$\overline{P_b} = \text{BMEP} = \frac{W_b}{V_d} = \frac{\text{BHP}/N^*}{V_d} \tag{3 · 5}$$

여기서 BHP가 기관의 총 마력이면 V_d는 기관의 총 배기량이며, BHP가 실린더당 마력이면 V_d는 실린더당 배기량이다. 또 N^*는 4행정 기관에서는 $rps/2$이고, 2행정 기관에서는 rps이다.

총 배기량 V_d는 $L \cdot A \cdot k$로 표기된다. 여기서 L은 행정, A는 실린더당 면적, k는 기통수이다.

따라서 $\overline{P_b} = \dfrac{\text{BHP}}{LAN^*k}$이고 $\text{BHP} = \overline{P_b} LAN^*k$의 관계가 있으며, LAk는 기통 k인 기관의 총배기량 V_d이므로 $\text{BHP} = \overline{P_b}\, V_d N^*$으로도 표기할 수 있다.

같은 방법으로 $\text{IHP} = \overline{P_i}\, LAN^*k$인 관계가 있다. 따라서 도시평균유효압력은

$$\overline{P_i} = \text{IMEP} = \frac{\text{IHP}}{LAN^*k} \qquad (3 \cdot 6)$$

윗식은 실린더 압력단위가 psi, 행정길이가 ft, 피스톤 면적이 in^2일 때 다음과 같이 나타낼 수 있다.

$$\text{IHP} = \frac{PLAN^*k}{33000} \qquad (3 \cdot 7)$$

평균유효압력과 토크와의 관계를 살펴보자.

$\overline{P_b} = \text{BMEP} = W_b / V_d$이고 W_b는 한 사이클당 2회전하는 4행정에서는 크랭크축 2회전에 P–V선도의 1회 사이클일이 생성되고, 크랭크축 1회전에는 $2\pi T$의 일을 하므로 다음과 같은 관계가 있다.

$$\overline{P_b} = \text{BMEP} = \frac{W_b}{V_d} = \frac{2\pi T \times 2}{V_d} = \frac{4\pi T}{V_d} \quad \text{(4행정)} \qquad (3 \cdot 8)$$

2행정에 대해서는

$$\overline{P_b} = \text{BMEP} = \frac{W_b}{V_d} = \frac{2\pi T \times 1}{V_d} = \frac{2\pi T}{V_d} \quad \text{(2행정)}$$

그림 **3–3**은 Jaguar V12 기관의 여러 가지 압축비 변화에서 기관회전수(rpm)에 따른 제동동력(kW)과 제동평균유효압력(bar)을 나타내고 있다.

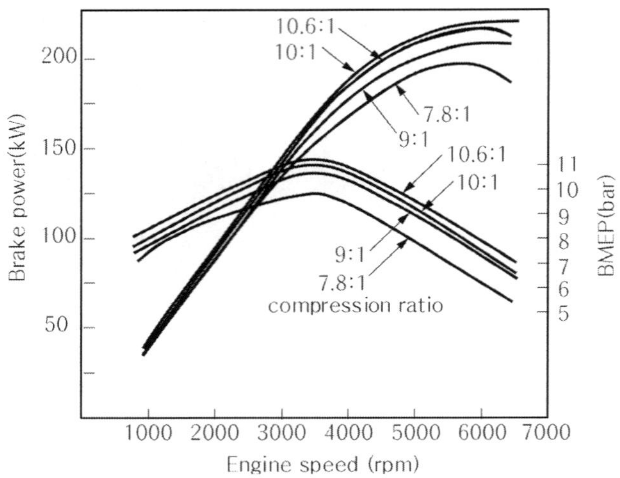

그림 3-3 여러 압축비에 따른 Jaguar V12 기관 성능

예제 3-1

4행정, 4기통 고성능 기관이 5,000 rpm에서 최대출력 110 kW를 내고 있다. 이 기관의 배기량은 2,500 cc이다. 최대출력을 낼 때 이 기관의 토크, 제동평균유효압력을 구하라.

풀이

$$T=\frac{60}{2\pi n\times 10^{-3}}=\frac{60\times 110}{2\pi\times 5000\times 10^{-3}}=210.1\,\mathrm{N\cdot m}$$

$$\mathrm{BMEP}=\frac{\mathrm{BHP}/N^{*}}{V_d}=\frac{110\times 10^{3}/\left(\frac{5000}{60\times 2}\right)}{2500\times 10^{-6}}=1{,}056{,}000\,\mathrm{N/m^2}=1.06\,\mathrm{MPa}$$

예제 3-2

3,000 cc, 4행정 6기통 기관이 3,000 rpm에서 작동하고 있을 때 기관 전체 토크가 24.1 kgf · m이다. 이때 마력과 제동 평균유효압력을 구하라.

풀이

마력은 단위시간당 토크(일)이므로

$$Power=\frac{2\pi nT}{75\times 60}=\frac{2\pi\times 3000\times 24.1}{75\times 60}=101\,\mathrm{PS}$$

$$\mathrm{BMEP}=\frac{\mathrm{BHP}/\frac{N}{2}}{V_d}=\frac{101\times 75\times 100\,\mathrm{cm}/\left(\frac{3000/60}{2}\right)}{3000\,\mathrm{cm^3}}=10.1\,\mathrm{kgf/cm^2}$$

또는

$$\text{BMEP} = \frac{T \times 4\pi}{V_d} = \frac{24.1\,\text{kgf} \cdot \text{m} \times 4\pi \times \dfrac{100\,\text{cm}}{1\,\text{m}}}{3000\,\text{cm}^3} = 10.1\,\text{kgf/cm}^2$$

3.2.5 출력정격(power rating)

기관의 이륙 출력정격(takeoff power rating)은 이륙과정 중에 작동되는 기관의 최대회전수와 매니폴드압력(MAP : Manifold Abosolute Pressure)에 의하여 결정된다. 이륙출력은 1분에서 5분까지 제한시간이 정해져 있다. 매니폴드압력(MAP)은 흡입 다기관과 기화기 사이 혹은 내부 과급기와 흡기 밸브 사이의 연료-공기 혼합기의 절대 압력, 즉 실린더의 흡기포트에 들어가기 직전의 연료-공기 혼합기의 절대압력이다. 기관회전수가 일정하면 MAP의 증가에 따라 기관의 출력은 증가한다. 또 MAP가 일정하면 기관회전수의 증가에 따라 출력도 증가한다.

기관의 이륙출력(takeoff power)은 미국에서는 허용연속최대출력보다도 약 10% 정도 큰 출력이며, 영국에서는 최대순항출력보다 약 15% 정도 큰 출력이다.

연속최대출력은 이륙출력 이외에 연속으로 낼 수 있는 최대출력을 말하며 이것은 METO(Maximum Except Take Off)라는 약자로 표기한다. 정격출력은 표준기관정격(normal rated power)이라고도 하며 METO 출력과 같다. 정격출력은 기관이 어떠한 상태하에서 어떠한 시간에도 낼 수 있는 가장 큰 출력이다. 항공용 왕복기관에서는 고도의 영향 때문에 어느 고도 이상에서는 기관이 정격마력을 낼 수 없는 고도가 있으며, 정해진 기관 회전수에서 정격출력이 유지되는 가장 높은 고도를 임계고도(critical altitude)라 한다. 정격마력에 따라 기관의 임계고도가 정해진다. 성능을 우선시하는 출력을 성능순항출력(performance cruise power)이라 하며 정격출력의 약 75%에 해당된다. 연료소비를 최소로 하는 경제순항출력(economy cruise power)은 정격출력의 약 65%에 해당된다. 표 1-3에 나와 있는 텍스트론-라이코밍사의 IO 360-A, C 시리즈기관의 성능순항출력은 2,450rpm에서 135마력을 내고 이 때 연료소비율은 10.5gallons/hr이며, 경제순항출력은 2,350rpm에서 117마력을 내고 이 때 연료소비율은 9.0gallons/hr이다.

3.3 연료소비율

실제로 엔지니어는 주어진 출력에서 기관의 효율보다는 연료소비량에 더 관심을 가진다. 단위동력출력당 연료소모율을 나타내는 연료소비율(specific fuel consumption)을 다음과 같이 사용한다.

$$sfc = \frac{\dot{m}_f}{Power} \tag{3 · 9}$$

여기서 $\dot{m}_f$ 는 연료의 질량유동률이고 단위는 보통 [g/h]를 자주 쓰며, Power는 동력출력이고 단위는 보통 [PS] 또는 [kW]를 쓰기도 한다.

식 (2 · 53)에서 연료소비율은 기관의 전효율에 반비례함을 알 수 있고, 연료의 발열량과 다음의 관계가 있다.

$$sfc \propto \frac{1}{|-\Delta H_0|\eta_0} \tag{3 · 10}$$

여기서 $|-\Delta H_0|$는 연료의 저위 발열량이고, η_0는 전효율 또는 제동열효율이다. 단위를 고려하면 윗식은

$$bsfc = \frac{632.9 \times 10^3}{\eta_0 |-\Delta H_0|} \tag{3 · 11}$$

여기서 $bsfc$의 단위는 [g/PS · h]이고 $|-\Delta H_0|$의 단위는 [kcal/kg]이다.

그림 3-4는 Jaguar V12 기관의 기관회전수(rpm)에 따른 제동동력(kW)과 제동 평균유효압력(bar) 그리고 연료소비율(sfc)을 나타내고 있다.

항공용 엔진에서 경제순항시 연료소비율은 정격출력시 연료소비율의 약 70% 정도이며, 이륙시에는 농후 혼합비가 사용되고, 최대출력을 내기 위해 기관 회전수를 높이기 때문에 이륙시 연료소비율은 경제 순항 연료소비율의 약 2배 가까이 증가한다.

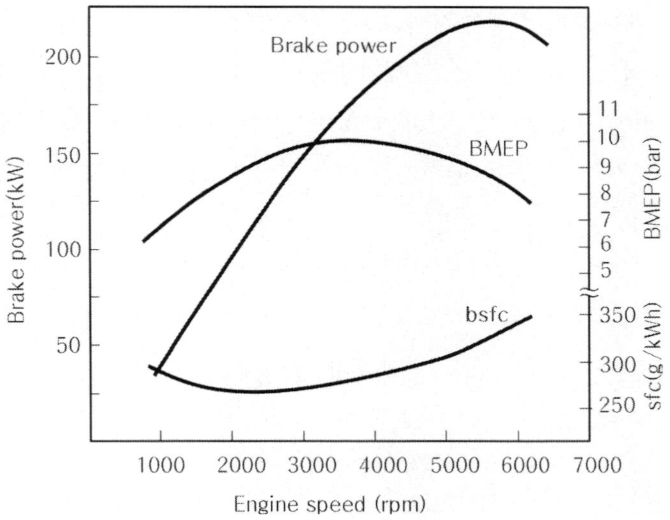

그림 3-4 Jaguar V12 기관의 성능

예제 3-3

예제 3-1의 경우 5,000 rpm에서 제동 연료 소비율이 298.1 g/kW · hr일 때 이 기관의 전효율과 연료질량유량을 구하라. 사용연료의 발열량은 44 MJ/kg이다.

풀이

최대출력을 낼 때 제동 연료 소비율 298.1 g/kW · hr는 0.0828 kg/MW · sec와 같다.

$$\eta_0 = \frac{1}{bsfc \cdot CV} = \frac{1}{0.0828 \times 44} = 0.274 = 27.4\%$$

$$bsfc = \frac{\dot{m}_f}{\text{BHP}} \text{에서}$$

$$\dot{m}_f = bsfc \times \text{BHP} = 0.0828\,\text{kg/MW} \cdot \text{sec} \times 110\,\text{kW}\left(\frac{1\,\text{MW}}{1000\,\text{kW}}\right) = 0.00911\,\text{kg/sec}$$

3.4 체적효율과 충전효율

4사이클 기관에서 흡기행정 중에 흡입되는 신기(fresh air)의 양은 이론적으로 생각하면 피스톤이 하사점에 있을 때 행정용적을 대기압하에서 충전시킨 것과 같은 양이 된다.

그러나 밸브의 개폐시기가 불완전하고, 흡 · 배기의 관성이 피스톤운동을 따르지 못하고, 피스톤 일이나 밸브 등에서 가스가 새기 때문에, 소량의 공기를 흡입하지 못하여 연료를 더 공급할 수 없어 출력이 저하되고 열효율이 떨어지게 된다. 또, 흡입압력은 대기압보다 적고, 실린더 벽의 온도는 대기온도보다 훨씬 높으므로 흡입행정에서 신기가 실린더로 유입되면 금방 팽창하여 그 밀도가 대기압상태 때보다 떨어지게 된다. 따라서 흡입행정에서 흡입한 신기의 중량은 대기압하에서 행정체적에 채워졌을 때보다 떨어져 출력이 저하된다.

고회전 기관에서는 공기 흡입구, 기화기, 흡입다기관, 밸브입구의 공기에서 발생되는 마찰 때문에 기관의 체적효율이 감소된다. 스로틀(throttle)이 부분적으로 닫힐 때는 체적효율은 닫히는 각도에 따라 감소한다.

최대체적효율은 스로틀을 완전히 열 때 기관이 최대부하 상태에서 작동할 때 얻을 수 있다. 과급기가 없는 기관은 항상 체적효율이 100% 미만이고 과급기가 있는 항공기 기관은 체적효율이 100%보다 많게 작동한다.

실제로 흡입한 양과 행정용적에서 흡입할 수 있는 표준흡입량과의 관계를 표시하기 위하여 다음과 같이 정의되는 체적효율(volumetric efficiency)과 충전효율(charging efficiency)을 사용한다.

체적효율(η_v)은 어느 상태(P_a, T_a)하에서 실제로 흡입한 신기의 중량에 대해 (P_a, T_a)하에서 행정체적을 차지할 수 있는 신기의 중량과의 비율로 나타내며 유입연료의 질량이 유입공기질량에 비해 무시할 수 있다고 가정하면 다음 식으로 표기한다.

$$\eta_v = \frac{G_a}{V_d \times \gamma_a} = \frac{V_a}{V_d} = \frac{\dot{V}_a / N^*}{V_d} = \frac{\dot{m}_a / N^*}{\rho_a V_d} = \frac{m_a}{\rho_a V_d} \qquad (3 \cdot 12)$$

여기서 ρ_a는 실린더로 유입되는 공기의 밀도이고, V_d는 기관의 행정체적, V_a는 실린더로 들어가는 실제공기의 체적, $\dot{V}_a$는 기관에 들어가는 정상상태의 공기의 체적유량, m_a는 한 사이클 동안 기관 실린더에 유입되는 공기의 질량, $\dot{m}_a$는 기관에 들어가는 정상상태 공기의 질량유량을 나타내며 N^*는 4행정기관의 경우 1사이클당 2회전으로 하므로 $rps/2$가 된다.

공기의 체적유량 측정은 스로틀 앞부분에 설치된 공기유동 측정센서(airflow sensor)에 의해 측정된다. 공기유동센서는 베인형, 열선형, 칼만와류형이 있으며 칼만와류형(karman vortex type)은 공기흐름부 중간에 삼각기둥과 같은 저항체를 두면 기둥 뒤의 공기흐름속에서 유속에 따른 규칙적인 소용돌이가 생기며, 이 소용돌이에 의한 소밀파의 주파수를 전기적 신호로 바꾸어 유속을 측정한다.

고도나 기온이 변하면 대기온도 및 압력도 변하므로 이의 영향을 나타내기 위하여 충전효율을 사용한다. 충전효율은 행정체적을 차지할 수 있는 신기의 기준을 표준상태인 P_0, T_0를 기준으로 한다.

표준상태로는 $P_0 = 760\,\mathrm{mmHg}$이며, $T_0 = 15°\mathrm{C}$, 습도=0%가 사용된다.

충전효율(η_c)은 (P_a, T_a)하에서 실제로 흡입한 신기의 중량에 대해 (P_0, T_0)하에서 행정체적을 차지할 수 있는 신기의 중량의 비율로 나타내며 다음 식으로 표기한다.

$$\eta_c = \frac{G_a}{V_d \times \gamma_0} = \frac{\dot{m}_a / N^*}{\rho_0 V_d} \tag{3 · 13}$$

체적효율 η_v와 충전효율 η_c와의 관계는 다음과 같다.

$$\eta_c = \frac{T_0}{T_a} \cdot \frac{P_a}{P_0} \cdot \eta_v \tag{3 · 14}$$

임의 대기상태 기관 입구의 수증기 분압 P_{wa}와 표준상태의 수증기 분압 P_{w0}를 고려하면 윗식은 다음과 같이 된다.

$$\eta_c = \eta_v \left(\frac{T_0}{T_a}\right)\left(\frac{P_a - P_{wa}}{P_0}\right) \tag{3 · 15}$$

수증기 분압은 건습구온도계에 의하여 건구온도와 습구온도를 알면 구할 수 있다.

그림 3–5는 평균 피스톤 속도 변화에 따른 실제 체적효율 손실에 미치는 여러 인자를 나타내고 있다. 피스톤이 하사점에 오랜 기간 정지하고 있다면 체적효율은 100%일 것이다. 그러나 흡기관과 밸브를 통해서 혼합기가 연소실로 유입 · 유출되는 과정을 거치면서 여러 가지 손실이 발생한다. 마찰에 의한 FMEP는 기관속도의 제곱에 비례한다.

그림 3–6은 가솔린기관(SI기관)과 디젤기관(CI기관)의 평균 피스톤 속도에 따른 체적효율을 나타내고 있다. 가솔린기관은 스로틀이 있으므로 디젤기관에 비해 체적효율이 낮다.

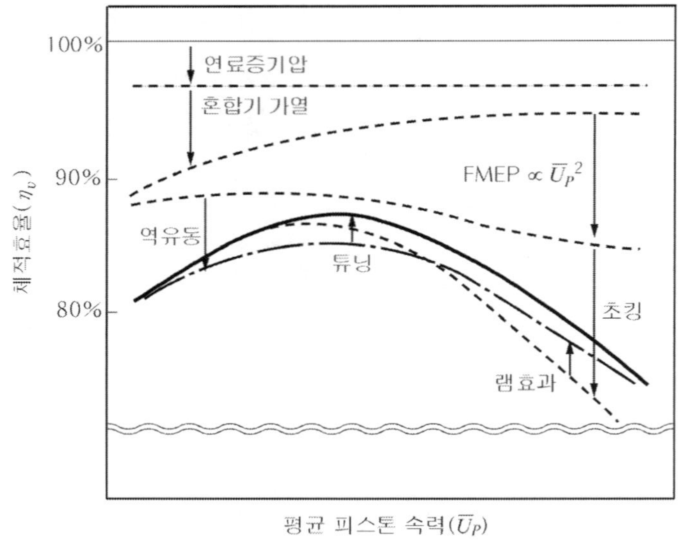

그림 3-5 평균 피스톤속도에 따른 실제 체적효율 변화

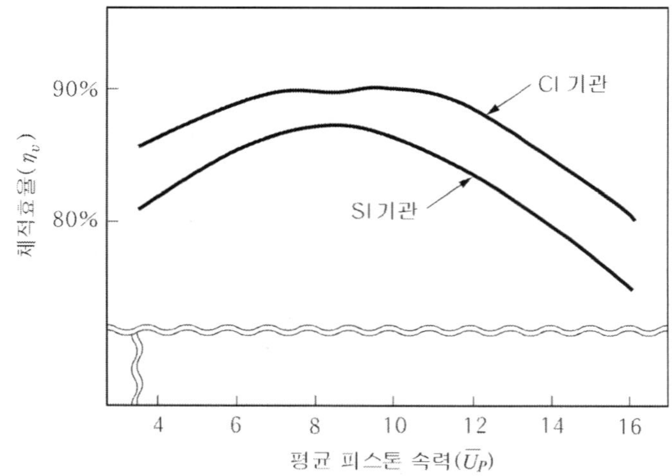

그림 3-6 평균 피스톤 속도에 따른 SI기관과 CI기관의 체적효율

예제 3-4

예제 3-1의 경우 5,000 rpm에서 공기흡입 체적유량이 0.067 m^3/s일 때 이 기관의 체적효율을 구하라. 또, 이 기관이 3,600 rpm에서 운전될 때의 체적효율을 구하라.

풀이

5,000 rpm에서 $\eta_v = \dfrac{\dot{V}_a / N^*}{V_d} = \dfrac{0.067 / \left(\dfrac{5000}{2 \times 60}\right)}{2500 \times 10^{-6}} = 0.643 = 64.3\,\%$

3,600 rpm에서 $\eta_v = 89.3\,\%$

3.5 출력수정

왕복기관의 출력은 일반적으로 흡입공기 중의 산소질량에 비례하는 것으로 생각되며, 이 산소 질량은 대기의 압력, 온도, 습도에 따라 변화한다. 따라서 기관의 인정시험이나 기관의 성능을 정확하게 비교 평가하고자 하는 경우, 표준대기상태를 정해 두고 그 표준대기상태에서 성능시험을 행하면 되지만, 이와 같은 시험을 행할 수 있는 기관 환경실험실을 만드는 것은 많은 비용이 소요되므로 쉬운 일이 아니다. 일반적으로는 임의의 대기상태에서 시험한 출력으로부터 표준대기상태에서 발생되리라 추정되는 출력으로 환산할 필요가 생긴다. 이와 같이 임의의 대기상태에서 측정한 기관출력을 표준대기 상태의 출력으로 환산하는 것을 출력수정이라 한다.

체적효율과 충전효율의 관계에서 $\eta_c = \eta_v \left(\dfrac{T_0}{T_a}\right)\left(\dfrac{P_a - P_{wa}}{P_0}\right)$이지만 실제로는 $\dfrac{T_0}{T_a}$ 대신에 경험적으로 $\sqrt{\dfrac{T_0}{T_a}}$가 사용된다. $CF_a = \sqrt{\dfrac{T_0}{T_a}}\left(\dfrac{P_a - P_{wa}}{P_0}\right)$라 두면 $\eta_c = \eta_v\, CF_a$가 된다. 왕복기관의 마력은 대기압력에 정비례하고 대기절대온도의 제곱근에 반비례한다고 생각하면 출력수정식은 다음 식과 같이 표현된다.

$$Power_a = Power_0 \times CF_a \tag{3 · 16 a}$$

여기서 $Power_a$는 임의 대기상태에서의 환산된 수정동력이고, $Power_0$는 표준대기상태에 있어서의 측정된 동력이며 CF_a는 수정계수이다.

항공기가 임의의 고도에서 비행을 원할 때, 지상출력을 주위 압력이 낮아진 임의고도 출력으로 환산하고자 할 때는 하첨자 $_a$를 임의의 고도를 나타내는 $_z$ 로 바꾼다. 출력 수정식은 다음과 같게 된다.

$$Power_z = Power_0 \times CF_z \tag{3 · 16 b}$$

임의의 어떤 기압상태에서 출력을 측정한 후 표준상태로 환산하고자 할 때는

$$Power_0 = \frac{1}{CF_a} Power_a$$

여기서 $Power_a$ 는 임의의 대가상태에서 측정한 마력이고, $Power_0$ 는 표준상태로 환산 수정한 마력이다.

예제 3-5

어떤 항공기의 표준상태 지상 기관출력이 200마력이다. 고도 2,200m로 비행할 때의 마력을 구하라. 단, 2,200m에서의 수증기 압력은 0이라 가정한다.

풀이

고도 2,200m에서온도는 0.7℃, 압력은 77.55kPa이다. $P_{wa} = 0$ 으로 가정하였다.

$$Power_z = Power_0 \times \sqrt{\frac{T_0}{T_a}}\left(\frac{P_a - P_{wa}}{P_0}\right)$$

$$= 200 \times \sqrt{\frac{273+15}{273+0.7}}\left(\frac{77.5}{101.3}\right)$$

$$= 157(\text{마력})$$

예제 3-6

대기압 750mmHg이고, 온도 25℃이며, 수증기 압력 15mmHg인 곳에서 왕복기관의 출력을 동력계로 측정하니 190마력이었다. 이 기관의 표준상태에서의 마력을 구하라.

풀이

$$Power_0 = Power_a \times \frac{1}{CF_a} = Power_a \sqrt{\frac{T_a}{T_0}}\,\frac{P_0}{P_a - P_{wa}}$$

$$= 190\sqrt{\frac{273+25}{273+15}}\left(\frac{760}{750-15}\right)$$

$$= 199.8(\text{마력})$$

3.6 기관 성능에 영향을 주는 인자

(1) 매니폴드압력(MAP : Manifold Absolute Pressure)

매니폴드압력은 실린더 흡입구에 들어가기 바로 전의 연료와 공기의 혼합기의 절대압력이다. 절대압력은 psia(pound per square inch absolute) 또는 inHg(inches of Mercury)로 표시한다.

기관이 작동하지 않을 때 해면상에서 매니폴드 계기는 표준상태하에서 29.92 inHg(760 mmHg)를 지시한다. 기관이 아이들 상태일 때 스로틀 밸브는 거의 닫혀 있고 스로틀 밸브의 제한에 의하여 실린더 내 압력은 대기압보다 낮게 되기 때문에 MAP는 10~15 inHg (254~381 mmHg)를 지시한다.

MAP는 최대허용압력 근처에서 작동하는 고성능 기관의 운용자에게 주요 관심사가 된다. 과도한 MAP, 부적절한 MAP와 rpm 비로 기관을 작동시키면 과도한 실린더 압력과 온도를 발생시키는 결과가 되어 기관을 손상시킨다.

과도한 실린더 압력은 실린더, 피스톤, 피스톤 핀, 밸브, 커넥팅 로드, 크랭크축 저널에 과도한 압력을 가할 것이다. 과도한 압력은 과도한 온도를 초래하고 이것은 데토네이션, 조기점화, 출력손실을 가져온다. 데토네이션이 계속되면 기관은 손상을 입게 된다.

가변피치 프로펠러가 장착되고 과급기가 장착되지 않은 자연흡입식기관은 안정한 작동을 보증하기 위하여 매니폴드 압력계기를 장착하여야만 한다. 고정 피치 프로펠러를 사용하는 기관은 MAP가 스로틀 개폐에만 따르므로 매니폴드 압력계기가 필요하지 않다.

그림 3-7은 약 2,000 cc 정도 되는 기관의 스로틀 개폐 정도와 MAP 및 기관회전수에 따른 제동토크(축토크) 변화를 보여주고 있다. MAP가 높을수록, 스로틀을 열어줄수록 기관토크는 증가함을 알 수 있다.

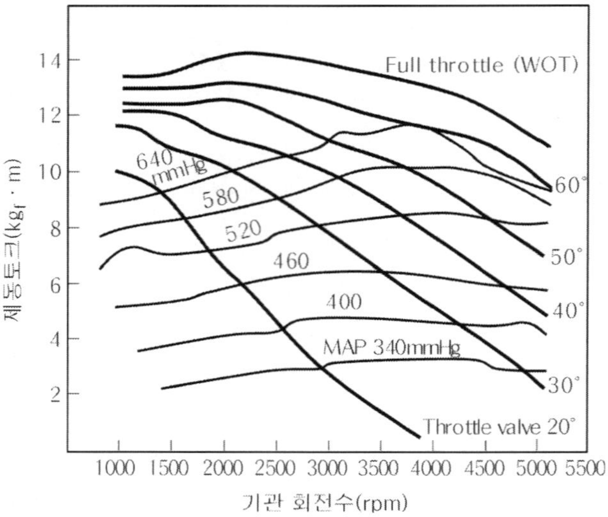

그림 3-7 스로틀 개폐 정도 및 회전수에 따른 제동토크의 변화

(2) 회전수

기관회전수가 어느 정도까지 증가하면 연소가스가 실린더 내에 있는 시간이 짧아지므로 냉각손실이 감소하며, 들어오는 공기의 운동에너지를 이용할 수 있어 체적 효율이 증가하여 출력이 증가하지만 어느 회전수 이상에서는 흡 · 배기 밸브가 열려 있은 시간이 점차 짧아지고 주어진 시간 내에 흡입되는 공기량 및 배출되는 배기량이 제한되어 체적효율이 떨어지고 마찰마력은 회전수에 비례하여 증가하므로 어느 회전수 이상에서는 출력이 감소하게 된다.

(3) 배기압력

배기가 실린더 내에서 나오는 것을 방해하는 저항을 배기배압(back pressure)이라 하며, 대기압보다 높은 배압일 때 체적효율이 감소되기 때문에 기관 성능에 영향을 미친다. 배기계통 내의 흐름의 제한, 즉 배기 매니폴드 내의 장애물, 휨(굴곡), 단면변화 등이 배압을 만든다. 또 대기압도 배기배압의 원인이 된다. 만약 배기배압의 결과, 연소 후의 가스가 연소실 내에 남아 새로운 혼합기를 희박하게 하면 출력은 감소한다. 고도가 올라가서 대기압이 내려가면 배기배압도 저하되므로 고도의 증가는 이 면에서는 이득이 된다.

(4) 흡기온도

일정 압력의 혼합기의 중량은 절대 온도에 반비례하므로 흡입공기 온도 및 실린더 온도가 높아지면 혼합기의 중량이 감소하고 출력이 떨어진다. 출력이 큰 왕복기관에서는 흡입계통 내에서 혼합기에 물, 알코올을 분사해서 혼합기를 냉각함으로써 출력을 크게 한 예도 있다.

(5) 고도

고도가 변하면 주위 대기압 및 대기온도가 변하며, 출력도 변화한다. 고도변화에 따른 공기의 물성치는 부록 A-1, A-2에 나와있다. 공기밀도는 대기압에 정비례하고 대기온도에 반비례하므로 흡입 공기량, 즉 출력은 대기압이 올라가면 증가하고, 대기온도가 올라가면 감소한다. 대기 중의 습도는 그 수증기 압력만큼 연소에 주는 공기량을 줄이므로 출력을 감소시킨다.

고도에 따른 출력수정은 출력수정계수를 구하여 계산할 수 있으며, 고도 상승에 따라 출력은 감소한다. 따라서 고공에서는 슈퍼차저를 사용하여 출력 감소를 방지할 필요가 있다.

주어진 출력을 유지하기 위한 최대고도를 임계고도(critical altitude)라 하며 슈퍼차저를 사용하면 임계고도를 높일 수 있다.

(6) 혼합비

기관 운용자에게 특별히 관심 있는 혼합비(fuel-air ratio)는 최대출력혼합비(best power mixture)와 최량경제혼합비(best economy mixture)이다. 이들은 실제 기관회전수와 매니폴드압력에 따라 달라진다.

최대출력혼합비는 특정한 회전수에서 최대출력을 내게 하는 혼합비이고 최량경제혼합비는 bsfc가 최소값이 되게 하는 혼합비이며 한정된 연료로 최대항속거리를 가고자 할 때 사용되는 혼합비이다.

(7) 기타 변수

속도에너지를 압력에너지로 바꾸어 흡기압력을 높여 실린더 내에 보다 많은 공기질량을 넣을 수 있다. 흡입공기 입구에서 램(ram) 공기압력은 입구의 설계와 공기 속도에 의해 결정된다. 램 공기 압력은 기관에 들어오는 공기를 과급하는 효과를 갖게 된다. 속도에너지를 압력에너지로 바꾸는 램효과(ram effect)의 경험적인 관계식은 다음과 같이 나타낼 수 있다.

$$Ram = \frac{V^2}{2045} - 2 \tag{3 · 18}$$

여기서 램은 수두(inches of water)로 나타나고 공기 속도는 mph이다.

흡기공기온도(CAT)는 기관에 유입되는 공기의 밀도에 영향을 미치기 때문에 중요하다. 만약 CAT가 너무 높으면 데토네이션을 일으킬 수도 있다.

과급기가 장착된 기관은 CAT보다는 다기관의 혼합기 온도가 중요하다. 높은 습도 조건하의 최대출력 근처에서 작용하는 기관에서 수증기압의 효과를 고려하여야 한다. 극한 조건에서 이 효과는 기관의 최대정격출력의 5% 정도를 감소시킬 수도 있으므로 이륙거리, 기타 임계 요소들에 주의하여야 한다.

3.7 기관성능 곡선

(1) 매니폴드압력과 회전수

기관출력에 대한 매니폴드압력(MAP)과 회전수의 영향은 그림 3-8에 나타나 있다. 이 값들은 해면 표준대기압상태의 텔레다인-컨티넨탈 O-470-K-L기관 성능에서 취하였다. MAP와 회전수가 정해지면 기관 출력이 정해진다.

예를 들면, 기관 MAP 23 inHg, 2,200 rpm으로 작동되면 구동되는 출력은 약 149 HP이고 2,600 rpm, 27.9 inHg 최대출력을 위해서 출력은 230 HP이다.

이 차트로부터 rpm이 증가할수록 체적효율이 감소하는 것을 알 수 있다. 최고 MAP는 1,800 rpm일 때 29.2 inHg이고 2,600 rpm일 때는 27.9 inHg까지 감소한다.

(2) 프로펠러 부하

프로펠러를 빨리 돌리려면 더 많은 동력이 필요하다. 프로펠러를 돌리는 데 필요한 토크는 회전수의 제곱에 비례하며, 마력은 회전수의 3승에 비례한다.

그림 3-9는 고정 피치 프로펠러를 장착한 기관에서 전부하(Full throttle)로 작용할 때 기관회전수 변화에 따라 MAP, 제동출력, 제동연료소비율을 나타내고 있으며 또한 프로펠러 부하곡선도 나타내고 있다.

그래프의 상부곡선은 스로틀을 최대로 열었을 경우인 Full throttle일 때를 나타내며, rpm 증가에 따라 MAP는 감소한다. 기관회전수가 1,950 rpm으로 회전할 때 MAP는 20 inHg, 2,200 rpm에서는 MAP 22 inHg이며 부분 스로틀 상태이다. 2,600 rpm에서는 MAP 27.8 inHg이고 전부하 상태이다.

그래프의 중간곡선으로부터 기관출력은 회전수가 증가함에 따라 증가하지만 rpm 증가와 함께 체적효율이 감소하므로 출력 증가는 비례적이지는 않다. 이 그래프로부터 프로펠러는 2,100 rpm에서는 142 HP을 구동할 수 있고, 2,400 rpm에서는 202 HP 동력을, 2,600 rpm에서는 248 HP 동력을 구동할 수 있다는 것을 알 수 있다. 즉, 프로펠러는 2,600 rpm에서 248 HP를 흡수할 수 있다.

그래프의 하부곡선은 기관회전수와 프로펠러 부하의 여러 상태하에서 연료소모율을 나타낸다. 프로펠러가 160 HP을 흡수할 때 2,200 rpm에서 최량연료소모를 나타낸다. 이 점의 bsfc는 약 0.52 lb/HP · hr이다. 만약 2,200 rpm으로 전 스로틀로 작동한다면 bsfc는 0.61lb/HP · hr이다.

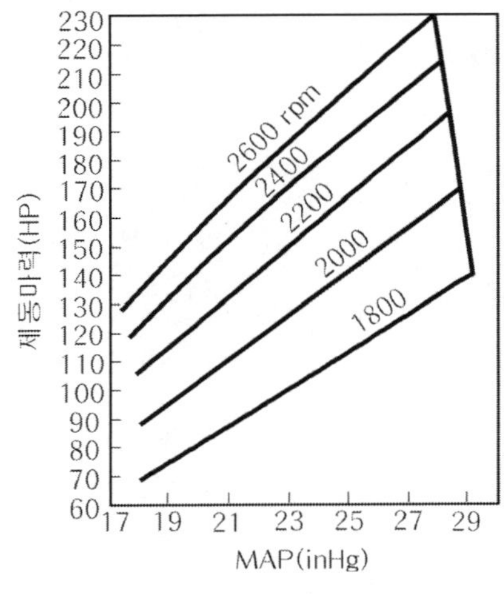

그림 3-8 기관회전수 및 MAP에 따른 제동마력

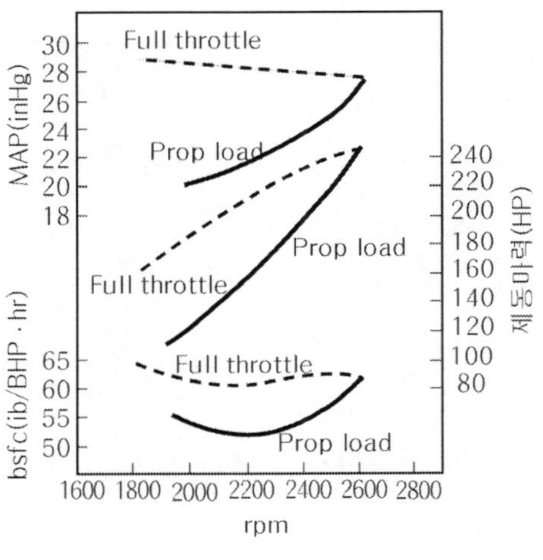

그림 3-9 기관회전수에 따른 BHP, MAP, bsfc의 변화

(3) 성능에 미치는 고도의 영향

공기밀도는 특정한 회전수와 MAP에서 기관의 출력에 영향을 미친다. 공기밀도는 압력, 온도, 습도에 좌우되므로 기관의 정확한 성능을 결정하기 위하여 이 요소들을 고려해야 한다. 고도에 따른 표준온도(T_s)를 정의하고 어느 고도에서 대기온도가 표준온도와 다를 때는 압력고도를 수정한 밀도고도를 사용한다.

압력(기압)고도를 밀도고도로 바꾸기 위한 차트는 그림 3-10에서 보인다. 압력고도 3,000 ft에서 20°F일 때 밀도고도는 1,000 ft가 된다. 그러나 만약 특정한 고도에서 온도가 그 고도에서의 표준온도와 같을 때는 밀도에 대한 수정은 습도의 요소가 없는 이상 필요 없다. 그림 3-11의 차트는 텔레다인-컨티넨탈 O-470-M 기관의 고공 출력을 결정하는 데 사용된다. 예로서 고도 3,000 ft이며 이 고도에서 주위온도는 20°F일 때, 2,500 rpm, MAP 25 inHg인 기관의 마력을 구해 보자.

그림 3-11 (a)는 해면 표준 상태에서 기관 출력을 나타내고 그림 3-11 (b)는 고도의 영향을 고려한 기관출력을 나타낸다. 특정 MAP와 특정 rpm에서 만나는 점은 고공에서 WOT 전부하 상태에서의 출력점이다. B점은 해면에서 2,500 rpm, MAP 25 inHg일 때 출력 192 HP를 나타내고 있다. 해면 차트에 표시되어 있는 마력은 고도차트의 동일한 점 C에 옮겨진다. 고도 성능차트 점 A는 어떤 고도에서 WOT 전부하 상태에서 2,500 rpm, MAP 25 inHg에서의 출력을 나타낸다. A점은 2,500 rpm에서 MAP 25 inHg를 낼 수 있는 최고출력은 198 HP이고 이때 밀도고도는 약 4,000 ft이다. 만약 밀도고도가 5,000 ft이면 2,500 rpm, WOT에서 MAP는 24.3 inHg가 되어 MAP는 떨어지고 이때 출력은 약 190 HP가 된다.

따라서 2,500 rpm, MAP 25 inHg에서 198 HP를 낼 수 있는 최고 밀도고도는 4,000 ft이며 이를 이 상태에서의 임계 밀도고도라 한다. 그 뒤 고도 수정을 하기 위하여 점 A로부터 점 C까지 일직선을 그린다. 원하는 밀도고도선과 이선과의 교차점 점 D가 기관의 출력이며, 193 HP이다. 밀도고도 1,000 ft에서의 출력이 해면고도에서의 출력보다 높은 이유는 1,000 ft에서는 배기 역압력이 해면의 경우보다 더 낮고 동일 회전수와 동일 MAP를 유지하기 위해서 1,000 ft에서 스로틀을 더 많이 열어주기 때문이다.

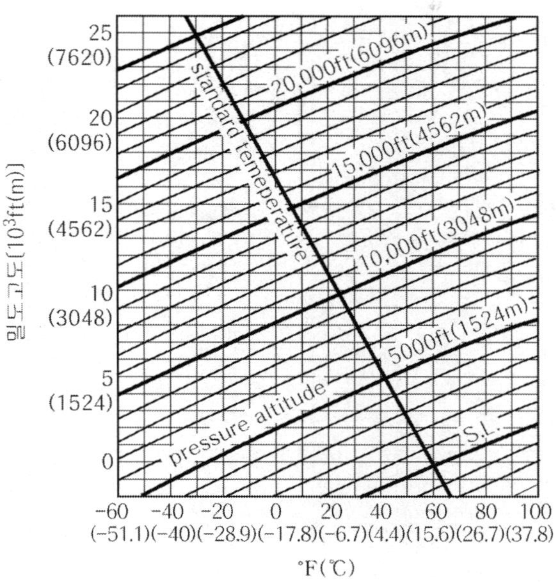

그림 3-10 압력고도와 밀도고도와의 관계

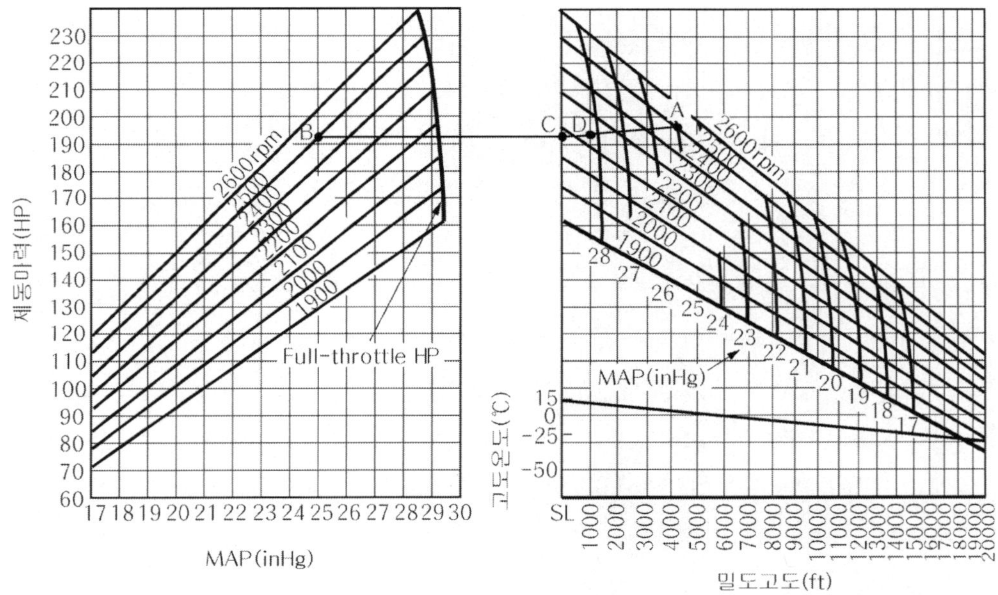

(a) 해면성능　　(b) 밀도고도로 나타낸 고공성능

그림 3-11 해면상과 고공에서의 기관 출력

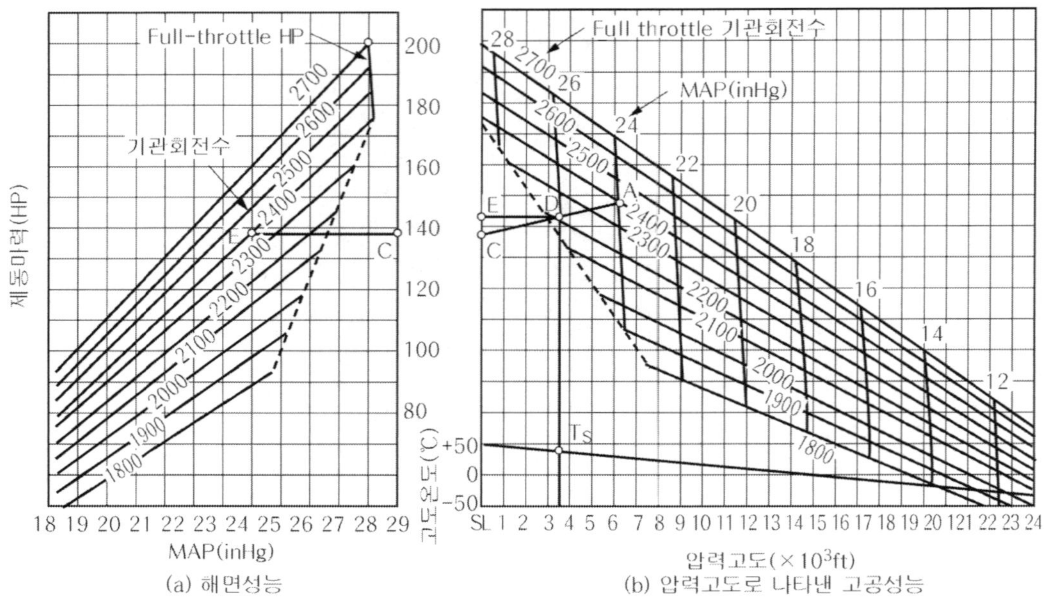

그림 3-12 자연 흡입식 항공용 왕복기관의 해면출력과 압력고도에 따른 출력

그림 3-12는 고도성능 차트에서 밀도고도 대신에 압력고도를 사용하고 있으며 이때 성능을 구하는 방법을 알아보자.

그림 3-12 (a)는 해면상태에서의 MAP와 rpm에 따른 출력성능을 나타내고, 그림 (b)는 압력고도에 따라 MAP와 rpm 변화에 따른 출력성능을 나타내고 있다. 기관회전수가 2,400 rpm이고, MAP는 24 inHg, 압력고도는 3,500 ft, 입구 공기온도가 30°F일 때 출력을 구해 보자. 해면고도 차트에서 2,400 rpm, MAP 24 inHg의 성능을 나타내는 점은 B점이고 138마력을 나타내며 이것을 고도성능 차트인 오른쪽에 나타내면 점 C이다. 고도성능 차트를 보면 WOT 상태에서 2,400 rpm, MAP 24 inHg의 성능을 나타내는 점은 점 A이다. A와 C를 연결하면 압력고도 변화에 따른 2,400 rpm, MAP 24 inHg의 성능을 나타내며 고도 증가에 따라 성능이 증가하는 이유는 고도 증가에 따라 배압이 감소하고 동일 MAP를 유지하기 위해서는 스로틀을 더 열어 주기 때문이다. AC선상에서 압력고도 3,500 ft인 점은 D점이고, 점 D에서의 성능은 144마력이 된다. 그런데 3,500 ft에서 표준공기 온도는 46°F이고 실제 주위온도는 30°F이므로 이를 보정해 주어야 한다. 온도변화 10°F(6℃)당 1%의 성능 수정이 이루어진다. 주위온도는 표준공기보다 16°F 차가우므로 성능은 1.6%의 성능 향상이 있게 된다. 즉, 144×1.6%=2.3 마력의 성능이 있

게 되어 2,400 rpm, MAP 24 inHg, 압력고도 3,500 ft, 주위온도 30°F일 때의 출력은 146.3마력이 된다.

(4) 혼합기의 영향

최대출력혼합비(best power mixture)와 최량경제혼합비(best economy mixture)는 기관회전수와 매니폴드압력에 따라 다르다. 최대출력혼합비는 최대출력을 나타낼 때의 혼합비이며 희박최대출력혼합비와 농후최대출력혼합비로 나눌 수 있고, 최량경제혼합비는 연료소모율이 최소가 되는 혼합비이다. 그림 **3–13**은 기관회전수와 운전조건이 다른 상황에서 혼합기의 등가비에 따른 최대출력혼합비가 어떻게 변하는지를 나타낸다. 등가비(ϕ)는 이론 연료–공기비에 대한 실제 연료공기비의 비율을 나타낸다. 2,900 rpm에서는 등가비(ϕ)가 1.13이고, 3,000 rpm에서는 $\phi=1.21$, 3,150 rpm에서는 $\phi=1.34$이다. 최량경제혼합비는 어떤 양의 연료로 최대항속거리를 가고자 할 때 조종사에 의하여 보통 사용되는 방법이다. 그림 **3–14**의 차트에서 최량경제혼합비와 최대출력혼합비가 다름을 알 수 있다. 이 차트는 일정 rpm, 일정 스로틀 위치이며 변하는 것은 연료–공기비이다. 대단히 희박한 혼합비인 등가비 0.8에서는 기관을 140 lb/hr의 연료 유량으로 292 HP를 구동하고 bsfc는 약 0.48 lb/HP · hr이다. 최량경제혼합비는 등가비 약 0.91일 때 이루어진다. 이때 BHP는 324 HP이고 연료유량은 152 lb/hr이며 bsfc는 0.469 lb/BHP/hr이다.

연료공기 혼합비가 점점 증가하여 기관출력이 최고(peak)에 도달되는 점이 최대출력혼합비이고 그 뒤는 출력이 감소하기 시작하며 이 점의 혼합기는 등가비 약 1.1이다. 이 점에서 BHP는 364이고, bsfc는 0.514이며, 연료유량은 187 lb/hr이다.

다른 요소들이 일정할 때 기관 작동 중 혼합비는 성능에 커다란 영향을 준다. 만약 기관이 그림 **3–13**의 위 곡선처럼 총출력(full throttle)과 최대출력혼합비로 작동한다면, 실린더 헤드 온도(CHT)가 과도하게 되고 디토네이션의 결과를 자주 초래할 수 있게 된다. 이를 피하기 위해서 실제 기관의 운전혼합비는 여분의 연료 기화열을 이용하기 위하여 최대출력혼합비보다 농후하도록 설정된다. 이것은 기화기나 연료 조종계통에 이코노마이저(economizer or enrichment valve)의 기능에 의하여 이루어진다. 최대출력혼합비보다 농후한 배기시에 기관 밖으로 보내진다. 여분의 연료는 타지 않고 증발하며 이때 증발잠열이 흡수되고 또 연소실에서 발생하는 열을 얼마간 흡수한다.

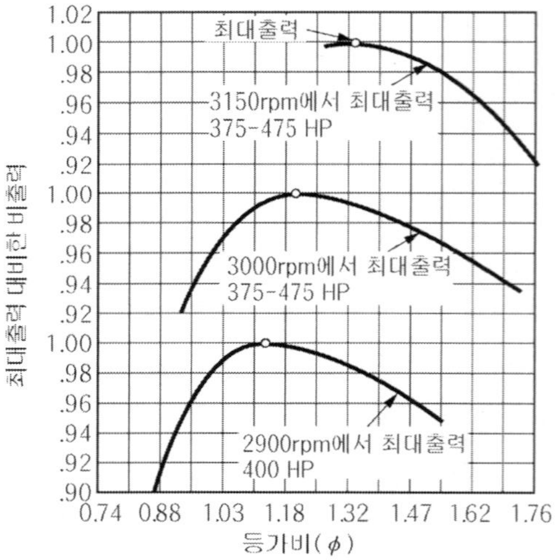

그림 3-13 기관회전수와 다른 운전조건에서 등가비 변화에 따른 출력

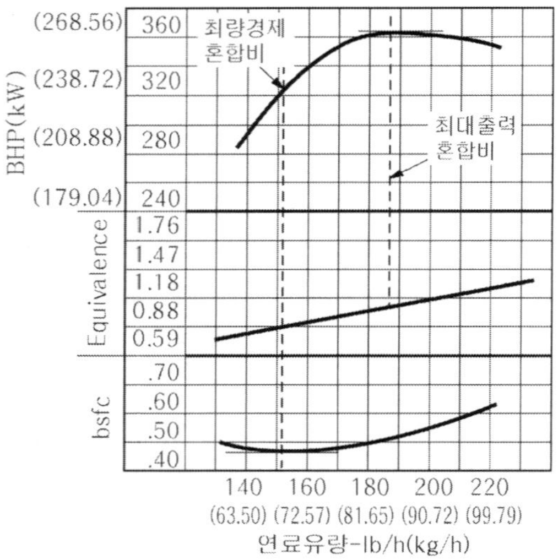

그림 3-14 일정 스로틀과 일정 기관 회전수에서 최량경제 혼합비와 최대출력혼합비

기관회전수와 MAP가 순항상태하에서 작동할 때는 연료를 절약하기 위하여 희박최대출력치(lean best power value)에 혼합비를 맞출 수 있다. 이때는 기관으로부터 순항출력의 최대치를 가질 수 있다. 또 최대경제연료를 갖기를 희망한다면 혼합 조종장치를 최량경제혼합비를 위하여 희박한 혼합비를 사용해야 하며, 이때 연료는 절약되나 출력은 약 15% 정도 감소하게 된다.

그림 3-15는 압축비 8.7이고 4기통인 200마력을 내는 항공 왕복기관이 12,500 ft에서 비행할 때 연료 유량에 따른 배기가스의 온도(EGT), 순항 비행속도(TAS), 연료 1 gallon 당 비행할 수 있는 비행거리인 MPG(mile per gallon), 그리고 순항 비행속도의 1.3승과 MPG를 곱한 어떤 평가점수(Score)를 나타낸 것이다.

이론 연공비를 약 0.066으로 가정하면 배기가스 온도가 최고점이 나타나는 곳을 이론 공연비보다 약 10% 높은 곳으로 생각할 수 있다. 그림 3-15에서 이 왕복기관의 이론공연비에 해당하는 연료유량이 약 8.5 gallon/hr이라면 연료유량 9.2 gallon/hr에서 CHT와 EGT가 최대로 됨을 알 수 있다. 최소연료소모율은 약 7.7 gallon/hr에서 생길 것이지만 순항비행속도가 MPG를 고려한 평가점수는 연료유량이 약 8.0 gallon/hr에서 제일 높음을 알 수 있다.

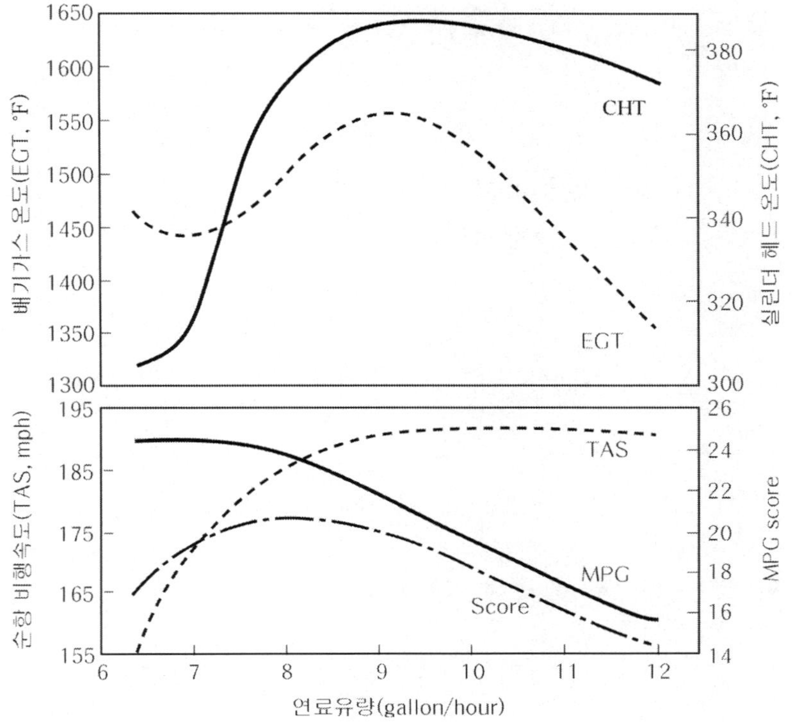

그림 3-15 연료유량에 따른 CHT, EGT, MPG, TAS, Score의 변화

이론 연공비에서 화염속도가 75 cm/s이고 연공비 0.052에서는 52 cm/s로 약 20% 감소한다. 혼합비가 너무 희박해지면 배기 밸브가 열리기 바로 전까지 화염전파가 이루어지고 에너지 발생이 늦어져서 유효일이 적어진다.

혼합비가 더 희박해지면 배기 밸브가 열린 후에는 천천히 연소하게 되어 에너지를 낭비하게 되고 EGT가 올라간다. EGT가 올라가면 희박혼합기 때문에 실화가 되던지 2개의 스파크플러그 중 하나가 작동하지 않는 경우이다. 혼합비가 더욱 희박해지면 배기 밸브가 열리기 전에 화염이 꺼지거나 점화가 안 될 수도 있다. 이와 같이 실화가 되면 기관작동이 불안정하고 진동이 심하게 된다. 이때는 점화시기를 조금 진각시켜 주면 도움이 될 수도 있다.

3.8 왕복기관을 장착한 항공기 비행성능

등속도 수평비행을 하는 항공기에서 추력은 항력과 같고, 양력은 무게와 같게 되며 그림 3-16에 이를 나타내었고 관계식은 다음과 같다.

$$T = D,\ L = W \tag{3 · 19}$$

$W = L = D\left(\dfrac{L}{D}\right) = T\left(\dfrac{L}{D}\right)$에서 등속도 수평비행에 필요한 추력은 다음과 같다.

$$T = \frac{W}{L/D} \tag{3 · 20}$$

가속(운동 에너지 상승)이나 상승(위치 에너지 상승) 비행시에는 항력을 극복하는 데 필요한 추력보다 더 큰 추가적인 추력이 필요하게 된다.

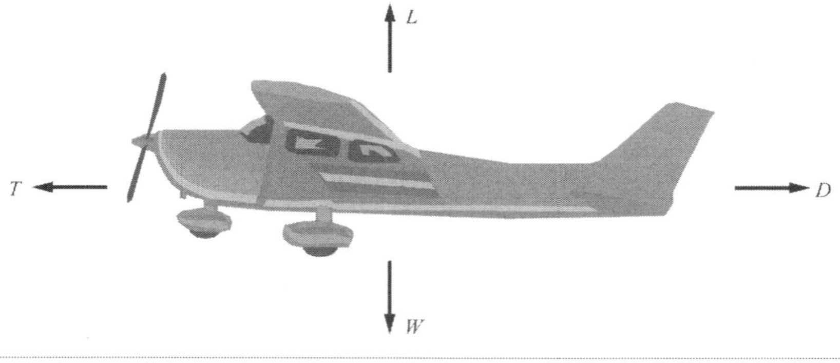

그림 3-16 등속도 수평비행을 하고 있는 항공기의 힘의 균형

3.8.1 항공기의 항력

항공기의 항력에는 형상이나 간섭에 의한 압력항력과 표면마찰항력 등으로 생성되는 유해항력과 양력으로 인해 발생되는 유도항력으로 나뉘어진다. 유도항력은 유한 날개 끝에 생기는 와류현상 때문에 생긴다. 와류로 인하여 날개에는 내리흐름이 생기게 되고, 내리흐름으로 인하여 유도속도가 생기게 되며 양력도 유도각 만큼 기울어지게 되어 유도항력이 생기게 된다. 유해항력은 속도의 제곱에 비례하며 유도항력은 속도의 제곱에

반비례하며 총항력은 이 둘을 합한 값과 같으며 그림 3-17에 나타나 있다. 항력계수도 유해항력 계수와 유도항력 계수의 합과 같으며 다음과 같이 나타낼 수 있다.

$$C_D = C_{D_p} + C_{D_i} = C_{D_p} + \frac{C_L^2}{\pi e AR} \qquad (3 \cdot 21)$$

여기서 AR(aspect ratio)는 날개의 길이대 평균시위길이 비이고 가로세로비라고도 하며, e는 스팬(span)의 효율계수이며 eAR는 타원형 양력분포를 가지는 날개의 유효 가로세로비를 나타낸다. 또 C_L은 양력계수로 $C_L = 2L/(\rho V^2 S)$이고 수평 비행시에는 $C_L = 2W/(\rho V^2 S)$가 된다.

양력(L)과 항력(D)은 양력계수와 항력계수의 항으로 나타낼 수 있다.

$$L = C_L \frac{1}{2}\rho V^2 S, \quad D = C_D \frac{1}{2}\rho V^2 S \qquad (3 \cdot 22)$$

여기서 S는 날개 면적이고, V는 비행속도이다. 식 (3 · 21)을 식 (3 · 22)에 대입하여 정리하면

$$D = \frac{1}{2}\rho V^2 S C_{D_p} + \frac{L^2}{\frac{1}{2}\rho V^2 S}\left(\frac{1}{\pi e AR}\right)$$

$$\text{또는 } D = \frac{1}{2}\rho V^2 S C_{D_p} + \frac{W^2}{\frac{1}{2}\rho V^2 S}\left(\frac{1}{\pi e AR}\right) \qquad (3 \cdot 23)$$

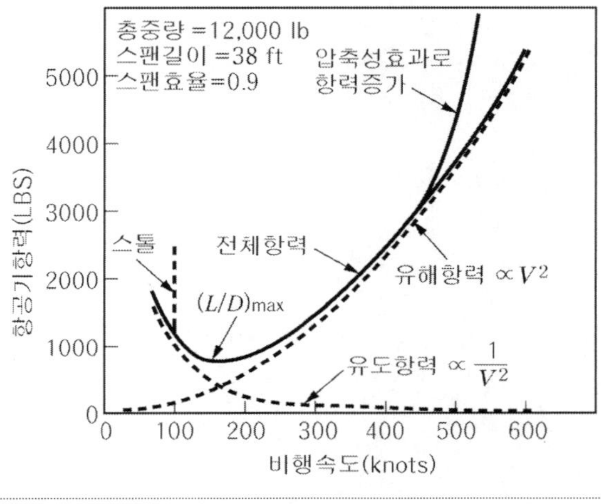

그림 3-17 비행속도에 따른 항공기 항력

최소의 항력 조건을 생각해 보자.

$$D = L\frac{D}{L} = W\left(\frac{D}{L}\right) = W\left(\frac{C_D}{C_L}\right) \tag{3 · 24}$$

여기에서 항공기 무게(W)가 정해진다면 양항비(C_L / C_D)가 최대일 때 항력이 최소가 된다. 항력이 최소가 되는 양력계수는 양항비의 역수를 양력계수로 미분한 값이 0이면 그 값을 구할 수 있다.

$$\frac{d}{dC_L}\left(\frac{C_D}{C_L}\right) = \frac{d}{dC_L}\left(\frac{C_{D_p} + \dfrac{C_L^2}{\pi e AR}}{C_L}\right) = 0 \tag{3 · 25}$$

항력이 최소가 되는 양력계수와 그때의 항력계수, 최대양항비, 속도는 다음과 같다.

$$C_{L\min drag} = \sqrt{\pi e AR C_{D_p}} \tag{3 · 26}$$

$$C_{D\min drag} = 2C_{D_p} \tag{3 · 27}$$

$$\left(\frac{C_L}{C_D}\right)_{\max} = \frac{1}{2}\sqrt{\frac{\pi e AR}{C_{D_p}}} \tag{3 · 28}$$

$$V_{\min drag} = \sqrt{\frac{W}{\frac{1}{2}\rho S C_{L\min drag}}} = \left[4\left(\frac{W}{S}\right)^2 \frac{1}{\rho^2}\frac{1}{C_{D_p}}\left(\frac{1}{\pi e AR}\right)\right]^{\frac{1}{4}} \tag{3 · 29}$$

3.8.2 필요마력

등속도 수평비행에서 추력과 항력의 관계는 다음과 같다.

$$T_{req} = D \tag{3 · 30}$$

추진효율 $\eta_p = \dfrac{T \cdot V}{P}$이고 추진효율이 100%일 때 필요동력(마력)은

$$P_{req} = T_{req}V = DV \tag{3 · 31}$$

$D = C_D\frac{1}{2}\rho V^2 S$를 식 (3 · 31)에 대입하면

$$P_{req} = \frac{1}{2} C_D \rho V^3 S \tag{3 · 32}$$

등속(비가속) 수평비행에서 $L = W = \frac{\rho V^2}{2} C_L S$ 이므로

$$V = \sqrt{\frac{2W}{\rho C_L S}} \tag{3 · 33}$$

식 (3 · 33)을 식 (3 · 32)에 대입하면

$$P_{req} = W \sqrt{\frac{2W}{\rho S}} \frac{C_D}{C_L^{3/2}} \tag{3 · 34}$$

최소마력은 $C_L^{3/2}/C_D$가 최대일 때 얻을 수 있다. 식 (3 · 23)을 식 (3 · 31)에 대입하면

$$P_{req} = \frac{1}{2} \rho V^3 S C_{D_p} + \frac{W^2}{\frac{1}{2} \rho V S} \left(\frac{1}{\pi e AR} \right) \tag{3 · 35}$$

식 (3 · 35)를 통해 필요마력의 곡선을 생각해 보면 그림 3-18과 같다.

식 (3 · 35)에서 필요마력이 최소가 되는 항공기 속도를 구하면 다음과 같다.

$$V_{\min power} = \left[\frac{4}{3} \left(\frac{W}{S} \right)^2 \frac{1}{\rho^2} \frac{1}{C_{D_p}} \left(\frac{1}{\pi e AR} \right) \right]^{\frac{1}{4}} \tag{3 · 36}$$

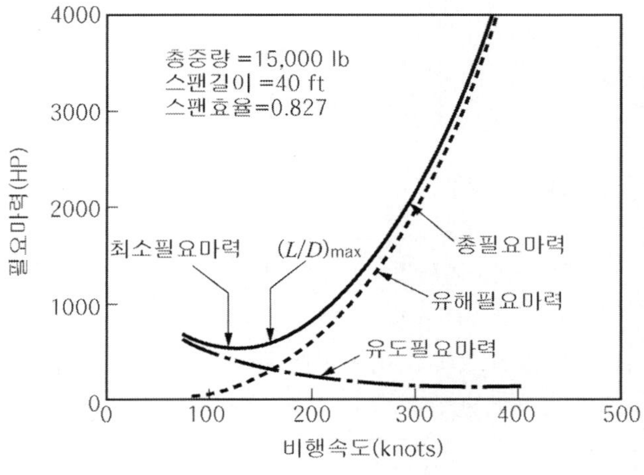

그림 3-18 항공기에서의 전형적인 필요마력 곡선

등속도 수평비행에서 최소필요마력속도라는 것은 최대항속시간 비행속도와 같게 된다. 그러나 최대항속거리 비행 조건은 항력이 최소가 될 때, 즉 양항비가 최대가 될 때 얻을 수 있다.

예제 3-7

왕복기관을 장착한 항공기 무게가 12,000 lb이고 날개면적은 320 ft^{2}이다. 이 비행기가 밀도 0.0021 slug/ft^{3}인 고도를 500 mph로 수평등속 비행하기에 필요한 마력을 구하라. 단 항공기의 총 항력계수는 $C_D = 0.01 + 0.05C_L^2$이다.

풀이

500 mph = 734 fps이므로

$$C_L = \frac{2W}{\rho V^2 S} = \frac{2 \times 12000}{0.0021 \times 734^2 \times 320} = 0.0663$$

$$C_D = 0.01 + 0.05(0.0663)^2 = 0.0102$$

$$V = \sqrt{\frac{2W}{\rho C_L S}} = \sqrt{\frac{2 \times 12000}{0.0021 \times 0.0663 \times 320}} = 733.9 \text{ fps}$$

단위를 고려하면

$$P_{req} = W\sqrt{\frac{2W}{\rho S}} \cdot \frac{C_D}{C_L^{3/2}} = 12000\sqrt{\frac{2(12000)}{(0.0021)(320)}} \cdot \frac{0.0102}{(0.0663)^{3/2}} = 1354978 \text{ ft} \cdot \text{lb}_f/\text{s}$$

1 HP = 550 ft · lb$_f$/s이므로

따라서 $P_{req} = \dfrac{1354978}{550} = 2464 \text{ HP}$

3.8.3 항속거리

등속도 수평비행조건을 생각해 보자.

$$T = D,\ L = W,\ W = L = D\left(\frac{L}{D}\right) = T\left(\frac{L}{D}\right) \tag{3·37}$$

여기서 항공기의 무게는 연료가 소비되면서 줄어들게 되어 $\dfrac{dW}{dt} = -\dot{m}_f$이고 $SFC = \dfrac{\dot{m}_f}{P}$이므로

$$dW = -SFC \cdot P \cdot dt\,,\quad dt = -\frac{dW}{SFC \cdot P} \tag{3·38}$$

여기서 P는 기관 제동마력(BHP)이고, SFC는 왕복기관에서 마력당 연료 소비율(lb/HP · s)이다. 오일 소비율이 고려될 때는 SFC는 오일 소비율이 포함된 연료 소비율이다.

항속거리(R)를 생각해 보자.

$$dS = V \cdot dt \tag{3·39}$$

이 식에 식 (3 · 38)을 대입하면

$$dS = -V\frac{dW}{SFC \cdot P} \tag{3·40}$$

따라서 항속거리는 다음과 같다.

$$R = \int dS = -\int_{W_i}^{W_f}\frac{VdW}{SFC \cdot P} = \int_{W_f}^{W_i}\frac{VdW}{SFC \cdot P} \tag{3·41}$$

여기서 W_i는 최초의 이륙무게이고 W_f는 최종무게이다.

그런데 기관의 추진효율(η_p)을 $\eta_p = TV/P$라 하면 $T = D$이므로 $\eta_p = DV/P$가 되고 항속거리는 다음과 같이 나타낼 수 있다.

$$R = \int_{W_f}^{W_i}\frac{\eta_p dW}{SFC \cdot D} = \int_{W_f}^{W_i}\frac{\eta_p dW}{SFC \cdot D} \cdot \frac{W}{W} = \int_{W_f}^{W_i}\frac{\eta_p dW}{SFC \cdot D} \cdot \frac{L}{W}$$

$$R = \int_{W_f}^{W_i}\frac{\eta_p}{SFC}\frac{L}{D}\frac{dW}{W} = \frac{\eta_p}{SFC}\frac{C_L}{C_D}ln\frac{W_i}{W_f} \tag{3·42}$$

이 식을 항속거리 Brequet식이라 부른다. SFC를 lb/BHP · hr단위를 사용하고 R를 mile로 표기하면 식 (3 · 42)는 다음과 같이 된다.

$$R = 375\frac{\eta_p}{SFC}\frac{C_L}{C_D}ln\frac{W_i}{W_f} \tag{3·43}$$

이 식을 nautical mile로 표기하면 다음과 같다.

$$R = 325\frac{\eta_p}{SFC}\frac{C_L}{C_D}ln\frac{W_i}{W_f} \tag{3·44}$$

이 식에서 최대의 항속거리를 갖기 위한 조건은 양항비 C_L / C_D가 최대값을 가져야 하고, 마력당 연료 소비율 SFC(lb/HP · s)는 최소가 되어야 하며, 추진효율 η_p가 커야 한다.

또한 연료를 최대한 많이 적재하여야 한다. 최대항속거리를 주는 조건은 식 (3 · 26)~식 (3 · 29)이다. 특히 식 (3 · 26)에서 최대항속거리를 갖는 비행조건은 $C_{D_p} = \dfrac{C_L^2}{\pi e AR}$임을 알 수 있고, 이는 유해항력과 유도항력의 값이 같은 받음각으로 비행해야 하는 조건이다.

3.8.4 항속시간

주어진 사용 가능한 연료 에너지를 연료 소비율로 나누면 항속시간이 된다. 연료 소비율이 최소가 되면 최대의 항속시간이 되며 연료 소비율이 최소가 되는 것은 필요마력(P_{req})이 최소가 되는 것과 같다. 따라서 최소필요마력을 구하면 최대항속시간을 구할 수 있다.

식 (3 · 34)에서 필요마력은

$$P_{req} = \sqrt{\frac{W^3}{\frac{1}{2}\rho S}}\left(\frac{C_D}{C_L^{3/2}}\right) \tag{3 · 45}$$

항공기 무게 W가 정해지고 공기밀도 ρ와 항공기 날개 면적 S가 일정하며 $\dfrac{C_L^{3/2}}{C_D}$가 최대값이 된다면 최소필요마력을 구할 수 있으며, 최대항속시간을 알 수 있게 된다.

$$\frac{d}{dC_L}\left(\frac{C_{D_p} + \dfrac{C_L^2}{\pi e AR}}{C_L^{3/2}}\right) = 0 \tag{3 · 46}$$

여기서 최소마력일 때의 양력계수와 그때의 항력계수, 양항비, 속도를 구해 보면

$$C_{L\,\min power} = \sqrt{3\pi e ARC_{D_p}} \tag{3 · 47}$$

즉, $C_{D_p} = \dfrac{1}{3}\dfrac{C_L^2}{\pi e AR}$이므로 최대항속시간을 얻을 비행조건은 유해항력이 유도항력의

1/3되는 받음각으로 비행해야 함을 알 수 있다.

$$C_{D\min power} = 4C_{D_p} \tag{3 · 48}$$

$$\left(\frac{C_L}{C_D}\right)_{\min power} = \sqrt{\frac{3\pi eAR}{16C_{D_p}}} \tag{3 · 49}$$

$$V_{\min power} = \sqrt{\frac{W}{\frac{1}{2}\rho SC_{L\min power}}} = \left[\frac{4}{3}\left(\frac{W}{S}\right)^2\frac{1}{\rho^2}\frac{1}{C_{D_p}}\left(\frac{1}{\pi eAR}\right)\right]^{\frac{1}{4}} \tag{3 · 50}$$

식 (3 · 39)에서

$$dt = -\frac{dW}{SFC \cdot P} = -\frac{\eta_p dW}{SFC \cdot VD}\frac{W}{W} = -\frac{\eta_p}{SFC} \cdot \frac{C_L}{C_D} \cdot \frac{dW}{VW}$$

$$= -\frac{\eta_p}{SFC}\frac{C_L^{3/2}}{C_D}\left(\frac{\rho S}{2}\right)^{\frac{1}{2}} W^{-\frac{3}{2}} dW \tag{3 · 51}$$

η_p, SFC, $C_L^{3/2}/C_D$, ρ, S가 일정할 때 윗식을 적분하면 항속시간은 다음과 같이 된다.

$$E = \int dt = -\frac{\eta_p}{SFC}\left(\frac{C_L^{3/2}}{C_D}\right)\left(\frac{\rho S}{2}\right)^{\frac{1}{2}}\int_{W_i}^{W_f} W^{-\frac{3}{2}} dW$$

$$= \frac{\eta_p}{SFC}\left(\frac{C_L^{3/2}}{C_D}\right)\sqrt{2\rho S}\left(\frac{1}{\sqrt{W_f}} - \frac{1}{\sqrt{W_i}}\right) \tag{3 · 52}$$

이 식을 항속시간 Brequet식이라 부른다. SFC를 lb/BHP · hr단위를 사용하고 E를 시간(h)을 사용하면 식 (3 · 52)는 다음과 같이 된다.

$$E = 778\frac{\eta_p}{SFC}\left(\frac{C_L^{3/2}}{C_D}\right)\sqrt{\rho S}\left(\frac{1}{\sqrt{W_f}} - \frac{1}{\sqrt{W_i}}\right) \tag{3 · 53}$$

이 식에서 최대의 항속시간을 갖기 위한 조건은 $C_L^{3/2}/C_D$가 최대값을 가져야 하고, 마력당 연료소비율 SFC(lb/HP · s)는 최소가 되어야 하며, 추진효율 η_p가 커야 한다. 또한 연료를 최대한 많이 적재하여야 하고, 공기밀도가 높은 저고도에서 비행할수록 최대의 항속시간을 갖게 된다. Brequet 항속거리와 항속시간은 조종사가 최적조건($(C_L^{3/2}/C_D)_{\max}$)

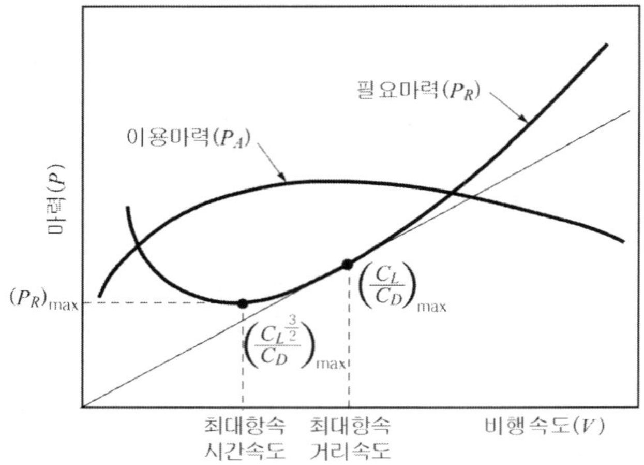

그림 3-19 최대항속거리와 최대항속시간의 조건

으로 비행할 때 구한 값이며, 실제는 최적조건으로 항상 비행할 수 없으므로 Brequet 공식으로 구한 최적값의 약 85% 정도가 실제 항속거리와 항속시간이다.

그림 3-19는 최대항속거리와 최대항속시간을 위한 조건을 보여주고 있다.

예제 3-8

이륙시 최초중량이 120,000 lb이고 연료와 오일을 다 사용하고 난 고도 5,000 ft에서 비행하고 있다. 최종중량이 60,000 lb인 왕복기관 탑재 항공기가 주위 공기밀도 0.002080 slug/ft^{3}인 고도를 비행하고 있다. 항공기의 추진효율은 88%이고 순항 비행시 연료소비율은 0.5 lb/BHP · hr이다. 항공기의 날개 면적은 2,800 ft^{2}이고 양항관계식은 $C_D = 0.02 + 0.05 C_L^2$으로 주어진다. 이 항공기의 최대항속거리와 최대항속시간을 구하라.

풀이

최대항속거리는 $(C_L/C_D)_{max}$일 때이고 이때 $C_{D_p} = C_{D_i}$이므로

$$0.02 = 0.05 C_L^2 \text{ 이 되고 } C_L = 0.632$$

$$C_D = 0.02 + 0.05(0.632)^2 = 0.04$$

$$(C_L/C_D)_{max} = \frac{0.632}{0.04} = 15.8$$

$$R = 375 \frac{\eta_p}{SFC} \frac{C_L}{C_D} ln \frac{W_i}{W_f} = 375 \frac{0.88}{0.5} 15.8 \ln \frac{120000}{60000}$$

$$= 7230(\text{mile}) = 6260(\text{nautical mile})$$

최대항속시간 비행 조건은 $(C_L^{3/2}/C_D)_{max}$이고 이때 $3C_{D_p} = C_{D_i}$이므로

$3(0.02) = 0.05C_L^2$ 에서 $C_L = 1.097$

$C_D = 0.02 + 0.05(1.097)^2 = 0.08$

$$\left(\frac{C_L^{3/2}}{C_D}\right)_{\max} = \frac{(1.097)^{3/2}}{0.08} = 14.37$$

$$E = 778\frac{\eta_p}{SFC}\left(\frac{C_L^{3/2}}{C_D}\right)\sqrt{\rho S}\left(\frac{1}{\sqrt{W_f}} - \frac{1}{\sqrt{W_i}}\right)$$

$$E = 778\frac{0.88}{0.5}(14.37)\sqrt{(0.002080)(2800)}\left(\frac{1}{\sqrt{60000}} - \frac{1}{\sqrt{120000}}\right)$$

$$= 56.8(\text{hr})$$

3.8.5 상승비행

항력을 극복하고 남는 잉여마력은 운동 에너지와 위치 에너지를 변화시킬 수 있어 항공기를 상승시키거나 가속시킬 수 있다. 상승비행시에는 가속비행을 하게 되므로 등속도 수평비행과는 힘의 균형이 다르다. 그림 3-20은 상승비행시 항공기의 힘의 균형을 나타낸다.

$$L - W\cos\theta = \frac{W}{g}V\frac{d\theta}{dt}, \quad T - D - W\sin\theta = \frac{W}{g}\frac{dV}{dt} \qquad (3 \cdot 54)$$

여기서 θ는 상승각이며, $V\dfrac{d\theta}{dt}$는 비행방향에 수직한 가속도이고, $\dfrac{dV}{dt}$는 비행방향의 접선 방향 가속도이다.

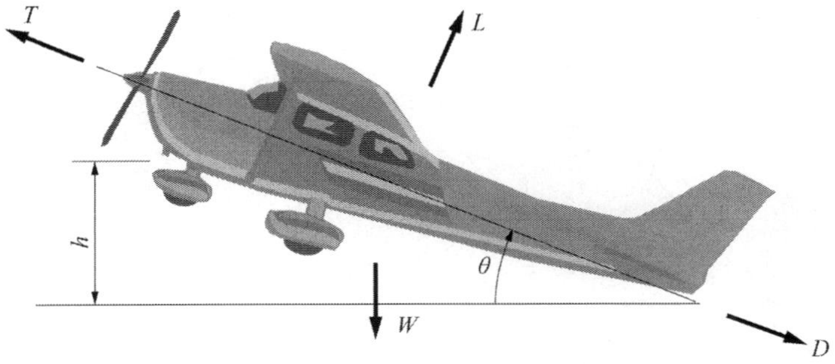

그림 3-20 상승비행시 항공기의 힘의 균형

따라서 항공기 상승률(Rate of Climb ; RC)은 고도의 변화율이므로

$$RC = \frac{dh}{dt} = V\sin\theta = V\left(\frac{T-D}{W}\right) - \frac{V}{g}\frac{dV}{dt} \tag{3 · 55}$$

이 식을 식 (3 · 54)에 대입하고 속도 V를 곱해 주면

$$TV - DV = W\frac{dh}{dt} + \frac{d}{dt}\left(\frac{1}{2}\frac{W}{g}V^2\right)$$

또는

$$P_{ava} - P_{req} = W\frac{dh}{dt} + \frac{d}{dt}\left(\frac{1}{2}\frac{W}{g}V^2\right) \tag{3 · 56}$$

여기서 여유마력 = 이용마력 − 필요마력 = 위치 에너지 변화 + 운동 에너지 변화이다.

만일 등속도 상승비행이라면 상승률은

$$RC = V\left(\frac{T-D}{W}\right) = \frac{P_{ava} - P_{req}}{W} \tag{3 · 57}$$

그리고 상승비행 시간은

$$t = \int_{h_1}^{h_2} \frac{dh}{RC} \tag{3 · 58}$$

여기서 이용마력 $P_{ava} = \eta_p P_{shaft}$이고, 요구마력 $P_{req} = DV$이다.

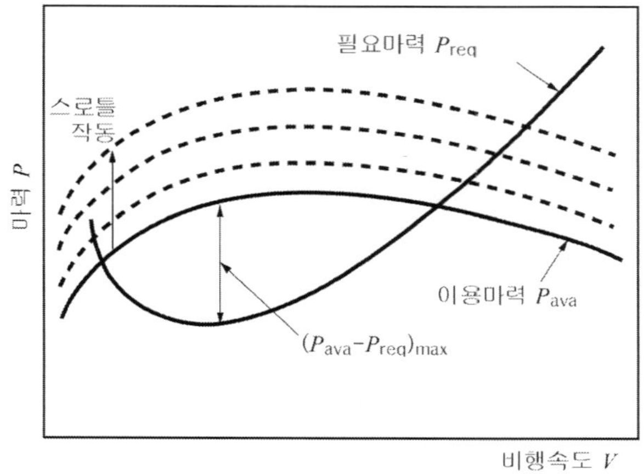

그림 3-21 비행속도에 따른 이용마력과 필요마력

식 (3 · 57)과 식 (3 · 58)에서 이용마력과 필요마력의 차이가 최대가 되면 상승률이 최대가 되며 상승비행 시간은 최소가 된다. 그림 **3-21**은 비행속도에 따른 이용마력과 필요마력 곡선을 나타내고 있다.

예제 3-9

무게 3,200kgf인 비행기가 시속 380 km로 상승 비행하고 있으며 이때 상승률은 10 m/s이다. 이 항공기의 여유마력과 상승각을 구하라.

풀이

1마력은 75 kgf · m/s

$$RC=\frac{P_{ava}-P_{req}}{W}\text{에서}$$

$$P_{ava}-P_{req}=RC\times W=10\,\mathrm{m/s}\times 3200\,\mathrm{kgf}=32000\frac{\mathrm{kgf\cdot m}}{\mathrm{s}}\frac{\mathrm{HP}}{75\,\mathrm{kgf\cdot m/s}}=427\text{마력}$$

$$\sin\theta=\frac{RC}{V}=\frac{10\,\mathrm{m/s}}{380\times\frac{10^3m}{h}\frac{h}{3600s}}=0.094736$$

$$\theta=5.4^{\circ}$$

연습문제

1. 기관의 성능에 영향을 미치는 인자에는 무엇이 있으며 그에 대해 간단하게 설명하여라.

2. 평균 피스톤속도에 따른 실제 체적효율 변화의 곡선을 그리고 설명하여라.

3. 안지름 88 mm, 행정 89 mm, 4기통 4행정 스파크 점화기관을 4500 rpm에서 시험하여 45 kW의 동력을 얻었다. 체적 효율은 88%이다. 연료 소비율이 0.071 kg/MJ이고, 연료의 발열량은 42 MJ/kg이다. 기관시험의 주위 조건은 20℃와 1 bar일 때 제동평균유효압력, 전효율, 공연비를 각각 계산하라.

4. 20℃, 1기압에서 압축비 9.0인 4행정 3리터 V6 가솔린기관을 시험하여 출력이 5,000 rpm에서 100 kW, 최대토크는 3,000 rpm에서 236 Nm을 얻었다. 3,000 rpm에서 연료 소비율은 0.090 kg/MJ이고 공기체적유량은 0.068 m^3/s, 기계효율은 85%이다. 사용 연료의 발열량은 44 MJ/kg으로 가정하고 다음에 답하라.

1) 3,000 rpm과 5,000 rpm에서 토크와 출력을 계산하라.
2) 두 회전속도에서 제동평균유효압력과 도시평균유효압력을 계산하라.
3) 3,000 rpm에서 임의 전효율과 이에 상응하는 공기표준 오토사이클의 효율을 비교하라.
4) 3,000 rpm에서 체적효율과 공연비를 계산하라.

5. 압축비 9.5, 커넥팅 로드 길이 16.6 cm이고 총 배기량이 3,000 cc, 4행정 6기통 SI기관이 3,600 rpm에서 작동하고 있다. 이 기관의 점화 시기는 BTDC 20°이며 연소 종료는 ATDC 22°이다. 3,600 rpm에서 동력계에서 측정한 이 기관의 토크는 28.0 kgf · m이다. 단, 주위 온도는 20℃, 주위 압력은 1기압이다.

1) 이 기관은 안지름(b)과 행정(s)이 같을 때, 안지름과 행정을 구하라.
2) 실린더 하나를 생각할 때 실린더 간극 체적을 구하라.
3) 3,600 rpm에서 이 기관의 전체 제동 마력을 구하라.
4) 3,600 rpm에서 이 기관의 BMEP를 구하라.
5) 3,600 rpm에서 평균 피스톤의 속도를 구하라.
6) 이 기관은 3,600 rpm에서 공연비 15.0으로 운전되고 있으며 이때 체적 효율은 90%이다. 기관의 총공기 소비율(kg/s)을 구하라.
7) 문제 6)과 조건이 동일할 때 총연료 소비율(kg/s)을 구하라.
8) 위 조건에서 제동 연료 소비율(bsfc)을 구하라. 단, 1 PS = 0.736 kW이다.

6. 안지름 130 mm, 행정 111 mm, 압축비 8.7인 4기통 4행정 항공용 가솔린기관이 있다. 이 기관이 동력계에서 2,700 rpm로 실험되고 있을 때 동력계의 바늘 눈금은 60 kgf를 가리키고 있다. 동력계 팔(arm)의 길이는 80 cm이다. 연료 소비율은 680 cc/min이다. 연

료의 비중은 0.72이며, 연료의 발열량은 45 MJ/kg이다. 또 공기 소비량은 7.1 m^3/min이다. 공기의 밀도는 1.175 kg/m^3이다.

1) 기관의 총배기량을 구하라.
2) 토크와 마력을 구하라.
3) 제동평균유효압력을 구하라.
4) 연료-공기비를 구하라.
5) 체적효율을 구하라.
6) 제동열효율을 구하라.

7. 그림 3-11과 그림 3-12는 각기 다른 기관의 해면고도성능과 고공성능을 나타내고 있다. 그림 3-11의 기관과 그림 3-12의 기관에 대하여 압력고도 7,000 ft, 주위온도 20°F인 곳에서 기관회전수 2,400 rpm, MAP 22 inHg 상태에서의 출력을 각각 구하라. 또 이 기관의 임계고도를 각각 구하라.

8. 왕복기관을 탑재한 항공기 이륙시 최초중량이 150,000 lb이고 연료와 오일을 다 사용하고 난 고도 500 ft에서 비행하고 있다. 최종중량이 67,400 lb인 왕복기관 탑재 항공기가 주위 공기밀도 0.002343 slug/ft^3인 고도를 비행하고 있다. 항공기의 추진효율은 88%이고 순항 비행시 연료소비율은 0.5 lb/BHP · hr이고 오일소비율은 0.0208 lb/BHP · hr이다. 항공기의 날개 면적은 3,000 ft^2이고 양항관계식은 $C_D = 0.02 + 0.05\,C_L^2$ 으로 주어진다. 이 항공기의 최대항속거리와 최대항속시간을 구하라.

CHAPTER 4

항공기 왕복기관

가솔린 왕복기관의 연소

4.1 가솔린 왕복기관의 연소

왕복기관의 연소는 압축 말기에 점화하여 상사점 후 최고압력점을 약간 지난 곳에서 연소가 종료되는 간헐연소이다.

왕복기관은 압축비가 높을수록 열효율이 좋아지므로 항공용 왕복기관은 고압축비로 설계된다. 그러나 가솔린기관에서는 압축비가 높아지면 실린더 안에서 비정상연소가 발생하기 쉽게 된다. 본장에서는 기관 출력의 근원이 되는 열에너지를 발생하는 실린더 안의 연료의 연소에 대해 설명한다.

항공용 왕복기관에 사용되는 가솔린기관은 오토사이클로 이상화시킬 수 있지만 연소과정은 일정 체적하에서도 일어나지 않는다. 가솔린기관에서는 보통 예혼합 화염이다. 예혼합 연소에서는 연료와 공기의 혼합기가 신뢰성 있게 점화 또는 연소되기 위해서는 항상 이론혼합비(stoichiometric : 화학적으로 정확한)에 가까워야만 한다. 스파크 점화기관에서는 출력을 제어하기 위하여 스로틀에 의해 연소실 내의 연료와 공기의 양을 조절한다.

예혼합된 반응물에서 화염은 반응물에 상대적으로 움직이므로 반응물과 생성물을 분리한다. 예혼합 연소의 예가 산소와 아세틸렌 장비이다. 화염은 용접의 경우에는 금속의 산화를 막기 위해 연료 과잉상태이고, 반면 금속절단의 경우에는 금속을 녹일 뿐만 아니라 연소시키기 위해 산소 과잉상태이다.

왕복기관용 탄화수소 연료는 공기와의 혼합기에서 최대 층류연소 속도가 약 0.5 m/s 이며 난류연소 속도는 층류연소 속도의 약 10배 가까이 빠르다. 항공용 왕복기관은 보통 액체 탄화수소 연료를 사용한다.

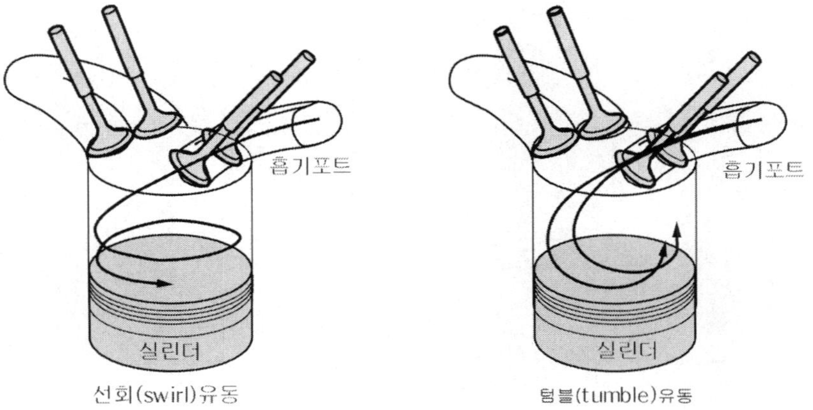

그림 4-1 선회유동과 텀블유동

중앙점화방식으로 100 mm 지름의 실린더 중앙에서 탄화수소 연료가 가스 유동속도 없이 화염 전파해 간다면 연소실 끝단까지는 약 100 ms 정도가 걸린다. 그러나 3,000 rpm으로 운전되는 기관에서는 연소기간이 54 CA라면 절대시간으로 3 ms 정도이다. 실제 기관의 연소실에서는 유입혼합기의 유동속도에 연소속도가 더한 속도로 화염이 전파된다. 혼합가스 속도를 고려하더라도 연소속도 및 화염전파 속도를 높이기 위해서는 연소실에 난류를 생성시켜 이를 이용하여야 한다.

난류는 흡입과정과 압축과정 중에 발생되며 흡기포트나 연소실의 형상에 따라 난류 발생 정도가 달라진다. 연소실 내 난류는 선회(swirl)와 같은 안정된 공기유동과 텀블, 스퀴시 등으로부터 생성된다. 그림 4-1에 나타낸 바와 같이 공기를 흡입하는 동안 흡기포트 형성과 밸브에 의해 속도의 접선방향 성분인 선회와 실린더 길이방향의 텀블유동이 일어나며 두 가지 유동은 서로 연관되어 일어난다. 텀블에서 생성된 난류는 스월에서 생성된 난류보다 연소가 시작되는 압축 말기에 더 유용한 난류 성분이 남아 있다.

그림 4-2는 층류와 난류 화염면을 나타내고 있다. 왕복기관의 실린더 내에서 일어나는 현상은 복잡하지만 연소를 분류하면 간헐연소, 예혼합연소, 난류연소에 속한다. 예혼합 화염에서 난류는 화염면을 분쇄하거나 주름지게 하는 효과가 있다. 미연소된 가스 중에 주머니 모양의 연소가스가 생겨날 수 있고 그 반대 현상도 있을 수 있다. 난류 화염에서는 화염면이 주름져서 연소면적이 증가되고 연소가 촉진되어 연소속도가 빨라져서 노킹이 일어날 가능성을 낮추고 연소효율을 높인다.

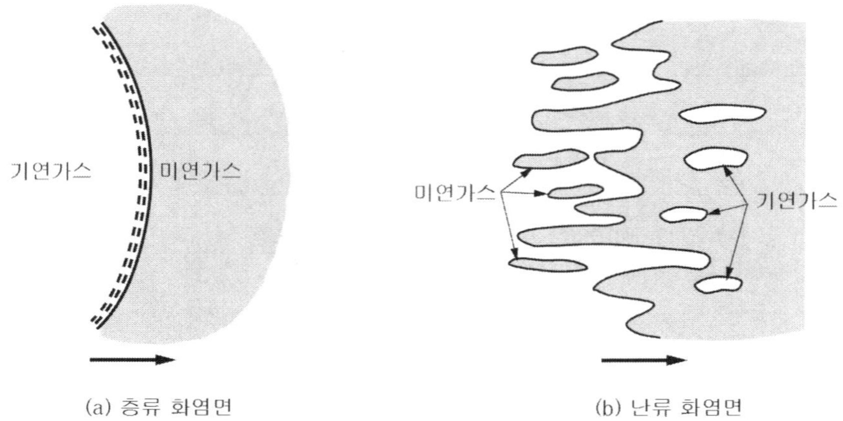

그림 4-2 예혼합 화염에서 층류 화염과 난류 화염면의 비교

4.2 연소화학과 연료화학

혼합기와 연소가스는 여러 가지 가스의 혼합물이며, 혼합물의 상태를 나타내는 데는 각 성분의 몰수를 기준으로 나타낼 수도 있고, 질량을 기준으로 나타낼 수 있다. 몰(mole)은 탄소 0.012 kg에 들어 있는 원자수와 같은 수의 집합체로서 6.02×10^{23} 개/mol이다. 보통 SI단위는 킬로몰(kmol)이 사용되고, 몰수(Avogadro 상수)는 6.023×10^{26} 개/kmol 이다. 반응하는 혼합기와 연소가스 생성물에 대하여 몰 개념을 사용하는 것은 아주 편리하다.

탄화수소연료가 연소하면 중간생성물로 일산화탄소(CO)가 생성되며 대부분의 발열량은 CO가 산소와 연소할 때 발생된다. 1킬로몰의 CO가 1/2킬로몰의 산소와 반응하여 1 킬로몰의 CO_2가 되며 다음과 같이 나타낸다.

$$CO + \frac{1}{2}O_2 \rightarrow CO_2$$

반응 전후, 질량과 원자수는 보존되지만 몰수는 일반적으로 반드시 보존되는 것은 아니다. 같은 온도와 압력에서 가스체적이 같으면 같은 수의 몰이 포함되어 있기 때문에 킬로몰을 사용하면 편리하다. 이상기체에서 화학종 i의 몰분율(mole fraction)은 $x_i = n_i / n$로 정의된다. 이상기체에서 Dalton의 분압의 법칙에 의해 $x_i = P_i / P$이고 Amagat의 분체적의 법칙에 의해 $x_i = V_i / V$이다. 따라서 이상기체에서 몰분율 $x_i = n_i / n = P_i / P = V_i / V$가 된다.

일산화탄소가 산화되어 이산화탄소가 되는 정반응과 아울러 이산화탄소가 일산화탄소와 산소로 분해되는 역반응도 존재하므로 윗 식을 다음과 같이 나타낼 수 있다.

$$CO + \frac{1}{2}O_2 \rightleftharpoons CO_2$$

평형이 이루어졌을 때 혼합기는 반응으로부터 가능한 모든 화학종을 포함하게 된다. 고온에서는 산소 자체가 다음과 같이 해리될 수도 있다.

$$O_2 \rightleftharpoons 2O$$

왕복기관에서 연소실의 온도가 높아지면 해리는 화학평형 조성에 영향을 미친다. 공기 중에는 체적비로 산소 21%, 질소 78%, 아르곤 등 기타 가스가 1%로 조성되어 있으며, 아르곤은 불활성 가스이므로 편의상 질소에 포함시켜 공기조성을 다음과 같이 나타낼 수 있다. 대기 중 질소 N_2에 수증기와 산소를 제외한 모든 성분이 포함된다.

체적비율 또는 몰비율 : O_2 21.0%, N_2 79%

질량 비율 : O_2 23.2%, N_2 76.8%

보통 대기 중 질소의 열역학적 성질은 순수한 질소의 성질로 취급한다. 이런 물질의 몰질량(즉, 킬로몰의 분자에 포함된 질량)은 다음과 같다.

O_2 31.999 kg/kmol ; N_2 28.013 kg/kmol

N_2 28.15 kg/kmol ; 공기 28.96 kg/kmol

탄화수소 화합물이 공기와 완전연소하면 생성물은 CO_2와 H_2O이며 옥탄이 공기와 완전연소하는 반응은 다음과 같다.

$$C_8H_{18} + 12.5(O_2 + 3.76N_2) \rightarrow 8CO_2 + 9H_2O + 12.5(3.76)N_2$$

일산화탄소가 공기로 연소될 때 반응은(킬로몰) 다음과 같다.

$$CO + \frac{1}{2}(O_2 + 3.762\ N_2) \rightarrow CO_2 + \frac{1}{2}3.762\ N_2$$

질소는 아주 고온이지 않으면 반응에 참여하지 않지만 생성물의 체적 조성과 연소 온도에 영향을 미치기 때문에 식에 그대로 두어야 한다.

일산화탄소와 공기의 연소반응에서 반응물의 몰 또는 체적 기준의 연료-공기비는 1 : 2.38이 되며, 질량기준 연료-공기비는 1 : 2.47이 된다. 일반적으로는 연소반응은 이론 혼합비에서 반드시 일어나는 것이 아니다. 실제 연료-공기비를 이론 연료-공기비로 나눈 값을 당량비 또는 등가비(equivalence ratio) ϕ라 하며 등가비는 다음과 같이 나타낸다.

$$\phi = \frac{(F/A)_{actual}}{(F/A)_{stoich}} = \frac{(A/F)_{stoich}}{(A/F)_{actual}} = \frac{(A)_{stoich}}{(A)_{actual}}$$

공연비는 몰이나 질량비 둘 다 표시할 수 있지만 보통 질량비로 많이 표시하고 특별한 언급이 없으면 질량비로 나타낸 공연비이다. 등가비 $\phi=1$이면 공기와 연료가 서로 남김 없이 완전연소하는 이론공연반응(stoichiometric reaction)이고 $\phi>1$이면 연료가 공기보다 많은 농후 또는 과농한 반응이며, $\phi<1$이면 공기가 연료보다 많은 희박한 반응이다. 25%과잉공기 또는 1.25의 공기 과잉률로 일산화탄소가 공기와 연소할 때의 반응을 생각해 보자.

$$CO + \frac{1.25}{2}\left(O_2 + \frac{79}{21}N_2\right) \rightarrow CO_2 + \frac{0.25}{2}O_2 + \frac{1.25}{2} \cdot \frac{79}{21}N_2$$

이 반응의 등가비는 $\phi = \frac{1}{1.25} = 0.8$이 되고 이론 공연비보다 공기가 더 많은 희박연소 과정이며, 과잉공기로 인하여 생성물에도 O_2가 남아있음에 유의하라.

연료는 탄소원자끼리의 결합과 수소와 탄소원자 사이의 결합으로 된 탄화수소의 혼합물이다. 연소하는 동안 이 결합이 깨지고 화학적 에너지의 방출을 동반하면서 산소원자들과 새로운 결합을 이룬다. 탄화수소연료가 완전연소하면 생성물은 이산화탄소와 물이다.

연소가 연속적인 평형상태를 지나는 것이 아니므로 비가역적이며 평형점은 엔트로피가 최대가 될 때이다. 연료는 분자 내의 탄소원자수에 따라서 분류된다. 분자의 크기와 형태는 화학적 성질에 크게 영향을 미친다. 각 탄소원자는 4개의 결합이 필요하다. 때때로 단일 결합과 이중 또는 삼중결합의 조합이 될 수도 있다. 수소원자는 단일 결합이 필요하다.

가솔린의 주성분은 탄소와 수소 화합물인 탄화수소로, 이것에 유황과 산소 등의 불순물이 소량 함유되고 있다. 탄화수소는 크게 분류하면 다음과 같은 계통을 이루고 있다.

탄소원자 개수에 따라 연료 이름 앞에 붙은 접두사는 표 4-1에 나타내었다.

표 4-1 탄화수소 연료 이름과 접두사

탄소원자수	접두사	파라핀족(C_nH_{2n+2}) (~ane)	올레핀족(C_nH_{2n}) (~ene)
1	mono (meth)	methane	methene
2	di (eth)	ethane	ethene
3	tri (prop)	propane	propene
4	tetr (but)	butane	batene
5	pent	pentane	pentene
6	hex	hexane	hexene
7	hept	heptane	heptene
8	oct	octane	octene
9	non	nonane	nonene
10	dec	decane	decene
11	undec	undecane	undecene
12	dodec	dodecane	dodecene

주 : 1. 천연가스의 주원료는 체적비로 CH_4가 75~95%, C_2H_6이 2~8%이다.
천연가스는 15~25 MPg로 압축하여 저장하며 이를 CNG(Compressed Natural Gas)라 한다. 대기압상태에서 메탄과 엔탄의 끓는 온도가 각각 −162℃, −87℃이므로 LNG(Liquified Natural Gas)로 만들기 어렵다.
2. LPG(Liquified Petroleum Gas)의 주원료는 C_3H_8와 C_4H_{10}이며, LPG는 상온에서 약 10기압 정도에서 액화된다. 대기압에서 프로판과 부탄의 끓는 온도는 각각 −42℃, −0.5℃이므로 LPG는 LNG보다 저장이 용이하다.
3. C_5H_{12}보다 탄소수가 큰 탄화수소연료는 상온에서 액체이다.

① 파라핀족(C_nH_{2n+2}) : 알칸족으로 모든 탄소결합이 단일결합으로 되어 있기 때문에 포화되고 안정적이며 가솔린의 주성분이다.

[예] : 메탄(CH_4), 프로판(C_3H_8), 부탄(C_4H_{10}), 옥탄(C_8H_{18}), 도데케인($C_{12}H_{26}$)
메탄은 천연가스의 주성분이고 프로판, 부탄은 LPG의 주성분이며 펜탄보다 탄소원자수가 큰 연료는 상온에서 액체로 존재한다.

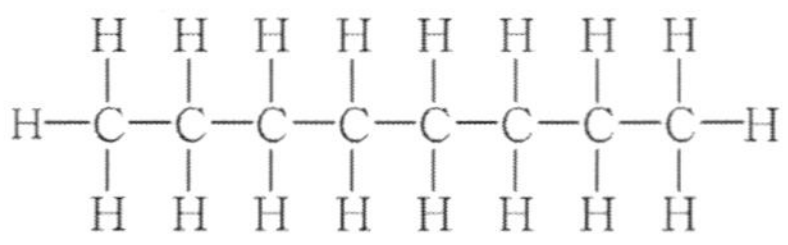

옥 탄

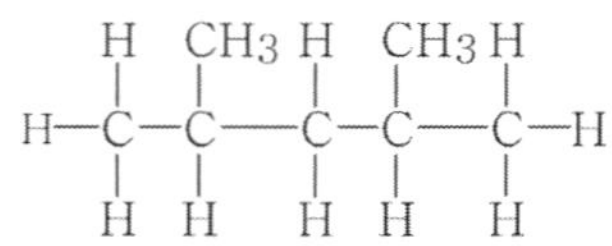

이소옥탄(2, 2, 4 트리메틸펜탄)

옥탄은 노말옥탄(n−octane)이라 불리고, 이소옥탄(isooctane)은 노말옥탄과 같은 탄소수를 가지기 때문에 분자식은 동일하지만 탄소가 직선결합이 아닌 결합으로 이루어져 있으며 열적, 물리적 성질이 서로 다르며 이소옥탄을 노말옥탄 이성체(isomer)라 부른다.

이소옥탄은 2, 2, 4 트리메틸펜탄(trimethylpentane)이라고도 부른다. 이름 중 2, 2, 4는 2개의 메틸기($C_n H_{2n+1}$을 알킬기라 하며 CH_3를 메틸기라 함)가 2번째와 4번째 탄소에 붙어 있으며, 트리메틸은 메틸기가 3개이며, 펜탄은 직선결합 탄소수가 5개이기 때문이다.

② 올레핀족($C_n H_{2n}$) : 알켄족이라고도 말하며 하나의 이중 탄소−탄소결합을 포함하는 사슬분자로 구성되어 있으며 불포화되어 있다. 가솔린에 30% 정도 포함되어 있다.
[예] : 에텐(C_2H_4), 부텐(C_4H_8), 옥텐(C_8H_{16})

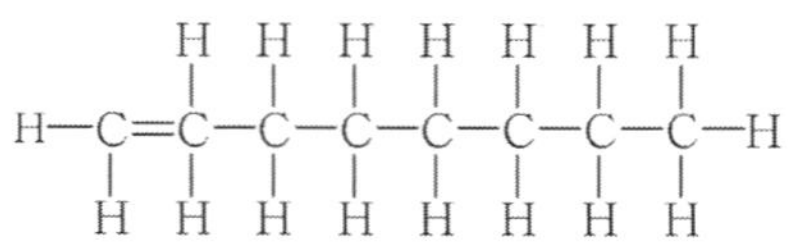

1−옥탄

올레핀족에서는 메틸기의 추가로 체인을 가지치거나 탄소구조를 바꾸지 않고 이중탄소 결합의 위치가 바뀌어도 이성체가 생길 수 있다.

③ 디올레핀족($C_n H_{2n-2}$) : 2개의 이중탄소 결합을 가지고 있다는 것을 제외하면 올레핀과 유사한 사슬구조를 갖는다.
[예] : 2, 5−헵타디엔(C_7H_{12})

④ 알킨족($C_n H_{2n-2}$) : 삼중탄소 결합을 가지고 있다.
[예] : 아세틸렌(C_2H_2)

⑤ 방향족(C_nH_{2n-6}) : 벤젠을 기본적인 구조로 하는 불포화 고리구조를 가진다.

[예] : 벤젠(C_6H_6), 톨루엔(C_7H_8)

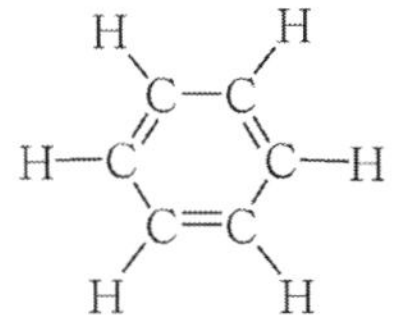

벤 젠

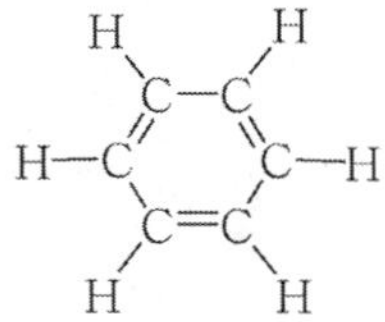

톨루엔

방향족은 체적당 높은 발열량을 가지지만 배기오염문제와 용해성이 높다. 가솔린 연료에 방향족이 과다하면 연료라인이나 가스켓의 물질을 용해시킬 수도 있고, 기온이 낮을 때 용해된 물이 나와 연료 라인을 얼게 할 수도 있기 때문에 될 수 있으면 가솔린 연료류는 방향족이 포함되지 않게 한다.

가솔린 내부에 파라핀족, 올레핀족보다 적게 포함되어 있다. 가솔린은 이상의 각 탄화수소의 혼합물로 되어 있고, 그 혼합 비율에 따라 성질이 다르다.

⑥ 알코올($C_nH_{2n+1}OH$) : 알코올류는 수소원자 하나가 수산화기(OH)로 대체된 점을 제외하면 파라핀족과 유사하다.

[예] : 메틸알코올(메탄올)(CH_3OH), 에틸알코올(에탄올)(C_2H_5OH),

프로필알코올(프로판올)(C_3H_7OH)

가솔린 연료를 대표하는 단일 탄화수소연료는 옥탄이며, 디젤연료를 대표하는 단일 탄화수소연료는 도데케인이다. 왕복기관의 탄화수소연료는 여러 가지 혼합물로 이루어져 있지만, 분자의 평균조성은 C_nH_{2n}에 가깝고 대부분의 결합은 단일 탄소-탄소 또는 탄소-수소 결합으로 이루어져 있으며 질량기준으로 한 이론 공연비는 약 14.7 : 1에 가깝다. 더구나 결합구조가 유사하기 때문에 발열량과 밀도는 여러 가지 연료에서 큰 차이가 나지 않는다.

예제 4-1

옥탄(C_8H_{18}) 1 kmol이 30% 과잉공기와 연소반응을 한다. 공연비와 등가비를 구하라.

풀이

완전연소 반응시 옥탄의 연소식은 다음과 같다.

$$C_8H_{18} + 12.5(O_2 + 3.76N_2) \rightarrow 8CO_2 + 9H_2O + 47N_2$$

$$공연비(A/F) = \frac{m_{air}}{m_{fuel}} = \frac{12.5(32+3.76\times 28)}{12\times 8+1\times 18} = 15.05\,kg_{air}/kg_{fuel}$$

30% 과잉공기 연소식

$$C_8H_{18} + 1.3\times 12.5(O_2+3.76N_2) \rightarrow 8CO_2 + 9H_2O + 3.75O_2 + 61.1N_2$$

$$공연비(A/F) = \frac{m_{air}}{m_{fuel}} = \frac{16.25(32+3.76\times 28)}{12\times 8+1\times 18} = 19.57kg_{air}/kg_{fuel}$$

$$등가비(\phi) = \frac{(A/F)_{stoich}}{(A/F)_{actual}} = \frac{15.05}{19.57} = 0.77$$

4.3 연소열역학

실제 연소과정에서는 압력과 체적이 모두 변화하지만 여기서는 일정체적 또는 일정압력과 같은 간단한 조건하의 연소에 대해서만 생각해 보자. 반응물과 생성물 모두 가스는 상태방정식 $PV = mRT$를 따르고, 비열은 온도에 따라 변화하지만 압력변화에 의해서는 영향을 받지 않고 일정하다고 가정한다. 가스의 엔탈피와 내부에너지는 다음과 같이 나타낼 수 있다.

$$H \equiv U + PV \text{ 또는 } H \equiv U + mRT \equiv U + nR_u T$$

물성치에 대한 기준온도는 임의적으로 정할 수 있지만 25℃가 반응엔탈피에 대한 기준온도로 사용되기 때문에 25℃를 기준으로 하면 편리하다.

정적연소과정에서의 발열량을 구하는 방법을 생각해 보자. 이론 혼합비의 일산화탄소와 산소의 혼합기가 강체 용기 내에 들어 있다고 생각하자. 반응물질(Reactant, RE로 표기)은 전부 반응하여 이산화탄소, 즉 생성물질(Product, PR로 표기)을 생성한다. 그림 4-3 (a)에서 나타낸 바와 같은 첫 번째 경우는 용기가 단열되어서 과정이 단열적인 경우이다.

열역학 제1법칙을 적용하자.

$\delta Q = dE + \delta W$ 이고, ΔE_K, ΔE_P 가 0이라면 $dE = dU$ 이므로 $\delta Q = dU + \delta W$ 가 된다. 단열과정이기 때문에 $\delta Q = 0$이고, 용기가 강체이므로 $\delta W = 0$이다. 따라서 $\delta U = 0$이고 $U_{RE} = U_{PR}$이다.

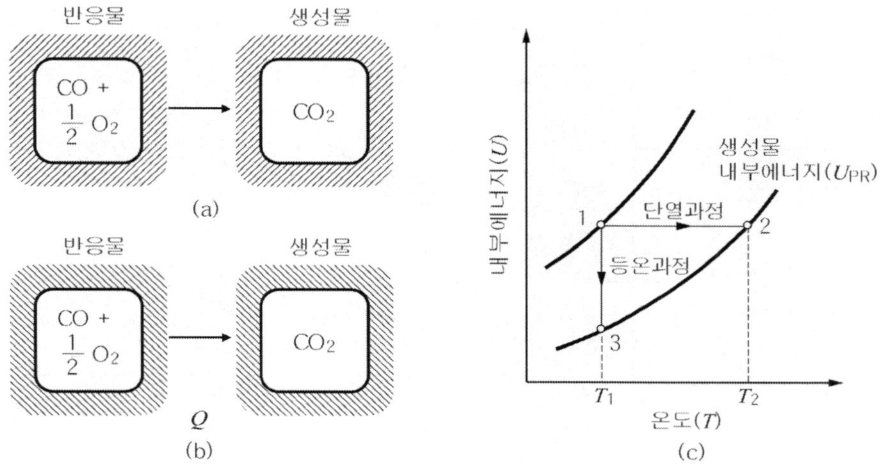

그림 4-3 정적연소과정

이 과정을 그림 4-3 (c)에 선 1-2로 나타내었으며 반응물질과 생성물질의 내부에너지는 일정하며 연소 후 온도는 T_2로 증가하며, 이때 온도 T_2는 단열 연소온도이다.

그림 4-3 (b)에 나타낸 두 번째 경우는 중탕과 같은 것을 사용해서 용기가 등온으로 유지되도록 하는 경우이다. 다시 열역학 제1법칙을 적용해 보자.

$$\delta Q = dU + \delta W$$

용기는 강체이므로 역시 $\delta W = 0$이지만, 등온과정이므로 δQ는 0이 아니다. 따라서 $\delta Q = \delta U = U_{PR} - U_{RE}$이 된다. 열역학에서 외부에서 시스템으로 열이 전달될 때 (+)로 하고 그 반대는 (−)로 하므로 발열반응에서는 δQ는 음(−)으로 표시되며 흡열반응에서는 (+)로 표기된다. 연소 용기에서 정적발열량은 다음과 같이 나타낼 수 있다.

정적발열량은 $(CV)_{T,V} = -(\Delta U)_{T,V} = (U_{RE} - U_{PR})_{T,V}$이다. 괄호 밖의 하첨자 $_{T,V}$는 온도와 체적이 일정함을 의미한다. 이 과정은 그림 4-3 (c)에서 직선 1-3에 해당한다.

정압연소과정에 발열량을 구하는 방법을 생각해 보자.

일정압력하에서 연소는 그림 4-4 (a)에 나타낸 바와 같이 자유롭게 움직일 수 있고 완전히 밀봉된 피스톤에 의해 닫혀진 강체 실린더를 고려하여 해석할 수 있다.

밀폐계에서 열역학 제1법칙을 적용하면 다음과 같다.

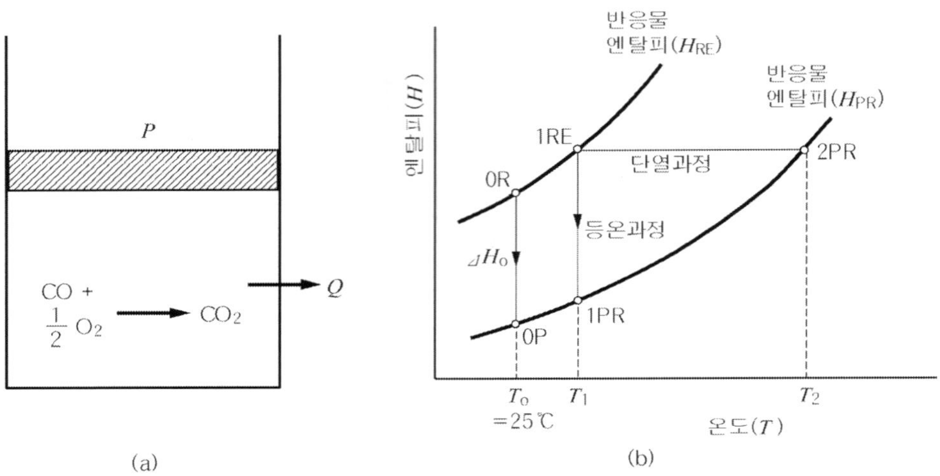

그림 4-4 정압연소 (a) 정압연소 ; (b) 반응물질과 생성물질의 엔탈피

$\delta Q = dE + \delta W$ 이고, ΔE_k , ΔE_p 가 0이라면 또, $\delta W = PdV$ 라면 $\delta Q = dU + PdV$ 로 나타낼 수 있다. 그런데 $H = U + PV$ 이고 $\delta H = dU + PdV$ 이므로 $\delta Q = dH$ 가 되며 다음 식으로 나타낸다.

$$\delta Q = dH = H_{PR} - H_{RE}$$

단열과 등온연소 과정을 그림 4-4 (b)에 나타내었다. 보통 발열량은 등온, 정압 발열량, $(CV)_{T,P} = (-\Delta H)_{T,P} = (H_{RE} - H_{PR})_{T,P}$ 을 말한다. 표에 나타내는 발열량에 대한 기준온도는 항상 298.15 K(25℃)이며, 이것을 $-\Delta H_0$ 로 표시한다. 다른 온도, 즉 T_1 에서 발열량을 계산할 때 이 온도에서 발열량 $-\Delta H_{T,P}$ 는 경로에 무관하므로 그림 4-4 (b)에서 1RE− 1PR은 1RE−0RE−0PR−1PR과 같게 경로를 나타낼 수 있다. 따라서

$$\Delta H_{T_1,P} = H_{1PR} - H_{1RE} = (H_{1PR} - H_{0PR}) + (H_{0PR} - H_{0RE}) + (H_{0RE} - H_{1RE})$$

$$\Delta H_{T_1,P} = -(H_{0PR} - H_{1PR}) + H_f^0 - (H_{1RE} - H_{0RE})$$

여기서 H_f^0 는 기준온도에서의 형성엔탈피이며 $H_f^0 = H_{0PR} - H_{0RE}$ 이다.

임의의 온도 T 에서 정압발열량은

$$(CV)_{P,T} = -\Delta H_{T,P} = -[-(H_{T_0,PR} - H_{T,PR}) + H_f^0 - (H_{T,RE} - H_{T_0,PR})]$$

$$= -[(H_{T,PR} - H_{T_0,PR}) - (H_{T,RE} - H_{T_0,RE})] - H_f^0$$

$$= -[\Delta H_{PR,SEN} - \Delta H_{RE,SEN}] - H_f^0$$

여기서 하첨자 $_{PR}$ 는 생성물, $_{RE}$ 는 반응물, $_{SEN}$ 은 sensible(현열)을 나타낸다.

이러한 발열량은 정상유동의 연소 발열량계에서 측정될 수 있다.

대부분의 연소는 일정 압력하에서(보일러, 난로, 가스터빈 등) 일어나므로 정적발열량($-\Delta U_0$) 대신에 정압발열량($-\Delta H_0$)을 표에 나타낸다. 정압발열량과 정적발열량은 다음과 같은 관계가 있다. 같은 온도, 압력, 체적(T, P, V_R)인 반응물질을 생각해 보자. 두 발열량의 차이는 다음과 같이 쓸 수 있다.

$$(CV)_{P,T} - (CV)_{V,T} = (H_{RE} - H_{PR})_{T,P} - (U_{RE} - U_{PR})_{T,V_R}$$

$H \equiv U + PV$를 대입하면

$$(CV)_{P,T} - (CV)_{V,T}$$
$$= (U_{RE} - U_{PR})_{T,P} + P(V_{RE} - V_{PR})_{T,P} - (U_{RE} - U_{PR})_{T,V_R}$$

그리고 내부에너지는 압력에 무관한 온도만의 함수라고 가정하면

$$(U_{PR})_{P,T} = (U_{PR})_{V_R,T}, \quad (U_{RE})_{P,T} = (U_{RE})_{V_R,T}$$

이 된다. 따라서

$$(CV)_{P,T} - (CV)_{V,T} = P[V_{RE} - V_{PR}]_{P,T}$$

액체 또는 고체의 체적을 무시하고 이상기체 거동으로 $PV = nR_u T$를 가정하면 다음과 같이 쓸 수 있다.

$$(CV)_{P,T} - (CV)_{V,T} = (n_{GR} - n_{GP})R_u T$$

여기서 n_{GR}는 단위연료당 가스상태의 반응물의 몰수이고 n_{GP}는 단위연료당 가스상태의 생성물의 몰수이다. 두 발열량 사이의 차이는 보통 아주 작다.

대부분의 연소에서 반응에 의해 생성된 물은 증기상태일 것이다. 만일 물이 응축된다면 발열량은 증가하게 되고 이것을 고위발열량(HCV)이라고 한다. 고위발열량과 저위발열량(LCV) 사이의 관계는 다음과 같다.

$$HCV - LCV = (mh_{fg})_{H_2O}$$

여기서 m 은 연료의 단위질량당 생성물 중 H_2O의 질량이고, h_{fg}는 주어진 온도에서 물의 증발 엔탈피이다. 탄화수소 연료에서 두 발열량의 차이는 현저하지만 보통 저위 발열량이 사용된다.

예제 4-2

25℃에서 옥탄(l)의 저위발열량이 44,430 kJ/kg일 때 고위발열량을 구하라. 25℃에서 물의 증발엔탈피는 2,442.3 kJ/kg이다.

풀이

$$C_8H_{18} + 12.5(O_2 + 3.76N_2) \rightarrow 8CO_2 + 9H_2O + 47N_2$$

$$\begin{aligned} HCV &= LCV + (mh_{fg})_{H_2O} \\ &= 44430(\text{kJ/kg}) + \frac{9 \times 18}{114} \times 2442.3(\text{kJ/kg}) \\ &= 47900\,\text{kJ/kg} \end{aligned}$$

4.4 열해리

탄소가 포함된 탄화수소연료의 연소 중 중간 생성물 중의 하나인 CO는 산소와 더 반응하여 CO_2가 된다. CO가 CO_2로 산화될 때 많은 열이 방출된다. 열해리에 대해서는 역반응이 일어나면서 열을 흡수한다고 생각할 수 있다.

$$CO + \frac{1}{2}O_2 \rightleftharpoons CO_2$$

탄화수소연료는 연소하여 CO_2 및 H_2O 가 되지만 1,400℃ 이상의 고온에서는 다음과 같은 반응을 하여 해리열을 흡수하기 때문에 연소 최고온도가 저하하고 기관성능이 떨어진다.

$$CO_2 \rightarrow CO + \frac{1}{2}O_2 - 67500\,\text{kcal}$$

$$H_2O \rightarrow H_2 + \frac{1}{2}O_2 - 57750\,kcal$$

Le Châtelier법칙에 따르면 평형은 시스템의 외부로부터 강요된 어떤 변화를 최소화하는 방향으로 옮겨진다. 이런 평형은 구성요소의 농도의 변화, 시스템 압력의 변화 또는 온도의 변화, 이 세 가지 방향으로 영향을 미칠 수 있다. 위 반응의 경우에 대하여 다음의 경우를 생각해 보자.

1) 시스템에 과잉의 산소가 추가되면 산소농도를 감소시키는 방향으로 반응(정방향)이 진행된다.
2) 시스템의 압력이 증가되면 반응은 정방향으로 역시 진행되어 몰수(n)를 감소시키게 되고 결과적으로 $PV = nR_u T$ 식에 의해 압력이 감소되는 방향(정방향)으로 반응이 일어난다.
3) 시스템의 온도가 올라가면 반응은 열을 흡수하는 방향(역방향)으로 반응이 일어난다.

정방향과 역방향을 정의하는 것은 항상 분명한 것은 아니기 때문에 주의해야만 한다. 왕복기관에서 CO_2 해리뿐만 아니라 H_2, O_2의 해리 메커니즘이 일어날 수 있으며, 이를 동시에 고려하여 푸는 것은 컴퓨터에 의해 쉽게 풀 수 있다. 그러나 그중 가장 중요한 해리반응은 CO_2의 해리반응이고 다음과 같다.

$$CO + \frac{1}{2}O_2 \rightleftharpoons CO_2$$

그리고 수성가스 반응은 다음과 같다.

$$CO_2 + H_2 \rightleftharpoons CO + H_2O$$

이산화탄소의 해리 때문에 일산화탄소는 희박혼합기의 연소에서조차도 존재하며, 이것은 그림 4-13과 그림 4-22에도 나타나 있다. 일산화탄소는 농후혼합기가 연소될 때 가장 중요하며, 이때는 연료를 완전히 산화시키기에는 산소가 불충분하다. 탄화수소가 연소하여 일산화탄소가 존재할 때 역시 항상 수증기가 존재하게 된다. 수성가스 반응에서 알 수 있듯이 수소가스를 생성하기 위해 수증기가 해리될 수 있다. 이것은 그림 4-13에서 알 수 있다. 수성가스의 평형은 연소된 가스의 조성에 의하여 전적으로 결정된다고 가정할 수 있다.

4.5 가솔린기관에서의 연소

가솔린기관의 정상적인 연소는 전기불꽃(스파크)에 의해 점화되어 화염이 혼합기를 통해 전파해 나간다. 비정상연소는 여러 가지 형태로 일어날 수도 있지만 조기점화(pre-ignition)와 자체발화(self-ignition)가 있다. 조기점화는 연료가 배기 밸브 또는 백색광의 탄소연소 퇴적물과 같은 고온점에 의해 점화될 경우에 일어나고, 자체점화는 연료-공기 혼합기의 온도와 압력이 잔류 미연가스가 동시에 점화되는 온도, 압력이 되었을 경우에 일어난다. 조기점화는 자체점화를 야기할 수 있고, 또 그 반대도 될 수 있다. 가솔린의 연소범위는 공연비로 약 22 : 1~8 : 1이지만 기관을 안정하게 운전할 수 있는 하한선은 약 18 : 1 정도이다.

4.5.1 정상연소

피스톤이 압축행정 말기에 다다를 때, 즉 상사점 전 약 10~30 CA에서 스파크플러그에 에너지를 주면 점화플러그 전극 사이에서 스파크가 발생된다. 스파크는 미연소 가스로 전파되는 작은 화염의 핵을 형성한다. 핵이 난류 스케일과 같은 정도의 크기가 되기 전까지 화염전파는 난류에 의해 속도가 증진될 수 없다. 따라서 거의 일정한 시간의 지연기간이 생기게 된다. 그림 4-6은 혼합기가 점화되는 경우와 점화되지 않는 경우에 대한 압력선도를 비교한 것이다. 점 A에서 점화를 시키면 점 A에서 즉시 화염이 형성되어 압력이 올라가는 것이 아니고 점 B까지의 시간지연이 발생한 후 점화가 시작되며 이 기간을 점화지연기간(ignition delay period)이라 한다. 압력선이 빗나가는 점 B는 분명하지 않지만 이 점을 지연기간의 끝으로 본다. 점화지연기간은 연료와 공기 혼합기의 온도, 압력, 조성에 의해 좌우된다. 이론혼합기보다 약간 농후한 혼합기, 다시 말

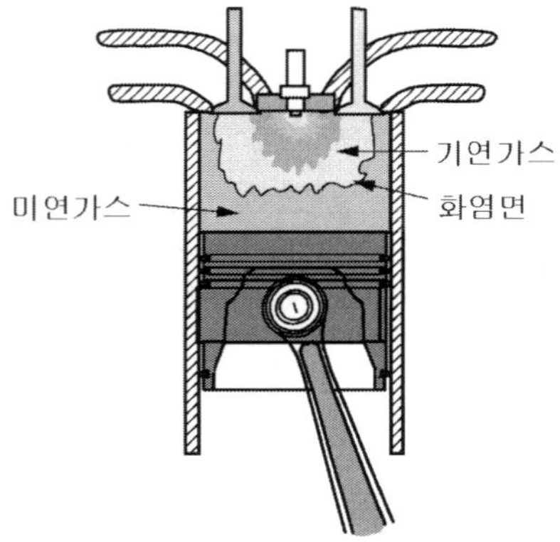

그림 4-5 화염전파

해서 층류화염 속도가 가장 빠를 때 최소가 된다. 점화 지연기간은 일반적으로 기관회전수에 관계없이 약 0.1~0.5 msec 정도이고, 화염핵이 난류스케일과 같은 정도의 크기가 될 때까지 난류의 영향을 거의 받지 않는다. 점화지연기간이 0.5 msec라면 이것은 2,500 rpm에서 크랭크 각도로는 약 $7\frac{1}{2}°$에 해당된다.

점화지연기간 후 점 B로부터 압력이 상승하여 최고압력은 상사점 후 약 10~15 CA에서 발생하게 된다. 연소종료는 압력선도에서 분명치 않지만 최고압력을 약간 지난 후 점 C에서 일어난다. 그림 4-6에서 BC 기간을 주연소 기간이라 한다. 주연소 기간도 혼합기의 온도, 압력, 조성에 의해 영향을 받고 또한 난류에 의해서도 영향을 받는다. 난류는 기관속도가 증가됨에 따라 증가하고 주연소 시간은 난류강도가 커지면 감소한다. 주연소 기간은 거의 일정한 크랭크 각도 범위(약 40~60 CA)에서 발생한다. 주연소 기간(BC 기간)은 기관회전수에 관계없이 크랭크각으로는 거의 일정하다. 그 이유는 기관회전수가 증가하면 난류가 증가하여 화염전파속도가 커져서 주연소 기간의 절대시간은 감소하기 때문에 이를 크랭크각으로 환산하면 크랭크각으로는 거의 일정한 각도가 된다.

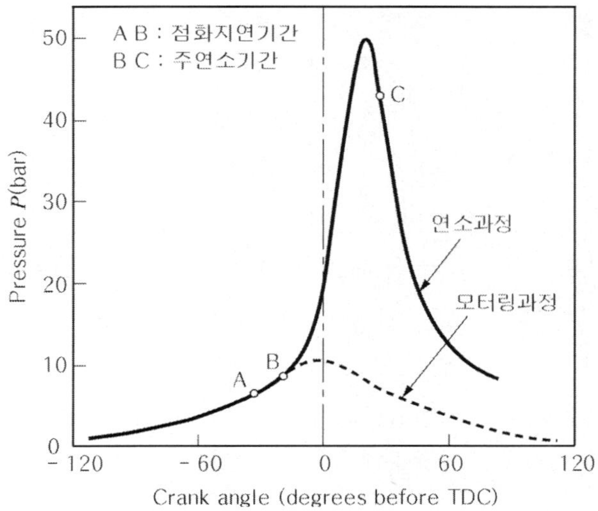

그림 4-6 스파크 점화기관의 가상적 압력선도

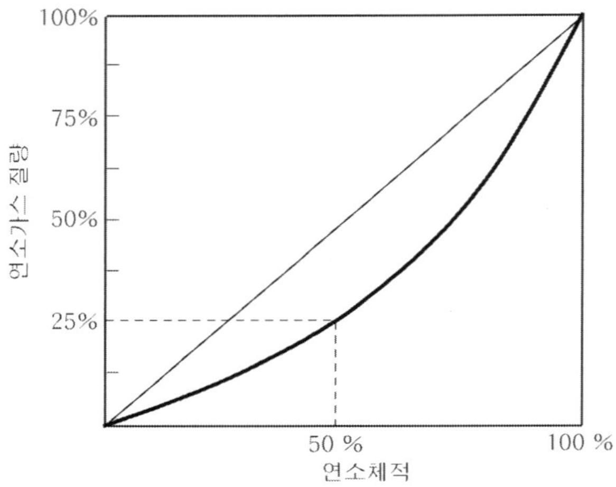

그림 4-7 연소체적과 연소가스 질량과의 비율

혼합기에 점화하면 화염이 발생하고 스파크플러그 중심으로 연소파가 사방으로 퍼진다. 연소가스는 분자수의 증가와 연소열 때문에 미연가스를 압축한다. 그림 4-7은 연소체적과 연소가스질량비율을 나타내고 있다. 예를 들어 실린더 내 가스 질량의 25%가 연소할 때 체적은 50%가 된다. 이 때문에 미연가스의 압력은 더욱 증가하고 온도도 올라가게 된다. 미연가스의 온도는 또 화염에 의한 복사열 때문에 더욱 올라가게 된다.

연소의 초기단계에서 스파크플러그 영역의 화염핵은 실린더 내에서 큰 스케일 유동과 난류에 의해 영향을 받아 화염핵의 성장이 불규칙적으로 일어나고 이 현상은 다음 단계의 화염전파에 현저한 영향을 미칠 수 있다. 이 때문에 연속적으로 지시선도를 반복적으로 그리면 지시선도는 동일하지 않고 사이클마다 약간의 변동이 있게 된다. 이 현상을 사이클 변동이라 부른다. 연소는 일정 시간에 일어나기 때문에 혼합기는 상사점(BTDC) 전에 점화한다.

점화시기 또한 정확하게 제어되어야 한다. 그림 4-8은 일정기관 속도에서 동일한 연료를 연소시키며 점화시기를 변화하였을 때의 실린더내 압력변화와 출력을 나타낸 것이다. 점화시기가 너무 빨라지면 최고압력은 증가하지만 압축과정중 피스톤이 상사점에 이르기 전에 압력이 너무 높아져서 압축일 증대로 인하여 출력은 떨어지게 된다. 이는 압축행정 동안 피스톤에 의해 가해져야 하는 일의 증가량이 팽창행정 동안 받는 일의 증가량보다 많기 때문이다. 또, 점화시기가 너무 빨라지면 최대압력과 온도가 충분히 높아져서 노킹이 발생할 수도 있다. 반면에 점화시기가 너무 늦어지면 비록 압축행정동안

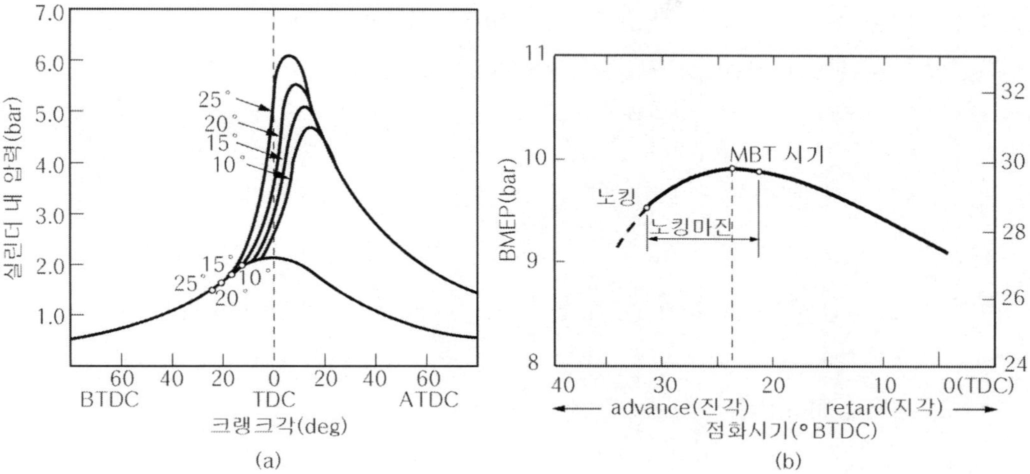

그림 4-8 점화시기에 따른 실린더내 압력변화 및 스파크 점화기관의 출력과 효율

피스톤에 의한 압축일은 감소하지만, 전 사이클 동안의 압력값이 낮아지기 때문에 팽창행정시 피스톤에 가해지는 일이 감소한다. 또, 팽창행정의 말기 배기 밸브가 열리기 이전에 연소가 종료되지 않을 염려도 있으며, 이로 인해 배기 밸브가 과열될 수도 있다. 그러므로 점화시기는 최대출력이 얻어질 수 있도록 최적화되어야 한다. 그림 4-8에서 보듯이 최대출력이 되는 점화시기가 넓게 분포되어 있으므로 일반적으로 최대출력이 되는 시기보다 약간 늦은 시기에 점화되도록 한다. 이를 MBT (minimum advance for best torque)라 한다. MBT의 정의는 다소 모호하지만 최대토크보다 1% 작게 되는 시기에 해당한다. 기관시험시에는 점화시기를 점차 늦추어가며 처음으로 토크의 감소가 감지되는 시기로 한다. 그림 4-8은 MBT 점화시기가 노킹마진을 증가시키는 것을 보여준다. 그러나 스로틀 전개 운전시의 어떤 운전조건(특히 저속시)에서는 MBT 이전에 노킹이 발생할 수도 있다. 이러한 경우에는 노킹마진이 유지되도록 점화시기를 늦추어야 한다. 이렇게 함으로써 기관제작시의 가공 오차나 기관을 오랜 기간 사용하는 경우에 노킹의 발생가능성이 높아지는 것에 대비할 수 있다. 고속운전시에는 체적효율이 낮아지므로 최대압력이 낮아지고, 또 노킹현상이 일어날 수 있는 시간이 짧기 때문에 노킹의 가능성은 적어진다. 기관이 저속에서 스로틀이 전부 열린상태로 운전되는 경우는 매우 적기 때문에, 저속에서 MBT 점화시기 이전에 노킹이 발생하도록 하는 압축비와 요구 옥탄가의 조합을 채택하는 것이 일반적이다. 기관운전영역 중 스로틀 전개 부분인 저속영역에서 점화시기를 늦추면, 부분적으로 효율과 출력의 감소를 초래한다. 그러나 그 이외의 영역

에서는 고압축비로 인해 효율과 출력이 증대되는 이점이 있다.

부분 스로틀 운전시에는 실린더 압력과 온도가 낮아지고, 화염의 전파가 느리기 때문에 부분 부하시에는 점화가 일찍 이루어지도록 한다. 점화시기는 기계식이나 전자식으로 제어가 가능하다.

4.5.2 정상연소에서 연소온도와 압력 및 화염전파속도

(1) 연소온도에 미치는 요소

1) 열해리의 영향

연소에 의해 생긴 CO_2와 H_2O는 연소의 발생열로 고온(1,400℃ 이상)이 되면 다시 분해되어 각각 CO와 O_2 및 H_2와 O_2가 되고, 그때 열을 흡수한다. 이 현상을 열해리라 하고 연소 온도가 높을수록 많이 발생한다. 열해리가 발생하면 열을 흡수하므로 연소가스 온도는 저하된다.

2) 혼합비의 영향

그림 4-9에서 곡선 Ⅰ은 열해리가 없는 경우, 곡선 Ⅱ는 열해리가 있는 경우의 연료-공기 혼합 변화에 따른 연소온도 변화를 나타낸다. 등가비 a의 혼합기를 연소하면 발생된 열에 의해 혼합기의 온도는 점 c까지 상승할 수 있지만, 열해리로 인하여 열의 일부가 흡수되기 때문에 ΔT℃의 온도 저하가 발생되어 혼합기의 실제 온도는 점b가 된다. 혼합기가 이론 혼합비에 가까울수록 완전연소에 가까워지므로 발열량은 많아지고 이론 연소온도가 높아지지만, 열해리로 인하여 온도도 저하하고 최고연소온도 점 d는 이론 혼합기보다 약 10~20% 농후한 등가비 e에서 얻어진다. 실제 최고온도가 이론 등가비보다 농후한 이유는 열해리시 발생한 산소가 이용 가능하므로 추가 연료를 더 넣을 수 있기 때문이다. 곡선의 양끝은 연소와 압력온도가 낮으므로 열해리가 일어나지 않는다.

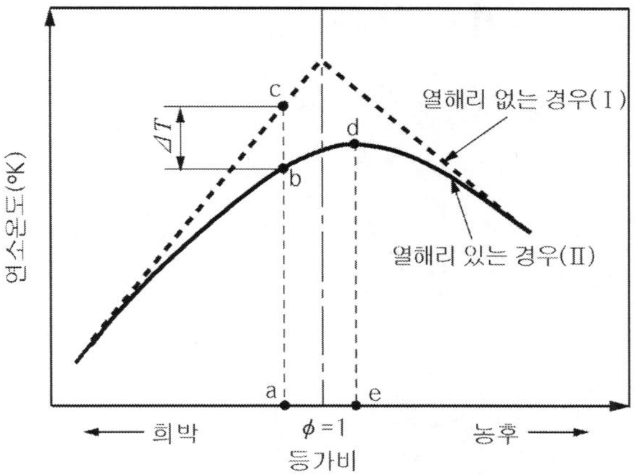

그림 4-9 혼합비와 연소온도

(2) 실린더 안의 화염전파

정상연소에서는 점화플러그 부근의 혼합기에서 반응이 시작되어 화염은 스스로 미연 혼합기로 전파하고 화염면이 정상적인 속도로 전파되어 모든 혼합기의 연소가 완료된다. 그림 4-10은 시간에 따른 화면면의 진행상태를 나타내고 있다. 화염전파 속도는 점화 후, 처음 한동안은 늦지만 점차로 속도가 증가하고 전파거리의 약 10%를 지난 점에서 일정속도가 되며, 끝에서 5% 부근에서 늦어지는 것을 알 수 있다.

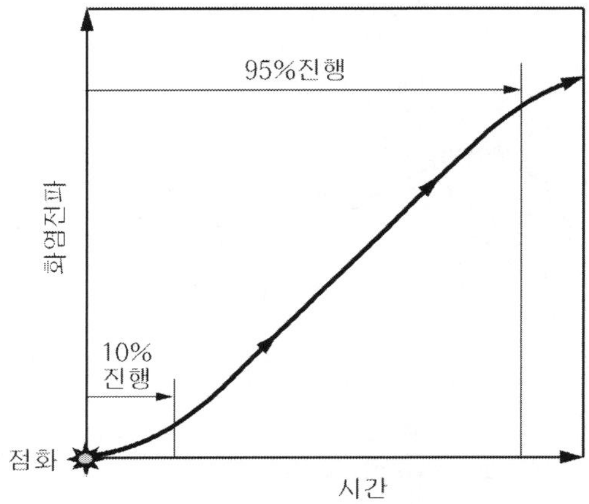

그림 4-10 실린더 안의 화염면 진행

(3) 화염전파 속도에 영향을 미치는 요소

실린더 안의 화염전파 속도는 다음과 같은 요소에 의해 영향을 받는다.

1) 혼합비의 영향

혼합비에 의해 연소온도가 변하고, 온도가 높아지면 화학반응은 촉진되므로 화염전파 속도도 그림 4-11과 같이 혼합비의 영향을 받아 이론 혼합비보다 조금 농후한 혼합비에서 화염전파 속도가 최대가 된다.

2) 회전수의 영향

기관회전수가 증가하면 실린더 안의 난류가 증가되며, 화염면의 면적을 주름지게 하여, 반응 면적이 넓어져 연소속도가 커지기 때문에 화염전파속도다 빨라진다. 그림 4-12에서 보는 바와 같이 회전수에 거의 비례하여 화염전파속도가 증가한다.

3) 흡입공기의 압력과 온도 및 수분의 영향

흡기 압력을 높이면 잔류가스가 적어지고, 반응속도가 빠르게 되어 화염전파 속도는 증가한다. 흡기 온도를 높이면 반응속도는 증가하지만, 동시에 공기의 점성도 증가하여 실린더 안의 난류가 줄어들기 때문에 화염전파 속도는 감소하게 된다. 또 흡입공기 중의 수분이 증가함에 따라 화염전파 속도는 감소한다.

4) 배기 배압의 영향

배기 배압이 커지면 실린더 안의 잔류가스가 많아져 연소 온도가 내려감에 따라 화염전파 속도가 늦어진다.

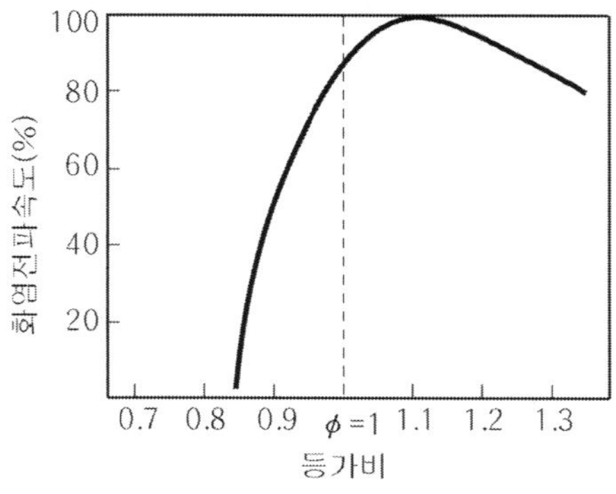

그림 4-11 등가비 변화에 따른 화염전파속도

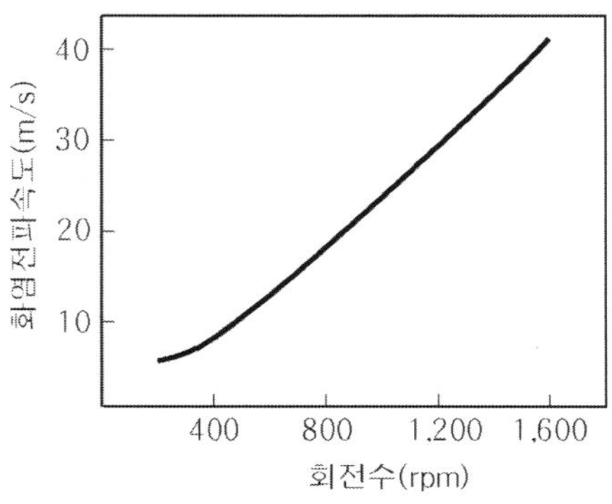

그림 4-11 기관회전수변화에 따른 화염속도

(4) 연소 압력의 변화에 미치는 요소

1) 화염전파속도

실린더 안의 화염전파 속도는 위와 같이 여러 가지 요소의 영향을 받는다. 정적 연소과정에서의 압력 변화는 온도변화에 비례($P_1 / P_2 = T_1 / T_2$)한다. 화염전파 속도는 단위시간당 열 공급량을 의미하기 때문에 실제 연소과정중 화염전파 속도가 빨라지면 정적연소과정에 더욱 가까워지고 온도 상승은 커지며, 따라서 압력 상승이 커진다.

2) 혼합비

그림 4-13은 연료-공기 혼합기의 등가비 변화에 따른 연소가스의 성분을 나타내고 있다. 이론 혼합비보다 농후하면 CO_2는 감소하고 CO가 많아진다. 연소가스 속에 CO_2 대신에 CO가 많을수록 전체 분자수는 증가한다.

일정 체적에서 압력은 온도와 분자수에 비례하므로 최고 온도점보다 공연비가 약간 농후해지더라도 CO의 생성 증가에 의한 압력 증가가 온도 저하에 의한 압력감소율보다 커서 연소 압력이 높아진다. 최고 압력은 최고 온도보다 더 농후한 혼합비에서 일어나고 있다. 그림 4-14는 등가비 변화에 따른 연소온도와 연소압력을 계산한 결과이다.

압축비가 높아질수록 온도가 높아지게 되어 열해리가 증가하고 완전연소에서 멀어지기 때문에, 최고온도, 최고압력점은 이론 혼합비(즉 $\phi=1$)에서 더 멀어지게 된다. 또 최고압력점이 일어나는 등가비는 압축비로 증가와 함께 더욱 농후하게됨을 알 수 있다.

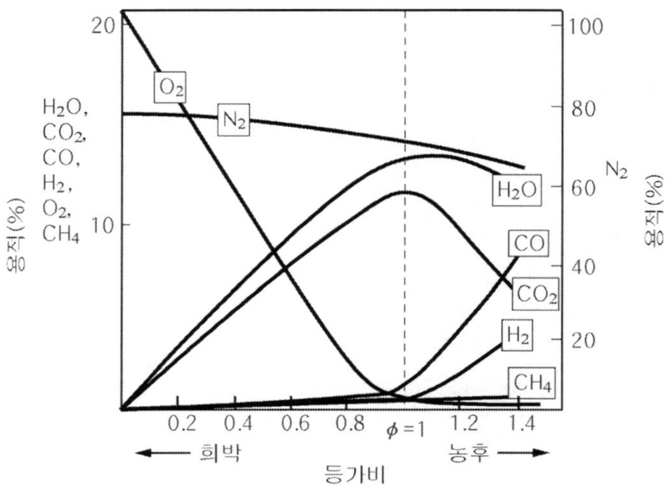

그림 4-13 혼합비와 연소가스의 성분

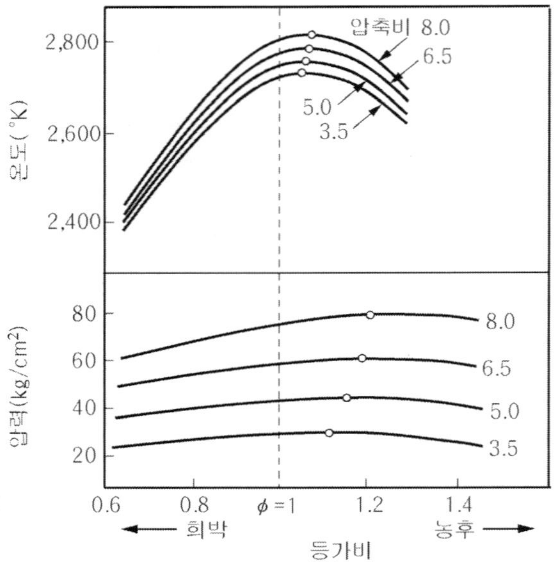

그림 4-14 혼합비와 연소온도와 압력

이 현상은 그림 4-14에서도 관찰할 수 있다.

3) 연소압력과 점화시기

그림 4-6의 점 A에서 점화를 시키면 이 점화 불꽃이 연소실의 벽 근처 경계층을 통과하는 동안은 전파 속도는 그리 빠르지 않으며 압력 상승은 일어나지 않는 점화지연기간이 있게 된다. 혼합기온도가 높을수록 점화지연기간은 짧아진다. 스파크 점화된 화염이 성장하여 화염면이 경계층을 빠져 나오면 난류에 의해 연소가 촉진되고 급격히 화염전파 속도가 증가되므로 압력 상승이 점 B에서 시작되고 점 C전에서 최고압력에 달한다. AB기간을 점화 지연기간, BC기간을 주연소기간이라 부른다. 이 지연기간을 고려해서 최고압력이 상사점 후 약 10~15° CA에 발생하도록 점화시기를 정한다.

그림 4-15는 고정된 점화시기에서의 실린더내 압력변화를 나타내고 있다. 점화시기가 고정되어 있으면 기관회전수가 증가할수록 B점이 지연되어 최고압력 발생시기가 지연되고 있으며 최고압력도 낮아지고 있다. 그림 4-16은 기관회전수(rpm) 변화에 따라 최적점화시기가 되도록 점화시기를 바꾸었을 때의 실린더내 압력변화를 나타내고 있다. 점화 지연시기는 혼합기 상태에 따라 절대시간으로 약 0.1~0.5 msec이며 정해진 혼합기 상태에서는 절대시간으로 거의 일정하므로 기관회전수가 증가할수록 해당 크랭크각으로는 커지므로 점화시기를 앞당긴다. 일반적으로 최적점화시기는 최고압력점이 상사

점 후 약 10~15° CA에 오도록 점화시기를 조절한다. 기관회전수가 증가할수록 진각된다. 그림 4-17은 전체 사이클에서 크랭크각 변화에 따른 압력 및 온도 변화를 나타내고 있다.

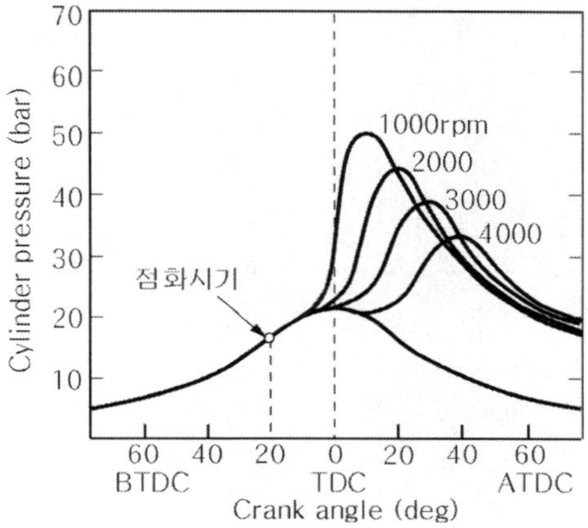

그림 4-15 고정된 점화시기에서의 실린더 압력변화

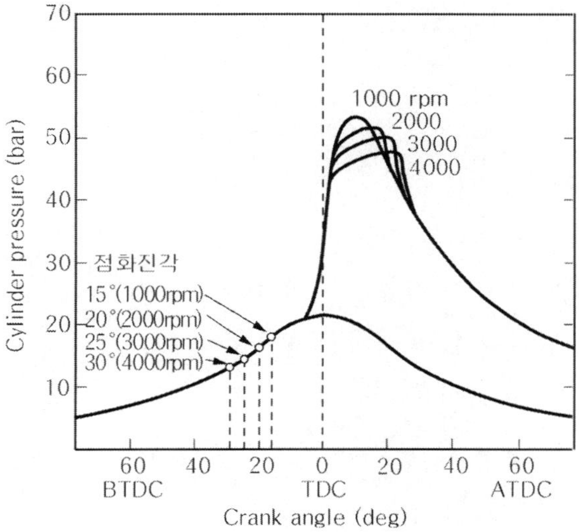

그림 4-16 최적점화시기에 따른 실린더 압력변화

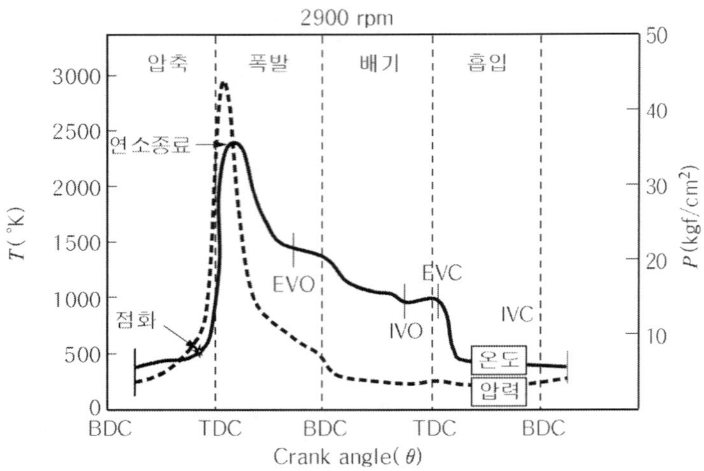

그림 4-17 크랭크각 변화에 따른 압력 및 온도

4.5.3 비정상 연소

왕복기관의 비정상연소에는 데토네이션(노킹)과 조기점화 두 가지를 들 수 있다.

(1) 데토네이션

1) 데토네이션 발생 메커니즘

스파크플러그에서 점화되어 화염이 전파될 때 미연가스는 연소진행과 더불어 기연가스에 의해 더욱 압축되고 압축 및 화염면으로부터의 복사열 전달에 의해 미연가스의 말단부분인 말단가스(end gas)는 자연발화 온도 이상이 될 수도 있다. 말단가스가 자연발화 온도 이상이 되면 말단가스는 화염전파 이전에 점화플러그와 외부 점화장치에 의하지 않고 자연발화로 급격히 연소하게 되며 이 현상을 노킹 또는 데토네이션이라 한다. 노킹이 일어나면 압력이 급격히 상승하며 연소실 내부의 공명에 의해 압력진동은 더욱 증폭될 수 있다.

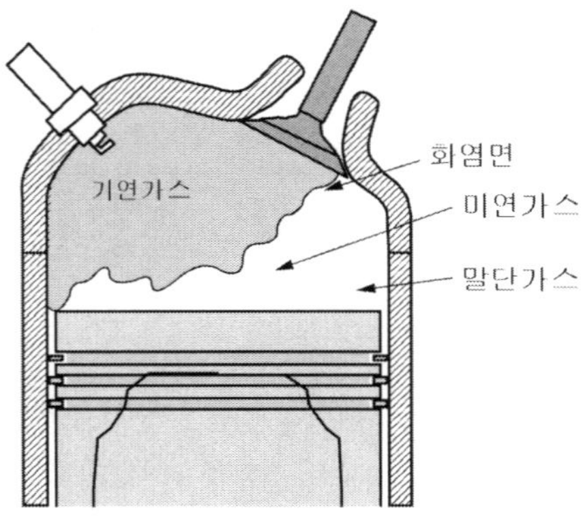

그림 4-18 스파크 점화기관에서의 연소

2) 데토네이션에 영향을 미치는 인자

화염전파 이전에 말단가스가 한꺼번에 자연발화하는 현상이 데토네이션이며 말단가스의 과도한 온도와 압력, 연료의 내폭성이 주원인이며 과급, 흡기온도, 옥탄가, 기관부하, 점화시기, 공연비, 압축비가 데토네이션에 미치는 영향을 그림 4-19에 나타내었다.

말단가스가 자연발화 온도에 달하지 못하면 데토네이션은 일어나지 않는다. 말단가스의 압력은 온도 상승에 기여하기 때문에, 말단가스의 압력 상승은 데토네이션을 일으키기 쉽게 한다. 스파크 점화기관에서 압축비가 높을수록 연소가 시작되는 압축행정의 끝부분 온도가 올라가고, 연소시작 부분에서 온도가 증가하면 전연소과정을 통해 연소가스 온도를 더욱 증가시키므로 말단가스의 온도를 높이게 되어 데토네이션을 일으키기 쉽다.

말단가스의 온도가 자연발화 온도에 이르러서부터 발화에 이르기까지 연료가 화학변화를 하는데 필요한 시간이 있는데, 이것을 점화지연이라 한다. 이 지연기간 속에 정상연소 화염이 말단가스 속을 전파하여 통과해 버리면 데토네이션은 일어나지 않는다.

연료에 따라 자연발화를 일으키기 쉽거나 어려운 성질이 있다. 점화지연기간이 긴 연료를 내폭성 혹은 앤티노크성이 높다고 말하며 내폭성이 높은 연료를 사용하면 데토네이션은 발생하기 어렵다.

혼합기가 너무 희박해지면 화염전파속도가 늦어지고 말단가스가 연료자체의 점화지연시간을 넘겨 자연발화하여 데토네이션이 일어나기 쉽다. 혼합기가 농후해질수록 데토네이션 경향은 줄어든다. 그러나 최대출력을 내는 약 10%정도 농후한 혼합비에서 연소최고온도 및 최대압력이 되므로 이 연료 · 공기혼합비에서 데토네이션의 경향성은 증가한다. 기관회전수가 빨라지면 난류가 증가하여 점화지연기간에 말단가스까지 화염전파가 이루어지므로 데토네이션이 일어나기 어렵다. 점화시기를 너무 앞당기면 말단가스의 온도와 압력이 높아 데토네이션이 일어나기 쉽다. 또 점화플러그로부터 연소실 말단까지의 화염전파 경로가 길어지면 데토네이션이 일어나기 쉽다.

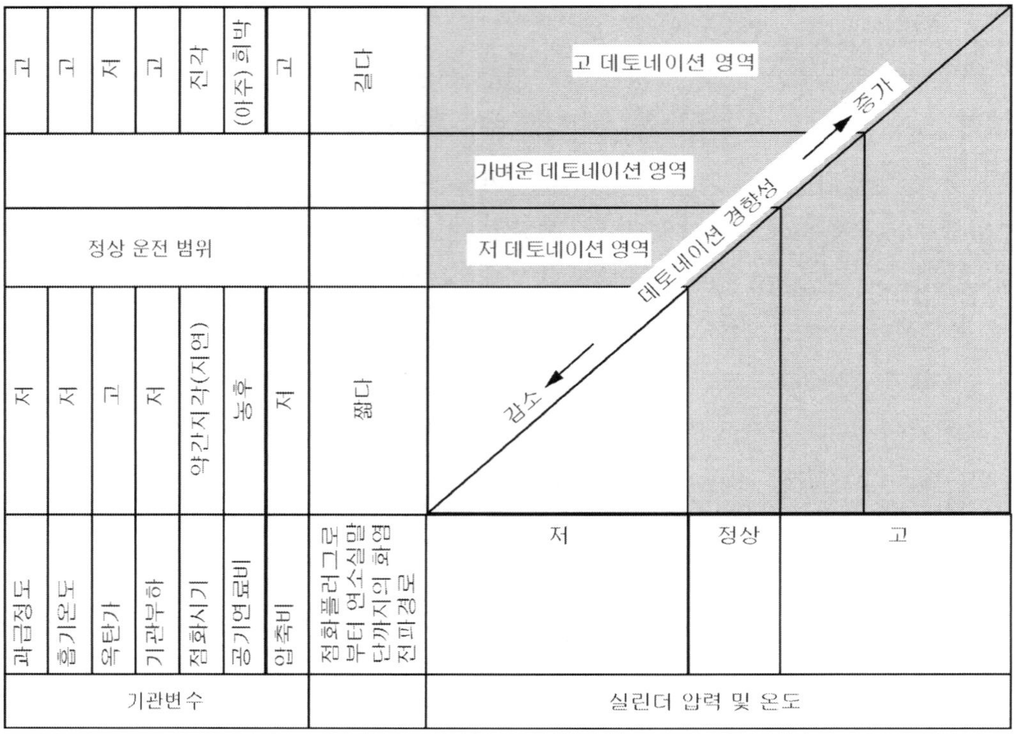

그림 4-19 데토네이션에 영향을 미치는 요소

3) 데토네이션의 폐해

데토네이션은 말단가스가 자연발화 온도에 달해 폭발하는 현상이므로 화염전파속도는 1,000~2,000 m/sec 정도로 빠르며, 연소실 내 압력진동이 초당 약 500회 정도 일어나며 온도 상승이 너무 급격히 커진다. 그림 4-20은 데토네이션 발생시의 P-V선도 및 P-θ선도를 나타내고 있다. 데토네이션 결과 발생하는 실린더 안의 순간적인 고온 · 고압이 기관에 갖가지 장애를 일으킨다.

데토네이션이 발생하면 실린더 안의 가스 온도와 압력이 급상승하고 열경계층을 파괴하여 열전달을 증대시켜 열손실을 유발하고 또 주위 금속부에 열응력을 받게 한다. 가스 진동과 열경계층 파괴에 의해 열전도도가 커져서 실린더와 피스톤의 온도가 과도하게 상승하기 때문에 실린더나 피스톤 등의 재료 강도를 저하시키고 피스톤, 밸브, 밸브 시트의 손실과 변형이 일어나며 피스톤과 실린더의 유막 단절이 일어날 수 있고 실린더를 과열하여 또 다른 데토네이션을 조장할 수 있다.

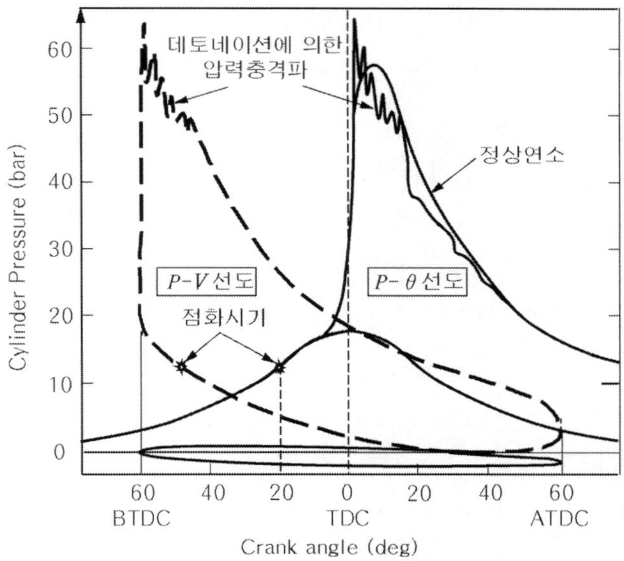

그림 4-20 데토네이션 발생시 실린더 내의 압력변화

데토네이션이 일어나면 압력상승률과 최고압력이 증가하므로, 기관 각부에서 발생된 응력이 증가하고 응력이 설계값을 넘으면 피스톤, 실린더 헤드가 파손되고, 실린더 장착 나사도 파손되며 커넥팅 로드, 베어링 등에 과부하가 걸린다.

데토네이션이 발생할 때의 출력 저하는 다음의 2가지 이유 때문이다.

① 연소시 연소가스의 온도는 2,000~2,500℃정도 되지만 열경계층으로 인하여 실린더 헤드온도는 200~300℃정도인데 데토네이션이 일어나면 열경계층 파괴로 열전달이 증가하여 실린더 벽으로 열방출이 증가하고 냉각 손실이 증가한다.

② 데토네이션에 의해 발생된 고압은 순간적으로 올라갔다 내려가므로 기관 전체의 출력 상승에는 기여하지 않는다.

또 데토네이션이 계속되면 연소실 부품의 표면을 뜨겁게 만들어 조기점화를 유발시킨다. 조기점화가 일어나면 MBT 점화시기 통제가 불가능하다.

4) 데토네이션의 방지

① 발생방지의 기본사항

데토네이션은 혼합기의 자연발화 현상이므로 데토네이션의 방지는 다음 3가지가 기본이 된다.

ⓐ 말단 가스의 온도와 압력을 낮추어서 말단가스의 점화지연 기간을 길게 한다.

ⓑ 화염전파 속도를 크게 하거나 화염전파 거리를 짧게 해서 말단가스가 자연 발화 이전에 화염전파에 의해 연소가 완료되게 한다.

ⓒ 앤티노크성(anti-knocking value)이 높은 연료, 즉 옥탄가가 높은 연료를 사용한다. 옥탄가는 앤티노크성을 나타내는 척도로 옥탄가가 높을수록 데토네이션이 일어나기 어렵다. 옥탄가는 가변 압축비의 특수한 단기통 기관의 CFR 기관을 조사하고자 하는 옥탄가를 알지 못하는 연료로서 운전하고, 데토네이션 발생으로 인한 압력변화를 데토네이션 측정기로 감지하여 그 값을 측정한다. 표준연료(iso- octane, n-heptan)의 일정비율을 넣어서 측정한 데토네이션 특성과 시험연료의 데토네이션 특성이 같으면 iso-octane의 비율(%)이 옥탄가이다.

옥탄가를 높이기 위해 4메틸납이나 4에틸납을 첨가하기도 한다(옥탄가가 100 이상이 될 수 있다). 납성분은 점화지연기간을 길게 하는 성질이 있다. 그러나 환경오염문제를 유발하므로 대부분의 국가에서는 유연연료 대신 무연연료를 사용한다. 그러나 항공용 연료에서는 이륙성능 때문에 옥탄가 100 이상의 연료를 사용하기도 한다. 퍼포먼스수는 옥탄가 100일 때의 출력 대비 실제 기관출력의 비율로 나타낸다.

② 설계상의 방지

ⓐ 압축비가 높을수록 열효율이 증대되지만 데토네이션 발생위험이 있으므로 적절한 압축비를 선정한다.

ⓑ 화염전파 거리의 단축 : 화염 속도를 빠르게 한 것과 같은 효과로 구형 연소실(spherical combustion chamber), 중심 점화, 복수 점화플러그의 사용 등이 해당된다. 데토네이션을 방지하기 위해서는 화염전파 거리가 100 mm를 넘지 않도록 설계한다.

ⓒ 점화플러그의 위치 : 배기 밸브 가까운 곳에 점화플러그를 설치하여 말단가스 부근이 흡기 밸브 부근이 되게 하여 말단가스온도를 낮춘다.

ⓓ 말단가스의 냉각 : 연소실의 점화플러그에서 떨어진 곳의 냉각을 좋게 한다.

ⓔ 배기 밸브(exhaust valve)의 냉각 : 냉각이 잘 되는 밸브 구조로 하고, 또 말단가스에서 가장 먼 곳에 배기 밸브를 장착한다.

ⓕ 실린더 안의 난류를 증가시켜 화염전파 속도를 증가시킨다.

ⓖ 밸브의 오버랩을 두고 배기를 완전하게 해서 고온의 잔류가스를 감소시키며

흡입에 의해 실린더를 냉각한다.

ⓗ 물 분사(water injection) : 물을 실린더 안에서 분사해서 증발시켜 물의 증발 잠열로 압축 온도를 내린다.

ⓘ 과농, 희박 혼합기를 사용해서 말단가스의 온도를 내린다. 보통은 과농 혼합비를 사용한다. 혼합기가 너무 희박하면 화염전파속도가 느려 오히려 데토네이션이 일어나기 쉽다.

ⓙ 점화 시기를 늦추면 말단가스가 상사점보다 상당히 뒤에서 연소되므로 말단가스의 온도, 압력이 내려간다. 반대로 점화시기를 빨리 하면, 연소 가스를 압축하게 되므로 말단가스의 온도, 압력이 높아 데토네이션이 일어나기 쉽다.

③ 운전조건에 의한 방지

ⓐ 실린더 온도를 내리고 말단가스의 온도를 내린다.

ⓑ 흡입가스의 온도와 압력을 내리고 말단가스의 온도를 내린다.

ⓒ 혼합비를 농후하게 한다.

ⓓ 과급기관에서는 과급의 정도를 줄이고 말단가스의 온도와 압력을 내린다.

ⓔ 기관의 회전수를 올리고 화염전파 속도를 크게 해서 데토네이션이 일어나기 전에 화염전파를 마치도록 한다. 그러나 슈퍼차저형 과급기관(기어 구동형)에서는 기관회전수를 올리면 과급 정도가 증가하고 말단가스의 온도, 압력이 증가하여 데토네이션이 발생하기 쉬우므로 조심하여야 한다.

5) 데토네이션의 징후

데토네이션이 발생되면 그 강도에 비례해서 높은 금속음을 발생시키고 실린더 헤드 온도는 상승하며, 출력을 떨어뜨리고 배기는 흰빛을 띤 주황색이 되어서 때때로 검은 연기를 낸다. 그러나 다음의 이유 때문에 비행 중에 이러한 징후를 탐지하는 것은 어렵다.

① 데토네이션의 음은 기관과 프로펠러 소리 때문에 잘 들리지 않는다.

② 실린더 헤드 온도의 상승은 데토네이션의 발생을 의미하지만, 온도 상승이 반드시 급격하게 일어난다고는 할 수 없고, 또한 극단적으로 고온이 된다고 한정할 수 없다. 고온의 발생은 데토네이션이 발생하는 점에 한정되기 때문에, 실린더 헤드 온도에 나타나지 않는 경우도 있다. 또한 고온이 데토네이션을 수반한다고 해도 데토네이션의 결과라기보다는 원인이 되는 쪽이 많다.

③ 고출력에서의 출력손실은 데토네이션의 발생을 의미하지만, 출력손실을 감지할 수

있을 정도로 크고, 또 급격하게 데토네이션이 일어난다고는 할 수 없다.

이와 같이 데토네이션의 발생을 조종실에서 탐지하는 것은 어렵다. 특히 가벼운 데토네이션일 때는 기내의 계기와 기관의 운전 상태로는 잘 알 수 없다.. 그럼에도 불구하고 가벼운 정도의 데토네이션이라도 그것이 계속 발생하는 것을 경계하여야 한다. 그 이유는 데토네이션이 조기점화의 원인이 될 수도 있고 조기점화는 데토네이션을 일으키는 서로 밀접한 인과관계가 있기 때문이다.

(2) 조기점화

1) 조기점화의 정의

조기점화는 점화플러그 끝이나 배기 밸브와 같은 고온부위의 표면과 접촉한 결과로 혼합기가 MBT점화시기 이전에 점화되어 일어나는 표면점화이다. 조기점화는 가끔 '계속 가동(running-on)'으로 표현하기도 하는데 기관에서 점화 스위치를 끈 후에도 계속 점화가 일어나기도 한다.

설사 기관이 정확한 혼합기 강도, 점화시기, 그리고 적당한 냉각으로 운전된다고 하더라도 연소 퇴적물이 쌓이거나 또는 코크스(coke)가 형성되면 조기점화 현상이 있을 수 있다. 조기점화는 압축 일의 증가를 가져오고 출력의 저하를 초래하고 최적점화시기 제어가 불가능해진다. 다기통 기관에서 한 실린더에서라도 조기점화가 일어나면 그 결과는 다른 실린더가 정상적으로 운전을 계속하는 데 아주 심각하게 영향을 미칠 수 있다. 조기점화는 높은 피크압력을 초래하고 번갈아 가며 자체점화를 일으킬 수 있다.

2) 데토네이션과 조기점화와의 관계

① 데토네이션은 연소과정이 화염전파에 의하지 않는 이상연소인 데 비해, 조기점화의 연소과정은 화염전파에 의해 일어나는 정상연소이다.

② 조기점화는 그림 4-21과 같이 점화시기를 빨리 한 것과 같은 상태가 되고 데토네이션보다 최고압력이 더 높다. 따라서 조기점화는 데토네이션의 발생의 원인이 되기도 한다. 또 데토네이션으로 표면이 과열되면 조기점화의 원인이 된다. 이처럼 데토네이션과 조기점화는 서로 인과관계를 갖고 있으므로 데토네이션은 조기점화를 유발하고 유발된 조기점화가 데토네이션을 더욱 조장하는 경우가 많아서 조기점화와 데토네이션이 동시에 일어날 수도 있다.

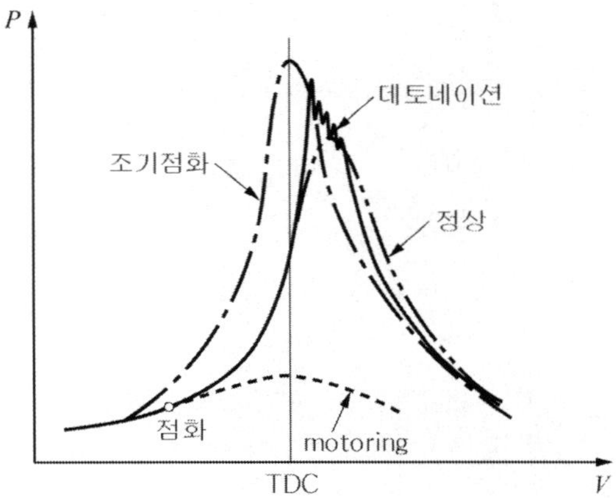

그림 4-21 조기점화와 데토네이션

③ 데토네이션 발생 조건이 어느 실린더 1개에 존재할 때는 그 조건은 다른 나머지 실린더에도 모두 존재한다. 이와는 대조적으로 조기점화의 조건은 1개 또는 몇 개만의 일부 실린더에서 발생하는 것이다. 실린더 온도는 대표 실린더에서 채취되며, 조기점화는 실린더 온도계가 접속되어 있는 실린더에서만 일어난다고 할 수 없으므로 조기점화의 탐지는 어렵다.

3) 조기점화의 영향

조기점화가 일어나면 피스톤이 상승하는 과정동안 압축일이 증가된다. 즉 그림 4-21에서 TDC보다 좌측의 실린더 가스 압력 상승은 피스톤운동에 역행되는 일이 되어 출력손실이 된다. 또 조기점화시기가 빨라질수록 압축행정 끝의 압력 상승이 과도하게 되어 파괴적인 온도 상승을 수반한다. 따라서 짧은 시간이라도 이 상태가 계속되면 피스톤이 고온연소가스에 노출되어 손상되고 실린더의 파손, 실린더 내벽의 손상 및 밸브와 점화플러그의 손상이 발생한다. 조기점화의 결과, 아주 높은 압력이 피스톤을 밀어내리므로 커넥팅 로드가 손상된다.

4) 조기점화의 징후

앞에서 설명한 바와 같이 조기점화는 대단히 탐지하기 어렵다. 가장 신뢰할 수 있는 징후는 출력손실이지만, 이것도 출력 측정장치가 장비된 기관이 아니면 판별이 곤란할 것이다. 또 하나의 징후는 배기 매니폴드에서의 적열 상태인 탄소 알갱이의 배출로 알 수 있다.

5) 조기점화의 교정

농후 혼합비의 사용, 출력의 감소 등 기관의 온도를 낮추는 운전조건은 어느 것이라도 조기점화를 덜 일어나게 할 수 있다.

4.6 가솔린 왕복기관의 배출물질

기관의 배출물질이란 주로 기관 배기 내의 오염물질을 의미하며 배기물질은 환경을 오염시키고 지구온난화, 산성비, 스모그현상, 호흡기 및 건강에 문제를 일으킨다. 왕복기관의 배기 오염물질의 예로는 일산화탄소(CO), 여러 가지 질소산화물(NO_x)과 미연탄화수소(HC)가 있다. 왕복기관의 배기오염물질에 배출물에 대해서는 1960년대부터, 특히 대기조건이 NO_x 와 HC로부터 광화학 스모그가 형성되도록 한 로스엔젤레스에서 관심을 끌기 시작하여 각국에서 규제가 점점 심해지고 있다.

CO, NO_x, HC의 배출은 기관의 종류에 따라 다르고, 점화시기, 부하, 속도, 그리고 특히 공연비 등과 같은 변수에 의해 변화된다. 그림 4-22는 가솔린기관에서 공연비에 따른 배출물의 전형적인 변화를 나타낸 것이다.

일산화탄소(CO)는 농후한 혼합기일 때 불완전연소가 일어나기 때문에 가장 농도가 높다. 희박한 혼합기에서도 여전히 CO는 열해리 때문에 존재하게 되지만 연소 온도가 낮아지면 농도는 감소하게 된다. 탄화수소(HC) 배출이 농후하면 연료의 일부가 미연소하여 발생하며 희박영역에서는 농도가 감소하나 희박가연한계 부근에서는 실화로 농도가 급격히 증가한다. HC 배출물은 온도가 낮은 경계층에서 화염이 꺼지게 되는 소염층에서 발생되는데, 피스톤링의 홈, 스파크플러그 주변 틈새영역에서 발생하며 오일이 연소실로 유입되거나 부분 부하시에는 더욱 증가한다. 질소산화물(NO_x)은 불활성 가스로 있던 N_2가 열분해하여 고온의 기연가스에서 산소와 반응하여 생성된다. NO_x의 생성은 Zeldovich 메커니즘과 같은 일련의 반응에 의존하기 때문에 매우 복잡하다.

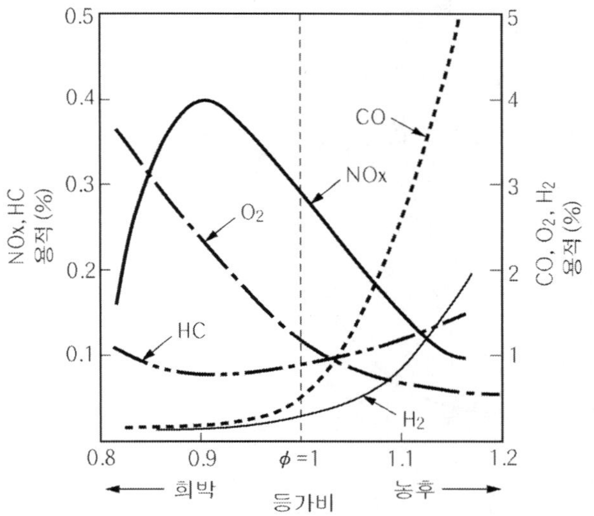

그림 4-22 공연비 변화에 따른 스파크 점화기관의 배출물

$$O_2 \rightleftharpoons 2O$$

$$O + N_2 \rightleftharpoons NO + N$$

$$N + O_2 \rightleftharpoons NO + O$$

$N + OH \rightleftharpoons NO + H$ (확장 Zeldovich 메커니즘)

또 NO는 다음과 같은 반응을 통하여 NO_2를 형성한다.

$$NO + H_2 \rightleftharpoons NO_2 + H_2$$

$$NO + O_2 \rightleftharpoons NO_2 + O$$

산소와 반응하여 온도가 증가할수록 생성률이 증가한다. 화염온도가 가장 높은 약간 농후한 영역에서 최대 발생할 것으로 생각되지만 NO_x 생성에 있어서 또 하나 중요한 인자는 반응시간으로써 희박혼합기의 낮은 화염속도로 인한 긴 NO_x 발생시간에 의한 발생률 증가로, 그림 4-23에서 나타난 바와 같이 약간 희박한 영역에서 최대치를 가진다. NO_x 배출은 기관속도를 감소시키면 NO_x 형성시간이 길어져서 증가한다.

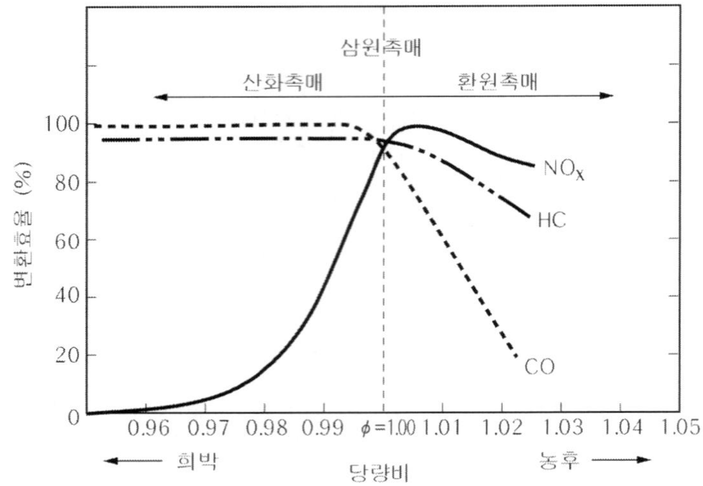

그림 4-23 촉매의 변환효율

NO_x 는 햇빛과 반응하여 광화학스모그를 일으키는 주요 원인이 된다. 스모그란 무더운 여름철에 거대한 정체성 공기 덩어리를 형성하여 오염된 지역을 덮고, 넓은 지역에 걸쳐 있는 진노랑색이나 갈색의 뿌옇고 거대한 정체성 공기질량을 말한다. 스모그는 대부분 지표고도의 오존(O_3)으로 구성되어 있으나, CO, 검댕이(soot)나 먼지 같은 미립자, 벤젠이나 부탄같은 휘발성 유기화합물(VOC), 그리고 다른 탄화수소물을 포함하는 수많은 화학물질을 함유하고 있다.

$$NO_2 + \text{햇빛에너지} \rightarrow NO + O + \text{스모그}$$

또 단원자산소는 반응성이 좋아 산소분자와 반응하여 오존을 형성한다.

$$O + O_2 \rightarrow O_3$$

지표상의 오존은 눈을 자극하고 산소와 이산화탄소가 교환되는 폐의 공기주머니를 손상시켜 결국 폐의 부드러운 해면질 조직을 고형화시키며, 숨을 가쁘게 하고, 색색거림, 피로, 두통, 구역질 등의 원인이 되기도 하고 천식과 같은 기관지 질병을 악화시킨다. 스모그 안에 있는 다른 오염물질은 일산화탄소, 산이나 금속과 같은 화합물, 먼지나 매연과 같은 미립자 형태의 부유물을 포함하고 있어 눈이나 폐를 자극한다. 지표면의 오존은 인체에 해롭지만 성층권 밖의 오존층은 보존되어야 한다. 제트기관에서 나오는 NO_x 는 성층권 밖의 유익한 오존층을 파괴하여 자외선이 지표면에 도달하도록 한다.

오존층의 생성과정은 다음과 같다.

$$O_3 + h\nu \rightarrow O_2 + O$$

여기서 $h\nu$ 는 자외선 광자이다.

$$O + O_2 \rightarrow O_3$$

위의 반응으로 오존은 무조건 생성되는 것이 아니라 다음 과정에 의해 O_3 생성이 제한되어 일정한 수준이 유지된다.

$$O + O \rightarrow O_2$$

$$O + O_3 \rightarrow 2O_2$$

그러나 질소산화물이 있으면 다음 과정에 의해 오존층을 파괴한다.

$$NO + O_3 \rightarrow NO_2 + O_2$$

$$NO_2 + h\nu \rightarrow NO + O$$

$$NO_2 + O \rightarrow NO + O_2$$

고도 60,000 ft 정도에서 마하수 2.4~4.0으로 비행하는 비행체가 오존층 파괴가 가장 크며 고도 30,000 ft 정도로 비행하는 상용 가스터빈에서 발생하는 과도한 질소산화물도 오존층을 파괴할 위험이 있으므로 저질소산화물을 발생시키는 가스터빈연소실이 연구 개발되고 있다.

HC와 CO의 배출은 희박혼합기로 운전하면 감소시킬 수 있지만 이것은 기관의 출력을 감소시키고 다기통 실린더 기관에서 각 실린더의 혼합기 분포가 불균일해지므로 쉽지 않은 방법이다. 그 대신에 배기가스 산화 촉매반응기를 사용하여 저감시킬 수 있다. 희박연소시에는 CO와 HC는 온도가 600~700℃로 유지될 때 배기장치에서 다음 반응에 의해 산화된다.

$$4HC + 5O_2 \rightarrow 4CO_2 + 2H_2O$$

$$2CO + O_2 \rightarrow 2CO_2$$

배기장치와 열변환기에서 촉매가 사용된다면 250~300℃에서 CO와 HC가 산화될 수 있다. NO_x 배출을 저감시키는 방법은 화염온도나 연소 지속기간 중 어느 한 가지를 감소시키면 NO_x 배출을 저감시킬 수 있다. 점화를 지연시키는 것은 최고 압력과 온도를 낮추기 때문에 아주 효과적이지만 출력과 연료경제성에 나쁜 영향을 미친다. 다른 방법으로는 배기가스 재순환(Exhaust Gas Recirculation : EGR)에 의해 실린더 내에 잔유물의 농도를 증가시키는 방법이 있다. EGR은 화염온도와 속도 모두를 낮추게 되어 결국 NO_x 저감에 유용한 방법이다. 5~10%의 EGR로 NO_x 배출을 반감할 수도 있다. 그러나 EGR는 효율을 낮추게 되고 희박 연소한계를 감소시킨다. 환원 촉매가 NO_x 를 산소와 질소로 환원시켜 사용될 수 있지만 CO와 HC가 산화되어야 하므로 삼원촉매 변환기를 사용하기도 한다.

유해배출물 중 NO_x 를 줄이는 방법으로는 점화시기 지연 또는 배기가스 재순환(EGR) 방법이 있으며, HC와 CO의 원인인 미연의 연료를 산화하기 위해서는 열반응기가 이용된다. 이러한 NO_x 제어방법을 이용하면 연료경제성이 나빠지고, 기관의 과도응답특성 저하로 인한 운전성이 악화된다. 더욱이 NO_x 또는 CO와 HC의 어느 한 종류의 배출을 저감하는 방법들은 다른 종류의 배출을 증가시키는 경향이 있다. 또한 EGR나 점화시기 지연은 출력을 저하시키고 연료경제성을 나쁘게 한다. 공연비 변화에 따른 촉매의 변환효율은 그림 **4-23**과 같다. 농후혼합기로 운전할 때 HC와 CO를 포함하는 NO_x 를 다음의 반응에 의해 저감시킨다.

$$4HC + 10NO \rightarrow 4CO_2 + 2H_2O + 5N_2$$

$$2CO + 2NO \rightarrow 2CO_2 + N_2$$

3원촉매 시스템은 백금/로듐 촉매 개발의 결과로 CO, HC 및 NO_x 의 배출을 조절하는데, 변환효율은 이론공연비 부근에서 높으므로 매우 정확한 공연비의 제어가 요구된다. 백금은 주로 CO와 HC를 저감시키는 산화반응을 촉진시키고, 로듐은 NO반응을 촉진시킨다. 최근에는 팔라듐 촉매가 사용되기도 하지만, 팔라듐은 CO와 HC 반응개시온도는 저하시키는 데 유리하지만 연료중에 포함되어 있는 유황성분에 의해 성능이 저하될 수도 있다. 공연비 제어는 주로 배기가스의 산소농도를 측정하여 피드백시키는 람다센서(lambda sensor)를 이용하는 연료분사방식에 의해 이루어진다.

이중촉매 시스템을 사용하면 환원과 산화를 동시에 시킬 수 있다. 첫 번째 촉매는 환원촉매이며, 농후 혼합비를 유지함으로써 NO_x 가 감소하였다. 두 번째 촉매로 들어가기 전, 여분의 공기가 흡입되어 산화촉매에서 CO와 HC의 산화가 이루어지도록 한다.

통상적인 환원촉매는 NO_x 를 저감하지만 상당량의 암모니아(NH_3)를 생성한다. 암모니아는 두 번째 촉매에서 산화되어 NO_x 를 생성한다. 그러나 백금/로듐 시스템을 사용하면 환원촉매의 선택성이 향상되어 암모니아의 생성은 무시할 수 있는 정도로 된다.

탄화수소연료를 사용하는 기관은 연료소비량에 비례하여 CO_2를 배출한다. CO_2는 인체에는 무해하지만, CO_2는 수증기, 미량의 메탄이나 산화질소와 같은 다른 기체들과 함께 온실유리와 같은 역할을 하여 야간에 지구로부터 방사되는 적외선 형태로 우주로 방출되는 열을 차단함으로써 지구의 온도를 높이는 온실효과(greenhouse effect)를 일으킨다. 온실가스는 태양복사는 자유롭게 통과시키지만 내부표면에서 방사되는 적회선보다 긴 파장의 적외선복사는 투과시키지 못한다. 온실가스 중 수증기는 물의 순화계의 일부로써 눈이나 비로 다시 내리기 때문에 큰 문제가 되지 않으나 화석연료의 사용결과로 방출되는 CO_2는 순화하지 않아서 온실효과를 크게 하여 지구온난화의 결과를 초래하고 지구 기후변화를 일으킨다. 이러한 심각성 때문에 UN에서는 기후변화에 대한 위원회를 설립하였고 1997년 일본 Kyoto에서는 2008년에서 2012년 사이에 CO_2 및 다른 온실가스 배출량을 1990년의 수준보다 5% 이내로 감축하도록 의정서를 채택하였다. CO_2를 줄이려면 연비 향상 등을 통해서 화석연료의 효율을 향상시키고 대체에너지 사용을 통해 절대사용량을 줄여야 한다.

4.7 가솔린 직접 분사 기관

4.7.1 가솔린 직접 분사 기관 개요

가솔린직접분사(Gasoline Direct Injection; GDI)기관은 연소실에 가솔린 연료를 직접분사하고 스파크 점화에 의해 연소시키는 엔진이다. 가솔린엔진은 여러 가지 측면에서 다포트 인젝션(Multi-Port Injection; MPI)엔진과는 다른 구조를 갖고 있다. MPI엔진은 인젝터가 각 실린더의 흡기포트에 설치되어 있으며, 해당 실린더의 흡기밸브가 닫혀 있는 기간(예: 배기행정 또는 폭발행정)중에 연료가 흡기포트 내에 분사되어 혼합기를 형성한 후에 흡기행정 중에 실린더에 흡입된다. GDI엔진의 경우는 인젝터를 흡기포트 부근 실린더 상단에 비스듬히 설치하여 인젝터 홀이 실린더 안으로 직접 향하도록 하며, 공기 흡입과는 별개로 흡입행정 또는 압축행정 중에 연료 분사가 이루어진다. GDI엔진은 연료를 실린더에 직접 분사하도록 함으로써 MPI엔진이 가지고 있는 연료 공급 반응과 소비 조절의 한계를 극복하고 상황에 맞는 연료분사 시기를 정밀하게 제어하고 조정할 수 있다. 그림 **4-24**는 카뷰레터 혼합기 공급방식, MPI 혼합기 공급방식, GDI 혼합기 공급방식의 개략도와 발전과정을 나타내고 있다.

연료분사장치는 카뷰레터로부터 시작하여 다중포트 연료분사(MPI)까지 발달하여 왔지만 연비향상과 배기가스저감의 기관성능을 향상시키기 위하여 가솔린 직접분사(GDI) 엔진이 개발되어 상용에 이르고 있다. 항공용 기관에서는 2차 세계대전 중에 GDI가 잠시 채용된 적도 있지만 양산용 자동차 에서는 출력향상 목적으로 1954년 벤츠의 300SL에 기계식 연료분사장치를 사용한 GDI가 채용된 적이 있다.

GDI 엔진 개발 시 애로사항은 윤활성이 낮은 가솔린 때문에 고압펌프개발이 문제가 되기도 하였지만 재료향상과 가용정도의 향상으로 해결하였다. 또 하나의 문제는 연료를 실린더로 직접 분사할 때 저 부하로부터 고 부하의 다양한 운전영역에서의 안정된 연소가 어려운 점이 있었으나 특수한 연소실 형상, 공기유동의 활용, 점화계의 강화, 실린더 내 분무형상을 변화시키는 스월 이용 등으로 해결하였다.

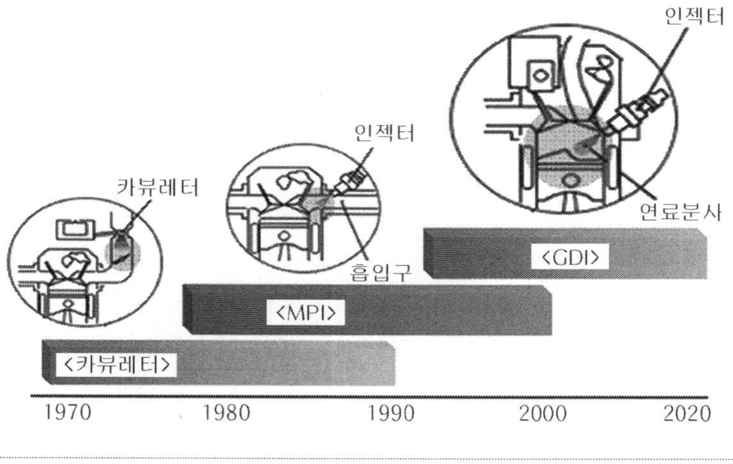

그림 4-24 혼합기 공급방식의 변화 과정

초기 GDI엔진은 희박연소 이용 시 질소산화물(NOx)의 정화효율이 좋지않아 많은 애로사항을 겪었다. 최근에는 이론공연비 부근에서 작동하는 GDI엔진이 개발되어 사용되고 있으며 이 GDI엔진은 시동 시나 고부하시 등 필요한 경우에는 농후한 혼합기를 사용하지만 이론 공연비 부근의 혼합기를 사용하므로 NOx 정화효율 문제는 해결된 것이다. 이론공연비 작동 GDI의 목적은 고압축비 실현이다. 흡기행정 후반에 실린더로 직접 분사되는 연료의 증발잠열에 의해 공기온도가 내려가므로 더 많은 공기 및 이에 상응하는 연료를 실린더로 넣을 수 있고 온도감소로 증발잠열에 의한 노킹의 염려가 덜하므로 압축비를 약 2정도 증가시킬 수 있고 이에 따라 엔진토크는 약 10% 증대시킬 수 있다. 연비는 10~15% 증대시킬 수 있었다. 이론공연비 부근 작동하는 GDI는 압축행정에서 연료를 분사하면 약 성층연소가 가능하며 난기시의 연소안정성도 대폭 향상되고 점화진각을 하여도 안정연소가 가능하다.

저부하시에는 압축행정 후반에 연료가 분사되며 스파크플러그 주위만 이론공연비가 형성되고 나머지 영역은 희박영역이 되어 연소한다. 고부하시에는 흡기행정에서 분사하며 균일혼합기를 만들고 기화잠열로 인한 실린더 냉각으로 흡입공기량과 그에 따른 연료분사를 최대화 하고 최적효율향상을 이룰 수 있어 압축비를 2정도 높일 수 있다.

GDI엔진에서 연료를 직접 실린더에 분사하는 것은 압축착화 엔진과 동일하지만 압축착화 엔진은 GDI엔진과 다르게 점화플러그가 없이 실린더 내 기체의 압력이 증가하면 온도가 올라가는 성질을 이용하여 혼합기가 자연발화 되도록 한다. 또한 연료로는 압축착화 엔진은 경유를, GDI엔진은 점화지연과 발화점이 경유와 다른 가솔린을 사용한다.

GDI엔진의 직접분사 기술은 엔진에서 출력 증대가 가능하고, 향상된 연비를 실현할 수 있지만 오차에 매우 예민하게 반응하므로 엔진의 제어나 관리를 소홀히 하거나 품질이 낮은 연료를 사용하면 내구성이 떨어지고 파손되기 쉬운 단점이 있다. 정밀한 제어를 위해 전자화가 많은 만큼 전자제어장치들의 오차를 상시 정비하고 품질이 낮은 연료를 사용하지 않도록 하여야 하며, 엔진 오일과 오일필터를 잘 점검하여 적절하게 품질을 유지하여야 한다.

GDI엔진의 혼합기 형성방식은 그림 **4-25**와 같이 벽면가이드(wall-guided), 공기가이드(air-guided), 분사제트가이드(spray-guided) 3가지로 나누어진다. 벽면분사방식 GDI는 연비가 약 10% 향상되고 분사제트방식 GDI는 연비가 약 15% 정도 향상된다.

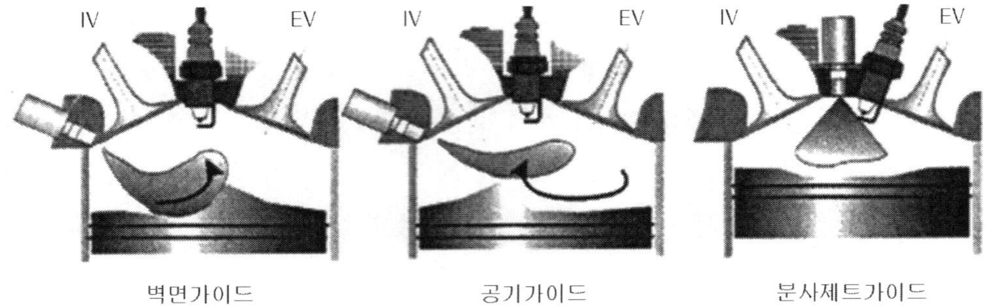

그림 4-25 혼합기 형성방식

4.7.2 GDI 엔진의 기술적 특징

(1) 벽면가이드 직접분사엔진

GDI엔진의 개발 초기에는 벽면가이드 직접분사(wall-guided DI)엔진이 사용되었으며 특징들은 다음과 같다.

벽면분사방식은 부하가 전부하 쪽으로 증가할수록 벽면 열손실이 증가하고 연료의 벽면충돌로 HC와 매연이 증가하기 때문에 저속 저부하에서 사용된다. GDI 엔진은 연료를 실린더 내에 직접 분사하여 연소시키므로 혼합기를 빠르게 잘 균질하게 혼합하기 위하여 연료의 미립화가 잘 되어야 하고 실린더 내 난류이용을 극대화하여야 한다. 이를 위해 공기는 수직흡입구를 통해 흡입되고 피스톤헤드 위는 만곡형 형상을 가지고 있다. 또한 와류 인젝터를 통한 고압분사펌프를 사용하는 4가지 구조적 특징을 갖고 있으며, 이러한 특징 때문에 연소실로 연료분무의 직접분사가 가능하고 희박 연소가 가능하여 MPI엔진보다 높은 연비성능을 달성하게 한다. 그림 4-26은 GDI 엔진의 구조적 특징을 나타내고 있다.

1) 수직흡기포트

GDI 엔진에서는 기존 엔진의 수평흡기포트와 달리 수직흡기포트가 사용된다. 수직흡기포트는 실린더내로 유입되는 공기에 수직방향으로 강력한 하강기류를 형성하며, 그 때문에 실린더 내에는 상하 방향의 강력한 와류 유동이 형성된다. 이러한 와류 유동은 점화 플러그 주위로 연료가 집중되어 농후한 혼합기가 형성되게 할 수 있어 안정적인 연소시작이 가능하다.

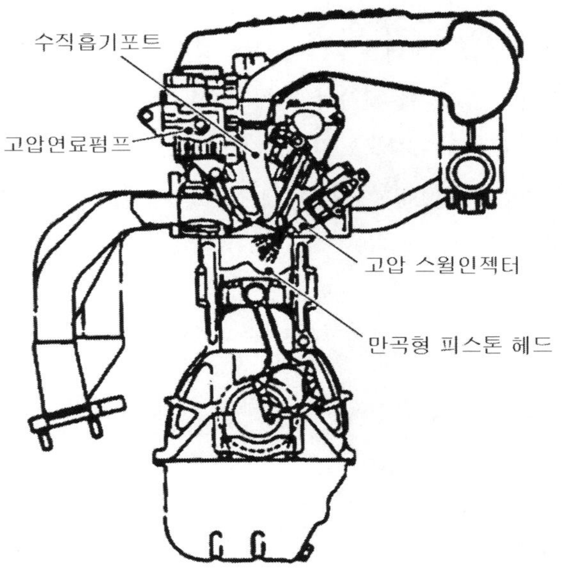

그림 4-26 GDI엔진의 구조적 특징

2) 만곡형 피스톤 헤드

GDI 엔진에서는 피스톤 헤드의 형상을 변화시켜 피스톤의 상부곡선이 연소실내의 공기 흐름뿐만 아니라 혼합기의 형태도 조절하게 된다. 수직 흡입구에 의해 강력한 하강기류가 형성된 유동은 만곡형 피스톤 헤드에 의해 유동의 흐름이 위쪽 방향으로 바뀌게 되어 상하 방향의 강력한 와류가 형성된다. 이러한 피스톤헤드의 형상에 의해 압축행정 후기에 분사로 인해 형성되는 혼합기는 흩어지기 전에 점화 플러그 주변에 모이게 된다. 그림 4-27은 만곡형 피스톤 헤드의 형상을 보여준다.

그림 4-27 만곡형 피스톤 헤드

3) 고압 와류(스월) 인젝터

고압 와류(스월) 인젝터는 엔진 각각의 작동 상황에 맞게 적합한 연료의 분무 형상을 만들 수 있다. 또 전체 연료 분무에 높은 강도의 와류를 적용시켜 상대적으로 낮은 연료 압력으로 GDI 엔진에 필수적인 빠른 미립화와 적정한 분무분산이 가능하다. 스월노즐로부터 분사된 분무특성은 주위압력이 낮을 때에는 넓게 확산되게 분포하고 주위압력이 높을 때는 분무형상이 집중되어 분포한다.

4) 고압 연료펌프

고압 연료펌프는 실린더 안으로 가솔린을 직접 분사하기 위해 필요한 100~150기압 이상의 고압을 발생시킨다. 압축행정 때 연료를 분사하려면 실린더 내부의 고압을 이기고 연료가 골고루 분사될 수 있는 강한 분사력이 필요하다. 참고로 MPI엔진의 연료분사노즐에서의 차압은 약 10기압 정도이고 GDI 엔진의 연료분사노즐에서의 차압은 100~150기압정도이다.

(2) 분사제트 가이드 직접분사엔진

벽면가이드 혼합기 방식은 벽면충돌로 인하여 시동직후 및 기관온도가 낮을 때 미연탄화수소가 많이 생길 수 있기 때문에 이를 피하기 위해 공기 가이드방식이나 분사제트 가이드 방식이 시도되고 있다. 분사제트 가이드방식은 인젝터가 중앙에 위치하고 만곡형 피스톤형상 없이 압축행정 중에 2가지의 분사로써 층상화하는 방식으로, 부분부하 및 전부하 모두에서 최적으로 사용 가능하다. 분사제트방식에서는 응답성이 빠른 피에조 인젝터를 사용하여 압축시작 부근에서 분사하여 희박혼합기를 형성한 후 압축행정 말기 상사점 부근에서 다시 분사하여 점화플러그 부근에 혼합기를 형성시켜 층상화를 실현한다. 이 방식의 실현을 위해서 분무관통력이 강한 노즐인 슬릿노즐이나 홀노즐을 사용한다. 그림 4-28은 벽면가이드 방식과 분사제트 가이드방식의 기관 회전수에 따른 평균 유효압력의 영역을 나타내고 있다.

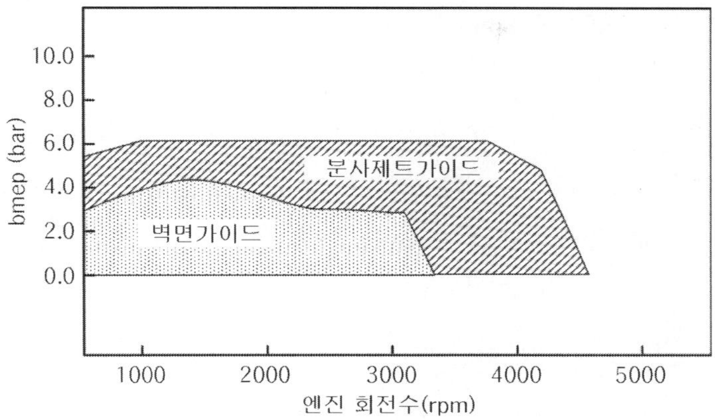

그림 4-28 벽면가이드 방식과 분사제트 가이드방식의 기관 회전수에 따른 평균 유효압력

4.7.3 가솔린직접분사엔진 엔진제어 및 연소방식

기존 MPI 엔진과 달리 GDI 엔진은 인젝터를 실린더 내에 위치시킴으로써, 엔진부하 상황에 따라 연료 분사 시기 제어가 가능하다. 즉, 엔진에 걸리는 부하에 따라 분사시기를 변화할 수 있다. 부분부하인 중저부하 영역에서는 압축착화엔진과 같이 압축행정 후반부에 연료가 분사되고, 고부하 영역에서는 흡입행정과 동시에 연료 분사가 이루어진다. 그림 4-29는 엔진부하에 따른 분사형태와 분사시기를 나타내고 있다.

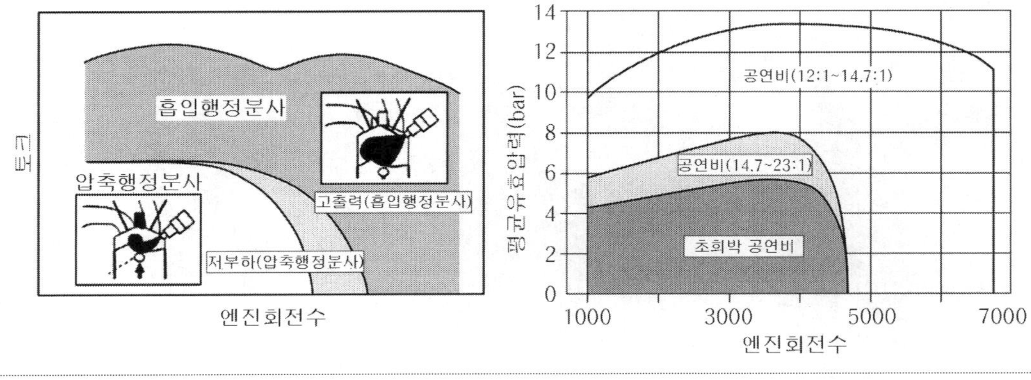

그림 4-29 엔진 부하에 따른 공연비 제어

(1) 중저부하 영역에서의 제어

중저부하 영역에서는 주위압력이 높게 되는 압축행정 말기나 상사점 부근에서 분사하여 집중된 분무가 형성되고 피스톤 곡면과 공기유동에 의해 연소실의 점화플러그 주변에 형성되도록 한다. 중저부하 영역에서 GDI 엔진은 점화직전인 연료를 압축행정 말기에 연료를 실린더내로 분사한다. 이 때 실린더 내에는 수직흡입구와 만곡형 피스톤에 의해 상하 방향의 강력한 와류가 형성되어 있다. 연소실 내에서 형성되어 있는 와류 중앙 부위는 바깥 부분에 비해 속도가 훨씬 빠르게 되므로, 중앙부위는 바깥 부분에 비해 압력이 낮게 되고, 이때 분사된 공기보다 무거운 연료입자는 압력이 높은 바깥부분에서 낮은 중앙부위로 압력차에 의해 이동하게 되어 와류의 중심부위에 위치한 점화플러그 주위로 대부분의 연료가 집중되어 농후한 혼합기가 형성된다. 이때 연소실내 바깥부분 혼합기는 연료가 없는 상태이거나 초희박 상태지만, 이미 형성된 화염에 의해 모두 완전 연소하게 된다. 이러한 과정에 의해 연소실 전체는 이론 공연비보다 훨씬 희박한 공연비로 연소가 가능하게 되는 초희박 연소가 가능하므로 연료 소비율을 낮출 수 있다.

그림 4-30은 GDI엔진의 초희박 연소과정을 나타내고 있다. 초희박 연소기관 에서는 연소실온도가 낮아지게 되므로 냉각손실이 감소하고 비열비가 높아져서 열효율이 증가한다. 또 성층연소에 의해 난기운전 시에 연소안정성을 기할 수 있으므로 점화시기를 늦게 하여도 안정적인 연소가 가능하다. 이에 의해 난기시의 배기가스온도는 시동직후에도 수백도가 되어 10초 이내에도 촉매온도를 300℃ 이상 높이는 것이 가능하고 배기가스 대책에도 유리하다.

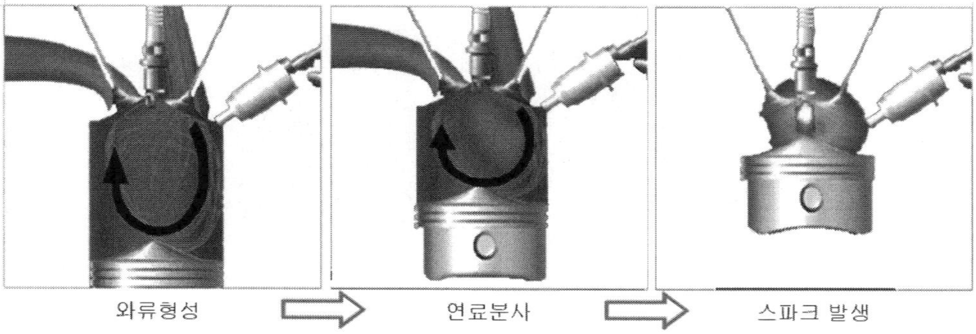

그림 4-30 GDI엔진의 초희박 연소과정

요약하면 초희박 연소를 실현하기 위해서는 점화 플러그 주변에 혼합기를 집중시켜야 하는데, GDI 엔진은 중저부하 영역에서 압축행정 말기에 수직흡입구와 만곡형 피스톤에 의해 강력한 와류가 형성되어 있는 실린더 내로 고압스월 인젝터를 통해 연료를 분사해 혼합기는 성층화 시킴으로써 연소가 가능하게 하지만 연소실 전체로 볼 때는 이론공연비를 훨씬 상회하는 공연비 30~40에서의 초희박 연소를 가능하게 하였다.

(2) 고부하 영역에서의 제어

고부하 영역에서 GDI 엔진은 실린더 내 압력이 낮은 흡입행정과 동시에 연료를 실린더내로 분사한다. 흡입 행정시 연소실내로 유입되는 공기는 동시에 분사 되는 연료의 기화 잠열로 인하여 온도가 낮아지게 된다. 온도가 낮아지게 되면 공기의 밀도가 증가하게 되므로, 실린더 내의 체적효율이 증가하게 된다. 또한, 기화 잠열로 인해 실린더내의 온도가 낮아지게 되면, 노킹을 일으키지 않고 기존 MPI엔진보다 높은 압축비를 실현 할 수 있다. 기화잠열로 인한 실린더 온도강하는 약 24℃이고 이에 따라 공기의 체적이 약 8% 감소하므로 실린더 내에 공기를 8% 더 넣을 수 있게 되고 연료를 더 분사시켜 약 10% 정도의 토크를 증가시킬 수 있다. 압축말기에는 온도가 55℃감소하게 되고 압축비를 2정도 높일 수 있다. 그림 4-31은 연료의 기화잠열로 인한 실린더내 공기의 냉각을 형상화한 것이다.

요약하면 고부하 영역에서는 흡입 행정시에 연료를 분사함으로써 기화 잠열로 인해 체적효율을 증가시키고, 압축비를 2정도 높일 수 있다.

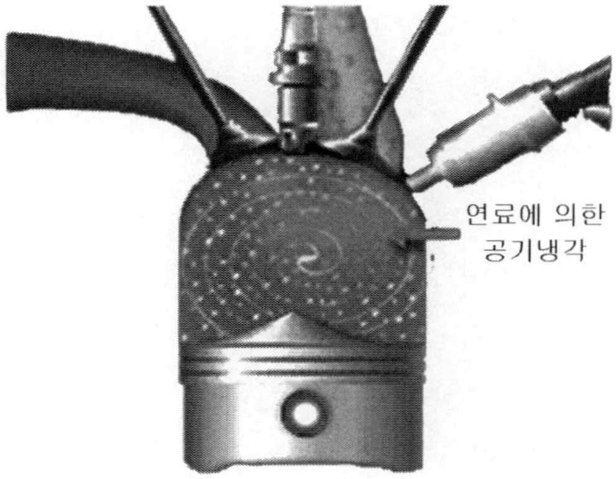

그림 4-31 연료의 기화잠열을 이용한 공기 냉각

4.7.4 가솔린직접분사엔진의 장 · 단점

GDI 엔진의 MPI 엔진대비 장점은 그림 4-32와 같이 약 10% 정도의 출력향상과 15~20% 정도의 연비향상, 질소산화물배기가스 저감을 들 수 있고 단점으로는 흡배기 퇴적물이 증가하고 연료의 불순물 사용에 민감하다.

(1) 장점

1) 출력 향상

GDI 엔진은 연소실내에 직접 연료를 분사하는데, 이 때 분사되는 연료의 기화 잠열로 인해 유입되는 공기의 밀도가 높아지게 되므로 체적효율이 향상된다. 또한, 기화 잠열로 인해 연소실 내 온도가 낮아지므로 데토네이션 가능성이 감소하여 압축비를 더 높일 수 있게 된다. 결과적으로 GDI 엔진은 기화잠열로 인한 체적효율 향상과, 높은 압축비로 MPI엔진 대비 약 10% 출력이 향상된다.

2) 연비 향상

GDI 엔진이 기존 MPI 엔진에 비해 연비를 크게 향상 시킬 수 있는 이유는 저부하 영역에서 초희박 연소를 통해 높은 공연비를 사용할 수 있게 되고, 흡기행정 중의 펌핑 손실을 대폭 저감시킬 수 있기 때문이다. 연소실 안의 공기는 엔진내부의 피스톤이 하강할 때 발생하는 진공에 의해 외부로부터 연소실로 흡입되게 된다. 연소실로 흡입되는 공기는 공기 크리너, 스로틀 밸브, 흡기다기관 등 흡기계통의 부품들을 거쳐서 유입되기 때문에 저항이 증가하게 된다. 공기흡입 저항이 증가하게 되면 이 저항을 이기고 피스톤이 움직이기 위해서는 큰 힘을 필요로 한다. 즉, 엔진의 동력이 이 저항력을 이기는 데 사용되는 만큼 엔진의 출력이 손실됨을 의미한다. 이러한 손실을 펌핑손실 이라고 한다. 이론 공연비(14.7:1)로 제어하는 일반 엔진에서 일정마력의 엔진출력을 얻기 위해서 여는 스로틀 밸브의 열림 정도에 비해 초희박 공연비(40:1)로 제어하는 GDI 엔진의 스로틀 밸브 열림 정도는 더 커야 한다. 스로틀 밸브 열림정도가 커지게 되면, 흡입되는 공기의 저항은 감소하게 되고, 피스톤이 하강하는데 드는 힘은 일반 엔진에 비해 대폭 감소하게 된다. 따라서 부분부하 영역에서 가솔린 직접분사 엔진은 초 희박 연소로 일반 MPI엔진보다 펌핑손실을 줄여 연비가 향상되게 된다.

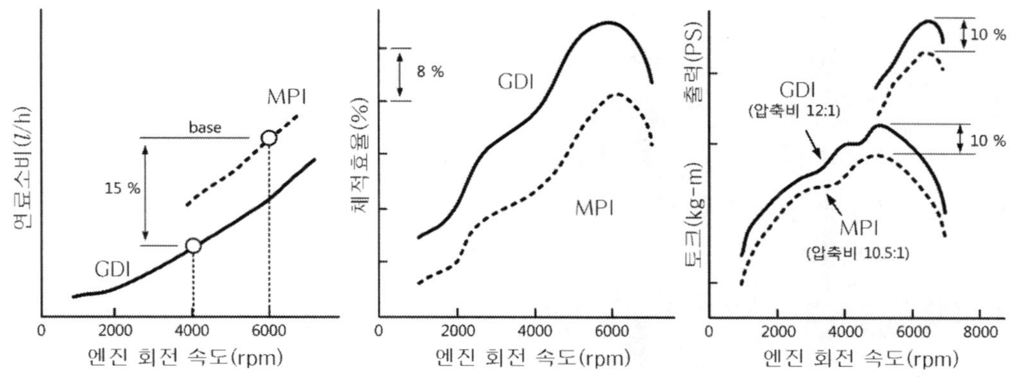

그림 4-32 GDI엔진의 장점

결과적으로 GDI 엔진은 고부하 영역에서는 체적효율 향상과 고압축비를 통해 향상된 저 연비와 고출력을 동시에 실현하였다. 또한, 중저부하 영역에서는 수직흡입구, 만곡형 피스톤헤드와 고압와류 인젝터등 구조적 특성을 이용하여 초희박 연소를 실현시켜 높은 공연비와 펌핑로스 손실 감소로 약 15~20%의 연비를 향상시킬 수 있다.

3) 배기가스 최소화

GDI 엔진은 새로 개발된 희박 질소 촉매제를 사용할 뿐만 아니라 GDI엔진의 고유한 특성인 안정적인 연소에 의해 질소산화물 배기가스를 기존보다 약 95%가량 낮출 수 있다.

(2) 단점

1) 흡기 밸브 및 연료노즐의 퇴적물 증가

기존의 MPI엔진에서 인젝터를 통해 분사되는 가솔린은 실린더 내에서의 연소를 위한 연료로서의 역할뿐만 아니라 흡기밸브를 세척하는 흡기밸브 자가 세척 기능을 담당하였다. EGR밸브를 사용할 때에는 배기가스가 들어오기 때문에 흡기 밸브에 형성되는 퇴적물이 증가한다. 기존 MPI 엔진은 자가 세척기능이 있지만 GDI 엔진은 자가 세척기능을 할 가솔린이 연소실 안으로 직접 분사되므로 흡기 밸브의 퇴적물을 자가 세척할 수 없어 주기적으로 제거해주어야 한다. 흡기밸브 퇴적물을 제거해주지 않는다면 실린더 내에 퇴적물이 유입되어 인젝터를 막거나, 실린더에 손상을 주어 출력 및 연비를 감소시킬 수 있다. 또 연료분사노즐이 연소실에 직접 노출되므로 탄소퇴적물이 쌓이기 쉽다. 분사압력을 고압화 할수록 분무가 미세화되어 퇴적물을 적게 할 수 있다.

2) 불순물에 민감

GDI 엔진은 연료를 고압펌프로 보내는데 고압펌프를 통해 지나가는 연료 라인에 불순물이 끼거나 유동성이 생기면 실린더의 피스톤들이 부정확하게 동작하므로 그 편차로 인해 엔진 부품들이 쉽게 파손된다. 압축비를 높인 엔진에서는 사용되는 연료의 품질이 나쁘면 노킹 발생이 일어날 수 있다. 또한 공연비 오차, 불완전 연소 등 여러 가지 오차에 더 민감하게 반응한다. 피스톤링 틈의 유격 때문에 엔진오일이 연소실로 유입될 수 있다. 연소실로 유입된 오일이 완전하게 타지 않으면 매연과 뒤엉키게 되고, 슬러지를 형성하게 되면 이 슬러지가 엔진 내 센서와 액추에이터 등을 오염시켜 더 큰 오차를 발생시키고 부품의 수명을 단축시키게 된다.

연료가 연소실로 직접 분사 되면서 비연소된 연료의 찌꺼기가 카본으로 변하여 엔진 실린더 내부에 잔존하게 되고, 이 카본 찌꺼기들이 연료를 흡수하게 된다. 결국 연료의 분사량이 많아지게 되고 급격하게 연비의 하락이 시작되게 된다. 연료 분사량이 많아지는 만큼 엔진 내부에 카본은 더욱 더 많은 양의 연료를 흡수하게 되면서 점차적인 연료소비율 상승과 지속적인 연비하락이 시작될 수 있다.

3) 가격 상승

GDI 엔진에는 고압 연료 펌프와 연료압력 센서가 추가적으로 필요하다. 인젝터의 가격이 높으며, 고압용 연료라인이 요구되는 등 기존 MPI 엔진 대비 엔진가격이 높아질 수 있다. 엔진 개발 시에는 이상적인 스월이나 텀블 유동을 만들기 위한 컴퓨터 시뮬레이션 및 시험을 통한 더 철저한 검증 작업이 요구되고, 운전영역별로 공기 과잉율, 분사형태 및 분사시기 등을 최적화하기 위한 시험과 노력이 더 많이 요구 된다.

4.8 가솔린 왕복기관 연소 과정의 열역학적 모델링(*)

4.8.1 서론

왕복기관 연소는 탄화수소 혼합물을 포함하는 연료에 대해서는 3차원적이고 시간 의

존적인 난류유동으로 일어나며, 연소화학에 대해서는 아직도 충분히 알려져 있지 않다. 또한 연소실은 형상이 복잡하고 다양하며 열전달은 예측하기도 어렵다. 이와 같은 복잡한 연소실에서 일어나는 현상을 간소화하여 모델링하면 해석적으로 연소실 내의 온도, 압력 등을 알 수 있다.

연소 모델링에는 0차원 모델, 준차원 모델, 다차원 모델의 세 가지 방법이 널리 사용되고 있다.

1) 0차원 모델(또는 현상학적 모델) : 이 모델에서는 공간에 대한 정보가 없이 시간만이 독립변수이고 경험적인 열방출(heat release) 모델을 사용한다.
2) 준차원 모델 : 여기서는 열방출 모델을 유도하기 위하여 난류연소에 대한 별도의 부모델을 사용한다.
3) 다차원 모델 : 이 모델에서는 화염전파를 예측하기 위하여 1, 2 또는 3차원으로 질량, 운동량, 에너지, 그리고 화학종 보존방정식을 수치적으로 해석한다.

위의 모델 모두는 기관효율, 성능, 그리고 배출물질을 평가하는 데 사용될 수 있다. 0차원 모델과 준차원 모델은 전체 기관 모델과 쉽게 결합시킬 수 있지만 연소실 형상을 모델에 반영할 수는 없다. 그러나 이런 모델은 기관 개발과 관련된 변수의 연구에는 유용하게 사용될 수 있다. 연소실 형상이 중요하거나 또는 크게 변화를 시켜야 할 때에는 다차원 모델을 사용하여야 한다. 다차원 모델은 계산량이 매우 많기 때문에 전체 기관 모델링보다는 연소실 모델링에 더 많이 사용된다.

다차원 모델에서는 난류효과와 화학 반응속도론에 대한 부모델에 의존하고 있다.

4.8.2 0차원 모델

0차원 연소 모델에서는 연소실 영역을 미연가스, 기연가스, 온도경계층(소염층)의 세 영역으로 나눈다. 연소는 순차적으로 일어나지 않으며, Wiebe 함수로 모델화할 수 있다.

$$x_b(\theta) = 1 - \exp\left[-f\left(\frac{\theta - \theta_s}{\Delta\theta_b}\right)^n\right] \qquad (4 \cdot 1)$$

여기서 $x_b(\theta)$는 크랭크 각도 θ에서 연소된 질량분율, θ_s는 연소가 시작되는 크랭크 각도, $\Delta\theta_b$는 연소 지속시간이다.

f 와 n 은 각각 Wiebe 함수의 효율지수와 형상지수이며 변화시킬 수 있는 상수이기 때문에 계산된 $P-V$ 선도는 특정한 기관의 것과 같아지도록 할 수 있다. 일반적으로 $f=5$, $n=3$이다. 연소율에 미치는 이 변수들의 영향은 그림 4-33에 나타내었다.

열전달은 Woschni에 의해 개발된 상관관계를 이용한다. 이것은 압축착화기관에 대해 개발되었지만 스파크 점화기관에서도 널리 사용된다. 이 관계식은 Nusselt, Reynolds, 그리고 Prandtl수의 관계로 다음과 같이 잘 알려진 형태를 갖는다.

$$Nu = a\,Re^b\,\mathrm{Pr}^c \qquad (4 \cdot 2)$$

상수 a, b, c는 기관의 형상과 속도에 따라 좌우되지만 전형적인 값은 다음과 같다.

$$a = 0.035,\ b = 0.8,\ c = 0.333$$

이와 같은 형태의 모델은 기관의 효율을 예측할 뿐만 아니라 기관의 배출물을 예측하는 데도 매우 유용하다. 그림 4-34는 크랭크 각도 변화에 따른 연소실의 압력, 미연가스와 기연가스의 온도, 연소질량분율 등을 나타내고 있다.

압력 및 온도를 구하는 방법은 미연가스와 기연가스로 나누는 경우와 나누지 않는 경우의 2가지가 있을 수 있다.

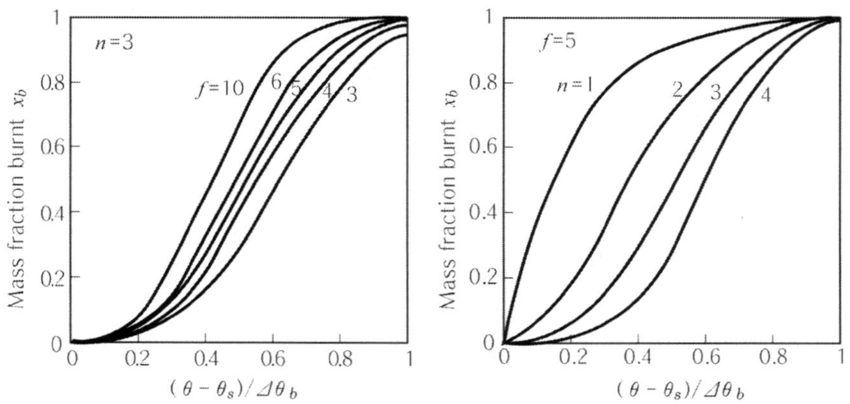

그림 4-33 Wiebe 함수

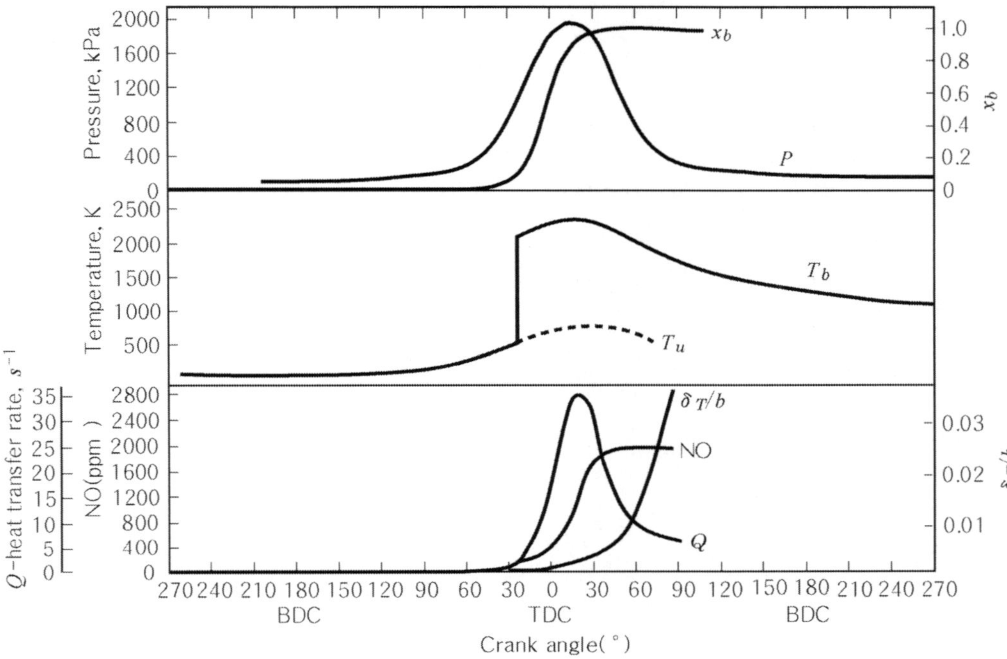

연소된 질량분율 x_b, 미연혼합기 온도 T_u, 평균 기연가스 온도 T_b,
실린더 압력 P, 순간 열전달률 Q(실린더 내 연료공기 혼합기의 초기 엔탈피로 무차원화한 값),
일산화 질소 농도 NO, 온도 경계층 두께 δ_T(실린더지름 b로 무차원화한 값)

그림 4-34 기본 작동점에서 5.7리터 기관에 대한 4행정기관 사이클 시뮬레이션으로 예측된 변수들의 분포, 크랭크 각도에 따른 변화

(1) 미연가스와 기연가스로 나누지 않을 경우 연소실의 압력 및 온도

1) 점화되기 이전 및 연소 종료 후 열방출이 없을 경우의 압력 및 온도

연소 시작 전 압축행정과 연소 종료 후 팽창행정 기간 동안 아무런 열 방출이 없다. 즉, 크랭크각 $\theta < \theta_s$(연소 시작 전)과 $\theta > \theta_s + \Delta\theta_b$(연소 종료 후)일 때 $\delta Q/d\theta = 0$이 된다. 열발생이 없을 때는 등엔트로피관계식 $PV^{\gamma} = Const$가 성립하며 이식을 미분하면 $\dfrac{dP}{P} = -\gamma \dfrac{dV}{V}$가 되고 $\dfrac{dP}{d\theta} = -\gamma \dfrac{P}{V}\dfrac{dV}{d\theta}$가 된다.

윗식은 4차 Runge-Kutta 적분을 통하여 압력항으로 적분할 수 있다. 적분은 BDC ($\theta = -180°$)에서 초기 흡기 상태 P_1, V_1, T_1과 분자량(M)과 비열비에서 시작한다. 가스 질량 m은 $\dfrac{P_1 V_1 M}{R_u} T_1$로부터 알 수 있다. 적분은 TDC를 향해 점진적으로 크랭크각을 증가시키다가 다시 BDC로 크랭크각을 진행시키면 된다. 이때 압력은 크랭크각의 함수로 계산되며, 일과 실린더 내 압력은 $\delta W = PdV$와 이상기체 법칙 $T = PV/mR$을 통해 쉽게 계산될 수 있다.

2) 연소기간 중 연소실 압력 및 온도

연소실에서 연소된 질량분율을 알게 되면 가스에 유입된 열량을 알 수 있게 된다. 크랭크각당 열발생량은 Wiebe함수의 열방출량을 미분함으로써 구할 수 있다.

$$\frac{dQ}{d\theta} = Q_{in}\frac{dx_b}{d\theta} = nf\,\frac{Q_{in}}{\Delta\theta_b}(1-x_b)\left(\frac{\theta-\theta_s}{\Delta\theta_b}\right)^{n-1} \tag{4·3}$$

여기서 Q_{in}는 총 유입열량이다.

그리고 제1장에서 다룬 임의의 크랭크각 θ에서 연소실 체적 $V(\theta)$를 생각해 보자.

$$V(\theta) = V_c + \frac{\pi}{4}b^2 y,\quad y = a\left((1-\cos\theta)+\lambda\left(1-\sqrt{1-\frac{\sin^2\theta}{\lambda^2}}\right)\right)$$

$$V(\theta) = V_c + \frac{\pi}{4}b^2 a\left((1-\cos\theta)+\lambda\left(1-\sqrt{1-\frac{\sin^2\theta}{\lambda^2}}\right)\right) \tag{4·4}$$

이를 미분하면

$$\frac{dV}{d\theta} = \frac{\pi}{4}b^2 a\sin\theta\left(1+\frac{1}{\lambda}\frac{\cos\theta}{\sqrt{1-\frac{\sin^2\theta}{\lambda^2}}}\right) \tag{4·5}$$

연소실 압력을 생각해 보자. 우선, 밸브에 의한 혼합기의 유입과 배기가스의 유출이 없다고 가정한 상태이므로 밀폐계로 생각할 수 있다. 열역학 제1법칙을 적용하자.

$$\delta Q - \delta W = dU \tag{4·6}$$

$\delta W = PdV$, $dU = mc_v dT$를 적용하면

$$\delta Q - PdV = mc_v dT \tag{4·7}$$

또한 이상기체의 거동이라 생각하면

$$PV = mRT \tag{4·8}$$

$$mdT = \frac{1}{R}(PdV + VdP) \tag{4·9}$$

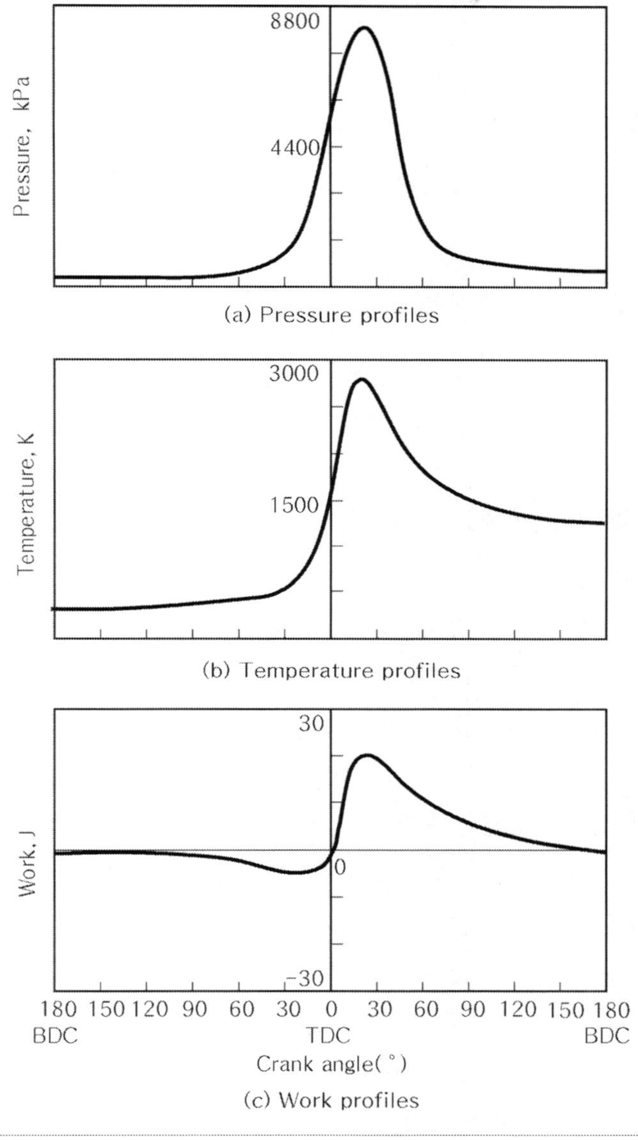

그림 4-35 크랭크각 변화에 따른 연소실 압력, 온도, 일의 변화

이를 윗식에 적용하면

$$\delta Q - PdV = \frac{c_v}{R}(PdV + VdP) \qquad (4 \cdot 10)$$

크랭크각 θ 로 표기하면

$$\frac{dQ}{d\theta} - P\frac{dV}{d\theta} = \frac{c_v}{R}\left(P\frac{dV}{d\theta} + V\frac{dP}{d\theta}\right)$$

압력 P에 대하여 정리하면

$$\frac{dP}{d\theta} = -\gamma\frac{P}{V}\left(\frac{dV}{d\theta}\right) + \frac{\gamma-1}{V}\left(\frac{dQ}{d\theta}\right) \qquad (4 \cdot 11)$$

$\frac{dV}{d\theta}$와 $\frac{dQ}{d\theta}$에 관한 식은 앞에서 이미 제시하여 알고 있으므로 $\frac{dP}{d\theta}$를 구할 수 있다.

그림 4-35는 기연가스와 미연가스로 나누지 않고 연소실을 동일한 한 개의 상태라 가정하고 계산한 크랭크각 변화에 따른 연소실의 압력, 온도, 일의 변화를 나타내고 있다.

(2) 미연가스와 기연가스로 나누었을 경우 연소실의 압력 및 온도

연소 이전의 연소실 압력과 온도는 앞에서 구한 방법과 동일하다. 연소는 화염전파를 통해 진행되기 때문에 미연, 기연가스의 거동과 상변화는 이상기체 때의 해석보다 훨씬 복잡하게 된다. 피스톤 운동으로 인한 체적 변화로 가스 압력, 온도, 밀도 변화가 변하게 된다. 연소 기간 동안 실린더 압력은 연료의 화학적 에너지 방출로 인하여 증가하게 된다. 연료-공기 혼합기 각 요소가 연소됨에 따라 그것의 밀도는 약 1/4까지 줄어들게 된다. 이 연소로 생성된 가스 팽창은 화염 앞쪽의 미연 혼합기를 압축하고 그것을 연소실 벽면으로까지 움직이게 한다. 또한 연소로 생성된 가스 팽창은 이미 연소된 가스를 그들의 일부를 압축시킴으로써 그것들을 스파크 플러그 뒤쪽으로 움직이게 한다. 연소 과정 동안 미연가스 요소는 스파크 플러그로부터 멀리 떨어져 있게 되며, 그로 인하여 연소, 즉 각각의 가스 이동은 스파크 플러그를 뒤로하여 이동한다. 또한 다른 시각에 연소된 미연 혼합기는 이전의 연소된 혼합기와 다른 압력과 온도를 가지게 되고, 연소 후에는 다른 종류의 상(象)으로 마치게 된다. 그러므로 기연가스의 열역학적 상태와 구성은 균일하지 않게 된다. SI기관의 열역학 1법칙을 통한 해석은 이러한 가스 상태를 정량화 가능토록 해준다.

연소가 진행 중인 기관 실린더의 선도를 살펴보자. 일전달은 실린더 가스와 피스톤 사이에서 일어난다. 또한 열전달은 주로 기연가스로 인한 연소실 벽면으로부터 일어난다. SI기관에서 전형적인 온도와 압력을 볼 때 다음과 같은 가정은 타당하다.

"실제 연소가 일어나는 반응 공간에서 연소실 체적의 마찰은 무시할 만하다.

비록 난류 화염의 두께가 연소실 치수에 비교해서 무시할 정도는 아닐지라도 말이다.”

정상적인 기관 구동시 어떠한 시점이나 크랭크각에서 실린더 전구간의 압력은 균일하다고 볼 수 있다. 미연가스와 기연가스의 상태는 질량 보존 법칙에 의해서 결정된다.

$$\frac{V}{m} = \int_0^{x_b} v_b\,dx + \int_{x_b}^1 v_u\,dx \tag{4·12}$$

그리고 에너지 보존에 의해

$$\frac{U_0 - W - Q}{m} = \int_0^{x_b} u_b\,dx + \int_{x_b}^1 u_u\,dx \tag{4·13}$$

여기서 V는 실린더 체적이며, m은 실린더 내 작동유체의 질량, v는 비체적, x_b는 연소된 질량분율, U_0는 기준점 θ_0에서의 내부에너지, u는 단위 질량당 내부에너지(정성적), W는 피스톤에 가해지는 일, Q는 벽면으로의 열전달이다. 여기서 열전달의 +방향은 시스템 밖으로 열전달될 때이며, 이는 통상의 열역학 책과는 부호가 반대임에 유의하라. 하첨자 u와 b는 각각 미연가스 상태와 기연가스 상태를 나타낸다. 일과 열전달은 다음과 같다.

$$W = \int_{V_0}^{V} P\,dV,\quad Q = \int_{\theta_0}^{\theta} \frac{\dot{Q}}{360n}\,d\theta \tag{4·14}$$

여기서 $\dot{Q}$은 순간적인 연소실 벽면으로의 열전달율이다.

실린더의 가스 상태에 관한 정확한 계산은 미연가스에 관한 기연가스와 이상기체의 혼합 모델의 평형 모델(equilibrium model)이 요구된다.

그러나 기연가스와 미연가스는 다른 종류의 이상기체라는 가정하에 유용한 결과를 얻을 수 있다. 즉, 미연가스와 기연가스는 각각 일정한 다른 비열을 갖는다.

$$Pv_b = R_b T_b,\quad u_b = c_{v,b} T_b + h_{f,b} \tag{4·15}$$

$$Pv_u = R_u T_u,\quad u_u = c_{v,u} T_u + h_{f,u} \tag{4·16}$$

여기서 $h_{f,b}$와 $h_{f,u}$는 각각 0K에서 기연가스와 미연가스의 형성엔탈피(enthalpy of formation)이다. 또 0K에서는 $h = u + RT$이므로 $h_f = u_f$이다.

식 (4 · 15), (4 · 16)을 식 (4 · 12)에 대입하면

$$\frac{V}{m} = \int_0^{x_b} \frac{R_b T_b}{P} dx + \int_{x_b}^1 \frac{R_u T_u}{P} dx \qquad (4 \cdot 17)$$

온도를 평균온도로 수정하여 적분하면

$$\frac{PV}{m} = x_b R_b \overline{T_b} + (1 - x_b) R_u \overline{T_u} \qquad (4 \cdot 18)$$

그리고 에너지식에 윗식들을 대입하면

$$\frac{U_0 - W - Q}{m} = x_b (c_{v,b} \overline{T_b} + h_{f,b}) + (1 - x_b)(c_{v,u} \overline{T_u} + h_{f,u}) \qquad (4 \cdot 19)$$

여기서 평균 온도는

$$\overline{T_b} = \frac{1}{x_b} \int_0^{x_b} T_b dx \, , \ \overline{T_u} = \frac{1}{1 - x_b} \int_{x_b}^1 T_u dx \qquad (4 \cdot 20)$$

에너지식과 질량 보존, 그리고 미연가스와 기연가스를 다른 종류의 이상기체로 가정하여 나온 윗식을 대입하면

$$\frac{U_0 - W - Q}{m} = x_b (c_{v,b} \overline{T_b} + h_{f,b}) + \left[\frac{1}{R_u T_u} \left(\frac{PV}{m} - x_b R_b \overline{T_b} \right) (c_{v,u} T_u + h_{f,u}) \right]$$

$$(4 \cdot 21)$$

가 되는데, 이를 비열비를 통해서 x_b를 정리하면

$$x_b = \frac{PV - P_0 V_0 + (\gamma_b - 1)(W + Q) + (\gamma_b - \gamma_u) m c_{v,u} (\overline{T_u} - T_0)}{m [(\gamma_b - 1)(h_{f,u} - h_{f,b}) + (\gamma_b - \gamma_u) c_{p,u} T_u} \qquad (4 \cdot 22)$$

를 구할 수 있다.

$$\overline{T_b} = R_u \frac{\overline{T_u}}{R_b} + \frac{PV - mR \overline{T_u}}{m R_b x_b} \qquad (4 \cdot 23)$$

여기서 미연가스는 초기에 균일하고, 단열 압축 과정이 진행된다고 가정하면,

$$\frac{\overline{T_u}}{T_0} = \left(\frac{P}{P_0} \right)^{(\gamma_u - 1)/\gamma_u} \qquad (4 \cdot 24)$$

이미 알고 있는 P, V, m 그리고 $\dot{Q}$를 통해 미연가스의 온도를 알 수 있다. 바꾸어 말하면 x_b를 알고 있다면 P가 결정된다는 것이다. 질량분율(x_b)과 실린더압력(P)은 이

처럼 유일한 상관관계를 갖는다.

또한 연소된 질량분율(x_b)과 연소된 체적분율(y_b)은 상태방정식을 통하여 구하면 다음과 같다.

$$x_b = \left[1 + \frac{\rho_u}{\rho_b}\left(\frac{1}{y_b} - 1\right)\right]^{-1} \tag{4 · 25}$$

예제 4-3

안지름 89 mm, 행정 90 mm, 커넥팅 로드 길이 180 mm인 단기통 기관이 BDC에서 1기압, 25℃ 상태에 있다. 피스톤이 하사점에 있을 때 실린더에는 C_8H_{18}과 공기의 혼합기가 등가비 ϕ =1.0 상태로 있다. 단, C_8H_{18}의 발열량은 44 MJ/kg이다. 체적 효율은 100%로 간주하고 흡배기 과정과 열전달은 무시한다. 혼합가스의 비열비는 1.35이다. 압축비는 8.7이다.

또 $\frac{\rho_u}{\rho_b} \approx 4$라 가정한다.

연소는 총에너지가 연소율에 의해 분배된다고 가정한다. 연소는 20° BTDC에서 시작하여 30° ATDC에서 끝난다고 가정한다. 이때, 크랭크각에 따른 x_b, T_b, T_u, P, y_b를 구하고 도시하라.

풀이

피스톤과 크랭크기구의 운동은 그림 1-6과 같다. 크랭크축과 피스톤 핀 사이의 거리를 c로 나타내고, l은 커넥팅 로드의 길이를, a는 크랭크 반지름을, θ는 크랭크각을 나타낸다. 여기서 c는 삼각함수 법칙을 이용, $c = a \times \cos\theta + \sqrt{l^2 - a^2\sin^2\theta}$ 와 같이 구할 수 있다. 따라서 변화하는 행정의 길이 $y = l + a - c$로 계산할 수 있다. 다시 말해 $y = a\left((1-\cos\theta) + \lambda\left(1 - \sqrt{1 - \frac{\sin^2\theta}{\lambda^2}}\right)\right)$와 같다. 또한 $a = \frac{1}{2}s$이며, 커넥팅 로드와 크랭크 반지름의 비를 4로 가정하였으므로, a와 1을 계산해 낼 수 있다. 따라서 $a = 0.045\,\mathrm{m}$, $l = 0.18\,\mathrm{m}$로 계산할 수 있다. 따라서 임의의 CA에서의 행정체적 V_d는 다음과 같이 나타낼 수 있고, 임의의 CA에서의 행정체적 $V_d = \frac{\pi \times b^2}{4} \times y$와 간극 체적 V_c는 일정하므로, 최종적으로 임의의 CA에서의 연소실 체적은 $V(\theta) = V_c + \frac{\pi}{4}b^2 y$이며 이를 다시 나타내면

$$V(\theta) = V_c + \frac{\pi}{4}b^2 a\left((1-\cos\theta) + \lambda\left(1 - \sqrt{1 - \frac{\sin^2\theta}{\lambda^2}}\right)\right)$$

여기서 $\lambda = \frac{l}{a} = 4$이다.

1) 점화되기 이전 연소실 압력 및 온도

먼저 온도는 연소 전 전과정에 걸쳐 미연혼합기가 단열 압축(가역과정)을 하고, 작동유체의 비열이 일정하다고 가정하여 이상 등엔트로피 식을 사용한다.

$$\left(\frac{V_2}{V_1}\right)=\left(\frac{T_1}{T_2}\right)^{\frac{1}{\gamma-1}}$$

다음의 식에서 V_1을 BDC에서의 체적(V_0)으로 두고 V_2를 $V(\theta)$의 항으로, T_1을 BDC에서의 압력, 즉 표준상태 온도, T_2를 T_u로 두면

$$\left(\frac{v}{v_0}\right)=\left(\frac{\frac{V}{m}}{\frac{V_0}{m}}\right)=\left(\frac{V}{V_0}\right)=\left(\frac{T_0}{T_u}\right)^{\frac{1}{\gamma-1}}$$

$$T_u=T_0\left(\frac{V_0}{V}\right)^{\gamma-1}$$

위와 같이 T_u를 도출할 수 있다. 하지만 기연가스가 존재하지 않는 구간이므로 T_b는 존재하지 않게 된다.

그리고 압력은 단열과정을 가정하여 등엔트로피식을 세우면

$$PV^{\gamma}=const.$$

다음과 같이 식을 세울 수 있다.

$$\left(\frac{V}{V_0}\right)^{\gamma}=\left(\frac{P_0}{P}\right)$$

$$P=P_0\left(\frac{V_0}{V}\right)^{\gamma}$$

여기서 V, V_0, P_0 값을 알고 있으므로 P값을 알 수 있다.

2) 점화하는 구간($\Delta\theta_b$) 동안 연소실의 압력 및 온도

먼저 미연가스의 온도를 알아보자. 연소구간에서는 연소의 진행에 따라 미연가스의 체적 감소와 질량 감소가 동시에 이루어진다. 따라서 작동유체의 비열이 일정하다고 가정하여 단열과정이 일어난다고 정의하면,

$$\left(\frac{v_u}{v_0}\right)=\left(\frac{\frac{V_u}{m_u}}{\frac{V_0}{m}}\right)=\left(\frac{V_u}{V_0}\right)\left(\frac{m}{m_u}\right)=\left(\frac{T_0}{T_u}\right)^{\frac{1}{\gamma-1}}$$

그런데 여기서 $m_u=m(1-x_b(\theta))$, $V_u=V(1-y_b(\theta))$의 관계식으로부터 윗식은 다음과 같이 된다.

$$\left(\frac{V}{V_0}\right)\left(\frac{1-y_b}{1-x_b}\right)=\left(\frac{T_0}{T_u}\right)^{\frac{1}{\gamma-1}}$$

$$T_u = \frac{T_0}{\left[\left(\frac{V}{V_0}\right)\left(\frac{1-y_b}{1-x_b}\right)\right]^{\gamma-1}}$$

여기서 T_u를 제외한 값들은 모두 위 과정을 통해 알고 있는 값이므로 컴퓨터 연산을 통해 수치적으로 T_u값을 도출해낼 수 있다.

압력을 구해 보면 다음과 같다. 작동유체를 이상기체라 가정하여 상태방정식을 세우면 아래와 같다. 미연가스와 기연가스의 상태방정식에서 압력은 동일하게 전파되며 연소실 구간 전체에서 균일하다는 가정이 필요하다.

$$PV_b = m R_b T_b, \quad PV_u = m R_u T_u$$

압력 동일 전파의 가정을 통하여

$$P = \frac{m_u R_u T_u}{V_u} = \frac{m(1-x_b) R_u T_u}{V(1-y_b)}$$

압력은 위와 같이 Weibe function의 질량분율과 체적분율, 위에서 구한 미연가스 온도의 함수가 된다.

$$R_u = 0.2748, \quad R_b = 0.2908$$

기연가스의 온도를 구해 보자. 기연가스가 발생되는 순간의 상태량을 충분히 알 수 없으므로, 연소가 종료하는 시점의 상태량을 등엔트로피 정체 조건으로 두어 경계 조건을 설정한다.

$PV_b = m R_b T_b$의 동일 압력 전파의 가정을 통해 연소가 종료되는 시점의 압력($P_{c.e}$)을 이용하여 연소가 종료되는 시점의 기연가스 온도($T_{c.e}$)를 구하면

$$T_{b,c.e} = \frac{P_{c.e}\, v_{b,c.e}}{R_b} = \frac{P_{c.e}\, v_{c.e}}{R_b} \ (\because\ x_b = 1, y_b = 1)$$

$$T_{b,c.e} = \frac{P_{c.e}\, v_{c.e}}{R_b} = \frac{P_{c.e}\, V_{c.e}}{m R_b}$$

앞선 과정을 통해 연소 종료 온도($T_{b,c.e}$)를 구하기 위한 상태량(P, V, m, R_b)을 모두 알고 있다. 따라서 연소 종료 온도($T_{b,c.e}$)를 등엔트로피식의 경계조건으로 두면 아래와 같이 간단하게 연소 구간의 기연가스온도를 구할 수 있다.

$$\frac{x_b}{y_b} = \left(\frac{T_b}{T_{b_0}}\right)^{\frac{1}{\gamma-1}}$$

$$T_b = T_{b_0}\left(\frac{x_b}{y_b}\right)^{\gamma-1}$$

3) 점화 종료 후 연소실의 압력 및 온도

이제는 미연가스는 존재하지 않으므로 T_u값이 존재하지 않는다. 압력을 구해 보자.

기연 혼합기만이 존재하므로 단열 과정을 가정하여 등엔트로피 식을 사용하면 $PV^{\gamma} = const.$의 과정을 통해

$$\left(\frac{V}{V_{b.e}}\right)^{\gamma} = \left(\frac{P_{b.e}}{P}\right)$$

$$P = P_{b.e}\left(\frac{V_{b.e}}{V}\right)^{\gamma}$$

에서 V, $V_{b.e}$, $P_{b.e}$를 알고 있으므로 연소 종료 후의 압력을 알 수 있다.

기연가스의 온도를 알아보자. 연소구간의 기연가스 온도식으로부터 x_b, y_b가 연소가 진행되어감에 따라 1이 되므로 연소 종료 직후의 온도($T_{b.e}$)는 단열과정시 T_{b_0}와 같게 된다. 따라서 연소종료 후 남아 있는 기연가스로만을 통해 등엔트로피 식을 세울 수 있다.

$$\left(\frac{v}{v_{b.e}}\right) = \left(\frac{\frac{V}{m}}{\frac{V_{b.e}}{m_{b.e}}}\right) = \left(\frac{V}{V_{b.e}}\right) = \left(\frac{T_{b.e}}{T_b}\right)^{\frac{1}{\gamma-1}} = \left(\frac{T_{b_0}}{T_b}\right)^{\frac{1}{\gamma-1}}$$

$$T_b = T_{b_0}\left(\frac{V_{b.e}}{V}\right)^{\gamma-1}$$

여기서 $V_{b.e}$는 연소 종료 직후 체적, $T_{b.e}$는 연소 종료 직후 온도, T_{b_0}는 점화 직후 온도이다.

그림 4-36은 크랭크각 변화에 따른 미연가스 온도, 기연가스 온도, 연소실 압력을 나타내고 있다.

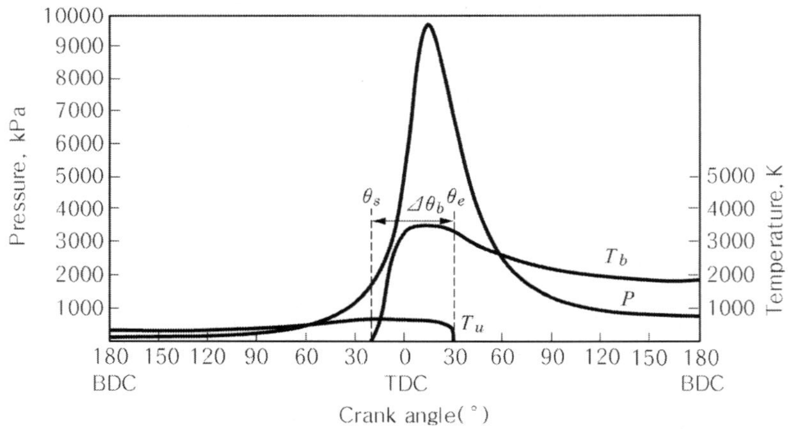

그림 4-36 크랭크각에 따른 미연가스 온도, 기연가스 온도, 연소실 압력

4.8.3 준차원 모델

준차원 연소 모델은 화염면 형상을 구형으로 가정하고 난류에 관한 정보를 입력으로 하여 연소율에 대한 정보를 예측하고자 한다. 스파크 점화기관에 대해 이 간단한 방법은 질량연소율(dm_b/dt)을 다음과 같이 제시한다.

$$\frac{dm_b}{dt} = \rho_u A_t U_t = \rho_u A_f ff U_1 \tag{4 · 26}$$

여기서 ρ_u 는 미연가스 밀도, A_f 는 화염면의 면적, U_t 는 난류 화염면 속도, ff 는 난류 화염 인자, U_1는 층류화염면 속도이다.

이 방법은 특히 난류에 관해서 더 복잡하게 만들 수 있다. 예를 들면 난류 스케일과 비교하여 화염면의 크기가 변화하는데, 이것은 점화지연을 설명하는 것이다. 또 압축되는 동안 압력이 증가하므로 난류의 길이 스케일이 감소될 것이다.

연습문제

1. 액체상태인 옥탄(C_8H_{18})을 1기압 25℃ 공기 중에서 연소시키고자 한다. 생성물 중 H_2O는 수증기상태이고 이슬점은 25℃보다 크다고 가정하여, 25℃ 이하로 냉각되면 수증기의 일부가 응축한다. H_2O의 25℃에서 포화수증기압은 3.169 kPa이다.

substance	$\overline{h_f^0}$(kJ/kmol)
C_8H_{18}	−249,950
CO	−110,530
CO_2	−393,520
H_2O(수증기)	−241,820

1) 이론반응시, 공기-연료비를 구하라.
2) 이론 공연비에서 연료 1 kmol 당 연소엔탈피를 구하라.
3) 연소생성물을 1기압, 25℃까지 냉각할 때, 응축되는 H_2O의 비율을 구하라.
4) 130% 이론공연반응(30% 과잉공기)시 연소반응식을 세우라.
5) 90% 이론공연반응(10% 부족공기)시 불완전연소되어 생성물에 CO가 존재할 때 연소반응식을 세우라.
6) 4), 5)의 경우에 각각의 등가비는 얼마인가?

2. 압축비 9.0이고 배기량 2,000 cc인 4기통, 4행정 가솔린기관이 공기표준 오토사이클로 4,000 rpm에서 옥탄(C_8H_{18})연료와 20% 과잉공기로 작동하고 있다. 압축초기 실린더에 있는 혼합기 압력은 0.1 MPa이고 온도는 40℃이다. 연소효율은 98%로 가정하고, 1) 화학 방정식을 세우고 2) 혼합기의 등가비와 3) 사이클에서 최고온도와 압력을 구하라.

3. 어떤 가솔린기관을 2,000 rpm에서 50% throttle로 실험하였다. Ignition delay를 측정하니 0.5 msec였으며, 주연소기간은 48° CA이며, 이때 MBT 점화시기는 12° BTDC이다.
1) MBT 점화시기는 무엇이며 왜 중요한가?
2) 연소가 종료되는 때는 언제인가(크랭크각으로 표시)?
3) 기관회전속도를 3,000rpm으로 바꾸면 MBT점화시기는 얼마인가?

4. 가솔린기관에서의 데토네이션(노킹)의 원인과 결과를 기술하고, 데토네이션(노킹)을 방지할 수 있는 방법에 대해 설명하라.

5. 4기통 항공용 왕복기관의 실린더 안지름은 150 mm이고, 배기량이 5,920 cc이다. 압축비는 8.7이고 이 기관이 2,700 rpm에서 최대 200 HP의 출력을 내고 있다. 2개의 점화플러그가 연소실 중심에서 25 mm 떨어진 곳에 각각 설치되어 있다. 이 기관이 2,700 rpm에서 작동할 때 BTDC 22°에서 점화되고 점화지연시기는 0.4 msec이고, 화염전파속도는 20 m/sec이다. 각 화염면이 점화플러그에 가장 가까운 벽면에 도달하는 시간과 이때의 크랭크각을 구하라. 스파크플러그는 실린더헤드 윗면에서 10mm 내려와 있다고 가정한다.

6. 다음 사항을 간단히 설명하라.

1) 항공용 왕복기관에서 데토네이션의 원인
2) 항공용 왕복기관에서 데토네이션을 방지할 수 있는 연소실(실린더 헤드)구조
3) 데토네이션과 조기점화의 차이
4) MBT 점화시기
5) Performance number
6) 열발생률 Wiebe 함수로 표시된 연소크랭크각(x 축)에 따른 연소질량분율(y 축)을 표시하는 곡선
7) 삼원촉매장치
8) 광하적 스모그를 일으키는 원인
9) 항공기와 오존층 파괴와의 관계
10) 희박연소(lean burn combustion)의 목적, 구현방법, 희박연소에서 난류의 역활

7. 표 1-3에 나와 있는 텍스트론-라이코밍사 IO-360-A기관의 1개의 실린더에 대하여 예제 4-3의 조건하에서 크랭크각 변화에 따른 연소된 질량분율, 연소가스의 체적분율, 기연가스온도, 미연가스온도, 실린더 가스압력을 나타내는 그래프를 그려라. 크랭크 반경에 대한 커넥팅 로드 길이비는 5.0으로 가정한다.

설계문제

1. 다음 비행체 제원을 가진 UAV에 사용할 수 있는 2행정 기관을 선정(제원 결정)하고 선정된 엔진에 대하여 실린더실과 크랭크실에서의 압력, 온도 변화를 예측하라.

- UAV용 항공기 제원

  길이 : 2.3m (앞뒤길이)

총무게 : 14.5kg (자체 7.8kg, 탑재 6.7kg)
에어포일 : clark Y
날개길이 : 250cm
날개면적 : $105dm^2$ (deci squre meter)
가로세로비 : 5.95
MAC(평균코드길이) : 43.7cm
체공시간 : 2시간

2. 위의 항공기 제원에 대하여 4행정 기관의 제원을 선정하고 해석하라. 2행정과 4행정 엔진 설계과정을 비교하라.

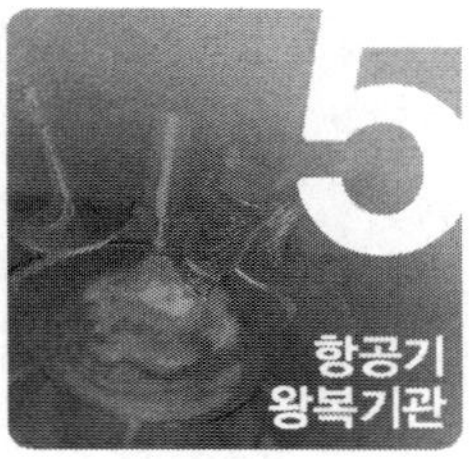

항공용 왕복기관의 구조

5.1 개요

(1) 항공용 왕복기관의 형식 표시방법

왕복기관은 실린더배열, 냉각방법, 사이클당 행정수, 연료 공급방식 등에 의하여 분류된다. 항공용 왕복기관의 기본 표시 방법으로는 기관실린더의 배열을 나타내는 영어의 첫 알파벳에 실린더의 총배기량을 세제곱 인치(in^3)로 나타낸 수를 5 또는 0으로 끝나게 5의 배수로 나타내고 있다.

예를 들어 성형으로 총배기량 985(in^3)인 기관은 R−985로 나타내고 대향형으로 총배기량 520(in^3)인 기관은 O−520으로 나타내며 V형으로 총배기량이 200(in^3)인 기관은 V−200으로 나타낸다.

또한 현재 제작되어 사용되고 있는 대향형 왕복기관은 거의가 미국의 텍스트론−라이코밍사 및 텔레다인−컨티넨탈사가 제작한 것이고, 이들 회사에서는 대향형을 나타낸「O」의 앞에 추가로 장착한 장비를 표시하는 알파벳을 붙여 형식을 식별하고 있다.

연료 분사장치 장착 기관은 I(Fuel Injected), 감속 장치 장착 기관은 G(Geared), 기계식 슈퍼차저 장착 기관은 S(Supercharged), 배기 구동 터보차저 장착 기관은 T(Tubocharged) 터보슈퍼차저 장착 기관은 TS(Turbosupercharged)로 표시하고 있다.

헬리콥터용 수직 배치 기관은 V(Vertical Helicopter), 수평 배치 기관은 H(Horizontal Helicopter), 곡예(배면비행)용 기관은 AE(Aerobatic), 좌회전식 기관은 L(Left Hand

Engine Rotation)을 다시 추가로 앞에 붙여 식별을 나타내고 있다.

기관의 회전 방향은 후방에서 보아 프로펠러가 시계 방향으로 회전하는 것을 우회전이라 하고 반시계 방향으로 회전하는 것을 좌회전이라고 한다. 미국에서 생산되는 기관은 우회전이 표준이지만 영국에서 생산되는 기관은 좌회전이 많이 사용되고 있다.

쌍발기의 경우, 양쪽의 프로펠러가 같이 우회전하면 조종성에 악영향이 생기기 때문에 이것을 방지하기 위해서 한쪽의 프로펠러를 좌회전으로 구동하는 기관이 있는데 이 경우 좌회전(left hand)을 의미하는 L을 붙이고 있다.

예를 들어 텍스트론-라이코밍사의 LTIO-540기관은 좌회전, 터빈 구동 터보차저 장착, 연료 분사식, 대향형, 총 배기량 540(in^3)인 기관을 나타내고 있으며 텔레다인-컨티넨탈사의 IOL-300 기관은 연료 분사식, 대향형, 수냉식, 총 배기량 300(in^3)인 기관을 나타내고 있다.

(2) 실린더 번호를 부여하는 방법

대향형 기관에서 실린더 번호를 부여하는 방법은 제작사에 따라 다르며 그림 5-1과 같이 텍스트론-라이코밍사에서는 우전방 실린더를 1번, 좌전방 실린더를 2번으로 하고 차례로 후방으로 향하여 번갈아서 번호를 부여하고 있으며 텔레다인-컨티넨탈사에서는 오른쪽 후방 실린더를 1번, 왼쪽 후방을 2번으로 하고 차례로 전방을 향하여 번갈아서 번호를 붙이고 있다. 공통적으로 우측 실린더는 전부 홀수 번호로, 좌측 실린더는 전부 짝수 번호로 되어 있다.

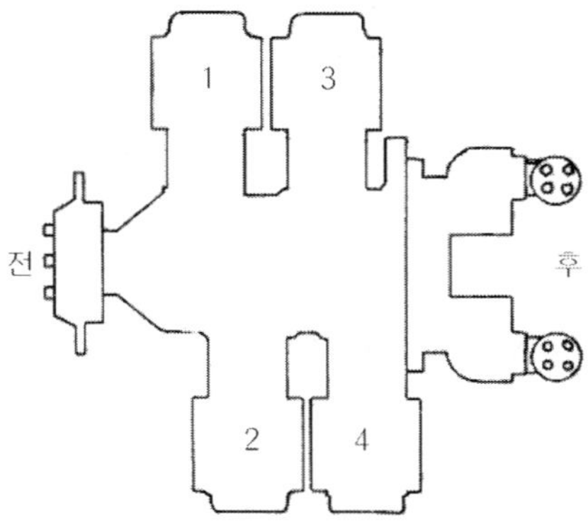

(a) 텍스트론-라이코밍사 4기통 대향형기관

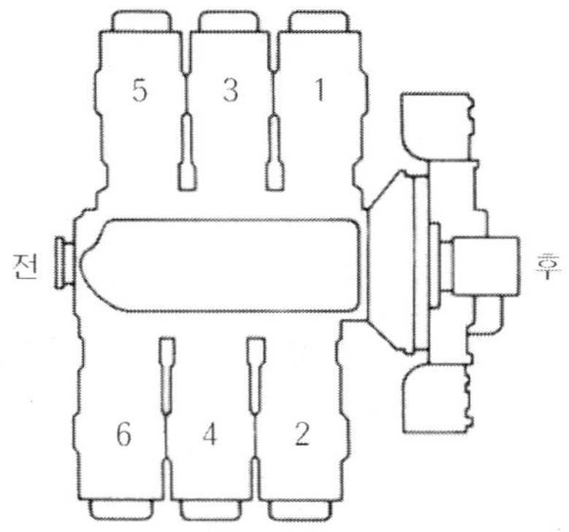

(b) 텔레다인-컨티넨탈사 6기통 대향형기관

그림 5-1 대향형 기관의 실린더 번호

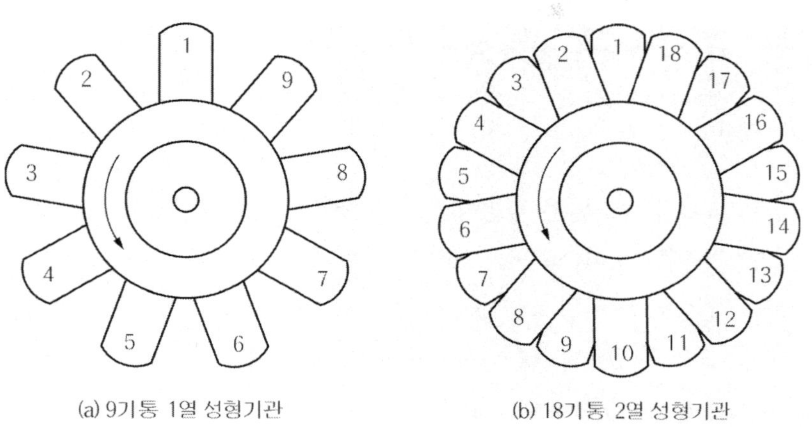

그림 5-2 성형기관의 실린더 번호

그림 5-2는 9기통 1열 성형기관과 9기통 2열 성형기관에서 앞쪽에서 본 실린더 번호를 나타내고 있다.

(3) 점화 순서

4행정 기관은 크랭크샤프트 2회전, 즉 크랭크각 720°에 모든 기통이 점화되어 동력행정을 이루어야 한다. 기관의 균형을 좋게 하고 동력행정시 발생하는 충격과 진동을 최소한도로 하기 위하여 기관의 점화순서를 균형 있게 정하여야 한다. 직렬형 4기통 기관은 1-3-4-2 또는 1-2-4-3 순서로 점화한다. 보통 대향형 4기통 기관에서는 1-3-2-4 또는 1-4-2-3 순서로 점화한다. 텍스트론-라이코밍사의 대향형 4기통 기관에서는 시계방향으로 회전하는 기관은 1-3-2-4, 반시계 방향으로 회전하는 기관은 1-4-2-3 순서로 점화한다. 텔레다인-컨티넨탈사의 대향형 4기통 기관에서는 반시계 방향으로 회전하는 기관은 1-3-2-4, 시계방향으로 회전하는 기관은 1-4-2-3 순서로 점화한다. 대향형 6기통 기관에서는 1-4-5-2-3-6 (텍스트론-라이코밍) 또는 1-6-3-2-5-4 (텔레다인-컨티넨탈) 순서로 점화한다. 9기통 성형기관은 1-3-5-7-9-2-4-6-8 순서로 점화하고, 14기통 성형기관은 1-10-5-14-9-4-13-8- 3-12-7-2-11-6 순서로 점화한다.

5.2 항공용 왕복기관의 구조

현재 미국 FAA에서 승인받은 항공용 왕복기관은 수평대향형이 사용되고, 성형기관은 대형 화물적재 견인용이나 농업용에 아직도 사용되고 있다. 항공 왕복기관의 주요 기본 부품은 크랭크 케이스, 베어링, 크랭크샤프트, 커넥팅 로드, 피스톤, 실린더, 밸브부품, 보기류 등이며 그림 5-3은 성형기관의 구조를 나타내고 있다. 성형기관은 전방부분(nose section), 동력부분(power section), 혼합기 공급부분(mixture distribution section), 보기류부분(accessary section)으로 나눌 수 있다.

대향형 기관은 그림 5-4에 나타낸 바와 같이 성형기관에 비해 밀집된 구조이기 때문에 성형기관처럼 구조를 구분하지 않는다. 왕복기관의 피스톤 윗면과 실린더 상부 내면으로 형성된 공간은 연소실이라 하며 여기에서 혼합기가 연소된다. 실린더 상부에는 혼합기를 흡입하기 위한 흡입 밸브, 점화플러그 및 연소 후의 가스를 배출하기 위한 배기밸브가 있다. 실린더 내에서 왕복 운동을 한 피스톤은 커넥팅 로드를 통해서 크랭크축에 연결된다. 크랭크축의 회전에 의해 프로펠러 등이 구동된다. 이들 구성 부품은 연료의 연소에 의한 열에너지로부터 동력을 발생시키는 부분으로, 기관 부품 중에서는 온도도 높고 압력도 높은 작동 조건이 된다. 이들 부품 외에 밸브 작동 기구, 크랭크축을 지지하는 베어링 및 크랭크케이스 등이 있다. 프로펠러는 기관의 전방부분에 장착되어 구동되며 직접 구동될 수도 있지만 보통 감속기어 장치에 의해 구동된다. 기어감속률이 0.64 : 1인 유성감속기어를 사용하는 기관 작동시 크랭크축의 회전수가 3,400 rpm이라면 프로펠러축의 회전수는 보통 2,176 rpm이 된다. 마그네토, 각종 펌프, 시동기, 발전기 등의 보기류는 크랭크케이스의 전방 및 후방에 설치되어져 크랭크축에서 나오는 동력원으로부터 기어를 매개로 구동된다.

항공용 왕복기관의 각종 부품은 기관 내에서 발생한 열과 압력 및 힘에 견디고, 또한 마찰 마력 등의 손실이 최소가 되도록 설계되어야 한다.

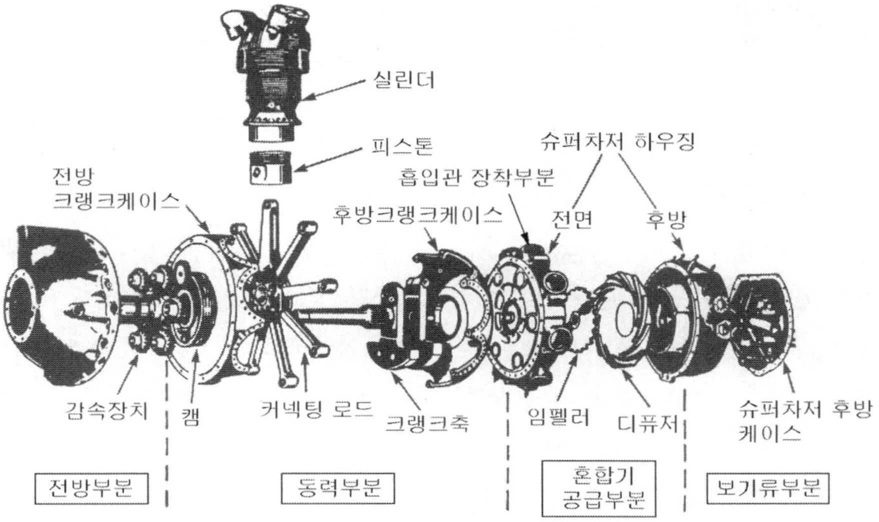

그림 5-3 성형기관의 구조

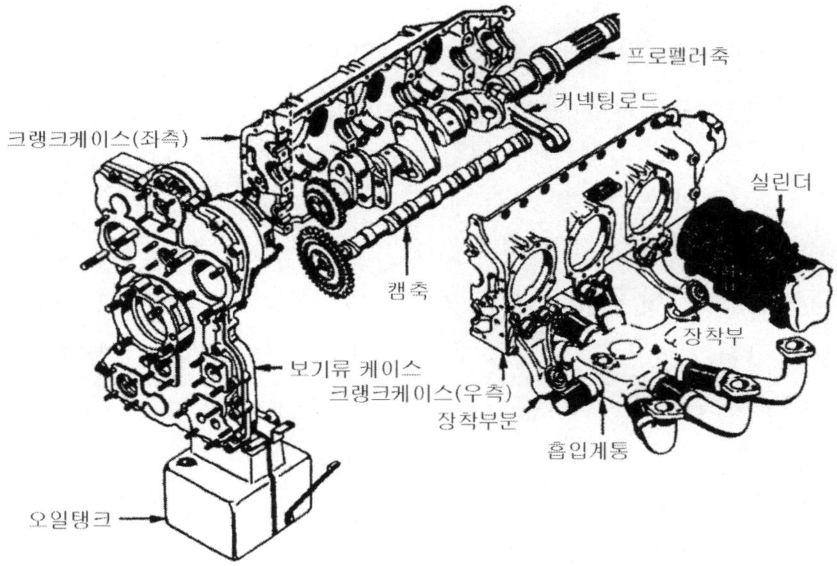

그림 5-4 대향형 기관의 구조

5.2.1 동력 발생장치

(1) 크랭크케이스

크랭크케이스는 기관의 주요 구조부품이며 베어링(bearing)에 의해 회전하는 크랭크축을 지탱하며, 실린더 및 내부와 외부의 기구를 지지하는 것 외에 동력 장치를 기체에 설치하는 지점 역할도 한다. 크랭크케이스는 각종 복잡한 힘이나 진동을 받는다. 실린더 장착부와 크랭크 베어링과의 사이 벽부에는 주로 연소 압력에 의해 신장력, 피스톤의 왕복 운동에 의한 신장력, 그리고 실린더 장착면에는 피스톤 측압에 의해 횡진동이 작용한다.

이외에도 크랭크축 부하에 의한 반력, 캠 작동에 의한 반력, 프로펠러 추력의 반력, 자이로 모멘트도 크랭크케이스에 작용한다. 크랭크케이스는 이들 힘에 동반되는 진동도 받으므로 힘에도 견디고 변형도 되지 않는 강도와 강성을 가져야 한다.

크랭크케이스는 보통 가볍고 강한 알루미늄 합금으로 만들어지며 리브를 설치하여 보강하며 이에 의해 강도와 강성이 증가되기도 한다.

크랭크케이스 내에는 각 결합면 및 보기류의 장착면에서 오일이나 가스가 새는 것을 막고 또 외부에서 물 등의 침입을 막기 위해 기밀성이 요구된다. 연소실은 기밀성을 가능한 한 높이도록 제작되었으나, 작동 중에는 실린더와 피스톤 사이에서 다소의 가스 누설은 막을 수 없으므로, 크랭크케이스 내에는 연소가스, 배기가스, 수분 및 오일 증기 등이 유입될 수 있으므로 크랭크케이스에 브리더관(breather pipe)을 두어서 압력을 대기로 통과시켜 내외의 압력차를 적게 한다.

피스톤 링이나 실린더의 마모가 커지면 크랭크케이스로의 누설이 많아지고 케이스 내의 압력이 높아지게 되어 브리더관에서 오일 증기의 분출량도 많게 되고 오일 소비량이 늘어난다. 브리더관에서 배출되는 오일 증기는 외부를 오염시키므로 브리더관의 출구에는 배플(baffle)을 설치해서 기름을 분리하여 직접 브리더관에서 분출하지 않도록 하고 있으며, 브리더관을 외부 오일 탱크에 연결, 오일증기를 오일 탱크로 돌아가도록 하고 있는 기관도 있다. 대향형 기관의 크랭크케이스는 그림 5-5와 같이 크랭크축을 중심으로 좌우 두 부분으로 분할되고 전방에는 프로펠러 구동 기구가, 후방에는 보기류 구동 계통이 장착된다.

일반적으로 성형기관의 크랭크케이스는 그림 5-6에서 보는 바와 같이 주요한 네 부분으로 되어 있다.

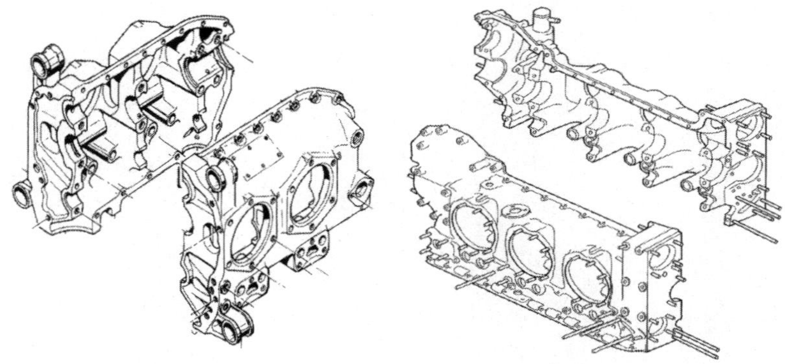

그림 5-5 대향형 기관의 크랭크케이스

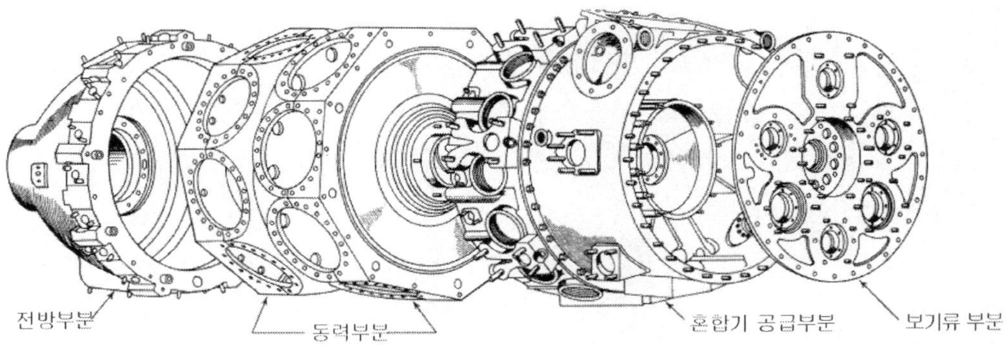

그림 5-6 2열 성형기관의 크랭크케이스

전방부분은 알루미늄 합금으로 만들어져 있으며 종(bell) 모양과 비슷하고 스터드, 너트 또는 캡나사로 동력부분에 장착되어 있다. 이 부분은 프로펠러 추력 베어링, 프로펠러 조속기 구동축, 기관의 프로펠러 속도 감축을 주는 프로펠러 감축 기어 어셈블리를 지지한다. 또한 오일 소기 펌프, 캠 판 또는 캠링 기구가 포함된다. 전방부분에는 또 프로펠러 조속기 조종 밸브, 크랭크케이스 소기, 오일 섬프, 마그네토, 마그네토 배전판이 장착되게 되어 있다. 전방부분에 마그네토를 설치하면 보기부분에 설치하는 것보다 냉각이 잘 된다.

동력부분은 열처리된 고강도 알루미늄 합금으로 단일체 또는 두 조각으로 구성되어 있다. 한 조각 이상인 것은 볼트로 결합되어 있다. 캠 작동 기구는 동력부분에 의해 지지되어 있고 동력부분의 중앙에 크랭크축 베어링 지지부가 있다. 실린더 장착 패드는 동력부분의 외부 원주 주위에 방사상으로 위치한다. 실린더는 스터드, 너트 또는 캡나사로 패드에 조여진다. 전방 크랭크케이스와 동력부분 크랭크케이스 사이에는 오일실(oil seal)이 있으며 또 다른 실이 동력부분과 혼합기 공급부분 사이에 있다.

혼합기 공급부분은 동력부분 바로 뒤에 위치하고 있으며 한 부분(piece)이나 두 부분으로 구성되어 있다. 이 부분에는 과급기 임펠러(impeller)와 디퓨저 베인(diffuser vane)의 하우징(housing)이기 때문에 과급기부(supercharger section)라고도 부른다.

보기부분은 연료펌프, 진공펌프, 오일펌프, 회전계 발전기(tachmeter generator), 발전기, 마그네토, 시동기, 과급기 조종 밸브, 오일 필터 등의 부속 보기가 장착되어 있다. 보기부에는 기관 동력에 의해 작동되는 보기들을 구동하기 위한 기어가 있다.

(2) 실린더

왕복기관의 실린더는 연료의 화학적인 열에너지를 기계적인 에너지로 전환시켜 피스톤과 커넥팅 로드를 통하여 크랭크축을 회전하게 한다. 실린더는 연료의 연소로 인해 발생하는 열의 상당 부분을 방출시키며 내부에 피스톤과 커넥팅 로드가 있고 밸브 작동 기구의 일부와 점화플러그를 지지하고 있다.

현재 기관에 사용되는 실린더의 구성품은 실린더 배럴(cylinder barrel), 실린더 헤드(cylinder head), 밸브 가이드(valve guide), 밸브 로커 암 지지(valve rocker-arm support), 밸브 시트(valve seats), 점화플러그 부싱(spark plug bushing), 냉각핀(cooling pins) 등이며 그림 5-7에 주요 구성부품이 나와 있다. 이 중에서 실린더의 두 가지의 주요구성품은 고강도 합금강으로 만들어진 실린더 배럴과 주조알루미늄으로 만들어진 실린더 헤드이다. 실린더의 주요한 구비 조건은 다음과 같다.

우선, 기관이 최대설계하중으로 작동할 때 발생하는 온도에서 운용시 생성되는 내압(internal pressure)에 견딜 수 있는 강성을 가져야 하고 경량이어야 한다. 또, 효율적인 냉각이 이루어지도록 열전도성이 좋아야 하며 설계가 쉽고 제작과 검사 및 정비가 용이하고 정비의 비용이 저렴하여야 한다.

1) 실린더 헤드

실린더 헤드는 연소실을 둘러싸고 있으며 점화플러그, 흡·배기 밸브와 밸브 가이드(guide), 밸브 시트(seat)가 포함되며 밸브 로커 암(valve rocker arms)이 장착되는 로커축(rocker shaft)을 갖고 있으며 그림 5-7은 실린더 헤드의 단면을 나타내고 있다.

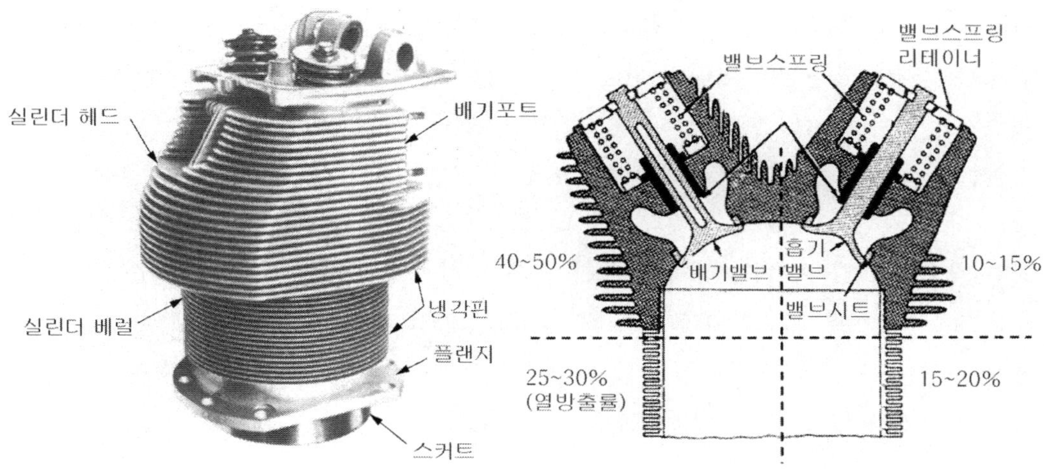

그림 5-7 실린더의 구조 및 열방출 비율

점화플러그는 실린더 내의 혼합기가 가장 잘 연소되게끔 하는 위치에 장착되게 설계된다. 점화 플러그가 장착되는 구멍은 구형 실린더에는 청동 부싱(bushing)이 수축 접합되어 있으나 최근의 실린더에는 점화플러그 교환시 주조 알루미늄 나사산이 손상되는 것을 방지하기 위해 헬리 코일 인서트(heli-coil insert)라고 불리는 나사 역할을 하는 강철을 끼워 넣는다. 이 헬리 코일 인서트는 교환이 가능하다. 밸브 가이드와 밸브 시트는 그 부위에서 실린더 헤드의 마모를 방지하는 역할을 하며 수축 끼워 맞춤방식으로 실린더 헤드에 끼워진다.

실린더 헤드는 보통 고강도이며 경량인 주조로 된 알루미늄 합금계(cast-aluminum alloy)의 Y합금이나 AMS 4220으로 제작된다. 알루미늄 합금의 단점은 강철보다 열팽창 계수가 상당히 큰 것이다. 실린더 헤드는 고온에 노출되기 때문에 냉각이 충분히 되어야 한다. 연소열은 실린더에서 주위 공기에 접촉면을 통해 전달되므로 전달 면적을 크게 하기 위하여 실린더에는 냉각핀이 설치된다. 냉각핀은 냉각 효율이 가장 좋은 모양으로 실린더의 외부에 주물 또는 기계 가공되어 장착되어 있다. 흡기 통로와 흡기 밸브 주위는 실린더로 들어오는 혼합기가 열을 흡수하므로 일반적으로 냉각핀이 거의 없다. 또 그림 5-7에는 실린더 각 부를 4등분 했을 때 각 부분으로 나가는 방열비율을 나타내고 있다. 배기 밸브쪽으로 전체 방열량의 약 40~45%가 나가고 있다.

실린더 배럴을 실린더 헤드에 접합할 때는 보통 나사수축 끼워 맞춤을 사용한다. 나사수축 끼워 맞춤은 헤드의 나사산 지름을 배럴의 지름보다도 작게 [끼워 맞춤 공차

(interference) - 유효 지름 100 mm에 대해 0.3 mm 정도] 하고, 먼저 헤드를 250℃ 정도로 가열하여 팽창한 상태로 상온의 배럴에 비틀어 삽입한다. 그 뒤 헤드는 식어서 수축하기 때문에 기밀성이 있는 결합이 이루어진다.

실린더 헤드는 흡기와 배기 매니폴드가 장착되는 표면이 기계 가공된 흡기와 배기 구멍을 갖고 있다. 파이프와 실린더 사이의 접합을 밀폐하기 위해 흡입 파이프에는 합성 고무 가스켓이 사용되며 배기 파이프는 금속과 석면으로 된 가스켓을 사용한다.

연소실의 형상은 혼합기의 연소 상태, 실린더 헤드의 냉각 효과, 실린더의 높이, 밸브 작동 기구 등에 따라 달라지며 그림 5-8은 연소실 형상을 나타내고 있다. 왕복기관의 연소실은 쐐기형, 반구형, 원통형으로 나눌 수 있다.

(a) 쐐기형 (b) 반구형 (c) 원통형

그림 5-8 스파크 점화기관의 연소실

쐐기형 연소실은 간단한 형태이면서도 좋은 성능을 낸다. 밸브구동계를 장착하기는 쉬운 반면, 흡기와 배기 매니폴드가 실린더 헤드의 같은 방향에 놓여야 한다.

반구형 연소실은 고성능 기관에서 한동안 널리 이용되어 왔으며 평평한 실린더 헤드에 비해 더 큰 밸브를 사용할 수 있어 동일 용적에 대해 표면적을 최소로 하므로 냉각손실도 적다. 이 경우 대개는 두 개의 오버헤드캠을 사용하여야 하므로 비용은 증가한다. 흡기 밸브와 배기 밸브가 서로 반대쪽에 놓이므로 흡기에서 배기 쪽으로의 횡단흐름이 가능하다. 횡단흐름은 배기행정 말기부터 흡기행정의 초기까지 두 밸브 모두 열려 있을 때 발생하는데 연소가스의 잔류량을 감소시키므로 유리하다. 최근 네 개의 밸브가 있는 지붕형 헤드가 보편화되었는데, 4밸브인 경우 반구형 헤드의 2 밸브에 비해 밸브면적이 훨씬 넓어질 수 있어 체적효율이 증가한다.

원통형 연소실은 매우 간결한 형태이기 때문에 제작이 쉽고 경제성이 좋을 것으로 기대되지만 효율이 나쁘다. 작동기구도 간단하기 때문에 저마력, 저급기관에 주로 사용된다.

연소실 설계시 주요 고려사항은 다음과 같다.

화염면의 전파거리가 최소이어야 한다. 점화플러그와 최종 미연가스의 거리를 최소화하면 화염이 전파하는 시간이 짧아진다. 이는 두 가지 효과를 나타낸다. 첫째, 기관의 회전수를 높임으로써 보다 높은 출력을 낼 수 있다. 둘째, 급격한 연소는 노킹으로 진행하도록 하는 연쇄반응이 일어날 수 있는 시간을 단축한다. 이는 기하학적으로 유사한 기관에서 지름이 가장 작은 것이 압축비를 가장 높게 할 수 있음을 의미한다.

배기 밸브와 점화플러그는 서로 가까이 있어야 한다. 배기 밸브는 매우 뜨겁기 때문에 최종 미연가스로부터 가능한 한 멀리 떨어지도록 하여 노킹 또는 조기점화가 일어나는 것을 피해야 한다.

충분한 난류가 있어야 한다. 충분한 난류에 의해 빠른 연소를 유도해야 하지만, 지나친 난류는 지나친 열전달을 일으키며, 또 너무 급격한 연소가 일어나 소음이 발생하도록 한다. 난류는 스퀴시 영역 또는 흡기 밸브의 일부를 막음으로써 발생시킬 수 있다. 그러나 난류강도가 높아지면 연소실 벽면으로의 열전달이 지나치게 증가하므로 이는 피해야 한다.

최종 미연가스는 연소실 내 온도가 낮은 부분에 있어야 한다. 실린더 헤드와 피스톤 사이의 작은 틈새는 온도가 낮은 영역이다. 또, 흡기 밸브는 흡입공기에 의해 냉각되기 때문에 이 영역에 최종 미연가스가 있는 것이 바람직하다.

연료경제성을 좋게 하기 위해서는 흡입된 연료는 모두 연소되고 화염이 소멸되는 소염영역(quench area)이 최소로 되어야 한다. 또, 전열에 의한 손실을 최소화하기 위해 연소실의 단위체적당 표면적비(surface to volume ratio)가 작은 것이 좋다. 운전속도 범위를 고려했을 때 바람직한 행정체적은 실린더당 약 500cm^{3}이다. 고성능 기관에서는 실린더를 작게 하여 빠른 연소가 이루어지도록 함으로써 운전속도를 높이고, 따라서 더 높은 출력이 얻어지도록 한다. 형상을 동일하게 유지하면서 실린더 체적을 500cm^{3}에서 200cm^{3}로 하면 최고 기관회전수를 6,000 rpm에서 8,000 rpm으로 높일 수도 있다.

연소실 설계에서 또 하나 중요한 변수는 행정거리에 대한 실린더 안지름의 비이다. 실린더 안지름이 행정거리보다 작은 것은 언더스퀘어(under-square)라 하고, 실린더 안지름이 행정거리보다 큰 것을 오버스퀘어(over-square)라 한다. 오버스퀘어인 경우,

동일 행정체적일 때 더 큰 밸브를 사용할 수 있으므로 특히 고속 운전시 흡기와 배기성능이 좋아진다. 아울러 행정거리가 짧아지므로 동일 회전수에서 피스톤의 최대속도가 작아지므로 기관회전수를 높일 수 있다. 이러한 오버스퀘어 기관은 연소실의 표면적/체적비가 커서 전열을 증가시키는 단점이 있다. 최근에는 표면적/체적비가 작아서 궁극적으로 연료경제성을 향상시킬 수 있는 연소실을 가지고 있는 언더스퀘어 기관으로 되돌아가는 추세이다. 최대출력은 피스톤 단면적에 비례하고 최대토크는 행정체적에 비례한다.

통상의 연료를 사용하면서도 고난류 강도, 희박연소, 간결한 연소실 기관을 이용하면 고압축비가 가능하게 된다.

희박한 혼합기는 난류강도를 증가시키면 연소가 가능해질 뿐만 아니라, 연소온도가 낮아지기 때문에 노킹이 일어나기 어려워진다. 또 난류가 증가하면 정상연소 또한 빠르게 진행되기 때문에 노킹이 일어날 가능성이 낮아진다. 이러한 결과는 그림 5-9에 요약되어 있다. 가스로부터터의 전열량을 줄이기 위해서는 연소실 형태가 간결한 것이 바람직하다. 이러한 연소실은 스파크플러그에 근접해 있는 배기 밸브 중심에서 점화가 이루어진 직후 배기 밸브 주위의 혼합기를 연소시키므로 데토네이션 발생의 가능성을 줄인다.

혼합비의 농도와 실린더간 혼합기의 배분이 더욱 잘 조절되도록 제어하여 실화(misfire)가 일어나는 희박연소 한계와 노킹의 한계 안에 있도록 하는 것이 필요하다. 아울러 점화시기의 정확한 조절 또한 필요하다. 또, 제작시에도 세심한 주의가 필요한데, 압축비 9 : 1일 때의 가공오차가 14 : 1일 때는 허용될 수 없는 수준일 수도 있다. 특히 연소실의 경우 더욱 정교한 가공이 요구된다.

공랭식 실린더는 부식을 초래하는 조건에 노출되기 때문에 열저항 에나멜(heat-resistant enamel)을 바른다. 과거에 이 에나멜은 보통 검정색이었으나 최근에는 부식도 방지할 뿐만 아니라 과도한 온도 조건에서는 색깔이 변하는 에나멜이 개발되었다. 텍스트론-라이코밍사 기관에 사용된 청회색(blue-gray) 에나멜은 과열되면 색깔이 변하게 되어 있어 정비사는 기관 점검시 열손상에 대한 점검을 할 수 있게 한다. 텔레다인-컨티넨탈사에서는 보통 때는 금색이나 과도한 온도를 받을 때는 핑크(pink)로 바뀌게 되도록 금을 일부 도색하여 열손상을 알 수 있게 하고 있다.

2) 실린더 배럴

실린더 배럴 내부에서 피스톤이 왕복 운동을 하므로 실린더 배럴은 고강도강 합금으로만들어졌으며 가능한 한 경량의 구조와 고온도하에서 작동을 위한 적절한 특성과 좋은

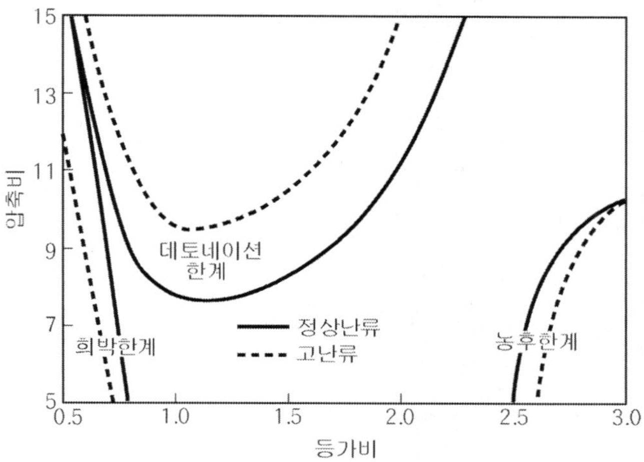

그림 5-9 난류에 의한 가솔린기관의 등가비와 압축비의 운전영역 확장

베어링 특성과 고인장 강도를 갖는 재질로 제작된다. 실린더 배럴은 피스톤이 왕복운동을 하는 부분이므로 피스톤 링의 작용에 의한 마모가 적도록 보통 크롬 몰리브덴강(chrome-molybdenum steel)으로 만든다. 실린더 배럴은 최대강도를 주기 위해 처음에는 단조 제작하며 단조물은 외부핀과 매끄러운 실린더 내부 표면을 주기 위해 가공된다. 가공 후 실린더 배럴 내부 표면은 피스톤 링에 대해서 적절한 베어링 표면이 되기 위해서 호닝(horning)된다. 표면조도가 너무 매끄러우면 길들이기 하는 동안 충분한 오일을 보유하지 못하고, 너무 거칠면 과도한 마모가 일어나므로 표면조도를 적절히 조절하여야 한다. 표면거칠기는 프로파일미터기(profile meter)로 측정되며, 평균표면으로부터 나오고 들어간 크기로 나타내며, 표면거칠기는 보통 15~25μin rms(root mean square) 정도이다. 실린더 배럴의 내부는 표면 마모가 잘 되지 않게 질화물 처리(nitriding) 또는 크롬 도금(chrome plating) 방법으로 표면경화하기도 한다. 크롬 도금은 실린더 내부 표면을 전기적으로 거미줄이나 채널형상의 줄을 가진 표면으로 크롬을 도금한다. 크롬 도금된 실린더는 일반 실린더보다 열전도도가 좋고 부식과 마모에도 강하다. 또한 질화물 처리와 비교하면 부식과 녹에 강한 것이 장점이다. 질화물 처리는 배럴의 온도를 975°F(523℃)에 유지시키고 40시간 이상 암모니아 또는 시안가스에 노출시킴으로써 배럴 표면에 질소가 침투함으로써 표면 경화시키는 방법이다. 표면에 질소가 침투하는 영역은 약 0.002 in이고 이때 표면은 약 0.0004 in 정도 성장하게 되므로 질

화처리 후 호닝하면 원하는 실린더 표면조도와 안지름을 맞출 수 있다. 질화처리된 실린더는 녹이나 부식에 약하기 때문에 기관이 사용되지 않을 때는 기관오일을 사용하여 유막을 입혀주어 보관하여야 한다. 실린더 배럴은 실린더 헤드 쪽의 내부 지름(bore)이 스커트 끝쪽의 내부 지름보다 약간 작은데 그 이유는 실린더 헤드 쪽이 작동 온도가 더 커서 작동시에는 열팽창에 의해 동일 크기의 안지름이 된다. 이러한 실린더를 초크 보어 실린더(choke bored cylinder)라고 한다.

실린더 배럴의 바닥(base) 쪽에 플랜지(flange)가 있어 크랭크케이스에 장착하는 역할을 한다. 플랜지에는 장착 스터드 또는 볼트를 위한 구멍이 뚫려 있다. 스커트(skirt) 일부분은 플랜지를 지나 크랭크케이스 속으로 들어간다. 기관의 외부 치수를 줄이고 커넥팅 로드도 짧게 하기 위해 가능한 이 부분을 짧게 만든다. 도립형 기관의 실린더와 성형기관의 하부에는 윤활유가 실린더로 떨어지는 것을 방지하여 오일 소모를 감소시키기 위해 여분의 긴 스커트를 사용하기도 한다.

(3) 피스톤

1) 피스톤

피스톤은 실린더 내부의 팽창 가스의 힘을 커넥팅 로드를 통하여 크랭크축에 전달한다. 기관 수명을 최대로 하기 위하여 피스톤은 높은 작동 온도와 압력에 견딜 수 있어야 한다.

피스톤 상부 부분 2,000℃ 이상의 고온과 40~50kg_f/cm^2의 고압을 받으며 피스톤은 8~15 m/s에 달하는 고속으로 왕복 운동을 한다. 따라서, 피스톤은 고온 고압에 견디는 강도를 가지고 열을 피스톤 상부에서 신속하게 실린더나 오일에 전달하도록 열전도성이 좋고, 왕복 관성력을 제한하기 위해 가능한 한 가벼워야 한다. 항공용 왕복기관의 피스톤은 고온 강도 저하가 적고 가벼우며 열전도가 좋은 알루미늄 합금으로 제작된다. 단조로 제작되는 피스톤은 알루미늄 합금 AMS4140으로 되며, 주물로 된 피스톤은 알루미늄 합금 AlocaB2로 되어 있다.

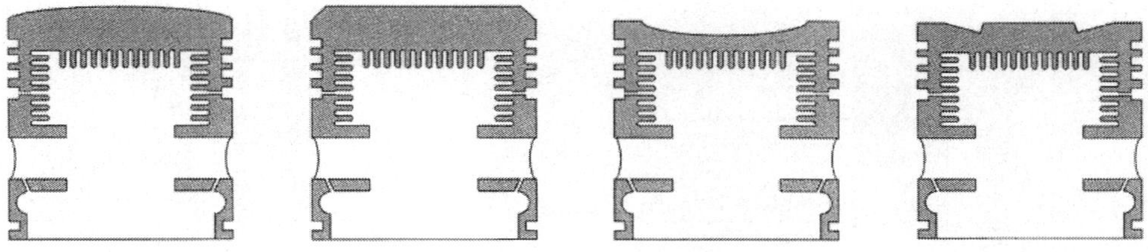

그림 5-10 피스톤의 형식

그림 5-10에 피스톤의 형식을 나타낸다. 피스톤 상부를 헤드(head), 측면을 스커트라 한다. 피스톤 헤드의 형상에는 평면형(flat type), 오목형(cupped type), 볼록형(domed type), 리세스형(recessed type)이 있고 각각 다음의 특징이 있다. 평면형은 열 접촉 면적이 적고 가공이 용이하고 오목형은 연소실의 형상이 구형으로 되어 효율이 향상되며 볼록형은 연소실을 작게 하기 때문에 압축비를 높일 수 있고 형상적으로 강도가 크며 흡·배기 밸브와 접촉하지 않도록 일부분만 오목한 리세스형(recessed type) 피스톤 헤드도 있다. 스커트에는 피스톤 링을 수용하기 위한 홈이 최대 5개 있고 상부 3개에는 압축 링, 하부에는 오일 조절 링과 오일 스크래퍼 링이 있으며 그림 5-11은 항공용 왕복기관의 피스톤과 이들 링을 나타내고 있다.

홈과 홈의 사이의 스커트 부분을 피스톤 랜드(land)라고 부른다. 피스톤 스커트는 머리부분을 지지하거나 혹은 안내 작용을 하고 피스톤 핀을 지탱하는 피스톤 핀 보스(piston pin boss)와 하나로 되어 있다. 피스톤 핀 보스는, 피스톤 헤드에 걸리는 큰 하중을 피스톤 핀에 전달할 수 있는 두께로 제작한다. 또 피스톤 헤드의 안쪽에는 리브(rib)를 만들어 강도를 증가시키고 크랭크축에 의해서 퍼지는 오일에 의한 방열 면적을 넓게 하여 냉각을 좋게 하기 위하여 리브(rib)가 있다.

피스톤이 고온이 되면 피스톤 자체의 강도를 떨어뜨림과 동시에, 고온에 의한 연료나 오일의 분해로 링 홈에 탄소 퇴적물을 만들어 링의 교착·마모 촉진의 원인이 된다. 따라서 피스톤 상부가 받는 열을 링이나 오일 방열하는 것이 필요하다. 피스톤이 받는 영향의 대부분은 그림 5-12와 같이 링을 통해 실린더에 전달된다. 나머지는 피스톤에서 유막을 통하여 실린더에 전달되고, 또 크랭크축에서 피스톤 헤드 내부에 퍼지는 오일이 완전히 열을 제거한다. 피스톤 헤드의 아래쪽의 리브에 분사된 윤활유에 의해 피스톤의 열의 일부가 흡수 제거되기도 한다.

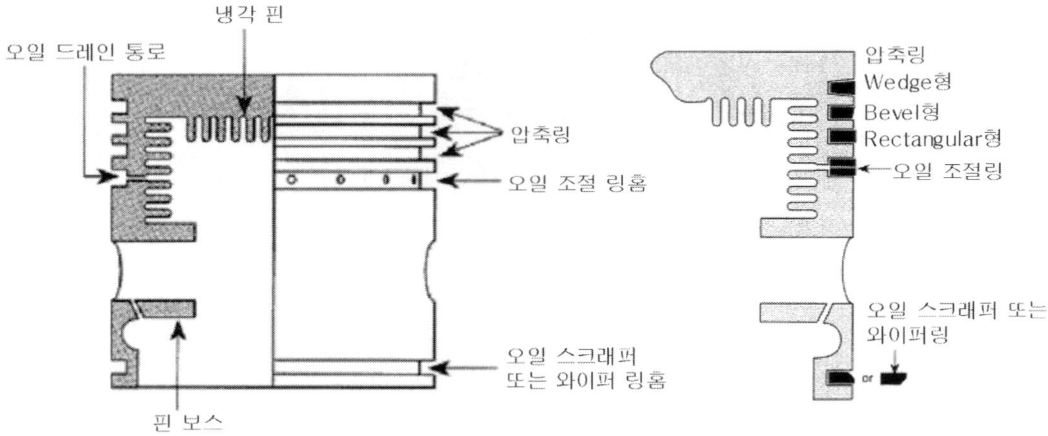

그림 5-11 항공용 왕복기관의 피스톤과 피스톤 링

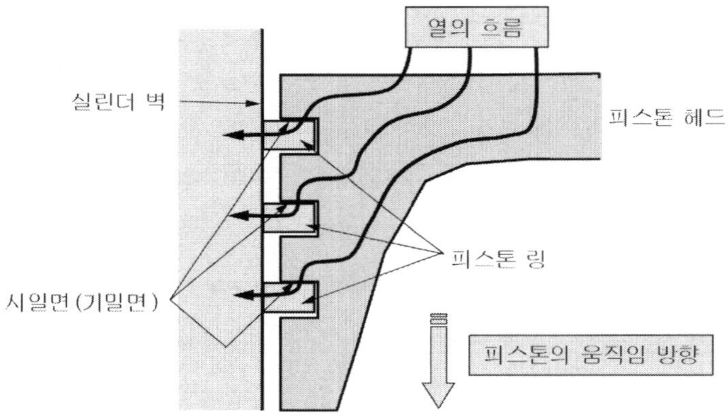

그림 5-12 피스톤 링의 열전달과 기밀작용

피스톤과 실린더 배럴 재료의 차이에 의해 피스톤의 열팽창은 실린더보다도 크므로 피스톤의 지름은 실린더 지름보다 보통 0.02 in 정도 작게 한다.

피스톤 상부는 두껍고 고온이므로 열팽창이 크고, 하부는 두께도 얇고 온도도 낮기 때문에 열팽창이 작다. 또 피스톤 핀 보스부는 구조상 두껍기 때문에, 피스톤 핀 방향으로의 열팽창은 이것과 직각 방향의 열팽창보다 크다. 피스톤은 작동 중, 열 팽창했을 경우에 가능한 원통형이 되도록 하고 실린더와의 간격이 균등하게 되도록 하기 위해서 상온에서 헤드의 지름을 스커트 하부의 지름보다도 작게 하며, 피스톤 핀 방향의 지름은 이것과 직각 방향의 지름보다도 작은 타원형의 캠 그라운드(cam ground) 피스톤 형상을 하고 있다.

2) 피스톤 링

피스톤 링은 피스톤 외주에 있는 기계 가공된 홈에 끼워져서 연소실에서 가스 누설을 막아 연소실 내의 가스 압력을 높게 유지해 준다. 또한 실린더와 피스톤의 오일을 조절하며, 피스톤의 열을 실린더에 전달하여 피스톤 온도를 낮추며, 피스톤의 왕복 운동시에 피스톤을 실린더 내에 유지하여 피스톤이 직접 실린더에 접촉하는 것을 막는 베어링의 역할을 한다. 최근의 대향형 기관에서는 3개조(2개의 압축 링, 1개의 오일 조절 링), 4개조(2개의 압축 링, 1개의 오일 조절 링, 1개의 오일 스크래퍼 링) 또는 5개조(3개의 압축 링, 1개의 오일 조절 링, 1개의 오일 스크래퍼 링) 등의 조합이 사용되고 있다. 그림 5-13은 오일 조절 링과 오일 스크래퍼 링 형상을 나타내고 있다. 그림 5-14는 피스톤 링의 단면 형상과 조립 모양을 나타내고 있다.

피스톤 링의 요구되는 특성은 적당한 장력을 유지하여 실린더 내면 전체에 같은 압력으로 잘 밀착되는 기밀성, 내마모성, 내열성 및 강인성이 필요하다. 또한 실린더와 피스톤 링과의 윤활을 위해 크랭크축에서의 오일 분산에 의해 오일을 필요한 곳에 퍼뜨려 적당한 유막을 만들고, 연소실로 들어가는 오일량을 적게 하기 위해 오일을 적절히 조절하고 오일을 적절하게 보유하여야 한다.

연소실로 오일이 너무 많이 들어가면 오일이 연소되어 실린더 벽이나 피스톤 상부, 점화플러그, 흡기 및 배기 밸브 등에 탄소 피막을 만든다. 또 오일이 탄 탄소가 링 홈이나 밸브 가이드에 들어가면 피스톤 링이나 밸브를 교착시킨다. 왕복기관에서 오일 소모가 증대되고 진한 청색 연기가 배출되면 피스톤 링이 마모되어 오일소모가 많다는 것을 의미한다.

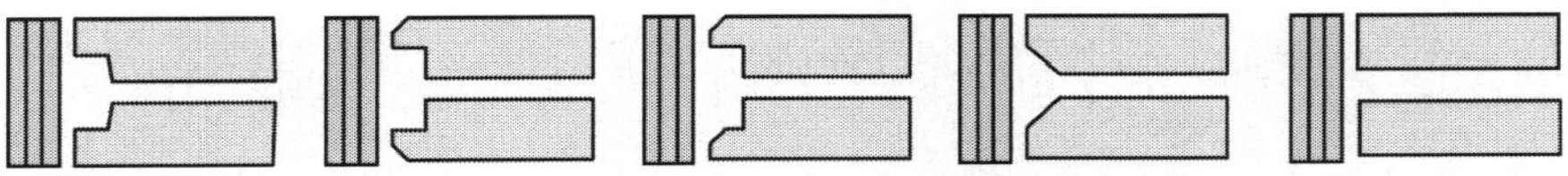

(a) 오일 조절 링

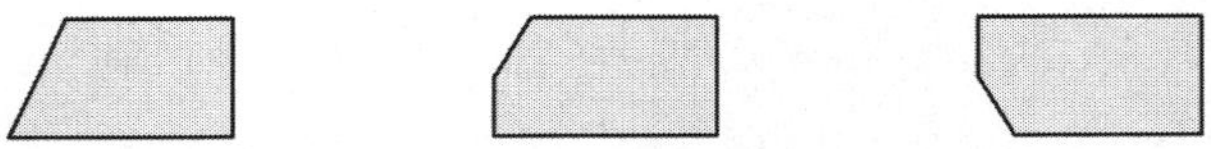

(b) 오일 스크래퍼 링

그림 5-13 여러 가지 단면의 오일 조절링과 오일 스크래퍼 링

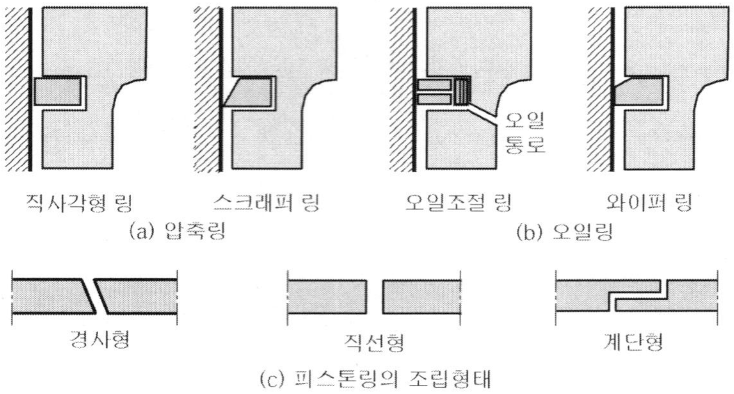

그림 5-14 피스톤 링의 단면 형상과 조립 형태

피스톤 링은 앞에서 설명한 특성을 만족하도록 흑연 함유량이 많은 특수 주철로 만들어진다. 마모를 막기 위해 표면의 강도는 실린더 내면보다도 조금 높게 하고 있다. 또 강도를 높이기 위해 경질 크롬 도금을 하는 것도 있다. 또 피스톤 링에는 실린더와의 접촉 면적이 적고, 또 실린더 쪽에 유막이 형성되어 있기 때문에 실린더 내면을 호닝에 의한 크롬 도금은 하지 않고 보통의 크롬 도금을 하기도 한다.

크롬 도금 실린더에 크롬 도금 피스톤 링을 조합시켜 사용하면 단시간에 중대한 손상을 유발시키므로 주의하여야 한다.

피스톤 링은 특수 주철로 만들어진 후, 필요한 단면을 연마 가공하여 링 홈에 장착한다. 링이 맞닿는 면은 그림 5-14에 나타나듯이 경사형이나 직선형, 계단형 등이 있으나 최근의 항공용 기관에서는 가공이 간단하고 수정이 용이한 직선형이 사용되고 있다.

압축 링의 주목적은 가스 누설을 막는 것과 피스톤 상부의 열을 실린더에 전달하는 것으로서 피스톤 상부 바로 밑의 홈에 들어가고 그 수는 기관의 형식 · 설계에 따라 다르다. 오일 링(oil ring)의 주목적은 실린더와 피스톤 링의 윤활에 필요한 만큼의 적당한 유막을 실린더 벽에 형성시키기 위해 오일을 조절하는 것이다.

오일 링의 기본적인 작동은 상향 행정에서는 실린더 벽의 유막을 손상시키지 않게 가볍게 미끄러지고 하향 행정의 경우에는 여분의 오일을 깎아 내려서, 실린더벽에 항상 적당한 두께의 유막을 유지하고, 또 연소실로의 오일 침입을 방지하고 있다.

그림 5-13은 오일 조절 링과 오일 스크래퍼 링의 단면을 나타내고 있다. 오일 조절 링은 보통 2개의 접촉면을 갖고 있으며, 끌어 모은 오일을 2개의 접촉면의 홈에 유지하

고 여분의 오일을 피스톤 링 홈의 바닥에 뚫린 구멍으로부터 피스톤 반대방향으로 유출시켜 크랭크케이스로 되돌려 오일을 조절한다. 오일 조절 링의 단면은 보통 오목형으로, 오목 부분에 슬롯(slot)이 원주에 걸쳐 간격이 고르게 가공되어 있다. 또 링의 안쪽 반대편에 익스팬더(expander)를 넣어 장력을 높이고 있는 것도 있다.

오일 스크래퍼 링으로서 단면은 베벨형(bevel type)이다. 위쪽에 경사면이 있기 때문에, 상승 행정에서는 경사면에 고인 오일의 압력으로 링의 장력이 약화되어 유막을 파괴하지 않도록 가볍게 미끄러지고 하향 행정 중에 링 밑부분에 여분의 오일을 떨어뜨리고 있다.

3) 피스톤 핀

피스톤 핀은 그림 5-15와 같이 피스톤을 커넥팅 로드에 연결하여 피스톤에 걸리는 가스압력을 커넥팅 로드에 전달한다. 재질은 고부하, 고온에 견딜 수 있는 니켈-크롬강으로 만들어지며 가볍게 하기 위하여 속이 빈 중공으로 되어 있고 마모를 적게 하기 위하여 질화 등으로 표면 경화한다. 피스톤 핀은 고정식(stationary rigid), 반부동식(semi-floating), 전부동식(full floating)으로 분류한다.

고정식은 핀이 어떤 방향으로도 움직일 수 없는 것이고 반부동식은 핀이 핀 보스에서는 자유롭게 움직이나 커넥팅 로드는 핀에 고정이고 전부동식은 핀이 핀 보스에서, 커넥팅 로드가 핀에서 자유롭게 움직일 수 있는 것으로서 현재 대부분의 항공용 왕복기관에는 전부동식이 사용되고 있다.

피스톤 핀 끝과 실린더 벽 사이의 접촉을 방지하기 위하여 피스톤 핀 리테이너가 사용된다.

(4) 커넥팅 로드

커넥팅 로드는 피스톤과 크랭크축을 연결하고 피스톤의 왕복 운동을 크랭크축의 회전 운동으로 변환시킨다. 따라서 피스톤 핀에 연결되는 소단부(small end)는 직선 운동을, 크랭크축에 연결되는 대단부(big end)는 회전 운동을 행하고 있기 때문에, 가스 압력과 왕복 · 관성력이 작용하여 항상 압축 · 굽힘 · 비틀림 · 인장의 반복 하중을 받고 있다. 커넥팅 로드는 속도와 방향의 변화에 따라 발생하는 관성력을 줄이기 위해 경량이어야 하고 작동 조건에서 부과되는 하중을 견딜 수 있게 충분히 강해야 한다.

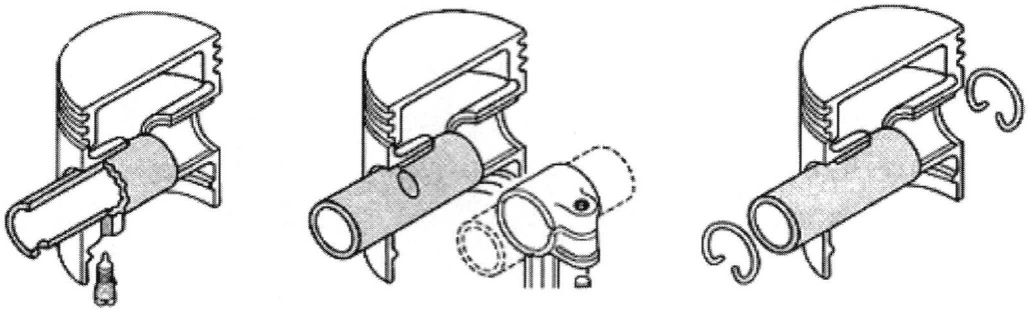
(a) 고정식 (b) 반부동식 (c) 전부동식

그림 5-15 피스톤 핀 및 피스톤 핀 보스부

커넥팅 로드는 이들 하중에 견디도록 니켈-크롬강, 크롬-몰리브덴 등의 고강도 합금강의 단조로 만들어지고 관성력을 증가시키지 않도록 크랭크축에서 볼 때, H단면이나 I단면으로 해서 경량과 굽힘 · 압축에 강한 형상으로 하고 있다.

커넥팅 로드는 그림 5-16에 나타난 것처럼 대표적으로 평면형(plain type), 포크 및 블레이드형(fork and blade type), 마스터 및 아티큘레이티드형(master and articulated type)의 세 가지 형식이 있다.

1) 평면형 커넥팅 로드

평면형 커넥팅 로드(plain connecting rod)는 직렬형 기관이나 대향형 기관에 사용된다. 로드의 소단부는 피스톤 핀에 대해 베어링으로서 작용하는 청동 부싱(bronze bushing)이 장착되며 대단부에는 캡(cap)이 씌워진 두 조각의 셸 베어링(shell bearing)이 장착된다.

대향형 기관의 커넥팅 로드는 그림 5-16 (a)에 나타낸 것 같이 대단부는 2부분으로 나누어 베어링 사이로 크랭크 핀을 끼워 2개의 볼트, 너트로 단단히 조이고 소단부는 황동 등의 부싱을 끼워 넣고 피스톤 핀과 연결하고 있다. 점검과 오버홀 등으로 커넥팅 로드를 분해할 경우, 올바른 균형을 유지하기 위해, 같은 실린더에서 분해한 것끼리 다시 조립한다.

점검, 정비, 수리, 오버홀시 커넥팅 로드의 적절한 접합과 평형을 주기 위해서는 커넥팅 로드는 장탈 전과 같은 위치, 같은 실린더에 위치하도록 하여야 한다. 커넥팅 로드와 캡은 기관 내에서 위치를 표시하기 위하여 숫자가 찍혀져 있다. 즉, 1번 실린더에 대한 로드는 1, 2번 실린더에 대한 로드는 2, 이런 식으로 표시되어 있다.

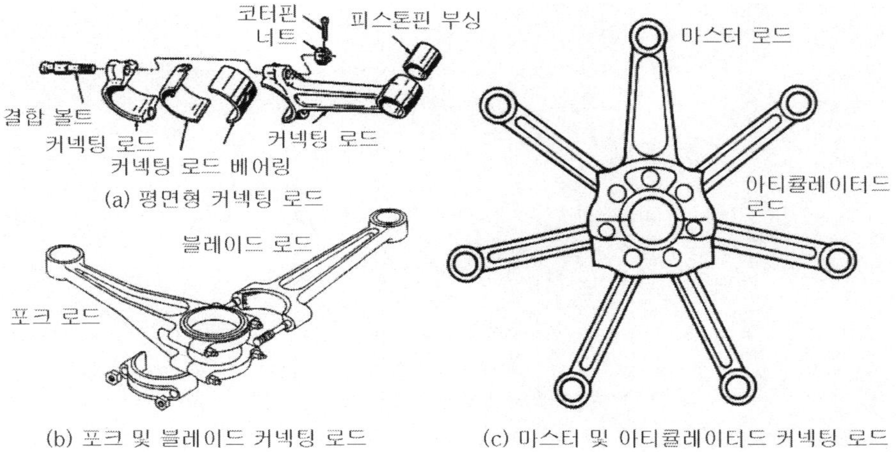

그림 5-16 커넥팅 로드의 종류

2) 포크와 블레이드 커넥팅 로드 어셈블리

포크와 블레이드 커넥팅 로드(fork-and-blade connecting-rod assembly)는 V형 기관에 일반적으로 사용된다. 포크 로드와 블레이드 로드의 대단부의 베어링은 공유하며 포크 로드의 대단부 위에 블레이드 로드의 대단부가 겹쳐 장착된다.

3) 마스터와 아티큘레이티드 커넥팅 로드 어셈블리

마스터와 아티큘레이티드 커넥팅 로드 어셈블리(master and articulated connecting-rod assembly)는 일부 V형 기관에도 쓰였으나 주로 성형기관에 사용되었다. 그림 5-16 (c)는 7기통 성형기관에 대한 로드 어셈블리를 보여준다. 마스터 로드는 평형 커넥팅 로드에는 부과되지 않는 응력을 받으므로 최대강도와 진동과 응력에 견딜 수 있는 합금강으로 만든다.

마스터 로드는 대단부에 아티큘레이티드 로드가 장착되는 것 이외에도 다른 로드와 유사하며 대단부는 두 조각형과 한 조각형이 있다.

마스터 로드 베어링은 일반적으로 평형이고 마스터 로드가 두 조각이냐 한 조각이냐에 따라서 분할형 셸 또는 슬리브(spilt shell or sleeve)로 되어 있다. 실제적으로 베어링 표면은 보통 가능한 한 마찰을 적게 하기 위하여 납으로 도금되어 있다. 베어링은 작동하는 동안 윤활유의 일정한 흐름에 의해 냉각되고 윤활된다.

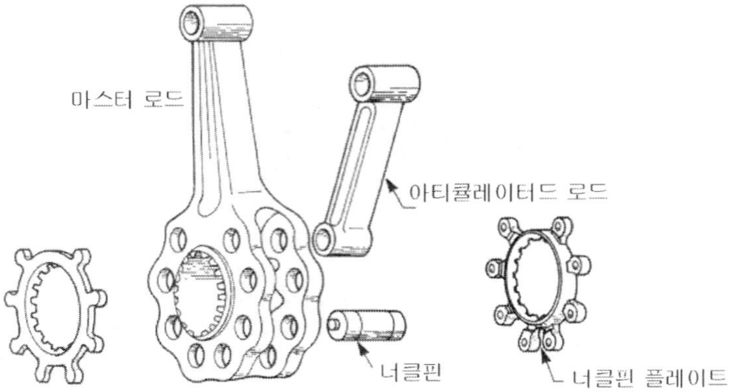

그림 5-17 마스터 로드에 연결된 아티큘레이티드 로드와 너클 핀

아티큘레이티드 혹은 링크 로드(link rod)는 그림 5-17에서 보는 바와 같이 너클 핀(knuckle pin)에 의해 마스터 로드 플랜지(flange)에 장착된다. 각 아티큘레이티드 로드는 보통 비철금속인 청동 부싱을 가지고 있다. 저마력 성형기관에는 알루미늄 합금 자체가 좋은 베어링 표면이 됨으로써 청동 부싱이 필요 없게 된다.

강철로 된 아티큘레이티드 로드는 보통 I 또는 H 단면을 갖는데 이는 무게는 가벼우면서도 고강도와 비틀림 저항이 크기 때문이다. 너클 핀은 피스톤 핀과 비슷하며 재질은 니켈강이고 가볍게 하기 위하여 속은 비어 있어서 윤활유의 통로가 되고 마모를 줄이기 위하여 표면 경화되어 있다.

너클 핀은 마스터 로드 플랜지 구멍에 전부동식 또는 고정식으로 장착되며 고정판(lock plate)은 너클 핀이 횡으로 움직임을 방지한다.

(5) 크랭크축

크랭크축은 커넥팅 로드와 연결되어 피스톤의 왕복 운동을 회전 운동으로 바꾸고 프로펠러, 캠 축, 보기류 및 슈퍼차저(supercharger) 등을 구동한다. 크랭크축은 피스톤에 작용하는 연소 압력에 의해 굽혀지고 고속 회전 운동에 의해 원심력과 관성력 모멘트 등이 작용하며 진동도 발생한다.

크랭크축은 이들에 견딜 수 있도록 니켈-몰리브덴 강의 합금강으로 만들어지며 관성력을 증가시키지 않도록 강도상 지장 없는 부분을 중공으로 하여 그곳을 오일의 통로로 이용하고 있다. 정적 및 동적 밸런스를 취하고 있고, 또 트랙(track) 변동에 의한 비틀림 진동의 진폭을 작게 억제하기 위해 다이나믹 댐퍼(dynamic damper)를 장착하기도 한다.

크랭크축의 주요 부품(parts)은 주 저널(main journal), 크랭크 핀(crank pin), 크랭크 암(crank arm), 균형추와 댐퍼(counter weight and damper)로 나눌 수 있다. 그림 5-18은 크랭크축의 주요 부품을 나타내고 있다. 그림 5-19는 4기통 수평 대향형 기관의 크랭크축을 나타내고 있다.

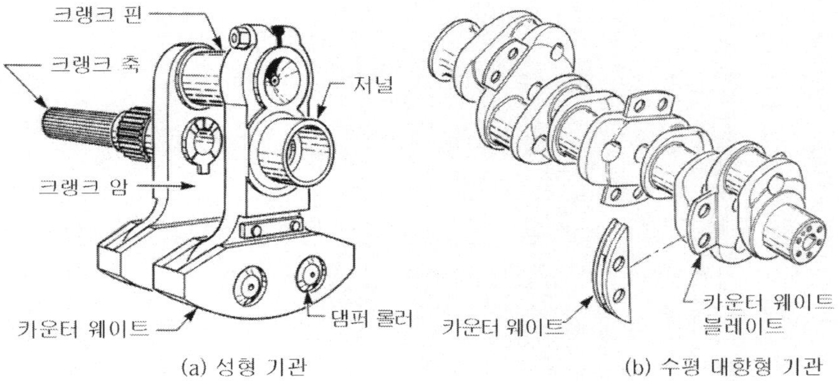

그림 5-18 크랭크축의 주요 부품

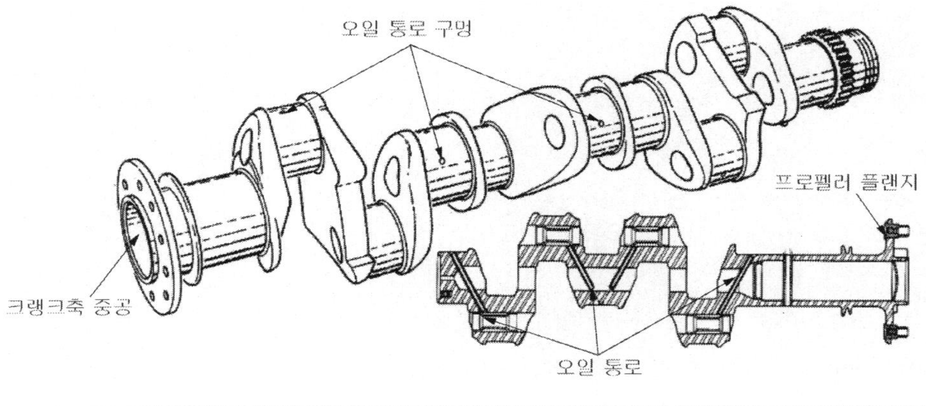

그림 5-19 4기통 수평 대향형 기관의 크랭크축

1) 주 저널

주 저널은 주 베어링에 의해 지지되고 회전하는 크랭크축의 일부분이며 주 베어링 저널(main-bearing journal)이라고도 불린다. 주 저널은 크랭크축의 회전 중심이며 모든 정상작동하에서 크랭크축을 곧바르게 유지하게 한다. 주 저널은 마모를 줄이기 위해서 0.015"~0.025"의 깊이로 질화물 처리에 의해 표면이 경화된다.

모든 항공기 기관의 크랭크축은 기관 출력부의 회전 구성품의 무게와 작동 하중을 견디기 위해 2개 이상의 주 저널을 가진다.

2) 크랭크 핀

크랭크 핀은 커넥팅 로드 베어링을 위한 저널이기 때문에 커넥팅 로드 베어링 저널(connecting rod bearing journal)이라고도 한다. 크랭크 핀은 주 저널과 중심이 떨어져 있으므로 해서 스로(throw)라고도 한다.

크랭크축의 전체 무게를 줄이고 윤활유의 통로 역할을 하고, 탄소 침전물, 찌꺼기(sludge), 다른 이물질이 커넥팅 로드 베어링 표면으로 나오지 못하게 원심력으로 이들이 모이게 하는 슬러지 실(sludge chamber) 역할을 하게 하기 위하여 일반적으로 크랭크 핀은 속이 비어 있는 중공으로 만든다. 그림 5-19에 중공, 오일통로 등이 자세히 나와 있다.

중공 크랭크축이 있는 기관에서는 슬러지 실로부터 뚫린 통로(drilled passage)를 통해 커넥팅 로드의 외부 표면 구멍으로 윤활유가 공급되어 실린더 벽에 윤활유를 뿌려준다.

크랭크 핀 베어링의 윤활은 주 저널로부터 뚫린 통로를 통해 공급되는 윤활유에 의해 이루어진다. 윤활유는 주 베어링을 지지하고 있는 크랭크케이스와 크랭크케이스 웨브(webs)에 뚫린 통로를 통해 주 저널로 공급된다.

3) 크랭크 암

크랭크 암은 크랭크 핀을 주 저널에 연결시켜 주는 크랭크축의 한 부분이며 크랭크 칙(crank cheek)이라고도 부른다. 많은 기관에서 크랭크 암은 주 저널 너머까지 뻗어 있는데 이것은 크랭크축의 평형을 유지하는 데 사용되는 균형추를 지지하기 위함이다. 크랭크 암에는 윤활유가 주 저널로부터 크랭크 핀까지 공급되게 하는 오일 통로가 뚫려 있다.

4) 균형추와 다이나믹 댐퍼

균형추와 다이나믹 댐퍼는 크랭크 암의 연장부분에 있으며 균형추의 목적은 크랭크축에 정적 평형(static balance)을 주기 위한 것이다. 만일 크랭크축이 복열(two throw) 이상이라면 크랭크가 서로 대칭 위치로 향해 알맞게 배치되기 때문에 균형추가 반드시 필요한 것은 아니다. 1열 성형기관에 사용되는 단열(single throw) 크랭크축은 그곳에 부착되는 피스톤과 커넥팅 로드의 무게와 상쇄시키기 위해 균형을 맞추어서 균형추가 장착된다. 크랭크축의 정적 평형의 시험은 크랭크축을 2개의 나이프 에지(knife edge : 균형 시험 장치의 지지대)의 사이에 두고 실시한다. 크랭크축이 어느 쪽으로든지 회전하려고 하면 정적 평형은 이루어지지 않은 것이다.

기관 진동의 원인으로는 왕복관성력과 회전관성력의 불균형, 토크의 변동, 크랭크축의 비틀림 진동, 크랭크축의 굽힘 진동을 둘 수가 있다. 기관의 진동이 크면, 각 운동부의 마모가 커지며, 베어링에 큰 응력이 걸리고, 비행기 전체의 진동을 크게 한다. 또 출력의 손실이 커지며 전기 계통 및 그 밖의 고장의 원인이 되기도 한다. 비틀림 진동을 방지하기 위해서는 비틀림을 일으킬 수 있는 위험 회전수를 사용 범위 밖으로 옮기거나 비틀림 진동의 가진력을 균형되게 하거나 다이나믹 댐퍼를 부착하여 비틀림을 감소시킨다.

다이나믹 댐퍼의 목적은 크랭크축의 비틀림 진동을 흡수하기 위함이다. 다이나믹 댐퍼에는 마찰을 이용하여 진동 에너지를 열로 바꾸어 흡수하는 마찰식과 진자의 공진 작용을 이용하는 진자식의 두 가지가 있으며, 항공용 왕복기관에는 진자식이 이용된다.

다이나믹 댐퍼의 효과를 이해하기 위해 진자의 작용을 고찰해 보자. 그림 5-20 (a)와 같은 진자에 진자의 고유 진동수로 상당하는 충격(impulse)을 주면 진자는 그림 5-20 (b)와 같이 진동한다. 진자에 그림 5-20 (c)와 같이 또 하나의 진자를 적절히 만들면 두 번째의 진자가 첫 번째 진자에 주어지는 충격을 흡수하여 진동하고 첫 번째 진자는 정지 상태로 유지된다.

충격은 크랭크축의 비틀림 진동의 가진력에 해당되며 첫 번째 진자는 크랭크축에 해당되고 두 번째의 진자가 다이나믹 댐퍼에 해당된다. 다이나믹 댐퍼는 크랭크축의 가진력을 감쇄시켰던 두 번째 진자로, 크랭크축의 고유 진동을 감쇠시키는 방향과 주파수로 자유롭게 작용한다. 그림 5-21은 균형추와 2개의 롤러를 가진 다이나믹 댐퍼를 나타내고 있다.

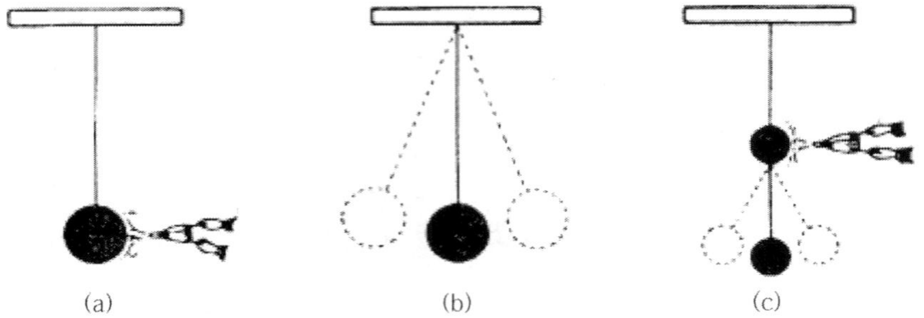

그림 5-20 다이나믹 댐퍼의 원리

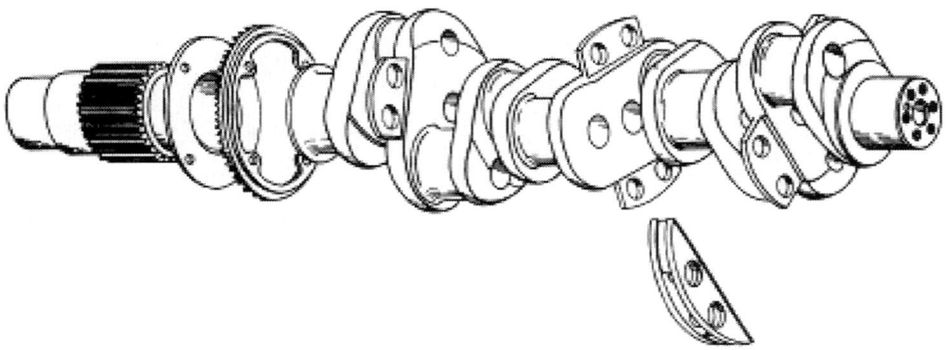

그림 5-21 수평대향형 기관의 균형추와 다이나믹 댐퍼

균형추와 크랭크 핀 구멍의 지름은 롤러의 지름보다 크게 만들어져 있고 그 지름의 차로 진자 효과를 발생하고 있다.

진자의 고유 진동수는 중력 가속도를 진자 반지름으로 나눈 값의 제곱근에 비례한다. 크랭크축에 설치되어 회전하는 진자의 경우는 원심력이 중력으로 변하고, 중력은 회전수의 2제곱에 비례하므로 고유 진동수는 2제곱의 평방근, 즉 회전수의 1제곱에 비례한다. 따라서 진자 반지름을 적당히 선택하면 회전수의 일정 배수의 고유 진동수를 가질 수 있다.

6실린더 기관에서는 크랭크축 1회전으로 3회의 연소가 있으므로 진자의 고유 진동수를 회전수의 3배로 하면 1회전에 3회 생기는 토크의 변동에 대하여 진자는 흔들려도 크랭크축에 가해진 비틀림 진동은 억제된다. 즉, 자유롭게 움직이는 진자가 비틀림 진동 에너지를 흡수하여 크랭크축에는 크게 영향을 미치지 않게 한다.

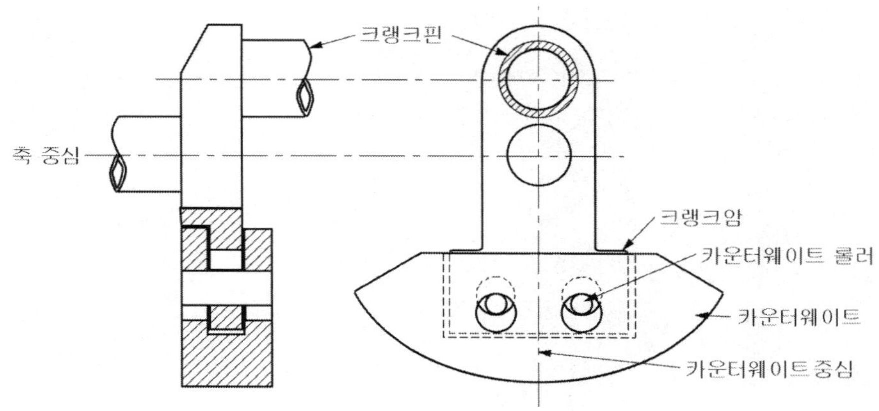

그림 5-22 카운터웨이트형 다이나믹 댐퍼

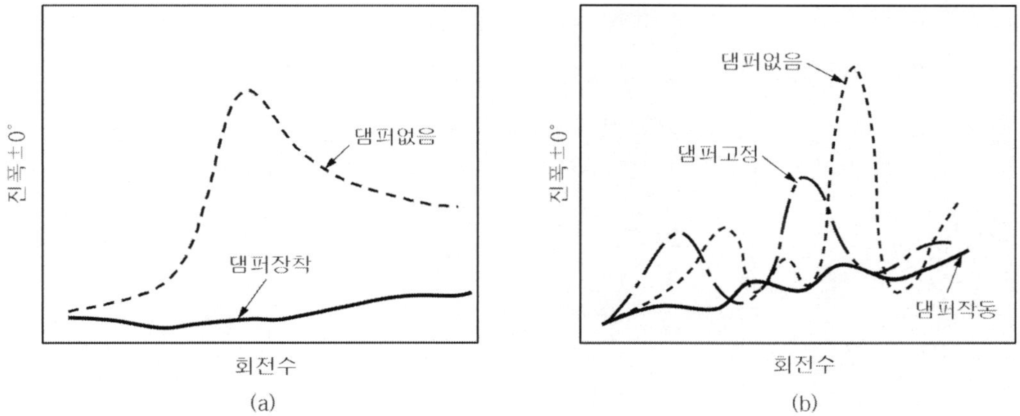

그림 5-23 다이나믹 댐퍼의 효과

그림 5-22는 6기통 수평 대향형 기관의 다이나믹 댐퍼 장비를 나타내고 있으며 그림 5-23 (a)에서는 다이나믹 댐퍼가 크랭크축의 비틀림 진동의 진폭 곡선에 미치는 영향을 나타낸다. 그림 5-23 (b)의 점선은 롤러를 고정한 경우로 진동 감쇠는 거의 없음을 알 수 있다. 굵은 실선은 롤러를 다이나믹 댐퍼로써 작동시켰던 경우로 진동이 감쇠되고 있다.

5) 크랭크축의 종류

크랭크축은 1열 크랭크축(single throw crankshaft), 2열 크랭크축(double throw crankshaft), 4열 크랭크축(four throw crankshaft), 6열 크랭크축(six throw crankshaft) 등의 여러 가지 종류가 있다.

크랭크축의 형식과 크랭크 핀(crank pin)의 수는 기관의 실린더 배열에 따라 달라진다. 단열 크랭크축은 1열 성형기관에 사용되며, 2열 크랭크축은 일반적으로 2열 성형기관에 사용된다.

4열 크랭크축은 4기통 수평 대향형, 4기통 직렬 기관, V-8기관에 사용된다. 2개의 열(throw)은 다른 2열과 180° 떨어져 있으며 기관 출력과 크기에 따라 3개 또는 5개의 크랭크축 주 저널이 있다. 베어링은 평형 베어링이고 크랭크 핀 베어링의 윤활을 위해 크랭크 암에는 뚫어진 통로가 있다.

6열 크랭크축은 6기통 직렬 기관, 12기통 V형 기관, 6기통 수평 대향형 기관에 사용된다.

그림 5-24는 대향형 기관의 크랭크축과 캠 기구를 나타내고 있다. 대향형 기관 좌우 피스톤의 왕복 운동에 의한 관성력의 균형을 얻기 위해 크랭크축의 양측에 피스톤이 좌우 대칭적인 운동을 하는 2개의 대칭으로 된 실린더가 기본 단위로 되어 있고 현재 4실린더, 6실린더 및 8실린더의 기관이 제작된다.

4실린더에서는 1번과 2번, 3번과 4번이, 6실린더에서는 1번과 2번, 3번과 4번, 5번과 6번, 8실린더에서는 1번과 2번, 3번과 4번, 5번과 6번, 7번과 8번이 각각 대칭이 되어 있다.

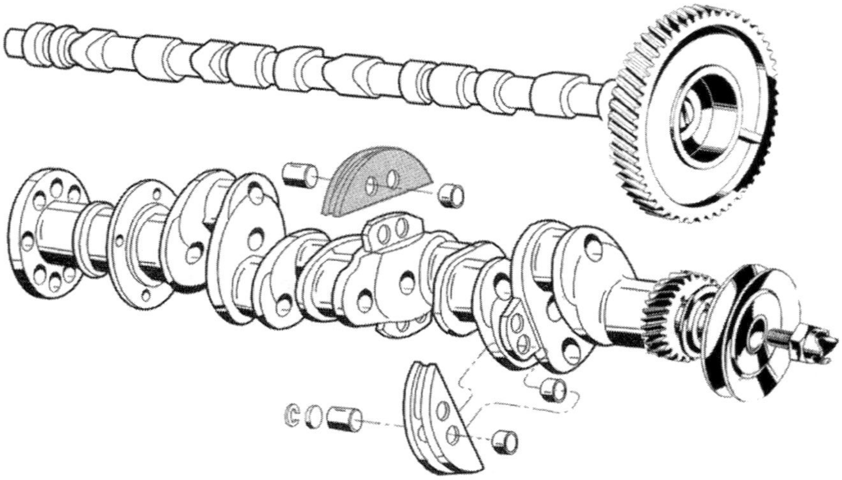

그림 5-24 대향형 기관의 크랭크축과 캠 장치

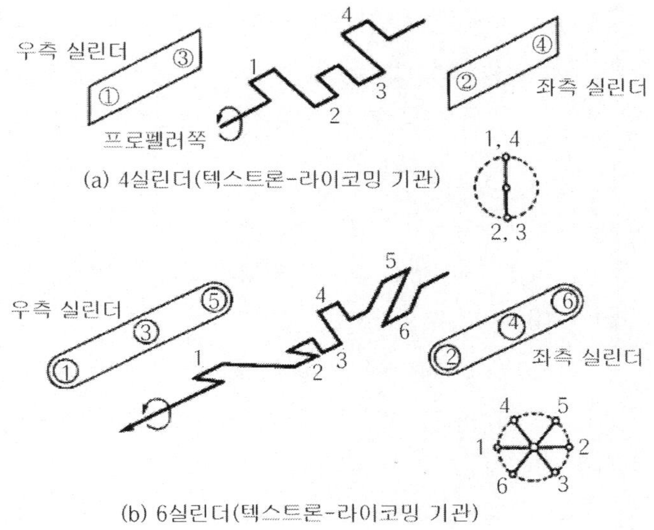

그림 5-25 실린더 수에 따른 크랭크축의 배치

이들 대칭 실린더 크랭크 핀은 180°로 상대각이 되어 있다. 또 기관 전체에서는 균형을 좋게 하고, 진동을 가능한 한 제거하기 위해 각 실린더의 연소를 같은 간격으로 하고 있다.

4사이클 기관에서는 크랭크축의 2회전으로 모든 실린더의 연소가 완료되기 때문에, 연소 간격은 720°/실린더 수가 된다. 4실린더의 연소 간격은 180°이므로, 다음의 실린더가 연소하기 위해서는 크랭크축은 180° 회전하여야 한다. 6실린더의 연소 간격은 120°, 8실린더의 연소 간격은 90°가 된다.

대향형 기관의 크랭크축 배열은 기본이 되는 대칭 실린더의 크랭크 핀을 180°로 배치하고 실린더 수에 맞는 연소 간격이 가능하도록 제작된다. 그림 5-25는 대향형 4실린더 및 6실린더의 크랭크축 배치를 나타내고 있다.

(6) 베어링

회전축을 지지하는 부품을 베어링이라고 한다. 베어링은 그것에 걸린 압력에 견디고 축과의 사이에 마찰이 적은 것이 필요하다. 베어링은 효율이 양호해야 하고 회전 운동이 자유로워야 한다. 간격을 작게 유지하고, 또 부품간의 마찰을 줄여 출력 손실이 과대하게 되지 않도록 하기 위해 많은 형태의 윤활 베어링이 사용되고 있다. 베어링에 작용하는 하중에는 축 중심선과 직각 방향(반지름 방향)으로 작용하는 레이디얼 하중(radial load)과 축 방향에 작용하는 스러스트 하중(thrust load)이 있으며, 베어링에는 레이디얼 하중만을 받는 것과 두 가지의 조합 하중을 받는 것이 있다. 베어링에는 축과 베어링이 면에 접하고 미끄러지는 운동을 하는 미끄럼 베어링인 평면 베어링과 축을 전동체로 받쳐 그 회전과 미끄러짐에 의해 베어링 작용을 하는 회전 베어링으로 크게 두 가지로 나눌 수 있다. 또한 회전 베어링은 볼 베어링(ball bearing), 롤러 베어링(roller bearing), 니들 베어링(needle bearing)으로 나눌 수 있다.

평면 베어링은 면접촉으로 큰 하중에 견딜 수 있으나 마찰이 크고, 또 보통 스러스트 하중은 받을 수 없다. 볼 베어링은 점접촉, 롤러 베어링 및 니들 베어링은 선 접촉으로 이들 회전 베어링은 마찰이 적고 고속 회전에 적당하나 큰 하중에는 적당하지 않다. 볼 베어링은 레이디얼 하중과 스러스트 하중을 동시에 받을 수 있다.

왕복기관에는 그림 5-26과 같은 평면 베어링, 롤러 베어링 및 볼 베어링이 사용되고 있다.

1) 평면 베어링

평면 베어링은 일반적으로 크랭크축, 캠 축, 커넥팅 로드 및 보기류 구동 축 등의 베어링으로서 사용되고 보통 레디얼 하중을 받고 있다. 크랭크축이나 커넥팅 로드 대단부의 평면 베어링은 일반적으로 삼층 베어링이며, 보통 삼층 베어링은 얇은 연강판에 켈멧(동납 합금)층을 용착시켜 그 표면을 니켈 도금하고 그 위에 납-인듐 또는 납-아연 합금으로 도금한 것이다. 베어링 재질은 충분한 압축 및 피로강성이 있어야 하며, 탄성계수와 용융점이 낮고 연성을 가지고 있어야 한다. 강, 켈멧 및 납의 삼층으로 구성되기 때문에 표면은 부드럽고융합이 양호하며 내마모성, 내촉성, 이물 등의 매몰성, 열전도성이 뛰어나고, 또 필요한 강도, 강성도 가지고 있다. 커넥팅 로드 소단부, 락커 샤프트, 보기류 구동축 등의 평면 베어링에는 일반적으로 황동 부싱(bushing)이 사용되고 있다. 다공성 오일라이트 부싱(pours oilite bushing)도 사용되고 있다. 이 부싱에는 오일이 베어 있고, 기관 작동 중의 마찰열로 오일이 베어링면에 나와 윤활된다.

2) 롤러 베어링

롤러 베어링에는 많은 종류가 있으나 항공용 왕복기관에 사용되는 것은 직선 롤러 베어링과 테이퍼 롤러 베어링의 두 가지가 있다.

그림 5-26 베어링의 종류

직선 롤러 베어링은 레이디얼 하중만을 받는 베어링에 사용된다. 테이퍼 롤러 베어링은 내부 레이스와 외부 레이스의 베어링 면이 원추형을 하고 있고 레이디얼 하중과 축 하중의 양쪽을 받는 베어링에 사용된다. 롤러 베어링은 고출력 항공용 기관의 크랭크축을 지지하는 주 베어링으로 많이 사용된다.

3) 볼 베어링

볼 베어링은 안쪽에 홈이 있는 외부 레이스(outer race), 바깥쪽에 홈이 있는 내부 레이스(inner race), 양쪽 홈 사이에 회전 운동을 하는 여러 개의 볼 및 분해 가능하도록 설계된 베어링에서는 베어링 리테이너(bearing retainer)로 구성된다. 볼 베어링은 슈퍼차저의 임펠러 축(impeller shaft)에 베어링으로 사용된다. 또 비교적 고마력의 기관에서 홈이 깊은 볼 베어링이 프로펠러의 추력을 기관에 전달하는 스러스트 베어링(thrust bearing)으로서 사용되고 있다. 또 저마력의 기관에서는 스러스트 볼 베어링은 사용하지 않고 스러스트 와셔(thrust washer) 또는 크랭크축 전방 평면 베어링의 전방 단면을 평면형으로 하여 프로펠러 추력을 받도록 하는 구조도 있다.

5.2.2 흡기 및 배기 밸브와 밸브 작동 기구

(1) 밸브 작동 기구

왕복기관이 올바로 작동하기 위해서는 각 밸브가 올바른 시기와 시간에 열리고 닫혀야 된다. 밸브의 개폐시기를 조절하는 것이 밸브 작동 기구이다. 밸브의 작동에는 회전 운동을 왕복 운동으로 전환하는 캠 기구가 사용된다.

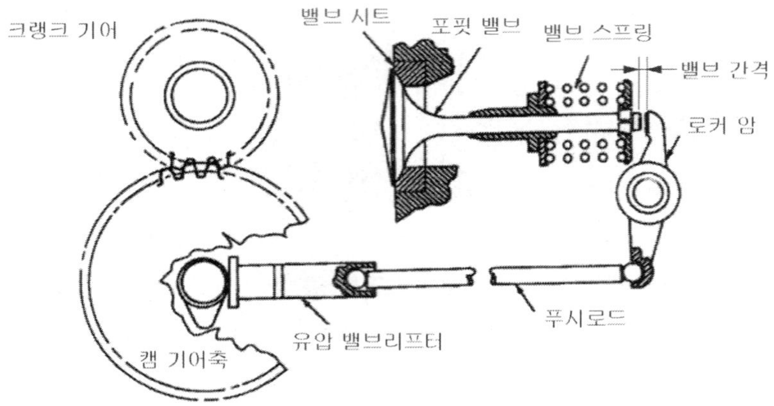

그림 5-27 대향형 기관의 밸브 작동 기구

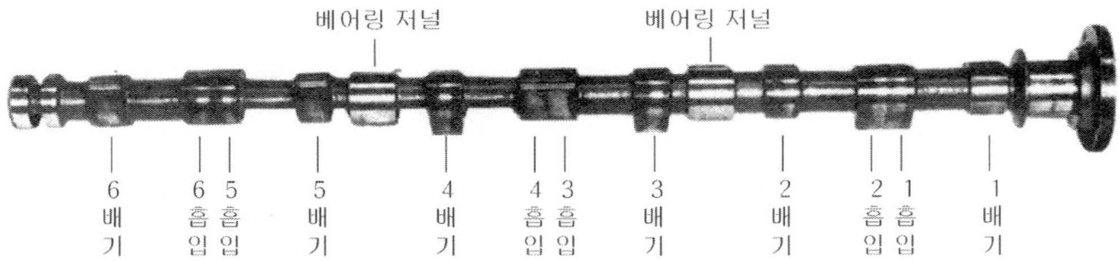

그림 5-28 캠 축에서 캠의 배열

그림 5-27에 대향형 기관의 밸브 작동 기구를 나타낸다. 캠 축이 회전하고 캠산이 유압 태핏을 밀어 올려 푸시로드(push rod)에서 로커 암(rocker arm)을 움직여 밸브의 상단을 밀어 내리므로 밸브를 열게 된다. 캠이 회전하고 유압 태핏이 캠산을 따라 내려감에 따라 밸브는 밸브 스프링의 힘으로 닫히고 밸브 시트(valve seat)에 압착된다. 캠은 대향형 기관에서는 실린더마다 한 조의 흡입 밸브 및 배기 밸브의 캠산을 가지고, 1개의 캠 축에서는 실린더 수만큼의 캠조를 연소 순서에 맞도록 배치하고 있다.

그림 5-28은 6기통 대향형 기관의 캠축이다. 6실린더의 캠 축에서 배기 캠은 6개 있고, 흡입 캠은 대향 실린더와 겸용하기 때문에 3개가 되어 있다. 대향형 기관에서는 그림 5-29에서 보는 바와 같이 대향하는 실린더의 중심선이 전후에 어긋나 있기 때문에, 좌우의 대향하는 실린더가 한 개의 흡입 캠을 겸용하는 것이 보통이다.

캠 축은 크랭크축에서 기어 구동에 의해 회전비 1/2로 회전되고 있다, 4사이클 기관은 크랭크축이 2회전마다 1회 흡기와 배기과정을 행한다.

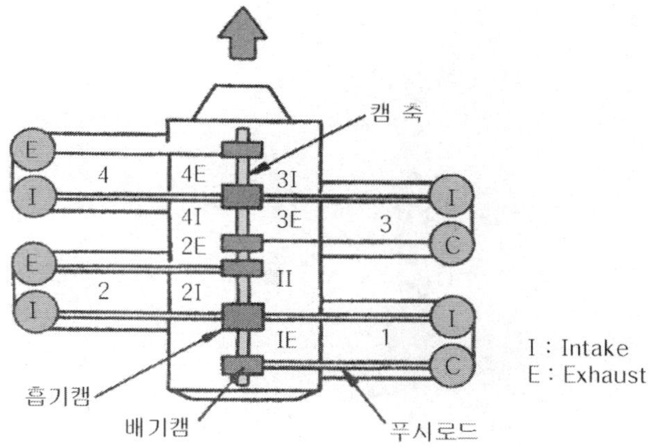

그림 5-29 텔레다인-컨티넨탈 4실린더의 기관

밸브 개폐시기와 밸브의 열림 정도는 캠에 의해 결정된다. 밸브 작동 기구 각 부품의 질량 때문에 관성력이 있으며 특히 고속 회전에서는 부품에서의 운동 관성력이 크므로 밸브개폐에는 큰 힘이 요구된다. 밸브가 닫힐 때에는 관성력으로 밸브가 밸브 시트에 충격을 주어 밸브를 손상시키는 경우도 있기 때문에 밸브 가속도가 작은 것이 좋다.

성형기관의 밸브 작동 기구는 실린더의 열(row)의 수에 따라 하나 또는 2개의 캠 판(또는 캠 링)에 의해 작동된다. 1열 성형기관에는 하나의 캠 판이 사용되며 두 개의 캠 트랙(cam track)이 요구된다. 하나의 캠 트랙은 흡입 밸브를 작동하고 다른 하나의 캠 트랙은 배기 밸브를 작동한다.

그림 5-30은 성형기관의 밸브 작동 기구를 보여준다. 밸브 태핏은 충격을 감소시키기 위하여 하중을 받는 스프링이 있으며 캠 트랙을 따르는 캠 롤러로 되어 있다. 이 태핏은 밸브 태핏 가이드로 둘러 싸여 있다. 밸브 태핏은 속이 빈 푸시로드를 통하여 로커 암까지 윤활유의 통로가 되어 뚫어져 있다.

로커 암은 로커 암과 밸브 끝 사이에 적당한 간격을 유지할 수 있게끔 간격 조절 나사(clearance-adjusting screw)가 있다. 이 간격은 밸브가 열릴 시기와 얼마나 많이 열릴 것인가 얼마나 오랫동안 열려야 할 것인가를 결정하기 때문에 대단히 중요하다. 각 푸시로드를 감싸고 있는 푸시로드 하우징(housing)이라고 부르는 알루미늄 합금 튜브는 밸브 작동기구를 윤활시킨 윤활유를 크랭크케이스로 되돌려 보내는 역할과 푸시로드의 보호 장치이다.

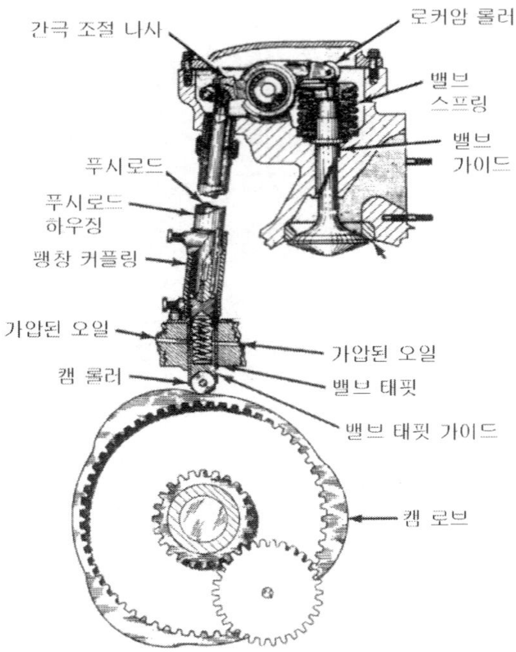

그림 5-30 성형기관에서의 밸브 작동기구

그림 5-31은 성형기관의 캠 링을 보여준다. 캠 링은 외부에 캠 로브가 있는 원형으로 된 강(steel)으로 되어 있다. 로브가 갑자기 나타남으로써 발생하는 충격을 줄이기 위해 로브 가장자리에 램프(lamp)가 있다. 캠 트랙은 로브와 로브 사이의 표면 모두를 포함한다.

그림 5-32는 캠 판(또는 캠 링) 구동을 위한 기어 배열을 나타내며 이 캠 판의 트랙에 4개의 로브를 가지고 있다. 각 로브에서 밸브는 열리고 닫히며, 각 캠 트랙에 4개의 로브를 가지고 있으면 캠 판의 1회전당 밸브를 4번 작동시키고 이때 크랭크축은 8회전한다. 그림 5-32에서 캠링에 연결되어 있는 캠 감속 기어는 크랭크축에 연결되어 있는 기어의 1/8 지름으로서 1/8 크랭크축 속도로 캠 판이 회전하게 감속시킨다. 크랭크축 회전속도에 대한 캠 판 회전속도는 각 사이클당 밸브가 한 번 작동하고 크랭크축은 2회전하므로 다음과 같다.

$$\text{캠 판 속도} = \frac{1}{\text{로브의 수} \times 2} \times \text{크랭크축 회전속도}$$

그림 5-31 캠 링(캠 판)

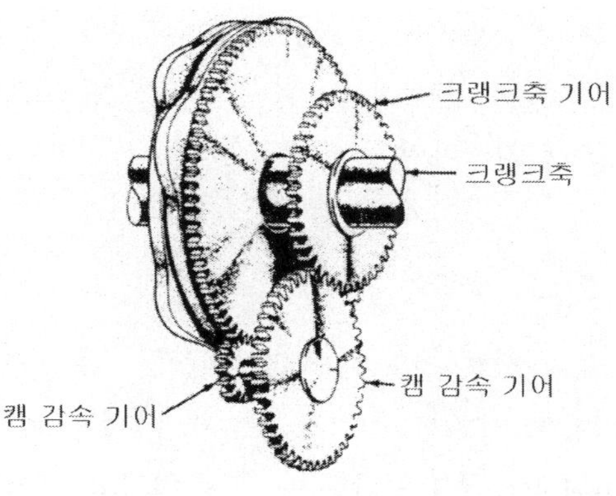

그림 5-32 캠 링 구동을 위한 기어 배열

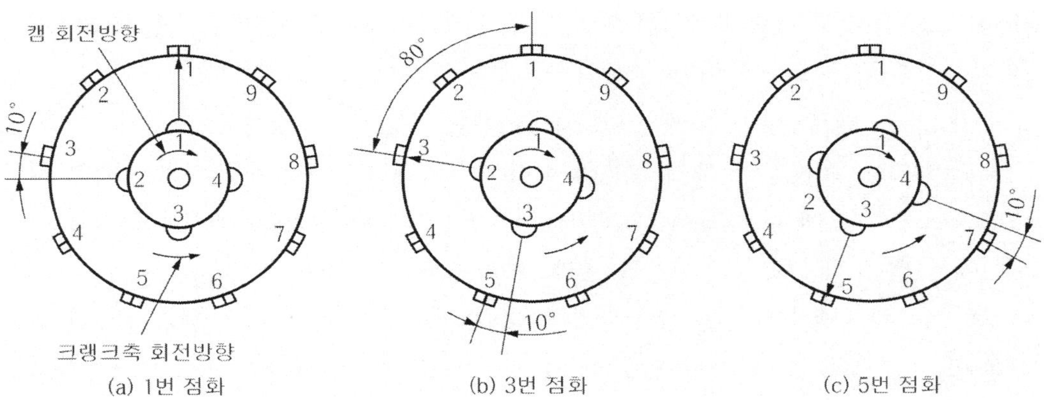

그림 5-33 9기통 기관에서 캠 로브 4개인 경우 점화순서에 따른 캠 판의 작동순서

그림 **5-33**은 내부 기어에 의하여 구동되는 캠 판을 설명한 것이다. 9기통 성형기관에 사용되는 4로브 캠 판은 크랭크축과 반대 방향으로 회전한다는 것을 알 수 있다. 큰 바깥 링은 9기통 성형기관의 실린더를 나타내고 중앙에 작은 링은 캠 링을 나타낸다. 이 기관의 점화 순서는 1-3-5-7-9-2-4-6-8이다.

첫 선도에서 No.1 캠 로브는 맞은편 No.1 실린더에 있고 캠이 No.1 흡입 밸브를 작동한다고 가정할 수 있다. 점화 순서에 따라 No.1 실린더로부터 다음 실린더인 No.3 실린더로 움직일 때 9기통 기관이므로 기관 2회전(720° 크랭크각)에서 각 점화 사이에는 크랭크축이 80° 회전하여야 한다. 캠 로브가 4개일 때 캠은 1/8 크랭크축 속도로 회전하므로 캠 로브는 크랭크축이 80° 회전하는 동안 크랭크축과는 반대방향으로 10° 움직인다.

이렇게 하여 No.2 캠 로브는 둘째 선도에서 보는 바와 같이 맞은편 No.3 실린더에 있을 것이다. 크랭크축이 No.5 실린더의 흡입 작용까지 80° 회전할 때 No.3 캠 로브는 맞은편 No.5 실린더에 있다.

(2) 밸브

흡 · 배기 밸브는 모두 연소실에서 2,000℃에 달하는 고온 가스에 노출되고 높은 연소압력을 받아 매초 15~40회 정도의 비율로 개폐되기 때문에, 내열성 · 내마모성 · 내촉성이 뛰어난 합금강으로 만들어져 있다. 또 기관 효율을 높이기 위해 가스 흐름에 대항하는 저항이 적고 기밀성이 좋은 것이 요구된다.

흡기 밸브는 고강도 합금강으로 만들어져 있으며 밸브 헤드는 평면(flat)이거나 튤립(tulip)모양을 갖고 있으며 밸브가 열렸을 때 실린더로 유입공기 흐름을 좋게하고, 밸브 열리는 기간을 크게 하기 위하여 밸브 시트각은 약 30°를 주로 사용한다. 그림 **5-34**는 포펫(poppet) 밸브의 헤드모양을 나타내고 있다.

배기 밸브는 열려 있을 때에 고온의 배기가스 흐름에 노출되어 과열되기 쉽고 최고 700~800℃ 정도에 닫히기 때문에 밸브 냉각을 고려하여야 한다. 배기 밸브 시트각은 밸브에서 밸브 시트로 열의 흐름을 좋게 하기 위해 약 45°로 한다.

그림 **5-35**는 밸브 냉각을 위한 열흐름도를 나타내고 있다. 밸브는 밸브 헤드가 가장 고온이고, 그 열은 밸브가 닫혀 있을 때에는 밸브 시트에서 실린더로, 또 밸브 스템(valve stem)을 통해 밸브 가이드(valve guide)에서 실린더로 전달된다. 밸브가 열려 있을 때에 열은 밸브 축에서 밸브 가이드로 전달되므로, 밸브 축을 두껍게 해서 밸브 가이드와의 접촉면적을 늘리는 것에 의해 열의 발산을 좋게 하고 있다. 또 밸브 헤드의 열을 빨리 밸브 축에 전달하기 위해 밸브 축을 중공으로 해서 그 내부에 금속 나트륨을 내부 용적률로 약 60% 정도 봉입한 중공 냉각 밸브도 많이 사용되고 있다. 배기 밸브의 헤드는 버섯 모양을 하고 있다. 그림 **5-36**은 금속나트륨을 사용하는 배기 밸브의 개략도이다.

금속 나트륨의 용융점은 98℃, 비등점은 880℃이므로 밸브의 열에 의해 녹아 액체상태가 되고 중공 내부에서 급격하게 대류하는 것에 의해 밸브 헤드의 열을 신속히 밸브스템 및 밸브 가이드를 통해서 실린더 헤드와 핀으로 전달한다. 흡기 밸브는 밸브가 열려 있을 때 흡입 혼합기에 의해서도 냉각되므로 특별히 냉각이 필요하지 않다. 흡기 밸브는 체적 효율을 높이는 것을 중시하고 가스의 흐름을 좋게 하도록 밸브 축을 가늘게 하거나

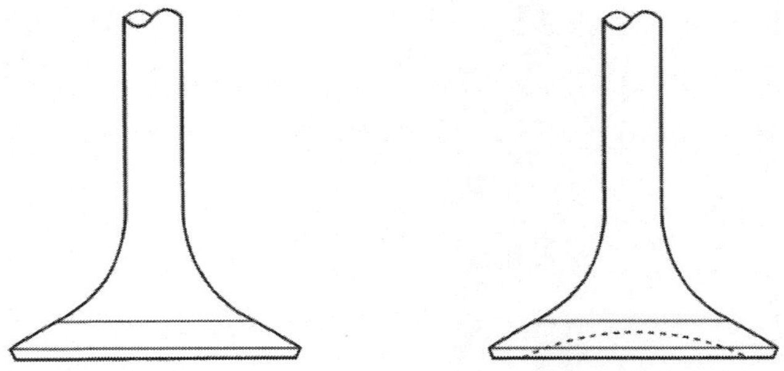

그림 5-34 포핏밸브 헤드 모양

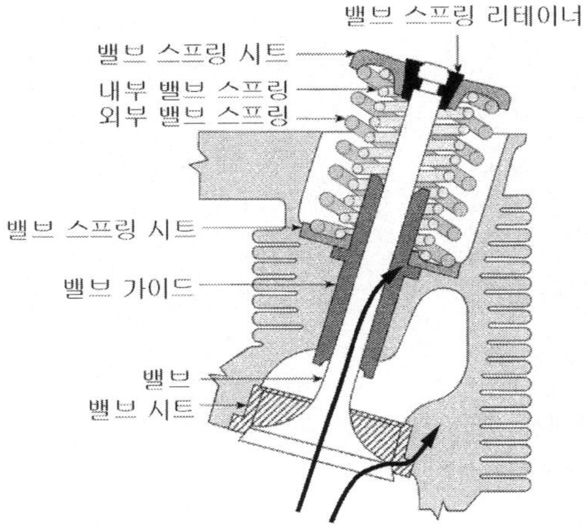

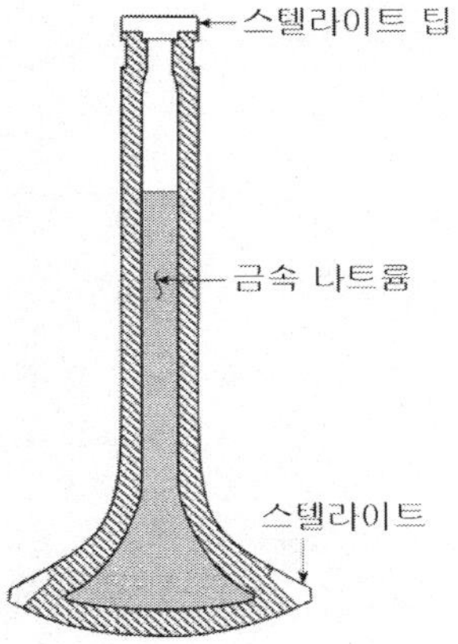

그림 5-35 밸브의 냉각

그림 5-36 금속나트륨이 채워진 중공 배기 밸브 형상

또 배기 밸브보다도 지름을 크게 한다. 비교적 저온의 흡입 밸브는 니켈-크롬-몰리브덴강을 사용하며 밸브 시트도 보통 청동으로 만든다. 고온의 배기 밸브는 단조 고강도 합금강을 사용하며, 밸브 시트와 접하는 밸브면에 고온가스에 의한 부식에 강하고 내마모성이 증가된 텅스텐, 코발트, 크롬의 합금인 스텔라이트(stellite)를 용접한 것도 있다. 배기 밸브 시트각은 밸브가 시트에 안착시 접촉 압력을 줄이고 밸브표면에 탄소가 쌓이는 것을 방지하기 위하여 흡기 밸브 시트각보다는 큰 45°를 주로 채택한다. 흡기 및 배기 밸브는 고온 작동시 기밀성 향상을 위해 밸브 시트와 선접촉을 하도록 하며, 이를 위해 밸브면이 밸브 시트보다 약 0.5~1° 작게 하고 있으며 이 차이각을 간섭각

(interference angle)이라 한다. 밸브 시트가 끼워지기 위해 들어간 자리와 밸브 가이드 구멍의 축은 일치하여야 하며 가공시에는 이들 중심축이 동일선상에 있도록 하는 선 보링(line boring) 방법을 사용한다. 밸브 가이드와 밸브 시트의 바깥지름은 각각 시트 장착되는 안지름보다 수천 분의 1 in만큼 크지만 밸브 가이드나 밸브 시트는 각각 드라이아이스로 냉각되고 장착될 곳은 오븐으로 가열시켜 억지로 끼워 맞춤을 한다. 기관이 작동할 때는 동일 온도에서 작동되므로 밸브 가이드와 밸브 시트는 잘 끼워져 장착되게 된다. 밸브 가이드는 장착 후에 리머(reamer)로 설계 지름 크기로 가공되며, 밸브 시트는 장착 후에 밸브 가이드와 같은 중심축을 가지면서 설계 시트각이 되도록 마무리된다.

로커 암이 접촉하는 밸브 팁(valve tip)에는 스텔라이트를 용접하기도 한다. 밸브 축은 질화 또는 크롬 도금에 의해 표면을 경화시킨다. 밸브는 저속 회전에서 캠의 형상처럼 개폐되지만, 고속 회전이 되면 밸브는 그 관성력 및 밸브 스프링의 진동에 의해 캠의 형상과 정확하게 일치하여 작동하지 않을 수도 있다. 그림 5-37은 캠 양정곡선과 실제 밸브의 양정이 다를 수 있다는 것을 나타내고 있다. Ⅰ점에서는 푸시로드의 휘는 것에 의해 밸브의 움직임이 늦어지고 최대가속도가 생기는 Ⅱ점에서 밸브는 그 관성력 및 푸시로드의 휘는 것이 회복돼서 튀어 오르고 리프트가 종료한 Ⅲ점에서는 밸브 스프링의 진동에 의해 밸브가 진동하기도 하며, 이 현상을 밸브 바운스(valve bounce)라 한다. 밸브 작동 시기가 어긋나거나 고압축 기관에서는 상사점에서 밸브와 피스톤 상부와의 간격이 작으면 밸브가 피스톤 상부에 부딪쳐 밸브나 피스톤이 손상되는 문제가 생길 수도 있다.

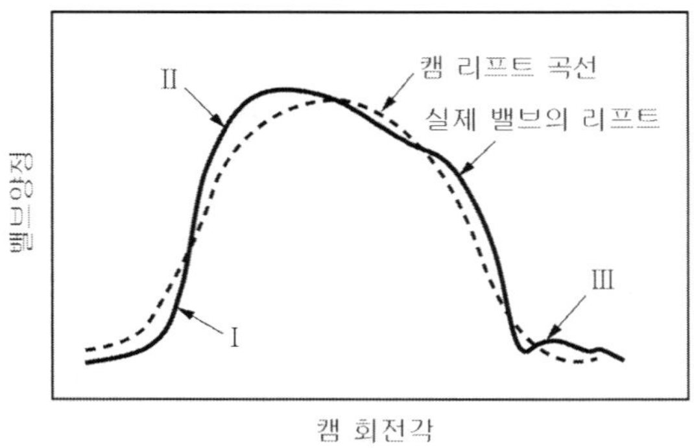

그림 5-37 캠 리프트 곡선과 밸브 바운스

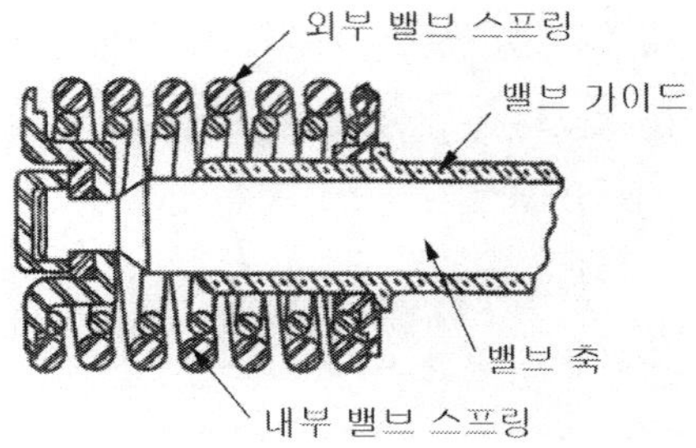

그림 5-38 이중 밸브 스프링

밸브 가이드는 밸브 스템을 지지하고 안내한다. 고온 조건하에서도 밀폐를 유지시키기 위하여 밸브 가이드는 0.001~0.0025 inch로 수축 접합한다. 밸브 가이드의 재료는 알루미늄 청동(aluminum bronze), 주석 청동(tin bronze) 또는 강철로 제작된다.

실린더 헤드는 알루미늄 합금으로 되어 있기 때문에 밸브 개폐시 충격에 잘 견딜 만큼 강하지 못하므로 밸브 개폐시 밸브가 위치하는 곳에 청동이나 강으로 제작된 밸브 시트가 장착된다.

한 대표적인 6기통 수평 대향형 기관의 흡입 밸브 시트는 알루미늄 청동으로, 배기 밸브 시트는 크롬 몰리브덴강으로 되어 있다. 밸브 시트를 장착시 밸브 시트의 바깥지름이 시트가 장착될 곳보다 0.007~0.0015 inch 더 크다. 밸브 시트를 실린더에 장착할 때는 실린더 헤드를 575℉(301℃) 이상 열을 가하고 시트는 드라이아이스(dry ice)로 차게 해서 장착한다.

밸브 스프링은 밸브가 닫혀 있을 때는 밸브를 밸브 시트에 밀착시켜 연소실의 기밀을 유지하고 밸브의 개폐 운동 중에는 로커 암, 푸시로드, 태핏 및 캠 사이에 간격을 만들지 않으므로 캠 리프트 곡선대로 밸브를 작동시키도록 하고 있다. 밸브 스프링의 진동수가 스프링의 고유 진동수와 동일하거나 그 정배수가 될 때에는 캠에 의한 작동과는 관계없이 스프링의 공진이 생기고 밸브의 떨림현상이 발생한다. 이것을 밸브 스프링의 서징(surging)이라고 한다. 서징이 생기면 밸브 스프링의 코일 간격이 주기적으로 좁게 되거나 넓게 됨으로 해서 스프링의 진동에 의해 밸브도 진동하여 밸브의 개폐시기가 어긋난다. 또 부분적으로 큰 입축력이나 변형이 생겨 손상되거나 밸브가 밸브 시트에 충돌함에 의해 밸브 시트의 마모를 빠르게 한다. 따라서 밸브 스프링의 고유 진동수를 높여 서징을 방지함과 동시에, 상호 묶음 방향이 다른 지름과 피치가 다른 내외부 이중의 밸브 스프링을 조합하므로 서징을 방지한다. 이중스프링을 사용하면 스프링 1개가 절손되었을 때 안전성도 향상된다. 내외부 2개의 밸브 스프링의 하중 분담은 바깥쪽 큰 스프링이 60%, 안쪽이 40% 정도이다.

SI기관에서 흡기 밸브와 배기 밸브를 동일 선상에 두는 것은 아니다. 반구형 연소실이나 펜트루프형 연소실을 가지는 고성능 기관에서 흡기 밸브와 배기 밸브는 동일선상에 있지 않으며, 이들 기관에서 밸브는 여러 가지 푸시로드 기구 혹은 더블 오버헤드 캠샤프트(DOHC)에 의해 구동된다. DOHC 기관에서 하나의 캠샤프트는 흡기 밸브를 구동하고 다른 캠샤프트는 배기 밸브를 구동하는데, 이 시스템의 단점은 제2 캠샤프트 때문에 가격이 비싸지고 별도의 가동이나 구동장치가 필요한 것이다. 이와 같은 단점을 해결하기 위해 일부 4밸브 펜트루프형 기관은 단일 캠샤프트로 흡기 밸브를 직접 구동하고 배기 밸브는 로커암을 통해 간접적으로 구동시키는 방법을 사용하기도 한다. 흡기 밸브와 배기 밸브에서 단일 캠 로브(lobe)가 사용되므로 밸브 위상은 밸브와 로커의 기하학적 형상에 의해 결정된다. 고성능 스파크 점화기관에서 각 연소실에서 밸브를 4개 설치하는 4밸브기관이 보편화되고 있다. 연소실당 4밸브기관은 가스유동을 위해서 밸브목 면적을 더 크게 할 수 있고, 밸브 힘이 적게 걸리고, 밸브 시트면적을 더 넓게 할 수 있는 장점이 있다. 밸브 힘이 적게 걸리게 되면 경량 스프링을 가진 경량 밸브가 사용될 수 있으므로 이점이 있다. 또한 이것은 밸브 시트에 작용하는 햄머링 효과도 줄일 수 있다. 밸브 헤드로부터 실린더 헤드로 열이 간헐적으로 전달되므로 밸브 시트 면적이 큰 것은 중요하다.

(3) 밸브 간격

밸브는 운전 중, 고온에 달하고 열팽창에 의해 축 방향으로도 퍼진다. 밸브 작동 기구 중에 열팽창에 의한 신장에 맞게 간격을 맞추지 못하면, 밸브는 신장에 의해 캠산이 작용하지 않는 상태에서도 밸브 시트에서 떨어져 연소실의 기밀이 유지되지 못한다. 기관 작동 중에 각 부품이 열팽창에 의해 변화해도 밸브가 정상적으로 작동하도록 밸브 작동 기구의 중간에 어떤 크기의 간격을 설치하고 있다. 이것을 밸브 간격이라고 하고 캠산이 작용하지 않는 상태에서 로커암의 푸시로드를 아래쪽으로 밀어 넣었을 때, 밸브 팁과 로커 암 사이에 생기는 간격이 밸브 간격이다. 밸브 간격은 기관 형식에 따라서 정해지며, 또 배기 밸브 쪽이 흡입 밸브보다도 고온이 되기 때문에 일반적으로 배기 밸브 간격을 크게 하고 있다. 밸브 간격은 기관이 작동할 때와 식어 있을

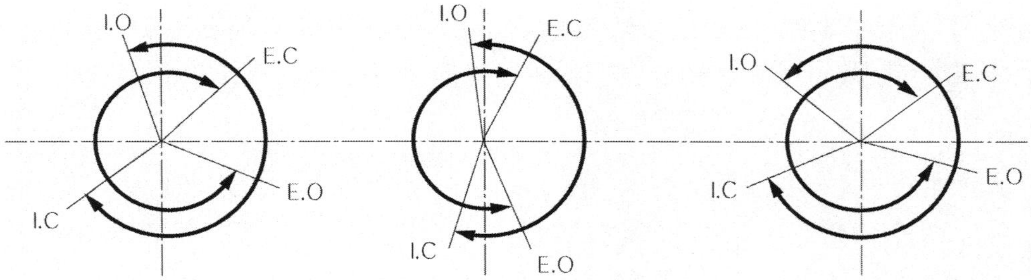

(a) 규정 밸브 개폐시기 (b) 열간시 밸브 개폐시기 (c) 밸브간격을 고려한 밸브 개폐시기

그림 5-39 밸브의 개폐시기

때에는 값이 다르며 각각 열간 간격, 냉간 간격이라 한다. 운전 중에 알루미늄 합금제의 실린더 헤드는 고온이 되고 그 신장이 푸시로드 신장보다는 크고 로커암 중심점이 상대적으로 위로 올라가는 효과 때문에 열간 간격이 냉간 간격보다 크다. 밸브 간격이 밸브 개폐시기에 끼치는 영향을 그림 5-39에 나타내고 있다.

냉간시에는 그림 5-39 (a)와 같이 규정대로 밸브 간격을 조정했다고 하면 작동시에는 열간시로 되어 밸브 간격이 커지고 밸브는 그림 5-39 (b)와 같이 규정보다 늦게 열리고 빨리 닫히게 되며, 설계대로의 성능이 가능하지 않다. 그래서 냉간시의 밸브 간격은 열팽창에 의한 증가분만큼 적게 하고, 밸브 개폐시기를 그림 5-39 (c)와 같이 해두면 처음 작동온도로 설계한 그림 5-39 (a)의 밸브 개폐시기가 가능하다.

대향형 기관의 밸브 간격 조절은 텍스트론-라이코밍 기관에서는 길이가 다른 푸시 로드를 교환하는 것에 의해서, 텔레다인-컨티넨탈 기관에서는 로커 암과의 접촉면을 깎는 것에 의해 행하고 있다.

밸브 간격이 적으면 밸브는 빨리 열리고 늦게 닫혀 밸브의 작동 기간이 길게 되고, 또 너무 작으면 고온시의 간격이 없어지므로 밸브가 눌려 실린더의 기밀을 나쁘게 함과 동시에 푸시 로드를 굽힐 염려도 있다. 밸브 간격이 크면 밸브는 늦게 열리고 일찍 닫혀 밸브의 작동 기간이 짧게 되고, 밸브 오버랩도 줄어든다. 또 밸브 간격이 너무 크면 밸브 작동 기구의 각 접촉부에서의 충격이 크게 되고 마모를 빠르게 하며 소음도 크게 된다.

밸브 간격은 왕복기관의 원활한 작동에 필요하지만, 밸브 간격이 있으면 밸브 작동 기구에 충격을 주고 소음도 발생하기 때문에 간격이 없는 것이 좋으며 이를 위해 그림 5-40과 같은 자동식 밸브리프트 작동장치인 유압 태핏을 사용하고 있다. 유압 태핏을 사용하면 열팽창에 의한 변화에 대해 밸브 간격을 항상 "0"으로 자동 조정하고, 밸브 개폐시기를 정확하게 하고, 밸브 작동 기구의 충격을 없게 하고 소음을 방지하며, 밸브 기구의 마모가 자동적으로 보정되므로, 특히 조정을 행하지 않아도 장기간 정규 출력을 유지할 수가 있고, 밸브 기구의 수명을 길게 할 수 있는 장점이 있다.

그림 5-40의 유압 태핏은 태핏 본체, 플런저 및 소켓으로 구성되어 있다.

유압 태핏은 오일 계통에서 오일 구멍(oil hole)을 통하여 오일 공급실(oil supply chamber)로 압력 오일이 공급된다.

흡기 및 배기 밸브가 닫혀 있을 때, 즉 태핏 본체의 기초면이 캠의 기초 원상에 있을 때는 플런져 스프링이 플런저를 좌로 밀어내고, 푸시 로드를 밀어 올려 로커 암을 밸브로 눌러서 밸브 간격을 제로로 유지하고 있다. 플런저가 좌로 눌러지면 유압실의 체적이 커져 유압이 내려가므로 볼 체크 밸브가 밸브 시트에서 떨어져 오일 공급실에서 오일 압력실로 오일이 유입된다. 캠이 회전하여 캠산이 태핏을 좌로 누르면 플런저 스프링은 즉시 수축하여 유압실의 체적이 감소하기 때문에 실내의 오일 압력이 높아져 볼 체크 밸브가 밸브 시트로 돌아온다. 오일 압력실 내에 갇혀 있는 오일이 오일 기둥 역할을 해서 태핏 본체와 플런저가 일체가 되어 푸시 로드를 밀어 올려 로커 암을 움직이고 밸브를 연다. 밸브가 닫혀서 플런저가 돌아올 때 오일 압력실 내에서 소량의 오일이 플런저 스프링 부분쪽으로 새어서 밸브의 충격을 흡수한다. 플런저에는 항상 소량의 누설 오일이 있고, 이것이 소켓의 오일 구멍을 통하여 푸시 로드의 중공축 내로 들어가 로커 암에 흘러 베어링 등을 윤활하고 있다.

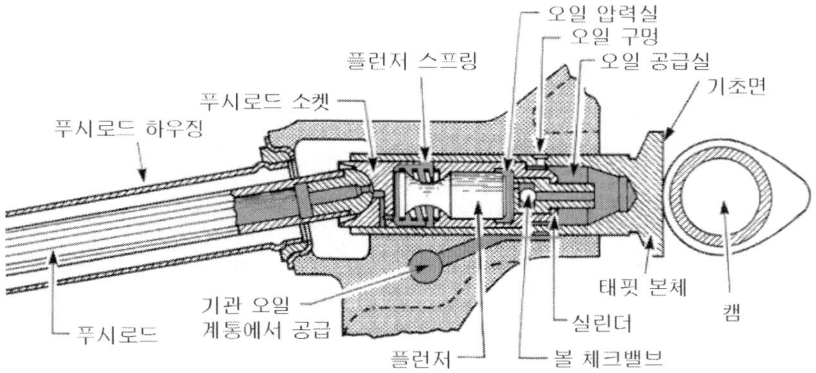

그림 5-40 유압 태핏

(4) 밸브기어의 동적 거동

실제 밸브운동은 밸브트레인 구성요소들의 유한한 질량과 강성도 때문에 이론값과 조금 다르게 되지만 이론적인 밸브운동은 캠과 종동자의 기하학적 형상에 의해 정의된다.

이론적인 밸브 양정(lift), 속도와 가속도는 그림 **5-41**과 같다. 밸브속도는 양정(lift)을 시간으로 미분한 값이며, 가속도는 속도를 미분한 값이다. 밸브가 움직이기 전에 밸브 간격은 좁혀져 없어진다. 밸브운동 기구에서 밸브가 자리잡을 수 있는 충분한 여유를 가진 간격이 있으므로 밸브는 모든 운전조건에서 완전히 닫힐 수 있다. 밸브 간격이 좁혀질 때의 충격스트레스를 제어하기 위해 캠의 초기 속도나 말기 속도가 일정하도록 설계되며 이 기간을 예비캠(pre-cam)구간 또는 램프(ramp) 기간이라 한다. 램프 기간은 밸브가 시트에 접촉하기 직전에 가속도가 0(zero)인 구간으로써 밸브장치의 변형이나 밸브간격을 확보하며, 밸브가 밸브 시트에 부드럽게 접촉하게 함으로써 밸브 시트 마모, 소음 등을 방지하는 역할을 한다. 이 기간에서 밸브간격이나 밸브장치의 변형을 메우는 완충작용을 하므로 밸브는 움직이고 있으나 공기의 유입과 유출은 없으며 램프기간은 보통 20~30 CA이다. 캠의 이 부분은 기관운전 중 여러 다른 간격도 가능하도록 충분한 캠각을 가져야 한다. 충격속도는 정격운전 조건에서 통상 0.5 m/s로 제한된다.

다음은 캠이 밸브를 가속하는 단계이다. 캠은 밸브에 일정한 가속력을 주도록 설계되어야 하지만 이렇게 되면 순간적인 가속도 변화 때문에 하중을 주게 된다. 보다 실용적인 방법은 0(zero)에서 시작하여 최대양정을 변화시킬 수 있는 어떤 함수를 사용하는 것이다. 이러한 함수로는 정현파 함수와 다항식 함수가 모두 다 적절하게 사용될 수 있다. 밸브양정이 최대 위치로 감에 따라 감속도는 밸브 스프링에 의해 조절되며, 밸브가 닫히기 시작할 때 가속도도 밸브 스프링에 의해 조절된다. 밸브가 닫힐 때의 최종적인 감속도는 캠에 의해 조절되며 열릴 때와 같은 상황들이 고려되어야 한다. 캠의 형상은 충격응력을 제한하기 위하여 밸브가 닫히는 속도가 일정하도록 설계되어야 한다.

캠 설계는 복잡한 분야이지만 고속 왕복기관의 성능을 최대로 하기 위해 아주 중요한 부분이다. 캠 설계에는 폴리다인 캠(polydyne cam)이 널리 사용된다. 폴리다인 캠은 캠각도의 함수로써 밸브양정을 정의하기 위해 다항식 함수를 사용하는데, 상수들은 밸브스프링 진동을 기진시키는 조화값들을 피하도록 선정된다.

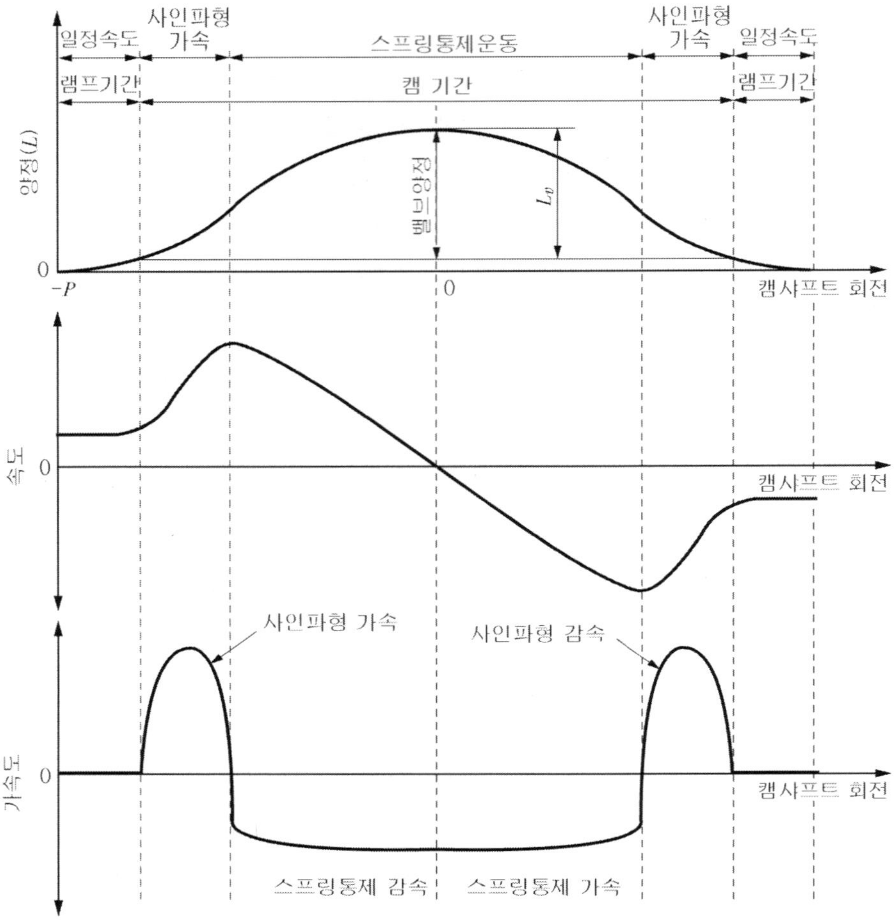

그림 5-41 이론적인 밸브운동

$$L_v = f(\theta) = a + a_1\theta + a_2\theta^2 + a_3\theta^3 + \ldots + a_i\theta^i + \ldots \tag{5 · 1}$$

여기서 a_i는 0이 될 수도 있다.

일정 각속도 w일 때 미분하면

$$\text{속도}(L_v') = f'(\theta) = w(a_1 + 2a_2\theta + 3a_3\theta^2 + \ldots + ia_i\theta^{i-1} + \ldots) \tag{5 · 2}$$

$$\text{가속도}(L_v'') = f''(\theta) = w^2(2a_2 + 6a_3\theta + \ldots + i(i-1)a_i\theta^{i-2} + \ldots) \tag{5 · 3}$$

$$\text{저크}(L_v''') = f'''(\theta) = w^3(6a_3 + \ldots + i(i-1)(i-2)a_i\theta^{i-3} + \ldots) \tag{5 · 4}$$

$$쿼크(L_v'''')= f''''(\theta) = w^4(24a_2 + ... + i(i-1)(i-2)(i-3)a_i\theta^{i-4} + ...)$$
(5 · 5)

속도는 w의 함수이고 가속도는 w^2, 저크는 w^3, 쿼크는 w^4의 함수임을 알 수 있으며, 이것은 왜 밸브기어가 소고에서 문제가 생길 수 있는지를 설명한다. 그림 5-41에서 보인 바와 같이 밸브양정은 최대양정에 대하여 대칭인 것이 보통이며, 이것은 식 (5 · 1)에서 사용되는 θ가 우함수 급수이면 자동으로 만족된다. 또 이 경우 밸브 최대양정(h)에서 저크항은 영이 된다.

고려되어야 할 여러 다른 경계조건은 다음과 같다.

$$\theta = 0, \qquad L_v = L_v$$

$$\theta = p, \qquad L_v' = 0$$

$$\theta = p, \qquad L_v'' = 0$$

$$\theta = p, \qquad L_v''' = 0$$

공기유입량에 대한 캠샤프트의 정도를 표시하기 위하여 널리 사용되는 개념으로 밸브양정 '면적', A_θ가 있으며 다음과 같이 표현된다.

$$A_\theta = \int_{-p}^{p} L_v \, d\theta = 2bp\, L_v \tag{5 · 6}$$

여기서 b는 밸브양정의 유효평균높이이며, L_v의 함수이고, A_θ는 반지름×미터의 단위를 갖는다.

밸브양정 '면적'은 b(보통 0.5 이상)에 의해 나타낼 수 있으며, 식 (5 · 1)에서 네 개의 우함수 급수항이 경계조건과 함께 사용될 때 밸브양정이 결정될 수 있다. 이들 멱함수항의 결정은 간단하지 않다.

실제적으로 밸브양정 특성은 밸브 최대양정 전의 감속과 최대양정 후의 가속을 조절할 수 있는 밸브 스프링의 강성(강성도)에 의해서도 영향을 받는다. 이상적인 경우 스프링력은 최대설계속도에서 요구되는 가속력보다 크며 균일화하여 한다. 가속도는 식 (5 · 3)에 의해 주어지며 질량은 밸브축을 기준으로 할 필요가 있다. 푸시 로드로 작동되는 밸브 시스템에 대하여

$$\text{등가질량}(m_e) = \frac{\text{태핏}+\text{푸시로드 질량}}{(r_r/r_v)^2} + \frac{\text{로커의 극관성}}{r_v^2} + \text{밸브질량}$$

$$+\text{상부스프링 리테이너질량} + \frac{\text{스프링질량}}{3} \qquad (5\cdot7)$$

여기서 r_r 는 로커축에서 캠 작동선까지의 반지름, r_v 는 로커축에서 밸브 중심축까지의 반지름을 나타낸다.

실제적으로 로커암 시스템이 사용될 때 반지름 r_r 와 r_v 의 값은 변한다. 밸브양정을 캠양정으로 바꾸기 위해 우선 공식을 사용함에 있어, 등가질량[식 (5 · 7)]도 밸브양정의 함수임을 기억하여야 한다. 기관의 초과속도 및 밸브기구의 초과마찰에 대비하여 스프링 하중은 추가적인 여유가 있어야 한다. 캠과 태핏의 접촉면에서 힘은 식 (5 · 8)에 의해 주어진다.

$$F = \frac{r_r}{r_v}(m_e \times L_v + F_0 + kL_v + F_g) \qquad (5\cdot8)$$

여기서 F_0 는 밸브 스프링의 초기하중, F_g 는 밸브 헤드에 작용하는 가스력, k 는 밸브 스프링 상수를 나타낸다.

그림 5-42는 여러 속도에서 캠과 태핏의 접촉면에서의 힘을 나타내고 있는데, 이 힘은 밸브 스프링의 정역학적인 힘을 따른다. 저속에서 최대 힘은 최대밸브양정에서 일어나는데, 그 이유는 이때 밸브 스프링력이 가장 우세하기 때문이다. 기관속도가 증가함에 따라 가속항이 우세해지며 가장 큰 힘은 최대가속이 일어난 직후에 일어난다.

밸브 스프링에서 일어날 수 있는 문제는 코일 상호간의 진동현상인 서지(surge)이다. 밸브 스프링의 고유진동수는 캠샤프트 진동수보다 한 차수 더 높을 수 있다. 그러나 캠의 운동이 복잡해지면 높은 조화항이 존재하여 밸브 스프링을 공진시킬 수 있다. 이렇게 되면 스프링은 더 이상 힘/양정 법칙을 따르지 않고 스프링력은 떨어지게 된다.

한쪽 단이 고정된 스프링의 고유진동수는 다음과 같다.

$$\frac{1}{4}\sqrt{\left(\frac{k}{m}\right)}\ \text{rad/s} \qquad (5\cdot9)$$

이것은 다음과 같이 다시 쓸 수 있다.

$$\frac{D}{d^3}k\sqrt{\left(\frac{2}{\pi^2 G}\right)}\ \text{rad/s} \qquad (5\cdot10)$$

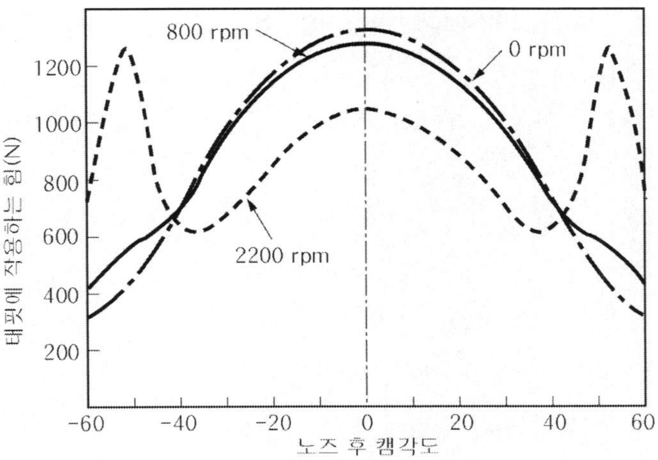

그림 5-42 여러 기관속도에서 캠과 태핏 접촉면에서의 작용력

여기서 D는 코일 평균지름(m), d는 권선 지름(m), G는 체적탄성계수(N/m^2)를 나타낸다.

코일스프링의 표준식에서, 높은 고유진동수가 요구되면, 주어진 스프링 상수에서 높은 스프링응력이 유도됨을 알 수 있다. 따라서 단일 스프링으로는 서지를 피하지 못할 수도 있다. 두 개의 동심스프링을 사용하면 서지가 일어나는 주파수가 다르므로 서지문제는 완화될 수 있다. 불균일한 코일 피치를 만들거나 마찰댐핑을 주는 물체에 코일을 문지르게 함으로써 서지를 조절할 수도 있다. 밸브가 열리기 시작한 후부터 스프링의 어떤 코일이 다른 것보다 더 밀착되면 스프링은 더 이상 단일 고유진동수를 가지지 않으므로 공진을 방지할 수 있다.

캠과 태핏의 접촉면에서의 힘[식 (5 · 8)]은 또 접촉응력에서도 영향을 준다. 두 개의 탄성 실린더가 접촉할 때 헤르츠응력(σ)은 다음과 같이 제시된다.

$$\sigma = \sqrt{\left(\frac{F}{\pi L} \times \frac{(1/r_1)+(1/r_2)}{\left[(1-\nu_1^2)/E_1\right]+\left[(1-\nu_1^2)/E_2\right]}\right)} \qquad (5 \cdot 11)$$

여기서 L은 접촉영역의 넓이, r은 곡률반지름, ν은 Poisson비, E는 Young률을 나타낸다.

평면 종동자에서 $1/r$은 0이 된다. 식 (5 · 11)은 선접촉을 예측하지만 선은 유한넓이를 가지므로 응력등고선에서 불연속을 유발한다. 이러한 불연속은 접촉면의 피로수명에 나쁜 영향을 준다. 이론적인 선접촉은 구형표면(매우 큰 곡률 반지름)을 가진 태핏이나 제2의 곡률반지름을 가진 캠(캠샤프트축 상에 놓여 있으며 매우 큰 곡률반지름을 가짐)에 의해 이론적인 점접촉으로 변경된다. 이론적인 점접촉은 타원 접촉면을 넓히고 응력 불연속을 갖지 않는다.

밸브양정은 캠각도의 함수로 표시되고 남은 것은 기초원 지름을 결정하는 것이다. 기초원 지름을 증가시키면 캠과 태핏의 접촉면에서의 미끄럼 속도도 증가한다.

그림 5-41에 보인 바와 같이 이론적인 밸브 열림과 닫힘시기는 밸브 간격에 의존한다. 따라서 밸브타이밍은 보통 밸브가 가속을 시작할 때부터 감속이 끝나는 사이의 기간을 말한다. 밸브양정은 같은 기간 동안의 양정을 말하며 밸브기구에서의 부하를 제한하기 위해 보통 약 0.25 D_v 로 제한된다.

스프링 조절운동 동안 요구되는 힘이 스프링 힘보다 크면 밸브운동은 캠을 따라 가지 않고 밸브는 점프한다. 가속력은 기관속도의 제곱에 비례하여 증가하므로 밸브가 점프하는 이론속도는 계산될 수 있다. 실제로 점프가 일어나는 속도는 다른 부품의 탄성과 스프링의 유한질량 때문에 이것보다 작다.

밸브의 이론적인 운동과 실제 운동은 그림 5-43과 같다. 밸브의 안착속도가 너무 크거나 밸브 스프링의 초기장력이 너무 작으면 밸브 바운스(bounce) 현상이 일어난다. 이렇게 되면 특히 배기 밸브는 손상되기 쉽다.

밸브의 동적 효과를 최소화하기 위해서 밸브는 가능한 한 가벼워야 하며, 밸브기어는 가능한 한 강성이 커야 한다. 캠샤프트는 큰 지름을 가지고 베어링에 의해 잘 지지되어야 하고 캠은 가능한 한 넓어야 한다. 중간부품들은 가능한 한 가볍고 강성을 가져야 한다.

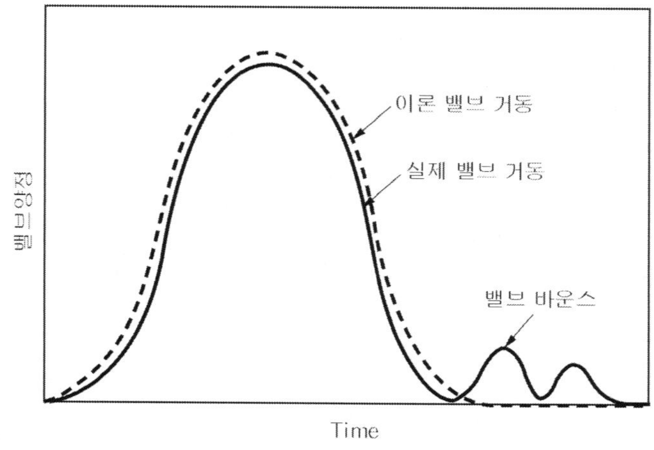

그림 5-43 밸브의 이론운동과 실제 운동 비교

5.2.3 보기류와 프로펠러의 구동

(1) 보기 구동 기구

프로펠러 가버너, 타코미터 제너레이터, 마그네토, 연료 펌프, 오일 펌프, 발전기 등의 보기류는 크랭크축의 기어열로 구동된다. 기어 구동 기구는 일반적으로 기어의 조합으로 이루어진다. 그림 5-44는 텍스트론-라이코밍사의 대향형 기관의 보기 기어구동 예를 나타내고 있다.

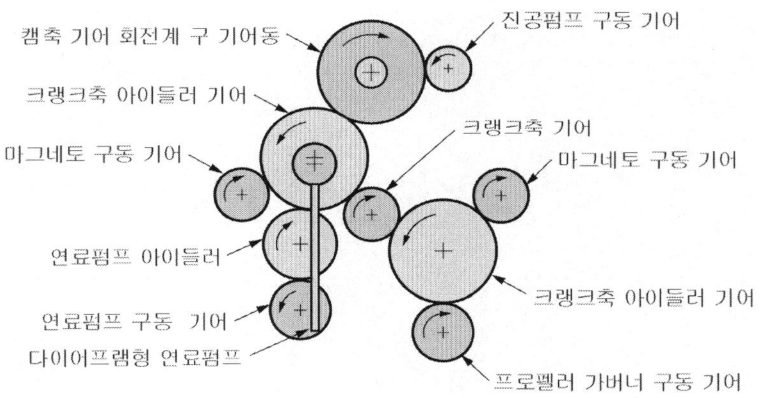

그림 5-44 구동 기어열(텍스트론-라이코밍 O-320, 340, 360)

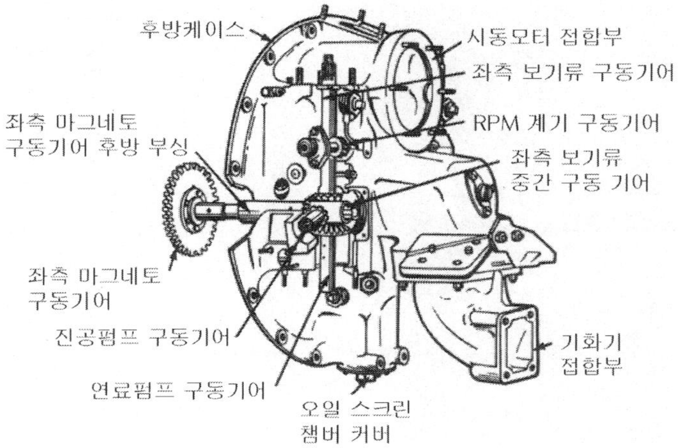

그림 5-45 6기통 대향형 기관의 보기 케이스

보기류는 기관 형식에 의해 장착되는 장소가 다르다. 일반적으로는 기관 후방에 보기류 케이스를 설치, 보기 구동 계통을 수용하고 있다. 보기 케이스는 알루미늄 합금 또는 마그네슘 합금에 의한 주물 구조로 되어 있다. 보기 구동축은 보기류 케이스의 부싱(bushing)으로 지탱된다.

그림 5-45는 텍스트론-라이코밍 대향형 기관의 보기 케이스(accessory case)를 보여주고 그림 5-46은 Pratt & Whitney R-985 성형기관의 보기부를 보여준다.

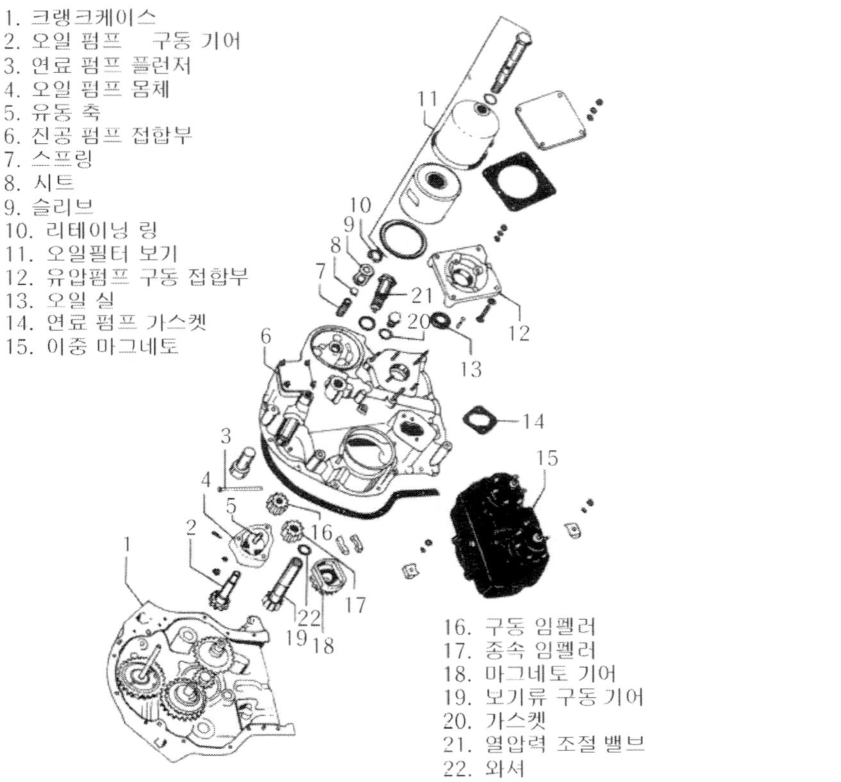

그림 5-46 P&W R-985 성형기관의 보기부

(2) 프로펠러 및 감속기어 장치

대향형 기관에 프로펠러를 장착하는 방법은 플랜지와 스플라인 2종류가 있다. 플랜지 설치에서는 크랭크축의 전방에 축과 하나인 플랜지가 있어 여기에 시동 기어 및 프로펠러가 그림 5-47과 같이 장착된다. 프로펠러 허브(hub)도 플랜지 구조로 되어 있어서 6개 또는 8개의 볼트로 크랭크축의 플랜지에 장착된다.

스플라인 장착에서는 프로펠러 축에 스플라인이 있어서 여기에 프로펠러 허브 내측의 스플라인을 맞물려 프로펠러 장착 너트를 프로펠러 축 끝에 나사를 조여서 프로펠러 축에 고정한다.

프로펠러를 감속하지 않고 직접 구동하는 기관은 모두 플랜지 장착이고 크랭크축에 플랜지를 갖고 있다. 감속 장치를 내장하고 감속하여 프로펠러를 구동하는 기관에서는 스플라인과 플랜지 2종류가 있다.

기관의 출력은 토크와 회전의 곱에 비례하기 때문에, 기관의 고출력화에 따른 크랭크축의 회전수는 커진다. 또 프로펠러도 기관이 발생하는 대출력을 흡수하기 때문에 지름이 크게 된다. 지름이 큰 프로펠러를 고속으로 회전시키면 팁 속도가 음속에 가까워서 프로펠러 효율이 급격하게 떨어지기 때문에 감속 장치에 의해 프로펠러의 회전속도를 제한하고 있는 기관이 있다. 사용되는 기어형식은 스퍼기어와 유성기어 방식이 있다. 그림 5-48은 프로펠러 감속기어를 보여주고 있다.

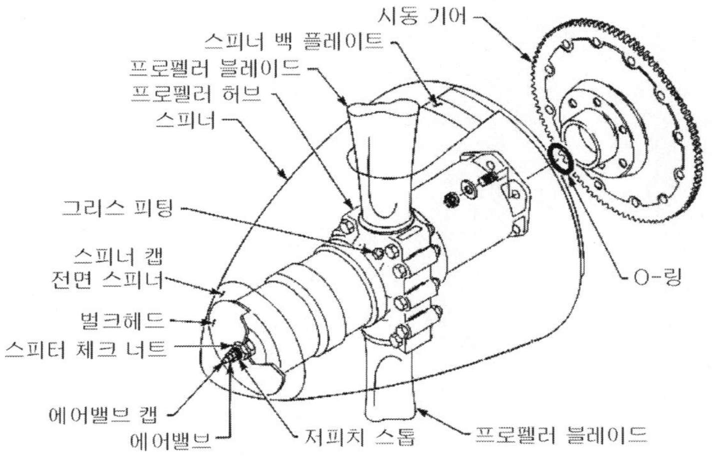

그림 5-47 플랜지 장착 프로펠러

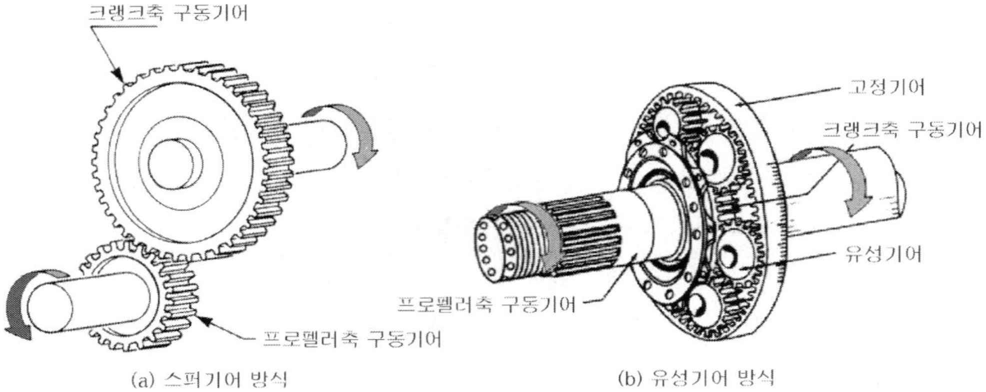
크랭크축 구동기어
프로펠러축 구동기어
(a) 스퍼기어 방식
고정기어
크랭크축 구동기어
유성기어
프로펠러축 구동기어
(b) 유성기어 방식

그림 5-48 감속기어

연습문제

1. 크랭크케이스의 기능에 대하여 설명하라.

2. 성형기관의 크랭크케이스의 주요 부분을 열거하고, 각각의 기능을 설명하라.

3. 헬리 코일(heli-coil) 삽입의 목적은 무엇인가?

4. 실린더 배럴을 제작하는 과정을 설명하라.

5. 질화물 처리란 무엇인가?

6. 초크보어 실린더란 무엇이며 초크보어 실린더에서 어느 치수가 더 적은지 설명하라.

7. 피스톤의 주요 기능은 무엇이며, 피스톤을 알루미늄 합금으로 만드는 이유는?

8. 5개의 피스톤 링 중에서 일반적으로 상부 3개의 홈에 장착되는 피스톤 링과 하부 2개의 링의 형식에 대하여 설명하라.

9. 피스톤 상부 근처의 피스톤 링이 피스톤 하부 근처의 피스톤 링보다 측면 간격이 더 큰 이유는 무엇인가?

10. 오일링 홈 내부를 피스톤 벽을 통하여 뚫은 목적은 무엇 때문인가?

11. 포크와 블레이드 커넥팅 로드를 사용하는 기관의 형식은 무엇인가?

12. 대향형 기관과 성형기관의 크랭크축의 주요 부품을 열거하라.

13. 마스터 로드와 아티큘레이티드 로드 어셈블리에 대하여 설명하라.

14. 크랭크축 내의 오일 통로와 슬러지 챔버에 대해 설명하라.

15. 동적 댐퍼(dynamic damper)의 작동 원리에 대하여 설명하라.

16. 평형 베어링이 납, 은 또는 배빗과 같은 연한 금속으로 되어 있는 이유는 무엇인가?

17. 배기 밸브의 냉각방법을 설명하라.

18. 실린더 헤드 내에 밸브 가이드를 장착하는 이유는 무엇인가?

19. 밸브를 닫을 때 2개의 코일 스프링이 사용되는 이유는?

20. 실린더 헤드 흡입 밸브 쪽과 배기 밸브 쪽을 구별하는 방법은 무엇인가?

21. 밸브의 열간 간격과 냉간 간격의 차이를 설명하라.

22. 항공기 기관에 있어 밸브의 열간 간격이 냉간 간격보다 큰 이유는 무엇인가?

23. 유압 밸브 리프터가 장착된 기관의 작동 밸브 간격은 얼마인가?

24. 밸브 리프트에서 "zero lash"란 무엇이며 유압 밸브 리프터의 주요부품을 설명하고 작동원리를 설명하라.

25. 프로펠러 감속 기어의 목적은 무엇인가?

CHAPTER 6
항공기 왕복기관

흡기 및 배기 시스템

왕복기관에서 흡기 및 배기과정은 비정상 유동과정이므로 체적효율을 높이고 최적성능을 얻기 위한 흡배기 시스템의 설계를 위해서는 맥동유동의 성질과 유동의 상호작용을 이해하여야 한다. 흡기 및 배기통로에 소음저감장치를 설치하면 압력 강하가 생기므로 소음 저감과 성능 사이에 최적화가 이루어지도록 흡배기 시스템을 구성하여야 한다.

6.1 흡배기 유동특성

기관에 요구되는 공기연료비가 정해질 때 기관의 출력은 실린더로 유입되는 공기량에 따라 연료량을 조절하여 분사해 주므로 평균유효압력 및 체적효율은 유입공기질량에 비례한다. 고효율, 고출력기관이 되기 위해서는 실린더로 유입되는 흡입공기의 관성효과, 맥동효과, 램효과를 적절히 이용하여 실린더로 들어가는 공기중량을 최대로 하여야 한다.

6.1.1 흡입공기의 관성효과, 맥동효과, 램효과

관성효과, 맥동효과, 램효과에 의해 실린더 내로의 흡입공기량이 증대하면, 공기연료비는 일정하게 유지한 채로 실린더에 연료를 더 넣을 수 있어 출력을 증가시킬 수 있다. 이렇게 하여 출력을 10~20% 증대시킬 수 있고 연료소비율은 약간 감소시킬 수 있다. 연료소비가 감소하는 이유는 출력 증가에 따라 마찰이 비례적으로 증가하지 않기 때문이다.

기체 덩어리가 매니폴드 및 포트와 같은 관 안에서 흐를 때 기체는 일종의 기주(air column)로 생각할 수 있으며 질량과 탄성을 가지고 운동한다고 생각하여 관성이 있다. 기관 운전시 피스톤의 하강에 의해 생기는 실린더 내의 부압에 의하여 실린더 내로 새로운 혼합기가 유입되는데 유입혼합기는 흡기 매니폴드 내에서 가속되어 일종의 기주(air column)를 만들어 피스톤이 하사점을 지나도 유입혼합기의 관성력과 실린더 내 압력이 균형이 될 때까지 유입은 계속되며 체적효율을 높이기 위해 압력의 균형점에서 흡기 밸브를 닫는다. 관성효과는 흡배기 과정의 초기에 시스템에 생긴 압력파가 같은 사이클의 흡배기 과정의 후반에 미치는 영향이다. 예를 들어 그림 6-1 (a)와 같이 흡기 행정에서 흡기 밸브가 갑자기 열리면 밸브 입구 부근은 밀도가 낮은 희박파가 생기고 기주의 관성으로 관 입구부쪽은 주위압력 그대로 있게 된다. L/a 시간 후에는 부(−)의 희박파가 관 입구부는 열려 있으므로 반대성질의 파동으로 반사하여 정(+)의 압력파로 반사하여 되돌아오기 시작하여 2L/a 시간 후에는 정(+)의 압력파가 흡기 밸브 쪽으로 도달하게 된다. 흡기 밸브가 최대로 열렸을 때의 압력(밀도)이 높은 정압파가 되도록 하면 높은 체적효율을 얻을 수 있다. 흡기밸브가 열려있는 총 기간을 θ_s라 하면 흡기 밸브가 최대로 열리는 기간은 $\theta_s/2$가 되고 이 시기에 반사파 도달시간과 일치하도록 하면 된다. 즉 흡기 밸브 열림시간은 $\frac{\theta_s}{360}\frac{60}{n}=\frac{\theta_s}{6n}$이 되고 최대 열림 시간은 $\frac{\theta_S}{12n}$이고 이것이 2L/a와 일치하면 되므로 관성효과를 이용하는 흡기관 길이는 $L=\frac{c\theta_S}{24n}$가 됨을 알 수 있다. 여기서 c는 음속이고, n는 rpm이다. 계산된 흡기관의 길이에는 실린더 궤적이 포함된 등가길이이다. 이러한 기주의 관성에 의한 실린더 내로의 유입을 흡기 시스템의 관성효과라 한다. 흡기 매니폴드가 없다면 관성효과는 없게 된다. 흡기 밸브를 하사점 후 40~60 CA에서 닫는 것은 관성효과를 이용하기 위함이다. 대기압과 실린더 내부압과의 차에 의해 기주의 관성효과를 나타내는 운동방정식으로부터 관성 특성지수 $I_z = \frac{\omega}{c}\sqrt{\frac{Vl}{A}}$ 라 정의하면 I_z 는 유효 흡기 밸브 열림각이 커질수록 커지며 보통 0.4~0.6 정도의 값을 가진다. 여기서 c 는 음속, V 는 연소실체적, A 는 파이프 단면적, l 은 파이프 길이, ω 는 기관의 각속도[rad/s]이다.

예제 6-1

실린더 지름 90 mm, 행정 90 mm, 4기통 기관의 흡기 매니폴드 지름이 40 mm이고 흡기관의 길이가 1 m일 때 관성효과에 의해 체적효율을 최대로 하는 기관회전수를 구하라. 단, 관성특성지수는 0.55로 가정하고 음속은 332 m/s로 가정한다.

풀이

$$I_z = \frac{\omega}{c}\sqrt{\frac{Vl}{A}}$$

$$0.55 = \frac{2\pi \times n/60}{332}\sqrt{\frac{\frac{\pi}{4}(0.09)^2 \times 0.09 \times 1}{\frac{\pi}{4}(0.04)^2}}$$

$$n = 2583(\text{rpm})$$

흡기 매니폴드를 혼합기가 유입될 때 밸브의 개폐작용에 의해 유입혼합기의 압력파가 매니폴드 입구와 흡기 밸브 입구 사이를 맥동하는데 이 맥동을 이용하여 체적효율을 높이는 것을 흡기 시스템의 맥동효과라 한다. 흡배기 밸브가 닫힌 후 흡배기관에 남아 있는 압력진동(맥동파)이 다음 사이클의 흡배기 과정에 영향을 마치는 것이 맥동효과이다.

우선 Annand에 의해 기술된 파의 반사성질을 알아보자. 끝단이 개방되어 있는 관에서는 압력이 대기압으로 되기 위해서는 압력파(compressive wave)는 개방끝단에서 희박파(rarefaction)로 반사되고, 희박파는 압력파로 반사된다. 끝단이 밀폐되어 있는 관에서는 속도가 0(zero)이므로 $+u$ 로 움직이는 파는 $-u$ 로 반사되어야 하며, 이때 압력파는 압력파로 반사하고 희박파는 희박파로 반사한다.

맥동효과를 이해하기 위하여 우선 그림 6-1 (b)와 같은 단기통 기관을 생각해 보자. 흡기행정말기에 흡기 밸브가 닫히면 들어오고 있던 새로운 혼합기는 밸브에서 급격히 정지하고, 뒤의 연속되는 공기에 의해 앞에 있는 막힌 공기를 눌러서 정(+)의 밀도가 짙은 압력파를 발생시킨다. 이 압력파는 음속 c 로 흡기관 입구로 전파된다. 유체의 속도가 u 로 흐르고 있을 때 압력파는 $(c-u)$로 흡기관 입구로 전파된다. 압력파가 개방되어 있는 흡기관 상부(입구)에 도달하면 개방끝단에서는 반대성질의 파동으로 반사하므로 부(−)의 압력파를 $(c+u)$의 속도로 밸브 쪽으로 전파한다. 이 압력파가 흡기 밸브에 도달하면 닫혀 있는 흡기 밸브에서는 동일 성질의 파동으로 반사하므로 다시 흡기관 입구 쪽으로 부의 압력파로 진행한다. 이 부의 압력파가 다시 흡기관 입구에서는 정의 압력파로 변환되어 밸브 쪽으로 압력파가 진행된다. 이렇게 $4L$을 거친 정압력파가 다음 사이클에서 흡기 밸브가 막 닫히기 직전에 오도록 하면 실린더에 더 많은 혼합기를 넣을 수 있는 압력 증대의 효과가 생긴다.

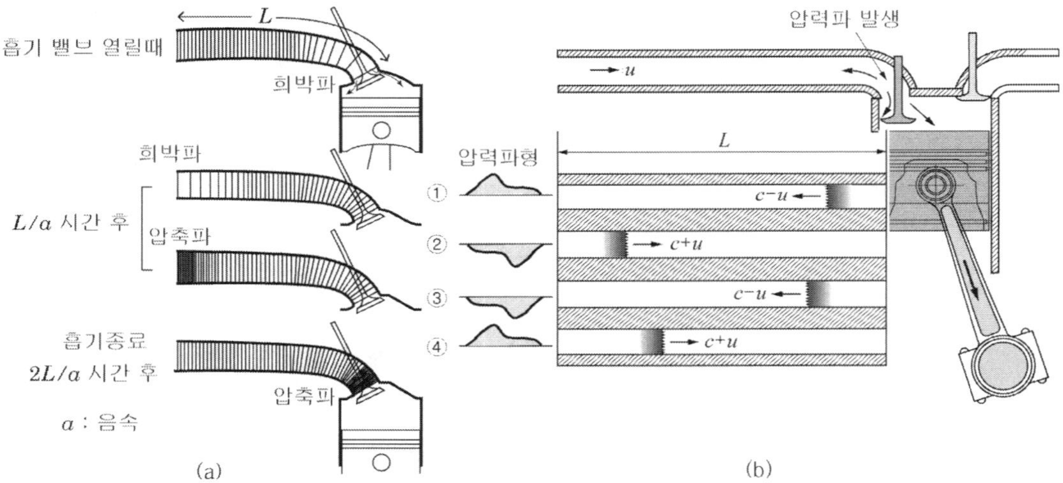

그림 6-1 흡기 시스템의 (a) 관성효과와 (b) 맥동효과

이와 같은 흡기 밸브에 의한 맥동효과에 의해 발생한 정압력파를 흡기 밸브 개폐시기와 잘 일치시키면 10~20%의 출력을 증대시킬 수 있으나 잘못하면 오히려 출력 감소도 일어날 수 있다. 압력파가 흡기관 길이 L을 두 번 왕복하는 데 걸리는 시간과 그때의 주파수를 각각 τ_1과 f_1이라 하면 $\tau_1 = 4L/c$, $f_1 = c/4L$이 된다. 2행정에서는 1회전에 1회 사이클을 이루고 4행정에서는 2회전에 1회 사이클을 이룬다. 2행정에서의 초당회전수(rps)와 4행정에서는 초당회전수의 1/2을 N^*라 하고, 기관이 1회 사이클을 이루는 데 필요한 시간과 주파수를 각각 τ_2, f_2라 하면 $\tau_2 = 1/N^*$, $f_2 = N^*$가 된다. 분당회전수

(rpm)를 n 이라 하면 4행정에서 $\tau_2 = 120/n$, $f_2 = n/120$이 된다. 기관이 1회 사이클을 이루는 데 필요한 시간 τ_2와 압력파가 흡기관 길이 L을 두 번 왕복하는 데 걸리는 시간 τ_1의 비를 맥동차수 q라 나타내면 이 비가 어떤 배수가 되면 정압력파를 이용할 수 있게 된다.

$$q \equiv \frac{\tau_2}{\tau_1} = \frac{120/n}{4L/c} = \frac{30c}{nL} \tag{6 · 1}$$

여기서 q의 값이 1, 2, 3, … 값을 가지게 되면 정압력파를 이용할 수 있고, q의 값이 1/2, 3/2, 5/2, … 값을 가지게 되면 오히려 역효과를 가져오게 된다. q=1, 2는 고속기관 이외에서 흡기관 길이 L이 너무 길어 실용성이 없으며 단기통 기관에서는 보통 q=3~5 범위에서 이용한다.

예제 6-2

4행정 단기통 기관에서 3,000 rpm으로 작동할 때 q=3 또는 4를 이용하여 흡기관의 길이를 구하라. 음속은 340 m/s라 가정한다.

풀이

$$L = \frac{30c}{qn} = \frac{30 \times 340}{q \times 3000}$$

q=3일 때 L=1.13(m), q=4일 때 L=0.85(m)

기통수 k인 다기통 기관에서는 어느 실린더에서 발생한 압력파가 두 번 왕복하여 생긴 맥동효과를 자기 자신이 아닌 다른 실린더의 흡기 밸브 개폐시기와 맞출 수도 있다. 이때 밸브가 열리는 시간 간격 τ_2는 $120/nk$로 대치된다. 때문에 다기통 기관에서는 q=1, 2도 이용가능하다.

예제 6-3

4행정 4기통 기관에서 3,000 rpm으로 작동할 때 q=1을 이용하여 흡기관의 길이를 구하라. 음속은 340 m/s라 가정한다.

풀이

$$L = \frac{30c}{qnk} = \frac{30 \times 340}{1 \times 3000 \times 4} = 0.85(\text{m})$$

고속으로 비행하는 항공기 왕복기관의 경우는 속도 에너지를 압력 에너지로 바꾸어 사용하는 램효과를 이용함으로써 흡입혼합기의 압력을 높일 수도 있다. 실제의 흡기관 내 유동은 위와 같이 일차원적으로 단순하지 않고 복잡하다. 흡기관의 단면적과 길이에 의한 체적의 영향도 받는다.

흡배기 유동특성에 의한 기관효율 향상은 밸브타이밍, 배기과정과의 상호작용, 원래 흡기 시스템의 적절한 설계, 그리고 체적효율의 이득이 얻어지리라 예상되는 기관회전수에 따라 달라진다.

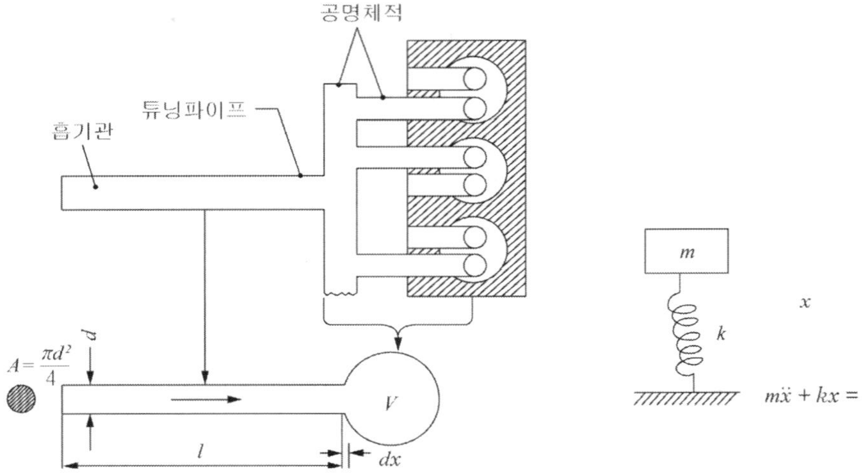

그림 6-2 Helmholtz 공명기와 튜닝매니폴드 시스템 비교

튜닝 흡기시스템은 오르간 파이프나 Helmholtz 공명기의 두 가지로 생각할 수 있다. 그림 6-2는 튜닝 매니폴드시스템과 Helmholtz 공명기를 비교하여 나타내었다. Helmholtz 공명기는 그림 6-2에 보인 바와 같이 관심의 대상이 되는 파장에 비해 목과 부피를 가지는 통이며, 목부분의 공기는 질량으로 통의 부피는 스프링으로 작용하며, 이 질량과 스프링에 의해 고유진동수가 결정된다. 튜닝파이프 가스가 Δx 만큼 체적 V로 들어간다고 생각하자. 변화미소질량은 $\Delta m = \rho A \Delta x$가 되고 체적내 밀도변화 $\Delta\rho = \Delta m/V$가 된다. 이 밀도 증가가 체적 V 내에서 압력증가로 나타날 것이며 이때 음속은 $c=\sqrt{\Delta P/\Delta\rho}$가 된다. 압력변화로 받는 힘의 변화는 다음과 같이 된다.

$$\Delta F = \Delta P A = c^2 A \Delta\rho = \frac{c^2 A^2 \rho \Delta x}{V}$$

Δx 앞의 항은 스프링 상수 k에 해당한다. 즉,

$$k = \frac{c^2 A^2 \rho}{V}$$

파이프 내에 있는 가스 질량은 $m = \rho A L$이고 스프링-질량 시스템의 $m\Delta\ddot{x} + k\Delta x = 0$에서 진동주파수 $f = \frac{w}{2\pi} = \frac{1}{2\pi}\sqrt{\frac{k}{m}} = \frac{c}{2\pi}\sqrt{\frac{A}{lV}}$가 된다.

즉, 흡기 시스템의 공명주파수(f_h)는 다음과 같다.

$$f_h = \frac{c}{2\pi}\sqrt{\left(\frac{A}{l \times V}\right)}\ (\text{Hz}) \qquad (6 \cdot 2)$$

여기서 c는 음속(m/s), A는 파이프 단면적(m^2), l는 파이프 길이(m), V는 공명 시스템 체적(m^3)이다.

실제 왕복기관에서 공명 시스템의 체적은 공명통 체적, 매니폴드 및 램 파이프 체적, 포트체적 및 실린더 행정체적의 1/2~3/4을 포함하는 전체적이 여기에 해당된다. 시스템이 튜닝될 때 진동주파수는 반드시 흡기행정의 주파수와 반드시 같은 것은 아니다.

기관의 밸브개폐시기에 의한 강제주파수는

$$f_h = N^* k = \frac{nk}{120}\ (\text{Hz}) \qquad (6 \cdot 3)$$

여기서 N^*는 $rps/2$, n은 rpm, k는 기관 기통수이다.

공명동조 회전수(n_H)는 식 (6 · 2)와 식 (6 · 3)으로부터 두 주파수를 일치시키면 다음과 같다.

$$n_H = \frac{60}{k}\frac{c}{\pi}\sqrt{\left(\frac{A}{l \times V}\right)}\ (\text{rpm}) \qquad (6 \cdot 4)$$

예제 6-4

예제 6-1과 같은 조건의 4기통 기관이 작동하고 있을 때 기관의 흡기 시스템을 헬름홀츠공명기 시스템이라 생각하고 공명동조 회전수를 구하라.

풀이

$$n_H = \frac{60}{k}\frac{c}{\pi}\sqrt{\left(\frac{A}{l \times V}\right)}\ (\text{rpm})$$

$$= \frac{60}{4}\frac{332}{\pi}\sqrt{\frac{\frac{\pi}{4}(0.04)^2}{1\times\frac{\pi}{4}(0.09)^2\times 0.09}} = 2348\,(\text{rpm})$$

공명통들을 사용하면 가변형상 흡기 시스템을 가진 기관을 만들 수 있다. 길이가 다른 주파이프들이 선정될 수 있다.

6기통 기관에 꽤 많이 이용되는 가변 매니폴드 시스템이 그림 6-3에 나와 있다. 조절밸브가 닫히면 이 시스템은 조절밸브가 열렸을 때보다 낮은 공명주파수를 가질 수 있다. 조절밸브가 열릴 때는 다른 쪽의 공기 덕트 흡기가 서로 교환되어 들어올 수 있다.

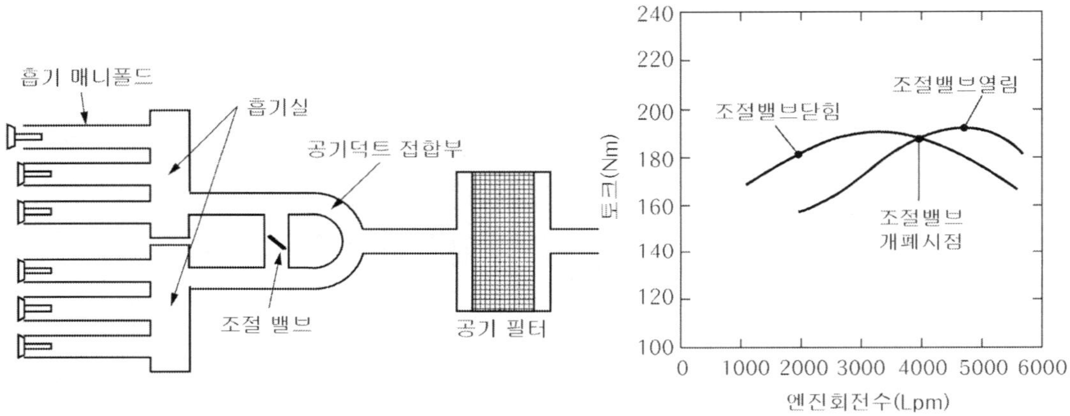

그림 6-3 가변 흡기 매니폴드의 개략도 및 성능선도

6.1.2 흡배기의 유동 특성

그림 6-4는 밸브와 포트 주변을 나타내고 있다. 밸브를 지나는 공기는 밸브와 밸브시트의 형상 및 상대적인 위치에 따라 유선이 달라지며 실제 유동통로 단면적도 달라지게 된다. 밸브가 열리는 이동거리는 밸브양정(valve lift)이라 하며 보통 최대밸브양정은 밸브 지름의 1/4보다 작다.

밸브 헤드와 시트의 모양은 압력 강하가 최소가 되도록 실험적으로 개발되며 흡배기 밸브 실험은 보통 정상 공기유동리그에서 수행된다.

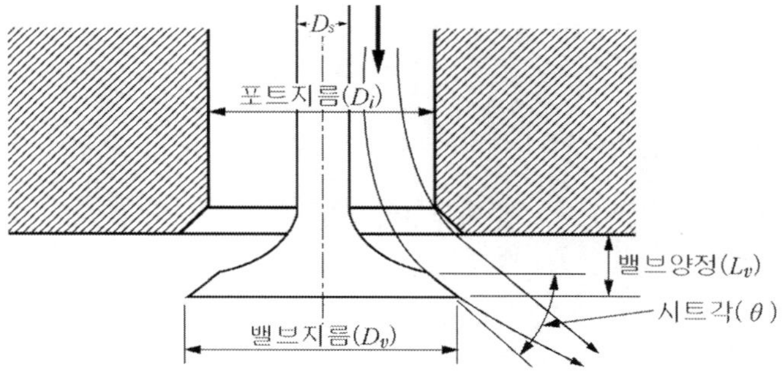

그림 6-4 밸브형상 및 유동

밸브양정과 밸브 둘레의 곱으로 이루어진 면적을 유효통로면적 또는 밸브 커튼면적이라 하며 다음과 같이 나타낸다.

$$A_c = \pi D_v L_v \tag{6 · 5}$$

여기서 D_v는 밸브지름, L_v는 축방향의 밸브양정이다.

커튼면적은 실제 유동 면적이 아니지만 밸브유동은 나타낼 때 자주 사용된다.

밸브를 지나는 혼합기의 유량계수(C_d)는 $\dfrac{\dot{m}_{actual}}{\dot{m}_{ideal}}$로 정의되지만 밀도와 속도가 동일하다면 면적비로 나타낼 수 있다. 유효 유동면적, 즉 실제 유동유량은 밸브 커튼면적이나 밸브단면적으로 흐르지 않고 밸브 시트와 밸브 사이의 간격 즉 유효유동면적으로 흐른다.

밸브의 유효면적(A_e)과 밸브의 커튼면적(A_c)을 사용하며 유량계수(discharge coefficient : C_d)를 다음과 같이 나타낼 수 있다.

$$C_d = \frac{A_e}{A_c} = \frac{A_e}{\pi D_v L_v} \tag{6 · 6}$$

밸브의 유효단면적과 밸브의 단면적을 사용하여 유동계수(flow coeffient ; C_f)를 다음과 같이 나타낼 수 있다.

$$C_f = \frac{A_e}{A_v} = \frac{A_e}{\frac{\pi}{4}{D_v}^2} \tag{6 · 7}$$

여기서 밸브유효면적(A_e)은 압력강하가 동일할 때 이상적으로 마찰이 없는 노즐을 통해 동일 유량을 통과시킬 수 있는 출구면적으로 정의되는 개념적 면적이다.

그림 **6–4**에서 밸브를 통해 유입되는 공기의 실제 유동 면적 A_f는 다음과 같다.

$$A_f = \pi\left(\frac{D_i + D_v}{2}\right)L_v \cos\theta = \pi D_v L\left(\frac{1 + D_i/D_v}{2}\right)\cos\theta$$

예로써 $D_i = 38.1\text{mm}$, $D_v = 44.45\text{mm}$, $\theta = 45°$ 이면 $\left(\frac{1 + D_i/D_v}{2}\right)\cos\theta = 0.656$이 된다.

주어진 형상에서 유량계수는 밸브양정과 유량에 따라 변화한다. 이러한 값은 무차원 밸브양정(L_v/D_v)과 레이놀즈수(Re)에 의해 편리하게 표현될 수 있다. 레이놀즈수는 다음과 같다.

$$Re = \frac{\rho U x}{\mu} \tag{6 · 8}$$

여기서 ρ는 유체밀도, U는 유동속도, x는 특성길이, μ는 유체점성계수이다.

흡기 밸브에서는 압력 강하가 적기 때문에 비압축성으로 가정하는 것이 보통이며, 이때 이상속도는 다음과 같다.

$$U_{id} = \sqrt{2\Delta P/\rho} \tag{6 · 9 a}$$

여기서 U_{id}는 마찰이 없을 때의 이상속도이고, ΔP는 포트와 밸브를 통한 압력강하이다.

압축성 유동에 대하여서는 다음 식을 사용한다.

$$U_{id} = \left\{\frac{2\gamma}{\gamma - 1}\frac{P_o}{\rho_0}\left[1 - \left(\frac{P_{cy}}{P_0}\right)^{\frac{\gamma-1}{\gamma}}\right]\right\}^{\frac{1}{2}} \tag{6 · 9 b}$$

그리고 하부의 밀도와 밸브상부의 밀도는 $\rho_{cy} = \rho_0\left(\frac{P_{cy}}{P_0}\right)^{\frac{1}{\gamma}}$인 관계가 있으므로 흡기밸브를 압축성으로 간주할 때 단위면적당 질량유량은 다음과 같다.

$$\frac{\dot{m}}{A}= C_f \frac{P_0}{\sqrt{RT_0}}\left(\frac{P_{cy}}{P_0}\right)^{\frac{1}{\gamma}}\left\{\frac{2\gamma}{\gamma-1}\left[1-\left(\frac{P_{cy}}{P_0}\right)^{\frac{\gamma-1}{\gamma}}\right]\right\}^{\frac{1}{2}} \tag{6 · 10 a}$$

여기서 C_f 는 밸브의 유동계수, T_0 는 밸브상류 전온도, P_0 는 밸브상류 전압력, P_{cy} 는 밸브하부 실린더 압력이다.

배기밸브유동은 압축성 유동식을 적용하여야 하며 배기밸브 단위 면적당 질량 유량은 다음과 같다.

$$\frac{\dot{m}}{A}= C_f \frac{P_0}{\sqrt{RT_0}}\left(\frac{P_e}{P_0}\right)^{\frac{1}{\gamma}}\left\{\frac{2\gamma}{\gamma-1}\left[1-\left(\frac{P_e}{P_0}\right)^{\frac{\gamma-1}{\gamma}}\right]\right\}^{\frac{1}{2}} \tag{6 · 10 b}$$

여기서 C_f 는 배기밸브의 유동계수 T_0 , P_0 는 각각 엔진 실린더실 내부 전온도와 전압력이며, P_e 는 배기매니폴드 하단 외부압력이다. 이때 비열비 γ는 연소가스의 비열비가 사용된다. 초크될 때 식(6.10 b)는 식(6.19)가 된다.

유량계수는 이상상태의 체적유량에 대해 측정된 체적유량으로 정의될 수 있으므로 유효유동면적은

$$A_e = A_c\, C_d = \frac{\dot{Q}_{actual}}{\dot{Q}_{id} / A_c} = \frac{\dot{Q}_{actual}}{U_{c,id}} \tag{6 · 11}$$

여기서 $\dot{Q}_{actual}$은 측정된 체적유량률이고 $U_{c,id}$은 커튼 면적을 통과하는 이상상태 공기속도이다.

밸브유동성능을 밸브양정의 함수로 나타내면 기준 유동면적을 어떻게 정의할 것인가 하는 모호한 문제는 없어진다. 예를 들면, 커튼면적을 밸브 시트의 안지름을 기준으로 할 것인지 바깥지름을 기준으로 할 것인지 하는 문제는 없어진다. 때때로 기준면적은 유동의 최소단면적을 기준으로 한다. 기준면적은 밸브양정에 따라 세 군데에서 취할 수 있다. 최소유동면적은 밸브 스템 지름(D_s)과 포트지름과 같은 크기인 밸브 내부 시트 지름(D_i) 사이의 환형이 될 것이며, 이에 상응하는 등가 밸브양정($L_{v,e}$)은 다음 식과 같다.

$$L_{v,e} = \frac{D_i^2 - D_s^2}{4D_v} \tag{6 · 12}$$

무차원 등가밸브양정$\left(\frac{L_{v,e}}{D_v}\right)$의 값은 약 0.23~0.25이다.

날카로운 모서리를 가진 밸브의 밸브양정 변화에 따른 흡기 밸브 입구 부근 유량계수와 유동특성이 그림 6-5에 나타나 있다. 밸브가 적게 열렸을 때(저밸브양정) 제트는 밸브와 시트의 공간을 채워서 유동이 이들에 달라붙어 있다. 밸브가 중간 정도 열렸을 때 유동은 시트 쪽은 붙어 있고 밸브 쪽은 떨어지고 있으며 밸브가 많이 열리면(고밸브양정) 제트는 양쪽 표면에서 모두 떨어져 자유제트가 된다.

밸브양정이 작을 때는 가장 작은 유동면적이 밸브와 시트 사이 면적이지만 밸브양정이 클 때는 밸브와 시트 사이 면적이 최소면적이 아니고 자유제트의 면적이 최소면적이 된다. 어느 점 이상의 밸브양정에서는 유동이 이용 가능한 면적을 모두 채우지 못하므로 유량이 더 이상 증가하지는 않는다. 유동특성은 밸브가 열릴 때와 닫힐 때에 따라 다르다. 일반적으로 밸브와 시트의 모든 모서리를 둥글게 하는 것이 유리하며 밸브 유량계수를 증대시킬 수 있다. 보통 밸브양정에서 유량계수에 미치는 레이놀즈 수의 영향은 무시할 만큼 적다.

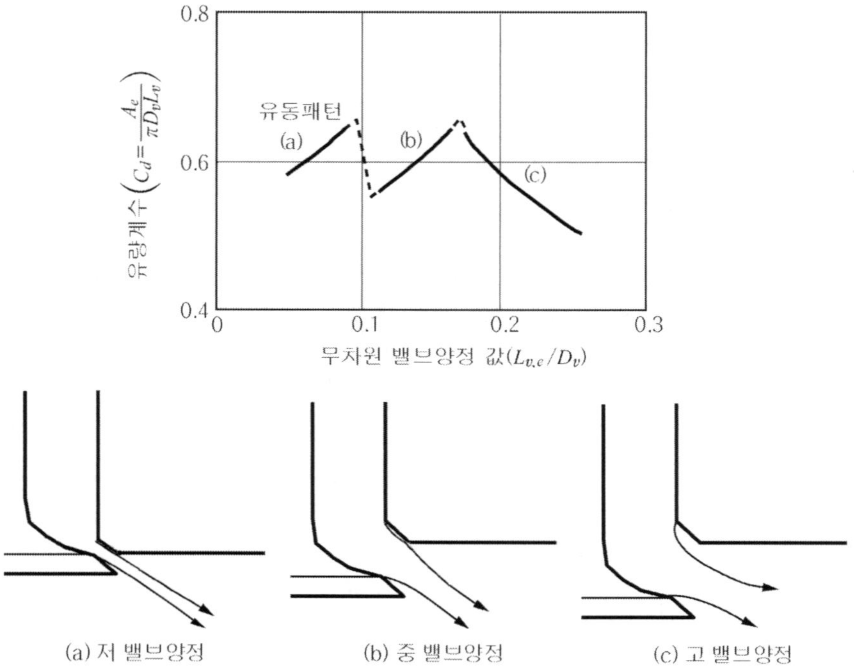

그림 6-5 날카로운 모서리를 가진 밸브의 밸브양정에 따른 흡기 밸브 입구의 유동 특성

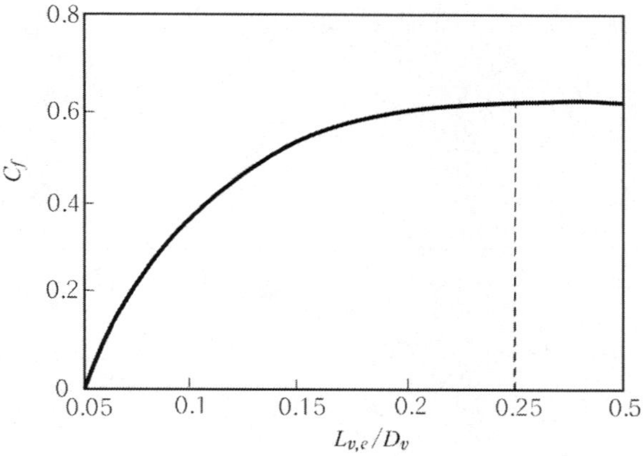

그림 6-6 무차원밸브양정 L/D에 따른 유동계수의 변화

기관운전중에 실제 실린더 속으로 유입되는 유동과 밸브를 통해 흐를 수 있는 유동의 비율을 유동계수(flow coefficient : C_f)라 하면 $C_f = \dfrac{\overline{U_p}\, b^2}{U_v\, D_v^2}$이 된다. 밸브양정에 따른 유동계수는 그림 6-6과 같이 무차원 양정 $\dfrac{L_v}{D_v}$가 0.25 정도 이상이면 유동계수는 더 이상 증가하지 않음을 알 수 있다.

그림 6-5의 결과로 나타난 유량계수와 전형적인 밸브양정 데이터를 조합되면 유효 유동면적을 캠샤프트의 함수로 그리는 것이 가능하다. 이것은 그림 6-7에 나타나 있다. 유효유동면적의 최대값은 넓게 퍼져 있는데, 그 이유는 유효 유동면적이 환형면적에 의해 제한되고 무차원 밸브양정이 0.25 이상에서는 더 이상 밸브양정에 의존하지 않기 때문이다. 그림 6-7에서 고성능 캠형상에서 밸브 열림기간이 늘어나고 양정이 커지고 있음을 알 수 있다. 그러나 밸브양정 곡선은 같은 최대밸브계 가속을 주도록 그려져 있다. 밸브양정을 증가시켜도 최대유효유동면적은 증가되지 않으나 길어진 기간의 결과로 밸브작동에서는 최대넓이가 증가된다. 다시 말하면 밸브의 유동성능을 증가시킬 수 있는 기간이 연장된다.

흡기 밸브를 통한 압력비가 너무 높으면 체적효율이 갑자기 떨어질 수 있다. 밸브를 지나는 공기속도의 마하수인 마하지수 Z에 의해 유동이 특성지어진다.

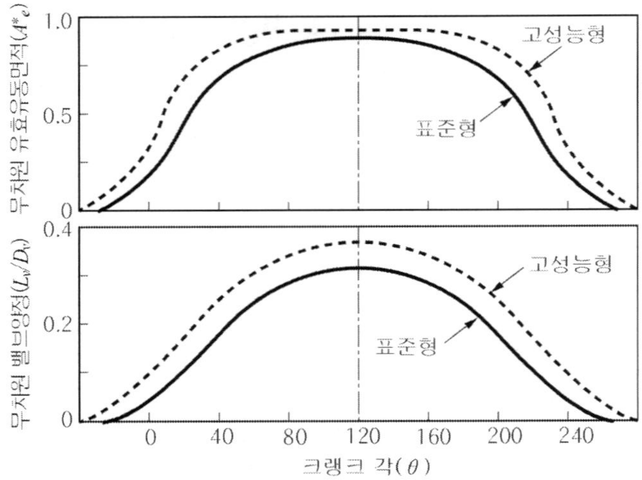

그림 6-7 표준형 및 고성능형 캠 형상과 늘어난 기간 및 양정이 증가된 스포츠캠 형상의 비교

밸브는 열릴 때부터 닫힐 때까지 유효유동면적이 변한다. 밸브를 지나는 공기의 속도 U_v와 밸브의 유효면적 A_e의 곱은 실린더 내로 들어가는 공기의 유량과 같으므로 $\overline{U_v}\,\overline{A_e} = \overline{U_p}\,A_p$, 여기서 U_p는 피스톤속도이고, A_p는 피스톤 면적이다.

$$\overline{U_v} = \frac{\overline{U_p}\,A_p}{\overline{A_e}} = \overline{U_p}\left(\frac{A_p}{A_v}\right)\left(\frac{A_v}{\overline{A_e}}\right) = \overline{U_p}\left(\frac{b}{D_v}\right)^2\left(\frac{A_v}{\overline{A_e}}\right) = \overline{U_p}\left(\frac{b}{D_v}\right)^2\frac{1}{\overline{C_f}} \qquad (6 \cdot 15)$$

여기서 A_v는 밸브의 면적이고 $\overline{A_e}$는 밸브의 평균유효면적이며 $\overline{C_f}$는 $\dfrac{\overline{A_e}}{A_v}$로 정의되는 평균유동계수이다.

평균유동계수는 그림 6-7의 유효유동면적의 평균을 기준면적(밸브지름 D_v를 기준으로 함)으로 나누어 다음과 같이 구한다.

$$\overline{C_f} = \frac{\overline{A_e}}{\pi D_v^2/4} \qquad (6 \cdot 16)$$

밸브를 지나는 공기의 평균속도를 음속(c)으로 나누어 마하지수 Z로 나타낼 수 있다.

$$Z = \frac{\overline{U_v}}{c} = \frac{\overline{U_p}}{c}\left(\frac{b}{D_v}\right)^2 \frac{1}{\overline{C_f}} \tag{6 · 17 a}$$

만약 밸브 개수가 k 개이면 면적이 k 배 되고 속도가 $1/k$배 되므로

$$Z = \frac{1}{k}\frac{\overline{U_p}}{c}\left(\frac{b}{D_v}\right)^2 \frac{1}{\overline{C_f}} \tag{6 · 17 b}$$

마하지수에 따른 체적효율은 그림 6-8에 나타나 있다. 데이터밴드는 여러 가지 기관의 실험에서 구한 값의 변동폭을 나타낸다. 고정 밸브 타이밍에서 체적효율은 마하지수만의 함수이며, 그림 6-8에서 보면 적절한 체적효율을 가지려면 마하지수는 0.6보다 작아야 한다. 전속도에서 Z가 0.6보다 크면 포트로 인한 유동의 제한 때문에 체적효율이 떨어지게 된다. 체적효율은 흡기 밸브 타이밍에 의해 영향을 받는다. 높은 마하지수(>0.6)에서 기관성능에 가장 좋게 영향을 미치는 것은 흡기 밸브 닫힘시기를 연장하는 것이다. 실제로 체적효율은 흡기 시스템 압력맥동의 영향에 의해 변화된다.

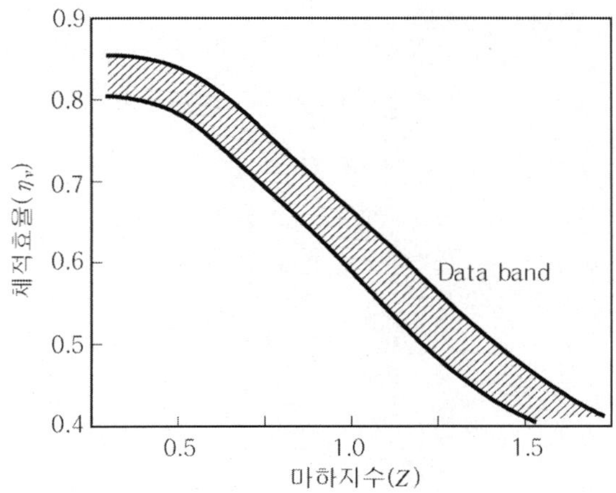

그림 6-8 마하지수에 따른 체적효율

마하지수가 0.6보다 작기 위해서는 밸브의 유효면적은 $\overline{A_e} \geq 1.3b^2\frac{\overline{U_p}}{c}$ 조건을 만족해야 한다. 여기서, c는 음속이다. 또 흡기 밸브와 배기 밸브를 지나는 유동은 온도가 다르므로 음속도 다르기 때문에 흡기 밸브와 배기 밸브 유효면적 사이에는 다음 관계식

이 성립한다.

$$\frac{\overline{A}_{e,i}}{\overline{A}_{e,e}} \approx \frac{c_i}{c_e} = \left(\frac{T_i}{T_e}\right)^{\frac{1}{2}} \tag{6 · 18}$$

따라서 배기 밸브의 크기(면적)는 흡기 밸브 크기(면적)의 약 70~80% 정도(직경으로는 83~90%)임을 알 수 있다.

흡기과정 중의 압력 강하가 성능에 미치는 영향이 배기과정 중 압력 강하가 성능에 미치는 영향보다 더 크기 때문에 일반적으로 흡기 밸브는 배기 밸브보다 크다. 평평한 흡기 및 배기 밸브는 각각 1개씩 갖는 단일 밸브 실린더 헤드 기관에서 흡기 밸브의 최대지름은 통상 실린더 안지름의 44~48%이며 배기 밸브의 최대지름은 실린더 안지름의 40~44%이다. 보통 흡기 밸브는 실린더 안지름의 44%, 배기 밸브는 실린더 안지름의 40% 정도를 갖는다. 지붕형이나 반구형 연소실에서 밸브는 더 커질 수 있다.

오버헤드 밸브를 갖는 연소실에서는 식 (6 · 18)을 만족하는 흡기 밸브 면적을 가져야 하지만 연소실 내 공간을 확보하기가 쉽지 않기 때문에 실린더당 2개 이상의 다중 흡기 밸브를 갖는 기관을 만들기도 한다. 동일 안지름을 갖는 기관에서 이중 흡기 밸브의 크기(직경)가 단일 흡기 밸브 크기(직경)의 0.75배라면 밸브 전체 면적은 약 12.5% 커지게 된다. 흡기 밸브와 배기 밸브에서 다중 밸브를 사용하면 한 개의 밸브를 사용할 때보다 유동면적은 더 커지고 유동저항도 줄일 수 있다. 또 다중 밸브를 사용할 때 각 밸브 자체는 한 개의 밸브사용시보다 작으므로 밸브 스프링 및 구조적인 강도도 줄일 수 있고, 밸브 시트에 걸리는 응력도 작게 할 수 있는 장점이 있다.

예제 6-5

안지름 88 mm, 행정 90 mm, 6기통 4행정 기관이 8,000 rpm까지 운전되도록 설계된다. 이 기관에 흡기 밸브를 2개 설치하고자 한다. 흡기온도가 40℃일 때 체적효율 83%를 갖도록 흡기 밸브 지름, 최대밸브양정을 구하라. 체적효율 83%가 되는 마하지수는 0.5로 간주하고 흡기 밸브의 평균 유동계수는 0.35로 간주한다.

풀이

$$c_i = \sqrt{\gamma RT} = \sqrt{1.4(287)(313)} = 355\,\mathrm{m/sec}$$

$$\overline{U_p} = 2SN = 2 \times 0.09 \times \frac{8000}{60} = 24\,\mathrm{m/sec}$$

한 개의 밸브를 사용한다면 $Z=\left(\frac{b}{D_v}\right)^2 \frac{\overline{U_p}}{c\times \overline{C_f}}$에서

$$D_v=\sqrt{\frac{b^2\times \overline{U_p}}{c\times \overline{C_f}\times Z}}=\sqrt{\frac{(0.088)^2\times 24}{355\times 0.35\times 0.5}}=0.0547\,\text{m}=5.47\,\text{cm}$$

흡기 밸브 면적은 $\frac{\pi}{4}D_v^2=2.35\times 10^{-3}\,\text{m}^2$

이중 밸브를 사용한다면

$$2.35\times 10^{-3}=2\times \frac{\pi}{4}D_v^2 \text{ 에서 } D_v=0.0387\,\text{m}=3.87\,\text{cm}$$

최대밸브양정은 $l_{v,\max}=\frac{D_v}{4}=\frac{3.87}{4}=0.97\,\text{cm}$

예제 6-6

기관 안지름 130mm, 행정 110mm인 항공용 기관이 최대 기관회전속도 7,000 rpm을 갖는다. 흡기 밸브를 지나는 유동의 마하지수가 0.6이 되기 위해서는 흡기 밸브의 평균유효면적이 $1.3b^2\frac{\overline{U_p}}{c_i}$조건을 만족해야 한다. 흡기 밸브의 평균유동계수는 0.36이라 가정한다. 흡기로 유입되는 공기의 평균온도는 40℃로 가정하고, 비열비를 1.4, 기체상수는 0.287kJ/kg · K이다. 피스톤 면적대비 흡기 밸브의 크기와 비율을 구하라.

풀이

$$\overline{A}_{e,i}=1.3b^2\frac{\overline{U_p}}{c_i}=1.3b^2\frac{2s\,N}{\sqrt{\gamma R T_0}}$$

$$=1.59\times 10^{-3}\,\text{m}^2$$

$$A_{v,i}=\frac{\overline{A}_{e,i}}{c_{f,i}}=\frac{1.59\times 10^{-3}}{0.36}=4.4\times 10^{-3}\,\text{m}^2$$

$$\frac{A_{v,i}}{A_p}=\frac{4.4\times 10^{-3}}{\frac{\pi}{4}(0.13)^2}=0.33=33\%$$

본 예제의 경우, 마하지수가 0.6이므로 이 밸브면적은 최소 밸브크기에 해당한다.

예제 6-7

다음은 평평한 실린더 헤드의 여러 가지 밸브 크기를 나타내고 있다. (a) 흡 · 배기 밸브 각각 1개 (b) 흡기 밸브 1개, 배기 밸브 2개 (c) 흡 · 배기 밸브 각각 2개이다. 각 경우에 대하여 흡기 밸브와 배기 밸브가 피스톤 면적과 동일한 실린더 헤드면적에서 차지하는 비율을 나타내라.

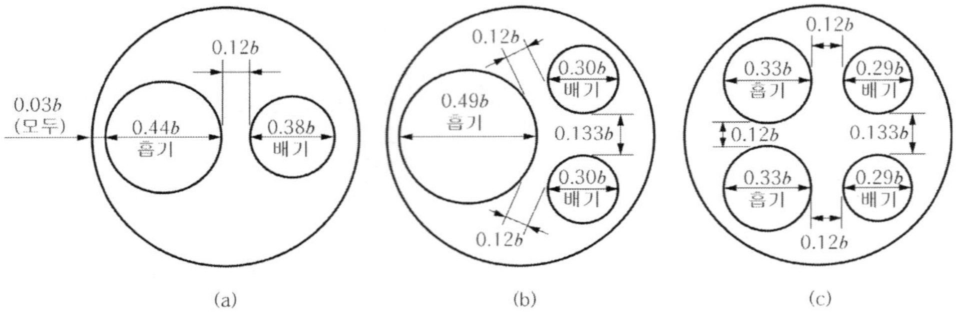

그림 6-9

풀이

(a) $\dfrac{A_{v,i}}{A_p} = \dfrac{(0.44b)^2}{b^2} = 0.1936$, $\dfrac{A_{v,e}}{A_p} = \dfrac{(0.38b)^2}{b^2} = 0.1444$

(b) $\dfrac{A_{v,i}}{A_p} = \dfrac{(0.49b)^2}{b^2} = 0.24$, $\dfrac{A_{v,e}}{A_p} = 2\dfrac{(0.30b)^2}{b^2} = 0.18$

(c) $\dfrac{A_{v,i}}{A_p} = 2\dfrac{(0.33b)^2}{b^2} = 0.2178$, $\dfrac{A_{v,e}}{A_p} = 2\dfrac{(0.29b)^2}{b^2} = 0.1682$

배기 밸브의 밸브양정에 따른 유량특성은 그림 6-10에 나타나 있으며 밸브양정이 유량계수에 미치는 영향은 흡기 밸브보다는 작다. 저밸브양정에서는 유동 양쪽에서 재순환영역이 나타나며, 고밸브양정에서는 밸브 윗면 부근에만 재순환영역이 나타나고 있다. 배기 밸브를 통한 압력비의 범위는 흡기 밸브를 통한 압력비보다 훨씬 큰 것이지만 유량계수에 미치는 영향은 적다. 배기 밸브의 설계는 흡기 밸브만큼 민감하지 않으며 밸브 시트각은 약 45°로 선정한다. 배기유동에 대해서는 흡기유동관계식 (6 · 9)와 식 (6 · 10b)에서 P_0 대신 P_{cy}를 대입하여 사용한다. 흡기 밸브와 배기 밸브에서 역유동이 일어날 수 있으므로 밸브를 통한 압력비를 체크하여 적절한 유동방향에 대한 식을 사용하여야 한다.

배기 밸브가 열릴 때(블로다운) 밸브를 통한 압력비가 아주 크다. 배기과정 중 밸브 상부 압력인 실린더 압력과 밸브 하부 압력인 배기 매니폴드 압력과의 비가 임계압력을 초과하면 유동은 초크된다.

$$\frac{P_{cy}}{P_e} \geq \left(\frac{\gamma+1}{2}\right)^{\frac{\gamma}{\gamma-1}} \qquad (6 \cdot 18)$$

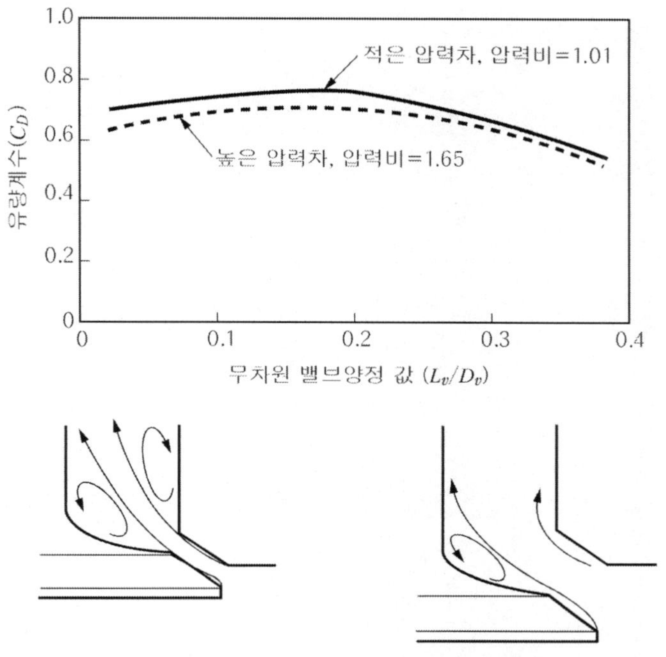

(a) 저 밸브양정 (b) 고 밸브양정

그림 6-10 밸브양정에 따른 배기 밸브의 유동 특성

여기서 P_e는 배기 매니폴드 압력, P_{cy}는 실린더 압력이다.

$\gamma = 1.33$일 때 $\dfrac{P_{cy}}{P_e} = 1.85$, $\gamma = 1.35$일 때 $\dfrac{P_{cy}}{P_e} = 1.86$이며 유동이 초크될 때 밸브단위 면적당 질량유량은 다음과 같다.

$$\frac{\dot{m}}{A_v} = C_f \frac{P_{cy}}{\sqrt{RT_{cy}}} \sqrt{\gamma} \left(\frac{2}{\gamma+1}\right)^{\frac{\gamma+1}{2(\gamma-1)}} \qquad (6 \cdot 19)$$

예제 6-8

배기 밸브 목면적 28cm^{2}이고 최대 유동계수가 0.6인 배기 밸브를 통해 온도와 압력이 각각 100K, 600kPa인 실린더 내 배기가스가 105kPa인 배기관으로 빠져나갈 때 밸브를 통해 나가는 최대 질량유량을 구하라. 단 배기가스의 비열비는 1.33이며 기체상수는 0.287kJ/kg · K로 가정한다.

풀이

먼저 배기유동이 초크되는지를 판단하기 위해 밸브상부와 하부 압력비를 구해보자.

$$\frac{P_{cy}}{P_e} = \frac{600}{105} = 5.71$$

$$\frac{P_{cy}}{P_e} > \left(\frac{\gamma+1}{2}\right)^{\frac{\gamma}{\gamma-1}} = 1.86$$이므로 초크된다.

초크 유동시 배기 밸브를 통과하는 질량유량은

$$\dot{m} = A_v C_f \frac{P_{cy}}{\sqrt{RT_{cy}}} \sqrt{\gamma}\left(\frac{2}{\gamma+1}\right)^{\frac{\gamma+1}{2(\gamma-1)}}$$

$$= 4.0 \text{ kg/s}$$

6.2 흡기 시스템

자연흡입식 왕복기관의 흡기 시스템은 공기를 연료 분사 장치에 이르게 하는 공기 스쿠프(airscoop)와 덕트, 연료 분사 장치, 흡기 매니폴드의 세 가지 주요부분으로 구성되어 있다. 그림 6-11은 단순한 흡기 시스템을 나타내고 있다.

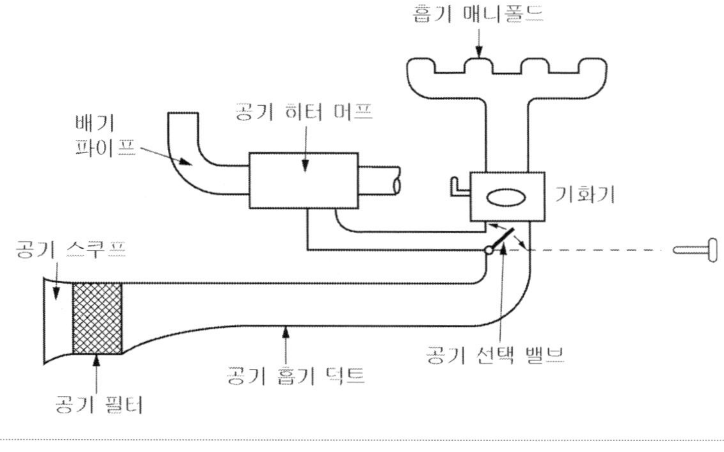

그림 6-11 단순 흡기 시스템

(1) 흡기 시스템 일반

자연흡입식 기관의 덕트 계통은 공기 스쿠프, 공기 필터, 공기 선택 밸브, 기화기 공기 히터 또는 히터 머프(heater muff)의 네 가지 주요부로 되어 있다.

공기 스쿠프는 항공기의 속도에 의한 속도에너지를 압력에너지로 바꿀 수 있는 램 공기(ram air)를 받아들인다. 프로펠러 후류에 의해 램효과는 더욱 증대된다. 공기 스쿠프의 설계는 램 공기 압력에 의한 출력증대량에 상당한 영향을 미치고 약 5% 정도의 출력 증대를 할 수 있다.

흡기 공기 필터는 공기 스쿠프에 장치되어 있어서 먼지, 마모된 부스러기, 모래, 심지어 더 큰 이물질들이 기관으로 들어오기 전에 제거한다. 카뷰레터를 장비한 기관에서는 흡기 공기 온도가 낮은 경우, 벤투리부에서는 연료 기화에 의한 온도 저하로 인하여 카뷰레터에 착빙을 만들어 공기의 유입을 방해하는 경우가 있기 때문에 공기를 예열한다. 이것을 기화기 가열이라고 하며, 조종실에서 기화기 가열 조정레버를 조작하여 따뜻한 공기를 넣는다. 카뷰레터에 들어가는 공기의 온도(carburetor air temperature : CAT)는 흡입 온도계에 지시하며 적절히 유지되어야 한다.

공기 선택 밸브(alternate air valve)는 조종석에 있는 기화기 가열 조정에 의하여 작동된다. 공기 선택 밸브를 "On"으로 하면 주 공기 덕트가 닫히고 히터 머프 덕트는 열리게 되어 가열공기가 기화기로 유입된다. 기화기 공기 가열은 기화기의 착빙과 물이 생기는 것을 방지할 필요가 있을 때만 사용되어야 한다. 고출력 작동시 가열된 공기를 사용하면 데토네이션의 원인이 되고 기관 출력의 감소 원인이 된다.

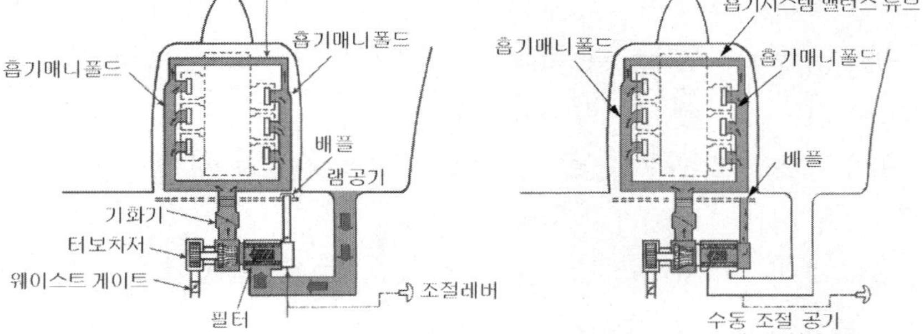

(a) 램 공기 (b) 공기 선택밸브 작동시 공기

그림 6-12 대향형 6기통 기관의 흡기 시스템

대향형 6기통 기관의 전형적인 흡기 시스템이 그림 6-12에 나타나 있다. 이 시스템에서 램 공기는 기관 배플(baffle) 오른쪽 뒤에 있는 공기 박스로 들어가서 뒤쪽으로 흘러 연료-공기 조종장치(fuel-air control unit)로 들어가기 전에 공기 필터를 통과하게 된다. 공기 필터 및 연료 필터와 연료-공기 혼합 조종기 사이에는 흡입 공기문이 있어서 조절 위치에 따라서 히터 덕트 또는 주 공기 덕트를 닫는다. 공기 필터가 막히면 그 문이 자동으로 열려서 공기가 히터 덕트로부터 유입되게 한다. 연료-공기 혼합 조종기로부터 공기는 흡입 매니폴드를 통해 실린더에 공급된다.

어떤 흡기 시스템은 램 공기가 처음에 공기 필터를 통과하지 않고 기화기로 직접 들어가도록 설계되어 있다. 그러한 경우에 공기 필터는 대체 덕트에 장착된다. 항공기가 모래나 먼지가 많은 상태에서 지상 운전을 할 경우 직접 공기 덕트는 밸브문에 의해 닫히고 공기 필터를 통해 공기가 기화기로 들어온다. 이륙한 후 항공기가 깨끗한 공기에서 비행할 때는 공기 흡입이 직접 덕트로 되돌아간다. 대체 공기원은 항공기가 심한 비속을 통과하여 비행할 때 유용하다. 즉, 나셀에 의해 비가 없는 보호된 공기를 가지고 기관을 계속 정상 작동할 수 있게 해 준다. 가열된 공기는 차가운 공기보다 저밀도이므로 출력 손실을 가져온다. 그러므로 최대출력을 내기 위해서는 가열되지 않은 공기가 기관에 공급되어야 한다.

(2) 흡기 시스템의 착빙

흡기 시스템의 착빙은 연료-공기 혼합기의 흐름을 차단하거나 연료 공기 혼합 비율을 변하게 하기 때문에 위험하다. 항공기가 구름, 안개, 비, 진눈깨비, 눈, 심지어 맑은 공기라도 습도가 높은 경우에 비행할 때는 흡기 시스템에 착빙이 형성될 수 있다. 흡기 시스템의 착빙은 임팩트 착빙(impact ice), 연료 증발 착빙(fuel evaporating ice), 스로틀 착빙(throttle ice)의 세 가지로 분류된다.

착빙은 흡기 시스템 입구에서부터 기화기와 실린더 흡입구 사이에 있는 흡기 매니폴드에 이르기까지 어느 곳에서나 형성될 수 있다.

착빙 형성은 대기 온도 및 습도와 기관 작동 상태에 따라 달라진다. 만일 기화기로 연결된 공기 스쿠프와 덕트가 물이 어는 점 이하의 온도에 있다면, 공기 중 물입자가 찬 표면과 만날 때 특히 공기망(screen)과 흡입 덕트에서 임팩트 착빙이 생긴다. 덕트에서 조금이라도 돌출된 부분에도 착빙이 생길 수 있다. 착빙은 기관 스로틀 고정시 기관 출력이 감소하므로 감지될 수 있다.

항공기에 고정 피치 프로펠러가 장착되어 기관에서 착빙이 생기면 기관회전수가 감소하게 된다. 정속 프로펠러에서는 회전수가 일정할지라도 매니폴드 압력은 감소하고 기관 출력은 떨어지게 된다.

착빙 조건에서 작동되는 항공기에는 기화기 공기 온도(CAT) 계기가 장착되어야 한다. 이 계기는 공기가 기화기에 들어갈 때의 온도를 지시하고 착빙 조건의 존재 여부를 감지할 수 있게 해 준다. CAT가 32°F(0℃) 이하로서 기관 출력의 손실이 있다면 착빙이 존재한다고 간주되므로 기화기에 열이 적용되어야 한다.

흡기 시스템에 생기는 착빙은 기화기를 가열함으로써 제거된다. 과거의 대형 기관에서는, 착빙 형성을 줄이기 위해 공기 입구 덕트에 알코올을 분사하였다. 그러므로 이 시스템은 알코올 저장 용기, 전기 펌프, 분사 노즐, 그리고 필요시 조종사가 사용할 수 있는 조종 장치들로 구성되어 있다. 소형 항공기에는 공기가 배기 매니폴드 둘레의 머프에 의해 가열된다. 그 배기열로 인해 기화기에 들어가기 전에 온도가 높아진다.

6.3 배기 시스템

항공기용 공랭식 왕복기관 배기과정 중 손실되는 열량은 약 45~50% 정도이다. 배기 시스템의 목적은 배압을 높이지 않으면서 인체에 유해한 고온의 배기가스를 안전하게 항공기 밖으로 배출해서 사람과 기체를 보호하는 것이다. 배기가스는 유독성이 있고 매우 뜨겁기 때문에 배기 시스템의 설계 제작, 정비에 상당한 주의를 기울여야 한다. 배기가스가 흡기 시스템을 통해서 기관 내부로 유입되면 기관의 부식, 기관성능 저하, 출력 감소의 원인이 되므로 EGR을 제외한 배기가스는 흡기 시스템으로 유입되지 않도록 해야 한다.

배기 시스템의 이차적인 목적은 고온의 배기가스를 이용한 흡기의 예열, 기내 난방이나 터보차저(supercharger)의 구동 등에 사용된다.

(1) 배기 시스템 일반

기관의 배기는 배기구에 부착된 짧은 강철 스택을 통하여 각각의 실린더 배기구로부터 방출된다. 이러한 시스템은 소음이 심하고 항공기의 개방된 조종실로 배기가스가 흘러들어 오기도 한다. 야간에 비행하는 조종사들은 종종 배기 불꽃 색상을 관찰함으로써 기관 고장 탐구를 할 수 있다. 옅은 청색 불꽃은 혼합비가 정확하여 양호한 연소를 하여 기관이 정상으로 작동하고 있다는 것을 나타낸다. 불꽃이 황색을 띤 녹색이고 정상보다 짧으면 희박 혼합 표시이고 불꽃이 청색을 띤 녹색이면 양호한 혼합비 중 희박한 부분의 연소상태이고, 불꽃이 흰색이거나 붉은 빛을 띄면서 길면 농후 혼합의 표시이다. 또 배기가스가 검은 연기이면 대단히 농후한 혼합기가 연소되고 있다는 표시이다. 만약 한 실린더에서만 흰색 불꽃을 낸다면, 밸브 고장이거나 피스톤 링이 마모되어 오일이 실린더 내로 유입되고 있음을 나타낸다. 대향형 왕복기관의 배기 시스템에서는 두쪽의 배기관을 함께 모아 배출하는 매니폴드를 사용하고, 성형기관에서는 콜렉터링(collector ring)을 설치하여 배기를 모아 배출한다. 매니폴드와 배기 파이프를 사용하여 머프(muffs)와 다른 열교환 장치(heat exchanging equipment)를 설계하게 되고 거기서 일정한 배기 열이 모아져 객실 난방(heating), 기화기의 방빙, 서리 제거 등에 쓰이게 된다.

최근 항공기에서는 배기 매니폴드, 열교환기, 머플러가 장착되어 있다. 어떤 배기 시스템에는 터보차저, 오그멘터(augmenters) 및 기타 장치가 장착되어 있다. 대부분 배기 시스템에서는 인코넬(inconel)이나 열 부식 방지 합금이 사용되고 있다. 경비행기용 배기 시스템과 객실 난방 장치는 그림 6-13에서 보여준다.

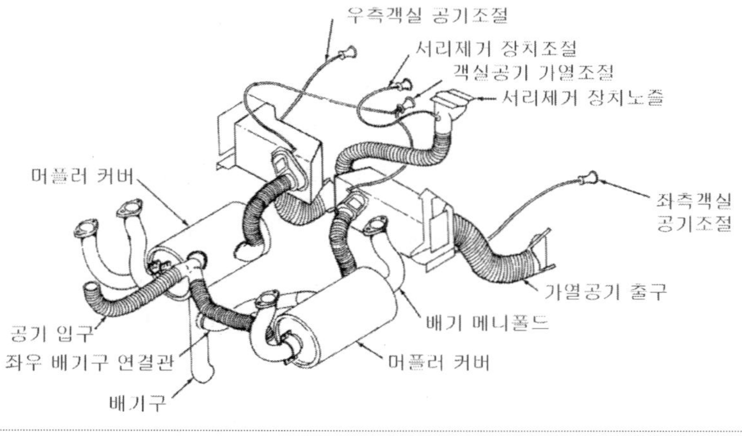

그림 6-13 경비행기의 배기 시스템

배기는 머플러를 통해 테일 파이프(tail pipe)를 지나 기관 하부로 배출된다. 교차파이프는 왼쪽 실린더로부터 오른쪽 머플러의 테일 파이프로 배기하도록 한다.

배기 라이저는 팽창, 수축을 하게 하는 클램프에 의해 머플러에 부착되어 있다. 스테인리스 강철 덮개는 머플러 근처에 위치하여 머플러로부터 생긴 열을 모아 히터 호스로 가게 한다. 양쪽 머플러의 덮개는 머플러와 그 덮개 사이의 공간으로 외부 공기를 통하게 하는 유연한 덕트 시스템과 연결되어 있다. 덮개에서 가열된 공기는 유연한 덕트를 통하여 열 조절 밸브가 위치하고 있는 환기실로 이동한다. 덮개는 나사로 조여진 플랜지에 의해 머플러 주변에 클램프되어 있다.

그림 **6-14**는 14기통 2열 성형기관용 배기 콜렉터링(collector ring)을 나타내며 각각 2개의 배기 흡입구를 갖는 7구역으로 만들어져 있다.

원래의 성형기관은 짧은 스택(stack)을 통해 가스를 배출하였다. 스택은 배기 밸브와 실린더 헤드의 배기 부분에 과도하고 급격한 온도 변화를 막아 주고 고열의 배기가스를 실린더 헤드의 인접 지역으로부터 가져온다. 배기 시스템의 장착은 각각의 매니폴드에서 배기가스를 모아서 열이 항공기 구조에 영향을 주지 않고 배기가스에서 배출되도록 하는 것이 바람직하다는 것이 경험을 통해 밝혀졌다.

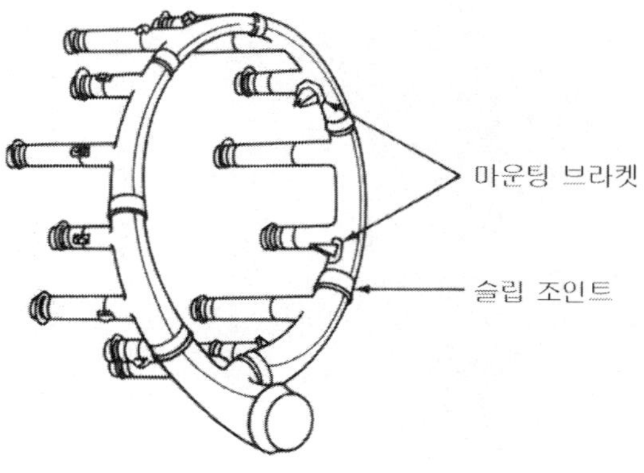

그림 6-14 2열 14기통 성형기관의 배기 콜렉터량과 배기관

배기 콜렉터링에 연결된 긴 배기 스택은 전방 실린더에 연결할 수 있도록 앞으로 뻗어 있다. 실린더로부터 나온 배기 스택은 확장, 수축을 할 수 있는 슬리브 연결(sleeve connection)에 의해 배기 콜렉터링에 연결되어 있다. 배기 콜렉터링의 각 구역은 브래킷에 의해 기관의 송풍기부에 부착되어 있다.

(2) 배기 증대장치(exhaust augmentors)

배기가스의 원활한 배출을 위하여 배기 증대장치(exhaust augmentors)를 부착한 기관도 있다. 배기 증대장치는 배기 이젝터(exhaust eject)라 불리기도 하며 이 장치를 사용하면 과도한 배압없이 배기가스의 배출유량을 증대시킬 수 있다.

그림 6-15는 간단한 배기 증대장치를 보여준다. 배기 증대장치는 기관실로부터 나오는 공기의 유량을 증가시키는 벤투리(venturi) 효과를 이용한다. 기관 낫셀을 지나면서 커진 공기 흐름은 기관의 냉각을 돕고 배기 매니폴드에서 나온 배기가스와 함께 배기 증대장치로 유입되며 이때 벤투리 효과에 의해 속도가 빨라진다. 배기 증대장치 튜브는 최대효과를 내려면 배기 흐름과 완전히 일치되어야만 한다. 배기 증대장치 튜브는 부식 방지 강철로 만들어지며 때로는 조종실에서 조절할 수 있는 조절 베인(vane)도 포함하고 있다.

왕복기관이 요구 온도보다 낮은 온도에서 작동될 경우 조종사는 배기 증대장치의 단면을 45% 정도로 줄이고 기관의 작동을 증가시키기 위해 베인을 닫을 수 있다.

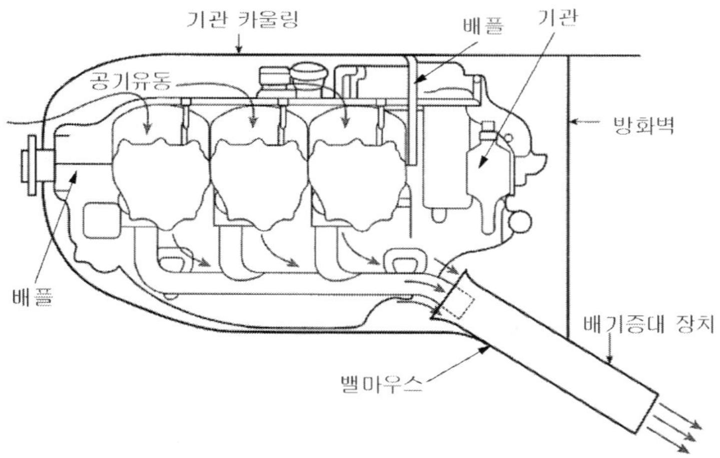

그림 6-15 배기속도 증대를 위한 배기 증대장치

6.4 과급과 과급기

주어진 행정체적에서 체적효율을 향상시켜 흡입하는 공기 중량을 증대시키고 이에 비례하여 연료를 더 분사하면 기관출력을 향상시킬 수 있으나 자연흡입식으로는 체적효율을 향상시키는 데 한계가 있다. 왕복기관을 장착한 경비행기도 약 20,000 ft가 넘는 고도에서도 비행한다. 비행 고도가 증가하면 공기 밀도가 떨어지며 기관 출력도 따라 감소한다. 고도 20,000 ft 정도가 되면 공기밀도는 지상 공기밀도의 약 1/2이 되고 30,000 ft 정도 고도에서는 지상 공기밀도의 약 1/3이 되어 과급을 하지 않으면 출력이 감소한다. 실린더 내에 보다 많은 신기를 밀어 넣은 방법으로 공기를 압축하여 공기의 밀도를 높여서 흡입되도록 하는 방법이 과급이다. 실린더에 보내지는 혼합기가 대기압 상태인 기관, 즉 비과급 기관을 자연 흡입식 기관(naturally aspirated engine)이라고 하고 압축기를 써서 흡입 공기를 압축하여 보내는 기관 중 기계적인 방법에 의해 압축기가 구동되는 기관을 슈퍼차저 기관(super charged engine)이라 하고, 과급 기관 중 압축기 구동이 배기가스에 의해 구동되는 기관을 터보차저기관(turbo charged engine)이라 한다. 항공용 기관은 고공 성능이 요구되므로 슈퍼차저가 발달하였으며 내열재료의 발달에 따라 배기 구동형 슈퍼차저인 터보과급을 할 수 있게 되었고, 경비행기에서도 20,000 ft가 넘는 고도에서도 운항할 수 있게 되었다.

항공용 왕복기관의 과급 주 목적은 이륙시에 고출력을 내고 고고도에서 최대출력을 지속하기 위해서 MAP를 대기압 이상으로 증가시키기 위한 것이다. MAP는 과급정도에 따라 달라진다. 증대된 MAP는 기관 실린더에 공급되는 공기 중량을 증가시켜 이에 상응하는 연료분사량을 증대시켜 출력을 증가시킨다. 또 압축 행정 초기에 혼합기의 압력이 커질수록 압축 행정 말기에 혼합기의 압력이 더 커지고 평균 유효 압력도 커지며 기관 출력도 증대된다.

자연흡입식 기관은 스로틀 밸브를 다 열면 최고 출력이 발휘되나 고도에 따라 출력이 떨어진다. 이 기관을 슈퍼차징에 견딜 수 있게 튼튼하게 만들어 슈퍼차저를 장착하면 스로틀 밸브전개에 따라 흡입 공기 흐름량이 늘어나고 최고 출력은 증가하지만, 역시 고도에 따라 영향을 받는다.

일반적으로 항공용 기관으로 슈퍼차징할 경우, 계획 고도에서의 고도에 의한 출력 감소를 방지하거나 혹은 계획 고도까지 지상 출력을 유지하는 것을 본래의 목적으로 하며, 또한 슈퍼차저는 비행기의 이륙이나 긴급시에 일시적으로 큰 출력을 내는 데 사용되기도 한다.

과급 기관의 주목적이 고도 보상일지라도 대부분의 기관은 기관 출력을 높이기 위해 지상에서도 30 inHg(101.61 kPa) 이상으로 MAP를 올린다. 기관은 MAP가 30 inHg 이상일 때 과급된 것으로 간주하며 어떤 고출력기관의 경우는 34~48 inHg까지도 올라가기도 한다. 이와 같이 해면에서 출력을 높이기 위해 사용하는 것을 해면 과급기(sea-level supercharging)라 한다. MAP가 30 inHg 이상 되지 않는 과급용 압축기도 있으며 이것을 노멀라이저(normalizers)라고 한다.

터보차저는 흡기 공기 압력을 보통 30 inHg 이상으로 높여 주며 터보 과급기라 한다. 슈퍼차저나 터보차저의 용량은 임펠러의 크기와 회전속도에 따라 달라진다. 터보차저 또는 터보 과급기의 경우 과급되는 정도는 기관에서 나오는 배기가스의 양에 따라 달라진다.

기관을 과급하면 최고압력이 약 20% 정도까지 높아지고 최고온도도 높아지며 출력이 증대된다. 자연흡입식 기관에 비해 과급기관은 최고압력 상승에 따라 피스톤의 크라운부, 커넥팅 로드 I 단면, 크랭크축, 베어링 캡 볼트, 실린더 헤드 볼트를 비롯한 실린더 헤드 개스킷 등의 보강이 필요하게 된다. 크랭크축의 메인 베어링이나 커넥팅 로드 베어링에 작용하는 하중도 증대하기 때문에 베어링 폭을 크게 하거나 공급하는 오일의 양을 증가시켜야 하며 출력 증대에 따른 발생열량의 증가도 현저하므로 피스톤 크라운부, 배기 밸브 등의 냉각과 실린더 헤드를 중심으로 하는 냉각수의 순환량도 증가시켜야 한다.

과급기관은 흡기를 압축기로 실린더 내에 밀어 넣게 되므로 자연흡입식 기관에 비하여 뒤에 설명하는 실압축비는 더욱 높아지게 되어 데토네이션의 발생이 쉽게 일어날 가능성이 있으므로 압축비를 낮출 필요가 있다. 그러나 압축비를 낮추면 출력이나 연비가 악화되므로 보통 출력공연비보다 농후하게 공연비를 설정하고 고회전, 고부하영역 운전으로 데토네이션에 대처하고 있다. 배기 밸브나 배기 매니폴드, 터보 과급기의 내열면을 고려할 때에는 공연비를 농후하게 하여야 할 경우가 있다. 압축으로 가열된 흡기를 중간 냉각기(inter cooler)를 통과시켜 냉각시키면 데토네이션을 방지할 수도 있다. 흡기가 냉각되면 온도의 저하뿐 아니라 흡기공기의 밀도가 높아져서 그 효과가 더욱 크다. 예를 들면 상대압력 0.5 기압의 과급압으로 과급하면 출력이 자연흡입식 기관인 경우에 비하여 약 1.7배가 될 것이나 과급에 의하여 흡기온도가 30℃로부터 100℃로 높아지게 되어 밀도가 0.8배로 되기 때문에 결국 증대되는 출력은 1.5×0.8=1.2배로 된다. 이때 중간 냉각기를 사용하여 밀도를 높힌 채로 흡기온도를 낮추면 출력을 더욱 증대시킬 수 있다.

6.4.1 매니폴드압력과 기관 성능과의 관계

매니폴드압력(MAP)이란 기관의 흡기 매니폴드의 압력을 말한다. 기관 실린더로 들어오는 연료-공기 혼합기의 중량은 MAP와 혼합기 온도에 의해 측정된다. 자연 흡입식 기관에서, MAP는 공기흡입 시스템에서 공기 마찰로 인한 손실 때문에 외부 대기압보다 낮다. 그러나 과급 기관에서는 MAP가 대기압보다 높다. 과급기의 조종과 스로틀의 세팅에 따라 MAP는 달라진다.

기관이 과급되지 않았을 때는 흡기 매니폴드의 이론상의 최대압력은 표준상태에서 해면상의 대기압인 29.92 inHg로 간주하지만 실제로는 매니폴드의 마찰 손실 때문에 비과급 기관에서 MAP 29.92 inHg를 얻는다는 것은 불가능하다. 과급하면 기관의 출력이 증가하지만 더 높은 출력을 내기 위해 MAP를 무한정 증가시킬 수는 없다. 과도한 MAP는 오히려 기관 작동에 역효과를 가져오며 궁극적으로 고응력(high stress), 데토네이션, 고온의 결과로 기관에 영구적인 손상을 초래하게 된다.

정속 프로펠러가 장착된 고성능 기관에서는 MAP가 대단히 중요하다. MAP가 너무 높으면 데토네이션과 과열이 일어나기 쉬우며, 이러한 상태가 오래 지속되면 기관 손상을 가져와 기관 고장의 원인이 된다. 과급 기관의 작동 중에는 기관의 회전수와 MAP에 세심한 주의를 기울여야 한다. 특히 고압축비 기관에서 과급기는 고도 5,000 ft(1,524 m) 이상이 될 때까지는 전혀 사용할 수 없다. 만약 이 기관의 과급기가 저고도에서 작동되면 연소실의 압력과 온도는 데토네이션과 조기 점화의 원인이 될 수도 있다.

MAP를 지배하는 또 다른 요인은 연료의 옥탄가 또는 퍼포먼스 수(perfomance number)이다. 옥탄가나 퍼포먼스 수가 높은 연료를 사용하면 MAP를 높일 수 있다.

6.4.2 기관 출력에 미치는 고도의 영향

비행고도가 높아지면 대기압과 공기 밀도는 감소하고, 항공기의 비행은 지표면 가까이의 고밀도 공기에서보다 저밀도 공기에서 저항을 덜 받는다. 또 고공에서는 배기가스에 대한 배압(back pressure)이 감소하고 고고도에서 공기의 온도는 지표면 근처보다 낮아 기관의 출력을 높여주게 될 것 같지만, 고고도에서는 밀도의 감소영향이 더욱 커서 실린더로 유입되는 공기중량이 적어 전체 기관의 출력은 감소한다.

고고도에서 대기압이 낮아지면 가솔린의 비등점은 낮게 되어 연료 시스템이 특별히 설계되지 않는 한은 증기폐색(vapor lock)이 일어나기 쉽다. 또 고고도에서는 대기압의 밀도도 감소되어 전기 통로의 공기가 저항이 적게 되어 전류가 점화플러그에서 점화가 되기도 전에 점화 장치에서 누전될 가능성도 있다.

대부분의 항공기는 20,000 ft(6,096 m) 이상으로의 상승이 요구된다. 고도 20,000 ft에서의 실제 공기압력은 약 13.75 inHg(46.61 kPa)이고 해면에서는 29.92 inHg(101.34 kPa)이므로 해면에서의 공기압의 1/2도 안 된다. 그러나 온도 저하 때문에 공기 밀도는 압력이 감소하는 만큼 감소되지는 않는다. 해면에서의 표준 온도는 59°F(15℃)이며 고도 20,000 ft에서는 −12.3°F(−24.61℃)이므로 공기의 실제 중량은 표준해면상에서 중량의 1/2보다 약간 더 크다. 고도 40,000 ft(12,192 m)에서 공기 압력은 해면 압력의 1/5 미만이지만 온도 감소 때문에 일정 체적의 공기 중량은 해면에서 체적 중량의 약 1/4이다. 높은 고도에서 적절한 출력을 내기 위해 기관은 희박한 대기를 보충하기 위해 특별히 과급장치를 갖추어야만 한다. 그러나 고고도에서 충분한 출력을 내도록 과급해야 하지만 낮은 고도에서는 과잉 출력을 내지 않도록 주의하여야 한다. 해면 부근 고도에서 과급기가 고공조건과 동일하게 작동한다면 너무 높은 온도와 압력의 공기가 실린더로 들어오기 때문에 기관에 과부화(over loaded)가 걸려 데토네이션이 일어나고 고장을 일으킬 것이다.

스로틀 밸브를 다 열었을 때 고도에 따라 출력이 떨어진다. 기관에서 목표마력을 낼 수 있는 최고 고도를 임계고도라 한다. 그림 **6-16**에서 슈퍼차저 기관의 스로틀을 다 연 상태로 어느 출력을 내는 점을 b라 하면 b는 HP_b를 내는 임계고도이다. 저공에서는 점 d까지 출력이 증가하지만 데토네이션이 발생하므로 고도가 낮을수록 점차 스로틀 밸브를 닫아 MAP를 일정하게 유지한다. 가변피치 프로펠러로 프로펠러회전수를 일정하게 유지하면 슈퍼차저 구동마력은 변하지 않으나 고도가 낮아질수록 기관 쪽 배기배압이 높아지고 흡기온도가 올라가므로 출력은 점 a로 떨어지고 지상에서의 출력은 임계고도 때보다 낮아진다. 이륙이나 비상시 고출력시에는 짧은 시간 동안만 스로틀을 더 열어 MAP를 증대시켜 점 e처럼 출력을 증대시킬 수 있다. 임계고도 이상에서는 스로틀을 다 연 상태이므로 고도가 올라갈수록 출력은 bc선을 따라 감소한다.

과급이 과도하게 되면 공기가 압축되고 공기의 온도가 상승하여 조기점화나 데토네이션을 초래하게 된다. 과급의 정도는 과도한 온도와 압력으로부터 생기는 조기점화와 데토네이션을 피하기 위해 일정한 한도 내에서 제한되어야 한다.

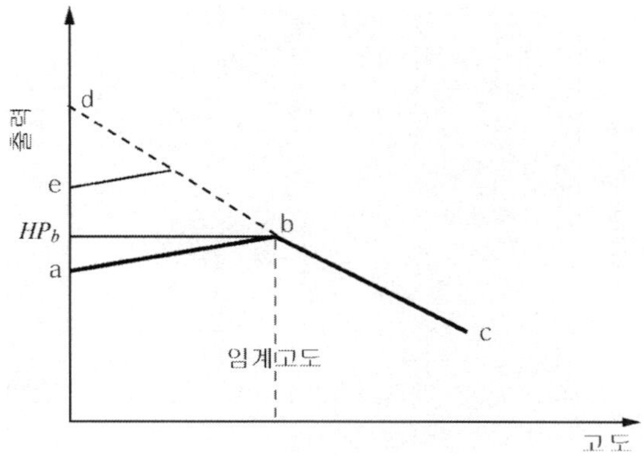

그림 6-16 고도변화에 따른 슈퍼차저 기관의 성능

6.4.3 내부 과급기와 외부 과급기

항공용 왕복기관에 사용되는 대부분의 과급기는 혼합기 공급장치에서 연료와 혼합되기 전의 공기나 또는 혼합기 공급장치에서 나오는 연료 혼합기를 압축하는데 고속으로 회전하는 임펠러를 사용한다. 항공기의 흡기 시스템에서 과급기의 위치에 따라 과급기를 내부형 또는 외부형으로 분류할 수가 있다.

과급기가 혼합기 공급장치와 실린더 흡입구 사이에 위치할 때는 내부형 과급기라 하고 혼합기 공급장치 외부에 위치하는 것을 외부형 과급기라 한다. 그림 6-17은 과급기 위치에 따른 과급기의 종류를 나타내고 있다.

외부형 과급기는 혼합기 공급장치(또는 기화기) 흡입구에 압축된 공기가 공급된다. 공기는 과급기에서 압축되어 공기 냉각기를 통과한 후 혼합기 공급장치로 전달되고 거기서 연료와 혼합된다. 보통의 외부형 과급기를 구동하는 동력은 터빈에 작용하는 기관 배기가스의 작동으로부터 얻어진다. 임펠러의 속도는 버킷 휠(bucket wheel)에 부딪치는 배기가스의 양과 압력에 따라 달라진다.

터빈을 통하여 나오는 배기량은 웨이스트 게이트(waste gate)의 밸브위치에 의해 결정된다. 웨이스트 게이트는 조정석에 있는 조종기에 의해 작동된다.

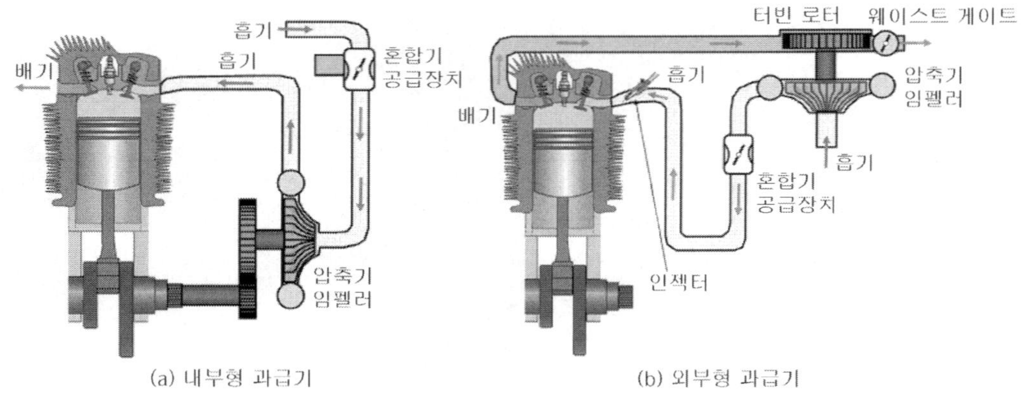

그림 6-17 과급기의 종류

6.4.4 터보차저와 슈퍼차저 비교

터보차저는 배기가스 터빈을 돌려 같은 축의 압축기를 회전시켜 실린더에 흡입되는 공기의 밀도를 증가시키는 방법이다. 실린더 내에서 발생하는 열량의 약 30%는 배기가스가 되어 대기 중으로 방출된다. 이 에너지를 이용하여 배기 터빈을 돌리면 배기 배압이 높아지지만 과급기에 의한 출력의 증가는 배기압 상승에 의한 출력 감소보다 훨씬 크다. 기관배기장치에서 최대압력은 대기압보다 약간 높아서 터보차저 터빈에서 압력강하는 아주 작기 때문에 압축기를 구동시키는데 필요한 충분한 동력을 얻기 위해서는 터빈 회전속도가 50,000~100,000 rpm 정도로 아주 높아야 한다.

터보차저는 슈퍼차저에 비해 다음과 같은 장단점이 있다.

① 슈퍼차저에 장착기관에서는 그림 6-16에서 보는 바와 같이 임계고도 이하에서는 출력이 감소하지만 터보차저 장착기관에서는 임계 고도 이하에서도 출력의 감소는 거의 없이 일정하게 할 수 있다. 임계 고도 이하에서는 고도의 감소에 따라 그림 6-18에서의 웨이스트게이트를 몇 차례 열어 터빈의 회전속도를 감소시켜서 흡기 압력을 낮게 하면 출력은 지상에서부터 임계고도까지의 범위에서 일정하게 유지될 수 있다.

② 버려지는 배기로 터빈을 구동하므로 구동 마력의 손실이 거의 없다.

③ 연료 소비율이 낮다.

④ 기관의 급속한 가 · 감속에 대해 회전계의 충격이 없고 완충 장치가 필요 없다.

⑤ 구동 기구가 간단하고 경량이다.

⑥ 기관의 배기음이 낮다.

⑦ 스로틀 밸브를 갑자기 열 때 슈퍼차저 만큼 빨리 응답하지 못하고 터보래그(turbo lag)가 있다.

터보차저는 고공 성능을 향상시키기 위해 텍스트론-라이코밍이나 텔레다인-컨티넨탈의 대향형 기관에 많이 사용되었다. 그림 6-19는 텍스트론-라이코밍 TIO-540-A2A 기관의 터보차저를 나타내고 있다. 같은 기관이라도 과급이 없는 기관은 해면상 출력 290 HP, 19,000 ft에서의 출력은 145 HP이나, 과급에 의해 해면상에서 19,000 ft까지 310 HP의 일정 출력을 낸다.

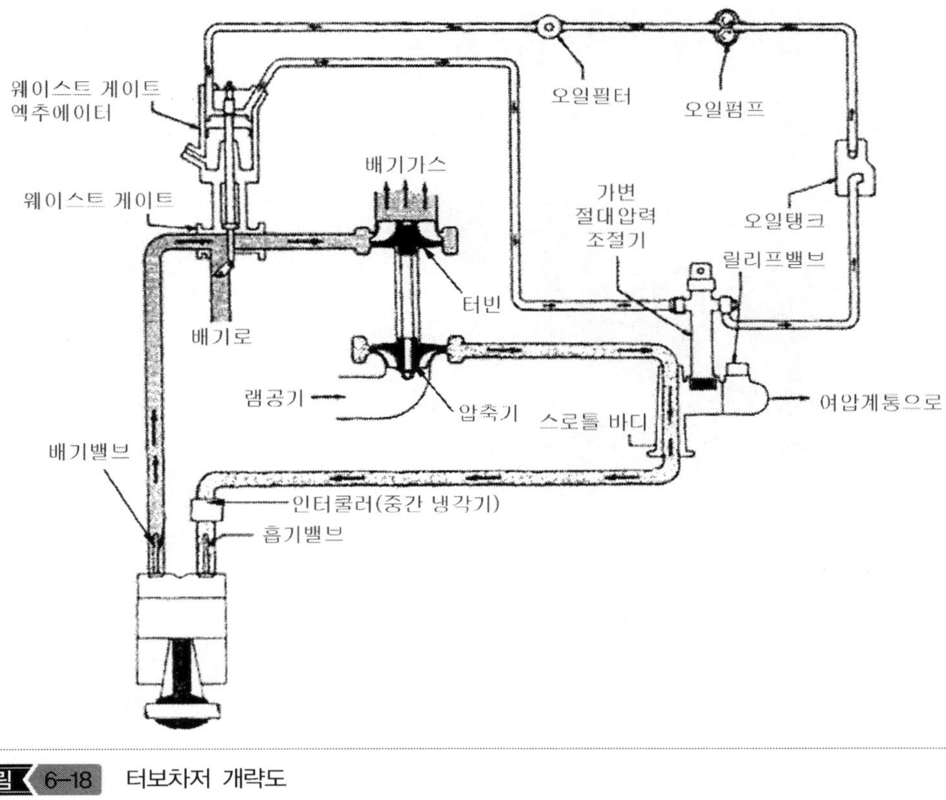

그림 6-18 터보차저 개략도

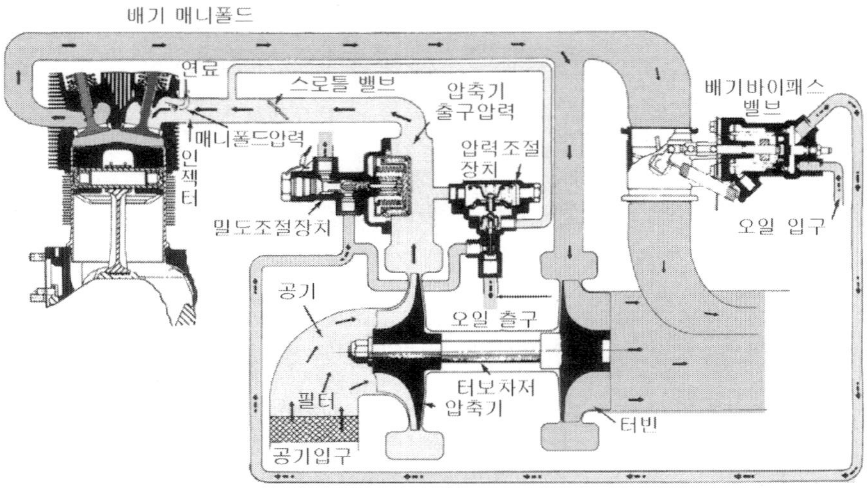

그림 6-19 텍스트론-라이코밍의 터보차저

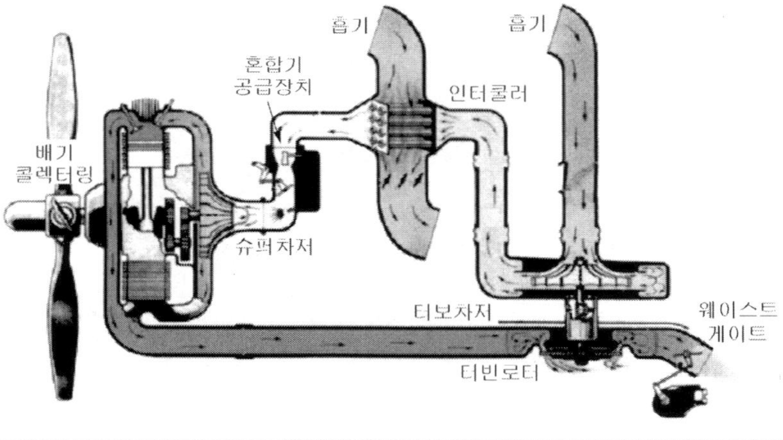

그림 6-20 성형기관의 터보슈퍼차저 시스템

터보차저는 버려지는 여분의 배기에너지를 이용하여 터빈을 회전시켜 압축기를 구동하므로 에너지 손실이 직접적으로 없지만 슈퍼차저는 압축기가 크랭크축에 연결되어 동력손실이 있게 된다. 동력손실을 최소화하면서 과급효과를 높이기 위해 그림 6-20과 같이 터보차저와 슈퍼차저가 결합된 터보-슈퍼 복합 과급기를 사용하기도 한다.

배기 터빈으로의 배기가스 유량은 웨이스트 게이트 밸브(waste gate valve)라 불리는 배기 바이패스 밸브(exhaust bypass valve)에 의해 조절된다. 배기 바이패스 밸브가 닫혀 있을 때는 배기가스는 모든 배기 터빈으로 흐르고 배기 바이패스 밸브가 열리면 배기가스량이 줄어서 배기 터빈 회전속도를 낮춘다. 이렇게 배기 터빈 회전속도를 조절해서 압축기의 방출 압력은 밀도 조절장치(다른 형식에서는 절대 압력 조절장치를 사용하는 것도 있음)로 유도되며, 밀도 조절 장치는 압축기 방출 압력이 규정값이 되도록 배기 바이패스 밸브로의 오일 압력을 조절한다. 압축기 방출 압력이 규정값보다 높아지면 밀도 조절 장치가 배기 바이패스 밸브로의 오일 압력을 감소시키고, 그것에 의해 배기 바이패스 밸브가 열려 배기 터빈 회전속도가 저하되며 압축기 방출 압력이 내려간다.

밀도 조절 장치는 동시에 온도 변화를 보정한다. 흡입 공기 압력이 일정해도 온도에 의해 공기밀도가 변화하므로 밀도 조절 장치는 압축기 방출 공기 온도가 올라가면 압축기 방출 압력을 높이고 방출 공기 온도가 내려가면 방출 압력을 낮춰 공기 밀도를 조절한다. 절대 압력 조절 장치는 온도 보정의 기능은 없고, 압축기 방출 압력만을 조절한다.

터보차저 장착기관에서 스로틀 밸브를 열었을 때 흡입공기충량은 즉시 증가하지 않고 약간의 시간지연 후에 증가한다. 스로틀 밸브를 열었을 때 증대되는 출력이 정상상태의 값까지 도달하는데 걸리는 시간을 터보 래그(turbo lag)라고 한다. 스로틀 밸브를 열게 되면 흡기량이 증가하여 배출가스량이 증량되면서 온도가 높아지고 그에 따라 배기터빈의 회전속도가 상승되며 배기터빈과 동일축에 의하여 회전하는 압축기 휠의 회전속도가 증가하게 되고, 이에 따라 흡입공기가 증량된다. 이렇게 됨으로써 어느 정상상태의 출력에 도달하게 되는 이 일련의 작동시간의 지연이 터보 래그이다.

터보지연시간은 압력비, 터보 과급기(풍량, 관성 모멘트, 마찰 등)와 인터쿨러 등에 의하여 달라진다. 기관출력을 크게 증대시키기 위해 대형의 과급기와 인터쿨러를 사용하면 터보 래그가 커서 기관의 취급에 어려움이 뒤따른다.

실제 운전에서의 터보 래그는 단지 시간지연을 느끼는 것만은 아니다. 스로틀 밸브를 전개로 하였을 때 과급의 효과가 있기 전의 절대 토크의 크기, 과급 효과발생의 전후 토크 격차, 최대과급압에 도달하는 시간, 웨이스트 게이트 밸브가 열리기 시작하는 회전속도, 터보 과급의 효과가 있기 시작한 후 정상 토크에 도달할 때까지의 시간 등에 따라 터보 래그를 느끼는 정도는 다르다. 비터보 영역에서 토크의 여유가 있거나 터보 과급의 효과가 발생하기 전후의 토크차가 적으면 터보 래그는 느끼기 어렵다. 터보차저 장착기관에서는 배기량과 압축비를 가능한 한 크게 하여 터보차저 운용을 최소로 하였을 때 즉 비터보영역의 토크를 확보하면 최대과급압에 도달하는 점을 내릴 수 있고 비터보 영역으로부터 터보영역으로서의 자연적인 연계감을 느끼게 할 수 있다.

6.4.5 항공용 과급기의 예

대항형 기관에 사용되는 과급기 형태는 내부 1속 과급기이며 기화기와 실린더 흡입구 사이에 위치한 기어로 구동되는 임펠러로 구성되어 있다.

그림 6-21은 기화기를 혼합기 공급장치로 사용하는 대향형 기관 과급기의 분해도를 나타내고 있다. 기화기에서 나온 연료-공기의 혼합기가 임펠러의 중앙부로 들어가고, 원심력에 의해 디퓨저를 통해 외부로 흘러나오며 압력이 높아진 혼합기가 과급기 하우징으로 들어간 후 오일 섬프로 둘러싸여진 흡기 시스템 부분으로 흘러들어가 각 실린더의 각각의 흡기 매니폴드로 들어가게 된다.

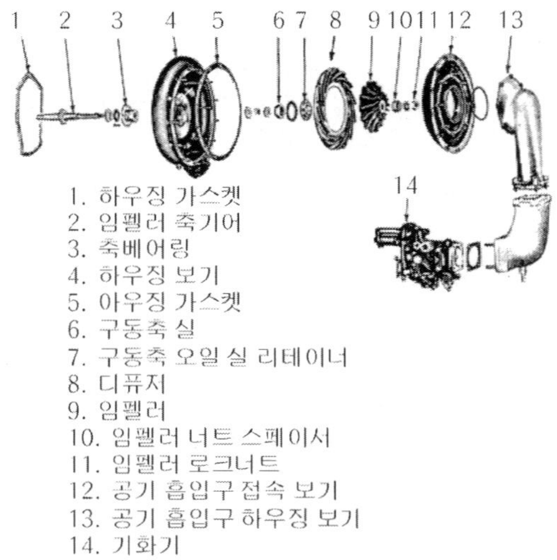

그림 6-21 대향형 기관의 과급기

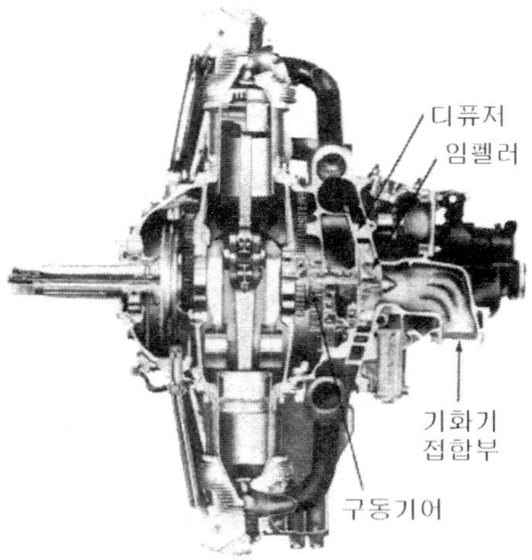

그림 6-22 성형기관의 과급기 (Pratt & Whitney R-985 기관)

전형적인 고출력 성형기관에서 과급기는 기관의 후방 부분에 위치한다. 연료-공기 혼합기는 기화기로부터 나와서 과급기를 통해 디퓨저부와 각각의 흡기 매니폴드를 통해 기관 실린더로 들어간다. 혼합기가 내부 임펠러를 지날 때는 과급이 될 뿐만 아니라 연료의 증발과 무화를 도와주고 모든 실린더에 혼합기가 골고루 배분되도록 해준다.

그림 6-22는 9기통 성형기관인 Pratt & Whitney R-985 기관용 과급기의 주요 구성품을 나타내고 있다. 과급기는 기관의 과급기 케이스에 장착된 임펠러로 구성되어 있다. 후방케이스에는 디퓨저 베인(diffuser vanes)이 있는데 이는 실(seal)과 패킹 너트(packing nuts)로 케이스 외부에 있는 뚜껑에 부착되어 있는 9개의 흡기 매니폴드에 골고루 혼합기를 배분해 준다. 임펠러는 기관에 의해 크랭크축 속도의 10배 속도로 기관에 의해 구동된다. R-985 기관의 MAP는 37.5 inHg(127.01 kPa)이고 이때 최대출력은 450 HP(335.57 kW)를 낼 수 있다.

6.4.6 과급기의 종류 및 열역학(*)

과급기의 종류는 기관본체 또는 다른 동력으로 과급기를 구동하는 슈퍼차저와 배기열에너지를 터빈에 주어 터빈축에 연결된 원심과급기를 구동하는 터보차저로 나눌 수 있다. 과급기의 압축기 형식에 따라 용적형과 비용적형으로 나눌 수 있으며, 용적형에는 루트식, 베인식, 왕복피스톤식 등이 있으며 비용적형에는 원심식이 있다. 그림 6-23은 과급기의 종류를 나타내고 있다. 항공용 왕복기관용으로는 원심식 압축기가 많이 사용되고 있다.

(1) 원심식 과급기의 구조

원심식 과급기는 원판에 여러 장의 직선 또는 곡선 모양의 블레이드(blade or vane)를 방사상으로 붙인 임펠러(impeller)를 케이싱 내에서 회전시켜 임펠러의 중앙부로부터 축방향으로 유입되는 공기를 원심식으로 송출하는 송풍방식이다. 소형 경량인 것이 특징이며, 터빈은 배출가스로부터 구동되고 압축기는 축으로 연결되어 있다.

임펠러에는 회전 중심에서 방사상으로 날개가 있으며, 기어열에 의해 크랭크축의 회전속도에 약 6~14배 정도의 속도로 구동된다. 이 고속 회전운동으로 날개 사이의 흡기는 속도 에너지가 가해진 상태에서 디퓨저로 들어간다.

디퓨저는 바깥으로 갈수록 단면적이 커지며 흡기 속도를 늦추어서 속도 에너지를 압력 에너지로 바꾸어 출구에서 높은 압력을 얻을 수 있다.

디퓨저를 나온 흡입 공기는 매니폴드 내부에 모아지고 압력이 균일화되어 흡기관에서 실린더로 간다. 임펠러의 회전수는 매우 높으므로 가감속시에 큰 관성력이 생긴다. 그래서 임펠러는 경량이면서 강한 알루미늄 합금의 단조품으로 만들어지며 임펠러 축에 스플라인(spline)결합이 되어 있고 크랭크축과의 사이에 완충 장치를 넣는다. 또 운전시에 진동을 발생하지 않게 동적 균형을 취하고 있다.

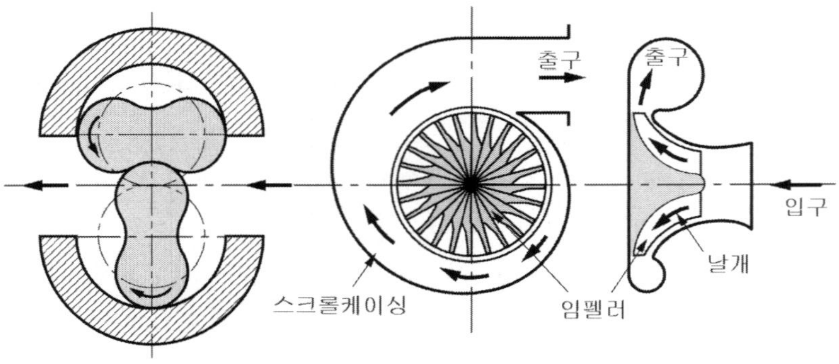

그림 6-23 과급기의 종류

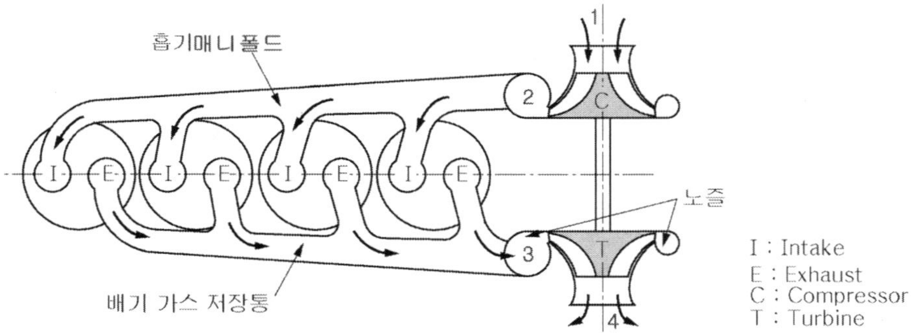

그림 6-24 정압 과급방식

(2) 과급기의 열역학

과급기에서는 압축기 구동에 필요한 일이나 터빈이 하는 일을 구할 때 개방시스템에서의 일, 즉 공업일을 구하여야 하고 공업일은 $W = -m\int vdP$ 로 나타낸다. 이상기체의 단열과정에서 공업일(온도 T_1 에서 T_2 로 변할 때)은 다음과 같다.

$$W = m\frac{\gamma R}{\gamma - 1}(T_1 - T_2) = m\frac{\gamma}{\gamma - 1}RT_1\left(1 - \left(\frac{P_2}{P_1}\right)^{\frac{\gamma - 1}{\gamma}}\right) \qquad (6 \cdot 20)$$

그림 **6-24**는 정압과급법의 개략도이다. 각 실린더로부터 나온 배기가스는 큰 가스 집합실(저장통)에 모아지며, 거의 일정압력이 된 정압배기 가스가 원심식 터빈의 노즐로 유도되어 터빈 휠로 가며, 여기서 정상류로 팽창하여 구동력이 발생한다. 이 축에 연결된 원심식압축기를 구동한다. 대형과급기에는 축류 터빈과 축류 압축기를 조합해서 사용하기도 한다.

그림 **6-25**는 정압과급기의 저압부를 확대한 $P-V$선도이다. 압축기 입구 1, 압축기 출구 2, 터빈 입구 3, 터빈 출구 4로 표기한다. 배기 밸브가 열리면서 배기는 실린더 내부와 배기 집합실 내에서 등엔트로피 과정으로 점 8까지 팽창한다. 배출가스는 운동에너지를 가지고 있지만 집합실(저장통)에서 가스의 내부에너지로 전환되기 때문에 집합실 내 가스의 체적이 증가돼서 배출가스는 점 8이 아닌 점 3의 상태가 되어 터빈 입구로 들어간다. 터빈에 유입된 가스는 점 4까지 팽창하고 나서 대기 중으로 배출된다. 정압과급 중에는 저장통에 모아지므로 자유로이 점 3까지 팽창하여 일을 하지 않고 일단 교축과정으로 팽창하기 때문에 속도에너지가 되어 다시 저장통 내에서 사선부분의 면적(5-6-7-2-8-5)은 열로 변하여 온도를 높이고 점 8로부터 점 3까지 팽창하여 체적이 증대된다. 터빈입구 점 3에서 터빈출구 점 4사이의 배기가스 터빈 정상유동일 W_{34}는 다음과 같다.

$$W_{34} = -\int_3^4 VdP = \int_4^3 VdP = \text{면적}\,(3 - 4 - C - D - 3) \qquad (6 \cdot 21)$$

$$W_{34} = mRT_3\frac{\gamma_e}{\gamma_e - 1}\left[1 - \left(\frac{P_4}{P_3}\right)^{\frac{\gamma_e - 1}{\gamma_e}}\right] \qquad (6 \cdot 22)$$

터빈의 단열효율 η_t 라 하면, 실제일$(W_{34})_{act}$는 다음과 같다.

$$(W_{34})_{act} = \eta_t \cdot W_{34} \qquad (6 \cdot 23)$$

배기가스의 중량유량을 $\dot{G}_e\,[kgf/s]$라 하면, 동력$(HP_t)_{act}$은 다음과 같다.

$$(HP_t)_{act} = \dot{G}_e \cdot (W_{34})_{act}/75 = \eta_t \cdot \dot{G}_e \cdot W_{34}/75 \qquad (6 \cdot 24)$$

마력대신 동력을 SI 단위인 kw를 사용할 때는 중량유량 $\dot{G}$ 대신 질량유량 $\dot{m}$ 을 사용하면 된다.

한편 압축기의 단열효율 η_c 라고 하면 공기를 1→2로 단열적으로 압축하는 데 필요한 일을 W_{12} 라 할 때

$$-W_{12} = mc_{pa}T_1\left[\left(\frac{P_2}{P_1}\right)^{\frac{\gamma_a-1}{\gamma_a}}-1\right] = mRT_1\frac{\gamma_a}{\gamma_a-1}\left[\left(\frac{P_2}{P_1}\right)^{\frac{\gamma_a-1}{\gamma_a}}-1\right] \quad (6 \cdot 25)$$

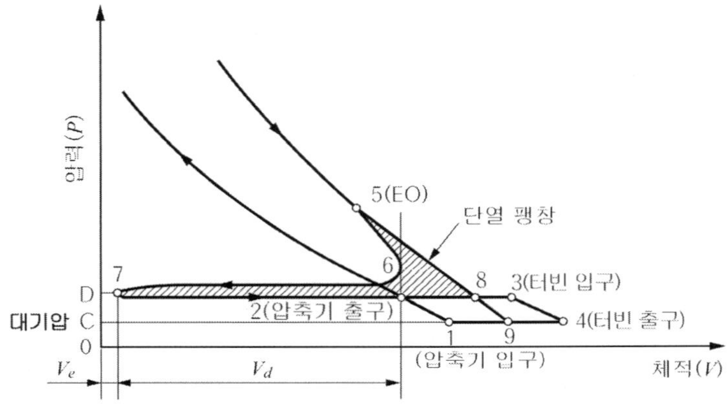

그림 6-25 정압 과급기의 지압선도(저압부)

실제일$(W_{12})_{act}$ 는 다음 식으로 된다.

$$(W_{12})_{act} = W_{12}/\eta_c \quad (6 \cdot 26)$$

기계효율을 η_m 이라 할 때 필요한 일은

$$(W_{12})_{req} = W_{12}/(\eta_c\eta_m) \quad (6 \cdot 27)$$

매초 중량유량 $\dot{G}_a[kgf/s]$ 의 공기를 압축하는 데 필요한 동력$(HP_c)_{act}$ 은 다음식으로 구할 수 있다.

$$(HP_c)_{act} = \dot{G}_a \cdot (W_{12})_{act}/75 = (\dot{G}_a \cdot W_{12})/(75 \cdot \eta_c) \quad (6 \cdot 28)$$

그리고 압축기의 출구 온도 T_2 는 다음과 같다.

$$T_2 = T_1\left[1+\frac{(P_2/P_1)^{\frac{\gamma-1}{\gamma}}-1}{\eta_c}\right] \quad (6 \cdot 29)$$

또한 밀도비를 압력의 항으로 나타내면 다음과 같다.

$$\frac{\rho_2}{\rho_1} = \frac{P_2}{P_1}\frac{T_1}{T_2} = \frac{P_2}{P_1}\left[1+\frac{(P_2/P_1)^{\frac{\gamma-1}{\gamma}}-1}{\eta_c}\right]^{-1} \tag{6 · 30}$$

터빈 입구를 3, 터빈 출구를 4라 하면 터빈 출구의 온도는 다음과 같다.

$$T_4 = T_3 - \eta_t\left[T_3 - T_3\left(\frac{P_4}{P_3}\right)^{\frac{\gamma_e-1}{\gamma_e}}\right] = T_3\left[1-\eta_t\left\{1-\left(\frac{P_4}{P_3}\right)^{\frac{\gamma_e-1}{\gamma_e}}\right\}\right] \tag{6 · 31}$$

터빈과 압축기의 동력 연결에 따른 기계효율을 η_m이라 하면 터빈과 압축기는 직접연결되어 있으므로 $\eta_m(HP_t)_{act} = (HP_c)_{act}$ 이 되므로 식 (6 · 24)와 (6 · 28)에서

$$\eta_m \cdot \eta_t \cdot \dot{G}_e \cdot W_{34}/75 = (\dot{G}_a \cdot W_{12})/(75 \cdot \eta_c) \tag{6 · 32}$$

따라서

$$\eta_m \cdot \eta_t \cdot \eta_c(\dot{G}_e/\dot{G}_a) = \frac{W_{12}}{W_{34}} = \frac{H_2-H_1}{H_3-H_4} = \frac{[c_{pm}]_{12}(T_2-T_1)}{[c_{pm}]_{34}(T_3-T_4)} \tag{6 · 33}$$

여기서 H는 엔탈피이고 $[c_{pm}]$은 평균정압비열이다.

또한 식 (6 · 33)에서 $\eta_m \cdot \eta_t \cdot \eta_c = \eta_{tc}$(과급기의 효율)로 하면 η_{tc}는 다음 식으로 된다.

$$\eta_{tc} = (\dot{G}_a/\dot{G}_e) \cdot (H_2-H_1)/(H_3-H_4) \tag{6 · 34}$$

그림 **6-26**은 배기 밸브 직후에 가스터빈 노즐을 설치하여 각 사이클마다 적접 고압배기류를 받는 동압과급법의 개략도이다. 각 실린더로부터 나온 배기가스를 직접 터빈에 작동시켜 과급하는 방식으로 배기가스의 운동에너지는 그대로 터빈에 이용되므로 정압과급의 경우보다도 터빈의 출력은 크다.

그림 **6-27**은 동압과급기의 저압부 $P-V$선도이다. 터빈입구의 압력은 높고 출구는 거의 대기압이며, 배기에너지 면적(5-9-C-E-5)에서 사이클에 필요한 면적을 뺀 빗금 친 면적(5-9-8-10-2-6-5)을 터빈에 흡수할 수 있다. 급기압력에 의한 펌프일은 정의 일로 출력에 더해진다. 이때 다기통 기관에서는 각 실린더의 배기가스가 상호간섭을 일으키지 않도록 배관해야 한다.

정압과급법과 동압과급법을 비교하면 다음과 같다.

정압과급법에서는 온도 및 압력변화가 거의 일정하고 상대적으로 동압과급법은 온도 및 압력변화가 크다. 또한 정압과급법에서 배기가스가 거의 정상류이므로 배기 에너지 회수율이 크지만 동압과급법에서는 상대적으로 적다. 펌핑일에서는 정압과급법에서는 부(−)의 일로 손실이 있으며 동압과급법에서는 정(+)의 일로 출력이 가해진다. 배압은 정압과급법에서 높고 동압과급법에서는 낮다. 적용기종을 나누자면 정압과급법은 고회전, 소형 기관에 사용하고 동압과급법은 저회전, 중대형 기관에 사용할 수 있다.

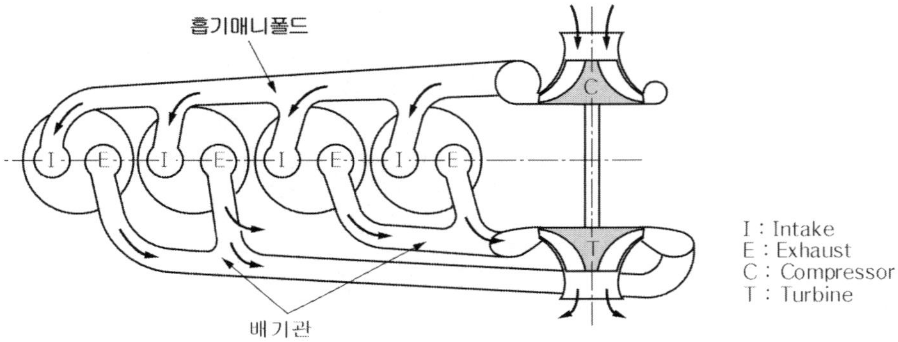

그림 6-26 동압(blow-down) 과급방식

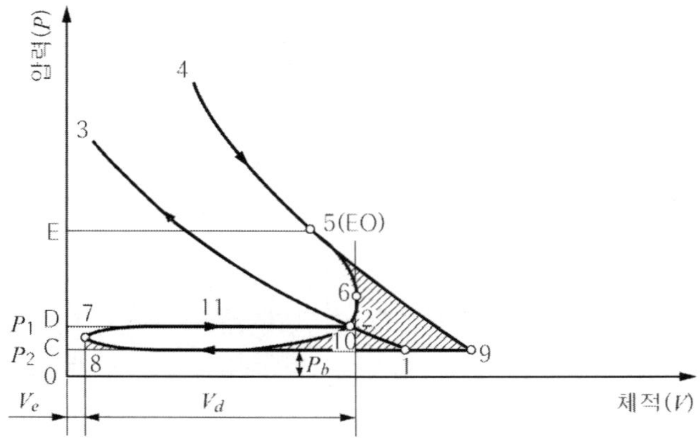

그림 6-27 동압과급기의 지압선동(저압부)

터보차저 기관에서 압축기로부터 실린더 내로 보내진 공기의 온도는 압력비에 의해 달라지지만 보통 100~130℃ 정도로 높다. 특히 고과급 기관에서는 더욱 고온이 된다. 이 결과 체적효율(η_v)의 증가는 작게 되고, 출력의 증대를 방해하며, 연소온도가 상승하는 결과가 된다. 높은 연소온도는 배기가스의 흑연발생방지에 유리하지만 NO_x 발생의 근원이 되어 좋지 않다. 이의 대책으로서 중간냉각기를 설치하여 압축기로부터의 고온공기를 70~90℃ 정도로 냉각할 수 있다.

중간냉각기 효율을 ϵ 라 하면 다음과 같이 쓸 수 있다.

$$\epsilon = \frac{\text{실제열전달}}{\text{최대가능열전달}} = \frac{T_2 - T_i}{T_2 - T_w} \tag{6 · 35}$$

여기서 T_2 는 압축기를 나와서 중간냉각기로 들어가는 온도이고, T_i 는 중간냉각기 출구온도이며, T_w 는 냉각수 입구 온도이다.

$$T_i = T_2(1-\epsilon) + \epsilon T_w \tag{6 · 36}$$

앞 식 (6 · 29)에서 구한 T_2 를 대입하면

$$T_i = T_w\left[1 + (1-\epsilon)\frac{(P_2/P_1)^{\frac{\gamma-1}{\gamma}} - 1}{\eta_c}\right] \tag{6 · 37}$$

그리고 중간냉각기에서의 압력 강하를 무시할 때 밀도비는 다음과 같이 된다.

$$\frac{\rho_i}{\rho_w} = \frac{P_2}{P_1}\frac{T_w}{T_i} = \frac{P_2}{P_1}\left[1 + (1-\epsilon)\frac{(P_2/P_1)^{\frac{\gamma-1}{\gamma}} - 1}{\eta_c}\right]^{-1} \tag{6 · 38}$$

예제 6-9

실린더 120 mm, 행정 130 mm, 압축비 9.0인 9기통 스파크 점화기관이 4,000 rpm에서 터보차저로 구동될 때 전체 체적 효율이 130%이다. 터보차저에서 압축기의 등엔트로피 효율은 75%이고 터빈의 등엔트로피 효율은 80%이다. 주위 공기는 27℃, 0.1 MPa이고 압축기를 나와서 실린더로 들어가는 공기는 60℃, 0.2 MPa이다. 압축기를 나온 후 실린더로 60℃로 들어가기 위해 필요한 냉각량을 구하고 압축기를 구동하는 데 필요한 동력을 구하라. 터빈으로 들어가는 배기가스 온도는 600℃, 압력은 0.18 MPa이고 터빈에서 배출되는 배기가스 압력은 0.105 MPa이다. 이 기관의 공연비는 18 : 1로 운전되고 있다. 압축기로 들어가는 공기의 비열비는 1.4, 정압비열은 1.005 kJ/kg · K이고 터빈으로 들어가는 공기의 비열비는 1.33, 정압비열은 1.15 kJ/kg · K이다. 터빈에서 발생되는 동력을 구하라. 또 터빈과 압축기의 연결되는 기계효율을 구하라.

풀이

총배기량 $= \frac{\pi}{4} \times (0.12)^2 \times (0.13) \times 9 = 0.0132\,\text{m}^3$

$$\eta_v = \frac{m_a}{\rho_a V_d} = \frac{\dot{m}_a / N^*}{\rho_a V_d} = \frac{\dot{m}_a}{\dfrac{P_a}{R_a T} V_d N^*} \text{에서 } \dot{m}_a = \frac{P_a V_d \eta_v N^*}{R_a T}$$

$$\dot{m}_a = \frac{1 \times 10^5 \times 0.0132 \times 1.3 \times \dfrac{4000/60}{2}}{287 \times 300} = 0.664\,\text{kg/s}$$

압축기 출구온도 $T_2 = T_1 \left[1 + \dfrac{(P_2/P_1)^{\frac{\gamma-1}{\gamma}} - 1}{\eta_c} \right]$

$$T_2 = 300 \left[1 + \frac{(0.2/0.1)^{\frac{1.4-1}{1.4}} - 1}{0.75} \right] = 387\,\text{K}$$

온도를 60℃(333 K)로 다시 감소시키기 위해서 필요한 냉각량은

$$\dot{Q} = c_{pa} \dot{m}_a (T_2 - T_w) = (1.005\,\text{kJ/kg} \cdot \text{K})(0.664\,\text{kg/s})(387\,\text{K} - 333\,\text{K})$$
$$= 36.4\,\text{kW}$$

$$-(W_{12})_{act} = \dot{m}_a c_{pa} T_1 \left[\left(\frac{P_2}{P_1} \right)^{\frac{\gamma_a - 1}{\gamma_a}} - 1 \right] / \eta_c$$
$$= 0.664 \times 1.005 \times 300 \left[\left(\frac{0.2}{0.1} \right)^{\frac{1.4-1}{1.4}} - 1 \right] / 0.75 = 58.46\,\text{kW}$$

터빈출구온도 $T_4 = T_3 \left[1 - \eta_t \left\{ 1 - \left(\dfrac{P_4}{P_3} \right)^{\frac{\gamma_e - 1}{\gamma_e}} \right\} \right]$

$$= 873 \left[1 - 0.8 \left\{ 1 - \left(\frac{0.105}{0.18} \right)^{\frac{1.33-1}{1.33}} \right\} \right] = 785.6\,\text{K}$$

공연비로부터 $\dot{m}_e = \dot{m}_a + \dot{m}_f = \dot{m}_a \left(1 + \dfrac{\dot{m}_f}{\dot{m}_a} \right) = 0.664(1 + 1/18) = 0.7\,\text{kg/s}$

$$(W_{34})_{act} = \eta_t \dot{m}_e c_{pe} T_3 \left[1 - \left(\frac{P_4}{P_3} \right)^{\frac{\gamma_e - 1}{\gamma_e}} \right]$$
$$= 0.8 \times 0.7 \times 1.15 \times 873 \times \left[1 - \left(\frac{0.105}{0.18} \right)^{\frac{1.33-1}{1.33}} \right] = 70.4\,\text{kW}$$

터빈과 압축기의 기계효율 $\eta_m = \dfrac{58.46}{70.4} = 0.83 = 83\%$

(3) 과급기 압축기의 소요동력 및 성능

그림 6-28은 원심 압축기의 입출구에서의 속도삼각형을 나타낸 것이다. 입, 출구에서 C는 절대속도, W는 상대속도, U는 접선속도라 할 때 $\overrightarrow{C} = \overrightarrow{U} + \overrightarrow{W}$인 관계가 있다. C와 접선방향이 이루는 각을 α, W와 접선이 이루는 각을 β라 나타내며 하첨자 r은

반지름 방향, 하첨자 θ 는 접선방향을 나타낸다. 각 운동량의 보존 법칙에 의하여 압축기 소요동력을 구할 수 있다.

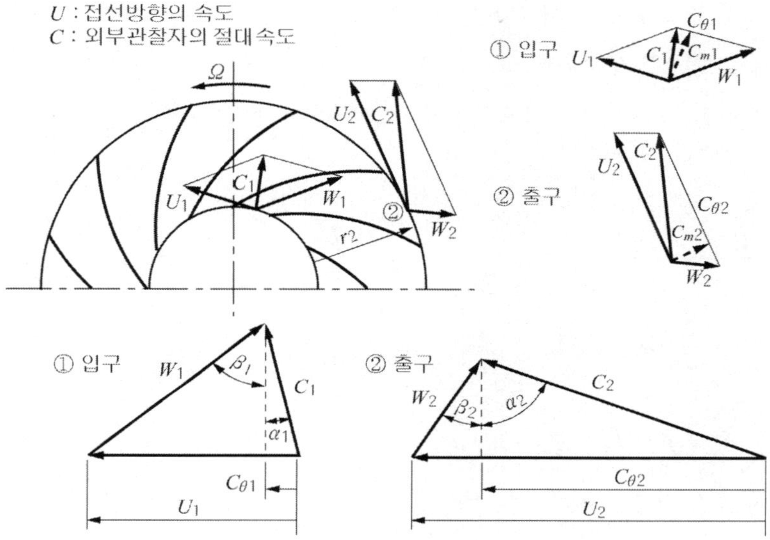

그림 6-28 압축기 입출구의 속도삼각형

압축기를 구동하는 데 필요한 동력 P 는

$$P_c = \dot{m}_{air}\,(C_{\theta_2}U_2 - C_{\theta_1}U_1) \qquad (6 \cdot 39)$$

여기서 하첨자 1은 입구, 2는 출구를 나타내며 C_θ 는 속도 C 의 접선방향 성분이다.

압축기 임펠러의 회전각속도가 Ω일 때 $U_2 = r_2\,\Omega$ 이며, 흡입공기가 압축기의 축방향으로 유입하여 원심토출될 경우에는 속도성분간에 $C_{\theta_1} \approx 0$의 근사식이 성립하므로,

$$P_c \approx \dot{m}_{air}\,C_{\theta_2}U_2 \qquad (6 \cdot 40)$$

압축기 성능의 무차원 표기법은 아래와 같다.

$$\frac{\dot{m}_{air}\sqrt{RT_1}}{P_1 D^2},\ \eta_{compressor},\ \frac{T_2}{T_1} = f\left(\frac{nD}{\sqrt{RT_1}},\ \frac{P_2}{P_1},\ \frac{\dot{m}_{air}}{\mu D},\ \gamma_{air}\right) \qquad (6 \cdot 41)$$

여기서 $\dfrac{\dot{m}_{air}}{D^2}$는 공기의 유동속도, $\dfrac{P_1}{\sqrt{RT_1}}$는 음속의 개념으로 $\dfrac{\dot{m}_{air}\sqrt{RT_1}}{P_1 D^2}$은 수직방

향의 마하수가 되며, $\frac{nD}{\sqrt{RT_1}}$은 접선방향의 마하수, $\frac{\dot{m}_{air}}{\mu D}$는 레이놀즈수의 개념으로 과급기 성능에 미치는 영향은 무시할 정도이며, n 은 압축기 회전수, R는 공기의 기체상수, μ는 점성계수이다. 그리고 어떤 특정과급기를 지정하여 그 성능을 연구하는 경우에는 임펠러의 지름 D가 일정하므로 이것도 생략할 수 있다. 윗식에서의 T_2 / T_1는 P_2 / P_1의 항으로 표기할 수 있으므로 윗식을 다시 표현하면 아래와 같이 나타낼 수 있다.

$$\frac{\dot{m}_{air}\sqrt{T_1}}{P_1},\ \eta_{compressor} = f\left(\frac{n}{\sqrt{T_1}},\ \frac{P_2}{P_1}\right) \qquad (6 \cdot 42)$$

그림 6–29는 식 (6 · 42)를 매개변수로 한 압축기 성능곡선도의 한 예를 나타내고 있다.

윗식에서 $\dot{m}_{air}\sqrt{T_1}/P_1$ 및 $n/\sqrt{T_1}$은 임펠러 상에서의 흡입공기의 반지름방향 및 원주방향 속도성분의 마하수의 척도이며, 교정된 공기유량 및 교정된 압축기 회전수라고 볼 수 있다.

압축기의 회전수를 일정하게 유지하면서 흡입공기의 양을 점차로 감소시키면 압축기의 안정운전의 한계에 도달하게 되는데, 이것을 서지한계(surge limit)라 하며 그림 6–29의 성능곡선에 표기되어 있다. 압축기에 서지현상이 일어나면 공기유동의 맥동과 아울러 임펠러 날개들이 진동이 발생함으로써 소음이 커진다. 보통 압축기의 입구 및 출구측 공기체적을 둘러싼 Helmholtz 공명과 함께, 임펠러 회전수에 해당하는 주파수로 회전스톨이 일어나게 된다.

그림 6–29의 압축기 성능곡선에서, 흡입공기 유량이 일정수준에 이르게 되면 그 뒤로는 압축기 회전수를 아무리 증가시켜도 흡입공기 유량이 그 이상 증가하지 않는 영역에 이르게 되며 이를 압축기의 초크한계(choke limit)라 한다. 압축기의 초킹은 디퓨저의 흡입능력에 의하여 규정지어지며, 초킹이 일어나면 압축기의 효율도 떨어지게 된다.

그림 6–30은 터빈동력계에서 측정한 성능곡선을 나타내고 있다. 그림에서 하첨자 3은 터빈 입구를, 하첨자 4는 터빈 출구를 나타낸다. 터빈의 팽창압력비와 유량간의 곡선으로 나타내면 그림 6–31의 유량곡선은 터빈의 회전수에 관계없이 포물선이 수렴하게 되는데, 이것은 터빈 안내익의 노즐 유속이 음속에 접근하면서 터빈 초킹이 일어난다.

일반적으로 터보과급기의 로터 어셈블리는 60,000 rpm 이상의 고속으로 회전한다.

따라서 베어링 계통의 설계가 대단히 중요해지며, 압축기와 터빈 사이에는 한두 개의 전부동식 베어링이 적용되며, 윤활은 강제급유방식으로써, 베어링 실(seal)에 의하여 누유를 막고 있다.

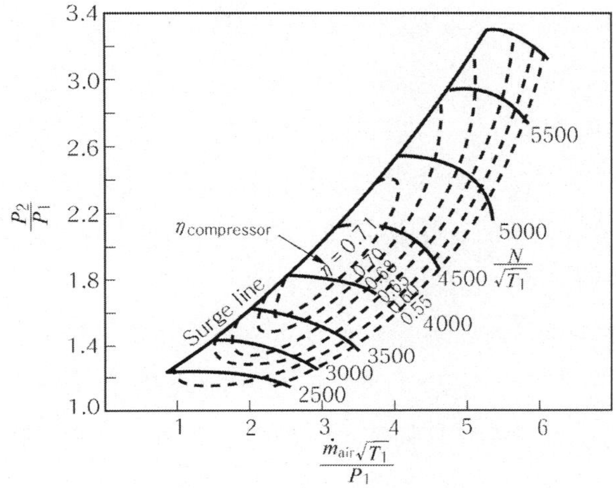

그림 6-29 압축기의 성능곡선

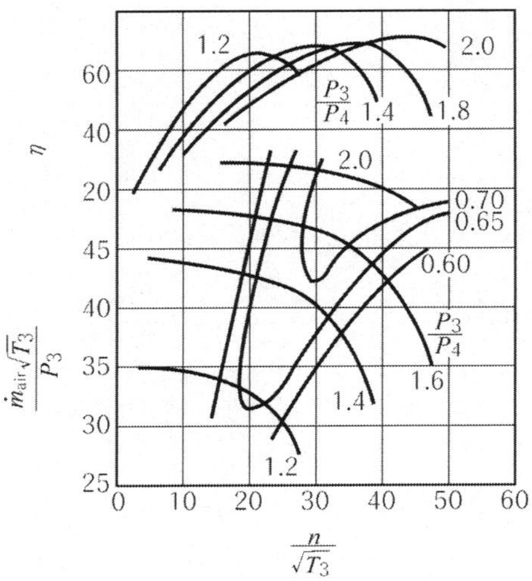

그림 6-30 터빈의 성능곡선

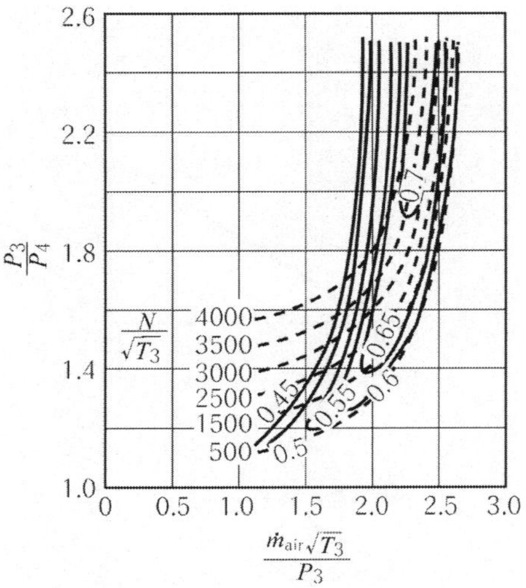

그림 6-31 터빈의 팽창비 대 유량선도

압축기의 임펠러 블레이드는 진동에 따르는 응력에 견딜 수 있도록 설계, 제작되어야 한다. 그 재질은 주로 A206-T6급의 알루미늄 주조합금이며, 이를 정밀주조하고 있다. 선단회전속도가 300~450 m/s에 이르므로 원심력 등에 의한 응력문제로 인하여 과거에는 직선형 익형을 사용하다가 최근에 제질 및 제조기술의 향상에 힘입어 역방향으로 휘어진 블레이드(back-swept blade)로 전환하게 되었다. 압축기 하우징은 356-T6 급의 염가의 알루미늄 재질을 중력 다이캐스팅 방법으로 주조한다. 터빈은 아주 고속으로 회전하고 배기가스는 뜨거워서 부식되기 쉬운 환경에 노출되므로 특수한 재질이 요구된다. 터빈 입구의 유입되는 배기가스온도는 750℃ 또는 그 이상이므로 터빈휠의 재질로는 GMR 235 또는 INCO 713C 등의 내열성이 좋은 주조니켈합금으로 만들어진다. 최근에 개발 중인 세라믹 터빈휠은 가볍기 때문에 회전관성질량이 적어서 터보과급기의 순간응답성을 개선시킬 뿐만 아니라 고온영역에서 사용이 가능한 재질이다. 다만, 세라믹의 취성문제 및 대량생산에 따르는 품질보증문제, 제조원가상의 문제, 절삭가공성 문제 및 금속 회전축과의 접합문제 등이 아직 해결하여야 할 과제로 남아 있다.

예제 6-10

후향베인을 가진 터보차저의 원심압축기가 10,000 rpm으로 회전하고 있다. 임펠러 입구와 출구의 반지름은 각각 10 cm와 18 cm이고 입구와 출구에서의 베인이 반지름 방향과 이루는 베인각은 각각 60°와 70°이다. 임펠러 입구와 출구에서 베인의 폭(높이)은 4.5 cm이고 공기의 밀도는 1.16 kg/m^{3}이다. 터보차저 압축기를 구동하는 데 필요한 동력을 구하라.

풀이

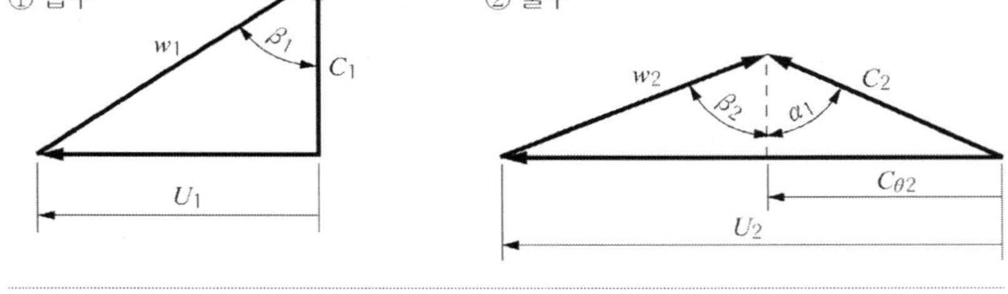

그림 6-32

$$P_c \approx \dot{m}_{air}\, C_{\theta_2} U_2$$

$$U_1 = \frac{2\pi r_1 N}{60} = \frac{2\pi \times 0.1 \times 10000}{60} = 104.7\,\mathrm{m/s}$$

$$U_2 = \frac{2\pi r_2 N}{60} = \frac{2\pi \times 0.18 \times 10000}{60} = 188.5\,\mathrm{m/s}$$

$$\dot{m} = (\rho 2\pi rb\, W_r)_1 = (\rho 2\pi rb\, W_r)_2$$

원심압축기에서 $W_r = C_r$ 이고 입구에서 $C_\theta = 0$ 으로 가정하면

$$W_{r_1} = C_{r_1} = C_1 \text{ 이므로}$$

$$W_{r_1} = C_1 = U_1 \cot\beta_1 = 104.7 \times \cot 60° = 60.4\,\mathrm{m/s}$$

따라서 $\dot{m} = \rho 2\pi r_1 b_1 W_{r_1} = 1.16 \times 2\pi \times 0.1 \times 0.0245 \times 60.4 = 1.98\,\mathrm{kg/s}$

임펠러 출구에서

$$C_{r_2} = W_{r_2} = \frac{\dot{m}}{\rho_2 2\pi r_2 b_2} = \frac{1.98}{1.16 \times 2\pi \times 0.18 \times 0.045} = 33.6\,\mathrm{m/s}$$

속도삼각형을 그리면

$$C_{\theta_2} = U_2 - C_{r_2}\tan\beta_2 = 188.5 - 33.6\tan 70° = 96.2\,\mathrm{m/s}$$

따라서 $P_c = \dot{m}_{air}\, C_{\theta_2} U_2 = 1.98 \times 96.2 \times 188.5 = 35899\,\mathrm{W} = 35.9\,\mathrm{kW}$

6.5 가변 밸브 타이밍과 가변 밸브 리프트

6.5.1 개 요

엔진의 성능은 밸브를 통해 들어오는 공기의 질량에 의해 좌우되며 또 이 들어오는 신기는 연소 후 배기되는 배출 정도나 잔류가스에 따라서 좌우되므로 흡기 및 배기밸브의 개폐시기 및 밸브양정은 엔진 성능에 영향을 미친다. 고속엔진에서는 밸브가 열려있는 기간이 길어야하기 때문에 빨리 열리고 늦게 닫혀야 하며 밸브양정도 최대한 크게 하여야 하고, 저속엔진에서는 밸브가 열려있는 기간이 짧아야하기 때문에 늦게 열리고 빨리 닫혀야하며 밸브양정도 줄여야 한다. 기존의 엔진은 캠의 형상과 위상각에 의해 밸브의 개폐 시기와 밸브 양정이 기계적으로 결정된다. 밸브의 개폐 시기는 엔진의 성능에 영향을 미치게 되는데, 저속 영역에서 안정된 회전과 토크 상승을 얻기 위해 흡기밸브 닫힘 시기를 빠르게 하면, 고속 영역에서 토크와 최고출력이 저하가 된다. 반대로

고속 영역에서 흡기관성을 이용하여 체적효율을 상승시키기 위해 흡기밸브 닫힘 시기를 늦추게 되면, 저속 영역에서 혼합기가 역류하고, 토크가 저하되며 회전수가 불안정해진다. 흡기밸브 및 배기밸브 개폐시기와 밸브오버랩 정도에 따른 성능 영향은 표 6-1에 나타내었다.

표 6-1 밸브 개폐시기에 따른 기관의 성능

(a) 흡기밸브 닫힘 시기

	저속 영역	고속 영역
진각(빠르게)	• 안정된 회전 • 토크 상승	• 토크 저하 • 최고 출력 저하
지각(늦게)	• 혼합기 역류 • 토크저하와 회전수 불안정	• 흡기 관성을 충분히 활용하여 체적 효율 상승 • 토크 상승

(b) 배기밸브 열림 시기

	저속 영역	고속 영역
진각(빠르게)	• 연소 에너지 낭비 • 펌핑 손실 저감	• 고회전용 적합 • 배기 촉진
지각(늦게)	• 배기가스 배출이 늦어 연소실 내 잔압 상승 • 신기 흡입 방해	• 연소에너지의 효율적 이용가능

(c) 밸브 오버랩

	저속 영역	고속 영역
작게	• 출력 상승	• 출력 저하
크게	• 내부 EGR 증가 • 연소 불안정 • 출력 저하, 회전수 불안정	• 체적 효율 향상으로 출력 상승

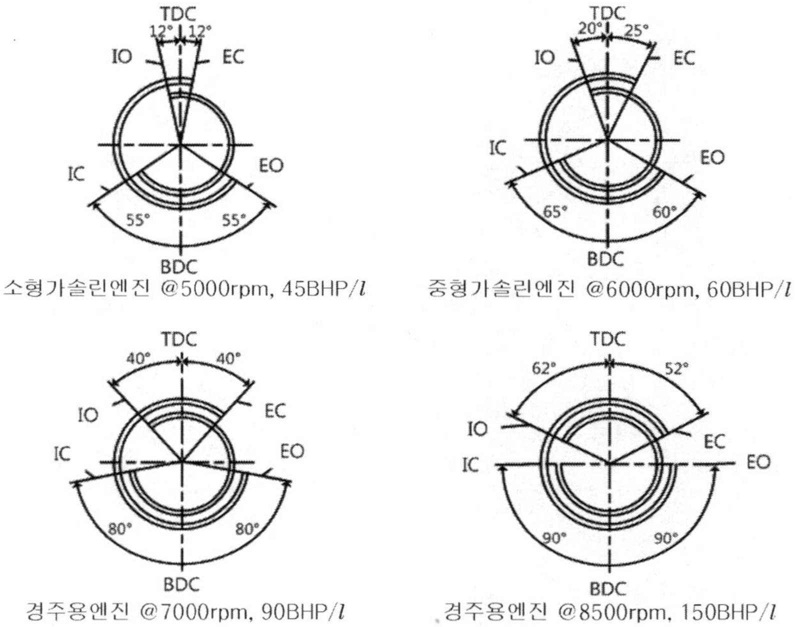

그림 6-33 가솔린기관의 전형적인 밸브 타이밍

가변 밸브 타이밍으로 고속 고부하 성능을 유지하면서 저속 또는 아이들 성능까지 최적화를 꾀할 수 있다. 부분부하 상태에서는 오버랩기간을 늘려 배기가스의 일부를 다시 흡입하는 내부 EGR에 의해 질소산화물을 저감할 수 있고 또 흡기관의 부압이 완화되므로 펌핑손실이 감소되고 아이들 회전수를 낮게 설정할 수 있어 연비를 향상시킬 수 있다.

각종 가솔린기관과 디젤기관의 기관회전수에 따른 전형적인 밸브 타이밍선도는 그림 6-33과 6-34에 나타내었다.

엔진작동회전수나 상태에 따라 최적밸브개폐시기가 다르지만, 기존엔진은 기하학적으로 캠 형상과 이의 작동에 의해 밸브개폐가 결정되는 단점을 보완하기 위하여 가변 밸브 타이밍(Variable Valve Timing;VVT)과 가변 밸브 리프트(Variable Valve Lift;VVL)를 사용한다. 가변 밸브 타이밍 엔진은 엔진의 속도에 따라 밸브가 열리고 닫히는 개폐시기 즉 타이밍을 가변적으로 조절하는 엔진이며, 가변 밸브 리프트 엔진은 엔진의 속도에 따라 밸브의 양정을 변화시켜 밸브의 개폐량을 조절하는 엔진이다. 또 밀러 사이클에서는 밸브의 개폐 타이밍을 조절하여 실질적으로 행정길이의 변환효과를 얻어 엔진 효율을 증대 시키고 있다.

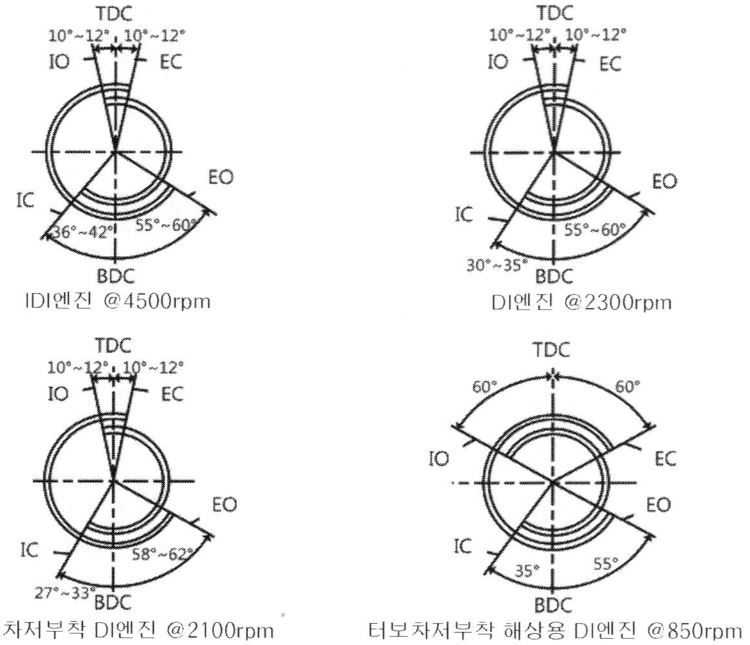

그림 6-34 디젤기관의 전형적인 밸브 타이밍

6.5.2 가변 밸브 타이밍 제어

기존의 엔진은 캠의 형상과 위상각에 의해 밸브 타이밍이 기계적으로 결정되기 때문에, 저속 혹은 고속 어느 한 영역에 맞출 경우 다른 속도 영역에서 효율 및 출력이 저하된다. 이를 보완하기 위해 엔진의 속도와 부하에 따라 밸브를 제어하는 것을 가변 밸브 타이밍 제어라 한다. 가변 밸브 타이밍 제어로는 대표적으로 밸브의 개폐시기를 제어하는 가변 밸브 타이밍 엔진과, 위상과 양정 및 개변기간을 제어하는 가변 밸브 리프트 엔진이 있다. 가변 밸브 타이밍을 위한 캠축의 작동방법의 한 가지 예로 가변 타이밍 캠축이 있으며 전자제어모듈(ECM)이 솔레노이드로 조절밸브를 조절하여 유압에 의해 가변 캠축 내에 있는 유압피스톤이 움직이고 이에 따라 헬리컬 구동기어의 경사면을 따라서 캠축이 이동하여 캠축 스프로킷과 캠축 각을 변화시킬 수 있다. 또 다른 방법으로는 그림 6-36과 같이 흡기밸브와 배기밸브에 대하여 각각 다른 3개의 캠로브를 가지고 있으며 이 캠로브 형상이 서로 달라 개폐시기와 개폐기간이 엔진회전수에 따라 달라진다.

(1) 가변 밸브 타이밍의 제어

가변 밸브 타이밍 엔진은 그림 6-35와 같이 엔진의 속도와 부하에 따라 영역을 4단계로 나누어 밸브의 개폐 시기를 제어하고 이에 따라 밸브오버랩도 변화된다.

저부하 저회전 영역에서는 배기 캠축은 진각 시키고, 흡기 캠축은 지각 시켜 밸브 오버랩기간을 작게 한다. 이를 통해 배기가스가 흡기밸브를 통해 역류하여 체적 효율이 저하되는 것을 막아 연소 과정이 개선되어 아이들 품질이 개선되고, 연비가 저감 된다.

부분부하 영역에서는 흡기 캠축에 비해 배기 캠축을 많이 지각시켜 밸브 오버랩을 크게 한다. 밸브 오버랩이 커지게 되면 배기가스가 흡기밸브를 통해 일부 역류하여 신기와 함께 유입되는데, 이로 인해 연소 온도가 낮아져 질소 산화물의 발생량이 감소하게 되며 이를 내부 EGR 효과라 한다.

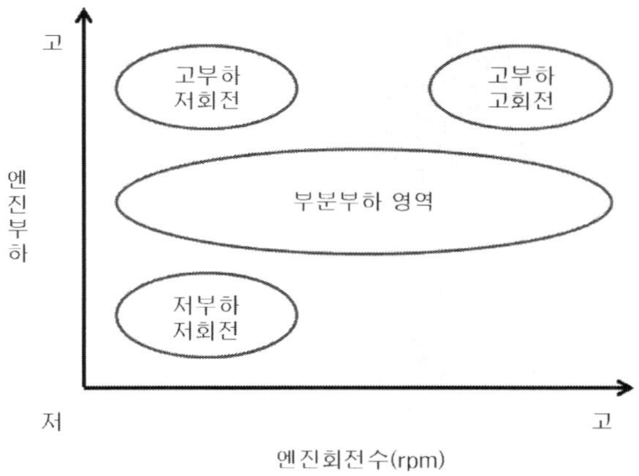

그림 6-35 엔진의 회전속도와 부하에 따른 밸브 제어 영역

고부하 저회전 영역에서는 흡기캠축을 진각시켜 흡기밸브가 빨리 닫히도록 하여 피스톤이 상승하는 동안에 혼합기가 역류하는 것을 막아 체적효율을 개선시킴으로서 토크를 개선시킨다. 또한, 배기 캠축은 지각 시켜 배기밸브가 늦게 닫히도록 하여 팽창일을 증가시킨다.

고부하 고회전 영역에서는 흡기 캠축은 지각시켜 밸브 오버랩 구간을 줄여 흡기밸브가 하사점 이후에 늦게 닫히게 한다. 이것은 흡기 매니폴드 내 유동속도가 매우 높기 때문에 피스톤이 상승하는 동안에도 신기가 유입되기 쉽기 때문이며, 흡기밸브가 늦게 닫힘으로써 유입되는 신기의 속도 에너지에 의한 과급 효과에 의해 체적 효율이 개선되어 토크가 증가한다.

(2) 가변 밸브 리프트의 제어

가변 밸브 리프트 엔진은 속도 영역에 따라 저속용 캠과 고속용 캠을 사용하고, 흡기밸브와 배기밸브를 독립적으로 전자제어 함으로써 밸브의 개폐량을 조절하는 엔진을 말한다. 가변 밸브 리프트 엔진은 엔진의 속도 영역에 따라 저속 영역에서는 흡기밸브와 배기밸브 모두 저속용 캠을 작동시키고, 중속 영역에서는 흡기밸브를 고속용 캠에, 배기밸브는 저속용 캠을 작동시키며, 고속 영역에서는 흡기밸브와 배기밸브 모두 고속용 캠으로 작동시킨다.

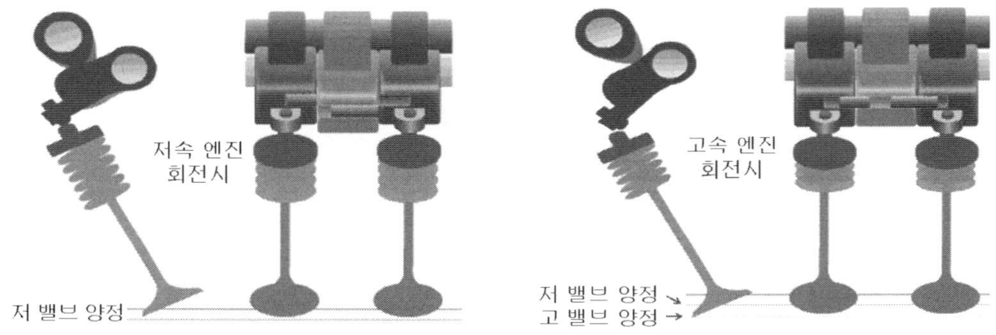

그림 6-36 엔진의 회전속도에 따른 밸브 개폐량 변화

그림 6-36과 같이 저속 영역에서는 저속용 캠을 작동시켜 밸브 개폐량을 감소시키고, 고속 영역에서는 고속용 캠을 작동시켜 밸브 개폐량을 증가시킨다.

6.5.3 연속 가변 밸브 타이밍 및 리프트제어

연속 가변 밸브 타이밍은 CVVT(Continuous Variable Value Timing)라 부르며 밸브 타이밍을 엔진의 회전수와 부하에 따라 연속적으로 개폐시기를 변경할 수 있는 장치이다.

중부하 영역에서는 밸브오버랩을 크게 해 내부 EGR을 높인다. 이에 따라 질소산화물(NOx) 발생을 제어하고 탄화수소(HC)도 저감할 수 있다. 그리고 밸브 오버랩을 크게 해 흡기관 부압을 저하시켜 펌핑 로스를 적게 할 수 있어 연비 저감이 된다. 고부하 중·저속회전 영역에서는 흡기밸브를 빨리 닫고(진각) 체적효율을 향상시키는데, 결과적으로는 오버랩(Overlap)을 최대로 하는 것이다. 아이들 회전 영역 및 시동 때 등에서는 밸브 오버랩을 최소로 해(흡기 최지각), 역류를 막아 연소 상태의 안정화를 도모한다. 흡입공기량 감소로 연비와 시동성을 향상시킨다.

연속 가변 밸브 리프트는 CVVL(Continuous Variable Value Lift)라 부르며 연속적으로 밸브리프트를 가변 할 수 있는 장치이다.

연속 가변 밸브 리프트는 저속 저부하 운전 조건에서 펌핑 손실 및 기계적 마찰 손실 저감에 따른 연비 향상과 저속 및 고속 전부하 운전 조건에서 체적 효율 향상에 따른 전개성능 향상, 아이들 운전 시 흡기밸브 직전 공기 밀도가 높음에 기인하는 빠른 발진 응답성 등을 들 수 있다. 또한, 왕복기관에서 밸브가 닫힐 때 발생될 수 있는 밸브와 밸브시트 사이의 충격을 완화시키기 위해서 밸브 속도 또는 가속도에 제한을 두게 되는데, 연속가변 밸브 리프트 기구는 왕복 캠을 이용하여 핑거 팔로워, 밸브 타펫 등을 이용하여 구동한다.

6.5.4 가변 밸브 타이밍 및 가변 밸브 리프트 엔진의 장점과 단점

VVT 엔진은 밸브 타이밍을 엔진의 회전속도와 부하에 최적화시킴으로써, 최대 토크와 출력이 향상된다. 또한, 부분부하 영역에서 밸브오버랩을 크게 하여 배기가스 일부가 흡기밸브를 통해 일부 역류하는 내부 EGR에 의해 신기와 함께 유입되도록 함으로써 연소 온도가 낮아져 질소 산화물의 발생량이 감소하게 된다. 그리고 흡기관 부압을 완화시켜 펌핑손실이 줄어들고, 아이들 회전수를 낮게 함으로써 아이들 연비를 향상시킨다.

그러나, 기존의 MPI 엔진에 비해 구조가 복잡해 가격이 상승하며 고속 주행시 밸브 타이밍 최적화로 인해 흡입량이 증가하여 출력이 증가하지만 이로 인해 연료 소비가 늘어나게 된다.

가변 밸브 타이밍은 저속에서 장점이 크지만, 가변 밸브 리프트는 고속 영역에서의 출력이 우수하다. 또한, 캠 샤프트에 고속, 가변 밸브 리프트는 저속용 캠만을 부착하면 되기 때문에 액츄에이터가 추가적으로 필요한 가변 밸브 타이밍보다 구조가 간단하다. 가변 밸브 리프트는 저속용 캠에서 고속용 캠으로 넘어갈 때, 급격한 토크 변화가 발생하게 된다.

6.5.5 무캠 밸브기구(Camless Valve Mechanism)

밸브의 열리는 시기 및 양정은 캠 형상에 의해 좌우된다. 전자-유압의 조합 즉 밸브에 장착되 유압펌프 내의 솔레노이드 밸브를 이용하여 흡배기밸브를 열고, 닫으면 밸브기구의 크기와 무게를 줄일 수 있으며 마찰손실과 충격을 줄일 수 있고 밸브 타이밍, 밸브양정을 자유롭게 제어조절 할 수 있다. 기존 캠기구에 의한 밸브제어보다 7~10% 정도의 연비향상, 10~15% 토크나 마력향상을 기할 수 있다.

연습문제

1. 흡기 시스템에서 관성효과, 맥동효과, 램효과의 차이점이 무엇인지 설명하라.

2. 배기 증대장치는 무엇이며 어떤 원리로 작동되는지 설명하라.

3. MAP가 기관성능에 미치는 영향은 무엇인가?

4. 슈퍼차저와 터보차저의 차이점은 무엇인가?

5. 과급기에서 인터쿨러가 있는 이유는 무엇인가?

6. 정압과급기와 동압과급기의 장단점을 설명하고 비교하라.

7. 4행정으로 작동하는 4기통, 배기량 3,000 cc인 기관이 압축비 9.0을 갖고 있다. 이 기관의 흡기 매니폴드 지름은 45 mm이고 흡기관의 길이는 1.2 m이다. 헬름홀츠 공명시스템 이론을 이 기관에 적용하여 공명동조 회전수를 구하라. 흡기온도는 40℃이고 공기의 기체상수는 0.287 kJ/kg · K이다.

8. 문제 **7**의 기관은 행정과 안지름이 같은 스퀘어 기관이고 흡기 밸브 1개를 갖는다면 흡기 밸브의 지름과 최대양정을 구하라. 흡기밸브의 평균 유동계수는 0.38이며, 마하지수는 0.51이다.

9. 문제 **7**의 기관이 행정과 안지름이 같은 스퀘어 기관이고 흡기 밸브 2개를 설치하고자 할 때 체적효율 85%를 갖도록 흡기 밸브의 지름과 최대밸브양정을 구하라. 체적효율 85%일 때 마하지수는 0.51이며, 흡기 밸브의 평균 유동계수는 0.38로 간주한다.

10. 흡기 밸브 2개, 배기 밸브 1개를 갖는 밸브 배열을 작도하고자 한다. 각 밸브사이의 간격은 0.2b이고, 밸브 가장자리와 피스톤 면적에 해당되는 실린더 헤드 가장자리 간격은 0.03b이다. 여기서, b는 실린더 안지름이다. 밸브 배열을 작도하고 흡기 밸브와 배기 밸브가 실린더 면적에서 차지하는 비율을 구하라.

11. 배기량 3,000 cc, 6기통, 4행정 스파크 점화기관이 3,600 rpm에서 터보차저로 구동될 때 기관의 체적효율이 125%이고, 이 기관은 공연비 15 : 1에서 운전되고 있다. 터보차저에서 압축기의 등엔트로피 효율은 70%이고 터빈의 등엔트로피 효율은 80%이다. 주위 공기는 25℃, 0.1 MPa이고 압축기를 나와서 실린더로 들어가는 공기는 40℃, 0.18 MPa이다. 중간냉각기에서 냉각되는 열량을 구하고 압축기를 구동하는 데 필요한 동력을 구하라. 또 터빈으로 들어가는 배기가스 온도가 550℃, 압력은 0.17 MPa이고 터빈과 압축기의 기계적 효율이 78%일 때 터빈으로 배출되는 배기압이 0.1 MPa일 때 배기가스 온도를 구하고 터빈에서 발생되는 동력을 구하라. 압축기로 들어가는 공기의 비열비는 1.4이고 정압비열은 1.004 kJ/kg · K이고 터빈으로 들어가는 공기의 비열비는 1.33이며 정압비열은 1.15 kJ/kg · K이다.

CHAPTER 7

항공용 왕복기관 연료와 연료시스템

연료에 따라 항공용 왕복기관의 성능은 영향을 받는다. 본 장에서는 연료가 항공용으로 사용되기 위해서 갖추어야 할 조건과 규격, 혼합기 공급장치 및 기화기, 압력식 기화기, 연료분사 시스템 등의 연료 시스템에 대해서 기술한다.

7.1 항공용 왕복기관 연료의 구비조건

왕복기관 연료의 대부분은 원유를 정제하여 이용하고 있으며, 원유는 암녹색의 형광을 나타내는 액체로 여러 가지 탄화수소의 혼합물이다. 원유는 비등점의 차이를 이용해서 분류탑에서 분류하면, 프로판, 나프타, 가솔린, 등유(케로신), 경유, 중유의 순으로 순차적으로 분류된다.

가솔린은 비중이 약 0.73(0.65~0.78사이)이고 끓는점이 50~200℃ 사이이고 $C_4 \sim C_9$(때때로 C_{13}까지 포함)의 여러 가지 탄소수를 가진 혼합물이며 평균적으로는 C_8H_{15} 또는 $(CH_{1.85})_n$로 표기할 수 있다. 여기서 n은 대략적으로 8의 값을 갖는다. 저위 발열량은 약 44 MJ/kg이다. 케로신은 끓는점이 160~250℃ 사이에 있고 비중은 약 0.8(0.78~0.84사이)이고 $C_{10}H_{19}$ 또는 $C_{12}H_{23}$ 또는 분자식은 $(CH_{1.85})_n$으로 표기할 수 있으며 $n \approx 10$이다. 저위 발열량은 약 43 MJ/kg이다. 케로신은 가스터빈의 연료로 사용되며 Jet A, Jet B 등으로 구분된다. 경디젤연료인 경유는 끓는점이 200~330℃ 사이에 있고 비중은 약 0.86(0.84~0.88사이)이며 분자식은 $(CH_{1.85})_n$ 으로 표기할 수 있다. 여기서 $n \approx 12$이다. 저위 발열량은 약 42 MJ/kg이다. 중디젤연료인 중유는 끓는 점이 330℃ 이상이며 비중은 약 0.90(0.88~0.95사이)이고 분자식은 $(CH_{1.7})_n$ 으로 표기할 수 있으며 n은 통상 14.6이다. 저위발열량은 약 41.5 MJ/kg이다.

항공용 가솔린은 항공용 왕복기관 연료로서 사용하기에 적합한 특징을 갖고 있다. 다른 연료와 비교해서 항공용 가솔린은 높은 열량을 갖고 있으며 상온에서 공기에 노출시 증발한다. 저온에서 증발이 잘되는 연료를 휘발성이 잘되는 연료라 말한다. 기관 시동을 위해서는 고휘발성이 요구되지만 가솔린이 너무 쉽게 증발하여 연료 라인 내에서 기포를 형성하면 증기폐쇄(vapor lock)를 초래하므로 너무 과도하지 않은 적절한 휘발성을 가져야 한다.

항공용 왕복기관 연료는 시동시 충분한 휘발성을 가져야 할 뿐만 아니라 연료 시스템 내에서 과도한 증기를 형성시키지 않아야 한다. 항공용 왕복기관의 연료는 최적의 기화성, 높은 앤티노크(anti-knocks)성, 높은 발열량, 부식성이 없을 것, 내한성이 풍부할 것(낮은 온도에 견디는 성질), 안정성이 클 것 등과 같은 조건을 갖추어야 한다.

7.1.1 연료의 휘발성

연료의 휘발성은 기관의 시동성, 난기성능, 가속성 등 그 성능과 밀접하게 관계된다.

(1) 휘발성의 측정

연료의 휘발성을 측정하는 방법으로 ASTM 증류시험 방법이 있다. 그림 7-1에서 나타난 바와 같이 규정 치수의 플라스크, 응결 장치 및 측정 장치를 사용하여 100 cc의 연료를 플라스크에 넣고 버너로 가열하고 온도가 10℃ 상승할 때마다 유출량을 측정기로 읽어서 유출량과 온도와의 관계를 표시한다. 이와 같이 시험하여 얻은 곡선을 ASTM 증류 곡선이라 한다. 최초의 1방울이 측정기에 떨어졌을 때의 온도를 초유점, 10% 유출했을 때의 온도를 10% 점, 20% 유출했을 때의 온도를 20% 점, 50% 유출했을 때의 온도를 50% 점 등 최후에 유출하여 끝날 때의 온도를 종점이라 한다.

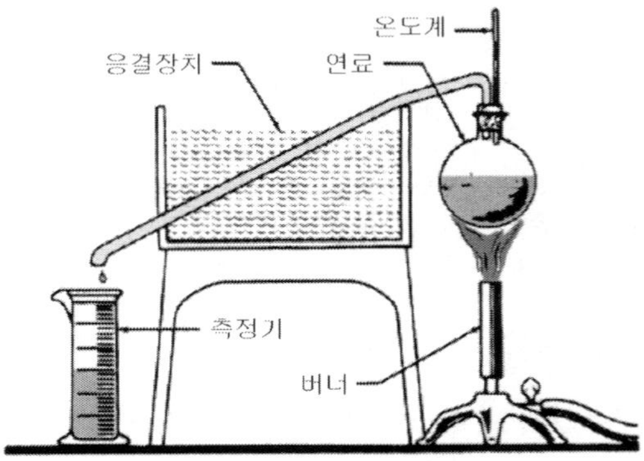

그림 7-1 ASTM 증류 시험장치

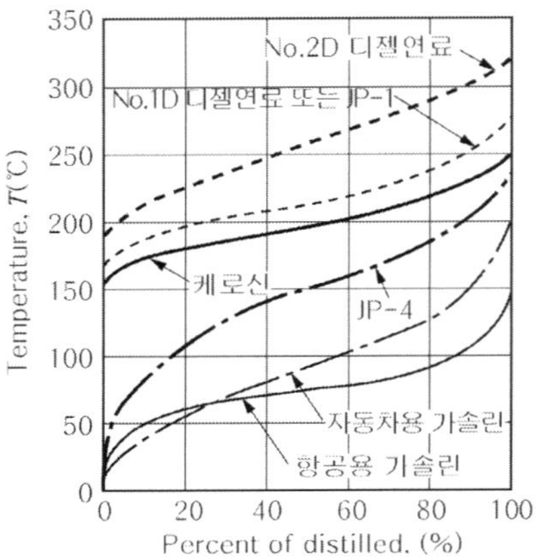

그림 7-2 증류 곡선

(2) 휘발성과 기관의 성능

기관의 온도가 낮고 연료의 일부만이 휘발하는 경우에는 연료의 휘발성이 중요한 역할을 한다. 연료 전부가 휘발할 수 있는 온도가 되면 휘발성에 관한 한 어떤 연료라도 같다. 기관의 작동 온도에 따라 ASTM 증류 곡선의 10%, 20%, 50%, 90% 점 등의 중요도가 달라진다.

10% 점은 저온 시동 특성, 증발 손실 및 증기폐쇄와 관계된다. 시동시에는 기관의 온도가 낮고 가솔린의 일부만이 증발하기 때문에 시동을 용이하게 하기 위해서는 10% 점이 낮은 것이 필요하다. 기관의 시동시에는 휘발성이 양호한 것이 좋지만, 한편 너무 휘발성이 좋으면 가솔린 운송 중 또는 저장 중에 증발 손실이 많아지기도 하고, 혹은 베이퍼 로크라는 현상이 일어난다. 따라서 항공 가솔린 규격으로는 10% 유출 온도를 75℃ 이하, 40% 유출 온도를 75℃ 이상으로 규정함으로써 휘발성이 무제한으로 좋아지는 것을 피하고 증기폐쇄 및 증발 손실을 막고 있다.

20% 점은 한랭시의 기관 난기성능에 관계되고, 20% 점이 낮으면 한랭시의 난기 운전 시간이 짧게 된다. 50% 점은 주로 난기성능, 가속성, 분배성과 기화기(carburetor)의 착빙성에 관계되며 기관의 가속능력을 결정하게 된다. 착빙시, 난기 및 가속시는 시동시와는 달리, 공급 연료의 상당한 부분이 증발하기 때문에 연료 전체에 걸쳐서 휘발성이 중요시된다. 기화기 착빙성을 개선하려면 유출 온도를 높이고 기화기 내에서의 증발을 적게 하면 좋지만, 이것은 연료의 휘발성을 낮추게 되고 난기성능 및 가속성을 떨어뜨리

게 된다. 흡기 매니폴드 벽에 완전 증발하지 않은 연료의 일부가 달라붙어서 혼합기가 일시 엷어져서 난기성능이 좋지 않을 수도 있다.

혼합비의 이슬점은 90% 점에서 규정되며 기관 전체 성능을 결정한다. 90% 점이 너무 높으면 점화 플러그의 연료 휘발이 불충분하기 때문에, 불완전 연소를 일으키고 발열과 실린더 내의 탄소의 퇴적을 일으키기 쉽고, 또 실린더 벽에 연료가 응결해서 오일을 엷게 하고 윤활에 장해를 일으킨다. 항공 가솔린 규격에서는 90% 점을 135℃ 이하, 종점을 170℃ 이하로 제한하고 있다.

연료의 휘발성이 좋을수록 기화열에 의해 흡기 온도가 저하하고 흡입 공기량이 많아지고 출력이 증가한다. 그림 7-2는 각종 연료의 증류곡선을 나타내고 있다.

(3) 증기폐쇄(vapor lock)

연료가 분사되기 전까지는 액체 상태이지만, 연료라인을 흐르는 연료의 국부압력이 증기압보다 낮으면 튜브와 펌프 및 그 밖의 부분에서도 기포(vapor)가 생성된다. 기포가 생기면 연료의 흐름은 제한되어 연료가 적절히 공급되지 않으며 이 현상을 증기폐쇄라 한다. 증기폐쇄는 연료의 흐름을 원활하게 하지 못하게 하여 기관을 정지시킬 수도 있다.

증기폐쇄의 발생 원인에는 연료에 작용되는 압력의 저하, 연료 온도 상승, 연료의 과도한 교란 등 세 가지가 있다.

1) 고공에서는 탱크 내에서 연료에 작용되는 압력이 감소되고 연료의 비등점이 낮아지므로 기포를 발생시킨다. 이 기포가 연료 흐름 속에 포함되어 증기폐쇄를 일으킨다.
2) 기관으로부터의 열전달에 의해 연료라인과 펌프 내에서 연료가 비등할 수 있다. 이 경향은 탱크 내의 연료 온도가 증가하면 커진다. 높은 연료 온도와 저압 등이 조합되어 기포의 형성을 크게 하고, 이것은 온도가 높은 날씨에 급상승 비행 중에 가장 일어나기 쉽다. 비행기가 상승해서 외기 온도는 떨어져도 연료의 온도는 빨리 내려가지 않기 때문에, 이륙시에 연료 온도가 높으면 고공에 올라가도 비등하기에 충분한 열이 있게 된다.
3) 연료 교란의 주원인은 탱크 내의 슬러싱(연료가 탱크 내에서 출렁거리는 현상), 기관 구동 펌프의 기계적인 작용 및 연료라인의 급격한 휘어짐에 의한 것이다. 탱크 내의 슬러싱은 연료에 공기를 혼합시키는 효과가 있다. 이 슬러싱된 연료가 연료라인을 통과함에 따라서 섞어진 공기가 연료에서 분리되어 흐름의 방향이 갑자기 변

화되므로 기포를 형성한다. 펌프 입구가 저압상태가 되면 연료 펌프에 의한 교란에 의해 기포가 생긴다.

증기폐쇄의 발생을 방지하기 위해서 다음의 방법을 취하고 있다.

1) 연료 튜브를 열원에서 멀리하고 아주 급격한 휘어짐을 피한다.
2) 연료가 쉽게 기화되지 않도록 연료 제조시에 휘발성을 억제한다.
3) 증기폐쇄를 감소시키기 위한 한 가지 방법은 연료 시스템에 부스터 펌프를 장착하여 연료를 가압시켜 기관에 의해 구동되는 펌프로 보냄으로써 기포 발생을 감소시킨다. 부스터 펌프는 또, 연료가 펌프를 통과할 때 연료에서 기포를 제거시키며, 이 기포는 탱크 내의 연료 중에 상승하여 탱크 벤트로부터 방출된다.
4) 연료량 조정 장치 내부, 또는 전방에 기포 분리기를 설치하면, 연료 중에 남은 소량의 기포를 분리할 수 있다.

그림 **7-3**과 같은 용기에 100℉(27.8℃) 시험연료를 약 1/2 넣고 압력계를 연결한다. 용기에는 대기와 같은 공기가 들어 있고 그 압력은 P_1이고 대기압을 나타낸다. 연료가 증발하면 압력 P_2에 도달하게 된다. 용기 내부 압력이 P_2로 상승하는 것은 시험연료 증기에 의한 것으로 P_1과 P_2의 차, 즉 $P_2 - P_1 = P_{sat}$를 그때의 가솔린의 포화 증기압이라 하고 이를 특히 레이드 증기압(Reid vapor pressure ; RVP)이라 한다. 포화 증기압은 용기 내의 존재하는 기체의 종류나 압력에는 상관없이 온도만의 함수이다.

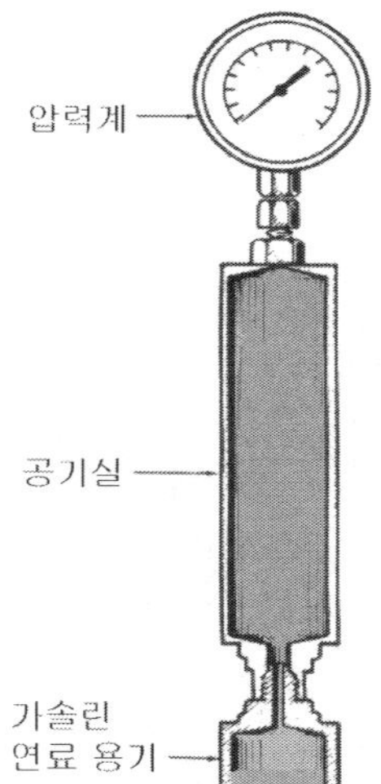

그림 7-3 레이드 증기압 측정

레이드 증기압이 높으면 운송 중 또는 저장 중에 연료의 증발 손실이 많아지고, 혹은 급상승시에 외기압이 급격하게 내려가기 때문에 증발 손실이 급격하게 증가하기도 하며, 극단적인 경우는 비등되어 증기폐쇄를 발생시킨다. 증기폐쇄의 발생을 줄이기 위해서는 레이드 증기압이 낮은 연료를 사용하면 좋지만, 레이드 증기압이 너무 낮으면 한랭시에 기관의 시동 및 난기(warming-up)가 곤란하게 된다. 이 때문에 현재의 항공 가솔린 규격에서는 이 두 가지를 고려하여 레이드 증기압을 5.5~7.0 psi로 정하고 있다.

7.1.2 연료의 앤티노크성

(1) 앤티노크성과 옥탄가

기관의 열효율은 압축비를 높이면 기관의 열효율이 증가하므로 효율 향상을 위하여 고압축비를 지향하게 되지만 압축비를 올리면 데토네이션(detonation)이 일어나서 기관의 성능이 떨어진다. 고압축비로 설계된 기관은 사용 연료가 데토네이션을 일으키기 어려운 즉, 연료의 앤티노크성이 높은 연료를 사용하여야 한다.

저압축비의 기관에서는 앤티노크성이 높은 연료를 사용해도, 그 연료의 가격값을 충분히 발휘하지 못하므로 의미가 없다. 기관에 적합한 옥탄가(ON)를 가진 연료를 사용하는 것이 바람직하다.

데토네이션은 같은 연료를 사용하여 같은 압축비의 기관을 운전해도 운전 조건이 변하면 발생하기도 하고 발생하지 않기도 한다. 즉, 연료의 앤티노크성의 판정에는 연료 자체의 성질 이외에 기관의 운전 조건이 관계되기 때문에, 이것이 앤티노크성의 수량적 표시를 곤란하게 만든다. 운전 조건이 변하면 같은 연료라도 데토네이션이 일어나기 시작하는 압축비가 일정하지 않다. 그래서 미국의 공동연료연구위원회(cooperative fuel research committee : CFR)에 의해 다음에 서술한 앤티노크성의 척도와 그 측정 방법이 제창되어 사용되게 되었다.

앤티노크성을 측정하는 장치에는 CFR기관이라 부르는 가변 압축비기관이 있다. 그림 7-4는 CFR기관을 나타낸다. 압축비 변경 핸들을 들리면 실린더가 오르내리는 것에 의해서 연소실 용적이 변하기 때문에, 운전 중 압축비가 자유롭게 변경 가능하다. 옥탄가를 알 수 없는 시험 연료를 사용하여 기관을 가동시켜 노크 성질을 기록한 후 표준연료를 사용하여 시험 연료에서와 같은 노크 성질을 가질 때까지 표준 연료 혼합비를 변경시키면서 시험을 수행한다. 이때 사용된 표준 연료는 이소옥탄과 노말헵탄의 혼합체로서 표준연료 내의 이소옥탄의 퍼센트가 옥탄가이다. 옥탄가 87의 연료는 이소옥탄 87%, 노말헵탄 13% 혼합액과 같은 앤티노크성을 가진 연료이다.

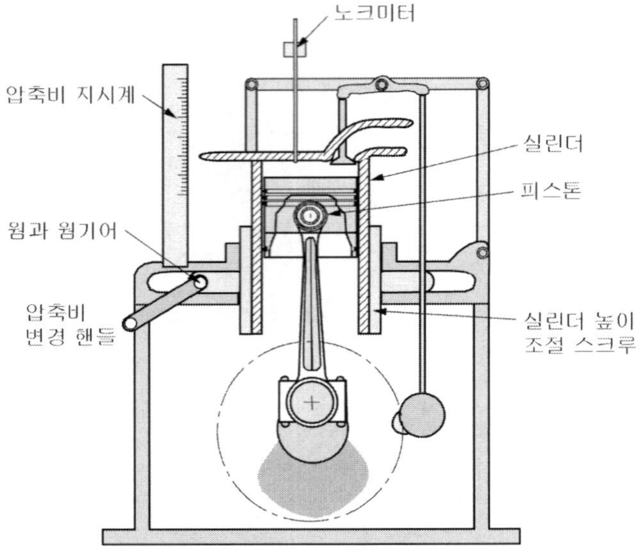

그림 7-4 CFR기관

또 시험에 사용하는 CFR기관에서도 운전 조건이 변하면 같은 연료라도 노크를 일으키는 정도가 다르고, 시험법에는 리서치법, 모터법, 항공법, 과급법 등이 있다.

리서치법, 모터법, 항공법의 세 가지 방법은 모두 흡입 압력을 일정하게 하고 압축비를 변화시켜 노킹을 일으켜 그 연료의 옥탄가를 결정하는 것이며, 과급법은 압축비를 일정(7.0)하게 하고 흡기 매니폴드 압력을 연속적으로 변화시켜 노킹을 발생시키는 것이다.

자동차용 연료의 실험에는 저속 및 가속시 앤티노크성을 표시하는 리서치법과 고속시 앤티노크성을 표기하는 모터법이, 또 항공용 연료의 시험에는 순항시 옥탄가를 표시하는 항공법과 이착륙 등과 같이 과급시 옥탄가를 표시하는 과급법이 사용된다. 항공법은 순항 운전 조건의 희박 혼합비로, 과급법은 이륙 운전 조건의 농후 혼합비로 시험이 된다.

일반적으로 연료를 항공법으로 측정했을 때보다 과급법(농후 혼합비)으로 측정했을 때보다 앤티노크성이 커지기 때문에 왕복 항공용 가솔린의 앤티노크성을 나타내는 데에 80/97, 100/130 등과 같이 이중으로 표시한다. 이 경우 앞의 숫자는 순항시와 같은 희박혼합비 상태에서의 앤티노크성을 나타내고 후자는 이륙시와 같은 과농 상태에서의 앤티노크성을 나타낸다.

(2) 앤티노크제

가솔린에 미량을 첨가하여 앤티노크성을 높이는 물질을 앤티노크제라 한다. 벤젠, 톨루엔 등과 같은 방향족 화합물과 4 에틸납 등의 다수의 앤티노크제가 있지만, 이 중에서 4 에틸납[Tetraethyl Lead or TEL, $Pb(C_2H_5)_4$]은 리터 단위의 연료에 밀리리터 단위의 TEL이 첨가되는 소량의 첨가량으로도 효과적인 앤티노크제 역할을 하므로 널리 이용되지만 점화플러그가 첨가된 납 때문에 오염되면 전도성이 증가하여 고전압이 새어서 점화가 정상적으로 일어나지 않는다. 에틸렌 디브로마이드($BrCH_2CH_2Br$)를 4 에틸납 첨가제와 함께 항공용 가솔린에 첨가하면 연소시 산화납의 휘발성은 브로마이드 납으로 변하여 배기가스와 함께 실린더 밖으로 나가기 때문에 점화플러그의 산화납 오염을 줄일 수 있다. 트리크레실인산염($(LH_3C_6H_4O)_3PO$; TCP)을 항공용 가솔린에 첨가하면 납 침전물을 비전도성인 인산염납으로 바꾸어 점화플러그 오염문제를 더 쉽게 해결할 수 있다. 방향족 화합물은 앤티노크제이지만 연료시스템 등에 사용되는 고무성질을 가진 제품을 손상시킨다.

혼합기는 압축 행정 중에서 화염에 도달하기 전에 부드러운 반응을 일으키고 연소에 의해 CO_2와 H_2O가 생성되기 이전에 중간 생성물들이 생성된다. 이 중간 생성물 중 과산화물이 데토네이션의 발생을 조장한다. 4 에틸납은 화염 전반의 반응을 늦추어 과산화물의 생성을 억제하고 발화가 늦어지게 하는 역할을 한다.

그림 7-5에서 동일 압축비(예로 들어 9.9)에서 에틸납을 첨가한 점선곡선이 4 에틸납이 첨가되지 않은 곡선(노크 발생)보다 과산화물 농도가 작은 것을 알 수 있다.

이소옥탄에 4 에틸납을 섞은 연료는 옥탄가 100 이상이며 이러한 연료의 앤티노크성을 나타내는 데에는 퍼포먼스수(performance number ; PN)가 사용된다. ASTM 항공법에 의하면 매니폴드 압력을 연속적으로 바꾸면서 시험연료와 표준연료인 이소옥탄과의 노크를 일으키는 출력을 측정하고 시험 연료의 출력과 옥탄가 100인 이소옥탄의 출력과의 비율로 나타낸다. 예를 들면 PN 115의 연료는 이소옥탄으로 운전될 때보다도 노크 없이 출력을 15% 증가할 수 있다는 것을 표시한다. 연료의 앤티노크 성질은 연료-공기비에 따라 변하기 때문에 퍼포먼스수는 희박 혼합비(lean mixture)와 농후 혼합비(rich mixture)의 등급으로 표시된다. 퍼포먼스수가 100/130, 115/145와 같이 표현되는 것은 첫째 숫자는 희박 혼합비 때, 둘째 숫자는 농후 혼합비 때의 연료의 앤티노크 성질을 뜻한다. 옥탄가 100이하의 옥탄가와 퍼포먼스수 100이상의 시험방법은 다르지만 두 가지 방법을 연장하면 옥탄가 100 이하의 경우에 상응 퍼포먼스수는 다음과 같이 구할 수 있다.

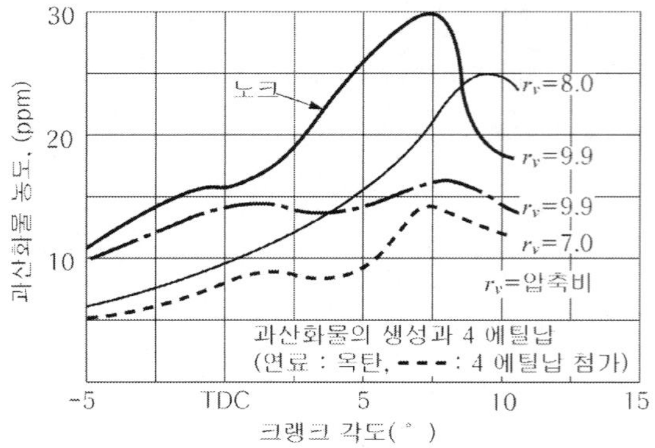

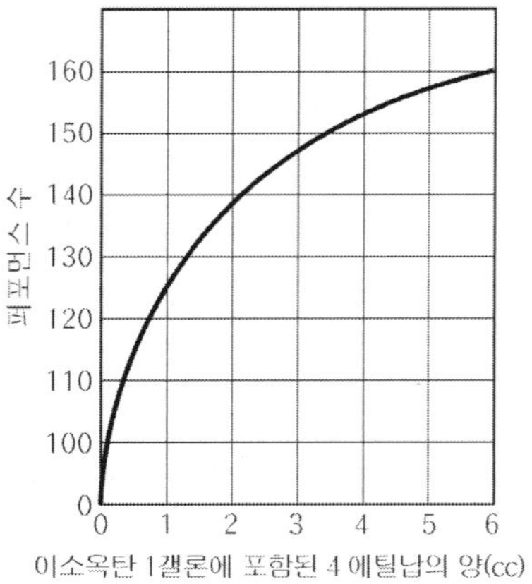

그림 7-5 압축비 변화와 4 에틸납 첨가에 의한 과산화물 농도변화

그림 7-6 옥탄가와 퍼포먼스수

$$PN = \frac{2800}{128 - ON}$$

그림 7-6은 이소옥탄 1 gallon에 포함된 4 에틸납의 양과 퍼포먼스수와의 관계를 나타내고 있다. 4 에틸납의 양이 증가할수록 퍼포먼스수가 증가하고 있다.

7.1.3 발열량

수소의 발열량은 탄소의 발열량보다 크기 때문에 분자 중에 포함된 수소 원자가 많은 만큼 연료 발열량이 크고, 같은 가솔린 속에서도 발열량은 수소 원자가 많은 파라핀족, 나프트족, 방향족의 순서대로 크게 된다. 항공 가솔린은 각종 탄화수소의 혼합체이고, 그 혼합비는 원유의 산지, 정체방법에 따라서 다르며 발열량도 일정하지 않다. *PN* 100/130인 항공용 가솔린의 발열량은 19,050 Btu/lb, 또는 110,900 Btu/gal이다. 가스터빈연료 중 하나인 JP-1의 발열량은 18,530 Btu/lb 또는 126,700 Btu/gal이다. *PN* 100/130인 항공가솔린은 1 gal당 약 6.65 lb이고, JP-1d은 1 gal당 약 6.83 lb임을 알 수 있다. JP-1의 발열량이 *PN* 100/130인 항공가솔린보다 1 gal당 약 14% 높고 1 lb당 약 3% 낮음을 알 수 있다.

7.1.4 부식성

연료의 부식 작용은 연료 자체와 연소 생성물에 의한 것으로 크게 나눌 수 있다. 연료 그 자체에 의한 부식 작용은 주로 물에 의해서 발생된다. 물은 보통 포화 상태로 가솔린 속에 용해되며, 그 용해량은 온도와 비례한다. 연료 온도가 내려가면 연료 시스템 내에서 물이 연료로부터 분리되어 금속면에 부착하고 가솔린 속에 포함된 산소 때문에 부식을 일으킨다. 물은 완전하게 제거할 수는 없기 때문에 부식 방지제를 첨가하여 물과 금속과의 사이에 유막을 만들어서 직접 접촉을 막기도 하며 연료의 물 용해 능력을 크게 하기도 한다. 또, 알칼리성 물질이나 산성 물질을 포함하면 부식되기 쉽기 때문에 가솔린은 반드시 중성인 것이 바람직하다.

납이 첨가된 가솔린에서는 에틸(ethyl)액 중의 할로겐 화합물이 연료 탱크, 필터 등의 아연을 침식시키고 연소에 의해 생기는 산화납 등은 실린더, 피스톤, 밸브 등의 부식을 일으킨다.

7.1.5 내한성

가솔린은 각종 탄화수소의 혼합체이기 때문에 비등점과 같이 일정한 어는점(freezing point)을 갖지 않는다. 즉, 가솔린을 서서히 냉각해 가면 우선 용해 수분이 얼기 시작하여 전체가 흐린 상태가 되고, 계속 온도를 낮춰 가면 탄화수소 성분의 얼음 결정이 나타나기 시작한다. 그 양은 온도 강하와 함께 증가해가고 마침내 전체의 가솔린이 착빙된다. 미국의 ASTM 규격에서는 최초의 얼음 결정이 나타난 온도를 어는점으로 간주한다.

비행 중 연료가 동결하는 것은 허용되지 않기 때문에, 사용 연료의 동결온도는 적어도 비행 중에 예상되는 최저 연료 온도 이하로 되어야 한다. 가솔린은 내한성은 극히 높고 −100℃에서 유동성을 잃고 응고하기 시작한다.

7.1.6 안정성

가솔린에 존재하는 불포화 탄화수소가 주위의 산소에 의해 산화되어 중합체를 형성하고 검(gum) 상태를 형성하기 때문에 가솔린은 장기간 저장하면 품질이 떨어진다.

검은 가솔린 정제 단계에서 이미 들어 있는 것과 정제 후의 저장 중에 산화되어 생기는 것의 둘로 나눌 수 있다. 전자를 실재 검(existent gum), 후자를 잠재 검(potential gum)으로 부르고 있다. 잠재 검은 저장시에 실재 검은 기관의 운전시에 문제가 된다. 검을 포함한 가솔린을 사용하면 스로틀 밸브는 고착되고 연료 노즐 및 연료 시스템은 막히기 쉽다. 흡기 온도가 높은 경우에는 가솔린의 대부분이 흡기 밸브에 들어오기 전에 기화하기 때문에 검은 흡기 매니폴드 내에 남아서 문제는 없지만, 흡기 온도가 낮으면 흡기 밸브에 접착하고 연소에 의해 더욱 탄화하기도 하여 밸브의 고착을 일으키는 원인이 된다.

7.2 항공용 왕복기관 연료(가솔린)의 규격 및 등급

7.2.1 항공 가솔린의 등급과 색 식별

왕복 항공용 가솔린을 Avgas(Aviation Gasoline)이라고 부르며 Avgas의 등급은 종래 80/87, 91/98, 100/130, 108/135 및 115/145의 5종류가 있었지만, 대형 항공용 왕복기관이 터빈기관으로 대체되는 상황의 변화 때문에 108/135와 115/145의 제조가 중지되고, 소형용 91/98도 제조 축소에 의해 거의 공급이 되지 않고 있다. 연료 종류의 감소로 옥탄가 80 연료를 사용해야 하는 왕복기관이 옥탄가 100/130 등급의 연료를 대신 사용하면 연료 속의 납 성분으로 인하여 연소의 불안정성과 배기 밸브에서의 작동 문제가 생기게 되어 2차 세계대전 이후에는 100/130 등급의 연료보다 납 함유량이 적은 100LL 등급이 새로 개발되어 사용되고 있다. 항공 가솔린의 민간 규격 ASTM(미국 재료 시험 협회) D910-70도 개정되어 새롭게 D910-75로 설정되었다. 이 개정에 의해 종래의

80/87, 91/98, 100/130 및 115/145가 없어지고 새롭게 80, 100 및 100LL의 3등급으로 재분류되고 있다. 100LL은 100과 같이 앤티노크성을 갖지만, 4 에틸납의 최대함유량이 100에 비해 1/2로 낮아지고 있다. 100LL에서 LL은 Low Lead를 의미하고 있다.

표 7-1은 왕복 항공용 연료의 착색과 4 에틸납(TEL)의 최대함유량을 나타내고 있다. 현재 100LL은 미국 및 유럽의 일부에서 제조되고 있다. 또한 항공 가솔린의 미국 군용 규격 MIL-G-557의 등급은 종전 그대로 개정되지 않았다. 왕복 항공용 가솔린은 등급마다 다르게 착색되어 있다.

항공용 왕복기관의 형식마다 사용하는 항공 가솔린의 최저 등급이 지정되어 있기 때문에, 보통 지정된 등급의 연료를 사용한다. 지정 등급의 연료로 공급할 수 없는 경우, 낮은 등급의 연료는 이륙시 데토네이션을 발생시켜 위험하기 때문에 절대로 사용해서는 안 된다. 지정 등급으로 공급할 수 없어 대체 연료를 사용하는 경우에는 지정 등급 다음의 높은 등급의 연료를 사용하지만, 이 경우는 데토네이션의 염려는 없지만 보다 높은 4 에틸납 함유량에 의해 점화 플러그를 오염시키고 밸브 및 밸브 시트를 침식, 손상시킬 위험이 있으므로 주의가 필요하다. 현재 항공용 왕복기관 연료로는 납 성분이 적은 100LL 등급이 가장 많이 쓰이고 있으며, 최근에는 환경문제로 인하여 저옥탄가 무연 항공용 가솔린인 82UL(Unleaded)이 개발되어 특별한 항공기에서 사용되고, 연구되고 있다.

7.2.2 항공 가솔린의 규격

미국 민간 규격으로서 ASTM D910-70(Old) 및 D910-75(New)가 있고, 미국 군용 규격으로 MIL-G-5572가 있다. 이러한 규격에 의한 대한 등급, 최대 4 에틸납 함유량 및 색식별로 표 7-1에 나타내었다.

표 7-1 왕복 항공용 연료의 착색, 등급 및 4 에틸납 함유량

연 료	ASTM D910-70(Old)		ASTM D910-75(New)		MIL-G-5572E	
착 색	등 급	TEL 최대함유량	등 급	TEL 최대함유량	등 급	TEL 최대함유량
적 색	91/96	0.50	80	0.50	80/87	0.50
청 색	91/96	2.00				
청 색			100LL	2.00		
녹 색	100/130	4.00	100	4.00	100/130	4.00
자 색	115/145	4.60			115/145	4.60

7.2.3 항공용 가솔린과 자동차용 가솔린의 비교

항공용 가솔린과 자동차용 가솔린은 첨가제가 다르고, 증기압, 앤티노크성 등이 다르기 때문에 항공용 왕복기관에 자동차용 연료는 절대로 사용해서는 안 된다. 항공기 제작자, 기관 제작자, 정유 회사에서 자동차용 가솔린의 사용에 강력히 반대하고 있다. 네 가지 중요 관심사는 연료의 휘발성, 연소 특성(앤티노크), 첨가제 및 혼합제, 품질관리이다. 자동차용 가솔린의 휘발성은 레이드 증기압이 보통 9.0~15.0이고 항공용 가솔린의 휘발성은 5.5~7.0을 갖는다.

고온도 또는 고고도에서 휘발성의 차이 때문에 자동차용 가솔린은 연료 라인과 펌프에서 증발하여 흐름을 방해하고 나아가서 증기폐쇄를 초래하게 된다. 자동차용 가솔린은 항공기 기관에서의 조기점화와 데토네이션을 억제시킬 만큼 충분한 앤티노크 성질을 갖지 못한다.

자동차용 가솔린에 사용된 세정제와 부식 방지제와 같은 혼합제는 항공기 연료 계통의 구성품에 좋지 않은 영향을 미치게 된다. 또 첨가제에는 부식 또는 검 상태의 원인이 되며 실린더 연소실 등에 부착물을 축적할 위험이 있다.

자동차용 가솔린은 취급 부주의로 인한 연료 오염문제가 일어날 가능성이 많으며 알코올이 함유된 자동차용 가솔린의 사용은 항공기 연료시스템의 밀폐에 심각한 문제를 야기한다. 밀폐에 이상이 생기게 되면 연료가 새어나감으로써 기관이 정지되는 결과를 초래하게 된다. 가스터빈용 연료를 항공용 왕복기관에 사용해도 데토네이션을 일으켜 기관을 파괴할 위험성이 아주 크므로 유의하여야 한다.

7.3 연료 시스템

(1) 연료 시스템의 역할

연료 시스템은 지상 및 공중의 모든 작동 상태에서, 연료를 항상 일정한 압력 상태로 연속적으로 혼합비 공급 시스템에 공급해야 한다. 또 연료 시스템은 지상 및 비행 중의 변화에 의해서 일어나는 증기폐쇄 현상이 발생되지 않아야 한다. 또 연료 시스템 내에 물이 존재하는 것이 감지되면 자유수(free water)를 섬프 드레인을 통하여 드레인시켜야 한다.

(2) 연료 시스템의 형식

연료 시스템은 연료를 연료 탱크에서 혼합비 공급 시스템으로 보내는 방법에 따라 중력 공급식과 압력 공급식으로 나눌 수 있고, 전자에서는 연료와 혼합비 공급 시스템과의 사이에 낙차가 있어 자중으로 공급되고, 후자는 펌프압력에 의해서 공급된다.

날개의 연료 주입구에는 그 근처에 사용 연료의 최저 옥탄가 및 [연료]라는 문자가 기입되어 있다.

(3) 중력 공급식 연료 시스템

중력 공급식 연료 시스템은 그림 7-7과 같은 고익 소형 항공기에 이용되며 그림 7-8은 중력 공급식 연료 시스템을 나타내고 있다.

이 시스템에서는 연료가 중력만으로 공급되기 때문에, 연료 탱크가 기화기보다 훨씬 위쪽에 있으면 이륙에 필요한 연료 양의 1.5배의 연료 유량을 얻을 수 있을 정도의 연료 압력을 확보하도록 설계한다. 따라서, 연료 부스터 펌프(fuel boost pump)는 필요 없다.

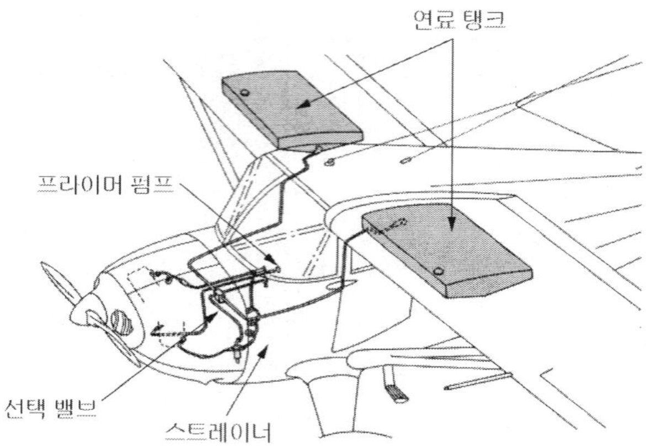

그림 7-7 중력 공급식 연료 시스템의 배치

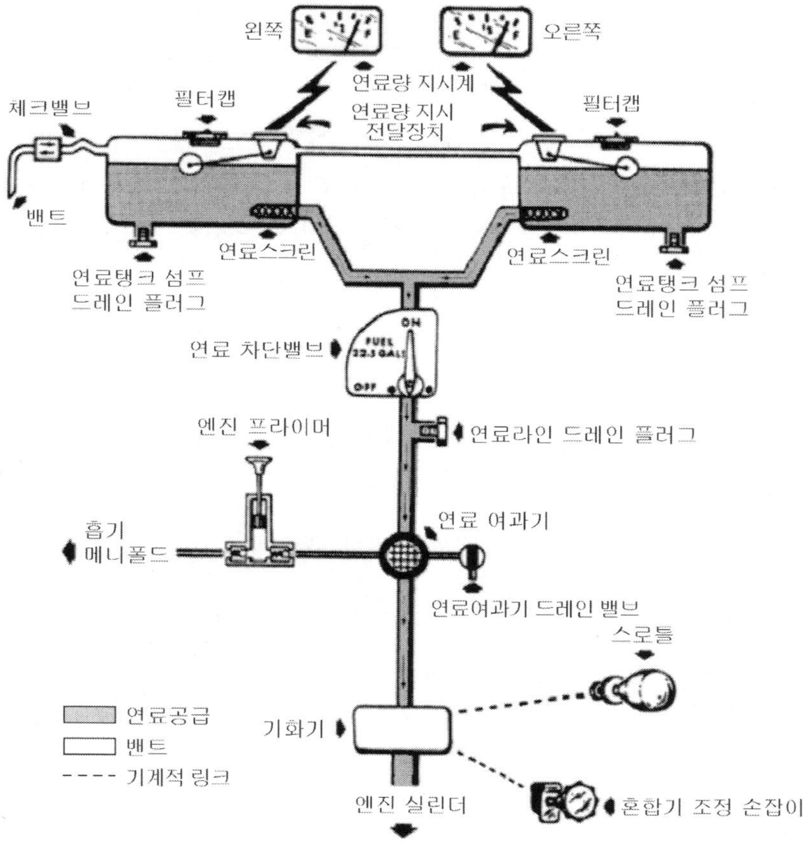

그림 7-8 중력 공급식 연료 시스템

(4) 압력 공급식 연료 시스템

연료탱크가 기화기 또는 다른 연료 미터링 장치보다 필요한 상부에 위치할 수 없을 때 중력식 장치보다 더 큰 압력을 줄 수 있는 연료 승압 펌프, 기관 구동 펌프를 필요로 한다. 펌프 압력에 전적으로 의존하는 연료 시스템에서 연료 승압 펌프는 연료 탱크의 밑 부분에 위치하여야 하며 탱크의 내부와 외부에 설치할 수 있다.

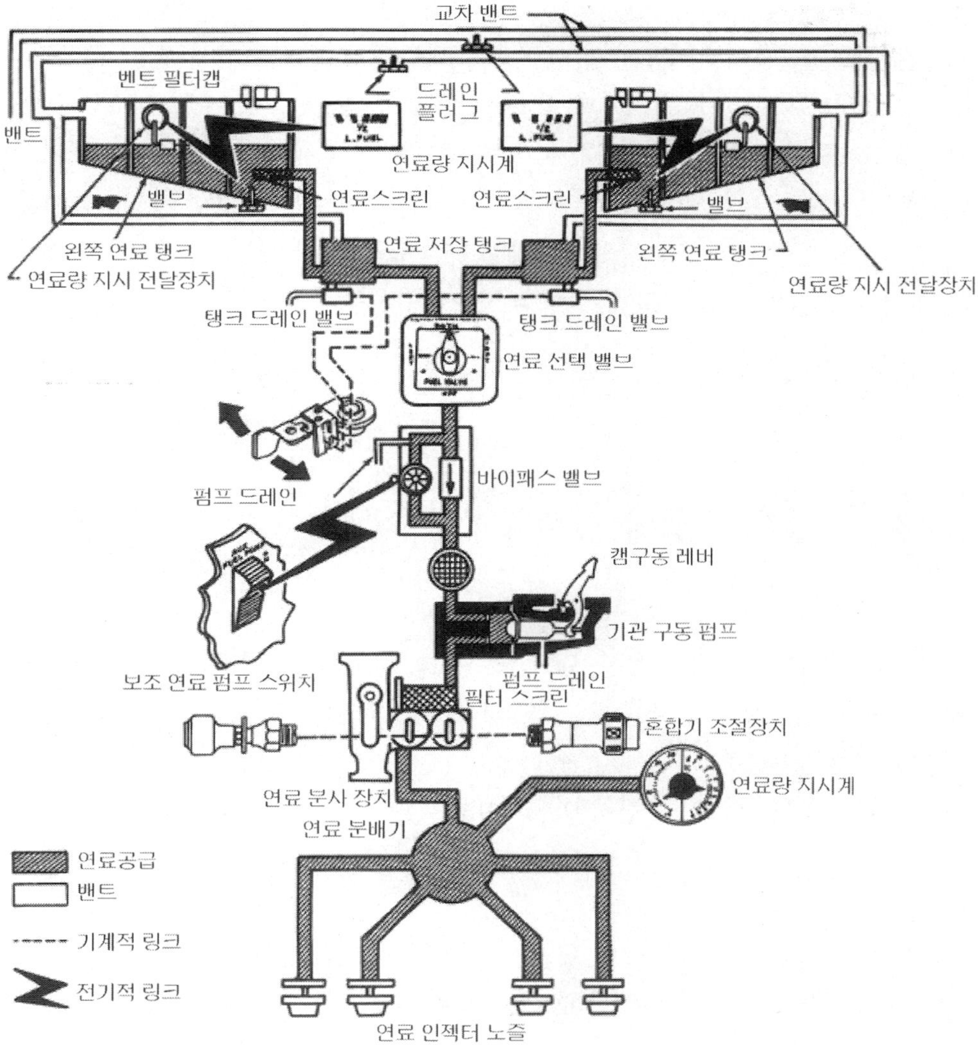

그림 7-9 압력 공급식 연료 시스템

그림 7-9는 압력 공급식 연료 시스템을 나타낸다. 이 시스템에서는 중력이 저장 탱크로 연료를 공급하고 그 뒤 연료 선택 밸브를 통하여 보조 연료 펌프까지 공급된다. 이 시스템은 연료분사 미터링 장치를 사용하므로 중력으로서만 공급할 수 있는 것보다 더 많은 압력이 요구된다. 압력 장치에 있어서 기관 구동 펌프는 승압 펌프로 직렬로 연결되어 있으며 연료는 연료 미터링 장치까지 기관 구동 펌프를 통하여 흐른다. 펌프는 바이패스 밸브(bypass valve)에 의해서 기관이 작동하지 않을 때 우회해 돌아갈 수 있도록 설계되어야 한다.

펌프는 과도한 연료가 펌프의 입구 쪽으로 되돌아 흘러 들어가게 하는 릴리프 밸브(relief valve)가 있고, 기관 구동 펌프는 어떠한 작동하에서도 요구량보다 더 많은 연료를 기관에 공급할 수 있어야 한다. 연료 승압 펌프는 기관 시동시 연료를 공급하고 정상 작동시에는 기관 펌프가 연료 압력을 공급한다. 승압 펌프는 고고도 작동시나 이륙 및 착륙시 적당한 연료 압력을 확실히 주기 위하여 작동한다. 이 연료 승압 펌프는 기관 펌프가 고장난 경우에 이륙과 착륙할 때 특히 중요하다.

7.4 혼합기 공급 시스템 일반

가솔린기관의 기화기 혹은 분사 시스템은 기관 회전수와 부하에 의해 정해지는 흡입 공기량에 적절한 연료량을 조절하는 것이다.

기관의 원활한 작동을 위해서 적정한 연소가 필요하기 때문에 혼합기 공급 시스템은 운전 상태에 알맞게 적정한 혼합비를 설정하고 연료를 잘 기화시켜 각 실린더에 균등하게 분배하여 가연 혼합기를 형성하여야 한다.

7.4.1 혼합기 공급 시스템의 목적

혼합기 공급 시스템은 연료의 기화 방식과 연료분사 방식으로 나눌 수 있으며 그 장착된 기관 형식에 상관없이 다음의 세 가지 목적을 달성할 수 있어야 한다.

1) 혼합비의 설정 : 기관이 작동되는 모든 회전수와 고도에서 흡입 공기 유량에 비례해서 연료를 공급하고 적정 혼합비를 설정할 수 있어야 한다.
2) 혼합기의 균질 : 공급된 연료를 무화 상태로 만들어 흡입 공기 중으로 보내 균질한 혼합기를 만들 수 있어야 한다.
3) 혼합기의 분배 : 혼합기를 전부 실린더에 균일하게 분배할 수 있어야 한다.

7.4.2 최대출력혼합비와 최량경제혼합비

(1) 최대출력혼합비(best power mixture)

4장에서 설명한 바와 같이 열해리 때문에 연소최고 온도는 이론 혼합비보다 십수 % 농후한 혼합비에서 발생하며, 최고 연소압력은 최고 온도보다 더 농후한 혼합비에서 발생된다. 그러나 팽창 행정에서는 온도가 내려가면 반응이 역방향으로 진행하므로 팽창행정 말기에서 최고온도와 최대압력은 이론혼합기 부근에서 생긴다. 그림 7-10은 팽창 행정의 말기단계에서, 혼합기 등가비 변화에 따른 온도와 압력 변화를 나타낸다.

평균유효압력의 주된 부분은 팽창행정의 압력이므로, 최대평균유효압력은 최고연소압력이 일어나는 혼합비와 이론혼합비와의 중간에서 얻어진다고 생각할 수 있다. 즉

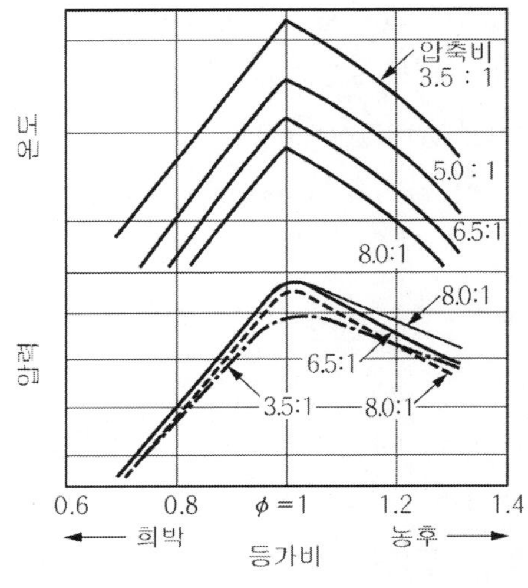

그림 7-10 등가비 변화에 따른 팽창행정 말기에서 연소 온도와 압력

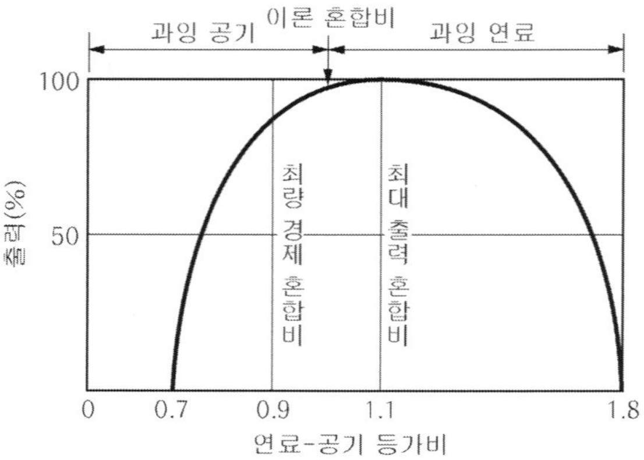

그림 7-11 연료-공기 혼합기의 등가비 변화에 따른 출력 변화

최대출력은 이론혼합비보다 농후한 혼합비에서 얻어지는데, 이 혼합비를 최대출력혼합비라 한다.

그림 7-11은 기관의 흡입공기유량을 일정하게 유지하면서 혼합비를 바꾼 경우, 그 출력이 어떻게 변화되는지를 나타낸다. 이 그림에서 최대출력은 연료-공기비로 0.080(공기-연료비로 12.5 : 1) 가까이에서 발생하는 것을 알 수 있다.

이 혼합비가 최대출력혼합비로 이것보다 농후한 혼합비에서는 연소온도의 감소 영향이 연소생성가스의 분자수 증가의 영향보다 크기 때문에 기관의 출력이 감소하고, 이보다 희박한 혼합비에서는 연소 온도와 분자수도 모두 감소해 기관의 출력은 감소된다.

또한 최대출력혼합비를 하나의 값으로 나타내지 않고 어떤 범위로 나타내며 희박한 쪽의 혼합비를 희박최대출력혼합비(lean best power mixture) 농후한 쪽의 혼합비를 농후최대출력혼합비(rich best power mixture)라 부르기도 한다.

(2) 최량경제혼합비(best economy mixture)

혼합비가 최대출력혼합비 이상으로 농후할 때는 사용 연료가 증가하고 출력이 감소하므로 모두 손실이 된다. 그러나 최대출력혼합비보다 희박하게 될 경우에는 출력은 감소하지만 사용 연료량도 감소하며 출력의 감소비율보다도 연료감소비율이 커져 경제적인 운용이 된다. 이 경향은 최량경제혼합비라 부르는 혼합비까지 계속된다. 최량경제혼합비보다 희박한 혼합비에서는 연료감소비율보다도 출력감소비율이 커져 손실이 된다.

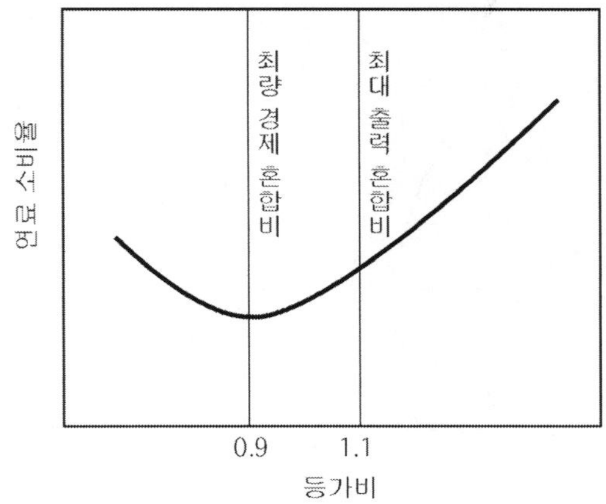

그림 7-12 혼합기 등가비에 따른 연료소비율

그림 7-12는 기관을 일정한 마력으로 작동한 경우의 혼합기 등가비와 연료 소비율과의 관계를 나타내고 최소 연료 유량으로 일정 마력을 발생하는 혼합비를 최량경제혼합비라 하며 연료-공기비 0.0625(공기-연료비 16 : 1)가 되며 등가비로는 약 0.9 정도이다.

(3) 이상 혼합비와 요구 혼합비

최대출력은 이론 혼합비보다 약간 농후한 혼합비에서 얻어지고 최량경제출력은 이론 등가비보다 약간 희박한 혼합비에서 얻어진다.

가솔린기관의 기화기 혹은 분사 시스템은 기관 속도와 부하에 의해 정해지는 흡입공기량에 적절한 연료량을 조절하는 것이다. 기관 회전수, 스로틀 개도에 따라 MAP가 정해진다. 기관 운전 상태에 따라 요구되는 혼합비 특성은 그림 7-13에 나타나 있다.

그림 7-13에서 A는 아이들 상태이며 이때 스로틀은 거의 닫혀 있다. 여기서 AB구간은저부하 상태이다. 밸브 오버랩은 최고출력 상태에 설정되어 있으므로 아이들시에는 연소실 내 잔류가스가 남아서 혼합비가 희박하게 된다. 따라서 혼합비가 농후하게 할 필요가 있다. 그렇지 않으면 실화될 우려가 있다. 또 기관 온도가 낮고 연료기화가 불충분하므로 혼합비를 농후하게 할 필요가 있다. 스로틀이 닫힐수록(즉 매니폴드가 진공 상태로 될수록 MAP가 낮아진다) 잔류가스가 증가한다. 흡기 밸브가 열릴 때 흡기 매니폴드 내 압력은 잔류가스 압력보다 낮아 잔류가스는 연소실에서 흡기 매니폴드 쪽으로 흐른다. 따라서 피스톤이 하강할 때 배기가스(잔류가스)는 신기와 함께 실린더로 유입되고 실린더 내의 신기가 차지하는 비율은 작아진다. 이 때문에 신기의 희석을 차단하기 위해서는 혼합비를 농후하게 해야 한다.

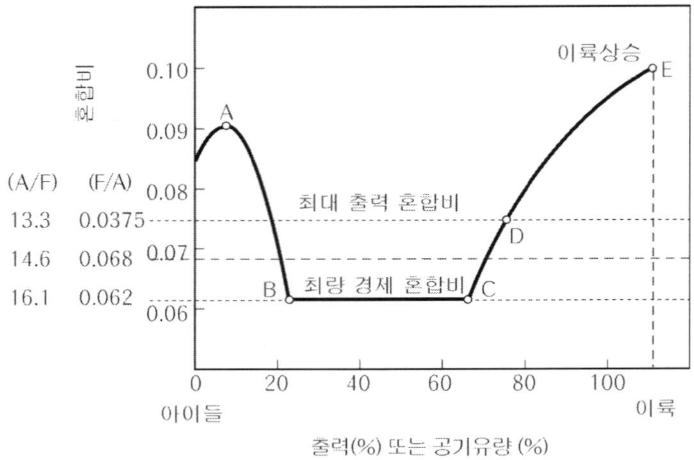

그림 7-13 출력 또는 공기유량에 따른 요구 혼합비

BC구간은 중부하 또는 경제속도 운행구간이며 스로틀은 일부만 열려 있고 혼합비는 최량경제혼합비로서 A/F=16.1, F/A=0.062 정도이다. 혼합비가 너무 희박하거나 잔류가스가 있으면 화염전파 속도가 늦어져서 데토네이션의 위험이 있다. 이를 피하기 위해서는 점화시기를 진각시켜야 한다. 순항시에는 출력이 이륙이나 상승시보다 낮으며 혼합비를 최량경제혼합비 정도로 희박하게 하여도 데토네이션의 염려는 없다.

이륙시나 상승시는 최대출력이 요구된다. 고출력시 연소실 온도가 올라가게 되고 데토네이션의 위험이 있게 된다. 연소실 온도를 낮추기 위해 최대출력보다 더 농후한 DE 영역에서 운행한다. 이륙, 상승은 매우 짧은 시간이므로 연료소비율은 별 문제가 되지 않으므로 출력증가와 함께 혼합비를 농후하게 하면 농후혼합비에서 최대출력보다 많은 여분의 연료는 증발열을 필요로 하므로 연소실 온도를 낮추고, 또 배기시 연소되지 않은 연료는 열을 배기로 운반하는 역할도 한다. 최대스로틀(full throttle) 즉, WOT 이전에 혼합비를 농후하게 하여야 한다. 최대출력혼합비는 하나의 값으로 정해진 것이 아니고 어떤 범위를 갖는다. 농후최대출력혼합비는 약 A/F=11.5, F/A=0.087 정도이고 희박최대출력혼합비는 약 A/F=13.5, F/A=0.074이다.

그림 7-14는 일정 회전수에서 일정한 기관 작동에 대한 연료-공기 혼합비 변화의 효과에 대해 보여준다. A점에서의 혼합비는 희박최대출력혼합비(lean best power mixture)이고, 이 점 이하의 희박 혼합비에서는 기관 출력이 급속히 줄어든다. 즉 희박최대출력혼합비는 기관에서 사용할 수 있고 최대출력을 얻을 수 있는 가장 희박한 혼합

비이다. B점에서의 혼합비는 농후최대출력혼합비(rich best power mixture)로서 기관에서 사용할 수 있고 최대출력을 얻을 수 있는 가장 농후한 혼합비이다. A점에서 B점까지의 혼합비는 기관에서 최대출력범위(best power range)이고 점 C와 점 D는 연료-공기 혼합비의 연소 한계로서 점 C보다 더 농후한 혼합비나 점 D보다 더 희박한 혼합비에서는 연료-공기 혼합기가 연소되지 않는다.

그림 7-15는 여러 다른 출력 설정에서 최대출력혼합등가비가 어떻게 변하는가를 보여준다. 예를 들면, 2,900 rpm에서 1.132, 3,000 rpm에서 1.206, 3,150 rpm에서 1.388이다. 이론 연료-공기 혼합비(stoichiometric mixture)는 약 0.068이다. 이 혼합비는 이상적인 혼합비로써 이론상 완전 연소가 되나 여러 가지 이유로 최대출력을 내거나 연료소모율이 최소가 되는 혼합비는 아니다.

연료소모율(specific fuel consumption : sfc)은 기관의 경제적인 운용을 지시하는데 사용하는 용어이다. 제동연료소모율(bsfc)은 단위 제동 마력당 시간당 기관이 소모하는 연료의 양을 보여주는 비율이다. 예를 들면, 기관 마력 147 HP이고 연료는 10.78 gal/h로 연소되고 연료 무게는 6 lb/gal이면 sfc는 0.44 lb/hp · h가 된다

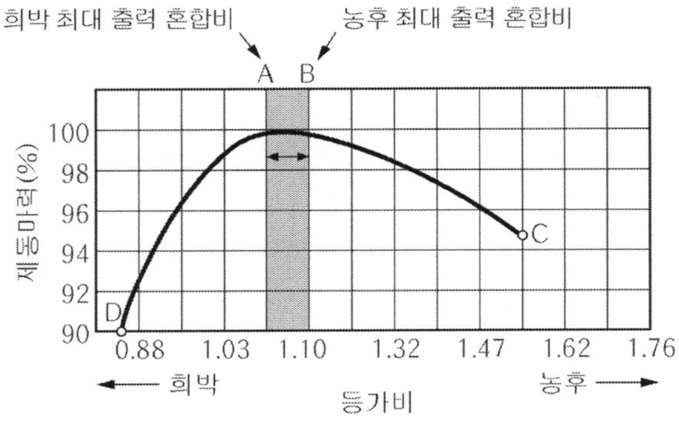

그림 7-14 일정 회전수에서 등가비에 대한 출력의 영향

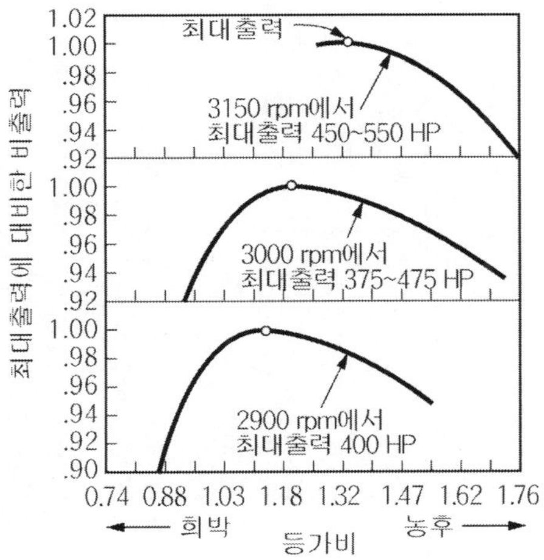

그림 7-15 기관 회전수와 다른 운전조건에서 등가비 변화에 따른 출력

그림 7-16은 연료-공기 혼합 등가비, 연료소모율(sfc), 출력의 관계를 보여준다. 가장 낮은 sfc는 연료-공기 혼합 등가비가 약 0.067이고 최대출력은 연료-공기 혼합 등가비가 1.088에서 1.279에서 낼 수 있다. 이 특정 기관의 그림에서 희박최대출력은 점 A(등가비 : 약 1.088)이고 농후최대출력은 B점(등가비 : 약 1.279)이다. 가장 낮은 sfc의 점으로부터 혼합비가 희박해지거나 농후해지면 sfc는 증가한다. 따라서 비행시 과도한 희박 혼합비는 최대경제혼합비가 아닐 뿐만 아니라 데토네이션의 원인이 되기도 한다. 데토네이션이 계속되면 피스톤 상부나 피스톤 링에 손상이 일어나기 전에 조치를 위하기 위해서 실린더 헤드 온도나 배기가스 온도(EGT)를 주의 깊게 관찰하여야 한다. 출력의 감소와 혼합비를 농후하게 하는 것이 보통 데토네이션을 제거하기 위해 취해진다.

일정한 연료소모로 가장 많은 출력을 낼 수 있는 연료-공기 혼합비를 최대경제혼합비(best economy mixture)라고 부르며 희박최대출력혼합비 아래 희박혼합비에서 나타난다. 혼합비가 희박해짐에 따라 출력과 연료 소모가 감소된다. 일반적으로 항공기 기관은 75% 추력보다도 적게 운용되고 있다.

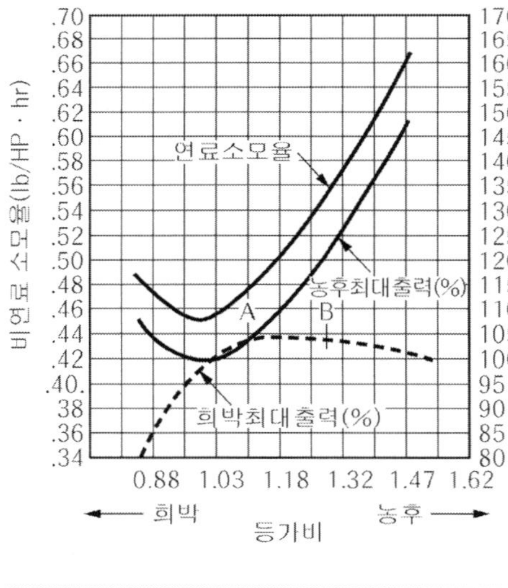

그림 7-16 혼합비에 대한 연료소비율 및 출력과의 관계

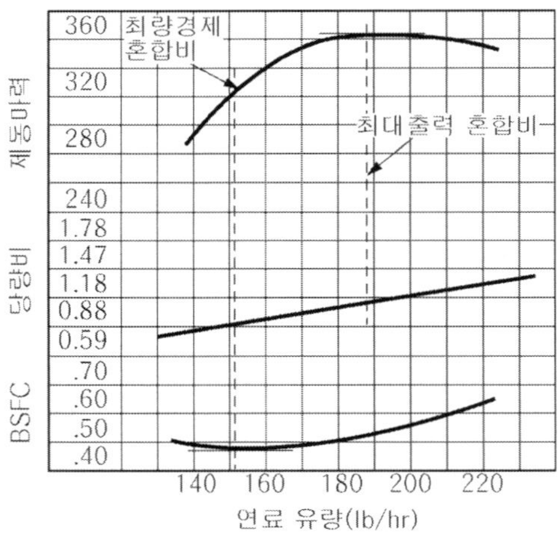

그림 7-17 일정 스로틀과 일정 기관회전수에서 최량경제 혼합비와 최대출력 혼합비

그림 7-17은 최량경제혼합비와 최대출력혼합비 사이의 차이를 보여준다. 이 그림은 일정 rpm, 일정 스로틀에 근거한 것으로서 연료-공기 혼합비만이 변한다. 대단히 희박한 연료-공기 혼합 등가비는 약 0.809이고 140 lb/hr의 연료 유량으로 292 hp를 내며 bsfc는 0.48 lb/hp · h이다. 최량경제혼합비는 약 0.062이고 152 lb/hr의 연료 유량으로 324 bhp를 내며 bsfc는 0.469 lb/hp · h이다.

연료-공기 혼합비가 점점 증가하여 기관 출력이 절정에 도달되는 점이 최대출력혼합비이고 그 뒤는 출력이 감소하게 된다. 이 점의 혼합비는 약 1.103이고 187 lb/hr의 연료 유량으로 344 bhp를 내며 bsfc는 0.514 lb/hp · h이다.

다른 요소들이 일정할 때 기관 작동 중 연료-공기 혼합비는 성능에 커다란 영향을 준다. 만약 기관이 총 출력(full power)과 최대출력혼합비에서 작동한다면 그림 7-14의 곡선에서 보여주는 것과 같이 실린더 헤드 온도가 과도하게 되고 데토네이션을 초래하게 된다. 이러한 이유로 총 출력에서의 혼합비는 최대출력혼합비보다 농후하여야 한다. 이것은 기화기나 연료 조종 시스템의 이코노마이저(economizer or enrichment valve)의 기능에 의하여 이루어진다. 여분의 연료는 타지 않고 증발하여 연소실에서 발생하는 열을 얼마간 흡수한다.

이때 수동 혼합 조종(manual mixture control)은 "full rich" 또는 "auto rich" 위치에 놓여 있고 연료-공기 혼합비는 농후최대출력혼합비이거나 그 이상일 것이다.

기관 회전수(rpm)와 MAP가 순항 조건하에서 작동할 때는 순항 출력을 최대로 유지하고 연료를 절약하기 위하여 희박최대출력혼합비로 맞춘다. 만약 특정 순항 조건에서 최량경제연료를 갖기를 바란다면 수동 혼합 조종 장치를 최대경제혼합비로 맞춘다. 이것은 연료는 절약되나 출력이 15% 정도 감소된다.

그림 7-18은 실린더 헤드 온도와 배기가스 온도에 미치는 연료-공기 혼합비의 영향을 보여준다. 어느 점까지는 혼합비가 희박해짐에 따라 온도가 상승되나 희박이 계속되면 온도는 떨어져서 출력도 떨어지므로 기관은 고출력에 맞게 설정되어 운전되어야 한다.

아주 희박한 혼합기는 흡입 시스템을 통하여 기관에 역화 현상을 일으켜 기관이 완전히 정지하는 수가 있다. 역화는 느린 화염 전파에 기인하는데 이 현상은 연료와 공기의 혼합기가 기관 사이클이 완전히 끝났을 때도 타고 있기 때문에 흡입 밸브가 열려서 들어오는 새로운 혼합기에 불을 붙여주어 불꽃이 흡입 시스템으로 역으로 전파된다. 그림 7-19는 화염 전파에 미치는 연료-공기 혼합비의 영향을 보여주는 것으로써 화염 전파는 최대출력혼합비에서 최대가 되며 이 점의 전후는 모두 감소된다. 역화는 기관 시동시 조기 점화됨으로써 발생하는 “킥백(kick-back)”과는 다르다. 킥백은 연소 압력이 피스톤을 역방향으로 힘을 가해 크랭크축이 정상 방향이 아니라 역방향으로 회전시키는 것을 말한다.

후화는 혼합되지 않은 연료가 흡입 밸브를 통하여 실린더 헤드로 흘러 들어와서 배기 밸브로 나가 배기 스택, 매니폴드, 소음기, 히터 머프로 들어와서 연소가 일어나는 것이다. 이연료는 배기 시스템, 객실 히터 시스템에 심각한 손상을 줄 수 있는 화재 또는 폭발의 원인이 될 수 있다.

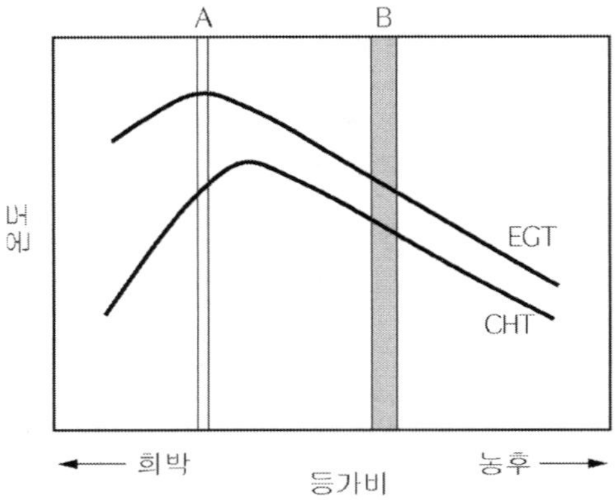

그림 7-18 혼합기 등가비에 따른 실린더 헤드와 배기가스 온도의 영향

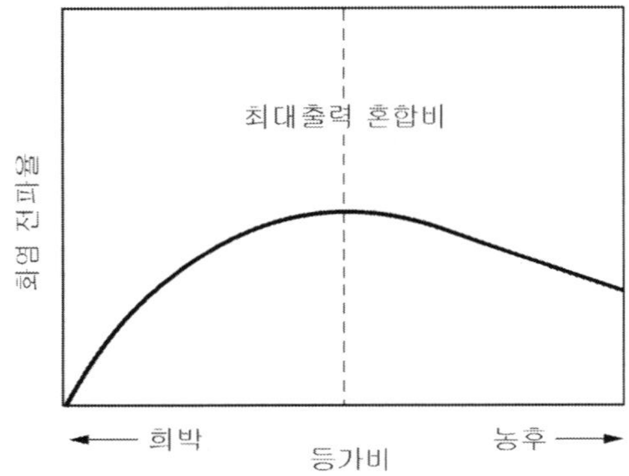

그림 7-19 혼합기 등가비에 따른 화염 전파율의영향

7.5 기화기

7.5.1 기화기 종류와 특징

항공용 왕복기관에서 혼합기를 만드는 기화기 방식에는 다음의 세 가지 종류가 있고 각각의 특징은 다음과 같다.

(1) 플로트식 기화기(float type carburetor)

실린더로 들어가는 공기가 벤투리부를 지날 때 속도가 빠르면 압력이 낮아져서 압력하에 의해 연료가 공급되어 공기와 섞여 혼합기가 형성된다. 플로트식 기화기는 간단한 구조이지만, 다음의 결점이 있다.

비행기의 비행 자세 변화에 따라 플로트실의 연료유면의 높이가 변화되어 연료 공급이 불규칙하게 될 수도 있다. 연료가 저압으로 분사되므로 증발이 불완전하게 되며, 슈퍼차징기관의 슈퍼차저의 형식에 따라서는 연료 분사가 곤란하게 될 수도 있다. 플로트식 기화기에는 연료를 저압 지점에 분사해야 하기 때문에 분사 노즐이 벤투리의 목(throat)에, 또는 스로틀 밸브가 벤투리의 기관 방향으로 되어야만 한다. 벤투리 내부는 저압으로 온도가 낮으며 연료의 증발 때문에 온도 강하가 일어나기 때문에, 착빙이 벤투리 안 및 스로틀 밸브에서 발생하기 쉽다.

(2) 압력 분사식 기화기(pressure type carburetor)

벤투리부에서 생긴 흡입공기의 부압(negative pressure)과 동압과의 차압과 연료 압력차를 잘 조화시켜 연료량을 미터링하고 스로틀 밸브의 후류에 가솔린을 분사해서 혼합기를 만든다. 플로트식 기화기와 비교하여 출력에 따른 연료 미터링이 비교적 정확하며 플로트실이 없기 때문에 가속도 및 경사에 의한 연료 유면의 변화가 전혀 없고, 또 가속도 급변에 의한 연료 단절이 없다. 또 기화기 동결의 위험이 거의 없으며 기화기에서의 증기폐쇄 위험이 없다. 압력분사식 기화기에서는 기화기를 세로 또는 수평의 어느 쪽으로 설치하더라도 기능에는 영향이 없다.

(3) 연료 분사 장치(fuel injection system)

흡기 밸브가 열린 흡입 행정 초기에 흡기 밸브 직전 가까이에서, 또는 슈퍼차징기관에는 슈퍼차저 흡입구에서 공기량에 대응하는 연료를 분사시켜 혼합기를 만든다.

연료 분사 장치는 기화기 방식에 비해 다음의 장점이 있다.

① 연료 기화에 의한 온도 강하가 실린더 가까이에서 일어나므로, 동결의 위험이 거의 없다. 따라서, 동결 방지용 고온 공기가 필요치 않고 흡입 공기 온도 상승에 의한 출력 감소가 없다.

② 벤투리를 사용하지 않으므로 압력강하 및 펌프 작용 손실도 없어서 체적 효율이 좋

으며 고공 성능도 좋다.

③ 흡기 밸브 근처, 또는 슈퍼차저 흡입구에서 가솔린을 보충하므로 혼합기가 균등하고 각 실린더로의 분배성이 좋다.

④ 흡기 매니폴드 등에는 공기만 흐르므로, 역화의 위험은 없다.

⑤ 흡기 밸브 가까이에서 가솔린을 분사하기 때문에 한랭시의 시동성이 좋고 가속성도 좋다

7.5.2 플로트식 기화기 원리

기화기의 원리는 단순하고 간단한 기구를 가지고 있어 초소형기관을 비롯하여 자동차 기관, 항공용 왕복기관에 이르기까지 널리 사용되고 있으나 많은 문제점을 지니고 있다.

기화기의 주요한 기능은 최적혼합비를 되도록 자동적으로 공급하고, 혼합기 흡입량을 부하에 따라 조정하고 연료의 미립화에 의한 기화, 혼합의 촉진 등이다.

그림 7-20은 기본형 기화기로 벤투리관과 플로트실로 구성되어 있다. 플로트실 내에는 플로트가 있어 플로트실에 핀으로 고정되어 있다. 플로트의 상부에는 니들밸브가 붙어 있어 유면이 저하되면 밸브가 열려 위에서 플로트실 내로 연료가 흘러 들어오면 플로트는 부상하여 연료의 유입을 막아서 연료유면을 일정하게 유지하게 한다. 벤투리관의 목에 노즐 모양의 연료관을 붙이고 벤투리관의 위쪽(또는 아래쪽)에서 공기를 어느 속도로 유입시키면 노즐 부근에서는 공기의 속도가 빨라져서 압력이 낮아져서 압력차에 의해 연료는 노즐로 부터 방출되어 기화된다. 연료관의 입구에 관로 저항치 조절을 위한 유량조절 오리피스(metering orifice)를 장착한다. 벤투리부 전에는 초크밸브(choke valve)가 있어 유입되는 공기량을 조절하고 벤투리부 후에는 스로틀 밸브가 붙어 있어 혼합기 유량을 조절한다.

기관이 작동하여 피스톤이 흡기행정으로 하강하면 대기압보다 압력이 낮아져 흡기시스템에 공기의 유입이 생긴다. 이때 벤투리 부분의 유속은 커지고 압력은 저하된다. 즉 노즐의 정압력 P_2는 대기압력 P_1보다 속도가 증가된 만큼 저하된다.

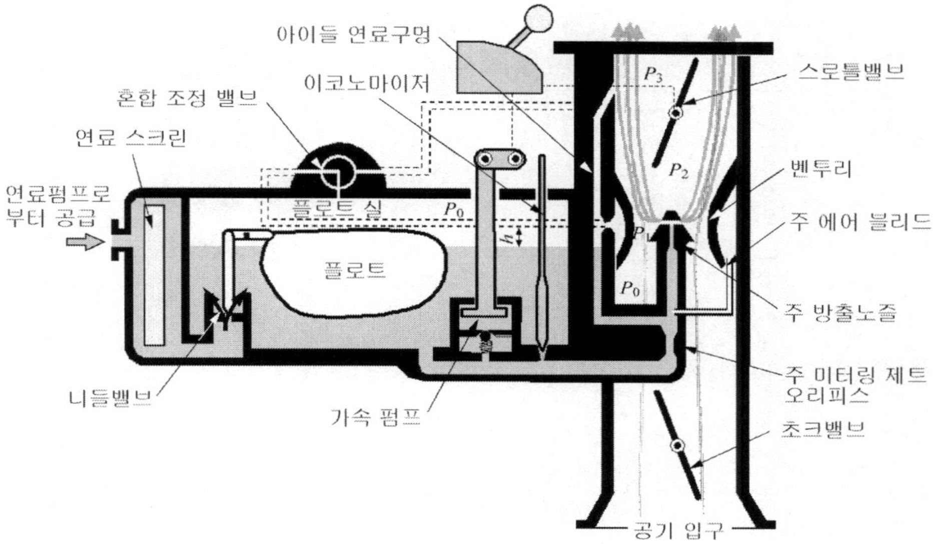

그림 7-20 기본적인 기화기의 구조

(1) 벤투리의 원리

흡입행정 중 피스톤이 하강하면 실린더압력이 낮아져서 기화기 입구와의 압력 차이가 발생하고 이 압력차로 인해 공기가 벤투리와 흡입 매니폴드를 통해 실린더 안으로 들어온다. 기화기 입구 상태는 흡기관 입구 상태와 동일하다고 가정한다.

그림 7-21은 벤투리부와 기관 흡기부를 나타낸다. 흡기관 입구를 ①, 목부분을 ②, 실린더 직전의 기관 입구를 ③이라 표기하기로 한다. 스로틀 위치에 따라 유입되는 공기의 질량유량 $\dot{m}$ 도 달라진다. 스로틀을 적게 열면 흡기관 입구와 기관 입구의 압력차 ΔP_{13}의 값은 커지지만 스로틀을 통과하는 면적이 작아 혼합기가 적게 들어가고 스로틀을 많이 열면 ΔP_{13}값이 작아지지만 스로틀을 통과하는 면적이 커서 혼합기가 많이 들어가게 된다.

공기가 ①과 ② 사이를 흐를 때 압축성 효과를 고려한 정상유동 에너지 보존 법칙을 적용하면 다음과 같다.

$$q - w = h_2 - h_1 + \frac{1}{2}(V_2^2 - V_1^2) \qquad (7 \cdot 1)$$

①과 ② 사이에는 일이 없으므로 $w=0$이고 단열유동이라 가정하면 $q=0$이 된다. 또 흡기관 입구속도는 거의 0에 가까우므로 $V_1 \approx 0$으로 가정한다.

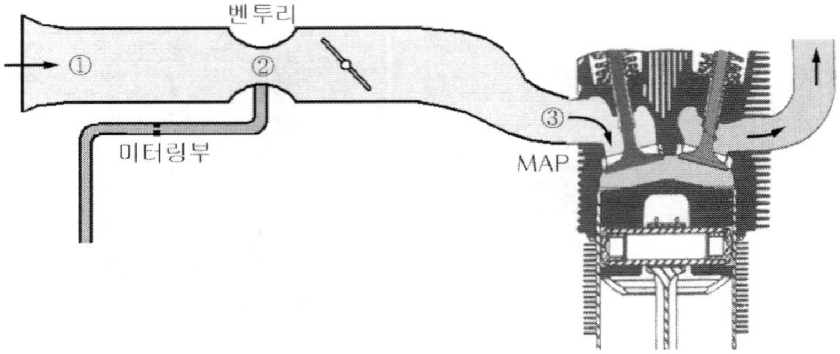

그림 7-21 벤투리부와 기관 흡기부

이상기체에서 $h = c_p T$이므로 윗식은 다음과 같이 쓸 수 있다.

$$\frac{P_1}{\rho} + \frac{V_1^2}{2g_c} = \frac{P_2}{\rho} + \frac{V_2^2}{2g_c} \tag{7 · 2}$$

흡기관 입구와 벤투리부 사이를 가역단열 유동이라 가정하면

$$\frac{T_2}{T_1} = \left(\frac{P_2}{P_1}\right)^{\frac{\gamma-1}{\gamma}}$$

$$T_1 - T_2 = T_1 \left[1 - \left(\frac{P_2}{P_1}\right)^{\frac{\gamma-1}{\gamma}}\right] \tag{7 · 3}$$

이 식을 식 (7 · 2)에 대입하면

$$V_2 = \sqrt{2c_p T_1 \left[1 - \left(\frac{P_2}{P_1}\right)^{\frac{\gamma-1}{\gamma}}\right]} \tag{7 · 4}$$

흡기관과 벤투리를 지나는 공기흐름의 질량유량은

$$\dot{m}_a = \rho_1 A_1 V_1 = \rho_2 A_2 V_2 \tag{7 · 5}$$

벤투리 목부분을 지나는 질량유량은 등엔트로피 관계식 $\rho_2 = \rho_1 (P_2 / P_1)^{1/\gamma}$ 을 식 (7 · 5)에 대입하고 정리하면

$$(\dot{m}_a)_{id} = \frac{A_2 P_1}{R\sqrt{T_1}} \sqrt{2c_p \left[\left(\frac{P_2}{P_1}\right)^{\frac{2}{\gamma}} - \left(\frac{P_2}{P_1}\right)^{\frac{\gamma+1}{\gamma}}\right]} \tag{7 · 6}$$

유량계수를 C_a라 하면 다음 식이 된다.

$$(\dot{m}_a)_{actual} = \frac{C_a A_2 P_1}{R\sqrt{T_1}} \sqrt{2c_p \left[\left(\frac{P_2}{P_1} \right)^{\frac{2}{\gamma}} - \left(\frac{P_2}{P_1} \right)^{\frac{\gamma+1}{\gamma}} \right]} \qquad (7 \cdot 7)$$

여기서 벤투리 입구의 압력, 면적, 속도는 P_1, A_1, V_1이고 벤투리 목부분의 압력, 면적, 속도는 P_2, A_2, V_2이다.

스로틀이 닫혀 있는 상태에서 열리게 되면 공기 흐름이 증가(즉, Q 증가)하여 압력 강하 ΔP_{12}는 커지게 된다. 압력 강하가 커지게 되면 분출되는 연료량이 증가(정해진 미터링 제트)하게 되어 일정한 미터링 제트 크기 때문에 공기유량에 관계없이 공연비(A/F)가 거의 일정하게 된다. 미터링 제트를 크게 하면 연료 공급이 많아지게 되므로 설계시 특정한 공연비에 따라 미터링 제트 크기를 결정하여야 한다.

(2) 기화기에서 공기유량, 연료유량 및 공연비

압축성을 고려할 때 벤투리를 지나는 공기유량($\dot{m}_a$)은 식 (7 · 6)에 의해 주어진다. 압축성을 고려하지 않을 때 벤투리를 지나는 공기유량의 근사식은 다음과 같다.

$$\dot{m}_a = C_a A_a \rho_a \sqrt{\frac{2\Delta P_a g_c}{\rho_a}} = C_a A_a \sqrt{2g_c \rho_a \Delta P_a} \qquad (7 \cdot 7)$$

여기서 A_a는 벤투리부 단면적, ρ_a는 공기밀도, $\Delta P_a = P_1 - P_2$는 기화기 입구 및 벤투리부에서의 공기압력차이다. 여기서 g_c는 환산인자이며 SI 단위계에서는 $1\text{kg} \cdot \text{m/N} \cdot \text{s}^2$이고 공업계 단위계에서는 $9.8\text{kg}_\text{m} \cdot \text{m/kg}_\text{f} \cdot \text{s}^2$이다. C_a는 벤투리부 유량계수로 약 0.8~0.9의 값을 갖는다.

연료의 유량($\dot{m}_f$)은

$$\begin{aligned} \dot{m}_f &= C_f A_f \rho_f \sqrt{2g_c \left(\frac{\Delta P_a}{\rho_f} - \frac{gh}{g_c} \right)} = C_f A_f \sqrt{2g_c \left(\rho_f \Delta P_a - \rho_f^2 \frac{gh}{g_c} \right)} \\ &= C_f A_f \sqrt{2\rho_f (g_c \Delta P_a - \rho_f gh)} = C_f A_f \sqrt{2\rho_f (g_c \Delta P_a - \gamma_f h)} \\ &= C_f A_f \sqrt{2\rho_f g_c \Delta P_f} \end{aligned} \qquad (7 \cdot 8)$$

여기서 A_f는 주조정 제트 단면적, ρ_f는 연료의 밀도, $\Delta P_f = \Delta P_a \left(1 - \frac{\gamma_f h}{\Delta P_a g_c} \right)$이다.

또한 γ_f 는 연료의 비중량($=\rho_f g$), 연료가 흘러 넘치는 것을 방지하기 위한 h는 노즐선단과 유면의 높이 차이이며, C_f 는 주조정 제트 유량계수로 약 0.7~0.85 정도의 값을 갖는다.

따라서 공연비(A/F)는 다음과 같다.

$$\frac{A}{F}=\frac{\dot{m}_a}{\dot{m}_f}=\frac{C_a A_a\sqrt{2g_c\rho_a\Delta P_a}}{C_f A_f\sqrt{2\rho_f(g_c\Delta P_a-\gamma_f h)}}$$

$$=\frac{C_a A_a}{C_f A_f}\frac{\sqrt{\rho_a}}{\sqrt{\rho_f}}\frac{\sqrt{g_c\Delta P_a}}{\sqrt{(g_c\Delta P_a-\gamma_f h)}}$$

$$=\frac{C_a A_a}{C_f A_f}\frac{\sqrt{\rho_a}}{\sqrt{\rho_f}}\frac{\sqrt{\Delta P_a}}{\sqrt{\Delta P_f}} \tag{7·9}$$

스로틀을 닫힘 상태에서 열림 상태로 스로틀각을 증가시키면 벤투리를 지나는 공기의 질량유량은 증가하고 벤투리목을 지나는 유동의 속도도 증가하며, 압력은 낮아진다. 벤투리목 압력이 낮아지므로 연료라인의 차압 증가에 의해 연료량이 증가하며 정해진 미터링 크기에서는 스로틀이 변하더라도 공기-연료비는 거의 일정하게 된다. 스로틀각을 증가시킬 때 실린더 입구의 MAP는 증가한다.

예제 7-1

벤투리 목부분의 지름 d_v는 37 mm, 벤투리부 유량계수 C_a는 0.85, 공기밀도 ρ_a는 1.3 kg/m^3, 노즐선단과 유면과의 높이차 h는 13 mm, 주조정의 유량계수 C_f는 0.6, 연료의 밀도 ρ_f는 720 kg/m^{3}이다. 또 이때의 공연비 A/F는 14이고, 공기의 유량 $\dot{m}_a$은 0.14 kg/s이다. 이때의 주조정의 지름 d_f를 구하라.

풀이

$d_v=37\,\text{mm}=3.7\,\text{cm}=0.037\,\text{m}$

$C_a=0.85$

$\rho_a=1.3\,\text{kg/m}^3$

$h=13\,\text{mm}=0.013\,\text{m}$

$C_f=0.60$

$\rho_f=720\,\text{kg/m}^3$

공기유량은 $\dot{m}_a=0.14=C_a A_a\sqrt{2g_c\rho_a\Delta P_a}$ 이므로

$$0.14=0.85\times\frac{\pi}{4}(0.037)^2\times\sqrt{2\times 9.8\times 1.3\times\Delta P_a}$$

압력강하에 대해 다시 정리하면

$$\Delta P_a = 920.94\,\text{kg}_\text{f}/\text{m}^2 = 9025.2\,\text{N/m}^2$$

따라서 이를 공연비(A/F) 식에 대입하면

$$A/F = \frac{\dot{m}_a}{\dot{m}_f} = \frac{C_a A_a}{C_f A_f}\frac{\sqrt{\rho_a}}{\sqrt{\rho_f}}\frac{\sqrt{g_c \Delta P_a}}{\sqrt{(g_c \Delta P_a - \gamma_f h)}}$$

$$14 = \frac{\frac{0.85\times\pi}{4}(0.037)^2\sqrt{1.3}\ \sqrt{9.8\times 920.94}}{0.6\times\left(\frac{\pi}{4}d_f^2\right)\sqrt{720}\ \sqrt{9.8\times 920.94 - 9.8\times 720\times 0.013}}$$

$$14 = \frac{0.098994858}{1195.13\,d_f^2}$$

따라서 주조정 지름을 구하면

$$d_f = 2.4323\times 10^{-3}\,\text{m} = 2.43\ (\text{mm})$$

7.5.3 연료량 미터링과 조절

항공용 왕복기관은 여러 가지 운전 조건에서 적정 혼합비를 설정하기 위해서 주조정 기능, 아이들 조정 기능, 가속장치 기능, 혼합비 조절 기능, 연료 차단 기능, 고출력 조정(이코노마이저) 기능 등이 필요하다.

이들 기능은 각각 단독으로, 혹은 다른 하나 또는 몇 개의 기능과 함께 기관의 운전 조건에 대응하여 시스템 전체로서의 기능을 다한다.

(1) **주조정 기능**(main metering)

기관의 흡입 공기량을 측정하고, 그것에 대응하는 연료유량을 조정해서 아이들 이상의 모든 회전수에서 기준 혼합비를 설정하는 기능을 하며 벤투리부의 압력 강하로 작용된다.

주조정 시스템은 주조정 제트, 주방출 노즐, 벤투리, 스로틀 밸브와 주공기 블리드로 이루어지고 노즐의 연료 분출구는 벤투리의 목에 위치한다.

식 (7 · 9)에서 A_a, A_f 는 기화기의 구조로 결정되는 것이고 C_a, C_f 및 ρ_a, ρ_f 는 많이 변화하지 않는 것이므로, 플로트식 기화기의 주조정 시스템의 연료-공기 혼합비는 공기 밀도(ρ_a)에 반비례한다. 고도가 올라가면 공기 밀도가 낮아져서 혼합비는 농후해진다.

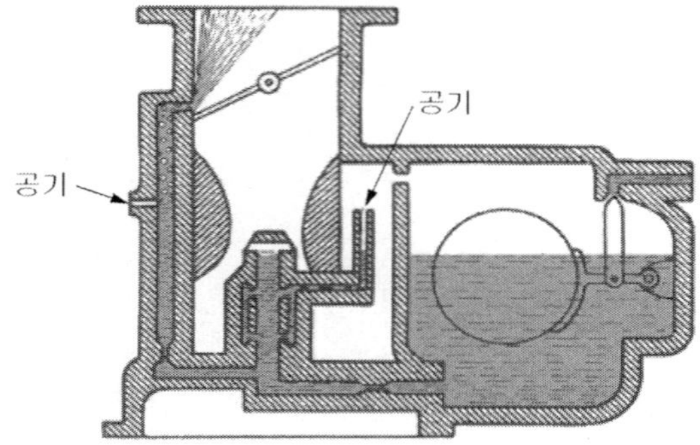

그림 7-22 아이들 조절 시스템

(2) 아이들 조정 기능(idle metering)

아이들에서는 스로틀 밸브가 완전 닫힘에 가깝고, 벤투리를 지나는 공기량이 적다. 따라서, 벤투리를 통과하는 공기 속도가 낮고, 발생하는 압력 강하가 주조정 기능을 발휘시킬 정도로 크지 않다. 그 때문에 아이들에서는 다른 미터링 기능이 필요하다.

아이들 회전에는 미터링 힘이 작고 메인 방출 노즐에서 연료를 배출할 수 없으므로 그림 7-22에 나타나듯이 스로틀 밸브의 기관 쪽에 열려 있는 제트에서 연료를 배출한다. 스로틀 밸브가 충분히 열리고 메인 방출 노즐에서 연료가 배출될 정도의 공기량이 되면 스로틀 밸브에서의 압력차는 없어지고 아이들링 제트에서의 연료 배출은 정지한다. 혼합비 조정은 저압부로의 연료 배출면적을 바꾸는 것으로 행한다.

(3) 가속장치 기능(acceleration metering)

급격한 가속시에는 공기유량은 반응이 빠르고 연료유량은 반응이 느려 일시적으로 희박혼합기가 되기 쉽다. 혼합기가 너무 희박하면 화염 전파속도가 느려서 화염이 피스톤 하사점 부근까지 진행하고 피스톤 상승시 흡기 쪽으로 역화가 일어날 수도 있다. 이러한 현상을 보완하는 기능으로 여분의 연료를 일시적으로 보내어 희박 혼합기의 발생을 막고 원활한 가속이 되게 한다.

그림 7-23에 나타내듯이 플로트실의 연료 내에 있고 스로틀 레버로 작동되는 피스톤형의 가속 펌프이다. 스로틀 밸브를 천천히 열 때는 피스톤 아래쪽의 연료는 피스톤과 실린더의 간격을 통해서 플로트실로 되돌아가지만, 급격히 열면 연료는 주조정 시스템 속으로 밀려들어가 급가속시 혼합기의 일시적인 희박화를 방지한다. 스로틀 밸브를 닫으면 피스톤은 원래로 돌아가고 실린더 안은 연료로 가득 찬다.

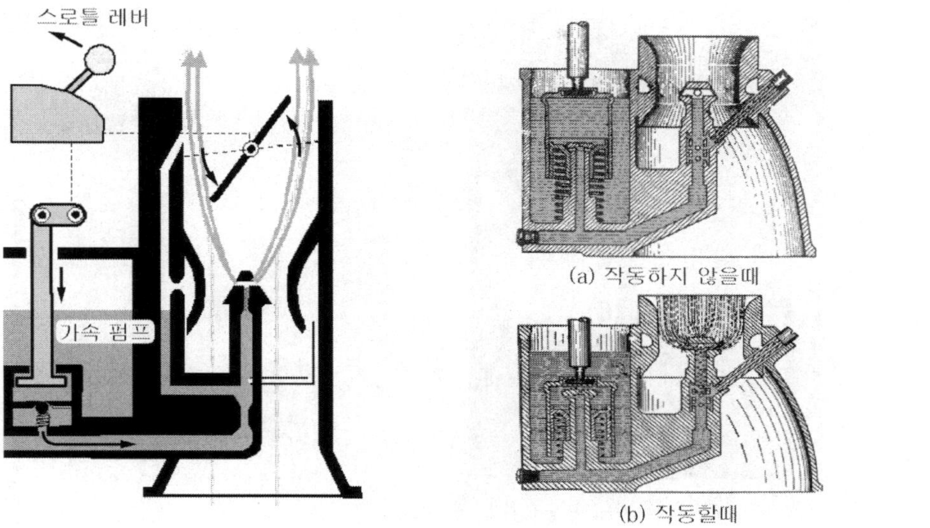

그림 7-23 가속 미터링 시스템

(4) 혼합기 조절 기능(mixture control)

조종석의 혼합비 조절 레버(mixture control lever)에 의해 주조정 기능에서의 연료를 조절하고 기관의 운전 조건에 적합한 혼합비를 선정하는 기능을 한다. 그러나 이것으로 선정된 혼합비는 공기의 용적 유량에 대해서 주조정 기능이 만든 연료 유량의 기본이기 때문에, 공기 밀도가 변화하면 혼합비도 변화한다. 예를 들면, 고도의 증가로 공기 밀도가 감소하고 공기의 유량은 감소해도 연료의 밀도는 변화되지 않고 연료의 유량도 변하지 않기 때문에 혼합비는 농후해 진다. 공기 밀도가 감소하면 연료량을 자동적으로 감소시키는 자동 혼합기 조절장치(automatic mixture control ; AMC)가 사용된다.

주조정 시스템으로 설정된 혼합비는 공기 밀도에 반비례하므로, 고도가 높아져 공기 밀도가 감소하면 혼합비는 짙어진다. 플로트식 기화기는 이 경향을 수동 혼합비 조절시스템을 이용하여 보정한다. 종류로는 니들형(needle type)과 백 석션형(back suction type)의 2종류가 있으며 그림 **7-24**에 나타나 있다.

니들형은 조종석의 조절 레버를 리치로 움직이면 니들은 끌어올려지고, 레버를 린으로 움직이면 니들은 밀려 내려져 메인 방출 노즐의 연료량을 바꾼다. 레버를 아이들 컷오프(idle cut-off)로 움직이면 니들은 닫히고 연료를 완전히 차단하다.

백 석션형은 이 형의 시스템에는 벤투리의 저압(P_1)이 어느 정도 백 석션 라인을 통해서 플로트실에, 또는 대기압(P_0)이 혼합기 조절 밸브를 통해 플로트실에 유입되고 있다.

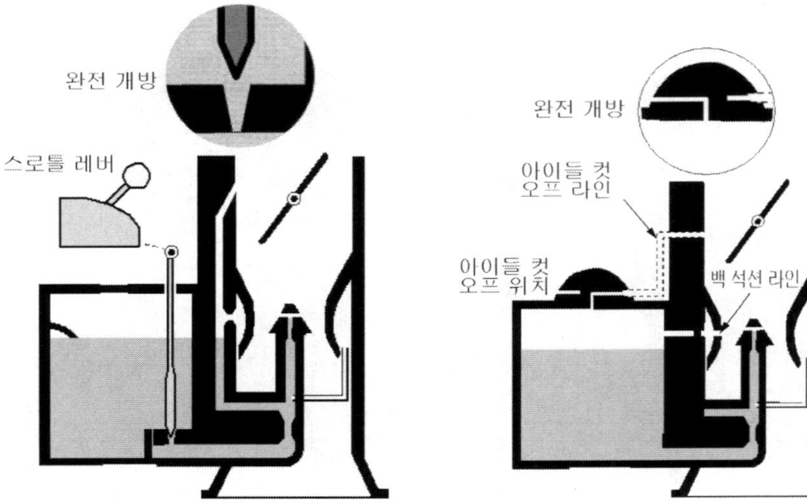

(a) 니들형 혼합비 조절 장치 (b) 백 석션형 조절 장치

그림 7-24 혼합비 조절장치

밸브가 [완전 닫힘]일 때 미터링 힘이 최소로 되고 혼합비는 최고의 희박 상태가 되고, 밸브가 [완전 열림] 상태일 때 미터링 힘이 최대가 되어 혼합비는 최고의 농후한 상태가 된다. 밸브는 이 양쪽의 중간에서 혼합비를 조절한다.

조절 위치는 전방에 “RICH”, 후방 가까운 곳에 “LEAN”이 있다. 최후방이 “IDLE CUT OFF” 위치이고 플로트실이 스로틀 밸브의 기관 쪽의 저압에 연결되어 연료를 차단한다.

(5) 이코노마이저(고출력 미터링 기능)

경제속도 운행시에는 닫혀서 연료를 절약하다가 고출력 고속 운행시에서는 농후 혼합기를 주기 위해 열리는 밸브이다. 이코노마이저의 종류로는 니들 밸브형, 피스톤형, 매니폴드 압력형 등이 있으며 그림 7-25에 나타나 있다. 원리는 순항 출력에서는 닫히고 고출력시에 열려서 여분의 연료를 공급하는 밸브에 의해 작동하게 된다.

그림 7-25 (a)는 니들 밸브형 이코노마이저로서 스로틀 밸브가 “완전 열림” 위치에 달하면 열리기 시작한다. 압축 밸브가 계속 열림에 따라서 니들 밸브는 더 한층 열리고 추가연료가 밸브를 빠져나간다. 이 추가 연료가 주조정 제트로부터 연료를 보충하고 동시에 메인 방출 노즐로부터 배출된다. 그림 7-25 (b)는 피스톤형 이코노마이저로서 스로

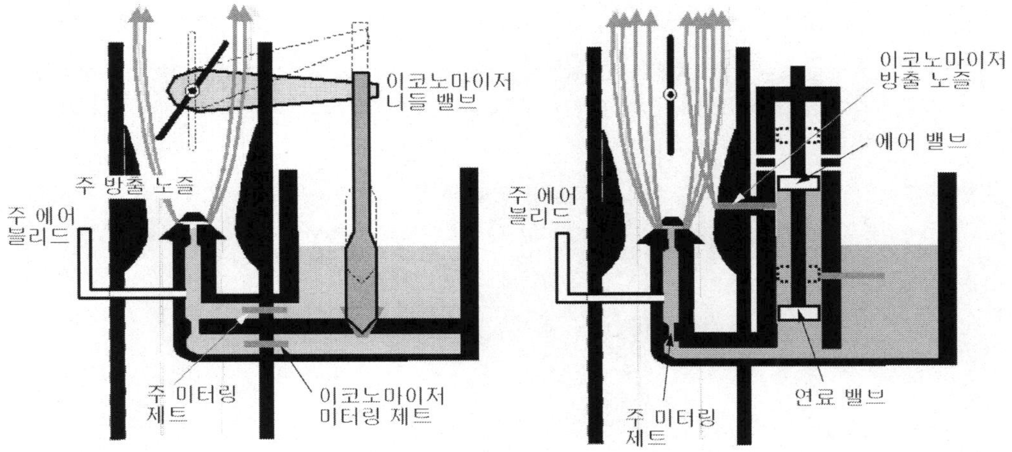

(a) 니들 밸브형 (b) 피스톤형

그림 7-25 이코노마이저의 종류

틀 밸브가 "완전 열림" 위치에 달하면 에어 밸브와 연료 밸브가 아래로 내려가 이코노마이저 방출 노즐을 통해 추가 연료가 공급된다. 이는 벤투리에 의해 바깥 압력보다 낮은 압력에 의해 연료가 공급된다.

(6) 저속차단(idle cutoff)

저속차단시스템은 방출노즐로부터 연료흐름을 차단하여 기관을 정지하는데 이용된다. 기관 시동시 프로펠러가 움직이기 전에 저속차단 스위치는 off 상태에 있어야 한다. 기관의 시동절차는 제11장에 기술되어 있다.

(7) 시동장치

항공용 기관은 연료를 차단하여 정지시키므로 시동시 실린더 안에는 연료가 남아있지 않게 된다. 기관을 시동할 때는 흡기 밸브입구나 실린더 안에 직접 연료를 분사시켜 농후한 혼합가스를 만들어 주어 시동을 쉽게 하는 프라이머(primer) 시스템이 사용된다. 그림 7-26은 프라이머 시스템을 나타내고 있다.

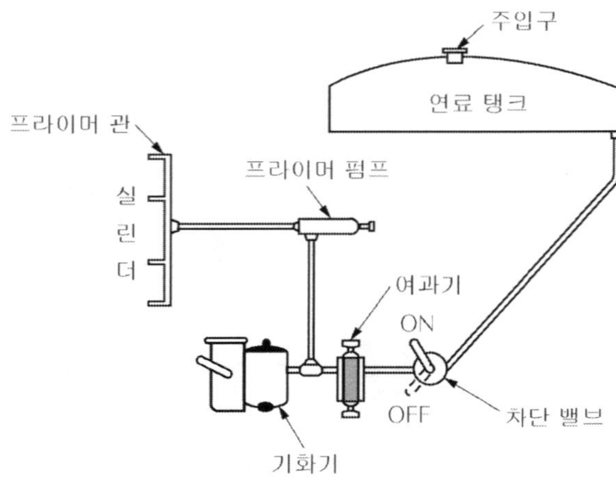

그림 7-26 프라이머 시스템

7.5.4 플로트식 기화기 착빙

(1) 기화기 착빙 형성

연료가 기화기 벤투리의 저 압력부에 방출될 때 연료는 빠르게 증발된다. 이 연료의 증발은 공기, 벽, 수증기를 냉각시킨다. 만이 공기 중의 습도가 높고 기화기의 금속이 32°F 이하로 냉각되어 있다면 얼음이 형성되어 기관의 작동을 방해한다. 연료-공기 통로가 막히고 혼합기의 흐름은 감소하게 되어 출력은 떨어진다. 이 상태를 수정하지 않으면 결국에는 출력이 떨어져서 기관이 정지하게 된다. 기화기 내의 착빙 형성은 스로틀 위치의 변화 없이 기관 속도와 MAP가 점화로 떨어지는 것을 감지할 수 있다. 그림 7-27은 기화기의 착빙 현상을 나타내고 있다.

조종사가 기화기 착빙의 징후와 착빙이 일어날 수 있는 날씨 상태를 인식하는 것은 대단히 중요하다. 착빙의 주요한 영향은 출력 감소(MAP 감소), 기관 진동, 역화 등이다. 역화는 방출 노즐이 부분적으로 막힐 때 희박 혼합비가 되게 함으로써 일어난다.

기화기 착빙에 대한 안전 처리는 이륙 전에 기화기 히터 작동을 점검하고, 활공이나 착륙하기 위하여 출력을 감소시킬 때 기화기 히터를 사용하며 착빙이 일어날 것이라고 판단될 때는 언제나 기화기 히터를 사용한다.

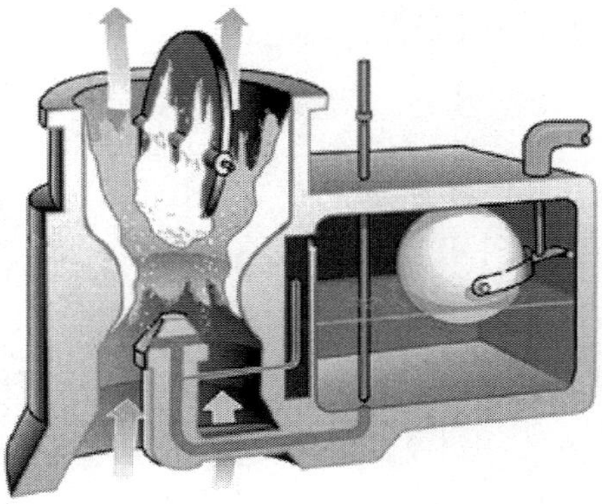

그림 7-27 기화기의 착빙

혼합기 온도가 어는점보다 약간 높다면 기화기 착빙의 위험은 거의 없다. 이러한 유로 혼합기 온도계가 간혹 기화기와 흡입 밸브 사이에 설치된다. 이 계기는 착빙 조건을 나타내는 기화기 벤투리 내의 온도뿐만 아니라 데토네이션, 조기 점화, 출력 손실의 원인이 되는 과도한 온도를 피하기 위하여 기화기 온도 흡입히터의 온도도 감지하는 데 사용된다.

기화기 시스템 내의 착빙은 다음과 같은 세 가지 과정 중 한 가지에 의해 형성된다.

1) 스로틀 착빙

스로틀 착빙은 착륙시와 같이 부분적으로 닫혔을 때 대부분 발생한다. 공기가 스로틀을 지나갈 때 압력은 감소하고 속도는 증가한다. 스로틀 착빙은 공기 중의 수증기가 스로틀 또는 스로틀 근처에서 착빙되는 것이다. 이 현상은 고정 피치 프로펠러에서 스로틀 고정시 기관 회전수 감소, 고도 손실, 비행속도(airspeed) 감소에 의해 감지할 수 있고 정속 프로펠러에서는 회전수의 변화는 없으나 기관과 항공기 성능의 뚜렷한 저하가 있기 전에 MAP 또는 EGT가 감소된다.

만일 조종사가 이러한 징후를 알지 못하고 어떠한 조치도 취하지 않는다면 기관 출력은 계속 감소하게 되고 기관 진동이 발생하게 되며 역화가 뒤따르게 된다. 이러한 단계를 지나면 비행을 유지하기에 불충분한 동력으로 인하여 결국 기관은 정지하게 된다.

2) 연료 증발 착빙

연료 증발의 냉각 효과로 인하여 발생하며 보통 스로틀 착빙과 함께 발생한다. 각 실린더 흡입구에 직접 연료를 분사하거나 과급기에 의해 가열된 공기는 연료 증발 착빙이 일어나지 않는다. 연료 증발 착빙은 상대 습도 50% 이상으로서 온도 32°F(0℃)에서부터 100°F(37.8℃) 사이에서 발생한다.

3) 임팩트 착빙

공기 중의 습기가 32°F 이하의 흡입 시스템의 부품과 접촉하여 발생한다. 임팩트 착빙은 공기 스쿠프, 가열 공기 밸브, 흡입망, 기화기 내의 돌출부에 발생한다. 공기 중의 습기가 반 액체 상태이며 대기 온도가 약 25°F(−3.9℃)에서 임팩트 착빙은 가장 빨리 형성된다. 이러한 형태의 착빙은 기화기를 갖는 기관뿐만 아니라 연료 분사식 기관에도 영향을 미친다.

이러한 착빙을 방비하기 위하여 기화기 가열을 사용하는 것이 좋다. 극히 추운 조건하에서는 상대 습도가 낮고 습기가 얼음 결정체로 되어 공기 시스템을 통해 지나가므로 임팩트 착빙은 잘 발생하지 않는다.

(2) 기화기 흡입 공기 가열기

배기형 기화기 흡입 공기 가열기는 공기가 기화기 시스템으로 들어가기 전에 뜨거운 배기가스와 열 교환 장치에 의해 흡입 공기를 따뜻하게 한다. 기화기 공기 가열의 주요한 목적은 기화기 착빙을 소거하거나 또는 방지하는 것이다.

교체 흡입 공기 가열 시스템은 공기 스쿠프와 2개의 위치 선택 밸브를 갖는다. 스쿠프 통로가 닫히면 기관실로부터 따뜻한 공기가 기화기 시스템으로 들어오고 스쿠프 통로가 열리면 차가운 공기가 스쿠프로부터 들어온다. 기화기 흡입 공기 가열기의 세 번째 형태는 외부 과급기에서 생기는 압축에 의한 공기 가열로서 공기의 온도가 너무 높기 때문에 중간 냉각기(inter−cooler)를 통과시켜 기화기로 공기가 들어가기 전에 공기의 온도를 떨어뜨린다. 이유는 기관으로 들어가는 공기의 온도가 너무 높으면 데토네이션을 유발시키기 때문이다.

7.6 압력 분사식 기화기

플로트식 기화기는 동결의 위험이 있고, 또 대출력 기관에는 적합하지 않는 등의 결점이 있으나 압력 분사식 기화기 시스템은 이러한 결점을 제거한 시스템으로 2차 세계대전 기간 중 항공용 왕복기관에 많이 사용하였다.

압력 분사식 기화기는 플로트를 사용하지 않고 유입공기에 의한 임팩트 압력 및 벤투리에 의한 부압의 차이로 유입 공기량을 측정한다. 벤투리 압력(부압)은 공기의 용적 유량을 나타내고 임팩트 압력($\rho V^2/2$)을 측정함으로써 공기 밀도의 요소를 반영시키고 있다. 따라서, 임팩트 압력과 벤투리 압력(부압)과의 차(공기 미터링 힘)는 유입공기 중량의 척도가 된다.

압력식 기화기는 플로트식 기화기에 비해 다음과 같은 장점이 있다.

① 기화기의 스로틀 몸통에서 연료의 증발에 의해 착빙되지 않는다.

② 시스템이 완전히 닫혀 있기 때문에 어떤 형태의 비행에서도 정상적으로 작동하고, 중력이나 관성에도 거의 영향을 받지 않는다.

③ 고도, 프로펠러 피치, 스로틀 위치의 변화에 관계없이 어떠한 기관 속도와 하중에서도 연료가 정확하게 자동적으로 공급된다.

④ 압력하에서 연료를 분무하므로 기관 작동에 유연성, 신축성, 경제성이 있다.

⑤ 출력 맞춤이 간단하고 균일하다.

⑥ 연료의 비등과 증기폐쇄를 방지하는 장치가 되어 있다.

7.6.1 작동 원리

압력 분사식 기화기의 기본 원리는 압력에 따라 연료의 흐름을 조절하는 미터링 장치에 연료 압력을 조절하기 위해 공기 질량 유량이 사용된다. 기화기는 공기 질량 유량에 비례하여 연료 흐름이 증가하고 기화기의 스로틀과 혼합기 맞춤에 따라 정확한 연료-공기 혼합비가 유지된다. 2차 세계대전 중 많이 사용한 방식은 내부 슈퍼차저의 임펠러 중심에 연료를 분사하여 연료와 공기를 완전히 혼합한 혼합기가 실린더로 흡입되었다.

그림 7-28에서는 압력 분사식 기화기의 기본적인 작동을 보여주고 있다.

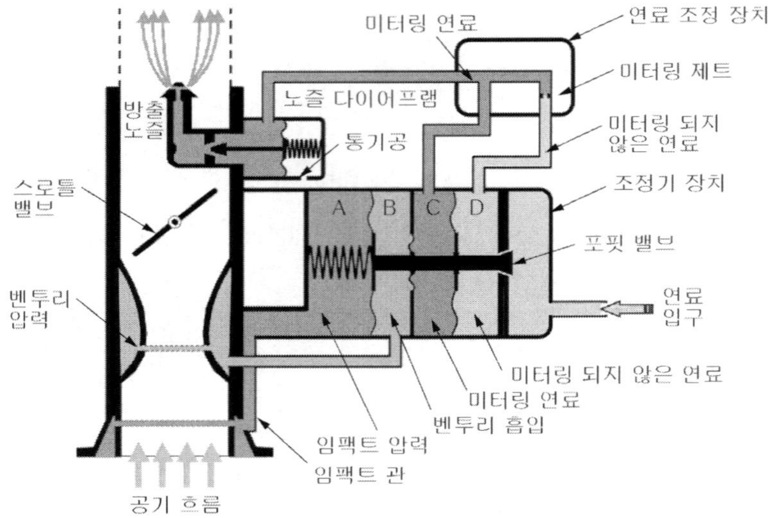

그림 7-28 압력식 기화기

압력식 기화기 시스템은 스로틀 장치, 조정기 장치, 연료 조종 장치, 방출 노즐의 네 가지 주요부분으로 구성되어 있다.

기화기가 작동할 때 공기는 스로틀 개도에 의하여 결정되는 양으로 스로틀 장치로 흐른다. 공기 통로 입구에는 유입 공기 속도에 비례하여 압력이 발생하는 임팩트 튜브가 있다.

이 임팩트 튜브의 압력은 조정기 장치에 있는 A실에 작용한다. 공기가 벤투리를 통과할 때 공기 흐름의 속도에 따라서 압력이 감소된다. 이 감소된 압력은 조정기 장치에 있는 B실에 작용한다. A실의 비교적 높은 압력과 B실의 낮은 압력으로 인해 두 실 사이의 막(diaphragm)에 압력 차가 생긴다. 이러한 압력의 차이로 생기는 힘을 공기 미터링 힘(air metering force)이라고 하는데 이 힘이 증가함에 따라 포핏 밸브(poppet valve)가 열려 연료 펌프에 의해 압력이 걸려 있는 연료가 D실로 흘러들어 오게 된다.

미터링되지 않은 연료 D실과 C실 사이의 막에 힘을 가하여 포핏 밸브를 닫으려고 한다. 연료는 조종 시스템에 있는 1개 이상의 미터링 제트를 통하여 방출 노즐로 흐른다. 조정기 시스템에 있는 C실은 연료 조정기 시스템에 연결되어 있어서 C실과 D실 사이의 막에 미터된 연료 압력을 작용한다. 이렇게 하여 미터링되지 않은 연료압은 막의 D면에 작용하고 미터된 연료압은 C면에 작용한다. 이때 연료 압력 차이에 의해 생기는 힘을 연료 미터링 힘이라고 한다.

스로틀의 개도가 증가할 때는 기화기로 들어오는 공기 흐름이 증가하고 벤투리의 압력이 감소하여 B실의 압력이 낮아지고 A실의 임팩트 압력이 증가하여 A와 B실 사이의 막이 압력차이(공기 미터링 힘)에 의해 오른쪽으로 움직인다. 이 막의 움직임은 포핏 밸브를 열어 D실로 더 많은 연료가 들어오게 한다. 이것은 D실의 압력을 증가시켜 공기 미터링 힘에 대항하여 왼쪽으로 막과 포핏 밸브를 움직이게 한다. 그러나 이 움직임은 C실의 미터된 연료 압력에 의하여 수정된다.

C실과 D실의 압력차이(연료 미터링 힘)는 기관이 일정한 맞춤에서 작용할 때는 언제나 공기 미터링 힘에 대해 균형을 이룬다. C실의 압력은 스프링 하중과 막에 의하여 작동되는 주 방출 노즐에 의해 약 5 psi의 압력이 생긴다. 이 밸브는 기관이 작동하지 않을 때 노즐에서 연료가 새는 것을 방지해 준다.

스로틀 개도가 감소할 때는 공기 미터링 힘이 감소하여 연료 미터링 힘이 포핏 밸브를 닫는다. 이는 공기 미터링 힘에 의하여 다시 평형을 이룰 때까지 연료 미터링 힘을 감소시킨다.

기화기를 통하여 흐르는 공기의 양이 증가하면 연료 조종부의 미터링 제트를 지나는 연료 미터링 압력이 증가하여 더 많은 연료가 방출 노즐을 통하여 흐르게 된다. 공기 흐름이 감소하면 이와 반대 효과를 가진다.

벤투리 흡입과 공기 임팩트 압력이 낮을 때는 미터링 힘이 잘 작동하지 않으므로 압력 분사식 기화기의 조정기 장치는 아이들 속도에서 연료 압력을 정확하게 조종할 수 없다. 따라서 아이들과 같은 저속 범위에서 연료를 미터링하기 위해서는 스로틀 연결부에 의해 작동되고 포핏 밸브가 완전히 닫히지 않도록 압력 조정기에 스프링을 갖는 아이들 밸브를 설치하는 것이 필요하다.

압력 분사식 기화기의 조정기 장치에서 조정기의 각 공기, 연료실의 기능을 요약하면 다음과 같다.

① A실 : 기화기 형태에 따라 대기압 또는 임팩트 공기압을 받는다. 이 압력은 주 연료 포핏 밸브를 열어서 조정기 부에 연료를 흘러 들어오게 한다.

② B실 : 기화기의 주 벤투리 또는 부스트 벤투리에서 벤투리 흡입력을 받는다. 이 흡입력은 A실과 B실 사이의 막을 주 연료 포핏 밸브가 열리는 방향으로 움직이게 돕는다. A실에서 생긴 힘과 B실에서 생긴 힘이 함께 작용하여 포핏 밸브를 열리게 한다. 두 실 사이의 막이 파열되면 포핏 밸브는 기관이 정지될 정도로 충분히 닫히거나 또는 기관 출력이 크게 감소된다.

③ C실 : 미터된 연료는 D실 압력보다 약간 낮은 압력(약 1/4 psi)으로 C실로 들어온다. 이것은 D실의 훨씬 더 높은 압력 때문에 포핏 밸브가 닫히는 것을 방지하고 C실과 D실 사이의 막에 작은 압력 차이를 유지하게 한다.

④ D실 : 연료 펌프로부터 미터링되지 않은 연료가 D실로 들어온다. 이 연료압력이 연료 막에 작용하여 포핏 밸브를 닫히게 한다.

7.6.2 압력 분사식 기화기의 형식

압력 분사식 기화기는 여러 가지 형태로 제작되며 대부분은 벤딕스사의 에너지 조정 부서에서 거의 모든 왕복기관에 알맞은 모델의 기화기들을 제작하였다.

소형 기관용 기화기는 단일 배럴 내에 단일 벤투리이며, PS란 문자로 명명되는데 P는 압력식, S는 단일 배럴 기화기란 뜻이다.

중형 기관용 압력식 기화기에는 부스트 벤투리를 갖는 복식 배럴이며, PD란 문자로 명명되는데 P자는 압력식, D는 복식 배럴을 의미한다. 3중식 배럴 기화기는 PT로, 사각형 배럴 기화기는 PR로 표기한다. 문자 다음에 오는 숫자는 기화기 또는 분사 장치의 안지름의 크기를 나타낸다. 안지름 크기가 1인치인 것이 No.1로 시작하는데 1/4 인치씩 증가할 때마다 안지름 크기 번호가 올라간다. 실제 안지름은 기재 안지름보다 3/16 인치 더 크다. 예로, No.10 이라고 기재된 안지름은 3.25 인치이며 실제 안지름은 3.4375 인치이다.

7.6.3 작동장치

(1) 스로틀 장치

기화기를 통해 기관으로 유입되는 공기 질유량을 조절하고 측정한다.

스로틀과 벤투리에서 공기의 임팩트 힘과 속도를 감지하여 연료 압력과 연료-공기 혼합 비율을 조정하여 조정력을 제한한다.

(2) 조정기 장치

연료 조정 장치의 미터링 요소에 작용하는 연료 압력을 자동으로 조정한다. 이 조정은 공기 질유량과 연료 흐름에 따라 반응하는 막에 의해 이루어진다.

(3) 연료 조종 장치

조정 장치로부터 다양한 압력을 가진 연료를 받아 방출 노즐로 공급한다. 여기에는 1개 이상의 미터링 제트와 수동 혼합 조정기가 포함되어 있다.

수동 혼합 조정기에는 "AUTO LEAN", "AUTO RICH" 및 "FUEL RICH"의 작동 상태를 위한 제트(미터링 오리피스)가 있다. 또한 "IDLE CUT OFF"으로 모든 연료의 흐름을 차단시켜 기관을 정지시킬 수 있다. 연료 조정부에는 저속 밸브가 있어서 기관을 저속 범위에서 조정할 수 있다.

(4) 방출 노즐

스로틀 개구를 통하여 흐르는 공기 속으로 연료를 분사시킨다. 방출 노즐에는 밸브가 있어서 매우 낮은 저압에서는 연료가 흐르지 못하게 한다.

(5) 가속 펌프

압력 분사식 기화기는 다이어프램형 가속 펌프이고 다른 기화기는 스로틀에 의해 작동되는 피스톤 펌프이다. 전형적인 다이어프램형 펌프에는 연료실과 공기실을 분리하는 막이 있다. 공기실은 스로틀 기관 쪽 스로틀 보어에 연결되어 있다. 저출력으로 작동하는 동안에는 스로틀이 거의 닫혀져 제한된 공기 유량만이 통과하기 때문에 펌프의 공기실은 저압이다.

막의 한쪽은 이러한 저압이고 다른 쪽의 연료압이 합쳐져서 연료실에 연료를 완전히 채우는 방향으로 막을 움직인다. 스로틀이 갑자기 열리면 스로틀의 기관 쪽 압력이 증가한다. 증가된 압력이 펌프의 공기실로 가는 진공 통로를 통하여 전달되어 펌프 스프링 힘과 합쳐져서 연료실 반대쪽으로 막을 움직여 가속시 연분의 연료를 공급하여 방출 노즐을 통해 방출하게 된다. 그림 7-29에서는 다이어프램형 가속 펌프가 있는 전형적인 압력 방출 노즐을 보여주고 있다.

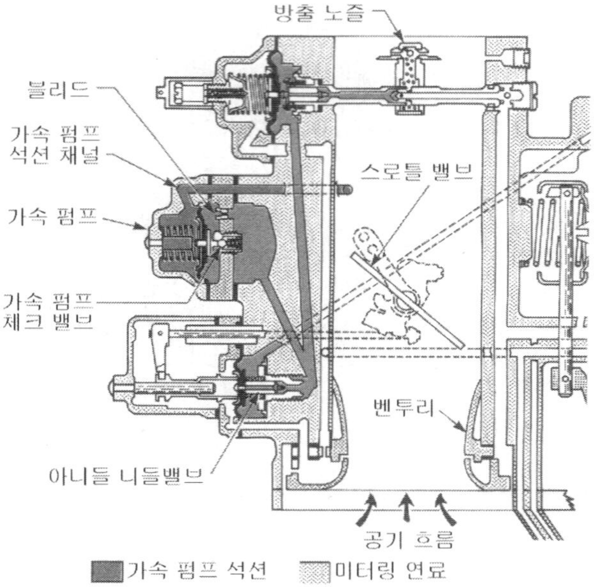

그림 7-29 압력식 기화기에서의 다이어프램형 가속 펌프

(6) 농후 밸브

고출력 맞춤에서 여분의 냉각이 필요하므로 연료-공기 혼합비가 증대되어야 한다. 압력 분사식 기화기는 스로틀이 고출력 맞춤에서는 자동으로 농후 밸브가 열리도록 설계되어 있다.

(7) 자동 혼합기 조절장치

대부분의 압력 분사식 기화기에는 자동 혼합기 조절장치(Automatic Mixture Control ; AMC)가 되어 있어 고도 변화를 보상하도록 연료-공기 혼합비를 조절한다. 이미 언급한 바와 같이, 공기 압력은 고도가 높아짐에 따라 감소하며 따라서 일정 체적의 공기에는 산소가 감소하게 된다.

따라서 연료 흐름이 공기 압력 감소에 비례하여 감소하지 않는 한 혼합비는 고도 증가에 따라 농후해 진다. 그림 7-30은 자동 혼합기 조절장치를 보여주고 있다. 벨로즈에는 온도와 압력 변화에 민감하게 하기 위하여 일정량의 질소와 오일로 채워져 있다. 벨로즈가 팽창, 수축함에 따라 밸브가 임팩트 튜브로부터 조종 장치의 A실로 흐르는 공기 흐름을 증감하는 밸브를 조절한다.

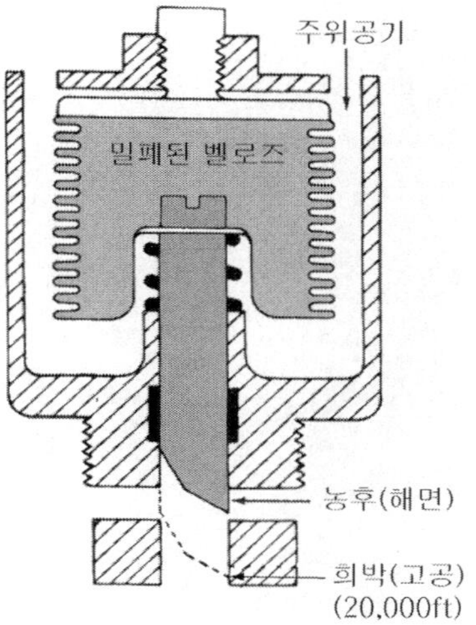

그림 7-30 자동 혼합기 조절장치

A실과 B실 사이의 막에 작은 공기 블리드가 있기 때문에 이와 같은 흐름이 있다. 만일 자동 혼합 조종 밸브의 움직임으로 공기 흐름이 감소된다면, A실의 압력은 감소되더라도 공기막은 연료 포핏 밸브를 닫는 쪽으로 움직이게 될 것이다. AMC 밸로즈가 팽창할 때는 A실로의 공기 흐름과 공기 압력은 감소하고 공기막은 연료 포핏 밸브의 개도를 줄이는 쪽으로 움직여서 미터링 제트에 적용되는 연료의 압력을 감소시키고 방출 노즐로부터 흐르는 연료를 감소시켜 연료-공기 혼합비를 희박하게 한다.

A실과 B실 사이에 위치한 AMC 공기 블리드가 없다면 A실의 압력을 효과적으로 조절하지 못한다. 이 블리드는 A실과 B실의 압력을 중립으로 하려는 경향이 있지만 A실로 자동 조종된 공기를 연속적으로 흐르게 하여 정확한 압력 차이를 유지시켜 준다.

7.6.4 소형 기관의 압력식 기화기

벤딕스사에서 소형 항공기 기관용 PS 계열 압력 분사식 기화기를 개발하였다. 그림 7-31은 PS-7BD 기화기를 나타내고 있다. PS-7BD 기화기는 스로틀 장치, 조정기 장치, 연료 조종 장치, 방출 노즐, 자동 혼합장치, 가속 펌프 그리고 저속 장치로 되어 있다. PS-7BD 분사식 기화기는 기관 연료 펌프로부터 기화기 방출 노즐까지 연료를 공급하는 밀폐 연료 시스템으로써 단일 배럴의 상향식 기화기이다.

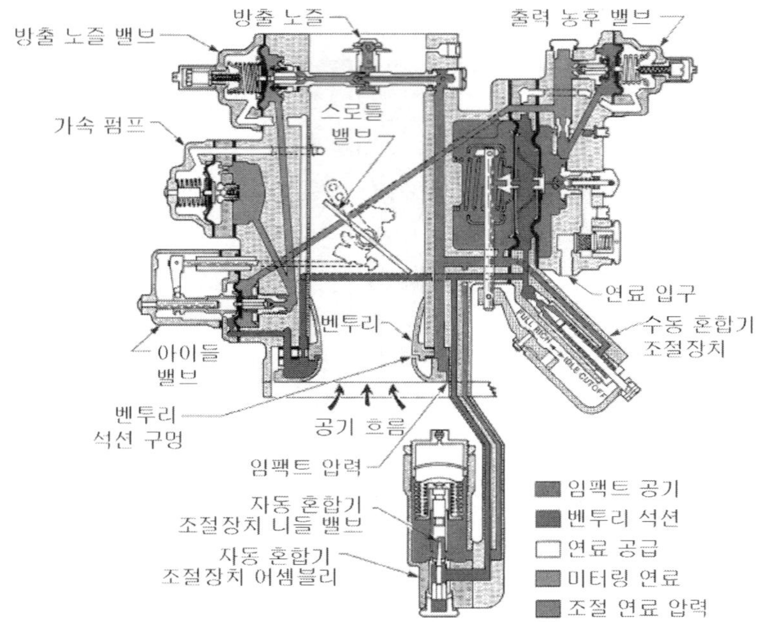

그림 7-31 벤딕스사의 PS-7BD 기화기

그 기능은 공기 질량유량에 비례하여 연료를 고정 제트를 통하여 기관으로 보내는 것이다. 방출 노즐은 기화기 내에서 착빙을 방지하기 위하여 스로틀 밸브 아래쪽에 위치한다. 항공기 고도와 자세에 상관없이 연료-공기 혼합비를 적당하게 유지해 준다.

7.6.5 대형 기관의 압력식 기화기

대형 기관용으로 여러 가지 모델의 압력 분사식 기화기가 설계되었다. 이들은 크기, 혼합조종 형태, 농후 밸브 형태, 스로틀 몸체의 모양, 방출 노즐의 형태면에서 다양하다. DC-3, DC-6, DC-7 등과 같은 구형 항공기를 다루는 기술자들은 압력식 기화기의 원리를 이해하는 것이 중요하다.

그림 7-32는 Bendix-Stormberg PR-58 기화기를 보여준다. 이 기화기에는 스로틀 장치, 압력 조절 장치, 연료 조절 장치, AMC 장치의 네 가지 기본 장치가 있다. 또한 PR-58 기화기에는 연료 조정 장치에 희석 밸브와 별도의 물-알코올(W/A)조정기가 있는 W/A ADI(anti-detonation injection : 데토네이션 방지 분사)장치가 되어 있다.

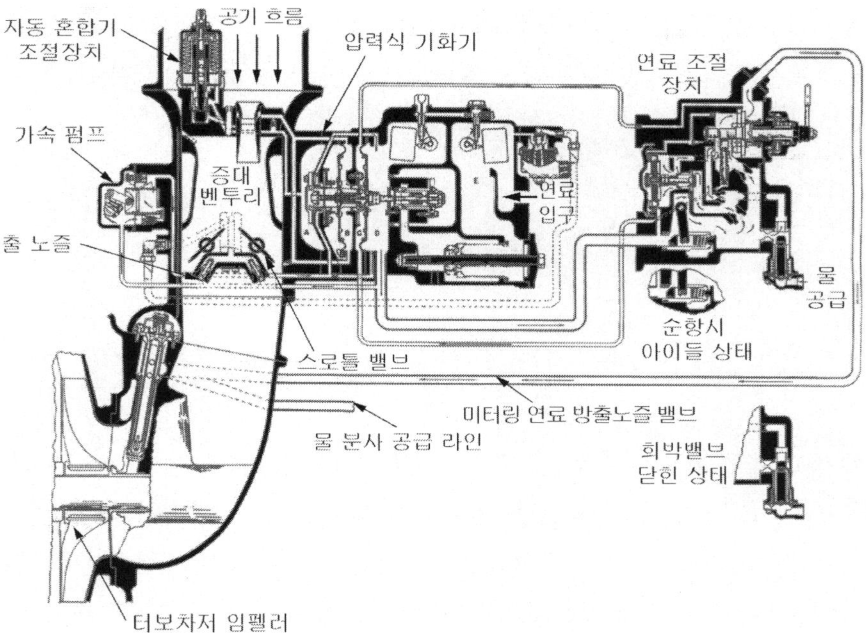

그림 7-32 벤딕스사의 PS-58 기화기 시스템

7.7 연료 분사 장치

기화기의 벤투리를 통한 공기 흐름에 의해 생긴 압력차이가 아닌 압력원에 의하여 각 실린더 연소실이나 기관의 흡입 시스템에서 흡기 밸브 직전의 흡기구로 연료 또는 연료 공기 혼합기를 주입시키는 방법을 연료 분사(fuel injection)라 한다. 압력원으로는 여러 가지의 분사펌프(injection pump)가 사용되고 있다. 디젤기관이나 자동차 직접분사식 가솔린(GDI 가솔린)기관은 연료를 직접 실린더 내로 분사하지만 항공용 왕복기관에서는 직접분사식이 아니고 저압 연속연료 유동을 흡기 밸브 부근에 장착된 노즐로 공급하는 연속흐름 연료 분사 장치를 채택하고 있다. 흡기 밸브가 닫혀 있을 동안에는 연료가 노즐로 모여져 있다가 흡기 밸브가 열리면 연료가 분사되고 흡입공기와 섞여 혼합기를 만든다. 연료의 증발은 뜨거운 흡기 밸브가 있는 곳에서 일어나기 때문에 결빙의 염려가 없다. 연속흐름 연료 분사 장치는 Precision Airmotive(구 벤딕스)의 RSA 연료분사장치와 텔레다인-컨티넨탈(TCM) 연료분사장치의 두 가지 종류가 있다.

연료 분사 장치는 증발 빙결이 생기지 않으며, 연료-공기 혼합기를 각 실린더로 균일하게 공급하고, 연료-공기 혼합비 조종이 개선되고, 저속 후 실속(stall) 없이 기관이 즉시 가속될 수 있고, 기관 효율이 증가하는 장점이 있다.

7.7.1 Precision Airmotive RSA 연료 분사 장치

RSA 연료 분사 장치는 벤딕스 압력분사식 PS 기화기와 작동원리가 비슷하며 구 벤딕스사에서 만들고 있고 라이코밍사 기관에 주로 사용된다. 임팩트 압력과 벤투리 부압에 의한 공기 미터링 힘에 의해 연료 유량을 미터링하고 각 기관의 작동상태에 알맞은 혼합비로 공기량에 비례하는 미터링 연료를 유동분배기로 보내어 노즐을 통해 분사한다. 스로틀 밸브의 개폐에 따라 임팩트 튜브와 벤투리를 지나는 공기의 속도와 압력이 변한다.

그림 7-33은 혼합기 자동조절장치(AMC)가 없는 RSA 연료 분사 장치 개략도와 외관을 나타내고 그림 7-34는 혼합기 자동조절장치(AMC)가 있는 RSA 연료 분사 장치 개략도와 외관을 나타내고 있다. RSA 연료 분사 장치의 주요 부위는 서보 조정장치(servo regulator), 연료 조정장치, 유동 분배기, 노즐의 네 가지로 이루어져 있다. 그림 7-33과 그림 7-34에 있는 서보 조정장치는 공기실과 연료실로 나뉘고, 공기실은 공기 다이어프램(air diaphragm)으로 A실(벤투리 부압)과 B실(임팩트 압력)로, 연료실은 연료 다이어프램으로 C실(미터링되지 않은 연료)과 D실(미터링 연료)로 나뉜다. 2개의 다이어프램의 양측의 차압과 D실의 연료 입구 압력과의 균형으로 볼 밸브(ball valve)의 열림이 정해지고 그것에 의해 D실에서 미터링된 연료가 유동 분배기로 보내진다. 공기 차압은 공기량의 변화에 의해 C실과 D실과의 연료 차압은 연료량의 변화에 의해 바뀌므로 이 계통에서는 기관이 소비한 공기량에 관계없이 정확한 혼합비가 늘 유지된다. 아이들 운전에서는 공기 차압이 작으므로 아이들 스프링으로 일정한 연료 차압을 만들어서 아이들 운전에 필요한 연료를 공급하고 있다. 아이들 스프링은 공기힘이 커지면 공기 다이어프램에 접할 때까지 압축된다. 연료는 연료 펌프에서 연료 조정장치로 들어가 혼합기 조정 판과 미터링 제트로 미터링된 후, 서보 조정장치의 D실로 들어간다. 또 혼합기 조정 레버를 나온 직후에서 미터링되지 않은 연료가 서보 조정장치의 C실로 들어간다.

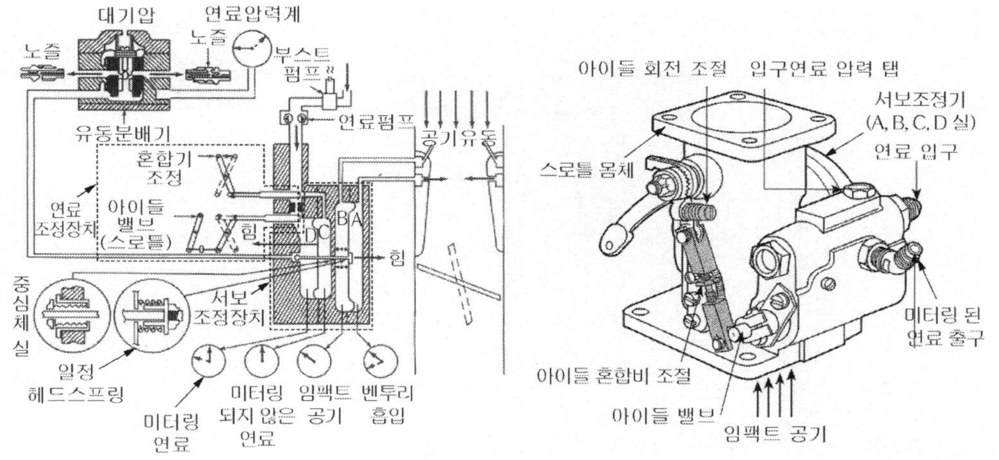

그림 7-33 자동 혼합기 조절장치(AMC)가 없는 벤딕스 RSA 연료 분사 장치 개략도와 외관

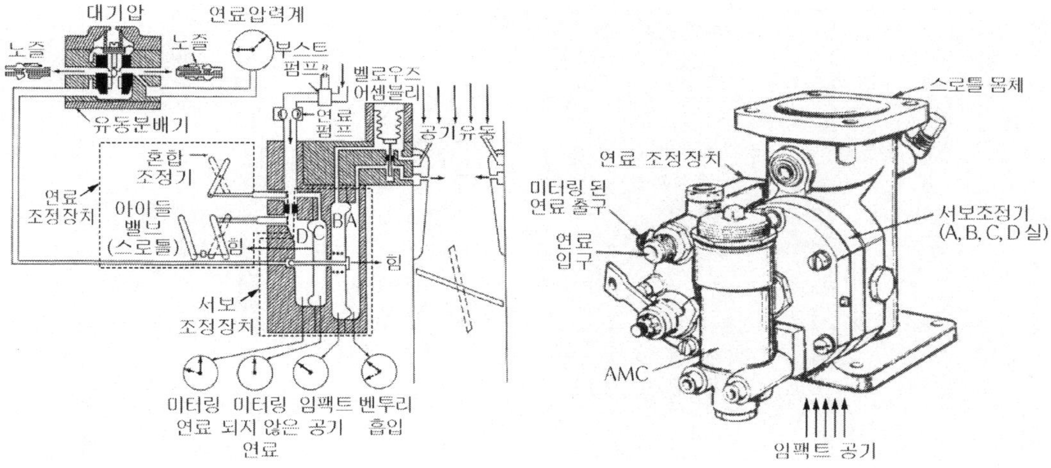

그림 7-34 자동 혼합기 조절장치(AMC)가 있는 벤딕스 RSA 연료 분사 장치 개략도와 외관

그림 7-35와 같이 혼합기 조정판은 편심구조로 되어 있고 조종실의 혼합기 조정 레버에 의해 조작되며, "IDLE CUT OFF" 위치에서는 좌측으로의 통로를 전부 막고, 그 후는 혼합기 레버의 위치에 맞춘 혼합비가 되도록 통로를 열어 놓는다. 연료 조정장치의 좌측 아이들 밸브도 편심구조로 스로틀 레버에 연결되고, 아이들시에 미터링 제트 출구를 일부 막아서 연료를 미터링하고 아이들 이상에서는 제트 출구를 열리게 한다. 미터링 연료는 서보 조정장치에서 유동 분배기로 들어간다. 유동 분배기는 미터링 연료를 저속

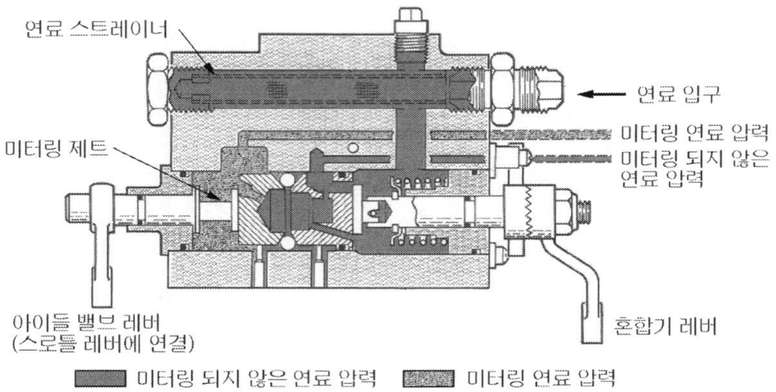

그림 7-35 혼합기 조정장치 상세도

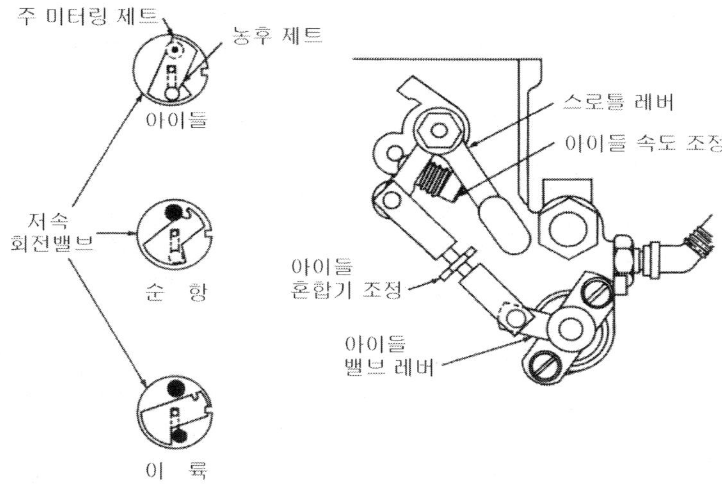

그림 7-36 아이들 밸브와 수동 혼합기 조절

상태와 저속 이상 상태에서 각 노즐로 연료를 균등하게 분배하며 또 기관 정지를 확실하게 하기 위하여 분사 노즐로 가는 연료를 차단하는 역할을 한다. 유동 분배기는 다이어프램에 의해 작동되는 밸브로 다이어프램 위쪽에서는 대기압과 스프링, 아래쪽에서는 미터링 연료 압력을 받아서 작동한다.

기관 시동시에 미터링 연료 압력을 스프링 장력에 견뎌낼 때까지 높이면 밸브는 위쪽으로 움직이고, 연료를 고리 모양의 홈을 통해서 분사 노즐로 보낸다. 기관 정지시에 혼합기 레버가 "IDLE CUT OFF" 위치에 걸리면 연료 압력이 내려가서 스프링 장력으로 밸브가 아래쪽으로 움직이고 분사노즐로 가는 연료를 차단한다. 이렇게 해서 유동 분배기는 모든 운전 조건에서 분사 노즐로 가는 연료를 가압 상태로 유지한다. 연료는 인젝터로 미터링된 양밖에 보내지지 않으므로 밸브는 이 양이 통과하는 데 필요한 정도만 열린다. 아이들 이상에서는 연료 압력이 높아져 밸브를 열고 실린더로의 연료 분배는 분사 노즐에 의해 이루어진다. 미터링 제트를 통해서 기관으로 흐르는 연료는 미터링 제트의 크기와 미터링 제트에서의 압력차이의 함수이다. 서보밸브는 연료를 미터링하지 않고 단지 미터링 제트를 지나는 압력 차이를 조절한다. 저속 밸브는 스로틀 연결부에 연결되어 있어서 저속에서 정확한 연료공급을 위하여 주 미터링 제트의 면적을 변화시켜 혼합비를 조절한다. 그림 7-36은 아이들 밸브와 수동 혼합기 조정장치를 나타내고 있다.

저속 밸브는 외부에서 조절하게 되어 있기 때문에 적절한 저속 혼합에 맞게 연료 분사기를 정비사가 조절할 수 있다. 저속 범위에서 벤투리를 통한 매우 낮은 공기 흐름으로 인한 공기 미터링의 힘으로는 연료 흐름을 정확하게 조정하지 못하기 때문에 저속 혼합을 수동으로 조정해 주는 것이 필요하다. 어떤 기관에서는 특정 설치 요구에 따라 농후제트(enrichment jet)가 주 미터링 제트와 나란히 붙여지는데 저속회전 밸브(rotation idle valve 또는 sliding valve)는 미리 맞추어진 스로틀 위치에서 농후 제트를 드러내기 시작한다. 이러한 평행 흐름 통로는 고출력 범위에서 기관에 연료냉각을 주기 위해 연료-공기 혼합기의 혼합력을 증강시킨다. 회전 밸브와 같은 수동 혼합 조정은 조종사가 미터링 제트의 크기를 효과적으로 줄임으로써 사용할 수 있다.

그림 7-37은 서보 조정장치의 상세도를 나타내고 있다. 일정 헤드 스프링(constant head spring)은 공기 압력 차이가 서보 밸브를 열기에 충분하지 않은 저속 범위에서는 공기 다이어프램의 힘을 증가시킨다. 저속 스프링은 서보 조정장치의 서보 밸브를 저속 밸브에 의해 미터링된 연료를 유동 분배기로 흐를 수 있도록 열어 준다. 공기 흐름이 저속 이상으로 증가함에 따라 공기 다이어프램은 공기 압력 차이 증가에 반응하여 오른쪽으로 이동하기 시작한다. 이것은 스프링 리테이너와 가이드가 다이어프램판에 접촉할 때까지 일정 헤드 저속 스프링을 압축하게 된다. 이 지점에서 위쪽으로의 공기 흐름, 연료 흐름 또는 출력에 관련하여 일정 헤드 스프링 어셈블리는 공기 다이어프램과 함께 움직이는 것으로 그 자체의 힘은 없다.

저속 연료 흐름과 서보 조정창치로 조정되는 연료 흐름은 분사기의 일정 헤드 스프링의 강도를 조정함을써 조절된다. 저속으로부터 서보 조정장치로 조정되는 연료 흐름으로 변화시키려면 대부분 일정 작용 스프링(constant effect spring)으로 보완되어야 한다. 이 스프링도 공기 다이어프램을 보조하여 저속 공기 흐름에서 고출력 작동 범위로 부드럽게 움직이게 해준다. 또한 정비사들이 스프링 강도를 선택하여 조정할 수 있도록 되어 있다.

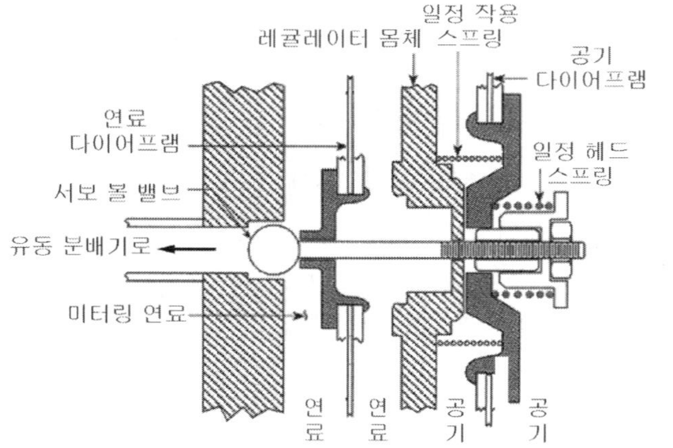

(a) 공기 미터량 함이 작을 경우 서보레귤레이터

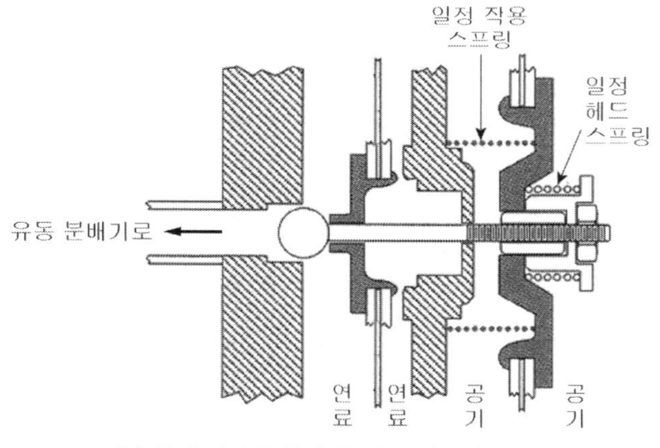

(b) 공기 미터량 함이 클 경우 서보레귤레이터

그림 7-37 RSA 서보 조정장치의 작동

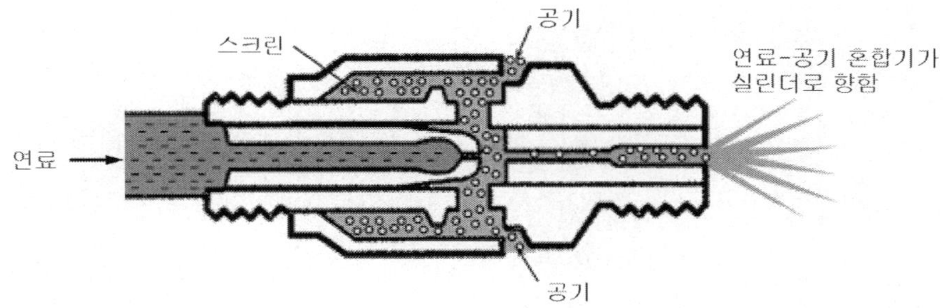

그림 7-38 공기-블리드 연료 노즐

그림 **7-38**은 연료와 공기가 노즐 내부에서 혼합되는 공기-블리드 연료 노즐을 나타내고 있다. 연료 노즐은 공기 블리드(air bleed)형으로 각 실린더 당 실린더 헤드에 1개의 분사구가 흡기 밸브 근처에 장착된다. 흡기 밸브가 닫혀 있을 동안에는 연료가 노즐로 모이고 흡기 밸브가 열리면 연료가 분사되고 흡입공기와 섞여 혼합기를 만든다. 노즐에는 유량 조정 오리피스(제트)가 있고 연료는 오리피스에서 실린더로 분사된다. 연료는 거기서 공기와 섞여 기화를 도운 후 흡입 밸브실로 들어간다. 연료 압력계가 유동 분배기에 연결되어 분사 노즐 입구 압력을 측정한다. 이 압력은 연료 유량에 비례하기 때문에 연료유량도 지시한다. 일부 인젝터에는 자동 혼합비 조절장치(AMC)가 장착되어 있다. AMC는 그림 **7-34**와 같이 임팩트 압력과 벤투리 부압과의 사이에 장착되고 공기밀도의 변화를 감지해 고도변화에 따른 벨로즈 어셈블리 하단 니들 밸브 주위의 오리피스 단면적의 크기가 변화하여 고도변화에 따른 밀도의 변화에 관계없이 연료-공기비를 일정하게 유지한다. AMC에는 니들 밸브가 있고 밸로즈 어셈블리에 의해 오리피스 내를 움직이면서 유로 단면적을 변화시킨다. 지상에서는 니들 밸브에 의해 오리피스가 완전히 닫히거나 또는 거의 닫혀 있다. 밸로즈 내에는 공기의 압력과 온도의 변화를 감지하는 벨리움 가스가, 그리고 진동 흡수를 위한 소량의 관성용 오일이 봉입되어 있다. 고도 상승에 의해 주위 공기밀도가 떨어지면, 밸로즈는 늘어나고 오리피스 내부의 니들 밸브를 밀어내려 오리피스 면적이 커지게 된다. 이 결과 임팩트 공기가 벤투리부로 흘러들어 흐름이 증가하기 때문에 공기 다이어프램을 통한 공기 임팩트 힘이 감소하여 유동 분배기로 연료가 적게 들어가게 함으로써 연료-공기 혼합기를 일정하게 유지한다.

7.7.2 텔레다인-컨티넨탈식 연료 분사 장치

텔레다인-컨티넨탈(TCM) 연료 분사 장치는 RSA 연료 분사 장치와 마찬가지로 연속 흐름 연료 분사 장치이고 작동 역할도 동일하지만 방법이 다르다. RSA 연료 분사 장치에서는 기관으로 들어가는 공기량을 측정하여 연료량을 결정하지만 TCM 시스템에서는 인젝터 노즐로 보내는 연료량을 결정하기 위해서는 기관 회전수(rpm)를 사용한다. 그림 7-39는 TCM 연료 분사 장치의 개략도를 나타낸다. TCM 연료 분사 장치는 연료 펌프, 연료-공기 조정장치, 연료 매니폴드 밸브 및 z 연료 분사 노즐로 되어 있고, 흡입 공기량에서 균형된 연료를 각 실린더의 흡입구에 연속으로 분사한다. TCM 연료 분사 장치는 벤투리에 의한 공기 미터링 힘을 이용하지 않고, 연료 조절을 스로틀에 관련시켜 기계적으로 행한다. 연료는 그림 7-40에 나타나듯이, 연료 탱크에서 연료 펌프의 소용돌이 부분으로 들어가고 소용돌이 운동에 의해 연료에 포함되어 있던 증기(vapor)가 분리되며, 액체 상태의 연료만이 4개의 베인이 있는 베인형 펌프로 공급된다.

베인형 연료 펌프는 기관에서 구동되는 로터, 로터 안에 홈이 있어서 반지름 방향으로 출입하는 4개의 베인 및 펌프 본체에 고정된 슬리브로 이루어져 있고, 로터와 슬리브 사이의 공간은 베인에서 4개로 칸막이가 있게 된다. 로터와 슬리브는 중심에서 벗어나 편심되어 있기 때문에, 칸막이된 공간은 로터의 회전과 함께 변화한다. 임의의 1개의 베인이 회전할 때, 공간 면적이 점차 증가하고 다른 쪽 공간 면적도 감소하므로 연료는 최초의 반회전으로 흡입되어 다음의 반회전으로 밀려나오게 된다.

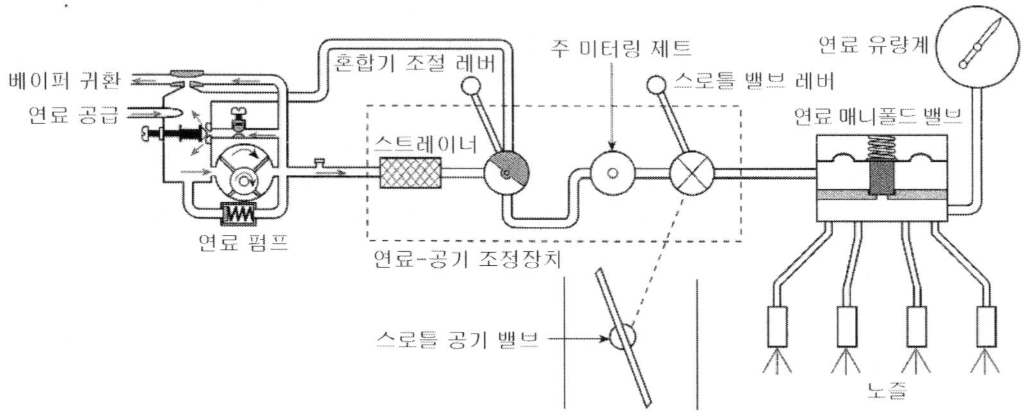

그림 7-39 TCM 연료 분사 장치 개략도

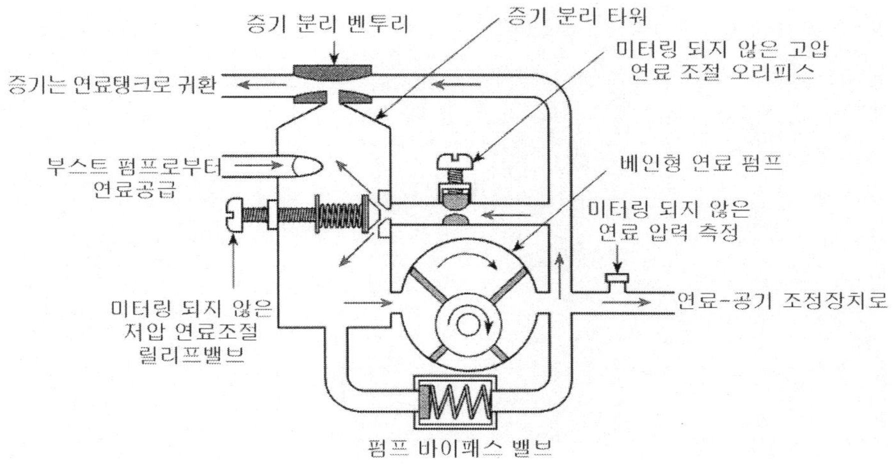

그림 7-40 자연 흡입식 기관용 TCM 연료 분사 펌프의 개략도

그림 7-40은 자연 흡입식 기관용 TCM 연료 분사 펌프의 개략도를 나타내고, 그림 7-41은 터보차저기관용 TCM 연료 분사 펌프의 개략도를 나타낸다. 펌프는 기관의 요구 연료보다 큰 연료량을 공급하기 때문에 잉여 연료의 재순환 통로가 필요하며, 이 통로에 오리피스와 릴리프 밸브가 있어서 펌프 출구 압력을 기관 회전수에 비례시킨다. 펌프의 바이패스 밸브는 체크 밸브로 기동시와 펌프 고장시에 탱크 부스트 펌프로부터의 연료를 통과시킨다.

터보차저가 장착된 기관에서 스로틀을 여는 경우 기관으로 연료는 즉시 공급되지만, 터보차저는 배기가스에 의해 구동되므로 터보차저에 의해 과급된 공기는 시간 지연 후에 기관으로 공급된다. 터보차저가 원하는 속도까지 올라가기 전까지 혼합기는 일시적으로 농후상태가 될 염려가 있으므로 그림 7-41과 같이 벨로즈에 연결된 미터링 오리피스를 일시적으로 열어 연료를 방출시켜 연료 조정장치로 들어가는 연료량을 일시적으로 줄인다. 터보차저의 속도가 올라가면 벨로즈가 압축되어 오리피스는 막힌다.

그림 7-42는 연료-공기 혼합기 조정장치를 나타내고 있다. 연료는 연료 펌프로부터 스트레이너를 거쳐 연료-공기 혼합기 조정장치로 공급된다. 공기는 입구 공기 필터를 거쳐 연료-공기 혼합기 조정장치로 공급된다. RSA 연료 분사 장치에서는 벤투리를 사용하여 공기량을 조절하였지만 TCM 연료 분사 장치에서는 그림 7-39에서 보는 바와 같이 벤투리를 사용하지 않으며, 공기통로는 단면적이 거의 변하지 않는 튜브이다. 공기통로 튜브의 지름은 최대출력시 공급 공기량으로 결정되며 부하가 변할 때는 튜브에 있는 원형 버터플라이밸브인 스로틀 공기밸브에 의해 기관으로 유입되는 공기량이 조절된다.

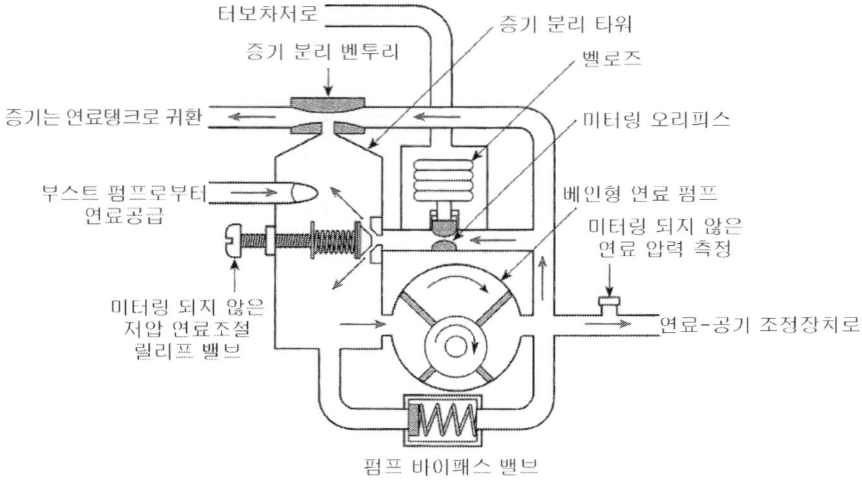

그림 7-41 터보차저 기관용 TCM 연료분사 펌프의 개략도

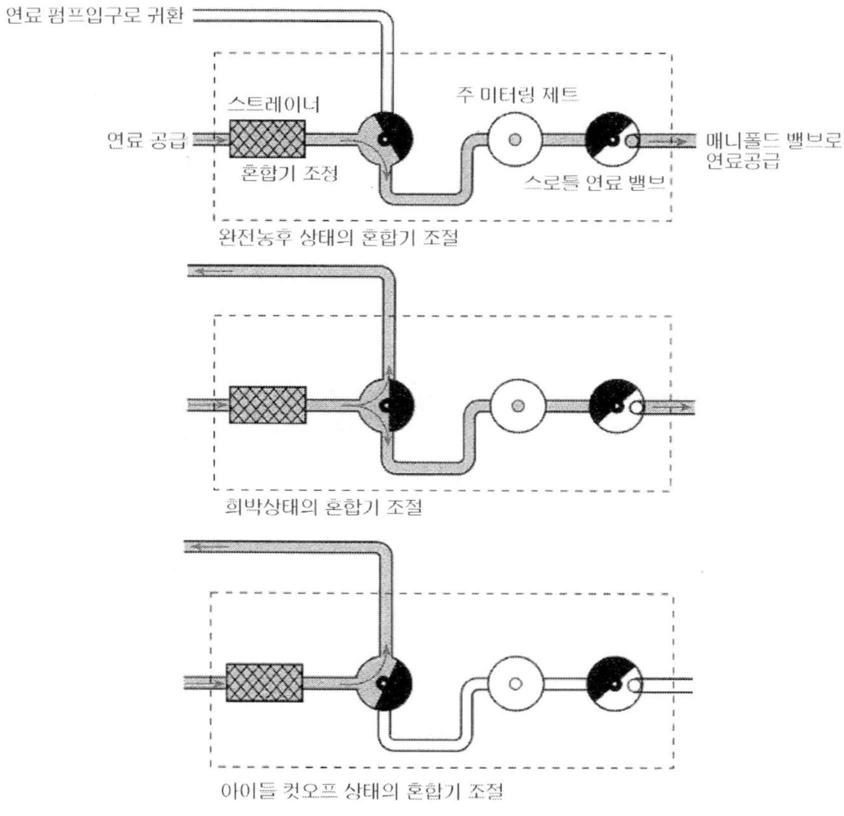

그림 7-42 TCM 연료 분사 장치의 연료-공기 혼합기 조정장치

완전 농후상태 혼합기를 만들 때는 연료 펌프로부터 들어오는 모든 연료는 스로틀 연료 밸브쪽으로 보내지고 아이들 상태의 혼합기를 만들 때는 연료 펌프로부터 오는 모든 연료는 연료 펌프의 입구로 되돌려 보내지며 그림 7-42에서 이를 나타내고 있다. 아이들과 완전 농후 상태의 중간 혼합기 상태 즉 부분 스로틀 상태에서는 일부 연료는 스로틀 연료 밸브로 보내지고 일부 연료는 연료 펌프 입구로 되돌려 보내진다.

그림 7-43은 연료 매니폴드 밸브를 나타내며, 연료 입구, 다이어프램 챔버, 밸브 어셈블리, 연료 출구로 이루어져 있다. 기관이 작동하지 않을 때는 스프링 압력을 저지할 만한 압력이 다이어프램에 생기지 않으므로 밸브가 닫혀서 연료출구가 막혀져 있다. 연료 매니폴드 밸브에 들어온 연료는 스크린에서 여과되어 다이어프램 챔버로 보내진다. 다이어프램은 다이어프램 스프링으로 눌려져 있다. 다이어프램 챔버의 연료 유출구는 체크 밸브로 닫혀 있고 기관 정지시와 작동 초기일 때, 연료가 연료 분사 노즐에서 유출되는 것을 막고 있다. 다이어프램 챔버 내의 연료 압력에 다이어프램 스프링과 체크 밸브 스프링의 힘보다도 높아지면 체크 밸브를 열고 연료를 출구에서 연료 분사 노즐로 보낸다. 기관 회전속도의 증가와 더불어 다이어프램실의 연료 압력이 높아지므로 체크 밸브의 열림은 더욱 커져 유량을 늘리고 출력에 맞는 연료를 압송한다. 각 실린더마다 흡입 밸브 앞에 연료 분사 노즐이 장착되고, 연료 매니폴드로부터의 연료가 각 노즐로 보내진다. 연료 분사 노즐에 압력 상태로 들어온 연료는 오리피스를 지나고 노즐 밑 주위의 공기 통로로부터 들어오는 공기와 혼합되어 노즐 끝의 확산실에서 혼합되어 실린더 내로 분사된다.

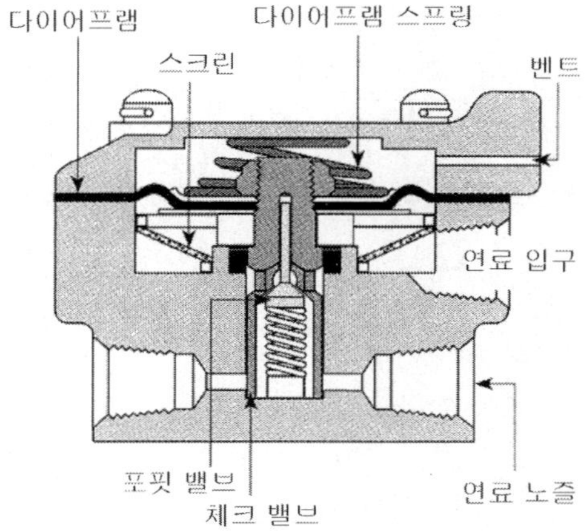

그림 7-43 연료 매니폴드

7.8 물 분사

물 분사(water injection)는 일명 데토네이션 방지 분사(ADI)라고도 하는데, 기관에서 데토네이션의 위험 없이 추가 출력을 낼 수 있도록 혼합기와 실린더 냉각을 위해 연료–공기 혼합기에 물을 사용하는 것이다.

ADI 장치에는 순수한 물 대신에 소량의 수용성 오일이 첨가된 물–알코올(메탄올)혼합체를 사용한다. 알코올은 추운 날씨와 고고도에서 착빙을 막아주며 수용성 오일은 시스템 내 부품의 부식을 방지해 준다. 물–알코올–오일을 혼합한 것을 데토네이션 방지유 혹은 ADI유라고 한다. ADI 장치에는 정확한 성분의 혼합유를 사용해야 한다.

(1) 장점

물 분사는 짧은 활주로에서 이륙할 때, 또는 착륙을 시도한 후 복행할 필요가 있을 때 기관이 낼 수 있는 최대출력을 사용하는 데 필요하다. 물 분사가 없는 Dry 기관의 경우는 작동 허용 범위를 넘었을 때 일어나는 데토네이션 때문에 출력 제한을 받는다. 연료–공기 혼합기에 물 분사를 하면 데토네이션의 위험 없이 기관이 더 큰 추력을 낼 수 있게 하는 노크 방지 성분을 첨가한 것과 같은 효과를 가진다. 물 분사 없이 작동하는 보통의 기관은 대략 10 : 1의 공기 연료 중량비로 농후 혼합해야 한다. 이렇게 혼합하면, 연료의 일부가 연소되지 않아 냉각제로 이용되고 기관 출력을 내는 데는 쓰이지 못한다.

그러나 연료–공기 혼합기에 적당량 물이 혼합되면 기관 출력이 증가될 수 있다. 물은 연료–공기 혼합기를 냉각시켜서 더 높은 다기관 압력을 사용하게 하고 또한 연료–공기 혼합비는 농후최대출력혼합비로 감소되어 더 큰 출력을 내게 한다.

물 분사를 사용하면 연료–공기 혼합비를 약 0.08로 감소할 수 있는데 이는 물 분사를 사용하지 않는 경우 요구되는 0.01 혼합비보다 훨씬 더 효율적인 혼합비이다. 물 분사의 사용으로 이륙 마력을 8~15 % 증가시킬 수 있다. 물 분사에 필요한 장치는 저장 탱크, 물 조정기, 희박 밸브 등이다.

(2) 작동 원리

물–알코올(W/A) 조정기는 정확한 양의 W/A 혼합제인 ADI유를 연료에 분사시키는 장치이다.

ADI유가 너무 많이 분사되면 냉각 효과로 인해 기관 출력이 감소된다. ADI유가 불충분하게 분사되면 기관이 과열되어 데토네이션이 발생한다.

그림 **7-44**는 P&W R-2800기관의 PR-58형 기화기에 사용된 것과 유사한 W/A 조정기이다. 이 W/A 조정기에는 막에 의해 작용되는 밸브가 3개 있는데 그것은 미터링 압력 조종 밸브, 체크 밸브, W/A 농후 밸브이다.

미터링 압력 조종 밸브는 막의 한쪽에 작용되는 기화기의 D실(미터링되지 않은) 연료서 ADI 스위치를 켜면, ADI유는 펌프에서 조정기로 흐른다. 밸브 막에 작용되는 미터링되지 않은 연료 압력 때문에 미터링 압력 조종 밸브가 열린다. 펌프 압력이 미터링되지 않은 연료 압력 수준까지 도달되면 밸브는 닫히기 시작한다. 체크 밸브는 보통 그 장치가 작동하지 않을 때는 닫혀 있지만 펌프 압력이 막에 작용하면 서서히 열린다.

밸브는 지연 블리드 때문에 즉각적으로 열리지 않는다. 지연 블리드는 ADI유가 연료 공급 밸브로 방출되기 전에 희박 밸브가 닫히는 시간을 갖게 한다.

시스템이 작동하지 않을 때는 연료가 W/A 공급선으로 들어오게 된다. 그러므로 시스템을 켜면 처음에 연료가 연료 공급 밸브로 분사된다.

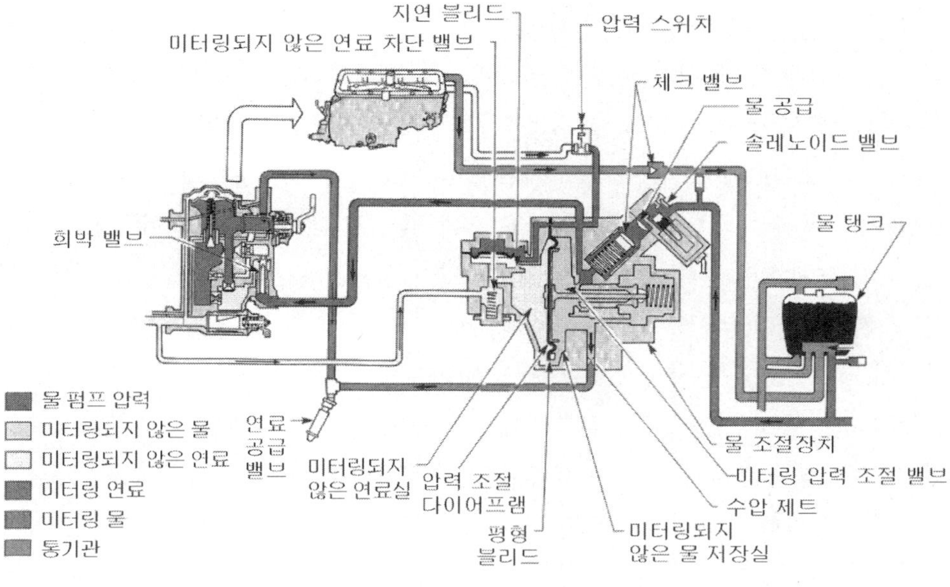

그림 7-44 ADI 시스템

기화기가 이륙을 위해 "FULL RICH" 또는 "EMERGENCY RICH"로 맞추고 W/A선으로부터 추가 연료가 분사되면, 과농후 혼합으로 인해 기관 출력이 떨어지고 기관 작동이 불안정하게 된다. 체크 밸브와 함께 지연 블리드의 사용은 희박 밸브가 닫혀서 추가 연료가 W/A 공급선으로부터 분사되기 전에 그 혼합비가 희박해지기 때문에 위와 같은 상황을 방지할 수 있다. 희박 밸브로 희박해진 혼합기 때문에 W/A 선으로부터 추가 연료가 분사되어도 기관 불안정 현상을 일으킬 만큼 연료-공기 혼합이 농후하게 되지 않는다.

W/A 농후 밸브는 주 W/A 제트에 관한 ADI유의 흐름을 수정한다. 이 밸브는 시스템이 작동하지 않을 때는 닫힌다. ADI 장치는 조종사가 조종석에서 ADI 조종 스위치를 켜면 작동되는데 이 스위치는 기관 오일 압력 또는 MAP에 의해 작동되는 압력 스위치이므로 전기 출력이 ADI 펌프로 전해지기 전에 비교적 고출력으로 기관은 작동되어야 한다.

시스템이 작동 중에 조정기에 연결된 물압력 송신기는 조종실의 수압 지시기에 전기 신호를 보낸다. 조정기의 수압은 조종석 내의 수압 경고 스위치를 조종하는 압력 경고 스위치로 향한다. 시스템이 작동 중에는 수압 경고등은 켜져 있다.

만일 시스템이 작동하는 동안 ADI유 공급이 부족한 상태가 되면 압력 스위치가 열려 조종석의 경고등이 꺼진다. 동시에 희박 밸브가 열리고 연료가 연료 조종장치를 통해 흘러 들어와 농후해져서 데토네이션을 방지하도록 냉각된다.

어떤 시스템에는 작동유 공급이 부족되기 전에 부자로 작동하는 스위치를 이용하여 작동유 펌프를 끄게 되어 있다. 이는 베인형 펌프를 사용하는 경우에 특히 중요하다. 베인형 펌프는 작동유 공급이 부족할지라도 희박 밸브에 압력을 유지할 수 있다. 그런 경우, 농후 연료가 흐르게 하는 밸브가 열리지 않아 기관은 최량출력혼합으로 계속 작동하게 된다. 이는 데토네이션 원인이 될 수 있다.

ADI 시스템은 고습한 상황에서 특히 장점이 있다. 습한 공기 중 수증기가 산소를 대체하므로 어떤 특정 연료-공기 혼합비에서는 습도 증가에 따라 농후해진다.

그러므로 항공기 이륙시 비상 농후 혼합을 사용할 때 고습도는 혼합비를 더 농후하게 하여 출력을 상당히 감소시키는 요인이 된다. ADI를 갖춘 항공기가 이륙할 때, 연료-공기 혼합비가 최대출력을 내도록 맞춰져서 고습도로 인한 농후도가 출력에 상당한 손실을 일으킬 만큼 크지 않다. 물이 공기 중 산소를 대신하지 못하기 때문에 연료에 분사된 물이 연료-공기 혼합비에 상당한 영향을 미치지 못한다.

연습문제

1. 옥탄가와 퍼포먼스 수의 의미를 설명하라.
2. 앤티노크 성질을 개선하기 위해 항공용 연료에 첨가하는 것은 무엇인가?
3. 항공용 연료의 특징을 자동차용 연료와 비교하여 설명하라.
4. 연료의 증류곡선에서 주요 유출점에 대해 설명하라.
5. 연료 탱크 내의 배플의 주요 설치 목적을 설명하라.
6. 증기폐쇄를 설명하고 증기폐쇄의 주요 발생 원인과 방지방법을 설명하라.
7. 항공용 가솔린(Argas)의 등급에 대하여 설명하라.
8. 기화기 또는 연료 미터링의 목적을 설명하라.
9. 벤투리관의 작동을 설명하라.
10. 연료와 공기의 최대경제혼합비와 최대출력혼합비에 대해 설명하라.
11. 연료-공기비는 화염 전파에 어떠한 영향을 미치는지 설명하라.
12. 플로트식, 압력식, 직접 분사식 기화기를 비교, 설명하라.
13. 압력식 기화기의 장점은 무엇인가?
14. 터보차저 기관용 TCM 연료 분사 장치의 작동원리를 설명하라.
15. 자동차용 연료를 항공기용 기관에 사용할 때 발생되는 문제점 두 가지를 설명하라.
16. 4행정 항공기 왕복기관의 플로트식 기화기의 벤투리 내부는 단면적이 원형이며 다음과 같은 제원을 갖는다.
    - 벤투리 내부 지름 : 44 mm
    - 주 미터링 제트 유량 계수 : 0.64
    - 벤투리 내부 유량 계수 : 0.75
    - 연료 밀도 : 770 kg/m^3
    - 공기 밀도 : 1.2 kg/m^3
    - 노즐 선단과 플로트실 유면 높이 차이 : 1.8 mm

    1) 기화기 입구 및 벤투리부 공기 압력차가 800 kgf/m^2일 때 공기 유량은 몇 kg/s인가?
    2) 이륙시 이 기관의 요구 공기-연료 혼합기 비율(A/F)이 11.4이라면 주 미터링 제트의 지름은 얼마인가?

3) 만약 이 왕복기관에 물 분사(water injection)를 하면 기관에 어떤 영향을 미치는가?
4) 이 항공기가 110°F 되는 사막에서 1,000 ft로 급상승시에 연료기통에 발생되는(예측) 문제점을 예측하고 그 대책을 강구하라.

CHAPTER 8

항공기 왕복기관

윤활 및 냉각 시스템

8.1 항공 왕복기관용 오일

윤활제 본래의 목적은 가동 부품간의 마찰을 감소시키는 것이다. 윤활제로 사용되는 오일은 오일펌프에서 여러 가지 통로를 통해 기관의 각 부분에 전달된다. 오일은 그 기능을 다한 후에 다른 통로를 통해서 소기펌프에 의해 흡입되어 오일의 순환이 반복된다. 오일은 동물성 오일, 식물성 오일, 광물성 오일 및 합성 오일의 4종류로 분류된다.

동물성 오일은 저온에서 뛰어난 윤활제이지만, 어느 온도 이상에서는 지방산을 만들기 때문에 왕복기관에는 적당하지 않다. 식물성 오일도 윤활성은 좋지만, 내연기관에서는 화학적으로 불안정하여 왕복기관에 적합하지 않다. 광물성 오일은 원유에서 직접 추출한 오일로서 왕복기관에 사용할 수 있는 바람직한 성질을 갖고 있고, 현재의 항공용 왕복기관으로 널리 사용되고 있지만 고온에서 산화되기 쉽고, 기연 연료성분, 물 등과 함께 오일 여과기에서 코크나 슬러지를 만들어 오일 여과기를 막을 가능성이 있다. 오일 산화를 방지하여 기관 내부 슬러지를 방지하기 위하여 광물성 오일에 금속재 세제오일(metallic-ash detergent oil)을 자동차용에 사용하기도 하지만 재 찌꺼기가 실린더 내에 쌓여 조기점화의 원인이 되므로 항공용에서는 사용하지 않는다. 순수 광물성 오일인 MIL-L-6082와 SAEJ1966은 기관을 길들이기할 때 약 10~50시간 사용하며, 길들이기 후 오일 소비율이 안정화된 후에는 항공용 왕복기관 오일로는 재 없는 분산오일(ashless dispersant : AD oil)을 사용한다. 왕복 항공용 오일로 주로 사용되는 오일인 재 없는 분산오일(AD oil) MIL-L-22851과 SAEJ1899이다. 분산 첨가제는 불순물이 필터에서 걸러질 때까지 오일에 분산되어 있게 하므로 스크린을 막지는 않는다. 기관을 길들이기할 때는 AD 오일을 사용하지 않는 것이 좋으며, 이때는 순수광물성 오일을 사용하는 것이 좋다. 합성유 오일은 어느 동물성, 식물성, 광물성 오일을 기초로 분자구조를 변형시켜 합성한 오일로서 고온시 산화저항 등의 고온 특성이 우수하고 내부 마찰이 작아 가스터빈기관에 주로 사용한다. 가스터빈용 합성유로는 MIL-L-7808이 있다. 그러나 합성유는 슬러지를 만들기 쉬우므로 연속적이나 자주 사용되지 않는 기관에는 사용하지 않는 것이 좋다. 항공용 기관이나 헬리콥터 트랜스미션에서 고치차 압력, 고마찰 속도가 있는 곳의 윤활에는 초고압 윤활유(extreme pressure lubricant)를 사용한다.

오일에는 단일점도의 오일과 각종 첨가제를 혼합해서 만든 다점도 오일이 있으나 후자가 많이 사용되고 있다. 또 최근에는 열 안정성 및 점도 지수가 높은 합성 오일도 일부 사용되고 있다. 합성오일은 한랭시 점도가 비교적 높아 시동이 쉽게 이루어지며 고온시에도 적당한 점도를 갖고 있다.

항공 왕복기관용 오일은 항공기 기관의 적절한 윤활을 위하여 기관의 작동 온도에서 적절한 점도를 갖추어야 하고, 운동 부품의 마찰 저항을 적게 할 수 있는 특성을 포함하고 있어야 하고, 저온에서 충분한 유동성을 갖추어야 하고, 온도 변화에 따른 점도의 변화는 최소이어야 하며 비마모성이 높아야 한다. 또한 충분한 최대 냉각 능력을 갖추어야 하고 산화에 대한 저항이 커야 하며 윤활되는 부품의 금속을 부식시키지 않아야 한다. 광물성을 기초한 여러 가지 오일이 항공용 왕복기관에 사용되며, 자동차용 오일과 항공용 오일은 첨가제가 다르므로 서로 바꾸어 사용하지 않아야 하며 왕복기관용 오일과 가스터빈용 오일도 서로 바꾸어 사용하지 않아야 한다.

8.1.1 왕복기관 오일의 기능

항공용 왕복기관은 연속적으로 급격히 변하는 환경 속에서 작동한다. 이륙시 기관은 수분간 최대출력을 내며 점차로 순항 출력까지 줄어든다. 기관은 보통 최대출력의 약 70% 정도인 순항 출력으로 수 시간 동안 작동한다. 항공기 왕복기관은 공랭식이며 작동 온도가 높기 때문에 자동차용 기관 오일을 사용하지 못한다.

항공용 왕복기관 오일은 기관 윤활뿐만 아니라 프로펠러 기능을 돕기 위한 유압 작용도 하며 프로펠러 감축 기어의 윤활제로서도 작용한다.

기관 오일은 다음과 같은 기능을 수행한다.

① 윤활 작용 : 아무리 정밀하게 가공한 금속표면이라도 확대해서 보면 요철이 있다. 두 가지의 표면이 직접 접촉해서 미끄러지면 볼록한 부분이 서로 간섭해서 마찰이 커지고 표면이 파손된다. 그렇기 때문에 양 표면을 오일 막으로 분리하면, 양 금속면에 직접 접촉해 있는 오일은 각각의 면에 붙어서 움직이고 중간의 기름은 서로 미끄러져서 금속 마찰을 오일의 내부 마찰로 바꿀 수 있다.

② 냉각 작용 : 기관 내부를 순환하면서 부품의 열을 흡수한다.

③ 기밀 작용 : 실린더 벽과 피스톤 링 사이의 공간을 메워서 연소실을 기밀하여 연소가스가 링을 지나 크랭크실로 흐르는 것을 방지한다.

④ 청결 작용 : 운동하는 기관 부품으로부터 불순물이나 이물질을 기관 오일 필터에서 걸러내어 기관을 청결하게 한다.

⑤ 부식방지 작용 : 금속의 산소, 물, 기타 부식 물질로부터 보호함으로써 부식을 방지한다.

⑥ 완충 작용 : 충격하중을 받는 부품 사이에서 완충 역할을 한다.

⑦ 유압 작용 : 수평 대향형 기관에서 유압밸브 리프터와 정속 프로펠러 구동에서의 유압작용을 한다.

8.1.2 왕복기관 오일의 구비 조건

(1) 양호한 유성

기름이 금속 표면에 양호하게 달라붙는 성질을 유성(oilness)이라고 하고, 유성이 좋고 나쁨은 오일 중에서 금속 표면으로 강력하게 흡착시키는 성분 때문이다. 탄화수소는 흡착성이 약하기 때문에 광물성 오일에서는 유성 향상제를 첨가한다.

(2) 점도

항공용 왕복기관 오일은 시동에서 이륙까지의 넓은 온도 범위에 걸쳐서 윤활유의 기능을 유지해야 하므로, 온도에 의한 점도(viscosity) 변화가 적은 오일이 요구된다. 온도 변화에 의한 점도 변화의 경향을 나타내는 척도로서 점도지수(Viscosity Index : VI)가 사용되고 있다. 점도지수가 높으면 온도에 의한 점도 변화가 적다. 점도지수를 높이기 위해서 점도 지수 향상제가 첨가된다.

그림 8-1은 윤활유의 점도를 시험하는 표준기구인 세이볼트 유니버셜 점도계(Saybolt Universal viscosimeter)이다. 오일을 130°F(54.4℃) 또는 210°F(98.9℃)로 가열하고 60 cc가 오리피스에서 유출하는 데 필요한 시간(초)을 점도로 표시하며, 이것을 세이볼트초(Saybolt Seconds Universial ; SSU)라 한다. SSU로 표기할 때는 130°F인지 210°F인지를 명기해 주어야 한다.

상업 항공기용 오일의 점도는 일반적으로 210°F에서의 세이볼트 유니버셜 점도계에 의해 80, 100, 120, 140 같은 숫자로 나타내며 SAE(society of automotive engineers) 숫자와의 관계 및 오일특성은 표 8-1과 같다. 표 8-1에는 군사용 규격(MIL)번호도 함께 나타내었다.

점도지수는 온도 변화에 따른 점도 변화율을 나타내는 한 방법이며, 일반적으로 저점도의 오일은 추운 날씨에 사용되고 고점도의 오일은 더운 날씨에 사용된다. 그러나 기관이 최고 온도에서 작동할 때도 오일이 적절히 작용할 수 있고, 기관이 차가울 때 마찰을 최소화할 수 있는 가장 낮은 점도의 오일을 선택하는 것이 더 중요하다.

오일의 등급과 형식은 운용 지침서에 따라 사용하여야 한다. 항공용 왕복기관이 더 큰 출력으로 인해 높은 온도에서 작동하고 더 큰 작동온도 범위를 가지고 설계되기 때문에 항공기용 왕복기관에 사용되는 윤활유가 자동차용 내연기관에 사용되는 윤활유와는 사용 점도범위가 다르다.

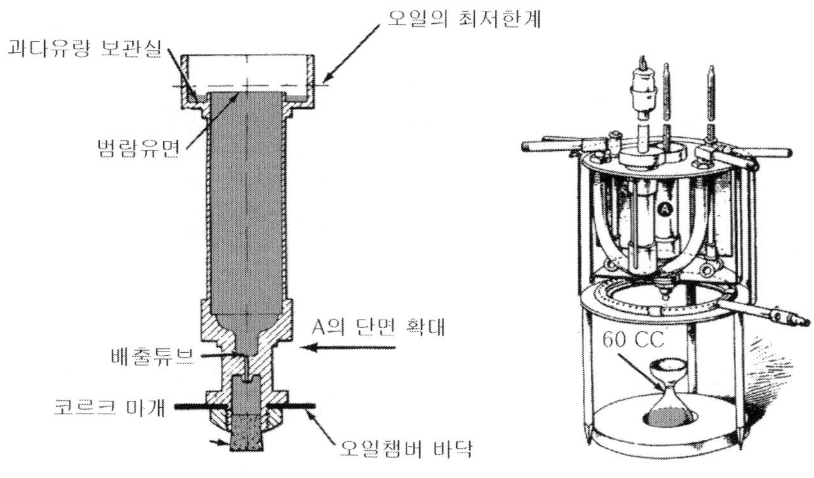

그림 8-1 세이볼트 유니버셜 점도계

표 8-1 ▶ 항공용 기관 윤활유 특성

	SAE 30 Aviation 65 MIL 1065	SAE 40 Aviation 80 MIL 1080	SAE 50 Aviation 100 MIL 1100	SAE 60 Aviation 120 MIL 1120
점도 SSU 130°F	215	310	480	630
점도 SSU 210°F	65.4	79.2	103.0	123.2
viscosity index	116	112	108	107
gravity, API	29.0	27.5	27.4	27.1
pour point, °F	−20	−15	−10	−10
flash point, °F	450	465	515	520

추운 날씨에서 기관 시동시에는 작동 온도에서 적절한 점도를 유지할 수만 있다면 유동점과 점도가 모두 낮은 것이 요구된다. 저 유동점과 저점도 중 저점도가 오일이 저온에서 시동과 오일을 펌프하는 데 훨씬 더 유용하게 작용한다.

항공용 왕복기관에는 저온에서 기관을 시동시킬 때 윤활유에다 기관 가솔린을 직접 섞음으로써 오일을 희박하게 만들기도 한다. 이는 저온에서 기관이 워밍업되지 않아 윤활유가 제대로 작동하지 않기 때문에 기관 사용 후에 드레인 밸브를 통해서 약간의 가솔린을 윤활 시스템의 라인으로 보내 주는 것이다. 기관이 작동 온도에 도달하면 가솔린은 증발되고 오일만 남게 된다. 이 방법의 단점은 부품을 약간 부식시키는 원인이 되나 다른 장점에 의해 크게 문제가 되지는 않으나 지상 온도에 따라 기관 연료로 희박하게 할 오일을 선택하여야 하며 상업 항공용 오일 100(SAE 50)보다 더 희박하게 하지 않아야 한다.

(3) 인화점

오일의 인화점(flash point)은 가열된 오일 표면 위에 가연성 혼합물인 증기가 생성되어 매우 적은 불꽃과 접촉시 순간적으로 탈 때의 온도이다. 항공용 왕복기관은 고온에서 작동하기 때문에 높은 인화점을 가져야 한다.

오일이 증기화되는 비율은 기관의 작동온도에 따라 다르므로 사용 오일의 등급도 달라져야 한다. 증기화된 오일이 탄다면 기관은 적절한 윤활을 할 수 없게 된다. 오일이 고온의 연소실을 윤활할 때 타지 않아야 한다.

오일의 발화점은 가열된 오일에서 가연성 혼합물인 증기가 생성되어 적은 불꽃에 의해 점화되었을 때 계속해서 연소가 될 만큼 충분한 증기가 나오는 때의 온도이다.

안정된 윤활유의 ASTM 시험에서 발화점은 인화점보다 보통 약 50~60°F(28~33℃) 더 높다. 항공용 왕복기관에 사용된 오일 시험 결과 인화점이 매우 낮게 나타나면 이것은 기관 연료에 의해 오일이 희석되었기 때문이다. 오일이 가솔린에 의해 희석되는 양이 많아지면 발화점은 매우 낮게 될 것이다.

(4) 유동점

오일의 유동점(pour point)은 오일이 냉각되었을 때 흐름에 방해받지 않고 오일이 흐를 수 있을 때의 온도이다. 실제적으로 유동점은 오일이 흐를 수 있는 제일 낮은 온도이다. 유동성이 좋으면 기관이 저온으로 떨어지는 날씨에서 시동할 때 바로 순환 작용을 할 수 있다.

기관시동 및 작동 온도에서 오일은 적당한 유막을 형성할 수 있는 충분한 점도가 있어야 하므로 오일의 유동점은 점도와 관련하여 고려되어져야 한다.

(5) 화학적 물리적 안정성

항공기 기관 오일은 산화, 열 분리, 코킹(coking)에 대해 화학적 안정성이 있어야 하며 압력과 온도에 대한 물리적 안정성이 갖추어져야 한다. 오일은 물과 친화하지 않는 특성(demulsibility)을 가져야 하며 비휘발성이어야 한다.

또한 오일은 최소 마찰 계수, 윤활되는 표면에서 최대응집력, 유질 특성 적절한 유막 강도를 갖추어야 한다.

(6) 산화 시험

항공기 윤활유는 공기와 촉매 작용하는 금속과 접촉하며 상대적으로 높은 온도를 받으므로 오일이 산화될 수도 있다. 오일의 산화는 점도를 증가시키고 슬러지, 탄소 잔여물, 무기산을 형성시킨다.

기관 오일의 탄소 잔여 값이 주어진 한계보다 낮을 때 산화 생성물은 뜨거운 오일에 용해된다. 이로 인하여 락커의 침전물은 금속 표면에 형성되어 기관 내에서 오일 흐름을 비교적 느리게 하고, 탄소 같은 물질의 슬러지가 여러 곳에 형성된다. 이러한 상황을 방지하기 위하여 산화 방지제나 부식 방지제를 윤활유에 섞어서 사용하기도 한다.

(7) 고비열 · 고열전도율

오일은 기관으로부터 냉각 작용도 하므로 열용량이 커야 하고 열전도율도 커야 한다.

8.1.3 항공용 오일의 등급

오일은 그 선정을 쉽게 하기 위해서 SAE에서는 SAE 10에서부터 10씩 걸러서 SAE 70까지의 7종류로 분류된다.

SAE 20W처럼 번호 다음에 문자 W가 포함되는 경우가 있는데 이것은 동절기 사용에 적당한 오일을 나타낸다. SAE 번호는 점도를 나타내는 것만으로 품질이나 다른 중요한 특성을 나타낸 것은 아니기 때문에 같은 번호라도 양질의 오일이나 그 밖에 품질이 떨어지는 오일이 있을 수 있다. 오일의 등급으로 SAE 외에 상업 항공 번호(commercial aviation number), 세이볼트 유니버셜 점도, MIL(또는 AN)규격 번호가 있다. 이들의 번호 관계가 표 8-2에 나타나 있다.

기관은 겨울철 냉한시의 시동에서 여름철의 고온시의 고출력 작동까지 넓은 온도 범위로 작동되기 때문에 이와 같은 회전 상태에서 필요로 하는 오일의 점도는 모두 같지는 않다.

기관제작사는 기관이 운용되는 평균 외기온도에 대해서 표 8-3처럼 오일의 등급을 나눈다. 일반적으로 추운 날씨에는 기관의 시동성과 난기 운전 중의 각 부의 윤활 때문에 낮은 점도가 필요하고 고온시에는 반대로 높은 점도가 필요하다. 그러나 오일은 비행 중에 교환하는 것이 불가능하기 때문에 비행기의 운용환경에 대해서 주의 깊게 오일의 등급을 선정해야 한다.

그림 8-2 항공용 오일의 등급

상업 항공 번호	SAE 번호	MIL 번호
60	30	1065
80	40	1080
100	50	1100
120	60	1120
140	70	

그림 8-3 평균 외기 온도에 따른 오일의 등급

평균 외기 온도	MIL-L-6028B (순탄화물)	MIL-L-22851 (무탄화분 산성 오일)
60℉ 이상	SAE 50	SAE 40 또는 SAE 50
30℉~90℉	SAE 40	SAE 40
0℉~70℉	SAE 30	SAE 40 또는 SAE 30
10℉ 이하	SAE 20	SAE 30

8.1.4 오일의 정제

오일은 석유의 분류에 의해서 얻어지는 중유 성분의 정제에 의해서 만들어지고, 원유의 종류에 적합한 정제법이 적용된다.

8.1.5 오일의 종류

(1) 단일점도 오일

순광물 오일은 특별히 정제한 것으로 새 기관이나 오버홀 후의 기관의 시운전 기간 중(보통 50시간 또는 오일의 소비량이 안정될 때까지의 기간)에 사용된다.

광물성 오일에 오일의 고온 안정성을 향상시키기 위해 첨가제 및 청정제 등을 혼합한 것이 첨가제를 넣은 광물성 오일이다. 이들 단일점도 오일의 미군 규격은 MIL-L-6082B이다. 첨가제는 오일의 성질을 개량하지만 연소실에 첨가제 물질로 인한 유해 잔유물을 축적하는 경우도 있다.

(2) 다점도 오일

단일점도 오일의 단점은 온도 변화에 대한 적응이 좋지 못한 것이다. 추운 기후에서 기관 시동시 단일점도 오일의 사용은 기관의 말단부와 중요한 부품에 오일의 도착을 느리게 한다. 이것은 과도한 마모와 조기 오버홀을 유발시킨다.

단일점도 오일은 기관의 말단부까지 도달되었을 때에도 오일이 너무 진하기 때문에 수분간은 윤활이 제대로 되지 않는다. 유해 잔유물이 생기지 않도록 첨가물을 넣고 그 위에 저온에서의 저점도 첨가제를 혼합한 것이 다점도 오일이다. 다점도 오일은 고온에서는 순광물성 오일과 같은 점도를 갖고, 저온에서는 저점도가 되며 한랭시의 시동성 및 아이들 운전시의 윤활에 우수하다. 다점도 오일은 추운 기후에서 빨리 흐를 수 있고 시동시 윤활을 더 좋게 한다. 또한 따뜻할 때에는 다점도 오일은 시동시 단일점도 오일보다 더 빨리 기관 갤러리로 흐르고 오일 압력도 빨리 도달시킨다. 다점도 오일은 외기 온도의 넓은 변화에 대응할 수 있기 때문에 기관제작사가 특히 슈퍼차징기관 등에 그 사용을 추천하고 있다. 다점도 오일의 미군 규격은 MIL-L-22851이다. 새 기관이나 오버홀 후 기관의 시운전시 순광물성 오일을 사용하지 않고 다점도 오일만을 사용하도록 제한되어 있는 기관도 있다.

다점도 오일은 SAE 10W30, SAE 15W50, SAE 20W50, SAE 25W60 등이 있으며 W는 Winter를 나타내고 W 앞의 숫자는 온도가 낮을 때 W 뒤의 숫자는 온도가 높을 때의 점도 특성을 나타낸다. 그림 8-2는 다점도 오일과 단일점도 오일의 온도 변화에 따른 점도의 변화를 보여주고 있다. 그림 8-2에서 SAE 20 오일과 SAE 50 오일 모두 온도가 높아짐에 따라 점도가 감소하는 경향성을 가지지만 동일온도에서는 SAE 50 오일이 SAE 20 오일보다 점도가 높다. 다점도 오일 SAE 20W50은 온도가 낮을 때는 SAE 20 특성을 갖고 온도가 높을 때는 SAE 50 특성을 가지고 있어 추운 날씨에 시동시 윤활을 좋게 하고 더운 날씨에는 오일이 너무 묽지 않도록 한다.

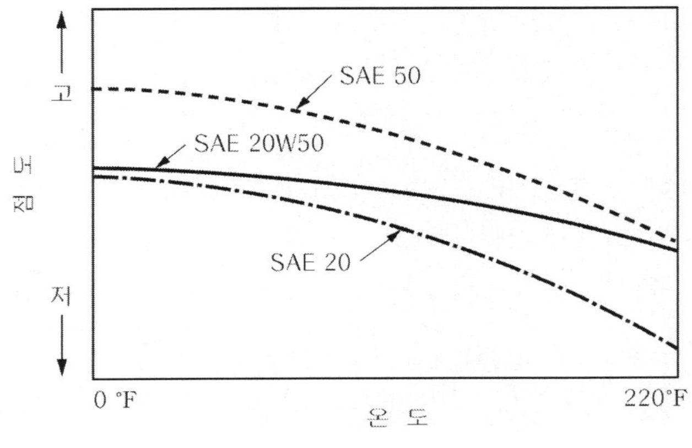

그림 8-2 다점도 오일과 단일점도 오일의 온도변화

8.2 윤활 시스템

8.2.1 윤활 시스템의 목적

윤활 시스템의 목적은 크게 나누어서 다음의 세 가지로 나눌 수 있다.

(1) 마찰의 감소

기관 부품 중에서 서로 미끄러짐 운동이나 회전 운동을 하는 면 사이에 오일을 공급하여 마찰을 줄인다. 피스톤과 실린더 크랭크축과 그 베어링, 기어의 단면 및 밸브 작동 기구의 부품 등이 이것에 포함된다. 오일은 고체표면에 부착되며, 양 표면 사이에서 상대운동을 할 때 오일은 끌려서 표면을 따라 밀려다니게 되며 다른 한쪽 표면은 오일을 매개로 하여 수력학적으로 떠 있는 상태가 된다. 상대운동에 미치는 저항력은 표면 사이 유체층의 전단력이고, 이 전단력은 오일이 없는 건표면 운동의 마찰저항력보다 적다. 그림 8-3은 오일이 없는 건표면 운동과 오일에 의한 윤활 표면 사이의 운동을 비교한 것이다.

저널베어링에서 윤활에 대하여 살펴보면, 베어링의 한 표면은 축과 같은 다른 표면을 둘러싸고 있으며 저널베어링 사이의 간격을 상대적으로 확대하여 이를 그림 8-4에 나타내었다. 저널과 베어링 사이의 공간은 윤활유로 가득 차 있다. 그림 8-4 (a)는 수직하중 W에 의해 저널은 하중을 받으며 기관이 작동하지 않으면 축은 베어링 아래쪽으로 내려가게 되어 두 표면 사이의 유막은 압착된다. 기관이 회전할 때 베어링과 약간의 편심을 가지고 운전되는 저널에 의해 생겨난 오일을 최소거리인 쐐기 모양의 지점으로 빨아들이게 되어 오일막의 압력이 베어링 표면을 분리할 만큼 충분한 압력이 되고 그림 8-4 (b)나 그림 8-4 (c)와 같이 유막이 압착되어 끊기지 않게 되는 윤활 상태가 되고 이때 유막 두께는 $2\sim5\mu m$ 정도이다. 그림 8-4 (b)는 오일 공급홈이 위쪽에 있는 경우이고 그림 8-4 (c)는 오일 공급홈이 아래쪽에 있는 경우이다. 그림 8-4 (c)는 오일막의 압력이 감소되어 담당할 수 있는 하중용량도 줄어들고 있음을 알 수 있다. 따라서 오일공급은 오일막 압력을 교란하지 않는 위치[그림 8-4 (b)와 같은 곳]에서 공급되어야 한다.

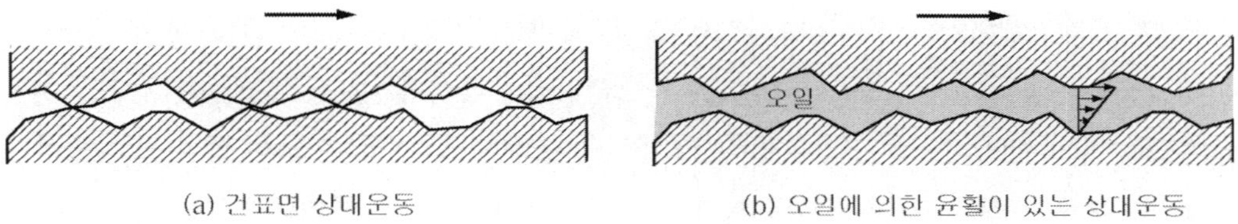

그림 8-3 오일이 없는 건표면 운동과 윤활표면 사이의 상대운동

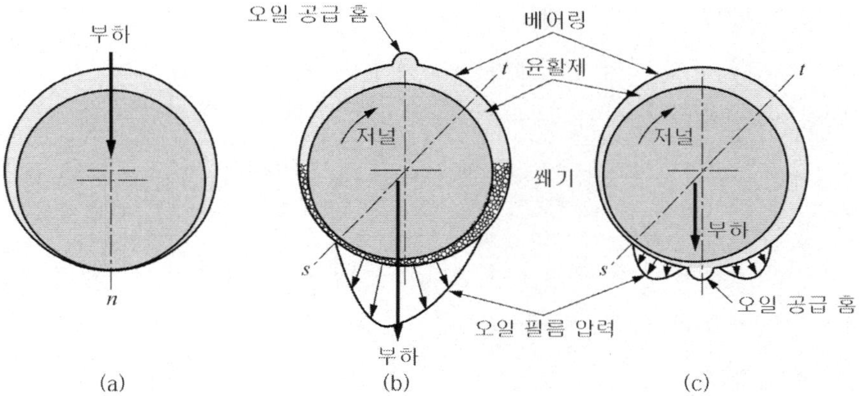

그림 8-4 저널베어링의 윤활 작용

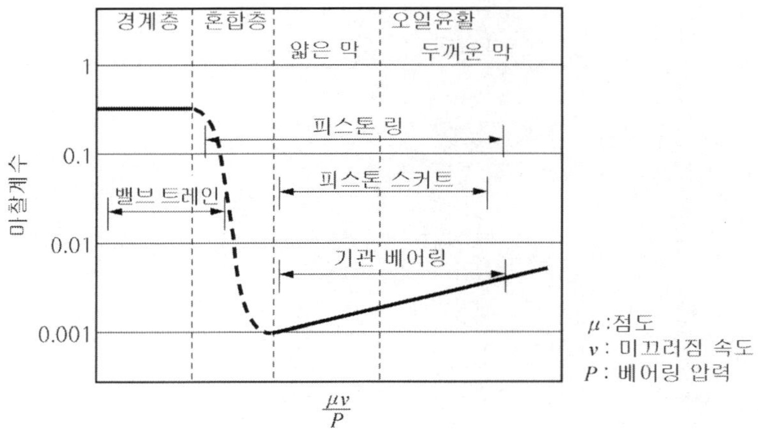

그림 8-5 기관윤활 영역

그림 8-5는 상대 미끄럼 속도 및 점성계수, 베어링 압력을 변수로 하여 변화시킬 때의 마찰 계수를 나타낸 것이다. 표면의 상대속도가 낮을 때 오일막에 의한 하중을 지탱

하기 위한 적당한 압력을 유지하기 어렵게 되고 베어링 간격이 줄어들어 고체간의 접촉이 시작되는 경계윤활이 되고 마찰계수가 급격히 증가하게 된다. 경계윤활로의 천이는 베어링 표면의 표면처리에 의하여 좌우되며, 윤활제의 화학적 조성이 점성에 비하여 더 중요한 역할을 한다. 기관의 시동시와 정지시에는 경계윤활 영역이 된다.

(2) 부품의 냉각

냉각 장치로 냉각할 수 없는 부품은 윤활 시스템으로 냉각시킨다. 피스톤 밑면 실린더 벽 피스톤 핀 등은 그림 8-6에 나타나는 것처럼 크랭크축의 오일제트에서 또는 크랭크 핀과 커넥팅 로드 대단부 사이로부터의 분무 오일에 의해 냉각된다.

(3) 작동유

기관 각종 장치의 작동에 오일을 압송하고 유압의 작동유로서 사용된다. 프로펠러 가버너(propeller governor), 슈퍼차저 변속장치, 점화시기 변경장치 등이 오일로 작동된다.

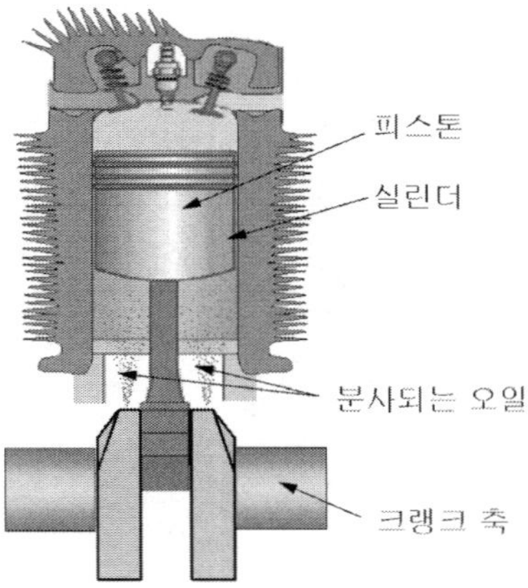

그림 8-5 분사되는 오일

8.2.2 오일의 작동 조건

윤활시스템의 목적을 달성하기 위한 오일의 작동 조건은 다음과 같다.

첫째, 오일은 상대운동하는 고체 표면에 잘 부착되어야 하고 오일 압력이 적당한 범위 내에서 유지되어야 한다. 오일 압력이 너무 낮으면 오일은 기관 내의 윤활을 필요로 하는 부품에 이르지 못해 축과 베어링면 등에 유막을 형성하지 못하고 또 냉각을 위한 충분한 오일량이 공급되지 않는다. 오일 압력이 너무 높으면 오일이 심하게 누출되거나 오일 소비가 많아지게 된다. 오일 시스템에서 오일 압력이 측정되지 않는 것은 오일의 공급이 중단되었다는 것으로, 윤활이 되지 않는 부품이 열을 받아 과열되거나 베어링이 움직이지 않게 되며 기관이 급히 정지하게 되고 수 초 내에 파손될 우려가 있다.

둘째, 적당한 점도를 가져야 하며 오일 온도는 적당한 한계 내에 있어야 한다. 오일 온도가 너무 낮으면 점도가 높아져서 자유롭게 흐르지 않는다. 오일 온도가 너무 높으면 점도가 너무 낮게 되어 베어링 하중을 지탱할 수 없고 열을 충분히 제거할 수 없으면, 유량이 너무 커져서 오일 압력이 허용 한계 이하로 떨어지고 오일 소비량이 커지는 등의 결함이 발생한다.

셋째, 항상 깨끗한 상태로 윤활하는 기관 부품에 공급되어야 한다.

넷째, 오일의 품질이 적당하고 기관 운전 중에 형성되는 압력 · 온도 조건하에서 유막의 단절이 없이 충분한 기계적 강도를 가져야 하며 표면 사이의 압착에 견딜 수 있어야 한다.

8.2.3 윤활 시스템

윤활 시스템에는 습식 섬프 시스템(wet sump system) 과 건식 섬프 시스템(dry sump system)의 두 가지 형식이 있다. 습식 섬프 시스템은 크랭크케이스 내부에 섬프가 있으며 오일 공급이 오일 섬프용량에 의해 제한되고 곡예비행과 같이 비행 자세가 변하는 비행에서는 오일을 저장하는 곳에 오일이 한쪽으로 치우치고 오일 펌프의 흡수에 지장이 생기는 경우가 있다. 또 오일 냉각도 쉽지 않다.

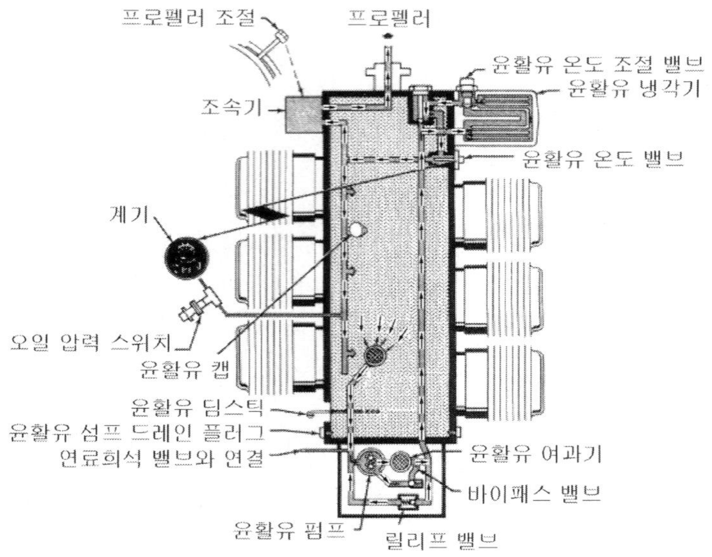

그림 8-7 대향형 습식 섬프 오일 시스템

그림 8-7은 텔레다인-컨티넨탈 IO-470-D기관의 습식 섬프 윤활 시스템을 보여준다. 기관을 윤활하는 오일은 기관 아래쪽에 부착되어 있는 섬프에 저장된다. 오일은 섬프 바닥에 위치한 흡입 오일 스크린을 통하여 기어형 오일 펌프를 통과한 후 오일 여과망을 통과하고 내부 갤러리를 따라 오일 냉각기가 위치한 기관의 전반부로 흐른다.

바이패스 체크 밸브는 망이 막혔을 경우에도 오일을 흐르게 하기 위해 스크린 주변에 바이패스 라인이 있다. 조절할 수 없는 릴리프 밸브가 있어서 과도한 압력을 가진 오일은 펌프의 입구 쪽으로 되돌려 보낸다. 오일 온도는 온도 조절 밸브에 의해 냉각기를 우회하게 하거나 냉각기 내부를 통하게 하여 조절된다.

오일은 뚫어진 내부 통로를 통하여 냉각기로부터 윤활을 해야 할 기관의 모든 부분에까지 운반된다. 오일은 또한 프로펠러 조속기로 통하고 크랭크축으로 향해 흐르며, 피치와 기관 회전수의 조절을 위해 프로펠러를 향해서도 흐른다.

오일 온도 밸브는 오일이 냉각기를 통과한 후의 오일 온도를 감지하기 위하여 오일 시스템 내 한 지점에 위치하고 있다. 그러므로 온도계기는 오일이 기관의 고온부를 통과하기 전의 온도를 지시하게 된다. 오일 압력지시 장치는 2번 실린더와 4번 실린더 사이에 있는 크랭크 케이스의 왼쪽 하부 피팅에 장착되어 있는 납관으로 되어 있다. 납관은 날개를 통해 조종실로 해서 계기판넬의 전면으로 연결되어 있다. 제한장치는 압력서지로부터 계기를 보호하고 납관이 파괴되었을 경우 기관 오일의 감소를 제한하기 위하여 기관 피팅 엘보에 저장되어 있다. 이 제한 장치는 또한 추운 기후에 작동을 하기 위한 계기 라인 내의 밀도가 가벼운 오일을 보유하는 데 도움을 주기도 한다.

이 윤활 시스템에는 오일 희석 장치가 되어 있다. 연료 라인은 주 연료 스트라이너 케이스로부터 기관 방화벽에 장착되어 있는 오일 희석 솔레노이드 밸브로 해서 기관 오일 펌프의 흡입 쪽과 연결된 기관 피팅으로 연결되었다. 오일 희석 스위치가 닫히면 연료가 연료 스트레이너에서 오일 펌프의 입구 쪽으로 흐른다. 이 기관에서 희석하는 데 필요한 연료의 총량은 4 qt(3.79l)이다.

건식 섬프 시스템은 기관 본체의 외부에 있는 오일 탱크로부터 오일 압력 펌프에 의해 기관으로 오일이 공급된다. 비행 자세의 변화, 곡예비행 큰 중력 가속도에 의한 운동의 경우에도 윤활이 정상적으로 이루어질 수 있으며 각 기관 시스템마다 분리된 오일 탱크가 필요하다 오일은 오일 섬프에서 오일 펌프에 의해 흡입되어 가압되고 기관 내의 각 윤활 장소로 공급되며 윤활 기능을 달성한 오일은 소기 펌프에 의해서 오일 탱크로 되돌아간다.

그림 8-8은 대향형 왕복기관의 건식 윤활 시스템의 주요 구성품과 이들 구성품의 위치를 보여주고 있다. 오일이 기관으로부터 외부 오일탱크로 펌프되기 때문에 이 시스템을 건식 섬프 시스템이라고 부른다. 그림 8-8에서 보여주는 시스템에서 오일은 오일 탱크에서 기관 구동 압력 펌프로 흐른다. 오일 온도는 오일이 기관에 들어가기 전에 감지된다. 즉 라인 내의 오일 온도가 감지되어 기관의 오일 온도계기에 나타나게 된다. 압력 펌프는 기관의 요구량보다 훨씬 큰 용량을 가지므로 압력 릴리프 밸브가 내장되어 과다 오일은 펌프의 입구 쪽으로 되돌아가도록 되었다. 오일 압력 계기 연결부나 센서는 오일 압력 계기를 작동하기 위해 압력 펌프의 압력면에 위치하고 있다. 오일 스크린은 보통 압력펌프와 기관 시스템 사이에 있다. 오일 여과망이 막힐 경우 기관으로 여과되지 않은 오일을 흐르게 하는 바이패스 밸브가 있다. 이 이유는 여과되지 않은 오일이라도 오일이 없는 것보다는 낫기 때문이다.

오일은 기관 시스템을 통과하여 흐른 후 소기 펌프로 끌어올려져 오일 냉각기를 통해 오일 탱크로 되돌아온다.

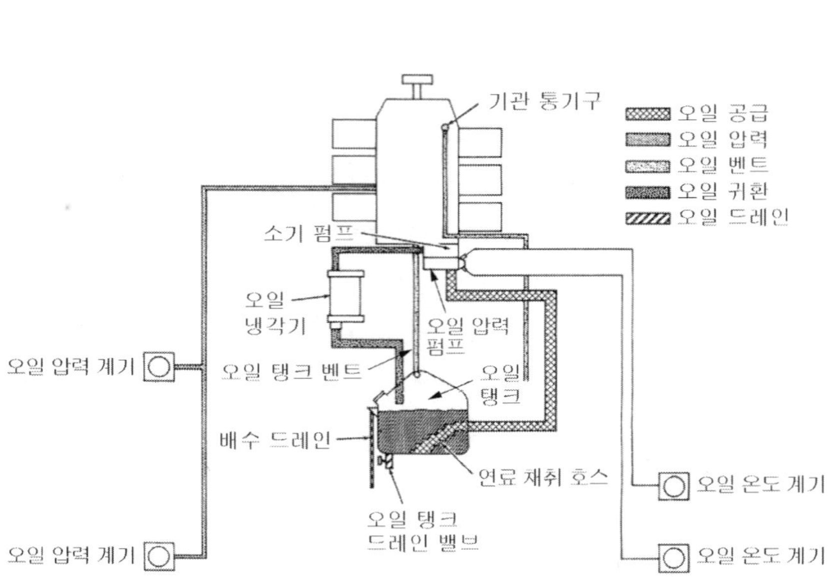

그림 8-8 대향형 건식 섬프 오일 시스템

소기펌프는 압력 펌프보다 용량이 약 2배 정도로 훨씬 큰데 그 이유는 기관 작동 중 생긴 공기방울과 거품 때문에 소기 펌프가 취급할 오일량이 많아졌기 때문이다. 오일 냉각기에는 보통 온도 조절 밸브가 내장되어 있어서 오일 온도가 적정 온도가 될 때까지 냉각기 주변으로 오일의 우회하게 된다. 오일 탱크 압력이 축적되는 것을 방지하기 위하여 통기라인이 탱크로부터 기관의 크랭크 케이스로 연결되어 있다.

이것은 오일 탱크가 기관 통기 시스템을 통해 순환하게 해준다. 기관이 작동하지 않을 때 중력 때문에 오일이 기관으로 흐르지 못하도록 하기 위하여 어떤 시스템에는 체크 밸브가 채택된다.

8.2.4 윤활 시스템의 주요 구성품

항공기 윤활 시스템은 오일 탱크, 압력 오일 펌프, 오일 압력 릴리프 밸브, 오일 저장소, 오일 압력 계기, 오일 온도 계기, 오일 필터, 오일 냉각기, 온도 조정기, 연결 파이프 등으로 구성된다. 오일 희석 장치(oil dilution system)는 추운 기후에서 시동시 필요할 때 사용된다.

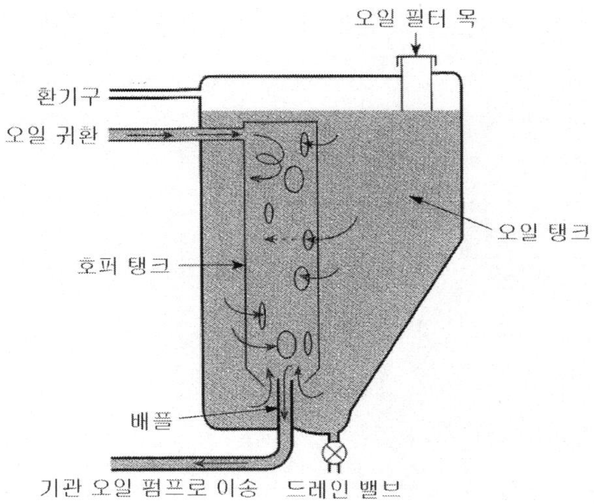

그림 8-9 호퍼 탱크

(1) 오일 탱크

건식 섬프기관 윤활 시스템에는 각 기관 시스템마다 분리된 오일 탱크가 필요하다. 오일 탱크는 알루미늄 판으로 용접되었거나 리벳된 알루미늄 또는 스테인리스 강철로 되어 있다. 어떤 항공기에는 연료 셀과 유사한 합성 고무 탱크로 설치되어 있다.

탱크의 출구는 보통 탱크의 맨 아랫부분에 위치하고 있어서, 지상에서나 정상적인 비행 자세에서 완전히 배출하게 해준다. 보통 연료와 오일의 체적비율은 30 : 1~40 : 1 정도이다.

오일을 대량으로 공급하는 탱크는 주 탱크 내 오일에서 일부 오일을 부분적으로 분리하는 호퍼(hopper)가 설계되어 있다. 오일은 호퍼의 밑쪽에서 흘러나와 기관으로 들어가고 호퍼 위쪽으로 되돌아온다. 그림 8-9는 호퍼가 있는 오일 탱크를 나타내고 있다. 호퍼는 오일의 일부를 분리해서 기관 내부를 순환하기 때문에 추운 날씨의 시동시의 오일 온도 상승이 빨리 되고, 또 오일 희석을 하는 기관에서는 일부의 오일만을 묽게 할 수 있으므로 오일 탱크의 크기를 작게 할 수 있다.

(2) 오일 냉각기(오일 온도 조절기)

점도는 온도에 따라 변화한다. 적정한 윤활을 하기 위해서는 기관에 공급되는 오일이 적당한 온도 한계 내에 있어야 하므로, 일반적으로는 기관에서 나온 오일은 재순환 전에 적당하게 냉각할 필요가 있다. 건식 섬프 시스템에서는 소기 펌프에서 오일 탱크로 돌아오는 도중에 설치된 오일 온도 조절기(oil temperature regulator)는 배출되는 오일의 온도에 따라서 오일을 냉각시키거나 냉각하지 않고 바이패스(bypass) 시켜서 오일 온도를 조절하고 있다.

또 습식 섬프 시스템에서는 오일 펌프의 출구 쪽에 오일 온도 조절기를 설치해서 섬프에서 흡입된 고온의 오일을 냉각해서 오일 온도를 조절하고 있다. 오일 온도 조절기는 오일 냉각기(oil cooler)와 조절 밸브(control valve)로 구성된다.

(3) 오일 압력 릴리프 밸브

오일 압력은 기관 및 보기가 모두 작동된 상태에서 적절히 윤활하기에 적당해야 한다. 오일 압력이 높으면 오일 시스템에 손상이 올 수도 있고 오일이 누설될 수도 있다.

오일 압력 릴리프 밸브의 목적은 윤활 시스템에 손상을 방지하고 시스템의 손상으로 인해 기관 부품에 적절한 윤활이 안 되는 것을 방지하기 위하여 윤활 오일 압력을 한계 내로 제한하고 조절하는 것이다. 오일 압력 릴리프 밸브는 압력 펌프와 기관의 내부 오일 시스템 사이의 기관 내부에 위치하고 있다. 그림 8-10은 오일 압력 릴리프 밸브를 나타내고 있으며, 오일 펌프 출구 압력이 과도하게 높아지면 오일이 바이패스 밸브와 압력 릴리프 밸브의 스프링 힘을 이겨내고 밸브를 열어 섬프로 오일이 되돌아온다. 유압은 압력 릴리프 밸브의 나사에 의해 조절될 수 있다.

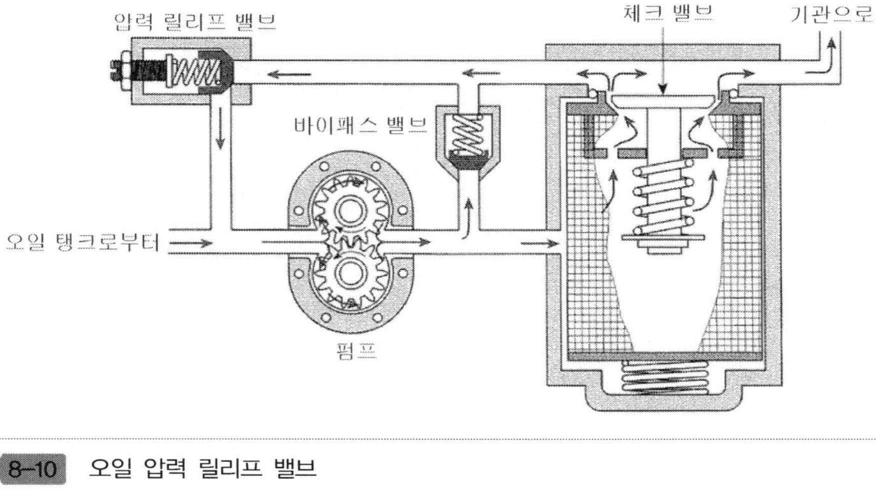

그림 8-10 오일 압력 릴리프 밸브

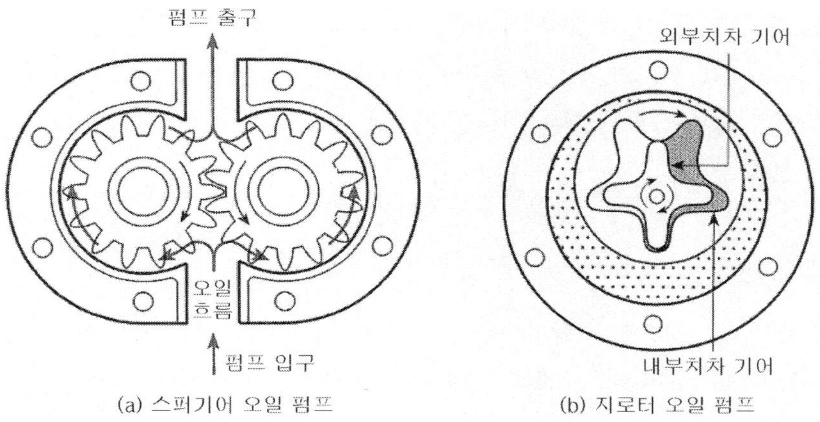

그림 8-11 스퍼기어 오일 펌프와 지로터 펌프

(4) 오일 펌프

오일 펌프는 압력을 높이기 위한 압력장치가 아니고 오일을 운송시키는 역할을 한다. 기어형 펌프는 케이스 내에서 회전하는 기어로 기어 치차와 케이스벽 사이에 한 공간의 유체가 다른 곳으로 이동하게 하는 장치이므로 최소한의 공간을 두도록 정확하게 기계가공 되어져 있다.

그림 8-11은 왕복기관에 사용되는 스퍼기어 오일 펌프(spur-gear pump)와 지로터 펌프(gerotor pump)를 나타내고 있다. 스퍼기어 펌프에서는 맞물려 회전하는 두 개의 외부치차기어로 오일을 공급하며 그림 8-9에 치차 회전 방향과 오일 흐름 방향이 화살표로 나타나 있다. 기어의 한쪽은 기관 구동축과 연결되어 있고 펌프의 다른 한쪽은 오일 섬프와 연결되어 있어 기관이 구동하면 한 쌍의 기어가 맞물려 돌아가면서 오일 섬프 안의 오일을 반대쪽 출구로 내보낸다. 지로터 펌프는 구동축과 연결된 특별형상의 4개의 이빨을 가진 1개의 구동 스퍼기어와 내부에 5개의 이빨을 가진 로터기어가 회전하면서 오일을 공급하고 있다. 펌프의 한쪽 입구는 오일 섬프와 연결되어 있고 다른 한쪽 출구는 기관의 오일 통로와 연결되어 있다. 펌프가 구동되면 입구는 열리고 구동기어의 이빨과 로터 사이의 공간이 커져서 오일 섬프로부터 오일이 들어오게 되고 기어가 회전하면서 반대쪽 출구 오일 통로로 빠져나간다.

기어형 펌프는 대부분의 왕복기관에 사용되고 있다. 모든 기관 오일 펌프의 용량은 기관의 요구량보다 더 크다. 과다 오일은 압력 릴리프 밸브를 통해서 펌프 입구 쪽으로 되돌아간다. 이는 기관이 마모되고 간격이 더 커짐에 따라 펌프가 기관으로의 오일 공급량

증대를 가능하게 한다. 기관 압력 펌프가 기관 시동 후 30초 이내에 오일 압력이 발생하지 않는다면 이것은 펌프가 마모로 인하여 구동되지 못한다는 표시이다. 펌프에서 기어의 측면 간격이 너무 크면 오일은 기어를 지나치게 되고 압력도 높아지지 않는다. 이 경우 펌프를 교환하여야 한다.

(5) 소기 펌프

건식 섬프 윤활시스템 또는 터보차저의 소기 펌프는 압력 펌프보다 용량이 훨씬 더 크게 설계되어 있다. 전형적인 기관에서 기어형 소기 펌프는 압력 펌프와 같은 축으로 구동되지만 소기 펌프의 용량은 압력 펌프 용량의 두 배가 된다.

소기 펌프의 용량이 더 큰 이유는 기관 내의 섬프로 흐르는 오일에 다소의 거품이 있어서 압력 펌프를 통하여 기관으로 들어가는 오일보다 훨씬 양이 많아지기 때문이다. 오일 섬프(oil sump)를 드레인(drain)하기 위하여 소기 펌프는 압력 펌프보다 훨씬 많은 양의 오일을 다루어야 한다.

(6) 오일 희석 장치

오일 희석 장치(oil dilution system)는 추운 날씨 시동 시에 오일의 점도를 내릴 목적으로 가솔린으로 오일을 묽게 하기 위한 것으로, 기관 정지 전에 가솔린을 혼합해서 점도를 내려둔다. 그 때문에 오일 온도가 내려가도 쉽게 시동할 수 있다. 그리고 오일 온도가 올라가면 오일 내의 가솔린은 크랭크 케이스에서 증발되고 환기(breather) 구멍으로 배출되기 때문에 오일은 본래의 점도로 돌아와서 윤활을 하는 데 지장을 주지는 않는다.

그림 8-12는 오일 희석 장치가 연료 시스템과 오일 시스템 사이에 어떻게 연결되어 있는가를 보여주고 있다. 그림에서 연료 펌프의 압력이 걸려 있은 연료 시스템에 라인이 연결되어 있고, 이 라인이 오일 희석 솔레노이드 밸브에 연결되어 다시 Y-드레인까지 이르게 되는데 Y-드레인은 오일 시스템의 기관 입구 라인 내에 있다.

만약 이 시스템에 Y-드레인이 없다면 오일 희석 라인은 압력 펌프 입구 앞의 기관 입구 라인에 연결될 것이다.

오일 희석 솔레노이드 밸브는 조종석 내의 스위치에 연결되어 있어서 비행 후 기관을 정지하기 전에 조종사가 오일을 희석시킬 수 있다.

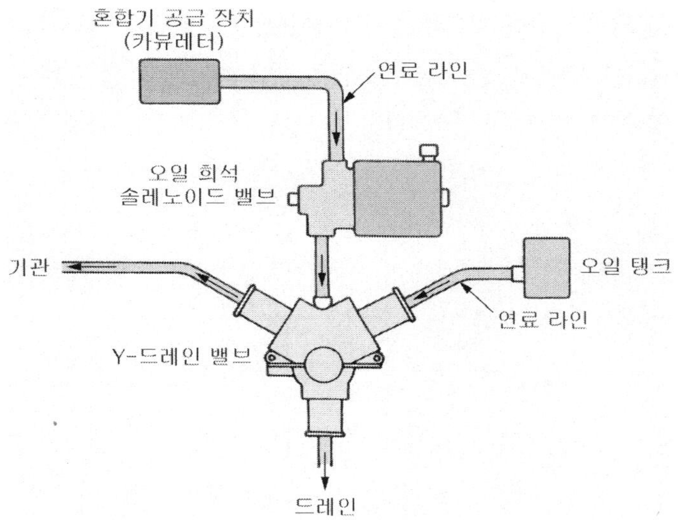

그림 8-12 오일 희석 장치

오일 희석 시스템의 조절 밸브에 문제가 발생되어 새거나 열리게 되면 작동 중에 가솔린이 계속 기관으로 들어가게 된다. 그렇게 되면 오일 압력은 낮아지고 오일 온도는 높아지며, 오일에 거품이 생긴다. 또 연료소모가 높아지고, 기관 브리더에서 과도한 오일 연기가 나오게 된다.

8.3 냉각 시스템

왕복기관에서 냉각으로 방출되는 에너지는 자동차용 경우는 연료의 발열에너지의 약 25~30% 정도이고 항공용의 경우는 약 12~15% 정도이며 기관 부품이 열응력에 견딜 수 있는 범위 내에서 냉각을 최소로 하면 열효율은 증가시킬 수 있다. 항공용 왕복기관의 냉각방법은 자동차용 내연기관과는 달리 공랭식이다.

실린더 헤드 배럴, 피스톤 등 연소실 주위 부품의 온도가 과도하게 높아지면 각 부품은 열응력을 받아 균열이 생기고 손상이 되어 수명이 단축된다. 실린더 헤드 및 피스톤은 보통 알루미늄 합금으로 만들어지며, 알루미늄 합금의 강도는 온도와 밀접한 관계가 있고 어떤 온도를 넘으면 강도가 급격히 약화된다. 또 밸브와 밸브 시트가 과열되어 변화한다. 그림 8-13은 사이클 중 가솔린기관의 가스온도 변화를 나타내고 있으며, 그림 8-14는 가솔린의 기관의 각 부품의 전형적인 온도 분포를 나타내고 있다.

그림 8-15는 온도에 따른 알루미늄 합금의 강도를 나타내고 있다. 알루미늄 합금을 사용한 실린더 헤드는 연속 운전 제한 온도가 약 250℃(482℉)이고 이륙 등 단시간 운전 제한온도가 약 290℃(554℉) 정도이다. 이들 제한 온도 부근에서 재료의 강도는 현저히 감소하는 것을 알 수 있다.

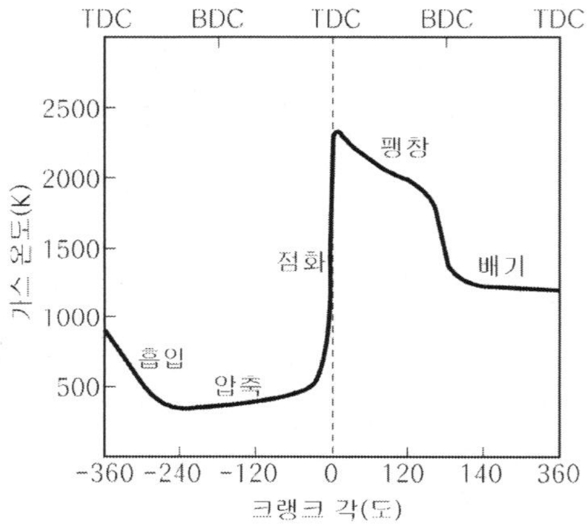

그림 8-13 크랭크 각 변화에 따른 가스온도 변화

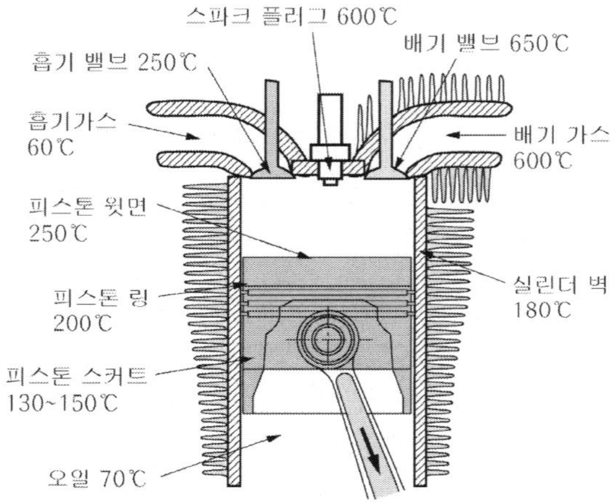

그림 8-14 가솔린기관의 각 부품의 전형적인 온도

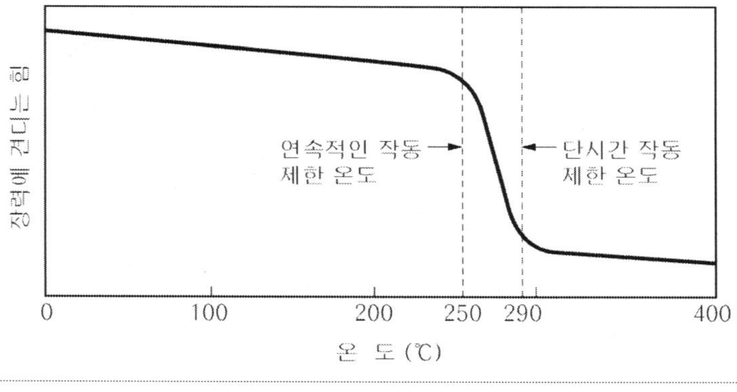

그림 8-15 알루미늄 합금의 강도와 온도

실린더 벽면과 온도가 약 220℃ 이상이 되면 피스톤과 실린더 사이의 오일이 증발하고, 실린더 헤드 온도가 높아지면 또 윤활이 제대로 되지 않는다. 밸브 축과 로커 암의 윤활 부족이나 실린더와 피스톤 사이의 유막 파손을 초래하고 그에 따라 손상이 생기거나 작동이 원활하지 않는다.

실린더 헤드 온도가 높아지면 혼합기가 조기점화나 데토네이션을 일으키기 쉬워진다. 조기점화나 데토네이션이 일어나면 실린더 헤드의 온도가 더 높아져서 악순환이 시작되고 기관이 손상을 입게 된다. 그러나 냉각에는 일정한 한도가 있으며 과도한 냉각은 오히려 연소를 나쁘게 하고 열효율을 저하시키며 기관출력을 감소시킬 뿐만 아니라 불완전연소 때문에 생기는 CO, SO_2 등의 부식성이 강한 산성가스가 응축수와 화합하여 HCOOH, H_2SO_4로 되어 실린더 내면을 부식시키거나 윤활유 중에 섞여 이상 마멸을 일으키는 원인이 되기도 한다.

항공용 왕복기관에서는 실린더 헤드의 온도(CHT)를 측정하여 작동온도가 적합한 온도가 되도록 조절하고 있다. 다기통 기관에서는 CHT가 실린더마다 다른 값이 되므로, 그중 경험상 최고온도가 되는 실린더를 1개 골라 조종석의 계기에 지시되도록 한다.

CHT 측정장치는 온도지시계, 전선과 열전대로 구성되어 있다. 온도지시계와 내화벽 사이는 전선이며, 이 전선에 열전대의 한쪽 끝이 연결되어 있다. 열전대의 다른 쪽 끝은 그 기관의 선정된 실린더에 접속된다. 열전대의 실린더 접속 끝은 배이어닛(bayonet)형이나 개스킷(gasket)형 중 하나를 사용한다. 배이어닛형에서는 너트를 누르면서 시계방향으로 돌려서 장착하고, 떼어낼 때에는 먼저 너트를 누르면서 느슨해질 때까지 반시계방향으로 돌린다. 개스킷형은 점화 플러그 밑에 들어가 점화 플러그의 정상적인 개스킷 역할도 겸한다.

기관 위를 지나는 공기량을 조절하는 가장 일반적인 방법은 그림 8-16과 같이 카울 플랩(cowl flap)을 사용하는 것이다. 카울 플랩에는 전기 모터로 구동되는 잭 스크루가 사용되고 일부 경비행기에서는 수동으로 개폐된다.

그림 8-17은 수평 대향형 기관에 사용되는 압력 냉각 시스템을 나타내고 있다. 항공기가 고속으로 비행할 때 기관의 전방부 윗쪽 공기 쪽 공간은 속도에너지가 압력에너지로 바뀌어 압력이 높고 다른 반대쪽 공간은 조정 가능한 카울 플랩으로 출구를 통해 공기를 내보내므로 압력이 낮다. 실린더 양쪽의 두 공간 사이의 압력차이를 빠른 공기가 핀 주위로 흐르면서 실린더 열을 밖으로 내보내 냉각시킨다. 램압력을 이용하고 있으므로 이를 압력냉각(pressure cooling)이라 한다.

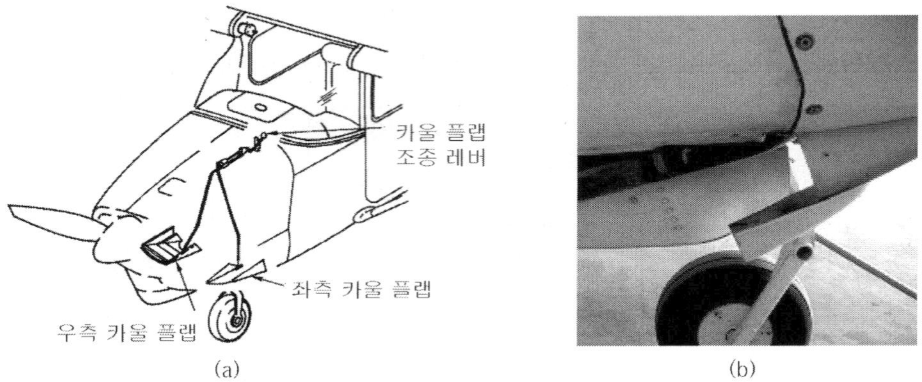

그림 8-16 소형 항공기의 카울 플랩

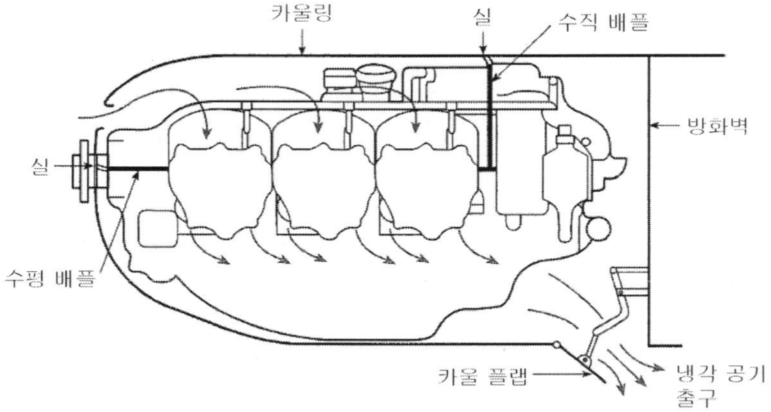

그림 8-17 수평 대향형 기관의 압력 냉각시스템

8.3.1 냉각 시스템 부품

항공용 왕복기관 냉각 시스템은 카울링(cowling), 실린더 핀(cylinder fin), 카울 플랩(cowl flap) 및 디플렉터(deflector), 실린더 배플(cylinder baffle)로 구성되어 있다.

카울링은 기관을 싸는 덮개로 표면이 유선형이기 때문에 기체의 일부로서 기관 항력을 줄이는 역할을 하며 또 그 내부에 공기를 유입하고 실린더 주위 및 실린더 사이를 통해, 그 후부에 있는 카울 플랩으로부터 공기를 밖으로 배출한다.

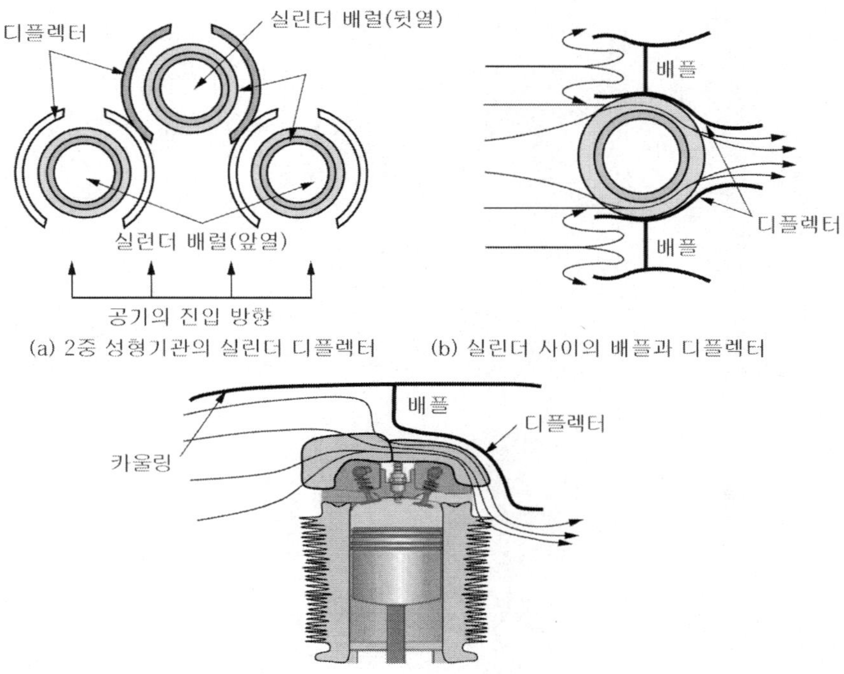

(a) 2중 성형기관의 실린더 디플렉터 (b) 실린더 사이의 배플과 디플렉터

(c) 실린더 헤드 배플과 디플렉터

그림 8-18 실린더 배플에 의한 냉각

실린더 냉각핀은 실린더 벽과 실린더 헤드에서 열을 발산한다. 카울링에 들어가 있는 공기가 핀 위를 통과할 때 그 열을 흡수해서 실린더의 열을 발산한다.

냉각핀은 여러 가지 단면을 가지고 있으며 열발산 정도는 핀의 형상에 따라 다르다. 핀은 보통 3~5°도의 테이퍼를 가지고 끝으로 갈수록 단면적이 작아지며, 길이는 25~50 mm 정도이다. 실린더 벽면에서는 두께가 2.5~5 mm 정도이고 끝단은 0.5~1.25 mm 정도가 된다. 핀이 많을수록 방열 면적이 늘어나겠지만 핀과 핀의 간격이 너무 조밀하면 이웃 경계층과의 상호 간섭에 의해 공기 유동이 제한을 받아 열 방출이 오히려 떨어지므로 핀과 핀 간격도 적절하여야 한다 핀의 두께를 얇게 하면 핀의 수가 많아지므로 방열 면적을 크게 할 수 있지만 핀의 선단까지 충분히 전열되지 않기 때문에 핀두께도 최적으로 설계되어야 한다.

카울 플랩은 카울링 후부에서 냉각 공기의 배출 면적을 증감한다. 카울 플랩을 닫으면 출구 면적이 줄고 실린더 핀 위를 흐르는 냉각 공기량을 감소시킨다. 감소된 공기량으로는 전과 같은 양의 열을 배출할 수 없으므로 기관의 작동 온도는 증가하는 경향이 있게

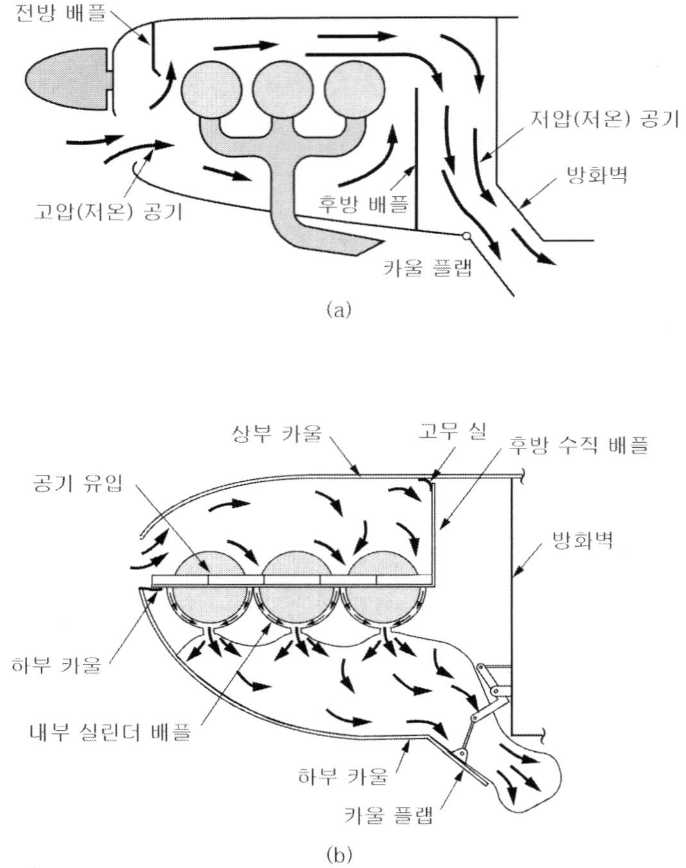

그림 8-19 압력 냉각 시스템의 공기 흐름도

된다. 카울 플랩을 열면 출구 면적이 증가하므로 실린더 위를 흐르는 냉각 공기량이 증가하여 보다 많은 열이 방출되고 기관의 작동 온도가 감소하게 된다.

실린더 배플은 그림 8-18처럼 공기의 흐름을 차단하고 실린더와 실린더 주위에 장착되는 디플렉터(deflector) 사이에 강제적으로 공기를 통하게 하는 역할을 하여 공기를 전체 실린더의 주위를 균일하게 흐르게 하여 여러 실린더에서 균일한 온도가 되게 한다. 실린더 냉각핀 주위 공기 유속이 빠르면 대류 열전달계수가 증가하여 실린더로부터 열방출이 증가하여 냉각효과를 높일 수 있다.

배플과 디플렉터가 없으면 공기는 저항이 많은 실린더 핀의 표면적 위를 그냥 지나쳐 버리게 된다. 물론 배플 등의 사용으로 공기의 유입에 대한 저항은 증가하지만 유입 공기의 카울링 전방부의 확산 작용에 의한 압력 상승과 카울 플랩으로 만들어지는 압력 감

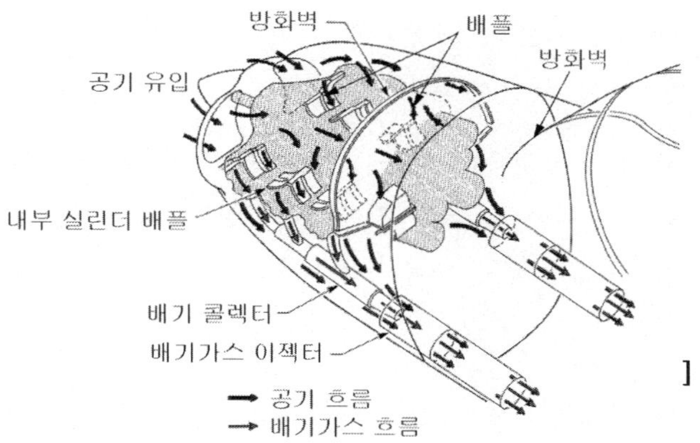

그림 8-20 배기가스 이젝터

소로 기관 전후에서 큰 압력차가 발생하여 공기를 잘 흐르게 하는 압력냉각을 이용한다. 그림 8-19는 압력 냉각시스템의 공기흐름도를 나타내고 있다.

방화벽 전방의 기관실을 지나는 냉각공기 흐름과 배기가스의 흐름을 혼합시켜 배기가스 분출을 잘되게 하는 배기가스 이젝터가 그림 8-20에 나타나 있다. 카울링 전방에 프로펠러 스피너를 사이에 두고 2개의 흡입구가 있고 냉각 공기는 좌우로 나누어 유입된다. 기관실 내는 카울링과 기관 사이가 밀폐되고 배플에 의해 냉각 공기가 기관실 내의 여러 부분을 잘 지나도록 설계되어 있다.

8.3.2 강제 냉각

100~200 마력의 경비행기용 공랭식 기관은 전방에서 비행 속도에 의한 공기의 램압력(ram pressure)을 이용하는 자연 통풍 냉각방식을 이용하고 있으나 헬리콥터에서는 비행 속도가 늦고, 또 호버링 등 정지 상태에서는 공기유동이 작고 냉각 공기가 매우 부족하므로 실린더 또는 기관 전체를 슈라우드로 덮고, 여기에 크랭크축에서 기어열을 매개로 구동되는 냉각 팬에서 공기를 압송하여 실린더 주변에 공기를 통하게 하여 강제 냉각한다.

강제 냉각시에는 팬 구동을 위한 손실마력을 최소화하기 위하여 기관 작동 조건에 따라 팬을 적절히 작동시켜야 한다.

8.3.3 공랭식 기관의 열전달 및 방열량(*)

혼합기가 흡기 시스템을 통해 실린더로 들어갈 때 혼합기의 온도는 흡기 매니폴드의 벽 등 주위의 온도로부터 열전달을 받아 약 60℃ 정도까지 증가한다. 흡기 매니폴드 벽으로부터 혼합기 가스로 전달되는 대류 열전달은 다음과 같다.

$$\dot{Q} = hA(T_w - T_g) \qquad (8 \cdot 1)$$

여기서 T는 온도, 하첨자 w는 wall, 하첨자 g는 gas, h는 대류 열전달 계수, A는 흡기 매니폴드의 면적이다.

혼합기가 실린더로 들어가면 사이클 내 과정에 따라 혼합기 온도는 실린더 벽면 온도보다 높을 수도 있고 낮을 수도 있기 때문에 열전달은 실린더 벽면과 가스 사이에서 어느 방향으로도 일어날 수 있다. 실린더 벽 안쪽은 혼합기 또는 연소가스가 있으며, 실린더 벽 외부는 냉각 외부공기가 있으며 그림 8-21은 공랭식 기관의 실린더 벽면 주위 형상과 온도분포를 나타내고 있다. 실린더 안쪽 혼합기 또는 연소가스는 하첨자 g로 표기하고, 실린더 바깥쪽 외부 냉각공기는 하첨자 a로 표기한다. 가스 쪽 실린더 벽면온도는 T_{w_g}, 외부 냉각 공기 쪽 벽면 온도는 T_{w_a}로 표기한다.

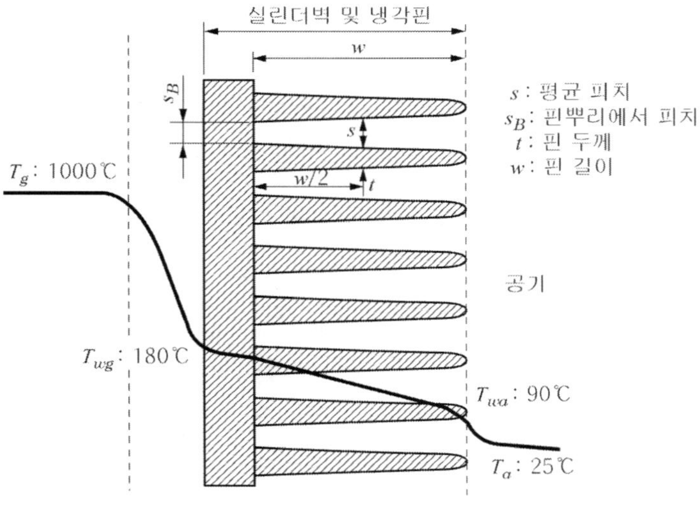

그림 8-21 공랭식 핀 온도분포와 형상

실린더 내 가스와 내부 벽면 사이에는 실린더 내부 가스온도가 벽면에 전달되는 열저항이 되는 열경계층이 있으며 외부 벽면과 냉각공기 사이도 열저항이 있어서 이들 사이에는 대류 열전달이 일어나고 벽면에서는 전도 열전달이 일어난다.

단위 시간당 방열량 $\dot{Q}$(kcal/h)는 가스와 내부 벽면 사이의 대류 열전달, 핀을 포함한 벽 사이에서의 전도 열전달, 외부벽면과 냉각공기와의 대류 열전달에 의하여 이들은 각각 다음과 같이 나타낼 수 있다.

가스와 내부 벽면 사이의 대류열전달

$$\dot{Q} = h_g A_a (T_g - T_{w_g}) \tag{8 · 2}$$

여기서 h_g 는 대류 열전달 계수(kcal/m^{2}h℃)이다.

핀을 포함한 벽 사이에서의 전도 열전달

$$\dot{Q} = k A_w \frac{T_{w_g} - T_{w_a}}{\delta} \tag{8 · 3}$$

여기서 δ는 벽두께이고 k는 열전도율(kcal/m h℃)이며 알루미늄의 경우 196 kcal/m h℃, 주철의 경우 45kcal/m h℃이다.

외부벽면과 냉각공기 사이의 대류 열전달

$$\dot{Q} = h_a A_a (T_{w_a} - T_a) \tag{8 · 4}$$

여기서 h_a는 대류 열전달 계수(kcal/m^{2}h℃)이다.

단위 시간당 방열량 $\dot{Q}$는 세 가지 모두에서 같으며 T_{w_a}와 T_{w_g}를 소거하고 다음과 같이 총괄 온도차인 $(T_g - T_a)$의 항으로 등가 열회로를 구성하여 나타낼 수 있다.

$$\dot{Q} = U A_s (T_g - T_a) \tag{8 · 5}$$

여기서 A_s 는 적당한 등가면적이고 U 는 총괄 열전달 계수라 부르며 다음과 같이 주어진다.

$$U = \frac{1}{\frac{1}{h_g}\left(\frac{A_s}{A_g}\right) + \frac{\delta}{k}\left(\frac{A_s}{A_w}\right) + \frac{1}{h_a}\left(\frac{A_s}{A_a}\right)} \tag{8 · 6}$$

δ/k는 쉽게 구할 수 있으나 h_g와 h_a를 구하는 것은 쉬운 일이 아니다. 실린더 가스와

연소실 내벽 사이에는 다음과 같은 복사 열전달도 있다.

$$\dot{Q}_R = \frac{A[\sigma(T_g^4 - T_{wg}^4)]}{[(1-\epsilon_g)/\epsilon_g] + [1/F_{g-w}] + [(1-\epsilon_w)/\epsilon_w]} \quad (8 \cdot 7)$$

여기서 σ 는 Stefan-Boltzman 상수로 $5.67 \times 10^{-8}\,\mathrm{W/m^2\,K^4}$ 이고 ϵ_g 는 가스의 복사율, ϵ_w 는 벽의 복사율, F_{g-w} 는 가스와 벽 사이의 형태계수이다.

단위 시간당 복사 방사량식을 간단히 표현하면

$$\dot{Q}_R = 4.88 A \phi_{w_g} (T_g^4 - T_{wg}^4) \quad (8 \cdot 8)$$

여기서 ϕ_{w_g} 는 가스의 복사율과 벽의 복사율을 고려한 총괄 흡수율이다. 단위 시간당 복사방사량($\dot{Q}_R$)은 보통의 경우 $\dot{Q}$ 의 약 5% 정도이므로 무시할 수 있다.

이제 h_g 와 h_a 를 구하는 식을 알아보자.

4사이클 기관의 순간적인 h_g 는 실험에서 구한 경험식으로 연소실 내 순간압력 P_a(ata), 가스온도 T_g(K), 평균 피스톤 속도 $\overline{U_p}$(m/s)로 다음과 같이 나타낼 수 있다.

$$h_g = 2.1(\overline{U_p})^{\frac{1}{3}}(P_g T_g)^{\frac{1}{2}} \ (\mathrm{kcal/m^2\,h\,℃}) \quad (8 \cdot 9)$$

여기서 T_g 는 가스의 절대 온도이고 P_g 는 가스의 압력(atm)이다.

$Nu = 0.023 Re\, b^{0.8}\, \mathrm{Pr}^{0.4}$ 인 관계식을 사용하여 h_g 를 실린더 안지름(b)로 표기하면

$$h_g = 0.023 \frac{k}{b^{0.2}} \left(\frac{C \overline{U_p} \rho}{g\mu} \right)^{0.8} Pr^{0.4} \ (\mathrm{kcal/m^2\,h\,℃}) \quad (8 \cdot 10)$$

여기서 b 는 실린더 안지름, k 는 유체의 열전도율, g 는 중력가속도, ρ 는 유체의 밀도, Pr 는 프란틀 수이고 C 는 흡입, 압축, 팽창행정에서는 8.0, 배기행정에서는 14.5인 상수이다. 물성치는 가스온도 T_g 와 벽면온도 T_{w_g} 의 평균온도에서 구한 값에서 구한다.

예제 8-1

가스압력 60 ata, 안지름 120 mm이고 평균 피스톤 속도 6 m/s인 4행정 기관의 벽면온도는 140℃이고 가스온도가 1,400℃일 때 h_g 를 구하라. 단, 770℃에서 가스의 점성계수는 $4.6 \times 10^{-6}\,\mathrm{kg \cdot s/m^2}$, 가스의 밀도는 $20.3\,\mathrm{kg/m^3}$, 가스의 열전도율은 0.058 kcal/mh℃이고, $Pr = 0.70$ 이다.

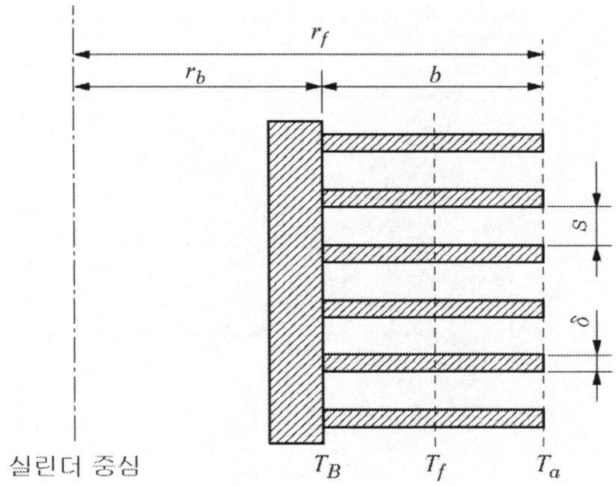

그림 8-22 핀 형상

풀이

벽면과 실린더 가스의 평균온도는 $\dfrac{140+1400}{2} = 770\,°\text{C} = 1043\,\text{K}$

$$h_g = 0.023\frac{k}{b^{0.2}}\left(\frac{C\overline{U}_p\,\rho}{g\,\mu}\right)^{0.8} Pr^{0.4}$$

$$= 0.023\frac{0.058}{0.12^{0.2}}\left(\frac{8\times 6\times 20.3}{9.8\times 4.6\times 10^{-6}}\right)^{0.8}(0.7)^{0.4} = 1304\ (\text{kcal/m}^2\,\text{h}\,℃)$$

또는 $h_g = 2.1(\overline{U_p})^{\frac{1}{3}}(P_g\,T_g)^{\frac{1}{2}}$

$$= 2.1(6)^{\frac{1}{3}}(60\times 1673)^{\frac{1}{2}} = 1209\ (\text{kcal/m}^2\,\text{h}\,℃)$$

그림 8-22와 같은 핀을 생각하여 h_a를 구하여 보자. 핀의 평균두께는 δ이고, 핀의 뿌리(기초) 반지름은 r_B, 핀의 선단 반지름은 r_f 이면 핀의 높이(길이) b는 $r_f - r_B$가 된다. 핀의 평균피치는 s, 핀의 뿌리피치는 s_B이고, 핀의 표면적은 A_f, 핀의 기초면 면적은 A_B이다. 하첨자 B는 핀뿌리기초(base)를 나타내고 f 는 핀(fin)을 나타낸다.

단위 시간당 방열량을 $\dot{Q}$라 하면

$$\dot{Q} = h_a\,A_f\,(T_f - T_a) = h_a\,A_f\,\eta_f\,(T_B - T_a)\,(\text{kcal/h}) \qquad (8\cdot 11)$$

여기서 T_a는 냉각 공기온도, A_f 는 냉각핀의 면적, η_f 는 핀효율이고 $\eta_f = \dfrac{T_f - T_a}{T_B - T_a}$이다.

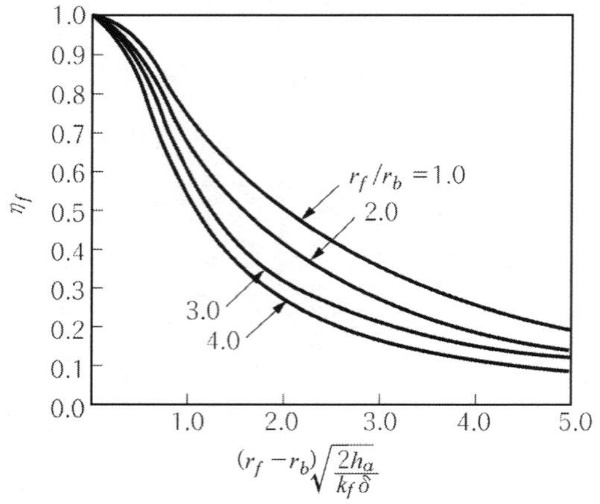

그림 8-23 원형핀의 형상에 따른 핀 효율(η_f)

T_f는 냉각핀의 평균온도, T_B는 기초면의 실린더 온도이다. 핀의 뿌리부터 선단까지 방열하므로 핀의 온도는 외부로 가면서 감소하므로 평균온도로 나타내면

$$\dot{Q} = h_B A_B (T_B - T_a)\,(\text{kcal/h}) \tag{8·12}$$

로 표기할 수 있다.

여기서 h_B는 핀뿌리 기초면에서 생각한 대류 열전달 계수이고, A_B는 핀뿌리 기초면 면적이다.

식 (8 · 11)과 식 (8 · 12)로부터

$$h_B = h_a \frac{A_f (T_f - T_a)}{A_B (T_B - T_a)} = h_a \frac{A_f}{A_B} \eta_f \tag{8·13}$$

로 나타낼 수 있다.

열전달 관계식에서 핀의 효율을 나타내면

$$\eta_f = \frac{2}{m r_B \left[1 - \left(\dfrac{r_f}{r_B}\right)^2\right]} \left[\frac{K_1(mr_f) I_1(mr_B) - I_1(mr_f) K_1(mr_B)}{K_1(mr_f) I_0(mr_B) - I_1(mr_f) K_0(mr_B)}\right] \tag{8·14}$$

여기서 K_0, K_1, I_0, I_1는 Bessel 함수이고 m은 $\sqrt{\dfrac{2h_a}{k_f \delta}}$이다. 이것을 그림으로 나타내면 그림 8-23과 같다.

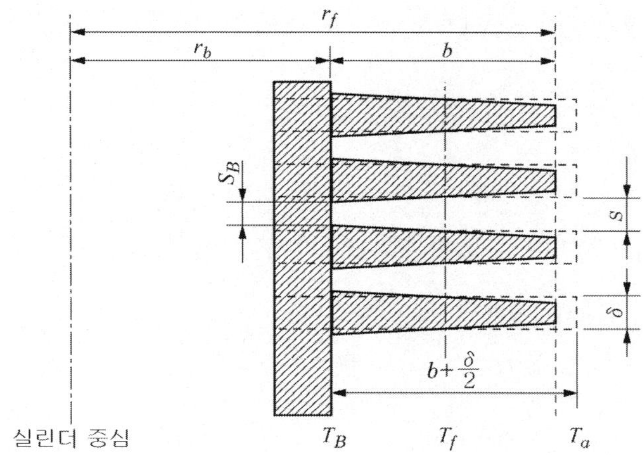

그림 8-24 단면적이 변하는 핀의 등가핀

r_B가 아주 클 때에는 b를 무시할 수 있으며, 이때는 $r_f/r_B \cong 1$이 되고 원형핀의 효율은 다음과 같이 두께 δ, 높이 b인 직렬핀의 효율과 같게 된다.

$$\eta_f = \frac{\tanh(mb)}{(mb)} \tag{8 · 15}$$

실제 핀은 면적이 그림 8-24와 같이 변하므로 평균두께 δ, 높이 $b+\delta/2$의 균일 면적을 갖는 등가핀으로 생각하여 핀 효율은

$$\eta_f = \frac{\tanh m\left(b+\dfrac{\delta}{2}\right)}{m\left(b+\dfrac{\delta}{2}\right)} \tag{8 · 16}$$

핀의 표면적 A_f와 기초면 면적 A_B는

$$A_f = 2\pi\left[\left(r_f+\frac{\delta}{2}\right)^2 - r_B^2 + r_B s\right] = 2\pi r_B\left[(2b+\delta+s)+\frac{b(b+\delta)}{r_B}\right]$$

$$A_B = 2\pi r_B(s+\delta) \tag{8 · 17}$$

따라서

$$\frac{A_f}{A_B} = \frac{1}{(s+\delta)}\left[(2b+\delta+s)+\frac{b(b+\delta)}{r_B}\right] \tag{8 · 18}$$

평균피치 s 인 핀에서 핀과 핀 사이를 지나는 냉각공기의 속도를 u 라 하고 $Nu = 0.036Re^{0.8}Pr^{1/3}$ 의 관계식을 사용하여 대류 열전달 계수를 구하면

$$h_a = 0.0272\frac{k_a}{s^{0.25}}\left(\frac{u}{\nu_a}\right)^{0.75}Pr \quad (\text{kcal/m}^2\text{h}℃) \tag{8 · 19}$$

여기서 k_a는 유체의 열전도도, ν_a는 동점성 계수이고 냉각공기의 물성치는 외부공기 온도 T_a와 벽면외부온도 T_{w_a}의 평균온도에서 구한 물성치이다. 공랭식 기관에서 h_a는 보통 80~150kcal/m²h℃이다.

배플 플레이트 주위 도식도는 그림 8-25에 나타나 있으며, 공기가 지나는 배플 플레이트의 유효길이 l 이라 할 때 $l = \pi\left(\frac{r_f + r_B}{2}\right) - b$가 되고, 배플에서의 압력강하 ΔP 는

$$\Delta P = 0.109\frac{(s+b+\delta)}{s(b+\delta)}l\,Re^{-\frac{1}{4}}\frac{\rho}{2g}u^2\,(\text{mmH}_2\text{O}) \tag{8 · 20}$$

$Nu = 0.0272Re^{0.75}Pr$ 의 관계식을 사용하여 대류 열전달 계수를 구하면

$$h_a = 0.25\frac{k_a \text{Pr}\, s^{0.285}}{\nu_a^{0.86}}\left[\frac{(b+\delta)\Delta P}{(s+b+\delta)l\,\rho}\right]^{0.428} \quad (\text{kcal/m}^2\text{h}℃) \tag{8 · 21}$$

여기서

$$\Delta P = 0.109\frac{(s+b+\delta)}{s^{1.25}(b+\delta)}l\,\frac{\rho}{2g}u^{1.75}\,(\text{mmH}_2\text{O}) \tag{8 · 22}$$

u 를 구하면

$$u = 18.4\left[\frac{(b+\delta)\Delta P}{(s+b+\delta)l\,\rho}\right]^{0.571}\frac{s^{0.715}}{\nu_a^{0.143}}\,(\text{m/s}) \tag{8 · 23}$$

비행기 속도를 V_0라 하고, 배플 플레이트 내 냉각공기 속도를 u 라 할 때 배플 플레이트 입구정압은 $P_a + \sqrt{\text{Pr}}\,\frac{\rho}{2g}(V_0^2 - u^2)$이고 배플 플레이트 출구정압은 $P_a + \sqrt{\text{Pr}}\,\frac{\rho}{2g}(V_0^2 - u^2) - (\Delta P + \Delta P')$이며 입출구 압력 차이는 $\Delta P + \Delta P'$이다. $P_a + \sqrt{\text{Pr}}\,\frac{\rho}{2g}(V_0^2 - u^2) - (\Delta P + \Delta P')$는 주위압력 P_a보다 크거나 같아야 냉각공기가 배출되므로 비행기 속도 V_0는

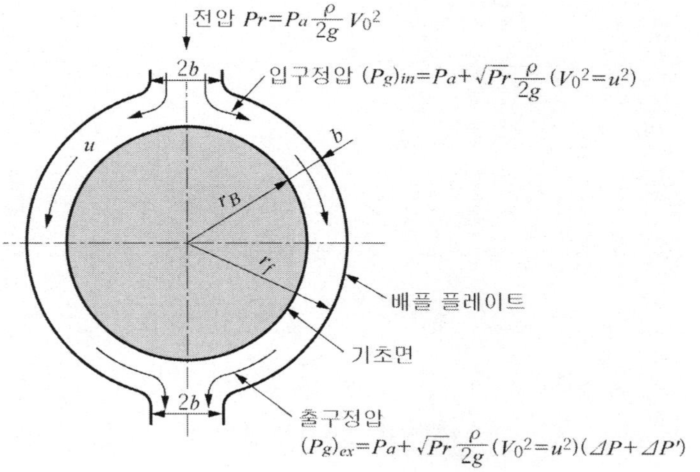

그림 8-25 배플 플레이트 주위 입구와 출구의 압력 비교

$$V_0 \geq \sqrt{u^2 + \frac{2g(\Delta P + \Delta P')}{\rho\sqrt{\mathrm{Pr}}}} \tag{8 · 24}$$

여기서 $\Delta P'$는 실린더로부터 방열에 의해 공기가 가열되고 가속되는 데 필요한 압력 강하이며 입출구 온도차가 ΔT이면

$$\Delta P' = \frac{\rho_{in} u_{in}^2}{2g} \frac{\Delta T}{T_{i_n}} (\mathrm{mmH_2O}) \tag{8 · 25}$$

1 ata에서 여러 가지 온도에 따른 공기의 밀도, 비열, 점성계수, 열전도율, 열확산율, 프란틀수는 부록 표 E-1에 나와 있다.

핀의 높이가 b이고 피치는 s 인 핀에서 u 의 속도를 가진 공기가 지날 때 냉각공기량은 체적비율로는 $V_a = 2ubs(\mathrm{m^3/s})$이고 질량비율로는 $G_a = \rho V_a = 2\rho ubs(\mathrm{kg/s})$이다.

핀 1개당 단위시간당 방열량은

$$\dot{Q}_i = h_B A_B (T_B - T_a) \tag{8 · 26}$$

여기서 h_B는 핀뿌리 기초면에서의 대류 열전달 계수이고, A_B는 핀뿌리 기초면 면적이다. 핀으로부터의 방열된 에너지는 핀을 지나가는 냉각공기 온도를 상승시키므로 이들을 같게 두면 실린더 핀 통과 전후의 공기 온도 상승 ΔT를 구할 수 있다.

$$\dot{Q}_i = h_B A_B (T_B - T_a) = C_p \Delta T (G_a 3600)$$

$$\Delta T = \frac{Q_i}{3600 c_p G_a} \qquad (8 \cdot 27)$$

항공용 공랭식 왕복기관 전체의 단위시간당 방열량 $\dot{Q}$는 대략적으로 다음과 같이 구할 수 있다. 냉각으로 방출되는 열량이 총에너지의 12~15%라고 하면

$$\dot{Q} = (0.12 \sim 0.15)\,\mathrm{sfc} \cdot \mathrm{BHP} \cdot \mathrm{CV}\ (\mathrm{kcal/h}) \qquad (8 \cdot 28)$$

여기서 sfc는 연료소모율, CV는 연료의 발열량이다. 항공 왕복기관의 sfc를 300 g/BHP · h, 연료의 CV는 10,500 kcal/kg라 두면

$$\dot{Q} = (380 \sim 480)\ \mathrm{BHP}\ (\mathrm{kcal/h}) \qquad (8 \cdot 29)$$

기관 실린더당 필요한 원형 핀의 수는

$$N_f = \frac{\dot{Q}}{\dot{Q}_i} = \frac{(380 \sim 480)\mathrm{BHP}}{h_B A_B (T_B - T_a)} \qquad (8 \cdot 30)$$

예제 8-2

항공용 왕복기관에 사용되는 알루미늄 환형 핀의 뿌리에서의 온도는 180℃이고 주위온도는 20℃이다. 뿌리반지름(r_B)은 0.05 m, 핀의 선단반지름(r_f)은 0.10 m, 핀의 높이(b)는 0.05 m, 핀의 평균두께(δ)는 0.0005 m이고 핀의 평균피치(s)가 0.001일 때 실린더 핀 배플 플레이트의 전후 압력강하는 150 $\mathrm{mmH_2O}$이다.

(1) 이때 핀과 핀 사이를 지나는 공기의 속도(u), 대류 열전달 계수(h_a), 기초면에서의 대류열전달 계수(h_B)를 구하라.

(2) 외기온도가 20℃일 때 냉각에 필요한 최소 비행속도를 구하라.

(3) 또 냉각공기량, 방열량을 구하고 배플 플레이트 입구와 출구의 온도차와 이 온도차에 의한 압력강하를 구하라. 단 20℃에서 $\rho = 1.166\ \mathrm{kg/m^3}$, $Pr = 0.721$이고 공기의 정압비열은 0.24 kcal/kg℃이다. 알루미늄의 열전도 k는 196 kcal/mh℃이다. 핀뿌리와 주위온도의 평균온도인 100℃에서 $\nu_a = 0.239 \times 10^{-4}\ \mathrm{m^2}$, $k_a = 0.0272$ kcal/mh℃, $\rho = 0.916\ \mathrm{kg/m^3}$, $Pr = 0.700$이다.

풀이

(1) $$l = \frac{\pi}{2}(r_f + r_B) - b$$

$$= \frac{\pi}{2}(0.1 + 0.05) - 0.05 = 0.1856$$

$$u = 18.4\left(\frac{(b+\delta)\Delta P}{(s+b+\delta)l\rho}\right)^{0.571}\frac{s^{0.715}}{\nu_a^{0.143}}$$

$$= 18.4\left(\frac{(0.05+0.0005)150}{(0.001+0.05+0.0005)0.1856\times0.916}\right)^{0.571}\frac{(0.001)^{0.715}}{(0.239\times10^{-4})^{0.143}}$$

$$= 28.69\,\text{m/s}$$

$$h_a = 0.0272\frac{k_a}{s^{0.25}}\left(\frac{u}{\nu_a}\right)^{0.75}Pr$$

$$= 0.0272\frac{0.0272}{(0.001)^{0.25}}\left(\frac{28.69}{0.239\times10^{-4}}\right)^{0.75}(0.7)$$

$$= 105.62\,\text{kcal/m}^2\text{h}℃$$

$$\frac{A_f}{A_B} = \frac{1}{(s+\delta)}\left[(2b+\delta+s) + \frac{b(b+\delta)}{r_B}\right]$$

$$= \frac{1}{(0.001+0.0005)}\left[(2\times0.05+0.0005+0.001) + \frac{0.05(0.05+0.0005)}{0.05}\right]$$

$$= 101.33$$

$$m = \sqrt{\frac{2h_a}{k_f\,\delta}} = \sqrt{\frac{2\times85.4}{196\times0.0005}} = 46.43$$

$$(r_f - r_B)m = (0.1-0.05)(46.43) = 2.32$$

핀효율은 핀효율 그림 8-23에서 구하면 $\eta_f = 0.315$이다.

따라서 $h_B = h_a\dfrac{A_f}{A_B}\eta_f = 105.6\times101.33\times0.315 = 3375\text{kcal/m}^2\text{h}℃$

(2) $\Delta P = 150\,\text{mmH}_2\text{O}$, P'를 무시한다.

$$V_0 = \sqrt{u^2 + \frac{2g\Delta P}{\rho_{in}\sqrt{\text{Pr}}}} = \sqrt{28.69^2 + \frac{2\times9.8\times150}{1.166\sqrt{0.721}}} = 61.58\,\text{m/s}$$

$$= 222\,\text{km/h}$$

(3) $V_a = 2ubs = 2\times28.69\times0.05\times0.001 = 0.00287\,\text{m}^3/\text{s}$

$$G_a = \rho V_a = 1.166\times0.00287 = 0.003346\,\text{kg/s}$$

$$A_B = 2\pi r_B(s+\delta) = 2\pi\times0.05(0.001+0.0005) = 4.71239\times10^{-4}\,\text{m}^2$$

핀 1개당 단위시간당 방열량은

$$\dot{Q}_i = h_B A_B(T_B - T_a) = 3375\times4.71239\times10^{-4}\times(180-20)$$

$$= 254.5\,\text{kcal/h}$$

또 $\dot{Q}_i = c_p\,\Delta T\,G_a\,3600$에서 $\Delta T = \dfrac{\dot{Q}_i}{3600c_p G_a} = \dfrac{254.5}{3600\times0.24\times0.003346} = 88$ ℃

따라서 $T_{e_x} = 20 + 88 = 108$ ℃

$$\Delta P' = \frac{\rho_{in}u_{in}^2}{2g}\frac{\Delta T}{T_{in}} = \frac{1.166\times21.6^2}{2\times9.8}\frac{88}{293} = 8.34\,\text{mmH}_2\text{O}$$

앞에서 구한 방법대로 핀의 소요면적을 구할 수 있지만 경험적으로 공랭식 기관의 총 핀의 소요면적을 다음과 같이 대략적으로 구할 수 있다.

$$\text{소요 핀 총 면적 } A_F = C\,s\,b(\text{BHP})^2/\,V_d(\text{cm}^2) \qquad (8\cdot 31)$$

여기서 C는 각종 기관에 따른 핀 소요면적 상수로 소형 항공용 왕복기관은 0.045~0.55, 성형기관은 0.016~0.024이고, b는 실린더 안지름(cm), s는 행정(cm), V_d는 배기량(l), BHP는 제동마력이다. 실린더 $1l$ 당 핀의 면적은 $\dfrac{A_F}{V_d} = C\,s\,b\left(\dfrac{\text{BHP}}{V_d}\right)^2$ 이고 1마력당 핀면적은 $\dfrac{A_F}{\text{BHP}} = C\,s\,b\dfrac{\text{BHP}}{V_d}$ 이다.

예제 8-3

실린더 안지름 15 cm, 행정 13 cm인 9기통 성형 기관이 910마력의 출력을 낼 때 총 소요 핀 면적을 구하라. 또 실린더당 핀 면적과 1마력당 핀 면적을 구하라. 단, 핀 소요 면적 상수는 0.017이다.

풀이

총 핀 면적 $A_F = Csb(\text{BHP})^2/\,V_d$

$$= 0.017\times 13\times 15\times (910)^2/\,20.66 = 132872\,\text{cm}^2$$

실린더 $1l$ 당 핀 면적 $\dfrac{A_F}{V_d} = \dfrac{132872}{20.66} = 6431\,\text{cm}^2/l = 0.6431\,\text{m}^2/l$

1마력당 핀 면적 $\dfrac{A_F}{\text{BHP}} = \dfrac{132872}{910} = 146\,\text{cm}^2/\text{HP} = 0.0146\,\text{m}^2/\text{HP}$

연습문제

1. 윤활유의 목적에는 무엇이 있는지 설명하라.

2. 기관 오일의 점도가 중요한 이유는 무엇인가?

3. 습식 섬프와 건식 섬프를 비교 설명하라.

4. 단점도 오일과 다점도 오일을 비교 설명하라.

5. 기관 오일 탱크에서 호퍼(hoper)의 설치 목적은 무엇인가?

6. 건식 섬프 오일 계통 내의 소기 펌프 용량이 압력펌프의 용량보다 더 큰 이유는 무엇인가?

7. 릴리프 밸브를 조절하는 두 가지 방법에 대해 설명하라.

8. Y-드레인 밸브에 대해 설명하라.

9. 항공기 냉각장치에는 무엇이 있는지 설명하라.

10. 압력냉각에 대하여 설명하라.

11. 배기가스 이젝터의 설치 목적은 무엇인가?

12. 항공용 왕복기관에 사용되는 알루미늄 환형 핀의 뿌리반지름(r_B)은 0.05 m, 핀의 선단 반지름(r_f)는 0.10 m, 핀의 높이(b)는 0.05 m, 핀의 평균두께(δ)는 0.001 m이고 핀의 평균피치(s)가 0.001일 때 ΔP는 160mmH_2O이다. u, h_a, h_B를 구하라. 단 T_B=180℃, T_a=20℃이고 알루미늄의 열전도 k는 196 kcal/mh℃이다. 핀뿌리와 외기의 평균온도 100℃에서 $\nu_a = 0.239 \times 10^{-4}$ m²/s, $k_a = 0.0272$ kcal/mh℃, $\rho = 0.916$ kg/m³, Pr = 0.70이다.

13. 문제 12에서 냉각에 필요한 최소 비행속도를 구하라. 외기온도 20℃에서 $\rho = 1.166$ kg/m³, $Pr = 0.721$이다.

14. 문제 12에서 냉각 공기량, 방열량, 배플 플레이트 입출구의 온도차 및 온도차에 의한 압력강하를 구하라. 단 공기의 정압비열은 0.24 kcal/kgh℃이다.

15. 실린더 안지름 98mm, 행정 95mm인 4기통 대향형 기관이 120마력의 출력을 낼 때 공랭식 총 소요 핀 면적, 실린더당 핀 면적, 1마력당 핀 면적을 구하라. 단, 핀 소요 면적 상수는 0.07이다.

CHAPTER 9

항공기 왕복기관

점화 및 시동 시스템

9.1 점화 시스템 일반

연소실에 흡입된 혼합기는 각 기관의 상황에 최적이 되도록 지정한 크랭크각(또는 피스톤 위치)에서 짧은 시간에 정확하게 점화되어야 한다. 즉, 각 기관은 데토네이션을 일으키지 않는 범위에서 최대토크를 얻을 수 있는 최적점화시기인 MBT 타이밍이 있다. 점화장치는 기관의 성능과 밀접한 관계가 있으며 각 기관 형식이 갖는 고유의 점화순서에 따라 올바른 시기에 점화된다. 점화장치는 고장이 많은 부분이므로 내구성이 요구되는 부품이다. 항공용 왕복기관에서는 보통 실린더당 2개의 스파크 플러그를 설치하며 기관당 2개의 점화 시스템이 사용되는 이중점화 마그네토 장치가 사용된다. 항공용 왕복기관 연소실 내의 혼합기 성분과 속도는 난류와 스월 때문에 위치에 따라 다르므로 2개의 스파크 플러그를 사용하면 점화가 더 용이하다. 이중점화 마그네토 장치를 사용하면 하나의 점화 시스템에 고장이 생겨도 다른 하나의 점화 시스템으로 기관의 작동을 계속할 수 있어 안전성이 확보되고, 또 2개의 스파크 플러그를 사용하면 화염전파거리를 짧게 할 수 있어 데토네이션을 일으키지 않고도 연소실의 크기를 크게 할 수 있다.

2개의 마그네토 중 하나가 작동하지 않으면 보통 약 3%의 동력손실이 있다. 단일 마그네토에서는 화염전파 길이가 길어져서 혼합기가 실린더에서 배출된 후에 연료가 연소된 후연소 때문에 배기가스온도(EGT)가 올라간다. 단일 마그네토 사용시에는 점화시기를 적절히 앞당기면 배기 밸브가 열리기 전까지 연소 기간이 길어져 EGT 온도를 낼 수 있고 동력손실도 줄일 수 있다.

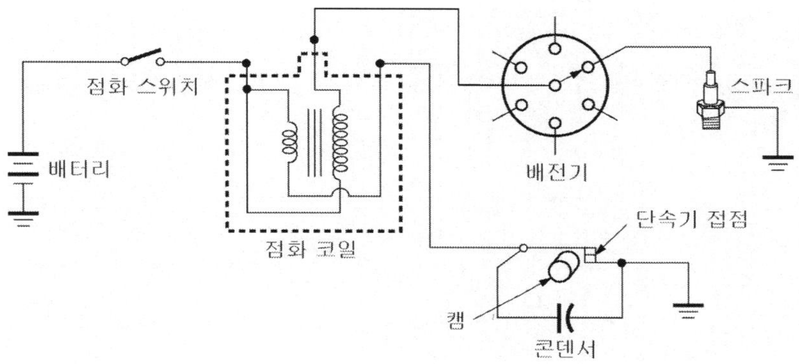

그림 9-1 일반적인 기계적 유도식 배터리 점화 시스템

자동차 왕복기관에서는 축전지 점화 시스템을 사용하지만, 항공용 왕복기관에서는 마그네토 점화 시스템을 사용한다. 그림 9-1은 일반적인 기계적 유도식 배터리 점화 시스템을 나타내고 있다. 1차 코일의 (+)극쪽은 12 V 배터리와 연결되어 있고 1차 코일의 (−)극 쪽은 캠에 의해 구동되는 단속기 접점(contact breaker point)을 통해 접지되어 있다. 점화스위치를 닫으면(연결하면) 1차 코일에 배터리 에너지가 저장된다. 코일에 저장되는 에너지는 코일의 인덕턴스와 전류제곱근의 곱에 비례한다. 코일을 충전시키는 기간을 드웰시간(dwell time)이라 한다. 기관에 의해 구동되는 캠에 의해 접점이 열리며 2차 코일에는 약 10,000 V의 고전압이 유기된다. 1차 회로는 지름 0.5~0.8mm 코일이 약 250~500회 정도 감겨져 있으며 단속기 접점을 통해 전류를 갑자기 차단할 때 지름 0.06~0.08mm 동선이 약 20,000~30,000회로 감겨져 있는 2차 회로에 승압된 전압이 유기되며 배전기를 통해 각 실린더의 점화플러그에 공급되고 혼합기를 점화시키게 된다. 단속기 접점과 병렬로 연결되어 있는 콘덴서는, 콘덴서 없이 단속기 접점이 열릴 때 접점 사이에서 발생할 수 있는 아크 불꽃에 의해 방전전극이 타는 것을 방지하기 위해, 아크불꽃이 발생하지 않도록 하는 역할을 한다. 기관 회전수가 높으면 드웰시간이 짧아 1차 코일에 충분히 충전되지 않으므로 경주용차에 사용되는 기관과 같은 고회전수에는 적합하지 않다. 또 압력이 높을 때도 1차 코일이 충분히 충전되지 않는 단점이 있다. 기계적 유도식 점화시스템에서는 1차 접점에서 아크불꽃이 발생하기 쉽고 전류 및 접점의 소모, 장시간 사용시 산화와 부식이 있게 된다. 단속기 접점에서 1차 전류를 단속하는 대신에 트랜지스터나 반도체를 사용하여 점화코일의 1차 전류를 단속하는 방식이 반도체 또는 트랜지스터를 이용한 유도식 점화시스템이며 그림 9-2 (a)에 개략도를 나타내고 있다.

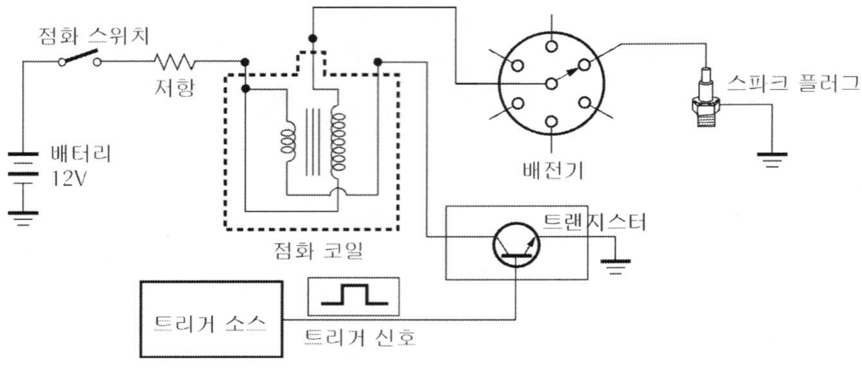

(a) 유도식

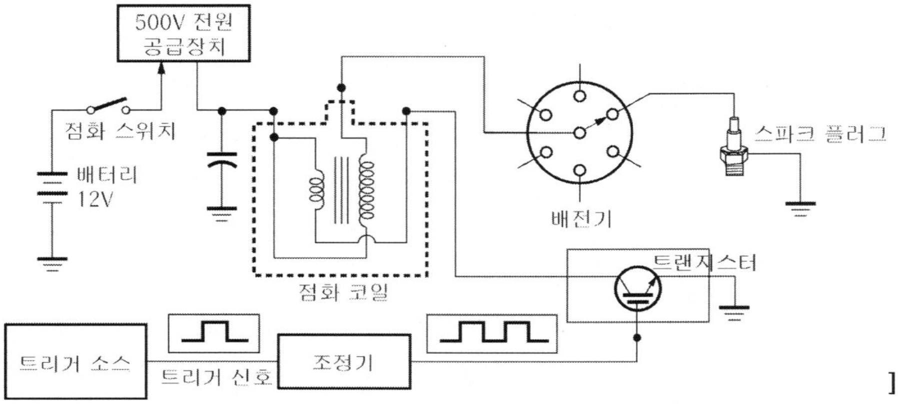

(b) 용량방전식

그림 9-2 반도체를 이용한 (a) 유도식, (b) 용량방전식 배터리 점화 시스템

다른 종류의 배터리 점화 시스템으로는 용량방전식(Capacitive Discharge Ignition : CDI)이 있다. 그림 9-2 (b)은 반도체를 이용하여 트리거 신호를 발생시키는 용량방전식 점화 시스템을 나타내고 있다. 트리거 신호를 조정기에서 조정하면 다중 반복 점화도 가능하다. 각종 센서에서 측정된 대기압, 온도, 연료-공기비, 수온, 크랭크각 등의 엔진 상태가 ECU로 보내지고 ECU에서 점화시기를 연산하여 트랜지스터를 이용하여 1차 전류를 차단함으로서 2차의 고전압을 발생시킨다. 배터리의 전압은 충전회로를 구동하는데 사용되며 12 V의 배터리 전압으로부터 콘덴서의 전압은 약 500 V까지 상승되어 에너지가 콘덴서에 저장된다. 큰 내부용량 캐패시터에 저장되는 에너지는 캐패시턴스와 전압의 제곱근의 곱에 비례한다. 충전시간은 매우 짧고 효율적이기 때문에 높은 회전수에서도 사용 가능하다. 점화시 콘덴서에 저장되어 있던 에너지는 1, 2차 코일이 있는 점화변

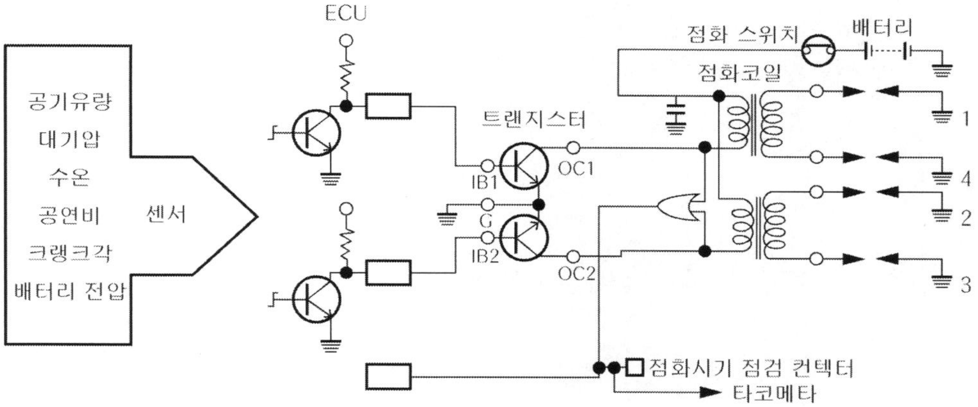

그림 9-3 무배전 전자점화 시스템 중 코일분배 동시점화방식

압기를 통해 방출된다. 이와 같이 콘덴서로부터 방출되기 때문에 지속시간은 10μs 정도의 짧은 스파크가 발생한다. 짧은 방전은 점화플러그의 손상을 감소시킨다. 용량방전식은 유도방전식에 비해 가능 스파크전압이 2배이고 5배 정도의 스파크 에너지를 공급할 수 있다. 또 배터리 전압이 10 V 정도로 떨어지면 유도 축전지식에서는 사용 불가능하지만 용량방전식에서는 가능하다. 대부분의 최근 점화 시스템은 용량방전식과 유도방전식이 혼합되어 사용되고 있다.

배전기가 있는 점화시스템에서는 배전기 내부의 로터와 캡의 전극 사이의 공기를 통과할 때 에너지 손실이 생기고 전파잡음이 일어날 수도 있기 때문에 이 단점을 없애기 위해 최근에는 배전기가 없는 무배전 전자 점화 시스템(distributorless ignition system; DIS)이 사용되고 있다. 무배전 점화 시스템은 전자제어 방식에 따라 코일 분배방식과 다이오드 분배방식이 있으며, 또 코일 분배방식은 1개의 코일로 2개의 실린더에 동시에 분배하는 동시점화방식과 각 실린더마다 1개의 점화코일에 1개의 점화플러그가 연결된 독립점화방식이 있다. 그림 9-3은 무배전 전자 점화 시스템 중 코일 분배 동시점화방식을 나타내고 있다. 동시점화 방식은 1개의 점화코일을 이용하여 2개의 실린더에 동시에 점화하는 방식으로 1개의 실린더는 압축과정과 다른 1개의 실린더는 배기과정 중 어느 시점에 동시에 점화 에너지를 주지만 압축과정 중인 실린더는 점화에너지를 받은 후 연소되지만 배기과정 중인 실린더는 점화에너지를 받더라고 연소가 이루어지지 않는다. 독립점화방식은 그림 9-3의 동시점화방식 회로도에 나타난 1개 점화코일에서 2개의 실린더를 점화에너지가 보내지는 것과는 다르게, 1개 코일에서 각 기통으로 1개의 점화에너지가 보내진다.

무배전 점화방식을 사용하면 배전기 자체가 없으므로 배전기 캡과 로터등에서 고전압 배전부품에 의한 에너지 손실을 줄일 수 있고 배전기의 누전 염려가 없으며, 배전기에서 발생될 수 있는 전파 잡음을 줄일 수 있다.

9.2 마그네토 점화 시스템

마그네토 점화 시스템은 마그네토의 회전에 의해 저전압 코일 권선은 흐르는 자기장의 변화로 전류를 발생시켜 고전압의 전류를 유도하므로 배터리를 사용할 필요가 없는 일종의 교류발전기이며 약 22,000 V의 전압이 유기된다. 마그네토 점화 시스템은 주로 항공기용으로 사용되며 고속기관에서 더 뜨거운 스파크를 발생시키며 외부 전기에너지원에 의존하지 않는 독립된 장치이다.

마그네토 점화 시스템은 고압 점화 시스템(high tension ignition system)과 저압 점화 시스템(low tension ignition system)으로 나누어진다. 저압 마그네토는 영구자석의 자장 내에 단지 하나의 코일로 감겨진 전기자의 회전에 의해 저전압이 발생하며 저전압 전류는 변압기에 의해 고전압으로 바뀌며 고전압 부분이 짧다. 고압 마그네토는 1차 코일과 2차 코일을 가지고 있으며 2차 코일이 전압기 역할을 한다. 고압 점화 시스템은 오래된 방식으로 저압 점화 시스템에 비해 고전압 회로 부분이 길기 때문에 고전압에 수반하여 발생하는 문제에서 오는 단점이 있지만, 구조가 간단하기 때문에 대항형 기관에 많이 사용되고 있다.

9.2.1 유도 기전력 발생 원리

그림 9-4와 같이 자석의 움직임에 따라 철심을 통해 자기력이 발생하게 되고 코일에는 전류가 흐르게 되며 이 전류를 유도전류라 한다. 유도되는 전압은 코일을 통과하는 자속의 변화율에 비례하며 유도되는 기전력은 기전력을 발생시키는 원인이 되는 자속의 변화에 대항하는 방향, 즉 반대방향으로 발생한다. 예를 들어 폐회로를 통과하는 자속이 감소할 경우, 이를 증가시킬 수 있는 유도자기장을 만들기 위해 유도전류가 그에 맞는 방향

으로 흐르게 된다. 이것을 렌츠의 법칙이라 하며 다음과 같은 식으로 나타낼 수 있다.

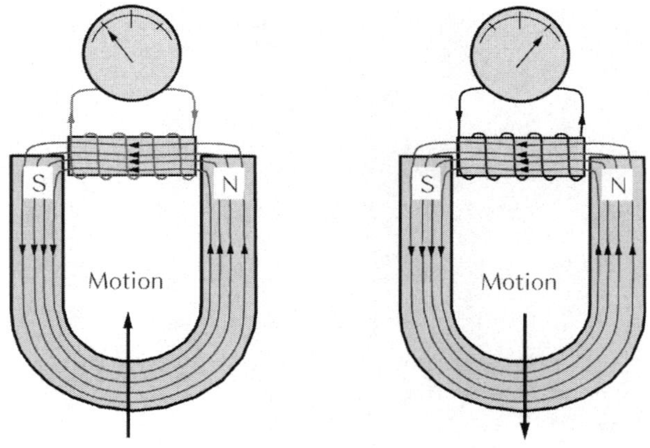

(a) (b)

그림 9-4 기전력 유도

$$e = -\frac{dN}{dt} = -n\frac{d\phi}{dt} \tag{9 · 1}$$

여기서 e 는 유기전압, N 는 자속을 통과한 수 $n\phi$ 이며, n 은 코일을 감은 수, ϕ 는 코일과 교차하는 자력선의 수이다.

엄지손가락이 자속의 방향을 가리키게 도선을 왼손 손가락으로 쥐었을 때 손가락 방향이 전류방향이 된다. 이 방법으로 발전기에서 전류의 방향을 알 수 있으며 이것을 왼손법칙이라 한다.

마그네토 점화 시스템에는 회전 자석, 폴 슈, 코일코어에 의해 자속이 변하며 코일에 유도전류가 유기된다.

자기회로는 N극과 S극이 바로 옆에 붙어 배열된 2극, 4극, 8극을 갖는 회전 자석과 순철제의 1차 코일 철심 및 폴 슈로 구성된다. 그림 **9-5**는 4극 자석의 경우 4극의 회전에 따른 철심을 통과하는 자속변화를 나타낸다. 자석은 알루미늄, 니켈, 코발트, 철의 합금인 알-니코로 만든다. 자석은 크랭크축에 의해 구동되기 때문에 자극과 폴 슈의 관계 위치는 자석의 회전에 의해 변화한다.

그림 (a)의 위치에서는 두 가지의 극이 폴 슈와 완전히 일치하고 있다. 이 위치에서 최대의 자력선이 자기 회로를 통해 철심을 좌에서 우로 흐른다. 자석이 같은 그림 (a)의 위치에서 시계 방향으로 회전함에 따라, 철심을 통하는 자력선의 수는 점차로 감소한다. 이것은 자극이 폴 슈에서 떨어짐에 따라 보다 많은 자력선이 폴 슈로 단락하여 흐르게 되기 때문이다. 자석이 더욱 회전함에 따라 폴 슈를 단락하는 자력선의 수가 많아지고 마지막에는 전체의 자력선이 단락하여 철심을 통한 자력선은 없어진다. 이 위치를 중립 위치라 하며 그림 (a)의 위치에서 45° 회전한 위치이며 그림 (b)에 나타나 있다. 중립 위치는 자극의 하나가 자기 회로의 폴 슈의 정가운데 있는 위치이며 코일코어로 자속의 흐름은 없다. 자석이 중립 위치에서 시계 방향으로 회전함에 따라 지금까지 폴 슈를 단락하고 있었던 자력선이 다시 철심을 흐르기 시작한다. 그러나 이번에는 그림 (c)에 나타낸 것 같이 자력선의 방향이 반대가 된다. 자력선의 흐름이 반대가 되는 것은 그림 (a)의 위치에서는 자석의 N극이 좌측의 폴 슈에 접했던 것이 그림 (c)에서는 우측의 폴 슈에 접한 위치가 되기 때문이다.

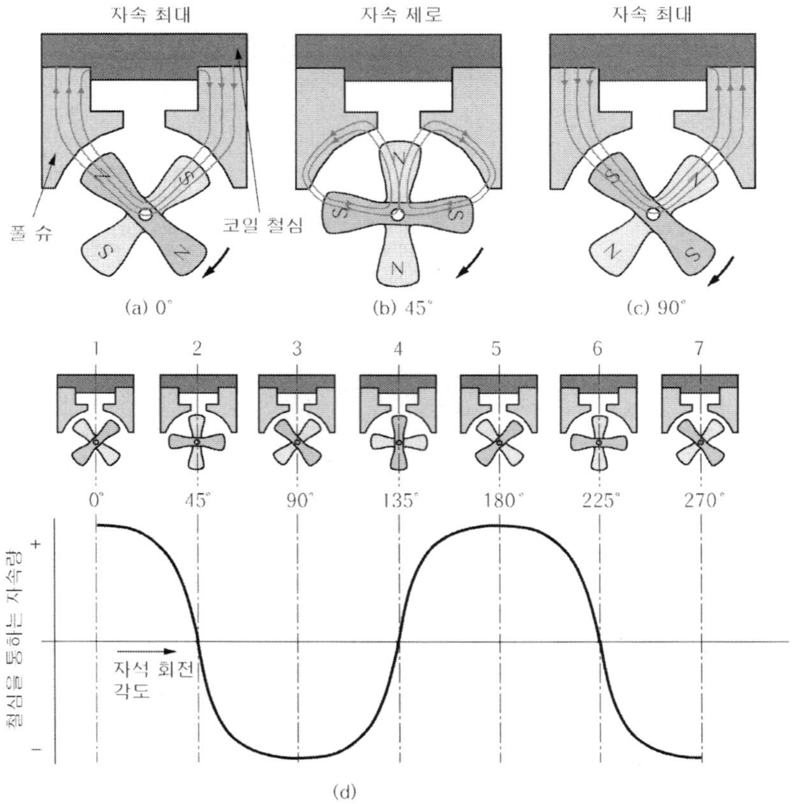

그림 9-5 4극자속을 통과하는 자기회로 및 자속변화

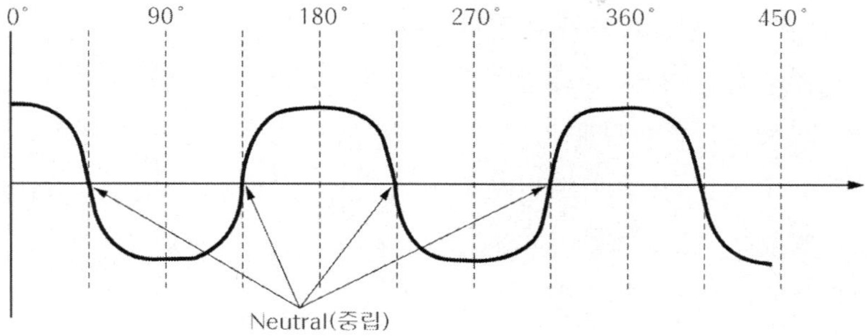

그림 9-6 정자속 곡선

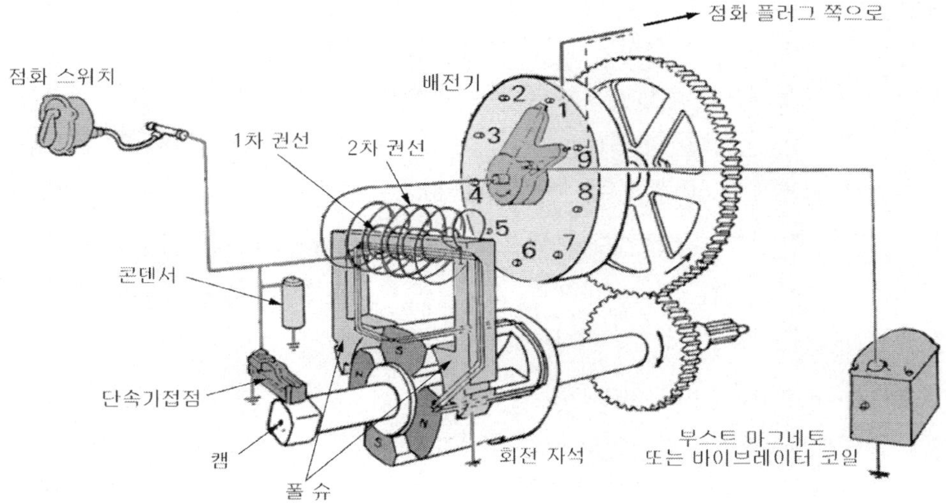

그림 9-7 고압 마그네토의 기본 구조

자석이 90° 회전하면, 또 자극과 폴 슈가 완전히 일치하고, 철심을 반대방향으로 흐르는 자력선수가 최대에 달한다. 그림 9-6은 마그네토에 1차 코일과 2차 코일 없이 자석이 회전할 때 철심 내의 자속변화를 나타내고 있다. 이 곡선을 정자속 곡선(static flux curve)이라 한다. 자속변화율은 중립 위치에서 최대가 된다.

이와 같이 자력선이 변화하는 철심에 1차 코일과 2차 코일을 감은 것이 마그네토 점화 시스템이며 1차 코일의 자속변화율에 따라 전류와 전압이 유기되고 2차 코일에는 변압기 원리에 의해 높은 전압이 발생한다.

그림 9-7은 고압 마그네토의 구조를 입체적으로 나타내고 있다. 크랭크축의 기어열로 구동되는 4극(또는 2극)의 알루미늄, 니켈, 코발트, 철의 합금인 알니코(alnico)로 만들

어진 영구 회전 자석의 N, S 두 개의 자극(pole)이 있고, 회전 자석의 양 끝에는 순철제 철심(core) 막대의 폴 슈(pole shoe) 사이에 일치하도록 제작되고 설치된다. 순철제 철심 막대는 연강으로 된 얇은 판을 겹친 연철막대이며, 자기력선이 퍼지지 않고 모이게하며, 회전 자석이 회점함에 따라 자기력선이 변화된다. 현재의 대향형 기관에서는 단식 마그네토는 모두 2극, 복식 마그네토는 4극이다. 철심의 주위에 약 150~200회의 비교적 굵은 구리 권선이 묶여져 1차 코일을 형성한다. 1차 회로는 단속기 접점(브레이커 포인트), 콘덴서, 코일로 이루어져 있다. 1차 코일의 한쪽 끝은 고정 접지이고 다른 끝은 단속기 접점과 연결되어 있다. 단속기 접점은 스프링에 의해 밀착되어 1차 회로를 닫거나 열며 회전 자석의 끝단에 설치되어진 캠(cam) 회전에 의해 1차 회로를 열고 닫음으로써 자장을 형성시키거나 붕괴시킨다. 1개의 콘덴서가 단속기 접점과 병렬로 연결되어 있다. 마그네토 작동시 1차 권선과 2차 권선에는 전압과 전류가 모두 유기된다. 접점이 열릴 때 1차 전류는 접점에서 아크(arc)를 일으키려는 경향이 있다. 이것은 접점을 타게 하고 자장 붕괴를 축소시켜 결과적으로 2차 권선의 출력을 약화시킨다. 이러한 문제를 해결하기 위해 접점과 병렬로 1차 콘덴서를 연결한다. 이 콘덴서는 접점이 열리기 시작될 때 1차 코일 내에 갑작스런 전압의 상승을 흡수하는 저장실로서 작용한다.

콘덴서는 접점이 열릴 때 1차 전류에 의해 생긴 전자장의 붕괴로 인한 1차 코일에 유도되는 자기 유도(self-inductance) 전류를 흡수함으로써 아크를 방지한다. 콘덴서는 정확한 용량이어야 한다. 너무 적은 용량은 아크를 발생시켜 접점을 태우고 2차 코일의 출력을 약화시킨다. 또한 용량이 너무 크면 전압이 감소되어 스파크 불꽃이 약해진다.

9.2.2 마그네토 점화장치의 구성

그림 9-8은 고압 마그네토 점화장치의 개략도를 나타내고 있으며 마그네토는 자석(magnetic), 1차 회로, 2차 회로 등으로 구성되어 있다. 1차 코일의 주위에 수천 회의가는 권선이 묶여져 2차 코일을 형성하고 그 한 끝은 1차 코일의 고정 접지 쪽에 접속되며 다른 끝은 배선과 배전기를 통해 점화 플러그에 연결된다. 자기 시스템은 회전자석, 폴 슈(pole shoes), 폴 슈 확장자(pole shoe extensions)로 이루어져 있으며 1차 회로는 1차 권선, 접점, 콘덴서로 구성되어 있고, 2차 회로는 2차 권선, 배전기, 고압점화 연결선, 스파크 플러그로 구성되어 있다.

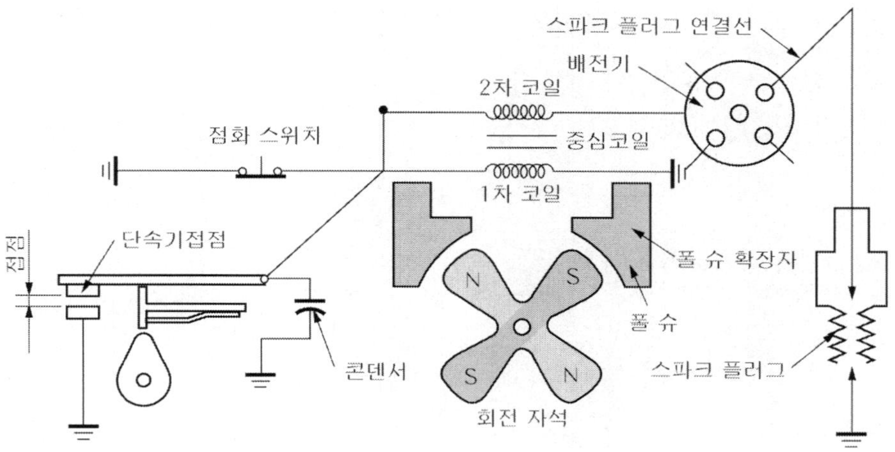

그림 9-8 고압 마그네토의 개략도

9.2.3 마그네토 점화 장치의 작동 원리

철심에 코일이 없는 경우의 정자속 곡선 즉, 마그네토 회전각에 따른 철심을 통한 자속 변화가 그림 9-9의 ①에 나타나 있다. 자석이 최초의 위치 0°에서 회전함에 따라 자력선이 감소하고 45°까지는 자력선의 수가 감소하여 0이 되지만 자속변화율은 증가하여 최대가 된다. 코일이 없을 때 자력선이 최소가 되는 점을 중립이라 한다. 자석이 중립 위치를 넘어 회전하면 자력선은 반대방향으로 흐르기 시작하여 90°에서 또 다른 최대자력선의 위치가 된다. 이렇게 하여 4극 자석의 1회전 사이에 4개의 최대자력선이 0°, 90°, 180°, 270°에서 일어나며, 4개의 자력선의 중립 위치 및 자력선의 최대변화율은 45°, 135°, 225°, 315°에서 일어난다. 중립 위치에서는 자력선의 수는 0이 되고 자속변화율은 최대가 된다.

마그네토의 1차 전류회로의 일부로써 코일이 철심 주위로 감겨 있으면 코일 자신도 자장의 영향을 받는다. 1차 회로에 유기된 전류는 철심을 통한 정자속의 감소에 의해 발생하는 것이기 때문에 렌츠의 법칙에 의하면 이 유기전류는 철심을 통한 자속의 감소를 저지하는 방향으로 흐른다. 이 유기전류에 의한 새로운 자속이 정자속에 더해져서 합성자속이 곡선 ③과 같이 생긴다. 합성 자속은 코일속의 자속을 중립위치에서 금방 0으로 떨어뜨리지 않고 중립위치에서 조금 지날 때까지 자속을 유지하며 중립점을 지나 단속기

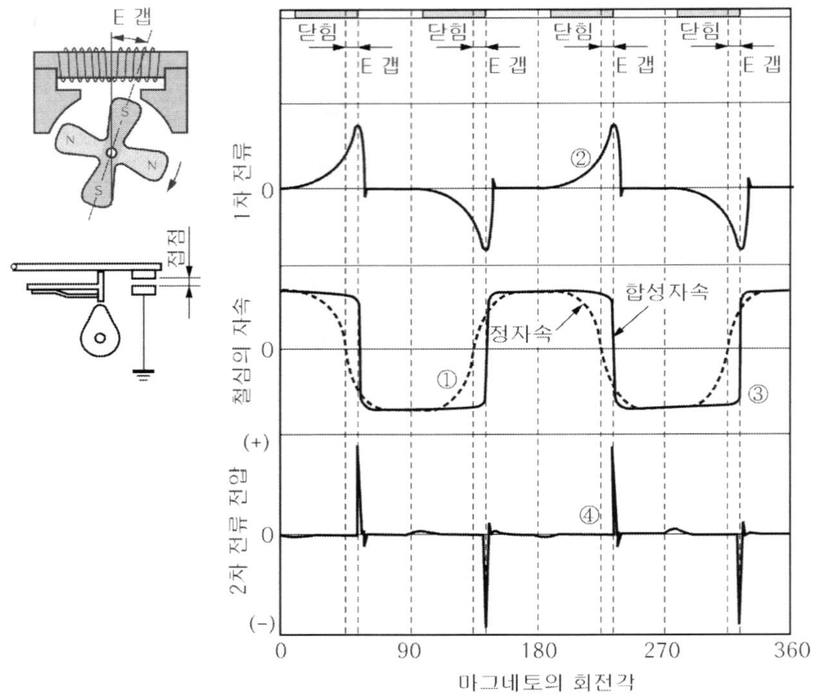

그림 9-9 자력선의 변화

접점이 열릴 때까지의 기간은 E 갭(efficient gap)이라 부른다. E 갭은 통상 5~17°이며 보통 11°이다. 자속이 E 갭 위치에 있을 때 1차 전류에 의한 합성자속과 자석에 의한 정자속은 극성이 서로 반대로 유지되며 차이가 최대가 된다. 이때 단속기 접점을 열면 1차 회로의 전류는 멎고, 급작스런 자속변화가 일어난다. 이 자속의 변화가 1차 코일의 주위에 위치한 2차 회로를 잘라 ④와 같이 2차 회로에 높은 전압과 전류가 발생한다.

9.2.4 마그네토의 속도와 점화순서

4사이클 기관에서 크랭크축 2회전에 1회의 점화가 필요하며 자석의 회전당 발생하는 고전압의 수는 극수와 동일하다. 따라서 마그네토의 회전수는 실린더 수를 극수로 나누고 1/2로 한 값과 같다.

$$\text{마그네토의 회전수} = \frac{1}{2}\text{크랭크샤프트 회전수} \times \frac{1}{\text{극수}} \times \text{실린더 수}$$

스파크 불꽃을 발생시키기 위하여 회전 자석은 자속 변화율이 필요한 1차 전류와 고전압 출력을 유도시키기에 충분한 속도인 특정 rpm 이상으로 회전하여야만 한다. 이 속도를 마그네토의 "coming-in-speed"라고 한다. 이 속도는 마그네토의 형식에 따라 평균 약 100~200 rpm 정도이다.

배전기 블록에 있는 숫자는 마그네토 점화 순서이지 기관의 점화 순서는 아니다. 배전기 블록에 1로 표시된 것은 No.1 실린더에 연결되고, 2로 표시된 것은 2번째로 점화되어야 할 실린더에 연결되고, 3으로 표시된 것은 3번째로 점화되는 식으로 계속 연결되는 것이다. 어떤 배전기 블록 또는 하우징에는 모든 숫자가 적혀져 있지 않은 것이 있는데 이런 경우에는 No.1 실린더 표시를 기준으로 회전 방향에 따라 순서를 정하게 된다.

9.2.5 점화 실딩

마그네토는 고주파 발전기의 특별한 형태이므로 작동시 무선 송신기와 같은 작동을 한다. 또한, 마그네토는 넓은 범위의 주파수에서 발진하며 특정 주파수를 통제할 수 없기 때문에 실딩(shielding)되지 않으면 항공기 내 무선에 간섭을 주게 된다.

9.2.6 고압점화 마그네토와 저압점화 마그네토

(1) 고압점화 마그네토

지금까지 설명한 마그네토는 고압점화 마그네토이며, 마그네토 철심에 1차 코일과 2차 코일이 함께 감겨져 있으며 고압점화 시스템은 2차 코일 이후에 고전압이 흐름으로 여러 가지 문제에 직면하게 된다. 그림 9-10 (a)는 고압점화 시스템을 나타낸다. 고전압 전기는 금속의 부식과 절연 물질의 손상 원인이 된다. 또한 전기 통로에서 전기 누설이 생긴다.

고전압 점화 시스템을 사용함으로써 경험한 고장에 대한 주요한 원인은 플래시 오버(flash over), 커패시턴스(capacitance), 습기(moisture), 고전압 코로나(high voltage corona) 등과 같은 네 가지이다.

플래시 오버는 항공기가 고고도로 상승할 때 배전기 내에서 고전압이 튀는 것이다. 고고도에서는 공기의 밀도가 적어지기 때문에 절연이 잘 안 되어 플래시 오버 현상이 일어나기 쉽다.

콘덴서는 도체가 전자를 저장하는 능력을 말한다. 고압 점화 시스템에서 마그네토로부터점화 플러그까지의 고압 도선의 커패시턴스는 스파크 플러그의 간격을 뛰어넘는 불꽃을 내기에 충분한 전압이 될 때까지 도선에 전하가 저장되게 한다. 불꽃이 튀어 간격에 통로가 형성될 때 전압이 상승하는 동안 도선에 저장된 에너지가 점화 플러그 간격에서 열로써 발산된다. 이 에너지 방전은 비교적 낮은 전압과 높은 전류의 형태이기 때문에 전극이 소손되고 점화 플러그의 수명이 단축된다.

습기가 존재하는 곳에는 전도율이 증가되어 고압 전기가 누설되는 예견되지 않은 새로운 통로가 생긴다.

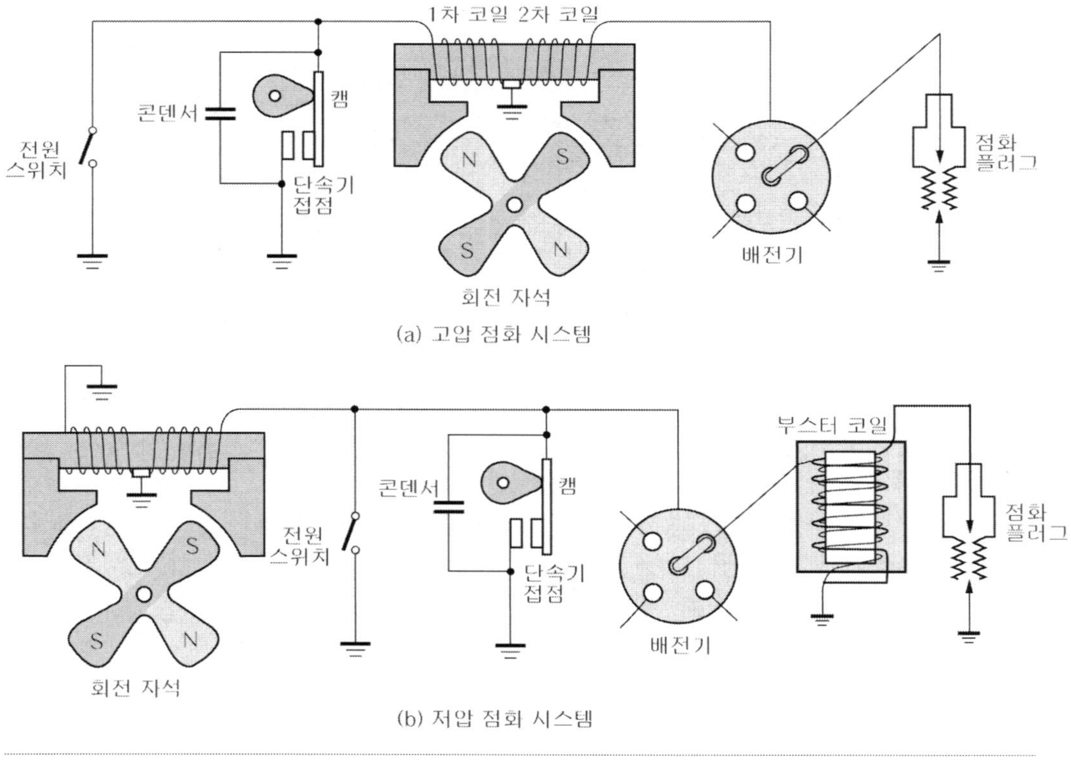

그림 9-10 고압 점화 시스템과 저압 점화 시스템

고전압 코로나는 고전압이 걸리는 절연체에서 발생하는 전기 응력의 한 상태를 말한다. 고전압이 절연된 도선의 전도체와 도선 근처 금속 물체 사이에 가해질 때 전기 응력이 절연체에 미치게 된다. 절연체에 이 응력이 반복해서 작용하면 절연체의 성능은 떨어지고 절연체 손상의 원인이 된다.

과거에 고전압 시스템과 관련된 대다수의 문제점들은 고압 도선에 새로운 절연 물질을 사용함으로써 극복되었다. 대부분의 항공용 왕복기관 점화 시스템에는 가격이 비싸고 무게가 증대되는 저압 시스템보다는 고압 시스템을 사용하고 있다.

(2) 저압점화 마그네토

저압점화 시스템은 점화에 필요한 고전압이 전체 회로 중 극히 일부에만 한정되게 설계된다. 대부분의 회로에는 저전압이 사용되므로 이것을 저압점화 시스템이라고 하며 저압 마그네토와 각 점화 플러그당 하나의 변압기로 이루어져 있다. 그림 9-10 (b)는 고압점화 시스템과 비교하여 저압점화 시스템을 나타낸다.

저압점화 시스템에서는 마그네토 2차 코일이 없으며 1차 코일에 유기되었던 전류가 배전기로부터 각 실린더의 점화 플러그로 분전된다. 이 전류는 점화 플러그에 인접해 있는 승압 코일의 1차 코일에 흐르고 그 2차 코일에 고전압을 유기시킨다. 이와 같이 회로의 대부분이 저전압이므로 저압점화 시스템이라고 부른다. 저압점화 시스템은 고압점화 시스템에 비해 플래시 오버(flash over)의 손상이 적으며 케이블 용량(커패시턴스)의 문제가 적어지고 공기 중의 습기에 의한 누전이 적고 코로나의 손상도 감소하는 특징이 있다.

9.3 점화 플러그

9.3.1 점화 플러그의 기능 및 구조

점화 플러그는 마그네토나 또는 다른 고압 장치에 의해 만들어지는 높은 전기적 에너지를 기관 실린더 내의 공기와 연료의 혼합기를 점화시키는 데 필요한 열에너지로 변환시키는 점화 시스템의 한 부품이다.

항공용 왕복기관 점화 플러그는 중앙전극, 접지전극, 세라믹 절연체, 금속 셸로 된 몸통으로 구성되어 있으며 중심전극과 접지전극 사이의 공기 간격에서 약 22,000 V의 높은 전압이 발생하여 혼합기를 점화시키는 스파크 불꽃을 발생하게 한다. 점화 플러그는 실린더의 고온에 노출되고 약 20,000 V 이상의 높은 전압에 견뎌야 하고 1초에 수십 번의 방전작용을 계속해야 하므로 내열성과 절연성이 높고 구조도 강인하여야 한다.

점화 플러그의 중심전극 조합체는 터미널 접촉부, 스프링, 저항, 황동 캡과 전도체, 니켈 도금된 전극으로 구성되어 있으며 중심전극이 음극이 된다. 전자는 음극으로부터 방출되며 전극이 뜨거우면 전자는 방출이 더 잘되기 때문에 더 뜨거운 전극이 음극이 되게 함으로써 방전 전압을 낮출 수 있다. 전극 조합체와 금속셀 사이의 절연체는 두 부분으로 되어 있다. 주 절연 부분은 터미널 접촉부로부터 전극 팁 가까운 점까지 걸쳐 있고 배럴 절연 부분은 실딩 배럴의 위쪽 근처로부터 주 절연 부분을 덮어씌울 수 있는 곳까지 확장되어 있다. 그림 9-11은 점화 플러그의 자세한 모습을 나타내며 전극이 차폐되는 것과[그림 9-11 (a)] 차폐되지 않은 것으로 구분할 수 있고[그림 9-11 (b)], 대부분의 항공용으로는 그림 9-11 (a)와 같은 차폐 점화 플러그를 사용한다. 그림 9-11 (c)는 여러 가지 접지전극을 나타내며, 9-11 (d)는 여러 가지 중앙전극을 나타내고 있다.

점화 플러그의 외부는 기계 가공된 강철 셀이다. 셀은 부식을 방지하고 나사산 고착의 가능성을 줄이기 위하여 도금된다. 점화 플러그를 실린더 헤드에 장착되는 구멍은 청동 부싱이 수축 접합되어 사용되었으나 나사 역할을 하는 헬리코일(heli-coil)이라 불리는 강철이 끼워 넣어져 헬리코일 교환이 가능하도록 되어 있다.

기관 실린더로부터 점화 플러그 어셈블리를 통해서 고압가스가 빠져나가는 것을 방지하기 위해서 외부 셀과 절연체 사이, 절연체와 중심전극 어셈블리 사이에 시멘트 밀폐제나 유리 밀폐제와 같은 내부 밀폐제가 사용된다. 또한 점화 플러그 셀은 무선 차폐되어야 한다.

점화 플러그의 나사부를 리치(reach)라 한다. 점화 플러그 전극의 위치가 점화를 가장 잘 일으키는 연소실 내 위치가 되도록 리치를 선정하여야 한다.

스월, 난류, 희박 혼합기 때문에 혼합기가 점화 가능성이 떨어질 때는 스파크 길이를 길게 하거나 리치를 길게 하면 점화능력을 높일 수 있다. 도시 평균유효압력과 온도가 높은 기관은 긴 리치형 나사산을 사용하고 저압저온기관은 짧은 리치형 나사산을 사용한다.

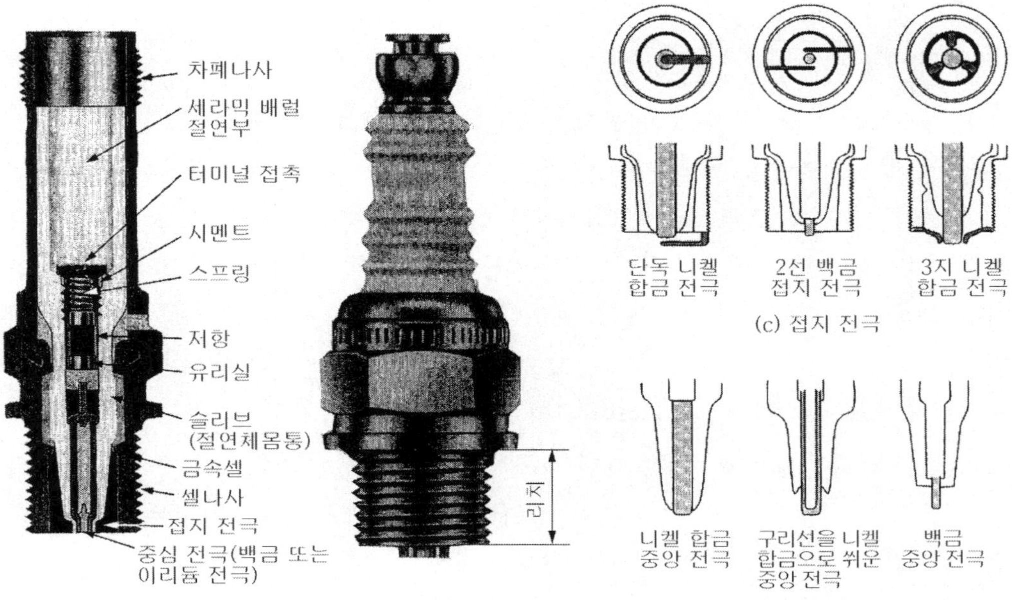

(a) 차폐 점화 플러그 (b) 비차폐 점화 플러그 (c) 접지 전극 (d) 중앙 전극

그림 9-11 점화 플러그의 종류와 여러 가지 접지전극 및 중앙전극

점화 플러그의 셸 나사산은 지름 14 mm 또는 18 mm가 있으며 각각 긴 리치(long reach) 또는 짧은 리치(short reach)가 표 9-1과 같이 있다.

표 9-1 점화 플러그의 셸 나사산

지름(diameter)	긴 리치(long reach)	짧은 리치(short reach)
14 mm	1/2 in (12 mm)	3/8 in (9.53 mm)
18 mm	13/16 in (20.67 mm)	1/2 in (12 mm)

최근에는 스파크 플러그 선단 주변에 코로나 형태의 아주 고온의 플라즈마의 점화 소스를 만들어 연소실 내에 혼합기를 이온화하고 활성화하여 연소를 더 넓은 영역에 걸쳐 빠르고 효율적으로 시작하게 할 수 있는 첨단 코로나 점화 시스템(advanced corona ignition system; ACIS)이 연구 개발되고 있다. ACIS를 사용하면 희박 연소 영역이 넓어지고, 배기가스 재순환 가스가 섞인 혼합기도 쉽게 점화할 수 있다. 또 빠른 연소로 인하여 데토네이션(녹킹) 가능성도 줄일 수 있어 압축비를 더 높일 수 있다.

9.3.2 점화 플러그의 열 특성

절연체는 중심 전극의 보호와 전기적 절연 외에 점화 플러그의 열을 실린더에 전달한다. 절연체는 점화 플러그에서 가장 열을 많이 받는 부분이며 점화 플러그의 전열 능력의 척도를 점화 플러그의 열 특성이라 하고, 열특성에 따라 중심전극의 운전온도가 결정된다. 절연체와 팁 등에 슬리브 사이의 형상과 거리, 절연체 및 전극의 열전도도 등에 따라 점화 플러그는 여러 가지 열전도를 나타내며, 점화 플러그는 크게 고온형, 일반형 및 저온형의 세 가지로 나뉘어 진다. 그림 9–12 (a)는 중심전극의 열이 방출되는 열전달 경로인 절연체 팁 길이가 짧아 열이 빨리 소산되어 중심전극이 저온으로 유지되는 저온형 점화 플러그이며 비교적 고온에서 작동하는 기관에 사용되며, 그림 9–12 (b)는 절연체 팁이 길어 열전달 경로가 길며 열이 천천히 소산되어 중심전극이 고온으로 유지되는 고온형 점화 플러그이며 비교적 저온에서 작동하는 기관에 사용된다.

점화 플러그의 온도가 너무 높으면 조기점화를 일으키고 너무 낮으면 전극에 탄소 등이 퇴적하거나 침착하여 절연이 파괴되어 실화를 일으키는 파울링(fouling)이 되기 때문에 전극이나 절연체 부근의 온도를 550~800℃ 정도로 유지한다.

절연체는 점화 플러그에서 가장 열을 많이 받게 설계되었기 때문에 절연체의 온도는 그림 9–13에서 보여주는 바와 같이 조기점화와 파울링 영역에 관계된다. 조기 점화는 연소실의 표면이 임계 한도를 초과하였거나 또는 점화 플러그 중심 온도가 약 890℃ 초과시 일어난다. 탄소 부착 침전물에 의한 점화 플러그의 파울링 또는 단락회로는 절연체 팁 온도가 약 430℃ 이하로 떨어질 때 일어난다. 점화 플러그는 가능한 한 가장 넓은 작동 범위를 갖게끔 설계되어야 한다. 점화 플러그가 저속, 저하 중에서는 가능한 한 고온으로 작동하여야 하고 순항과 이륙 출력시에는 가능한 한 저온에서 작동하여야 한다. 점화 플러그 성능은 절연체 끝의 작동 온도에 의해 결정되며 가장 바람직한 온도 범위는 약 540℃와 약 680℃ 사이이다.

고온으로 작동하여 과열되기 쉬운 기관은 상대적으로 저온형 점화 플러그가 요구되고, 반면에 저온으로 작동하여 냉각이 잘 되는 기관에는 고온형 점화 플러그가 요구된다. 만약 고온으로 작동하는 기관에 고온형 점화 플러그가 장착되었다면 점화 플러그 팁이 과열되어 조기 점화를 초래하게 된다. 만약 저온으로 작동하는 기관에 저온형 점화 플러그가 장착되었다면 점화 플러그의 팁에 연소되지 않은 탄소가 모여 점화 플러그의 파울링을 초래하게 된다.

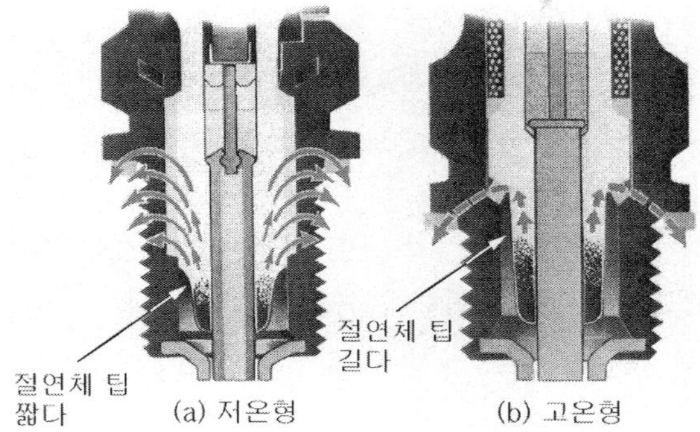

그림 9-12 저온형 점화 플러그와 고온형 점화 플러그의 구조

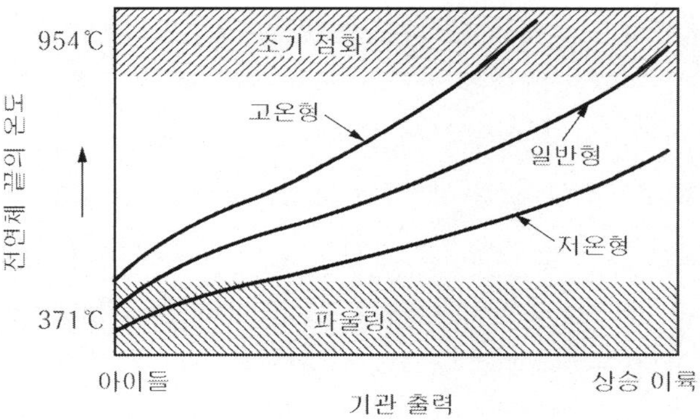

그림 9-13 점화 플러그의 출력에 따른 온도 범위

자동차 점화 플러그와는 달리 항공기 점화 플러그는 열 범위가 서로 다른 경우 임의대로 교체하여서는 안 된다. 항공기 점화 플러그의 선택은 항공기 제작자와 FAA의 승인에 따라야 하기 때문이다.

절연체와 절연체 팁 둘레 구리 슬리브 사이의 거리, 절연 물질의 열전도율, 전극의 열전도율, 전극과 절연체 사이의 열전달률, 절연체 팁의 모양, 절연체 팁과 셸 사이의 거리, 사용된 외부 개스킷의 형식 등이 항공기 점화 플러그의 열 특성에 영향을 준다.

9.4 점화과정(*)

스파크 점화기관의 중심전극과 접지전극 사이의 스파크 간격에 에너지가 방출되면 가스분자는 분리되고 이온화하여 화염핵(kernel)이 생성되고 이것이 성장하여 화염면(flame front)이 된다. 점화과정은 크게 와해(break down), 아크 방전, 글로(glow) 방전의 3단계로 구분할 수 있다.

그림 9-14는 점화 에너지가 가해진 후 스파크 방전시 전류와 전압의 변화를 나타내고 있다. 방전이 일어나기 전 실린더 내 혼합기는 완벽한 절연체이다. 요구되는 약 10,000 ~22,000V의 초고전압이 스파크 간격에 가해지면 코일의 용량, 2차 권선, 점화 플러그에 저장된 에너지가 방출될 때 측정할 수 없을 정도의 아주 높은 전류가 순간적으로 흘러 혼합기 분자가 와해되기 시작할 준비를 하며 혼합기 분자는 충분히 높은 전기장에서는 가속된 전자들과 충돌하며 이때 이온화된다. 점화 후 와해 이전 기간 과정 동안에 사용되는 점화 에너지는 전체 점화에너지의 단지 몇 %에 불과하다. 점화 후 와해 이전 기간에 의해 충분한 전자들이 생성되면 방전전류가 기하급수적으로 증가한다. 와해 기간 동안은 약 수 나노초 정도이며 100 A 정도의 전류가 흐른다. 이와 동시에 플러그 간격에 걸리는 전압차는 전기장이 급격히 낮아져서 약 100 V와 1 kV/cm 정도로 된다.

와해가 일어나면 온도와 압력이 매우 급격히 상승한다. 온도가 60,000 K가 되면 압력은 수백 기압으로 상승한다. 이러한 고압 때문에 스파크 채널은 초음속으로 팽창하며 강한 충격파가 발생한다. 스파크 채널의 팽창 때문에 포텐셜에너지가 열에너지로 변환되고 플라즈마가 냉각한다. 그 후 지속되는 고전류 때문에 전극의 열점으로부터 열이온이 방출되며 와해 단계는 끝이 나고 아크단계가 시작된다. 아크 방전에는 적어도 200 mA 정도의 전류가 필요하다. 아크단계에서 스파크 간격 사이의 전압은 수백 볼트 정도이다.

아크 방전의 특성은 점화회로의 외부 임피던스에 의해 지배된다. 아크 방전은 음극의 열점으로부터 방출되는 전자에 의해 유지되며 아크는 눈에 보일 정도이며 스파크 간격 중앙에 있는 화염핵으로 높은 에너지가 아크에 의해 전달된다. 아크과정은 전극을 마모시키는데 그 마모의 정도는 플러그갭에 비례하여 증가한다. 대부분의 경우 아크 방전 단계에서 혼합기로 열에너지가 전달된다.

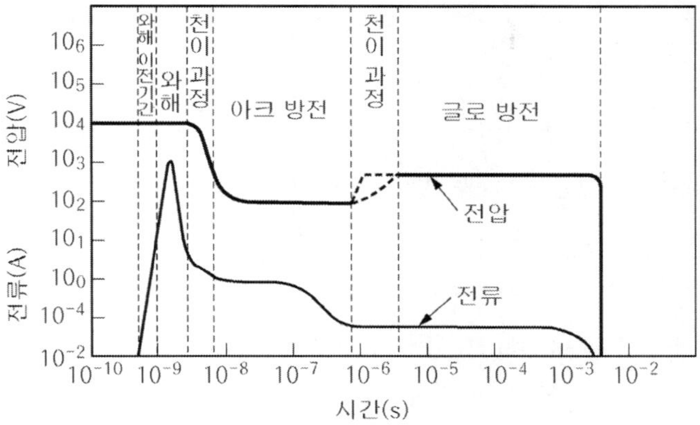

그림 9-14 스파크 방전시의 전류와 전압 변화

전류가 약 100 mA 이하가 되면 글로 방전 단계로 변한다. 아크 방전은 강렬하지만 글로 방전은 강렬하지 않다. 점화과정은 글로 방전에 의해 끝난다. 글로 방전시 전자들은 이온의 충돌에 의해 방출되며 아크 방전시는 전자들이 열이온의 방출에 의해 이동한다. 충돌에 의한 이온 이동이 열이온 방출에 의한 이동보다 효율이 작다. 아크 방전이 더 효율적이기는 하지만 글로 방전이 실제로는 더 많이 이용되기도 한다. 아크 방전에 따르는 높은 전극마모율 때문에 스파크 간격이 너무 작으면 전극의 소염작용에 의해 점화에 필요한 회소 점화 에너지는 증가하고 스파크 간격이 어느 이상 커지면 최소 점화 에너지는 증가하게 된다.

점화 플러그 전극 간격에 따라 스파크에 필요한 전압은 달라진다. 보통 점화 플러그 간격은 약 0.018"이지만 고전압 시스템에서 점화 플러그 간격은 0.03"~0.040" 정도가 될 수도 있다. 점화 플러그 간격이 너무 넓으면 높은 전압의 방출이 필요하고, 이 때문에 코일을 내부적으로 쇼트시킬 수 있는 위험이 있다. 점화 플러그 간격이 작으면 스파크 지속시간을 증대시키지만, 간격이 너무 작으면 스파크가 오염되거나 더러워지기 쉽고 이 때문에 실화의 위험이 있게 된다. 따라서 적절한 전극 간격이 필요하다. 고도가 높아지면 스파크 전압이 낮아지므로 고전압 코일을 가지고 있어야 한다. 코일을 고전압 능력을 가진 대형 마그네트로 사용하면 고고도에서는 아크의 분산이 쉽게 일어나므로 마그네토 배전기 내에서 아크의 분산이 일어날 수도 있다. 고전압 코일을 가진 고고도 마그네토에서는 배전기 전극을 크게 분리하여 아크의 분산을 방지한다.

점화 플러그 전극각도, 고도, 혼합기 농도, 대기 중 수증기, 압축비, 공기온도, 전극간격 유동의 영향에 따른 스파크 전압과 지속시간은 표 9-2와 같다.

이상적인 스파크 형태와 지속시간에 대한 것은 연구자마다 다르다. 일부 연구자들은 아크의 지속시간을 길게 하면 연소를 향상시킨다고 하는 반면 다른 연구자들은 CDI에서와 같이 10~20 nsec로 짧은 고전류 아크가 유용하다는 주장이 있다. 스파크 지속시간이 길거나 짧은 어느 한쪽이 유리하다는 주장 모두 타당성을 가진다. 스파크가 짧은 것은 열전환 효율이 좋기 때문에 신뢰성 있게 점화함으로써 실린더 내부변동을 극복하고 화염의 발달을 가속시킬 수 있다. 한편 지속시간이 긴 방전에 의해 성공적인 점화가 이루어지는데 이는 실린더 내부변동의 영향을 극복할 수 있을 만큼 충분한 시간 동안 지속되기 때문이다.

표 9-2 스파크 전압과 지속시간에 미치는 영향

다음 항목을 증가시킬 때	스파크 전압	지속시간
플러그 전극 간격	증 가	감 소
고 도	감 소	증 가
혼합기 농도	증 가	감 소
대기 중 수증기	증 가	감 소
압축비	증 가	감 소
공기온도	감 소	증 가
간격유동	증 가	감 소

혼합기가 최고 EGT를 내는 혼합기보다 희박해질수록 자체 화염유지를 하려면 점화 플러그로부터 더 많은 에너지가 요구된다. 대용량 유도코일을 사용하여 마그네토 시스템보다 높은 스파크 에너지를 방출하는 무배전기전자 점화 시스템이 있다. 대부분의 용량 방전식 점화(CDI) 시스템은 강하고 100~300μs 정도의 짧게 지속하는 스파크를 발생할 수 있다. 반복점화방출 점화 시스템(MSD)은 유효 점화기간을 연장하기 위해 빠르고 연속적인 CDI 스파크를 만들 수 있다. MSD의 각 스파크 사이 기간은 아주 짧아서 고전압이 연속적으로 길게 방출하는 것과 같다.

스파크 지름은 전압에 따라 달라지고 아크 길이는 스파크 간격에 따라 달라진다. 아크 길이는 그림 9-15의 (c)처럼 혼합기 유동에 의해 늘어날 수도 있다. 간격이 클수록 전극 사이의 분자를 이온화하기 위해 고전압이 필요하다.

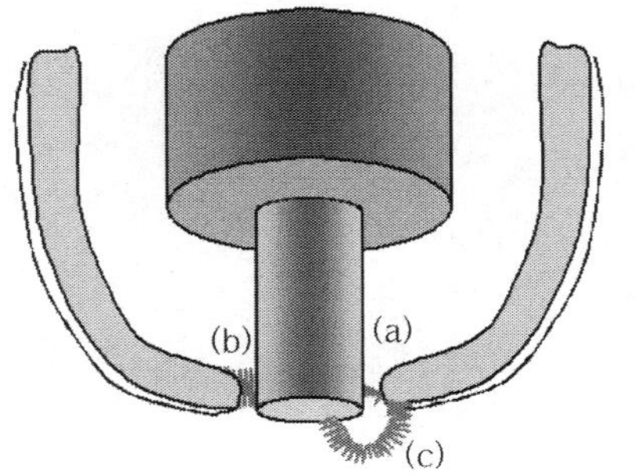

(a) 마그네트, (b) 고전압 점화, (c) 간극 사이에 유동이 있을 경우 고전압 점화

그림 9–15 전압과 유동에 따른 스파크 커널 현상

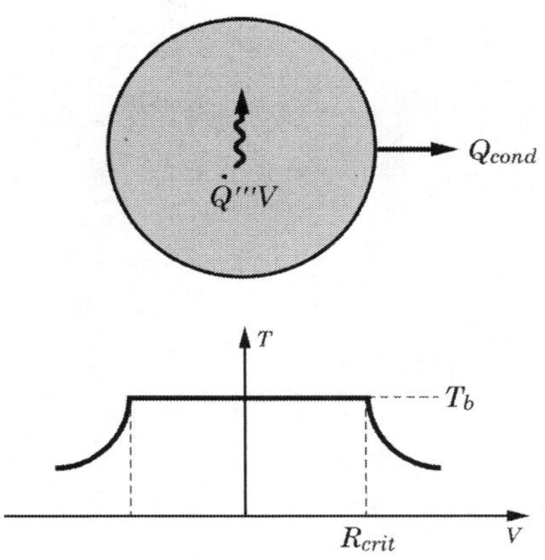

그림 9–16 스파크 점화를 위한 가스의 임계체적

스파크의 순간 에너지는 변한다. 코일에 저장된 에너지가 고전압으로 방출되면서 스파크를 낸다. 전극 간격을 줄이면 필요 전압을 낮출 수 있고 지속시간이 길어진다. 그림 **9–15**의 (b)는 (a)보다 스파크 지름이 큰 경우이며 스파크 지름이 크면 초기 점화영역이 커진다. 스파크 지름이 커질수록 희박혼합기를 더 잘 점화할 수 있고, 초기 연소율도 커진다. 또한 스파크 지속시간이 길수록 희박 가연 한계를 넓힌다.

최고 EGT보다 150~200°F 낮은 희박영역에 운전하는 70% 최대출력 이하에서 작동하면, 배기가스 온도가 낮고, 냉각저항과 배기가스 및 소음이 감소하고, 연소실에 탄소퇴적이 덜 생성되고, 오일 소염이 덜 되며, 점화 플러그 오염이 감소하고, 데토네이션 위험이 감소한다.

점화 플러그 간격이 스파크에너지보다 기관성능에 미치는 영향이 큰 것으로 보고되고 있으며 0.75 mm 이상의 플러그 간격을 이용하였을 때에는 성능의 향상이 거의 없다. 그러나 점화 플러그 간격이 작을 때는 스파크에너지를 증가시키는 것이 유리하다.

점화 플러그 간격이 큰 것이 유리한 것은 전극 사이에 난류와 혼합기가 유리한 상태의 조합으로 될 가능성이 증가하기 때문이다.

최소 점화 에너지를 해석적으로 구하기 위하여 점화가 시작되는 스파크 간격 중앙부의 어느 구형 부분을 생각하자.

구의 반지름이 어느 값보다 작아 화염 전파가 일어나지 않는 임계반지름을 정의할 수 있다. 스파크에 의하여 전달되는 점화 최소 에너지는 구의 임계체적의 온도를 화염온도까지 가열하는 데 필요한 에너지로 가정하는 것이다.

임계반지름 R_{crit} 를 결정하기 위하여 그림 9-16과 같이 열전도에 의한 열손실률이 화학반응에 의하여 생성되는 열발생률과 같다고 생각하자.

$$\dot{Q}'''V = \dot{Q}_{cond} \tag{9·2}$$

여기서 $\dot{Q}'''$는 체적당 열방출량이다.

이 식을 다시 쓰면

$$-\overline{\dot{m}}_F'''\Delta h_c 4\pi R_{crit}^3/3 = -k4\pi R_{crit}^2 \left.\frac{dT}{dr}\right)_{R_{crit}} \tag{9·3}$$

여기서 $\overline{\dot{m}}_F'''$는 조성성분의 질량 생성률이며, Δh_c는 연료의 연소열이다. 그리고 구의 표면적과 체적은 임계반지름 R_{crit} 를 사용하였다.

구의 표면에서의 온도가 낮은 미연가스의 온도 구배$(dT/dr)_{crit}$는 경계조건 $T(R_{crit}) = T_b$와 $T(\infty) = T_u$, 그리고 구의 바깥쪽($R_{crit} \le r \le \infty$) 온도분포를 결정함으로써 계산할 수 있다.

$$\left.\frac{dT}{dr}\right)_{R_{crit}} = -\frac{(T_b - T_u)}{R_{crit}} \tag{9·4}$$

식 (9·4)를 식 (9·3)에 대입하여 정리하면

$$R_{crit}^2 = \frac{3k(T_b - T_u)}{-\overline{\dot{m}}_F'''\Delta h_c} \tag{9·5}$$

연소이론에서 층류 화염속도는 $S_L = \sqrt{\left(2\alpha(\nu+1)\frac{\dot{m}_F'''}{\rho_u}\right)}$ 로 알려져 있어서 $\dot{m}_F'''$를 구할 수 있고, 식 (9·5)에 대입하면 임계반지름은 층류화염속도 S_L과 화염두께 δ로 나타낼 수 있다. 또한 연소열은 $\Delta h_c = (\nu+1)c_p(T_b - T_u)$ 관계가 있으므로 임계반지름은 다음과 같이 된다.

$$R_{crit} = \sqrt{6}\,\frac{\alpha}{S_L} \tag{9·6}$$

여기서 $\alpha = k/\rho_u c_p$이며 k와 c_p는 기연가스와 미연가스의 평균 온도에서의 값이다. 임계반지름은 또한 δ로 표시하면 다음과 같이 나타낼 수 있다.

$$R_{crit} = \sqrt{6}\,\delta/2 \tag{9 · 7}$$

최소 점화 에너지 E_{ign}을 결정하여 보자. 불꽃 점화에 의하여 공급되는 에너지가 임계 체적의 온도를 화염온도까지 가열한다고 가정하면, 이것은 쉽게 구할 수 있다.

$$E_{ign} = m_{crit}\, c_p (T_b - T_u) \tag{9 · 8}$$

여기서 임계질량 $m_{crit} = \rho_b 4\pi R_{crit}^3 / 3$이므로 혹은

$$E_{ign} = 61.6 \rho_b c_p (T_b - T_u)(\alpha / S_L)^3 \tag{9 · 9}$$

이상기체 방정식을 사용하여 ρ_b를 소거하여 정리하면 최종적인 형태는

$$E_{ign} = 61.6 P \left(\frac{c_p}{R_b}\right)\left(\frac{T_b - T_u}{T_b}\right)\left(\frac{\alpha}{S_L}\right)^3 \tag{9 · 10}$$

여기서 $R_b = R_u / MW_b$이다.

예제 9–1

프로판–공기의 이론 공연비 혼합기가 1기압, 300 K에서 점화되기 위한 임계 반지름을 구하라. 단, 이론 공연비 프로판–공기 혼합기의 층류 화염 속도는 33.33 cm/s이고, 단열 화염 온도는 2,260 K이다. 프로판–공기 혼합기의 물성치를 구할 수 없으면 근사적으로 공기의 물성치를 사용하라.

풀이

물성치를 구하기 위해 기연가스와 미연가스의 평균 온도를 구하자.

$$\overline{T} = \frac{1}{2}(T_u + T_b)$$

$$= \frac{1}{2}(300 + 2260) = 1280\text{K} \approx 1300\text{K}$$

1300 K에서 프로판–공기 혼합기 대신 공기의 물성치를 구하면,

$$k(\overline{T}) = 0.082\text{W/m} \cdot \text{k}$$

$$p(\overline{T}) = 1189\text{W/m} \cdot \text{k}$$

$$\rho_u(\overline{T}) = 1.16\text{kg/m}^3$$

$$\alpha = \frac{k}{\rho_u c_p} = \frac{0.082}{(1.16)(11}89) = 5.95 \times 10^{-5}\text{m}^2/\text{s}$$

$$R_{crit} = \sqrt{6}\,\frac{\alpha}{S_L}$$

$$= \sqrt{6}\,\frac{5.95 \times 10^{-5}}{0.333} = 0.44\,\text{mm}$$

예제 9-2

고도 5,000m인 상태에서 비행하는 왕복기관을 재점화 하고자 할 때 필요한 점화 에너지는 표준상태 해면고도에서 점화 에너지보다 몇 배 더 필요한지를 구하라. 단, 항공용 연료의 해면에서의 층류 연소 속도는 35 m/s, 고도 5,000 m인 곳에서의 층류 연소 속도는 21 m/s이고, α는 압력에 반비례한다. 또, 단열 화염 온도는 2,300 K로 가정하라.

풀이

고도 5000 m에서 온도는 255.5 K, 54.05 kPa이다.

$$\frac{E_{iqn,5000}}{E_{iqn,0}}=\frac{P_{5000}(T_b-T_{u,5000})}{P_0(T_b-T_{u,0})}\left(\frac{\alpha_{5000}}{\alpha_0}\right)^3\left(\frac{S_{L,0}}{S_{L,5000}}\right)^3$$

$\alpha \propto P^{-1}$이므로,

$$\frac{E_{iqn,5000}}{E_{iqn,0}}=\left(\frac{P_0}{P_{5000}}\right)^2\left(\frac{T_b-T_{u,5000}}{T_b-T_{u,0}}\right)\left(\frac{S_{L,0}}{S_{L,5000}}\right)^3$$

$$=\left(\frac{101.3}{54.05}\right)^3\left(\frac{2300-255.5}{2300-298}\right)\left(\frac{35}{21}\right)^3=16.6$$

고고도에서는 점화 에너지가 아주 많이 필요함을 알 수 있다.

9.5 시동시 마그네토 및 점화 보조 장치

마그네토에서 발생하는 전압은 마그네토 회전수에 의하여 결정된다. 마그네토가 충분한 전압을 발생하기 위해서는 100~200 rpm 정도의 일정 속도(coming-in speed) 이상 되어야 하는데, 시동시에는 크랭크축 회전속도가 약 80 rpm 정도로 이 회전수에 도달하지 않는 것이 보통이기 때문에 보조 장치를 사용할 필요가 있다. 또, 시동시 기관 회전수가 느릴 때는 빠른 점화 진각으로 인하여 기관이 거꾸로 도는 킥백(kick-back)이 일어날 가능성도 있으므로 기관 회전수 저하에 따른 점화 시기도 지연시켜 조정되는 것이 바람직하다. 킥백을 방지하기 위해 시동시에만 점화시기를 늦추어 TDC로 하는 등의 대책이 취해지기도 한다. 시동시 점화 및 마그네토 보조 장치는 시동스위치와 변동되어 조작되며 전원으로는 축전지가 이용된다. 시동보조 장치에는 임펄스 커플링, 부스트 코일, 유도 바이브레이터 등이 있다.

9.5.1 임펄스 커플링

임펄스 커플링은 기관 시동시 점화시기를 지연시키고 순간적으로 마그네토를 고회전으로 가속하는 시동보조 장치이다. 임펄스 커플링은 기관 구동축과 마그네토 축 사이에 있는 스프링을 가진 기계연결 장치로써 적절한 순간에 마그네토 축을 고회전시키기 위하여 감겨져 있다. 그림 9-17은 임펄스 커플링 장착 마그네토와 임펄스 커플링의 주요부품을 나타내고 있다. 임펄스 커플링의 주요부품은 셸(몸체), 스프링 및 허브캠으로 구성되어 있다.

마그네토 구동축은 허브캠에 의해 구동되며 허브캠은 스프링에 의해 셸(몸체)과 결합되고 셸(몸체)은 기관구동축에 의해 회전된다. 시동시 즉 임펄스 커플링이 마그네토 구동축에 장착될 때는 그림 9-18 (a)에서와 같이 기관구동에 의해 커플링의 셸(몸체)이 1회전하는 동안 허브캠, 즉 마그네토는 플라이웨이트 앞끝이 멈춤핀에 의해 멈춤으로 회전하지 않는 상태로 있게 되며 이때 허브 캠과 셸(몸체) 사이에 있는 스프링은 감긴다. 시동시 마그네토가 점화할 시점, 예를 들어 TDC가 되면 플라이 웨이트의 중간에 있는 트리거 램프에 셸(몸체)의 돌출부가 접촉하여 미는 작용에 의해 피봇을 중심으로 회전하게 되어 플라이 웨이트 앞끝이 멈춤핀으로부터 이탈된다. 셸(몸체)이 플라이 웨이트의 뒤쪽 트리거 램프에 접촉하는 것은 그림 9-18 (b)에 나타나 있다. 허브캠이 회전할 수 있게 되면 감겨진 스프링이 풀리면서 허브 캠과 연결된 마그네토를 빠르게 회전시키면서 점화플러그에 강한 스파크를 발생시킨다. 기관이 회전하자마자 기관속도는 빨라지고 플라이

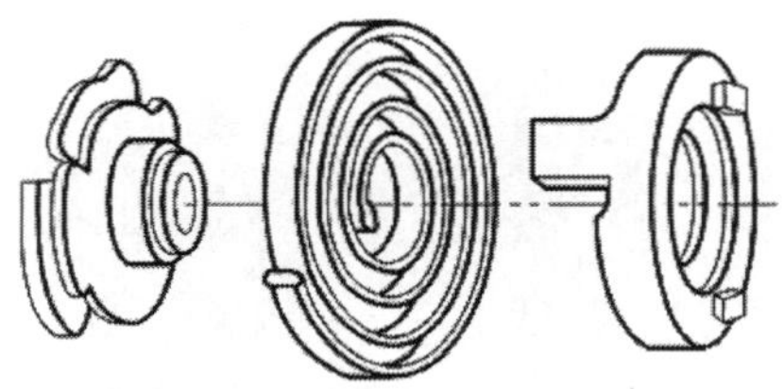

그림 9-17 임펄스 커플링 장착 마그네토와 임펄스 커플링의 주요부품

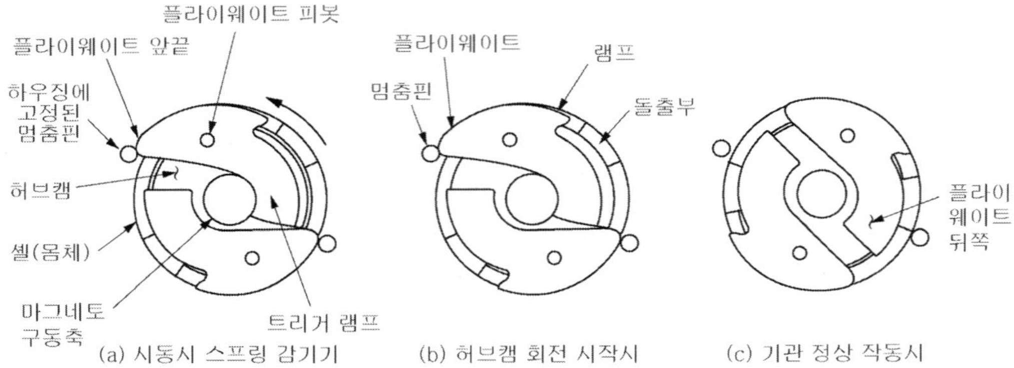

그림 9-18 임펄스 커플링의 작동

웨이트의 뒤쪽은 원심력에 의해 그림 9-18 (c)와 같은 위치로 되어 플라이 웨이트 앞 끝은 멈춤핀과는 맞물리지 않아 마그네토 구동축은 기관 구동축과 같이 회전하면서 점화시기도 정상으로 회복되어 점화가 이루어진다. 이와 같이 임펄스 커플링은 시동시에만 점화시기를 늦추고 마그네토의 회전을 빠르게 하는 역할을 한다.

9.5.2 부스트 코일

부스트 코일은 시동시 마그네토가 적절히 작동할 때까지 점화 플러그에 수많은 점화 스파크를 주어 점화하는 유도 코일이다. 부스트 코일은 보통 시동스위치와 연결되어 있다. 부스트 코일은 1차 코일, 2차 코일, 콘덴서, 브레이크 포인트인 접점으로 구성되어 있다. 시동 스위치가 조작되면 1차 코일은 축전지와 연결되며 바이브레이터에 설치되 연강 아마추어의 자력과 스프링의 장력 사이의 상호작용에 의한 수많은 브레이크 포인트 접점의 개폐작용에 의해 2차 코일에 높은 전압이 수많이 유기되고, 이 전압이 배전기를 거쳐 스파크 플러그에 전달한다. 부스트 코일은 시동 스위치에 연결되며 기관이 시동되어 정상 작동하면 부스트코일과 시동기는 더 이상 필요 없으므로 둘 다 꺼지게 된다. 부스트 코일은 구형항공기에 사용되었으며 현재의 대부분 시동보조장치는 임펄스 커플링이나 유도 바이브레이터를 주로 사용하고 있다. 그림 9-19는 부스트 코일의 개략도이다.

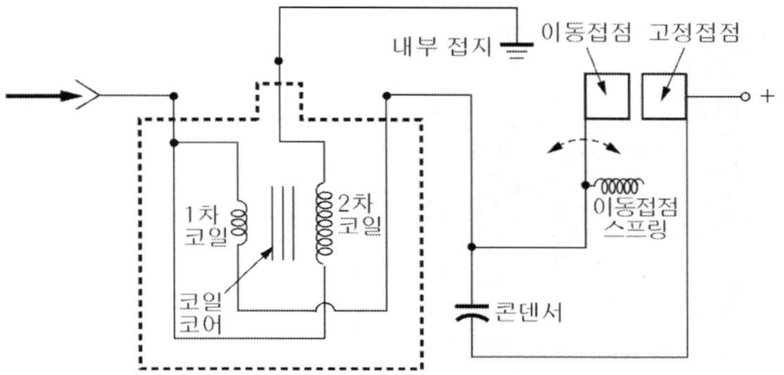

그림 9-19 부스트 코일 개략도

9.5.3 유도 바이브레이터

자체 내에서 고전압을 발생시키는 부스트 코일과는 달리 유도 바이브레이터에서는 시동시 마그네토의 2차 코일에 높은 전압이 유기되도록 하기 위하여 1차 코일에 맥동 DC를 공급한다. 바이브레이터 내에 있는 바이브레이터 코일은 2차 코일을 갖고 있지 않다.

그림 9-20은 경항공용 왕복기관 마그네토에 사용되는 유도 바이브레이터 회로의 개략도를 나타내고 있다. 그림 9-20 에서 시동스위치가 연결되면 축전지로부터의 직류전류는 릴레이코일과 바이브레이터 코일로 흐른다. 릴레이코일로 흐른 전류는 릴레이를 작동시키며 이것이 릴레이 접점을 닫히게 하여 바이브레이터로부터 마그네토 회로가 연결된다. 이때 바이브레이터 코일이 자화됨에 따라 자장이 형성되고 바이브레이터 접점을 끌어 당겨지고 바이브레이터 접점은 떨어지게 되어 연결이 떨어지게 되며 바이브레이터로 흐르던 전류는 중단되고 코일에 형성된 자장도 붕괴되어 코일은 비자화되며 스프링은 접점을 다시 닫히게 하여 회로는 연결되고 코일이 다시 자화된다. 이와 같이 바이브레이터 코일의 자화 및 비자화는 초당 여러 번 반복됨에 따라 단속전류인 맥류가 발생되어 마그네토의 1차 코일로 흐른다. 마그네토의 접점이 끊어지게 되면 1차 코일에 단속전류가 흐르게 되어 2차 코일에 고전압이 유기되어 배전기를 통해 스파크플러그로 보내진다. 시동스위치를 끄면 릴레이 접점이 열려 유도 바이브레이터를 마그네토에서 분리시킨다. 유도 바이브레이터가 장착된 기관에서 점화시기를 지연시키는 장치가 없을 때는 킥백 방지를 위해 프로펠러가 1회전 이상 회전되고 관성이 충분하게 될 때 점화스위치를 켠다. 맥동 DC는 마그네토의 1차 코일로 보내지며 마그네토의 브레이커 포인트가 끊어지게 되

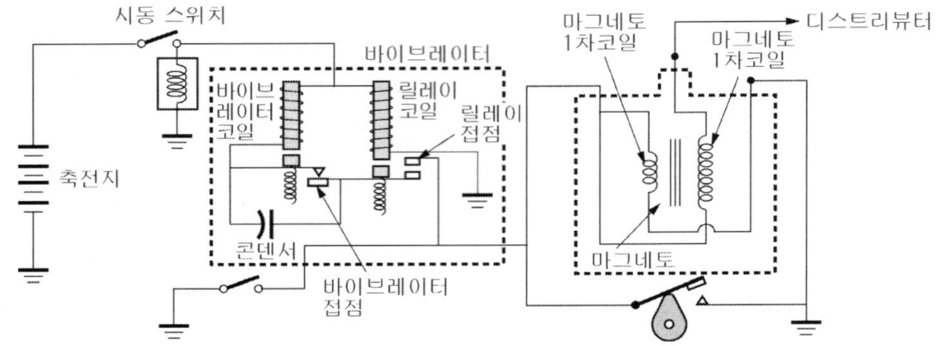

그림 9-20 경항공기용 왕복기관의 유도 바이브레이터

면 1차 코일에 단속 전류가 흐르게 되고, 2차 코일에서는 고전압이 유기되고 이 전압이 점화플러그에 전달된다.

9.6 왕복기관 시동장치

시동기는 기관을 회전시키기 위해 크랭크축을 회전시켜야 하므로 짧은 시간 동안에 많은 회전력을 필요로 한다. 초기단계의 항공용 왕복기관에서는 프로펠러를 손으로 돌려서 시동했지만, 기관이 커지고 시동에 필요한 힘이 커지고 또, 프로펠러 위치가 높아지고 동력장치 자체가 복잡하게 되어 시동기를 사용하고 있으며 현재 사용되고 있는 대부분의 항공용 왕복기관은 전기식 시동방법을 채택하고 있으며 전기식 시동방법은 직류전기로 작동하는 직권 전동기를 이용한다. 직권 전동기를 이용하는 시동기에는 관성 시동기와 직접 구동시동기로 나눌 수 있다. 관성 시동기는 플라이휠을 회전시켜 관성력을 축적한 다음 이것을 크랭크축에 전달하여 회전시키는 방법으로 플라이휠을 회전시키는 방법에 따라 관성 시동기는 수동식, 전기식, 수동과 전기의 복합식으로 나눌 수 있다. 전기식 관성 시동기는 전원스위치(energized switch)를 켜면 직렬로 감긴 DC전기모터가 시동기 내에 있는 관성력이 큰 플라이휠을 회전시키고 플라이휠에 축적된 관성력은 연동스위치(engage switch)의 작동에 따라 솔레노이드가 시동 모터 깔쭉 톱니턱을 기관의 크랭크축 뒤에 있는 상대턱으로 이동시켜 연결시켜 기관의 크랭크축을 회전시킨다. 기관이 시동되자마자 시동스위치는 꺼지고 전기모터는 멈추고, 턱 사이의 압력이 감소하여 스프링이 담겨져서 시동기 턱은 기관 연동에서 해제된다. 2차 세계대전 이후에는 대부분의 왕복기관에서 직접 구동 시동기를 사용하고 있다. 직접 구동 시동기는 조종석에서 한 개의 시동 스위치로 조작되며 전동기에 큰 부하가 요구되어 축전지에서 전동모터로 높은 전류가 흐른다. 시동기가 소비하는 전력은 소형기에서는 12 V로서 50~100 A 정도이고 대형기에서는 24 V로서 300~500 A 정도이다. 직접식 시동기는 전기가 공급되었을 때 즉각적이고 연속적인 크랭킹을 준다. 시동기는 기본적으로 전기모터, 감축기어, 토크 과부하 해제조정 클러치로 이루어져 있으며 시동기와 기관은 자동으로 연동되고 자동으로 연동해제가 이루어진다. 시동기 모터는 기관 rpm의 여러 배로 회전하기 때문에 시동기 모터의 토크는 감축기어를 통해서 토크 과부하 해제 조정 클러치로 전달되어 나선형으로 홈이 파져있는 축을 작동시키고, 이 축을 따라 시동기 턱을 외부로 이동시켜 기관-크랭킹 턱에 연동된다. 시동기 턱이 연동될 때 크랭킹이 시작된다. 기관이 점화되고 기관속도가 시동기 속도를 초과하면 시동기는 자동으로 연동이 해제된다. 기관이 정지하였을 때 전류가 모터에 계속 흐르면 시동기는 자동적으로 다시 연동된다. 자동연동 및 연동해제 장치는 조정할 수 있는 스프링 압력하의 여러 개의 디스크 클러치로 이루어진 토크 과부하 해제 조정 클러치를 통하여 작동되며, 장치가 조립될 때 클러치는 설정된 토크값으로 맞추어진다. 클러치 내의 디스크들은 시동기 고리가 연동될 때 또는 기관이 킥백될 때 생기는 충격을 완화시키고 흡수한다.

소형 항공용 왕복기관에 사용되는 수평 대향형 기관에서는 거의 직접 구동 시동기를 사용하고 있으며, 이들 시동기는 오버런닝 클러치 방식 시동기, 벤딕스 구동방식 시동기, 직각 어댑터 구동방식 시동기 등이 있다. 소형 컨티넨탈사 왕복기관에서는 그림 9-21과 같이 오버런닝 클러치 어셈블리가 긴 아마추어 축을 가진 직권모터와 기관을 연동시키거나 연동을 해제시킨다. 그림 9-21 (a)의 화살표 방향(왼쪽)으로 이동 레버를 움직이면 오버런닝 클러치 어셈블리는 피니언 기어가 기관의 보조케이스에 있는 시동기어와 연동되도록 밖으로(그림에서 오른쪽으로) 이동시킨다. 이동레버를 그림 9-21 (b)의 메싱스프링을 누르면서 더 화살표 방향으로 움직이면 시동스위치를 누르게 되고 시동기 모터가 구동된다. 소형모터로 기관을 구동해야 하므로 충분한 토크를 내기 위해 감속기어가 되도록 기어비를 맞춘다.

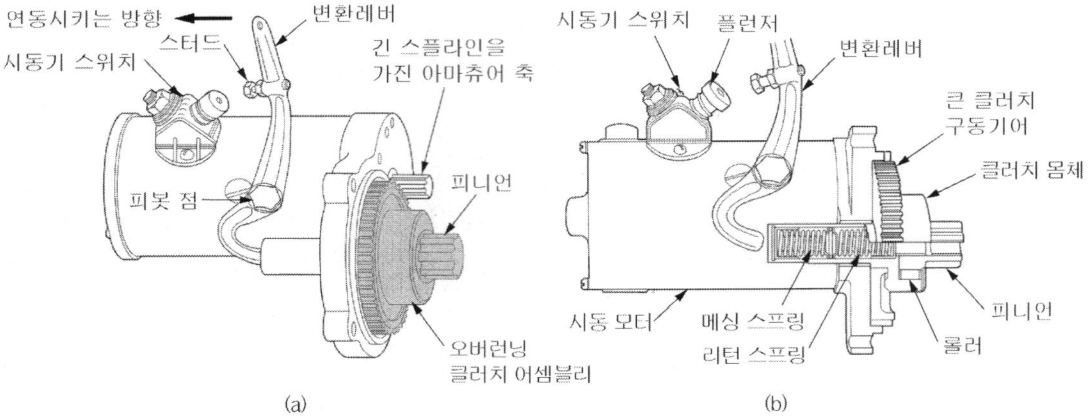

그림 9-21 텔레다인-컨티넨탈사 수평 대향형 소형기관에 사용되는 오버런닝 클러치

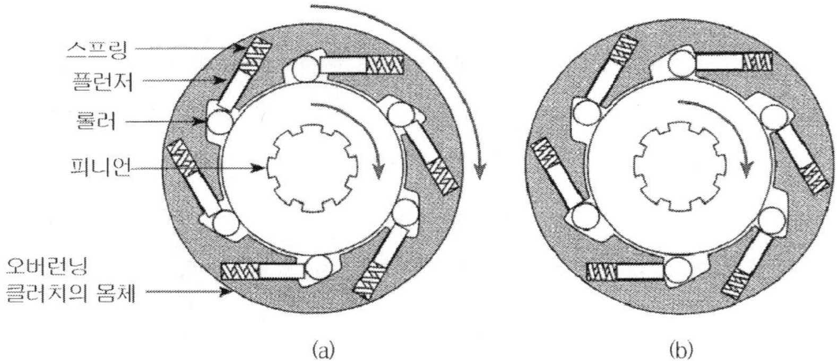

그림 9-22 오버런닝 클러치 작동원리

그림 9-22는 오버런닝 클러치의 작동원리를 나타내고 있다. 클러치는 내부 이음고리(inner collar), 롤러(rollers), 플런저, 스프링과 축, 테이퍼진 홈(notch) 등으로 구성되어 있고 경화 전 강철 롤러는 셀 내의 홈에 들어가 있다. 그림 9-22 (a)에서 시동모터는 몸체에 있는 큰 기어를 통해 오버런닝 클러치의 몸체를 구동한다. 몸체와 피니언 사이의 롤러 웨지는 테이퍼져 있어 셀이 회전할 때 롤러는 이음고리를 꽉 붙잡게 되어 기관 내의 시동기어를 돌리도록 힘을 전달한다. 기관이 시동되고 피니언 기어를 구동하면 그림 9-22 (b)에서처럼 롤러는 플런저와 스프링에 대해 뒤로 힘을 주어 클러치 몸체와 모터 아마추어는 회전하지 않게 되고 구동기어로부터 피니언의 연동은 해제된다.

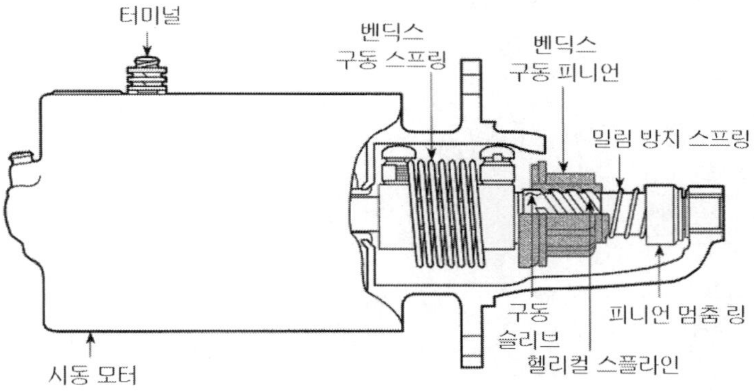

그림 9-23 벤딕스 구동방식 시동기

그림 9-23은 텍스트론-라이코밍사의 왕복기관에 사용되는 벤딕스 시동기를 나타낸다. 시동기는 크랭크축의 프로펠러 끝단 부근에 설치되어 있다. 벤딕스 구동장치는 축에 설치되어 있고 벤딕스 구동 피니언은 아마추어 축에 의해 구동되고 외부에 헬리컬 스플라인이 있는 구동 슬리브 주위에 느슨하게 끼워져 있다. 구동 피니언의 내부 스플라인은 외부 헬리컬 스플라인과 맞물려 있다. 시동모터가 회전을 시작하면 구동 피니언 기어가 자동적으로 회전하기 시작하고 기관의 링 기어에 맞물려 기관을 구동한다. 기관이 시동하고 그 회전이 피니언 기어의 회전보다도 빨라지면 구동 피니언 기어는 자동적으로 물러나 기관과의 맞물림이 빠진다. 시동모터 축과 구동 피니언 기어는 바로 연결되어 있지 않고, 축상에 가공된 헬리컬 스플라인을 매개로 연결되어 있기 때문에 시동모터가 돌기 시작하면 구동 피니언 기어는 헬리컬 스플라인에 따라 회전을 시작하고 시동기어의 이빨에 물리고 피니언이 피니언 멈춤에 접촉하면 아마추어와 함께 돌면서 기관을 돌린다. 기관의 회전이 빨라지면 시동기어는 피니언 아마추어보다 빨리 돌리면서 구동한다. 벤딕스 구동 스프링과 헬리컬 스플라인은 피니언을 시동기어로부터 당겨서 연동을 해제한다. 또 시동모터와 구동 피니언 기어 사이에는 라체트식으로 연결되어 있는 부분이 있어, 기관의 회전이 높아질 때에 기관측에서 시동 모터를 구동하는 일이 없도록 하고 있다. 밀림 방지 스프링은 피니언이 슬리브쪽으로 진동하는 것을 막고 또, 기관 운전 중에 시동기어와 접촉하는 것을 방지한다.

이상의 두 가지 방식은 기관의 프로펠러 플랜지에 설치된 링 기어를 매개로 기관을 구동하는 것이지만, 텔레다인-컨티넨탈 6기통 수평 대향형 기관에서는 기어 구동 기구를 매개로 기관을 구동하는 스프링 클러치 방식이 사용되고 있으며, 그림 9-24는 스프링

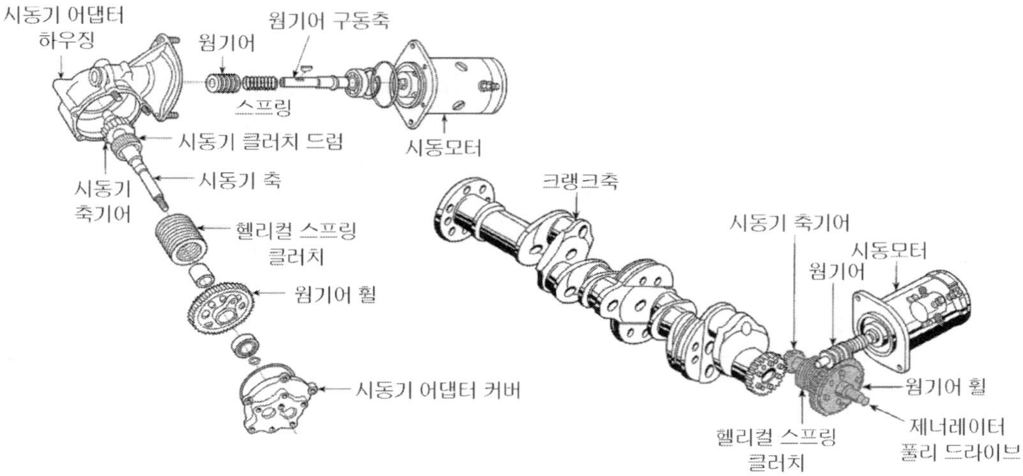

그림 9-24 직각 어댑터 구동방식 시동기

클러치로 사용하는 직각 어댑터 구동방식 시동기를 나타내고 있다. 시동모터 축에 고정된 웜기어는 웜휠과 맞물려 있다. 헬리컬 스프링 클러치는 코일 스프링이고, 그 한 끝은 웜기어 휠에 고정되고 다른 끝은 시동기 어댑터 하우징에 고정되어 있다. 시동모터가 회전하면 헬리컬 스프링 클러치는 끼어들어 시동기 축과 붙어 있는 시동기 클러치 드럼을 조여서 시동기 축을 돌리고 같은 축에 물려 있는 시동기어가 기관을 구동한다. 기관이 시동하고 기관측의 회전수가 시동기의 회전수를 상회하면 헬리컬 스프링 클러치는 느슨하게 되어 클러치 드럼을 조이는 힘을 잃고 기관 쪽에서 시동모터를 구동하는 일이 없도록 하고 있다.

연습문제

1. 이중 점화장치가 사용되는 이유는 무엇인가?
2. 자동차 점화 장치와 항공용 점화 장치의 차이점을 설명하라.
3. 마그네토식 점화 장치의 장점은 무엇인가?
4. 회전식 마그네토에서 철심에 코일이 있을 때와 없을 때를 구별하여 자속 변화를 나타내고 철심이 있을 때 1차 전압 및 2차 전압을 그래프로 나타내어라.
5. 마그네토의 작동에서 E-gap 각도에 대해 설명하라.
6. "coming in speed"에 관해 설명하라.
7. 마그네토에 실딩(shielding)이 필요한 이유는 무엇인가?
8. 저압 점화 계통과 고압 점화 계통을 비교 설명하라.
9. 점화 스위치로부터 접지선이 끊어졌거나 연결되지 않았다면 계통의 작동에 어떠한 영향을 미치겠는가?
10. 고온 점화 플러그와 저온 점화 플러그를 비교 설명하라.
11. 마그네토에서 단속기 접점과 콘덴서의 역할은 무엇인가
12. 시동시 마그네토 및 점화 보조장치 중 임펄스 커플링과 유도 바이브레이터의 작동원리에 대해 설명하라.
13. 항공용 왕복기관의 시동장치 원리에 대하여 설명하라.
14. 오버런닝 클러치 작동 원리에 대하여 설명하라.
15. 고도 8,000 m에서 비행하는 왕복항공기관을 재점화하고자 할 때 필요한 점화 에너지는 표준상태 해면고도에서 점화 에너지보다 몇 배 더 필요한지를 구하라. 단, 항공연료의 단열화염온도는 2,400 K라 가정하여 해면에서의 층류 연소속도는 35 m/s, 고도 8,000 m에서의 연소속도는 15 m/s로 가정한다.

CHAPTER 10

항공기 왕복기관

압축착화엔진

10.1 압축착화엔진의 연소

압축착화엔진(CI엔진)은 통상 디젤엔진이라 불리며, 가솔린엔진(SI엔진)과는 달리 흡입행정 중에 혼합기가 아닌 공기만이 흡입된 후 압축과정 말기에 연료를 분사하면 연료가 흡입된 공기와 혼합되어 자연발화에 의해 연소되는 확산연소방식이다. 이러한 원리 때문에 압축착화엔진의 부하조절은 스로틀이 아닌 연료분사량에 따라 조절되고 스로틀이 없으므로 부분부하시에도 효율이 크게 저하되지 않는다. 그림 10-1은 직접분사식 압축착화엔진의 연소실 및 연료분사모양을 나타내고 있다.

압축착화엔진은 가솔린엔진보다 열효율이 높고 저속에서 높은 출력 및 토크를 발생시킬 수 있으나 입자상물질과 질소산화물의 유해 배출가스가 많이 발생된다.

그림 10-1 압축착화엔진의 연소실 및 연료분사 모양

액체연료가 분사(분무)되면 미립화를 통해 연료가 증발하게 되고 기화되면서 공기와 혼합되어서 연소가 이루어지게 된다.

10.1.1 압축착화엔진의 연소과정

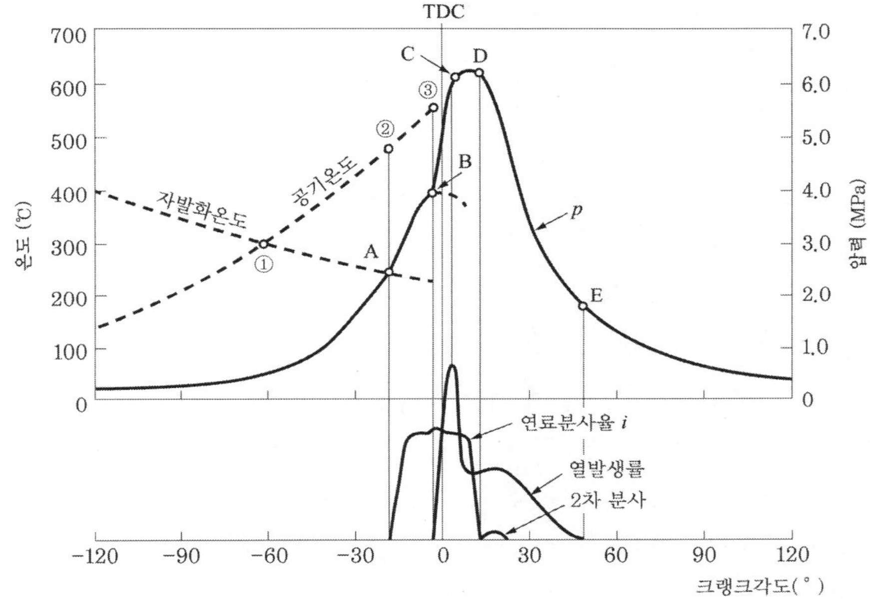

그림 10-2 압축착화 엔진의 압력선도, 연료분사율, 열발생율

압축착화엔진에서 분사 혼합, 연소기간은 크랭크각으로 적정한 기간(40~60cA)이 요구되며, 압축착화엔진의 연소과정은 착화지연기간, 급격압력상승기간(비제에 연소기간), 확산연소기간, 후연연소기간으로 나눌수 있다. 그림 10-2에서 AB구간이 착화(점화)지연기간(ignition lag period)으로 이 기간은 연료분사후 연료입자가 주위로부터 가열되어 기화, 혹은 열분해되어 증기가 되고 공기와 혼합되어 액적주위에 고온의 가연혼합기가 만들어져 착화될 때까지의 시간으로 이 기간은 물리적 지연과 화학적 지연으로 나누어 생각할 수도 있다. 압축착화엔진의 착화지연기간은 약 0.5~3msec 정도이다. 압축과정 말기에 연료가 분사되는 압축착화엔진의 연소과정 특성상 점화지연이 적절히 짧은 것이 요구된다. 착화성이 좋고 세탄가(Cetane number)가 높은 연료일수록 점화지연이 짧아 압축착화엔진의 연료로 적합하다. 또한 부하조건과 분사시기에 따라서도 착화지연

기간이 달라진다.

BC구간은 급격압력상승기간(rapid, premixed combustion period) 또는 비제어 연소기간(uncontrolled combustion period)으로 연료공기 혼합기의 점화에 의하여 아주 빠른 압력상승이 일어나는 예혼합 연소구간이다. 이 기간내의 압력상승정도(압력상승률)는 착화지연 시간중에 분사된 연료양에 의해 크게 좌우되는데 착화기간이 길면 압력상승율이 크고, 착화기간이 짧으면 압력상승률이 작다. 압력상승율이 높으면 연소 소음의 원인이 되기도 한다. 압력상승율은 연소실 내에서의 공기의 와류발생상태, 연료의 휘발성, 혼합상태 등에 의해서도 좌우된다. 압축착화엔진은 전체적으로 확산연소이지만 굳이 구별하자면 BC구간은 일종의 예혼합연소기간이라고 할 수 있다. BC구간에서는 온도도 높기 때문에 NOx도 많이 발생되고 연료의 열분해에 대하여 주위 공기의 확산이 따라가지 못하므로 매연soot도 많이 발생되지만 대부분이 재연소되고 일부가 대기중으로 방출된다.

CD구간은 확산연소기간(diffusion combustion period) 또는 제어연소기간 (controlled combustion period)으로 연소가 이루어진 이후 C점을 지나서도 연료는 계속 분사되어 급격압력상승기간(BC구간)에서 생긴 화염에 의해 연소는 지속된다. 그러나 피스톤이 하강하므로 압력상승은 완만한 모양을 나타낸다. CD구간의 압력변화는 연료의 분사량을 가감시켜 조정하므로 연소제어가 가능하다. 압축착화엔진은 연료분사펌프에서의 연료분사량에 의해 출력이 조정되므로 연료를 많이 넣을수록 출력이 증가한다. 그러나 스모크 제한(smoke limited)에 의해 연료분사량이 제한되며, 연소실 전체 공연비는 약 50, 등가비(당량비)는 약 0.3정도이다. 등가비가 0.8이상이면 스모크가 과다 발생한다. 화염이 일어나는 곳 부근에서 등가비는 이론혼합비 부근이다.

DE구간은 후연연소기간(afterburning period)으로 분사는 D점에서 끝나게 되지만 공기와 접촉하지 못했던 연료 밀집 부분의 연료입자가 피스톤의 팽창과 함께 연차적으로 공기유동과 접촉하면서 E점까지 연소된다.

10.1.2 압축착화엔진의 노킹

CI엔진에서 화염착화기간이 길어 비제어 연소기간(급격 압력상승 기간)에 증발된 연료가 모여 한꺼번에 연소되어 급격한 압력상승을 나타내면 실린더나 연소실 헤드 등이 충격을 받는다. 그림 10-2에서도 초기에 열발생율이 큰 것을 알 수 있다. 압축착화엔진의 노킹은 국부적인 압력상승에 기인하는 것이 아니라 넓은 영역에서 연소가 일어나므로 SI엔진과 같이 큰 압력파는 발생시키지 않으며 SI 노킹만큼 해롭지는 않다.

SI엔진의 노킹은 연소말기에 일어나는 비정상연소이고 점화지연기간이 짧은 것이 원인이지만 CI엔진의 노킹은 연소초기에 일어나며 압력상승율은 크지만 비정상연소는 아닌 정상확산연소이며, CI엔진의 노킹은 점화지연기간이 긴 것이 원인이다.

압축착화엔진 노킹의 방지법으로는 착화지연이 짧은 세탄가가 높은 연료 사용하거나 압축비를 높이거나 과급기 사용, 흡기온도를 높여 실린더 내의 온도를 증가시켜 착화지연이 짧게 해준다. 또한 분사초기에 연료분사량을 감소시키면 노킹이 방지되고, 엔진회전수를 낮추면 비제어 연소기간이 줄어들고 연소 실내 최고 압력과 압력상승률이 낮아지게 되어 노킹이 감소한다. 이 외에도 실린더 내에서 와류유동을 일으켜서 연료입자의 증발이 빠르게 하여 착화가 잘 일어나게 하면 노킹을 감소시킬 수 있다. 표 10-1은 SI엔진과 CI엔진의 노킹을 일으키는 요인을 비교한 것이다.

표 10-1 SI엔진과 CI엔진의 노킹 비교

노킹을 저감시키는 요인	SI엔진	CI엔진
연료의 착화지연	↑(길게)	↓(짧게)
연료의 착화온도	↑	↓
흡기 압력과 온도	↓	↑
연소실 벽면 온도	↓	↑
압 축 비	↓	↑
회 전 수	↑	↓
실린더 용적(크기)	↓	↑

SI엔진의 노킹은 정상연소보다 압력이 크게 높고 노킹현상 뒤에 압력손실도 큰 데 비하여 CI기관은 압력의 증가가 크지 않고 노킹현상 뒤에 압력도 정상연소 가솔린기관에 비하여 그리 크게 낮지 않음을 알 수 있다.

압축착화엔진 연료는 자발점화가 쉽게 일어나기 위해서 세탄가가 높아야 하며 세탄가는 약 55정도이다. 여기에서 세탄가란 연료의 발화 지연시기를 데이터로 정량화 한 상태량으로 세탄가가 높을수록 점화지연은 짧아지고 연료가 연소실 주위에서 빨리 자발점화한다. 낮은 세탄가의 연료는 긴 점화지연을 가진다. 일반적인 세탄가의 범위는 30~60

정도이다. 그림 10-4에서 보듯이 옥탄가와 세탄가는 반대 성질을 가지고 있다.

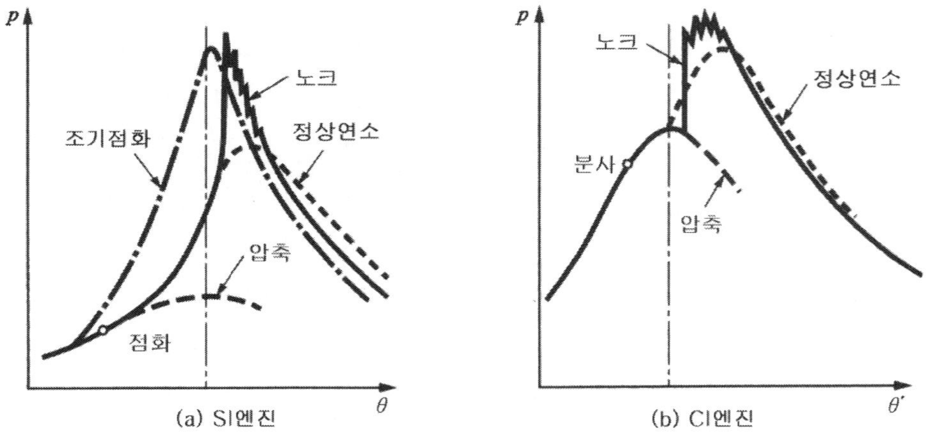

그림 10-3 SI엔진과 CI엔진의 노킹 비교

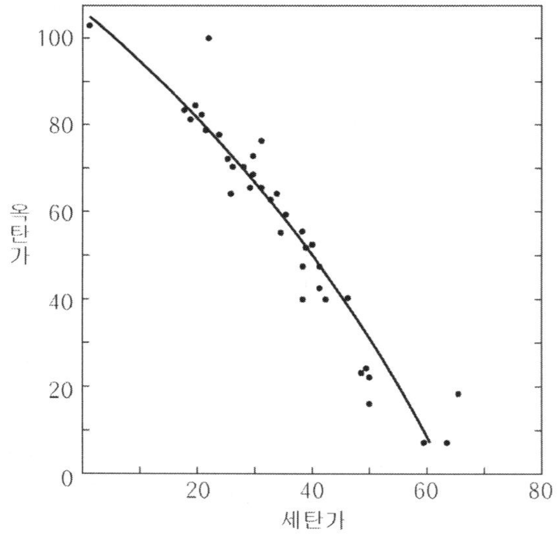

그림 10-4 자동차 연료에 대한 세탄가와 옥탄가의 관계

디젤연료의 인화점은 약 55℃로서 가솔린이나 등유에 비해 저장하기에 안전하다. 너무 낮은 세탄가의 연료를 사용하면 점화지연이 길어져 디젤노크가 발생할 가능성이 크다.

10.2 압축착화엔진의 특징

10.2.1 압축착화엔진의 종류

압축착화엔진(CI엔진)은 공기유동과 연료분사의 적절한 제어를 통해서 성공적인 운전조건을 만족시킨다. 이러한 운전조건을 토대로 CI엔진의 연소는 높은출력과 효율, 빠른 연소, 저공해연소를 목표로 발달해 왔다. 하지만 출력이 높아질수록 매연의 배출은 많아지므로 출력과 매연배출에 어느정도 서로 상충점을 두어야 한다. CI엔진은 주 연소실에서 연료가 분사되어 그 곳에서 연소가 일어나는 직접분사식(DI)과 분할연소실에 연료가 분사되어 주 연소실로 연소가스가 이동하는 간접분사식(IDI)의 두 가지로 나눌 수 있다. 그림 10-5는 CI엔진의 여러 가지 종류 및 연소실 형상을 나타내고 있다.

DI엔진은 압축비가 약 17:1이고 연료가 실린더 연소실로 직접 분사되는 직접분사식 엔진이다. 이에 반해 IDI엔진은 냉시동성을 좋게 하기위하여 압축비가 약 22:1에 달하는 간접분사식 엔진이다. IDI엔진은 간접연소실에 연료가 분사되어 와류를 발생시켜 연료와 공기의 혼합을 촉진시킨다. IDI엔진은 예연소실에 연료가 우선 분사되어 일부가 연소되고 그것에 의해 생긴 압력차에 따라 미연소부분이 주 연소실로 분출되어 연소와류에 의해 공기와 혼합되어 연소되는 예연소실식 IDI엔진과, 압축행정시에 접선방향으로 유입되는 공기에 의해 와류를 일으켜 혼합 및 연소가 촉진되는 와류실식(스월챔버식) IDI 엔진이 있다.

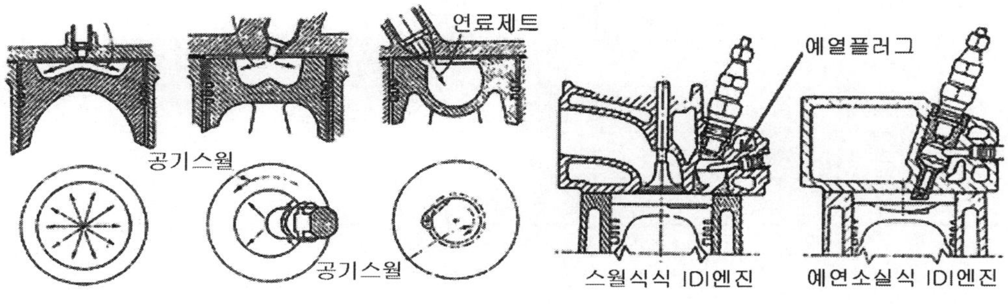

(a) 직접분사식 엔진 (b) 간접분사식 엔진

그림 10-5 압축착화엔진의 여러 가지 종류와 연소실 형상

IDI엔진은 부연소실에 연료가 분사되고 압축행정시 부연소실에서 와류가 생성되므로 IDI엔진의 연소실내 공기유동이 DI엔진보다 강하다. 그러나 부연소실 때문에 표면적이 넓어져 열손실이 증가하므로 열효율은 DI엔진보다 낮다. 그 외에 IDI엔진은 간접연소실에서의 열손실이 높아 시동성이 좋지 않은데 특히 추운 겨울철에 시동이 잘 걸리지 않는 문제점이 있다. 이 때문에 압축비가 약 22:1로 DI엔진의 약 17:1 압축비보다 높은 압축비를 사용하여 냉시동성을 좋게 한다. 또한 연소실내 온도를 높여주기 위해 히터나 예열 플러그(glow plug) 등의 시동보조장치가 필요하다.

IDI엔진은 연료경제성이 떨어지는 단점에도 불구하고 단위무게당 출력이 높은 고속엔진이나 자동차용 디젤엔진에 IDI엔진이 많이 쓰이고 선박이나 대형산업용으로는 저속이지만 연료경제성이 뛰어난 DI엔진이 많이 쓰인다. 표 10-2는 DI엔진과 IDI엔진을 비교한 것이다. IDI엔진은 부연소실 때문에 체적에 비해서 표면적이 크다. 이 때문에 효율이 DI엔진에 비해 떨어지지만 단위무게당 출력이 높은 고속엔진으로 자동차용으로 많이 쓰인다. 하지만 연료경제성이 떨어지는 단점이 있다. 반면에 DI엔진은 연료경제성이 뛰어나므로 선박 및 대형 산업용으로 사용된다.

표 10-2 압축착화엔진의 DI엔진과 IDI엔진의 비교

	직접식(DI) 엔진	간접식(IDI) 엔진
연료분사	연소실에 직접 분사	부연소실에 연료분사
연소실내 공기유동	약하다	강하다
연료분사 압력	500~2,000기압	300~500기압
연료분사 펑크	직렬형(in-line형)	분배형(distribution형) 또는 로터리 형
연료 노즐	다공노즐(보통 4~6개)	단공 핀틀 노즐
열효율	IDI 보다 높다	DI보다 낮다
압축비	약 17:1	약 22:1
냉시동성	IDI보다 높다	DI보다 나쁘다
적용 차종	대형, 저속	소형, 고속

CI엔진의 최소유효행정체적은 400cc 정도로 이보다 작을 경우 표면적/체적비가 커지므로 열손실이 증가하게 된다. 최고회전수는 SI엔진에 비해 낮은데 이는 연료분사에 의

해 공기와 연료가 혼합, 증발, 점화, 연소의 과정을 거치면서 느리게 연소가 진행되기 때문이다. 출력향상을 위해서 터보과급을 사용하면 가장 효과적으로 출력을 향상시킬 수 있고 터보차저의 경우 연료경제성을 10%정도 향상시킬 수 있다. 터보과급 CI엔진의 압축비는 통상 12:1~24:1로 두어 실린더내 최고압력을 낮춘다. 또한 냉시동성을 고려하여 높은 압축비를 사용하여 실린더 내부의 온도를 높여야 하므로 연료경제성이나 출력이 최적인 조건보다 높은 압축비를 사용한다.

10.2.2 압축착화엔진의 성능 특성

그림 10-6은 SI엔진, DI엔진, IDI엔진의 부하에 따른 제동 연료소모율을 나타내고 있다. CI엔진이 SI엔진에 비해 열효율이 높은 이유는 첫째 높은 압축비, 둘째 압축초기에 혼합기가 아닌 공기만을 흡입하여 압축하기 때문에 비열비가 연료-공기혼합기비보다 높다는 점, 셋째로 스로틀이 없기 때문에 부분부하시 체적효율이 높다는 것이다. 부분 부하시에는 특히나 CI엔진이 SI엔진보다 연료소모율이 더 적다. CI엔진이 SI엔진에 비해 25~30%정도 열효율이 높으나, CI엔진은 고압분사펌프 사용 등으로 인한 기계적 저항 손실이 있으므로 실제 CI엔진은 SI엔진에 비해 15~20% 연비 향상이 있다. 자세한 내용은 2.3.5절에서 설명되어있다.

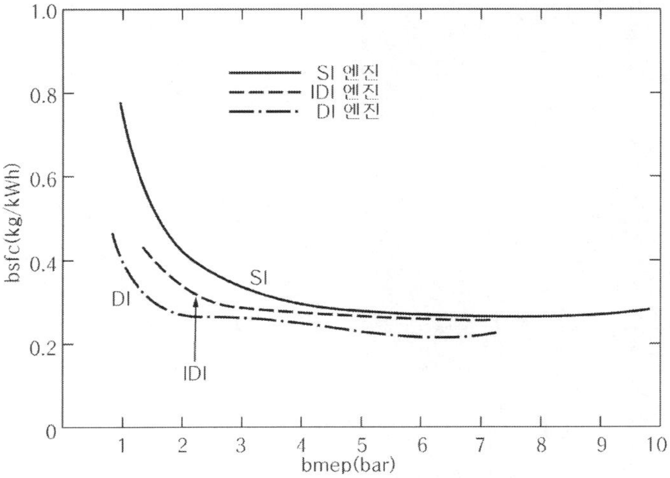

그림 10-6 부하에 따른 SI엔진과 DI엔진, IDI엔진의 연료소모율

10.2.3 DI엔진의 연소실 형태와 와류유동

DI연소실은 그림 10-7과 같이 여러 가지 형태를 나타내고 있고 작동회전수에 따른 실린더 내 공기유동 및 연료-공기 혼합 상태에 따라 적절히 개발되면 좋은 성능을 나타낼 수 있다. 연소실을 피스톤에 둠으로써 평평한 실린더 헤드 이용으로 밸브의 설치공간을 최대한 확보해야 된다. 연소실 중심부에 돌출형이 있는 이유는 연소실 중앙부의 속도가 매우 작고 연소실 체적이 불필요하게 커지는 것을 막기 위해서이다.

압축착화엔진 실린더 내 스월유동은 공기와 연료의 혼합을 위해 중요하며 그림 10-8에 나타내었다. DI디젤엔진은 실린더내 공기유동이 IDI에 비해 약하므로 헬리컬 포트와 같은 흡기 실린더 포트를 잘 설계하여 흡입공기에 스월을 가지게 하며 이 유동에 의해 분무도 그림 10-8처럼 선회됨을 알 수 있다.

흡입공기의 스월비를 구하는 공식은 다음과 같다.

$$\text{스월비} = \frac{\text{스월속도(rpm)}}{\text{엔진속도(rpm)}} \qquad (10 \cdot 7)$$

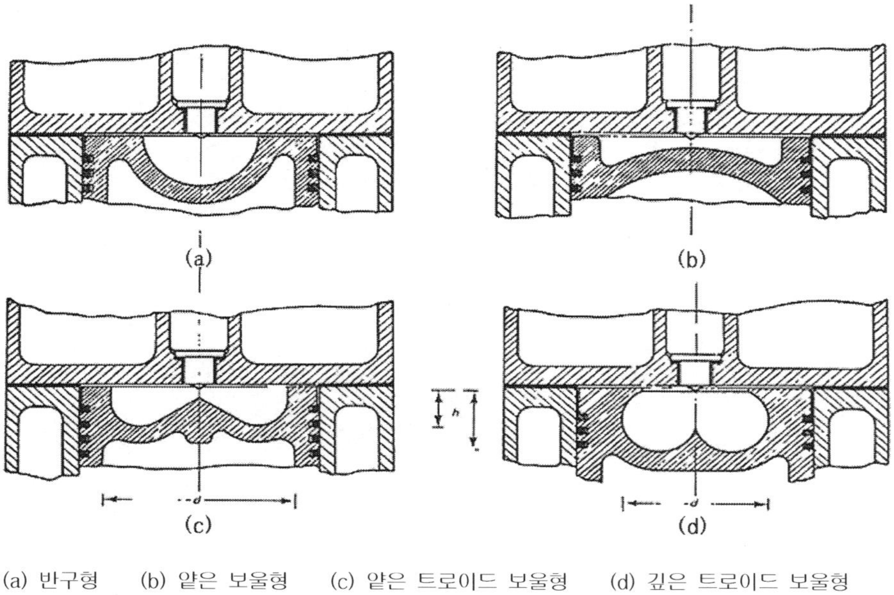

(a) 반구형 (b) 얕은 보울형 (c) 얕은 트로이드 보울형 (d) 깊은 트로이드 보울형

그림 10-7 직접분사식(DI)엔진 연소실의 여러 가지 형상

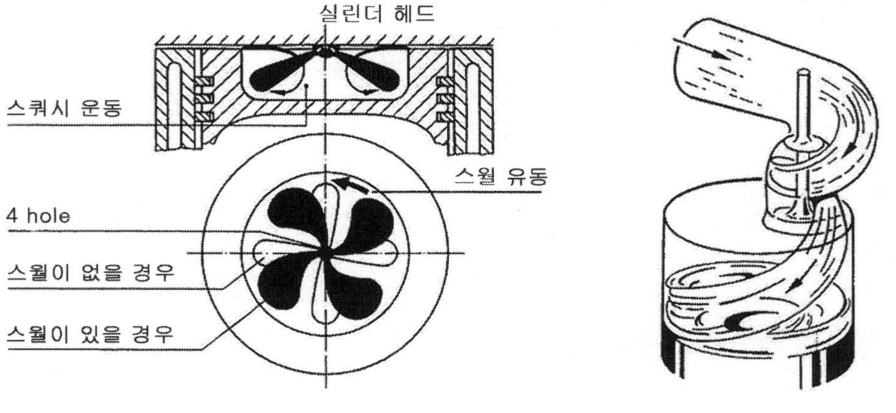

그림 10-8 스월유동이 있는 경우의 분무거동

스월의 정의는 측정방법에 따라 다를수 있으며 실제 가스터빈에서의 스월과는 정의가 다를 수 있다. 스월이 생기면 유동이 증가해 난류가 생성되고 혼합이 좋아지지만, 스월이 너무 크게되면 혼합은 좋지만 체적효율이 나빠질 수 있다. 실제 스월비를 측정할 때에는 주로 정상유동-임펄스토크 스월미터기가 쓰이고 있다.

스월유동으로 인해 체적효율이 낮아지면 출력이 떨어지게 되므로 스월유동을 일으키되 체적효율이 너무 낮아지지 않도록 흡기포트를 적절히 잘 설계하여야 한다. 즉, 스월유동과 체적효율간의 상충점을 찾아야 하는 것인데 스월비에 따라 엔진성능의 변화를 측정해볼 수 있다.

그림 10-9는 스월비에 따른 엔진성능변화를 나타내고 있다. 연료경제성과 출력이 최적인 스월비는 약 10.5이지만 이 스월비에서는 최고압력과 최고압력상승률이 높아 소음이 심하고 불균일한 운전조건을 나타낸다. 그렇기 때문에 실제 운전조건에서는 연료경제성의 손실을 감수하여 이보다 낮은 스월비로 설계한다.

스월비를 너무 높이면 벽면으로의 열전달 증대로 배기가스온도가 낮아진다. 즉 열손실로 인한 효율이 감소한다. 헬리컬 흡입포트를 통해 스월을 발생시키게 되면 피스톤 상승시에 회전운동량 보존법칙에 의해 측면 유동이 피스톤 보울의 중심부로 이동하는 현상이 나타난다. 이러한 유동을 스퀴시 유동이라고 하는데 스퀴시 유동에 의해 형성된 난류는 연소 후반부에 영향을 미친다.

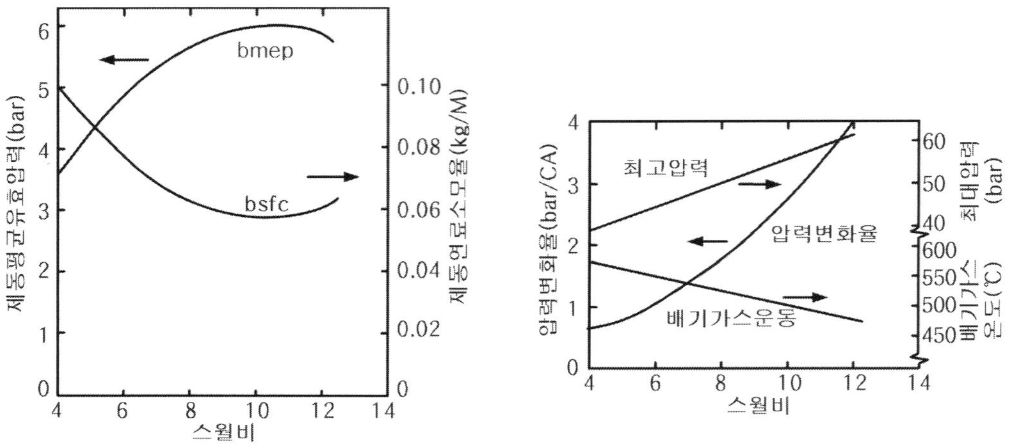

그림 10-9 연료공급량이 동일할 때 스월비에 따른 엔진성능 변화

직접분사식(DI)엔진의 압축비는 12:1~17:1정도로 피스톤의 컴팩트 연소실형상, 열손실 감소로 이런 낮은 압축비로 신뢰할 수 있는 시동을 걸 수 있다. 압축비를 높이기 위해서 언더스퀘어 엔진처럼 보어/행정비가 1보다 작으면, 행정이 길어지고 연소실이 보다 고압축비를 가지게 된다.

또한, DI엔진은 고압 다공의 연료 인젝터를 사용한다. 고압 다공의 연료인젝터를 사용하는 이유는 연료공기혼합 증진 및 연료제트의 침투길이를 동일하도록 하고 또한 스월을 감소시키기 위해서이다. 연료분사 압력이 높아지면 액체연소의 미립화가 증가하게된다. 최적의 SMD는 양 20~50㎛이다. 액체연료 미립화에는 고압공기를 이용하는 경우와 전단공기를 사용하는 두 가지 경우가 있다.

10.2.4 IDI엔진의 연소실 형태와 와류유동

간접분사식(IDI)엔진은 주연소실과 부연소실로 구성되는 분할 연소실을 사용한다. 그 목적은 연소과정을 빠르게 함으로써 엔진 회전수를 증가시키고 엔진출력을 증대시키기 위해서이다. 그 종류로는 예연소실식, 와류식실(스월실식), 공기실(air cell)식 등이 있다. IDI엔진은 겨울철에 흰연기(백연)를 배출한다.

간접분사(IDI)방식 엔진은 점화지연이 짧고 공기이용율이 높으며 연소가 빠르기 때문에 소형엔진으로 고속으로 운전되며 큰 출력을 낸다. 또한 저급연료의 사용이 가능하다는 장점이 있다. 하지만 연소실 표면적이 넓어지기 때문에 열손실에 의한 연료경제성이 저하되고 구조가 복잡해진다. 이러한 이유로 IDI는 승용디젤엔진으로 쓰이고 효율이 좋은 DI엔진은 산업용으로 쓰인다. 그 외에 시동이 어려워지고 이를 해결하기 위해 압축비를 높여야 하나 이럴 경우 출력이나 연료의 경제성을 고려한 최적값보다 압축비를 높여야 하는 단점이 있다.

(1) 와류실식

와류실식이란 실린더 헤드에 전연소실 체적의 70~80%를 차지하는 구형의 와류연소실을 설치하여 압축행정 때 부연소실 내에 와류를 발생시켜 공기와 연료의 혼합을 촉진시켜 연소를 촉진시키는 방식이다.

그림 10-10은 리카르도 코멧형 와류실식 IDI엔진의 압축 및 분사시와 연소 및 팽창과정시의 연소실 내 유동현상을 나타내고 있다. 와류연소실식은 소형고속기관에 적합하여 승용차용 디젤엔진에 널리 쓰인다.

와류실식은 예혼합실식 방식과 마찬가지로 시동시 예열플러그를 설치해야 하지만, 분사상태에 덜 민감하여 분사압이 낮다. 와류실식에서는 연료의 분사방식이 중요하며 대체로 기류방향으로 분사할 때 공기혼합성능이 높아져 연소성능이 향상된다.

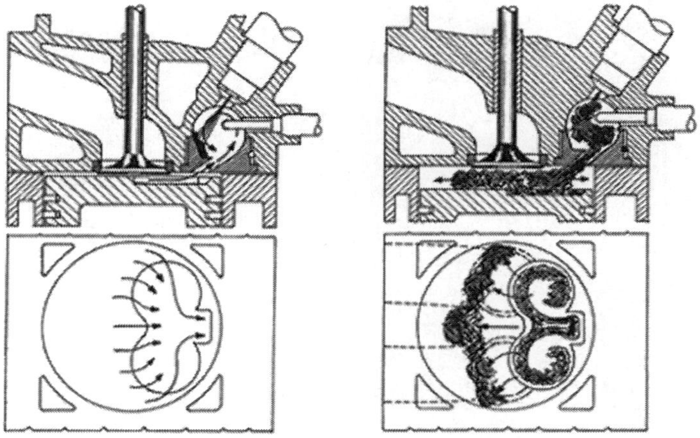

(a) 압축 및 분사 (b) 연소 및 팽창

그림 10-10 와류실식 연소실(Ricardo Comet)의 압축 및 분사시(a)와 연소 및 팽창과정시(b) 유동

(2) 예연소실식

예연소실식은 부연소실에서 고속 분출되는 연료 및 공기에 의한 난류를 이용하여 연소속도를 증진시키는 방식이다. 연소방법은 부연소실에서 분무를 공기와 충분히 혼합시켜 이론공기량에 가까운 공기로서 완전연소 시킨다. 이때 실린더내의 공기에는 직접분사식과 같은 특별한 와류를 만들 필요는 없다. 그림 10-11은 Mercedes Benz의 예연소실식 연소실을 나타내고 있으며 노즐 끝단에는 주 연소실로 분출되는 5개의 통로가 있다.

예연소실식의 장점으로는 분출화염류로 난류가 발생하여 공기이용률이 높아 매연발생이 거의 없는 연소가 가능하다. 그리고 분무의 좋고 나쁨에 민감하지 않고 분사압력은 100~150bar로 낮고 특히 관통성과 분포성이 크게 요구되지 않는다. 또 연료의 세탄가 요구도 낮고 배기중의 NOx, 진동 및 소음의 공해도 적다. 그러나 예연소실로 인해 표면적이 넓어져 열손실이 커지므로 다른 기관에 비해 15%정도 연료소비량이 많고, 시동시 압축행정으로 공기가 연락공에서 교축되어 속도가 커지고 온도와 압력이 저하되며 벽면으로의 열손실이 커서 착화가 쉽지 않으므로 압축비를 높이고 시동용 예열플러그를 설치해야 하는 단점이 있다.

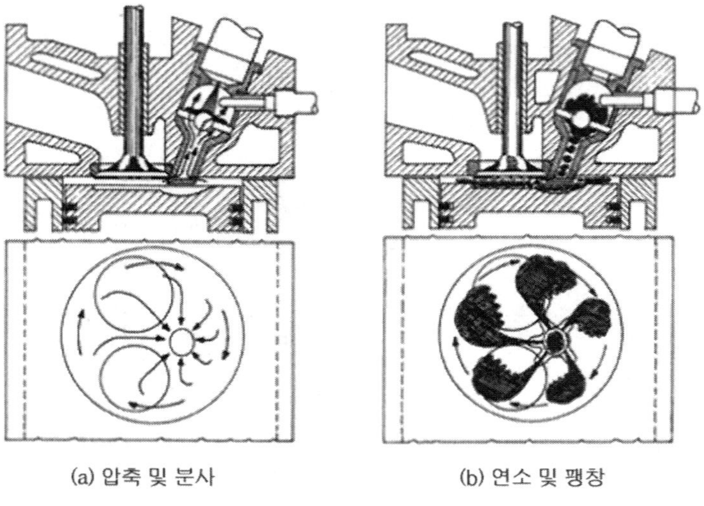

(a) 압축 및 분사 (b) 연소 및 팽창

그림 10-11 예연소실식 연소실(Mercedes Benz)의 압축 및 분사시(a)와 연소 및 팽창과정시(b) 유동

10.3 압축착화엔진의 연료공급장치

10.3.1 압축착화엔진의 연료분사

연료가 실린더 내에 양호하게 연소되기 위해서는 연료 입자가 미세하게 미립화되어야 하며 공기와 잘 혼합되고 골고루 분포되어야 한다. 또 공기와 잘 혼합되고 균일하게 분포되기 위하여서는 분사된 연료는 실린더 내의 구석구석까지 관통하여야 한다. 연료가 연소실내에 골고루 잘 분포되게 하기 위해서는 연료가 균일하게 공기와 혼합되어야 하고 이를 위해서 실린더 내 와류를 발생시키거나 연소실 형상이 분포성을 좋게 설계되어야 한다.

연료가 미립화된다는 것은 미세한 입자액적이 된다는 것인데 이는 공기와의 접촉면적이 커지고 증발 및 연소시간이 짧아지게 한다. 연료입자의 크기는 보통 5~50μ정도이다. 연료의 입자가 미세할수록 연소에 유리하지만 너무 미세하게 되면 연료 입자가 실린더 내 구석구석까지 도달할 수 있는 관통력이 약해진다. 관통력을 나타내는 분무침투길이는 연료입자가 실린더 내 구석구석까지 도달할 수 있는 운동량에 의해 결정되며 연료입자직경이 크면 분무침투길이가 커진다. 관통력은 미립화와 상반되는 조건이다.

연료를 미립화를 위해서는 연료 노즐 전, 후(상하)의 압력차를 크게 하거나 공기 보조 노즐을 사용하는 방법이 있다. 입자의 크기를 나타내는 치수로 Sauter Mean Diameter (SMD)가 있으며 다음과 같다.

$$SMD = \frac{\Sigma nD^3}{\Sigma nD^2} \qquad (10 \cdot 2)$$

이것은 가상적으로 균일한 크기로 이루어진 분무로 체적/표면적 비가 전체 분무의 체적/표면적 비와 같은 액적크기이다. SMD가 작을수록 미세한 분무이다. 예를 들어 10, 10, 15, 20, 30, 40, 80 의 연료액적의 산술평균지름(AMD)와 SMD를 각각 계산해보면 다음과 같다.

$$AMD = \frac{10+10+15+20+30+40+80}{7} = 29.28$$

$$SMD = \frac{10^3 + 10^3 + 15^3 + 20^3 + 30^3 + 40^3 + 80^3}{10^2 + 10^2 + 15^2 + 20^2 + 30^2 + 40^2 + 80^2} = 63.38$$

그러나 연료입자 하나하나의 지름을 측정하고 계산하는 것은 어려운 일이므로 Hiroyasu의 경험식을 통하여 SMD를 유추해낼 수 있다.

$$SMD = A(\Delta P)^{-0.315} \rho_a^{0.21} V_f^{0.131} \qquad (10 \cdot 3)$$

여기서 ΔP 는 노즐 전후 압력차 (MPa), ρ_a는 주위 공기 밀도, V_f는 행정당(배기체적 mm당) 분사되는 연료량($mm^3/stroke$), A는 25.1(pintle nozzle), 23.9(hole nozzle)이다.

압축착화엔진에서 실린더 내에 분무가 구석구석 도달하기 위하여 또 화염이 생성된 이후의 분무는 화염중을 진행하여야 하기 때문에 충분한 관통력을 갖고 있어야 한다. 분무침투길이(관통력)는 분사압, 분공 지름 또는 배압 등으로 변화하지만, 분무침투길이는 어느 시간이 지난 이후에는 분무침투길이가 변화하는데 두 단계로 나누어 생각한다.

분무침투길이에 대한 근사식으로서 다음과 같은 식이 제안되고 있다. 즉, 0 ≤ t ≤ tb 에서는

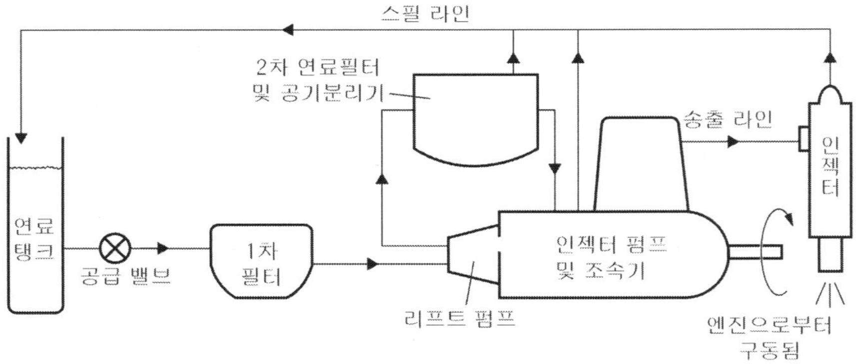

그림 10-12 압축착화엔진의 연료분사장치

$$s_1 = 0.39\sqrt{\frac{2\Delta P}{\rho_l}}\, t, \qquad t_b = 28.65\frac{\rho_l d_o}{\sqrt{\rho_a \Delta P}}$$

이고, $t \geq t_b$ 에서는 다음과 같다.

$$s_2 = 2.95\left(\frac{\Delta P}{\rho_a}\right)^{0.25}\sqrt{d_0 t}$$

여기서 ΔP : 압력차(Pa),
s_1, s_2 : 분무침투길이(m),
t_b, t : 분열시간, 경과시간(s),
ρ_a, ρ_l : 공기 및 연료밀도(kg/m^3),
d_o : 분사공 지름(m)

연소실내에서 연료가 분포되는 정도는 분무각에 따라서도 달라진다. 분무각은 분사노즐 홀의 직경(d_o)과 길이(L)에 따라 약간 다를 수도 있지만 이 (L/d_o)의 영향을 무시할 때, 분무각은 홀 노즐의 경우 다음과 같은 경험식이 제안되고 있다.

$$\theta = 0.05\left(\frac{\rho_a \Delta P d_o^2}{\mu_a^2}\right)^{0.25}$$

여기서 θ : 분무각,
ρ_a : 공기밀도(kg/m^3),
d_o : 분사공 지름(m),
μ_a : 추위공기의 동점성계수(Pa·s)
ΔP : 압력차(Pa)

연료분사장치는 크게 연료분사기(injector), 연료분사펌프(injection pump), 연결 파이프로 구성된다. 그림 10-12는 압축착화엔진의 연료분사장치 개념도를 나타낸다. 리프트 펌프는 인젝션 펌프에 0.75기압 정도의 일정한 압력으로 연료를 공급하고, 2차 연료필터는 연료내의 공기를 제거한다. 연료분사장치는 엔진의 회전수 제어, 공회전수의 조절, 무부하 운전시 회전수 조절을 하는 분사 펌프내의 조속기 역할을 한다.

연료분사는 인젝션 펌프의 캠이 플런저를 움직여서 연료를 흡입한 후 압축하여 연료가 송출밸브의 하단으로 이동하여 연료 압력이 송출밸브 상부 스프링 힘을 이기게 되면 연료가 연료관 쪽으로 이동한다. 연료관을 지나 압력실에서 연료의 압력으로 니들밸브와 니들밸브 상단부의 스프링 힘을 이겨내면 니들밸브가 열려서 연료가 노즐 홀을 통해 연소실로 연료 분사된다. 분사된 연료는 연소실에서 증발, 혼합을 통해 연소된다.

엔진 회전수가 증가하면 착화지연이 절대시간으로 거의 일정하여 크랭크 각으로는 증가하므로 분사시기를 앞당기고, 부하가 증가하면서 착화 지연이 줄어들면 분사시기를 늦춘다. 최대 연료량은 회전수에 따라 변하며 그 한계는 매연이 발생하는 매연 한계(Smoke Limited)에 의해 결정된다.

연료분사시스템은 독립식, 분배식, 축압식 분사계통으로 나누어진다. 독립식 분사계통(jerk pump 또는 individual pump system)은 각 연소실 마다 독립적으로 분사기와 펌프가 있는 방식으로 이 시스템에 사용되는 분사 펌프는 구조가 간단한 직렬형(in-line type)과 노즐과 고압펌핑요소가 일체로 되어있는 전자제어 유닛 인젝터(unit injector)의 두가지 방식으로 나눌 수 있다. 그림 10-13은 직렬형 독립식 분사펌프 시스템을 나타낸 것이다. 직렬형 분사펌프는 각 실린더마다 독립된 플런저를 가지고 있으며, 펌프 캠축의 1회전에 1행정을 끝낸다.

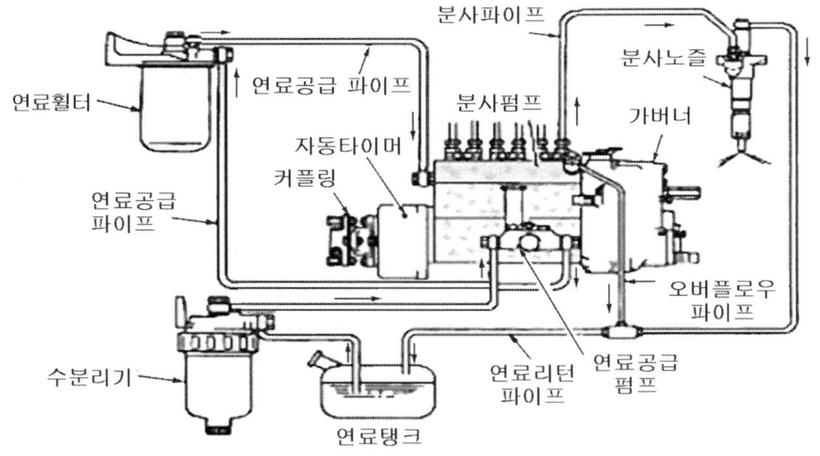

그림 10-13 직렬형 독립식 분사펌프의 개략도

최신의 엔진들은 전자분사 인젝터(Electronic Unit Injector, EUI)를 사용하고 있다. 전자분사의 장점은 분사시기와 분사율을 조정할 수 있어 엔진을 상황에 맞게 제어할 수 있고 출력향상과 연비절감을 할 수 있다는 장점이 있다.

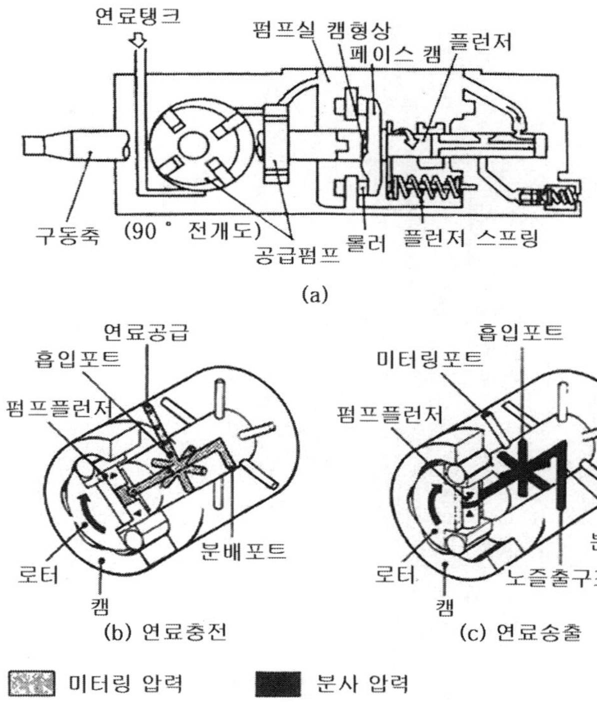

그림 10-14 분배형 분사펌프 연료압송 시스템(a)과 연료충전과정(b) 및 송출과정(c)

분배식 분사시스템(distributor system)은 한 장소에서 1개의 분사펌프로 고압을 만들어 각 실린더의 분사기에 연료를 분배 공급하는 분배기로 구성된다. 그림 10-14는 분배형 분사펌프 시스템의 개략도를 나타내고 있다. 이 형식은 소형 디젤기관에 주로 사용된다. 분배형 펌프는 1개의 플런저가 회전을 하면서 왕복 운동을 하여 각 실린더에 연료를 분배한다. 또 열형 분사 펌프는 이러한 장치가 모두 펌프 하우징 안에 결합되어 있다.

부품수도 직렬형 펌프의 반 이하이므로 소형이고 가벼운 점에서 소형 자동차용 디젤기관에 널리 쓰이고 있다.

그림 10-15는 커먼레일 축압식 연료분사장치를 나타내고 있다. 축압식 분사시스템(common rail or accumulator system)은 1개의 연료분사펌프를 사용하여 축압실에 연료를 일정한 고압으로 유지하고 있다가 축적 분배기를 통하여 분사기에 연료를 공급한다.

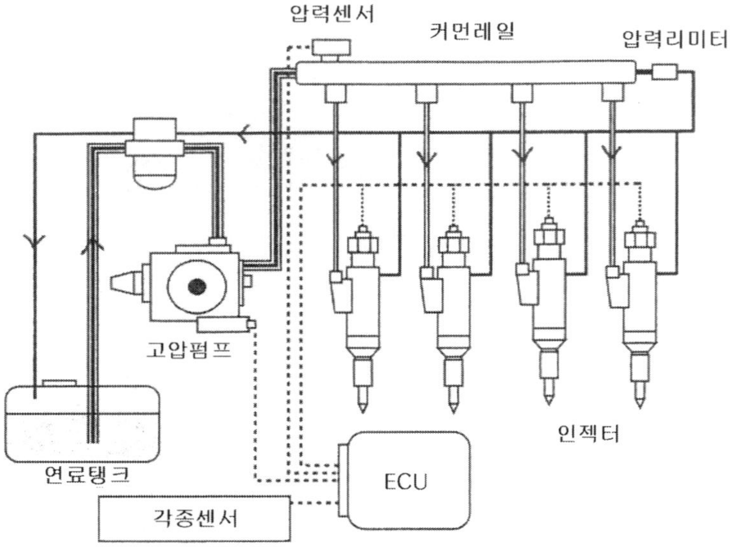

그림 10-15 커먼레일 축압식 연료 분사장치

1개의 축압실에서 고압의 연료가 일정한 압력으로 유지되다가 공통된 연료도관에서 각 분사기로 연료가 분배되어 분사된다. 연료장치의 구성 요소들은 고압을 형성 분배할 수 있게 되어 있으며 또한 엔진 ECU에 의하여 전자제어된다. 따라서 연료장치는 기존의 디젤엔진의 연료분사장치인 인젝션펌프타입의 연료공급 방식과는 완전히 다르며, 축압식 연료분사시스템은 연료의 저압이송에 대한 저압단계 및 고압이송에 대한 고압단계, 그리고 제어부 ECU로 구성된다. 커먼레일 연료분사장치(Common Rail Direct Injection, CRDI) 기관은 분사 펌프를 사용하는 방식에서 완전히 탈피한 최첨단 전자제어 축압을 사용한 기관으로 기존의 압축착화 기관에 비해 약 20%의 출력 향상 및 15%의 연료 소비율을 향상 시켰으며 디젤기관의 문제점인 유해 배기가스 배출을 최소화시킨 디젤기관이다.

연료장치는 기본적으로 고압 직접 분사방식이 사용되며 이것은 디젤기관의 소음감소와 함께 높은 연료 경제성 및 유해배기가스 감소에 대해 효과적이다. 커먼레일 연료분사 과정으로 먼저 파일럿분사(pilot injection)를 통해 연소가 원활히 되도록 하고 소음과 진동을 줄일 수 있다. 후에 파일럿 분사를 고려한 연료량을 주 분사에서 분사하여 기관의 요구출력을 낼 수 있다.

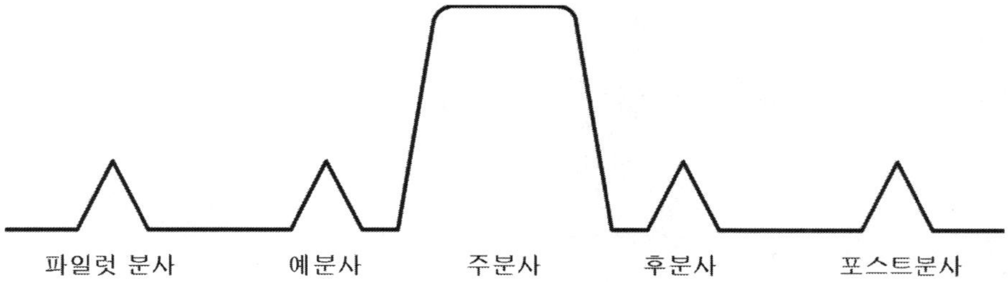

그림 10-16 커먼레일 분사장치의 다중분사

커먼레일 축압식 분사장치를 갖는 기관의 장점으로는 연료의 압력을 제어하여 직접 분사하기 때문에 고압(1,500기압 이상)을 유지할 수 있어 연소 효율을 높일 수 있다. 초고압 분사를 하므로 미세연료입자가 만들어지는 것이 가능하다. 또한 단시간에 분사를 종료 할 수 있다. 엔진의 회전수와는 관계 없이 ECU에 의해 분사압력, 분사량, 분사율, 분사시기를 독립적으로 제어할 수 있다. 한 사이클에서 수회(3~5회)의 분사가 가능하므로 아주 짧은 시간에 양혼한 혼합기 형성이 가능하다. 그림 10-16은 커먼레일 분사장치의 다중분사를 나타내고 있다. 커먼레일 시스템에서는 파이럿 분사, 예 분사, 주 분사, 후 분사, 포스트 분사 등이 가능하다. 파일럿 분사는 주 분사보다 BTDC 약 70°CA 정도의 큰 값으로 분사하며, 예 분사는 주 분사보다 약 1ms정도 먼저, 후 분사는 주 분사보다 분사직후 약 0.7ms 이내에서 하며 포스트 분사는 ATDC 약 130°CA 이후에 분사한다. 파일럿 분사는 예혼합 연소에 따른 PM 저감효과가 있으며 예 분사는 주 분사의 착화지연을 단축시켜 NOx와 연소소음을 저감시키고, 후 분사는 확산연소 활성화로 PM 저감효과가 있고, 포스트 분사는 배기가스 온도를 상승시켜 후처리 촉매를 활성화한다. 엔진이 회전수에 의해 연료분사 제어를 하는 것과 달리 엔진과 연료분사를 독립적으로 하기 때문에 설계가 용이하고, 부품수가 줄어 경량화가 가능하다. 연소효율이 높아 출력이 올라가고, 유해물질의 배출량을 줄일 수 있다.

10.3.2 연료인젝터

노즐은 형태에 따라서 그림 10-17과 같이 단공노즐(single hole nozzle), 다공노즐(multihole nozzle), 핀틀노즐(pintle nozzle), 교축노즐(throttle nozzle)로 분류된다.

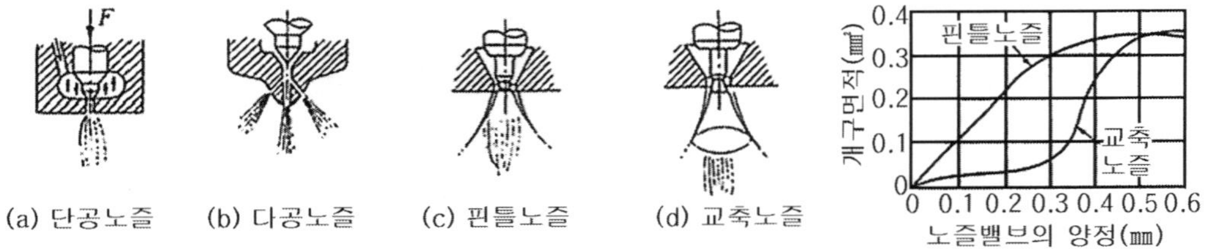

그림 10-17 형상에 따른 노즐의 분류

단공 노즐은 분사되는 연료입자의 지름이 크기 때문에 관통력이 크다. 주로 예연소실 디젤기관에 많이 쓰인다. 다공노즐의 경우 직접 분사식(DI) 엔진에서 많이 쓰이고 공기와 연료가 잘 혼합된다. 그러나 노즐지름이 0.2~0.3mm로 너무 작아 잘 막히는 단점이 있다. 핀틀노즐은 노즐의 지름을 1~3mm 만들고 이곳에 원통형의 니들 밸브를 설치한 것으로 분사 초기에 너무 많은 연료를 분사하지만, 저속 기관의 연료 확산이 우수하다. 핀틀노즐과 비슷한 교축노즐은 니들밸브 끝이 원추형으로 분사초기 연료량을 작게 하여 노킹을 방지할 수도 있다.

10.4 압축착화엔진의 유해 배출물질과 소음

압축착화기관의 유해 배출물은 필터로 걸러지는 입자상 물질(Particulate Matters; PM), NOx, CO, 소음 등이 있다. 입자상 물질은 327K로 희석된 배기가스 중 필터로 걸러지는 물을 제외한 모든 물질을 말하며 주로 매연과 응축된 HC를 말한다. 압축착화엔진의 특성상 HC의 배출은 가솔린기관의 1/5 정도 이다. 또한 연소실내 전체 공연비가 희박함으로 CO의 배출도 적다. 그에 반해 압축착화기관은 높은 온도에서 작동하므로 NOx의 발생량이 가솔린기관에 비해 높은데 그중에서도 분리된 연소실과 간접분사식(IDI)을 가진 디젤기관은 더 높은 압축비와 더 높은 압력과 온도를 가지므로 NOx를 더 발생 시키는 경향이 있다. 그리고 연소초기의 높은 압력상승률로 인하여 더 큰 소음이 발생한다. 그림 10-18은 등가비 변화에 따른 압축착화엔진의 연소온도 변화, NOx, 매연의 생성영역을 나타내고 있다.

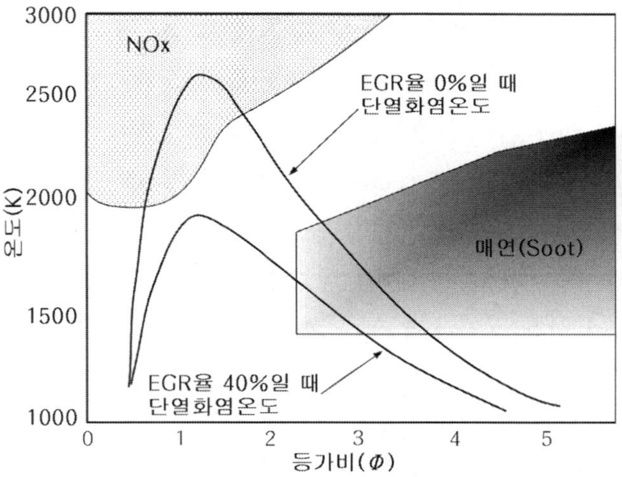

그림 10-18 등가비 변화에 따른 압축착화엔진의 연소온도 변화, NOx 및 매연 생성영역

10.4.1 각종 유해물질

(1) 입자상 물질(Particulate Matters: PM)

CI엔진의 출력은 연료분사량에 의해서 조절된다. 즉 연료를 많이 공급할수록 출력은 그에 비례해서 증가한다. 하지만 환경오염과 배기가스 규제 등의 문제로 인해 무조건 출력을 높일 수만은 없다. 특히 스모크 제한 때문에 연료분사량이 제한된다. CI엔진의 연소실 전체 A/F는 약 50정도이고, 당량비 ϕ=0.3정도로 희박연소를 한다. 다만 화염이 일어나는 곳 부근의 당량비 ϕ=1 근방이고 만약 전체 당량비 ϕ=0.8 이상이면 스모크가 과다하게 발생하게 된다.

매연(soot, black smoke)은 고분자 탄화수소가 열분해하여 생긴 탄소입자가 성장하면서 생성된다. 매연이 가장 많이 생성되는 시기는 예혼합에 의해 생성된 뜨거운 생성물이 연료분무를 둘러싸서 연료분무가 주위 공기와 차단되는 확산연소 시작부분이다. 즉, 매연의 생성은 온도와 관련이 높은데 연료가 농후한 지역이 고온일수록, 전체공연비가 낮을수록 매연의 생성은 증가한다. 고온공기와의 혼합 때문에 대부분 확산연소 시작부분에서 생성된 매연은 산화하고 5~10%만 대기로 나온다. 그러나 연소 후기에 생성된 매연은 산화되지 않고 밖으로 배출된다. 매연의 발생을 줄이기 위하여 확산연소를 짧게 하면 매연 이 생성될 수 있는 시간을 줄일 수 있다. 또 연소 후 배기과정까지의 시간이 늘어나면 매연이 산화될 시간이 늘어나기 때문에 매연의 배출이 감소될 수 있다.

확산기간을 짧게 하기 위해서 스월을 증가시키고 고압분사를 통해 분무연료를 잘 미립화 시켜야 한다. 특히 커먼레일 연료분사장치 방식을 사용하면 고압분사가 가능하고 전자식으로 분사시기를 조절할 수 있어 매연을 줄이는데 유리하다.

분사시기를 앞당기면 팽창행정동안의 온도가 높아 매연이 산화할 수 있는 기간이 길어져 매연이 덜 배출된다. 그러나 분사시기를 앞당기면 연소소음은 증가한다. 또한 분사율을 증대시켜 고압으로 연료를 분사하면 분무속도가 빨라지고, 미립화가 촉진되기 때문에 확산 연소기간 짧아져 매연을 감소시킨다.

엔진부하가 늘어나면 더 많은 연료가 분사되고 매연의 생성이 증가된다. 그 이유는 많은 연료가 분사되면서 연소온도가 상승하고 확산연소 지속시간이 증가하여 매연이 생성될 시간이 길어지는 반면 확산연소가 끝난 후 매연이 산화될 수 있는 시간이 부족하기 때문이다.

(2) 탄화수소(HC)

적절히 제어되는 CI엔진에서 HC는 반응영역둘레부근으로 혼합기가 너무 희박한 지역에서 점화지연이 길어질수록 더 많이 배출한다. 점화지연이 짧아지면 HC의 배출이 감소하지만 어떤 값 이하에서는 더 이상 감소하지 않는다. 이러한 경우 대부분의 HC는 노즐색(nozzle sac)이나 노즐구멍에 갇힌 부분에서 생성된다고 볼 수 있다. HC는 IDI 엔진보다 DI엔진에서 더 많이 배출되며 특히 점화지연기간이 상당히 긴 저부하 영역에서 더 많이 배출된다. HC의 생성은 매연과 함께 점화지연기간과 관련이 깊으며 배출량을 감소시키기 위하여 분사시기를 빠르게 하면 NOx 및 소음이 증가한다.

(3) 질소산화물(NOx)

질소산화물(NOx)은 연소온도와 산소의 국부적 농도, 연소의 지속시간(체류시간)에 따라 생성량이 결정되며 확산 반응기간 동안 반응영역의 희박한 쪽에서 생성된다. 분사시기를 지연시키면 전체온도가 낮아져 연소지속시간의 증대에도 불구하고 질소산화물의 배출량이 감소하는데 이는 NOx가 온도에 민감하여 낮은온도에서 배출량이 감소하기 때문이다. 또한 연료분사율을 증대시킴으로써 확산연소단계의 기간을 줄여 NOx의 배출을 감소시킨다. 배기가스 재순환(Exhaust-Gas Recirculation; EGR)을 이용하여 배기가스를 다시 연소시키는데 재활용한다면 불활성가스에 의해 연소온도가 낮아지므로 NOx 배출 감소시킬 수 있다. 고압분사를 하여 분사압을 증가시키면 미립화가 촉진되고 국부 화염온도가 올라가므로 NOx 생성물이 증가하게 된다. 분사시기를 늦게하면 온도가 낮아져서 NOx생성이 줄어든다.

고분사압력과 분사시기가 매연과 NOx에 미치는 영향은 서로 상충되는 배출특성을 가지고 있다. CI엔진의 분사시기를 앞당기면 NOx가 증가하지만 매연이 산화할 기간이 길어져 매연은 감소한다. 이와는 반대로 분사시기를 지연시키면 NOx의 배출은 감소하고 매연은 증가한다. 또한 매연생성이 감소되는 부분 부하시에도 NOx는 여전히 생성된다.

이러한 매연과 NOx생성의 특성을 이용하여 고압분무와 동시에 분사를 지연시키면 매연과 NOx의 생성을 동시에 줄일 수 있다. 여기서 분사지연은 NOx를 억제시키는 역할을 하면서도 매연의 생성을 증가시키지만 고압분무를 통해 매연의 생성을 억제시킨다. 표 10-3은 분사압력, 파일럿 분사, 분사시기 지연이 배기가스와 각종 성능에 미치는 영향을 나타내고 있다.

표 10-3 배출가스 저감을 위한 방법

		분사시스템			
		분사압력		파일럿 분사	분사시기 지연
		고압	압력제어		
배출가스	PM, HC	◎	◎		X
	NOx	X	○	◎	◎
연비		○	○	○	X
소음		X	○	◎	○
시동성			○	○	X
주행성능		○	◎		X

10.4.2 연소소음 방지대책

압축착화엔진은 노킹에 의해서 발생한다. 따라서 노킹을 줄이는 방법을 사용한다면 연소소음을 줄일 수 있다. 일단 노킹을 없애기 위해서 연소지연기간을 줄여주어야 한다. 연소실 내부를 고온으로 유지하여 열전달률과 화학반응률이 높아지도록 하면 연소지연기간을 줄여주어 노킹을 줄일 수 있다. 또한 고압을 이용하여 열전달율을 증가시키거나 고세탄가의 연료를 사용하여 자발점화가 쉽게 일어날 수 있게 하면 노킹을 줄일 수 있고 결과적으로 연소소음을 줄일 수 있다.

다른 방법으로 지연기간 동안에 만들어지는 혼합기의 양을 줄이는 방법이 있는데 초기의 분사율을 낮추거나 그림 10-16과 같이 초기에 연료를 약간 먼저 분사하는 파일럿 분사나 예분사를 통해 연소소음을 줄일 수 있다.

10.5 균일예혼합 압축착화엔진(HCCI엔진)

균일예혼합 압축착화(Homogeneous Charge Compression Ignition; HCCI) 엔진은 압축초기에 연료를 분사하는 SI엔진과 같이 균일하게 혼합기가되어 상사점 부근까지 도달하고 CI엔진과 같이 압축착화되어 연소되는 원리로 작동한다. 공기와 연료가 혼합된 혼합기를 흡입하는 것은 SI엔진과 유사하나 스파크 플러그가 아닌 압축착화하는 방식으로 연소된다는 면에서는 CI엔진의 원리와 같다. 연료와 공기를 균일하게 혼합하여 연소실로 보내고 점화플러그 없이 압축에 의해 피스톤이 상사점에 도달하기 직전에 여러곳에서 동시에 자기착화되기 때문에 급속연소도 가능하다. 그림 10-19는 SI엔진, CI엔진, HCCI엔진의 연소과정의 차이를 나타내고 있다. 가솔린을 연료로 사용하는 HCCI엔진은 순수한 SI엔진보다 압축비를 높일 수 있어 실린더 내부의 에너지 효율을 좋게 할 수 있기 때문에 고출력과 연비개선효과가 있다. 또 HCCI엔진에서는 쓰로틀이 없기 때문에 부분부하 효율이 SI엔진에 비해 상당히 높다. 경유를 사용하는 HCCI엔진은 균일 예혼합에 의해 순수 CI엔진 연소지점보다는 희박한 연소가 가능하여 연소온도를 낮출 수 있어

NOx 발생을 줄일 수 있고, 연료과잉상태를 제거하고 균일혼합기 연소를 통해 국부적 산소부족 영역이 없어지므로 매연이나 입자상물질을 저감할 수 있다.

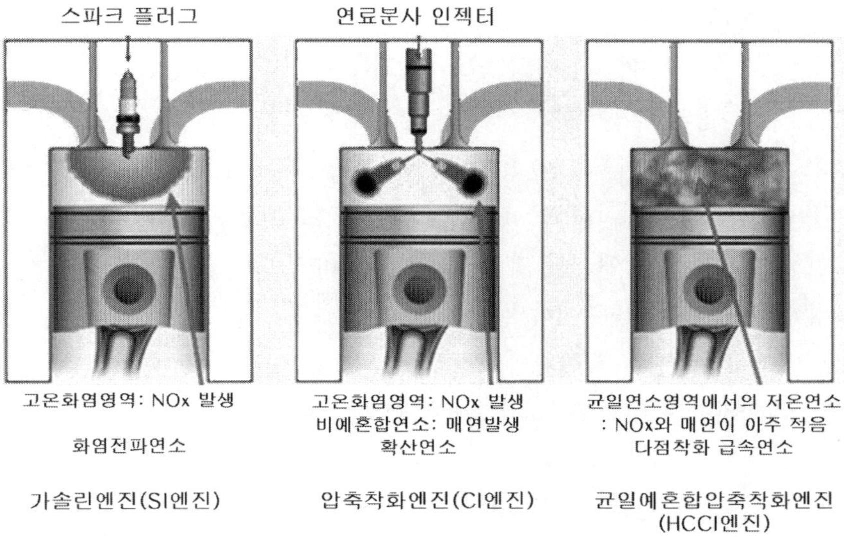

그림 10-19 SI엔진, CI엔진, HCCI엔진의 연소과정의 차이

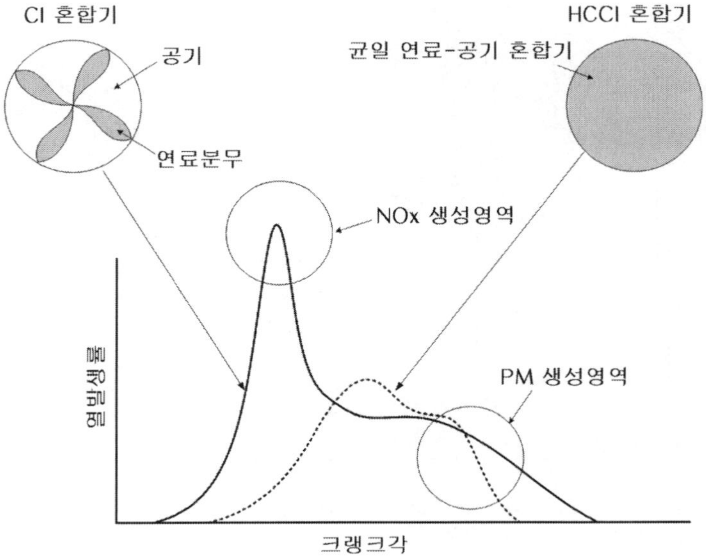

그림 10-20 CI엔진과 HCCI엔진의 열발생률 선도

그림 10-20은 CI엔진과 HCCI엔진의 열발생 선도를 나타내고 있다. 연료분사 후에 충분한 혼합이 이루어지면 연소 최고압력과 최대온도는 제어되고 NOx 발생이 억제되고, 예혼합이 됨으로써 CI엔진에서 일어나던 후연소 기간이 감소되고 연소기간이 짧아져서 매연의 발생도 억제된다.

등가비 변화에 따른 HCCI엔진의 연소 온도와 배기가스 생성영역을 표시하면 그림 10-21과 같다. 기존의 CI엔진은 NOx와 매연발생영역을 모두 지나가지만 HCCI엔진은 저온연소로 이를 동시에 회피할 수 있는 영역에서 연소가 이루어진다. NOx 저감을 위해서는 저온연소가 이루어져야하고 이 방법으로는 EGR를 사용한다. 매연발생을 피하기 위해서는 연소실내 국부적인 연료과잉상태가 발생하지 않도록 분사전략을 잘 시행하여 예혼합상태 혼합기를 잘 만들어야 한다.

HCCI엔진의 착화과정은 혼합기의 화학적 특성과 온도에 의하여 좌우된다. HCCI엔진에서는 착화지연기간 이내의 짧은 시간내에 연소실에서 예혼합기가 잘 형성되어야하고, 혼합기가 압축행정 말기에 압축착화가 이루어질 수 있도록 혼합기의 화학적, 물리적 특

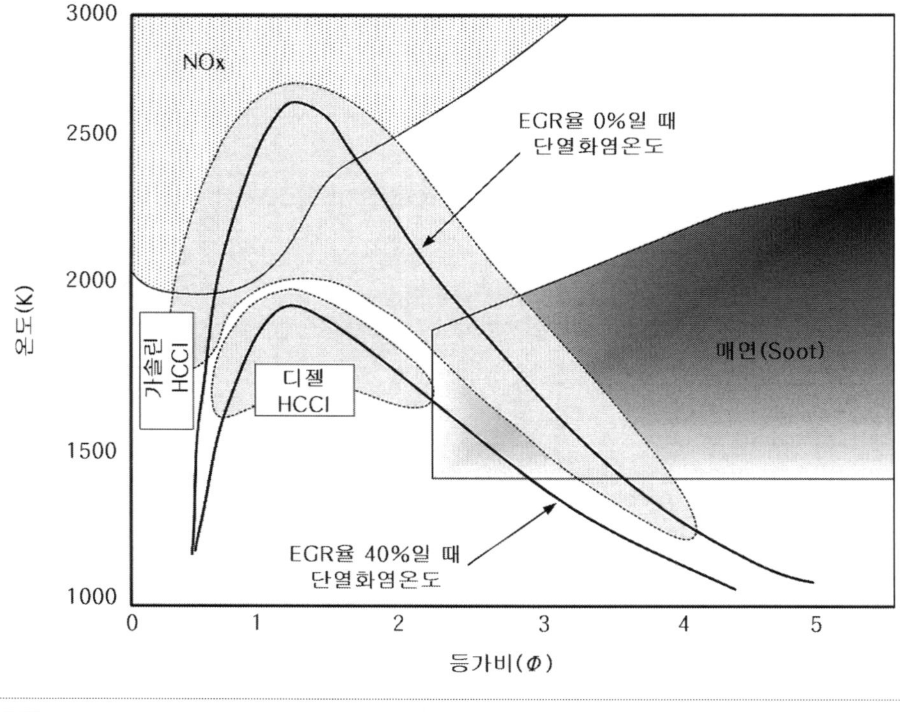

그림 10-21 등가비 변화에 따른 HCCI엔진의 연소온도 및 배기가스 생성영역

성을 제어함으로 동일한 엔진을 이용하여 다양한 종류의 연료를 연소하여 동력을 발생시킬수 있다. HCCI엔진의 착화위치 및 착화시기 제어는 쉬운 것이 아니다. HCCI엔진에서 연소시작을 제어할 직접적인 방법은 없으며 압축비나 흡기온도, 공연비에 의해 이를 제어할 수 있다. 예혼합기가 형성될 때까지는 착화가 지연되어야 하므로 연소실 주위의 엔진냉각을 잘 해주어 착화지연기간을 제어할 필요도 있다. 또한 연료와 공기가 잘 혼합되어있는 상태에서 착화과정이 일어나므로 균질 초 희박 연소가 가능하여 배기가스 배출물(NOx, 매연)의 양을 획기적으로 감소시킬 수 있다.

가솔린 HCCI엔진에서는 2단 분사를 사용하기도 한다. 첫 번째 분사는 흡입행정 초기에 이루어지고 자발착화가 이루어지지 않을 정도로 희박한 균일 혼합기가 형성되며 압축행정동안 두 번째 분사가 이루어져서 부분적으로 약간 농후한 영역이 형성된 예혼합기에서 자발착화가 이루어진다.

HCCI엔진의 부하조절은 CI엔진과 같이 당량비로 제어된다. 저부하 영역에서는 당량비가 너무 낮아 자연착화가 잘되지 않거나, 되더라도 불완전 연소가 일어난다. 고부하 영역에서는 너무 빨리 착화되거나 실린더 내 압력이 급격히 증가하고 노킹을 일으킬 수 있어 운전영역이 제한된다.

저부하, 저회전에서 작동할 경우 연소온도가 낮아 HC의 배출이 과다할 수 있고 팽창행정 중에 산화반응의 부족으로 인한 일산화탄소와 탄화수소가 과다배출되는 문제가 있으며, 고부하에서 작동시에는 급속연소, 연소압력의 과다 상승으로 인한 엔진 손상 및 소음이 발생되는 문제가 있어 저부하와 고부하에서 연소가 제한되는 단점이 있다. 또한 조기착화의 문제점이 있다. HCCI엔진을 어렵게 하는 기술은 저회전영역과 고회전영역의 모든 운전조건에서 안정적인 연소를 얻는 기술이었지만 최근에는 전자제어기술의 발달로 연료분사, 밸브타이밍 등을 최적으로 조절하여 HCCI엔진 기술을 실용화 할 단계에 이르고 있다. HCCI엔진용 연료로는 압축착화가 가능한 다양한 많은 연료사용이 가능하고 가솔린과 경유의 중간성질을 가진 합성연료이용도 연구되고 있다.

HCCI엔진에서는 실린더 내 공기 밀도가 낮으므로 분무 도달 거리가 길어지고, 이 때문에 연료가 차가운 실린더 벽면 혹은 피스톤 상단부에 충돌하게 되어 HC의 배출이 늘어나고 연소효율이 크게 떨어진다. 또한 디젤연료를 사용할 경우에도 실린더 내 온도가 디젤의 기화 온도 보다 낮게 되어 연소효율이 떨어진다. 연소를 제어하는 다른 방법으로는 가변 배기밸브 타이밍을 이용하기도 한다. 또 능동 연소제어 기술로 앞 사이클에서 발생한 고온의 배기가스를 실린더 내에 잔류시킴으로써 착화를 용이하게 한다. HCCI엔진에서 배기밸브를 빨리 닫아 실린더내에 배기가스를 일부 잔류시켜 압축시키고 흡기밸브를 늦게 열어, 즉 모든 밸브가 닫힌 상태에서 연소 후 가스를 높게 유지시켜 자기착화를 가능하게 하도록 한다. 오버랩타이밍을 제어하여 고회전영역에서 자기착화제어가 가능하도록 한다. HCCI엔진에서는 모든 밸브가 닫힌 상태에서 연료의 극소량(약 1/10)을 분사해주면 연료가 반응하기 쉬운 작은부분으로 개질되고, 그 후 나머지 연료로 분사된다. 흡기밸브가 열리면 연소실 온도가 내려가므로 개질된 연료는 연소되지 않고 피스톤 내에서 유지되다가 압축될 때에 미리 분사되어 개질된 연료가 자기착화의 불씨 역할을 한다.

10.6 항공용 디젤엔진

10.6.1 항공기 연료의 변화

항공가솔린 엔진용 연료인 Avgas(항공가솔린)를 구하기가 쉽지 않으며, 최신 디젤엔진 기술이 발전하고 있기 때문에 항공용 압축착화엔진(디젤엔진)이 경비행기에 사용되기 시작하였다. 압축착화엔진인 디젤엔진은 점화시스템이 없어 EMI 감소, 화재위험 감소 등의 이점도 있다. 또한 디젤엔진은 가솔린엔진보다 연료소비가 낮기 때문에 항속거리와 항속시간이 길고, 연비향상과 더불어 연료밀도가 높기 때문에 연료탱크 크기를 줄일 수 있으며, 작동온도 및 작동고도 범위가 넓다.

자동차 가솔린엔진은 유연을 사용하지 않고 무연을 사용하므로 항공용 가솔린엔진 연료인Avgas에서도 유연 연료를 구하기가 쉽지 않다. 무연연료의 출현으로 대부분의 정유공장에서 경제적 이유로 Avgas의 생산을 중지하였다. Avgas의 공급부족은 가격상승을 야기하였고, 일부 지역에서 더 이상 생산하지 않는다. Avgas(100LL)의 옥탄가를 높일 수 있는 주요 첨가제 중 하나는 4에틸납(TEL)이다. 또한 자동차용 가솔린은 증기압이 Avgas보다 높고 옥탄가가 상대적으로 낮아 항공용으로 사용하기 불가능하다.

10.6.2 디젤엔진의 경쟁력

항공용 디젤엔진의 주요 장점으로는 약간의 개조를 통해 경유와 함께 Jet-A(항공유) 모두 사용 가능하며, 엔진의 정비성 및 신뢰성이 좋고 연비가 좋으며, 화재 위험이 작고 점화 시스템이 없어 EMI(electromagnetic interference; 전자기 간섭)가 낮다

항공용 디젤엔진의 제조업체는 Teledyne Continental, Delta Hawk, Sietec, Thielert, A-tech, Diesel-Air, Wilksch, Zoche 등이 있다. 또 항공용 디젤엔진은 2행정, 4행정이 모두 연구개발되고 있고, 냉각방법도 공랭, 수냉이 모두 연구개발되고 있다. 디젤엔진은 좀 더 튼튼하고 내구성이 높고 신뢰성이 높을 뿐만 아니라 높은 열효율을 가지고 있으며 연비가 좋다. 디젤용 연료는 값이 싸고 부피당 에너지율이 높다.

현재 승용차 디젤엔진은 전자제어 연료분사장치를 사용한다. 가장 널리 사용되는 전자분사시스템은 커먼레일 시스템이다. 기계적 분사시스템은 플런저가 캠을 따라갈 수 없기 때문에 엔진의 최대 회전수가 제한되고 실린더로 들어가는 연료량이 충분하지 않아 약 3,000 rpm 이상의 고회전에서는 작동이 원활하지 않다. 커먼레일 시스템을 사용하는 엔진은 쉽게 4,500 rpm 이상에서 원활하게 작동할 수 있다.

오늘날에 모든 디젤엔진은 고공에서 체적효율을 높이기 위해 터보차저(turbocharger)나 수퍼차저(supercharger)와 같은 과급장치를 사용한다. 디젤엔진은 시스템이 단순하기 때문에 더 신뢰성이 높다. 디젤엔진은 점화 시스템이 없으며 최신의 전기적 또는 기계적 분사시스템은 비교적 안정성이 높은 장치이다. 가솔린엔진에서는 공연비가 적절하지 않으면 엔진작동이 안정적이지 못하지만 디젤엔진에서는 가솔린엔진과 같은 정밀한 혼합비 제어는 요구되지 않는다.

10.6.3 항공용 최신 디젤엔진 개발현황

항공용 디젤엔진의 여러 장점 때문에 몇몇 엔진 제조사들은 새로운 엔진을 설계하거나 자동차용 엔진을 항공용으로 개조하고 있다. 액냉식 2행정 피스톤 포트방식 V Diesel을 개발한 Delta Hawk사와 GAP의 2행정 디젤엔진 개발을 위해 DARPA의 지원을 받는 Teledyne Continental사가 대표적이다. DARPA는 Sietec과 새로운 디젤엔진을 개발하는 Global Aircraft Corporation에 SIBR(중소기업계약)을 제공하고 있다.

Sonnex Research도 DARPA와 예약을 체결하여 계층화 충전점화(stratified charge ignition)를 이용한 제트연료 연소방식으로 동차용 가솔린 엔진을 개조하였다.

영국에서는 다양한 중소기업이 디젤엔진을 개발하기 시작했으며, Wilksch사의 WAM 120 디젤엔진은 이미 실험 항공기에 사용되었다.

프랑스 SMA에서는 Renault Sport, Snecma 및 EADS과 컨소시엄을 구성하여 수평 대향형, 공랭식, 기계적 분사방식 및 10,000 ft까지 터보과급이 가능한 230 HP 4행정 디젤엔진을 개발하는데 성공하였다.

독일에서는 Thielert 항공기 엔진이 8,000 ft의 임계고도와 135 HP, 1.7리터 Mercedes 자동차 터보차저 디젤엔진을 항공기 엔진으로 전환하는데 성공하였다. 이 엔진은 액냉식이고 4개의 실린더를 가지고 있으며 커먼레일 분사시스템을 사용한다. Zoche 또한 1985년 이후 4기통 디젤엔진을 개발하여 왔으나 상용화되지는 않았다.

SMA와 Thielert의 TAE 엔진은 모두 이미 비행에 사용되었고 JAR-VLA 인증을 받았다. Wilksh 엔진 또한 실험비행체에 사용되었으나 인증은 고려되지 않았다. 표 10-4는 주요 항공용 최신 디젤엔진의 특성을 나타낸다. 표 10-4에 나타난바와 같이 디젤엔진의 무게(조립되지 않은 엔진)는 약 2 lb/hp이며 SMA와 TAE의 인증된 엔진은 모두 4행정 디젤엔진이다. TAE는 가장 빠르게 회전하는 엔진이며, 이는 전자제어 분사가 가능했기 때문이다.

10.6.4 자동차용 디젤엔진으로부터 개조된 항공용 디젤엔진

일반 항공에서 사용되는 새로운 커먼레일 4행정 디젤엔진이 항공용으로 개조되고 있다.

기존의 자동차용 엔진은 상대적으로 높은 동력비를 갖고 있으며, 리터당 80 HP 이상의 수준이 이미 실현되었다. 자동차 엔진은 개조를 통해 적은 엔진부하의 상승만을 가지면서 동력을 50%(리터당 100 HP 이상)까지 증가시킬 수 있다. 그 방법으로써 기존 자동차용 커먼레일 디젤엔진의 압축비를 감소시키는 대신 터보차저 과급을 사용하여 같은 압력을 유지한다. 또한 디젤 엔진은 공기과잉으로 작동하는데 커먼레일 시스템을 사용함으로써 연소시간을 더 길게 유지시킬 수 있으며, 정밀한 연료분사량의 조절로 최대 토크를 길게 유지할 수 있다. 이를 위해 매 사이클 마다 연료가 순차적으로 다중분사 방식으로 분사되기도 한다. 항공용 디젤엔진에서는 자동차용 디젤엔진에 비해 환경법이 덜 제한적(UAV의 경우 단지 연기가 보이지 않을 것)이기 때문에 더 많은 연료를 사용할 수 있으며, 이에 따라 이륙 시에 짧은 동력 급상승이 가능하다. 무게-출력비 개선을 위해 엔진 무게를 낮추는 것은 적은 비용으로도 가능하며, 이는 출력을 증가시키는 것보다 훨씬 효과적이다. 디젤엔진의 주철 크랭크 케이스는 알루미늄으로 설계 가능하며 일부 다른 부분도 무게를 감소시킬 여지가 충분하여 경량화 연구 및 개발이 계속되고 있다. 이와 같은 개조를 통하여 항공용 4행정 압축착화(CI)엔진은 항공용 4행정 스파크 점화(SI)엔진에 상당하는 성능을 낼 수 있다.

표 10-4 항공용 최신 디젤엔진 개발현황

제조사	SMA SR-305	Thielert TAE-125	Delta Hawk	ZOCHE ZO-01A	GAP Teledyne Continental	Airship UK A-Tech 100	Wilksch UK WAM-120
마력 [HP]	230	135	150	150	200	100	120
회전수 [rpm]	2,500	3,900	2,700	2,500	2,200		2,200
배기량 [Liter]	5	1.7	3.3	2.66	3.9	1.81	1.8
연료소모율 [lb/hp-hr]	0.37	0.38	0.38	0.37	0.36	0.36	0.46
분사방식	mechanic	electronic	mechanic	mechanic	mechanic		mechanic
과급장치 여부	Y	Y	Y	Y	Y	Y	Y
실린더 개수	4	4	4	4	4	2	3
오버홀 기간 [hr]	3,000	2,400	2,000	2,000	3,000		1,000
중량 [lb]	400	300	270	185	300	220	220
엔진형식	4 stroke Horizon	4 stroke InLine	2 stroke V-type	2 stroke Radical	2 stroke uniflow Horizon	2 stroke uniflow Horizon	2 stroke uniflow Inverted
임계고도 [ft]	12,000	8,000	15,000	9,000		25,000	
냉각방식	Air/oil	Liquid	Liquid	Air	Liquid	Liquid	Liquid
압축비	16:1	19:1	19:1	17:1	18:1		
무게/출력 [lb/hp]	1.7	2.2	1.8	1.2	1.5	2.2	1.8
제원 (높이×넓이×길이) [cm]	75×90×75	58×78×80	48×58×68	56×56×81	60×85×89	35×70×57	66×53×77

10.6.5 항공용 디젤엔진의 장단점

디젤엔진은 가솔린엔진에 비해 15~25% 정도의 연비향상 효과가 있기 때문에 항공용 디젤엔진에서도 특정 임무에 필요한 연료 요구량이 감소한다. 또한 전자제어 분사장치의 사용으로 연료-공기 혼합기를 보다 정확하게 제어할 수 있고 엔진출력제어도 가능하다. 가솔린엔진의 제동연료소모율인 bsfc는 0.41~0.44 lb/hp-hr인 반면에, 디젤엔진의 bsfc는 0.32~0.39 lb/hp-hr로 가솔린엔진에 비해 더 낮은 장점이 있다. 또 디젤엔진은 상대적으로 연료-공기비에 덜 민감하여 희박혼합시 사용에도 큰 문제가 되지 않는다. 항공기에서는 고도변화에 따른 밀도변화에 의해 연공비의 변화하기 때문에 상대적으로 연공비에 덜 민감한 디젤엔진이 더 유리하다. 가솔린보다 발열량이 높은 제트연료의 사용도 디젤엔진의 장점이다. 제트연료는 연료밀도가 높기 때문에 디젤엔진 사용시 연료탱크의 크기를 줄일 수 있으며, 새로운 항공기 개발시에 전체 무게를 줄이는데 효과적이다. 또한 디젤엔진은 열효율이 높기 때문에 방출열이 10~15% 감소하고, 이 때문에 냉각시스템을 작게 할 수 있어 엔진 무게를 더 줄일 수 있다. 대부분의 항공용 디젤엔진은 제트연료에서도 작동하도록 설계하거나 개조할 수 있으며, 제트연료는 증기압이 Avgas보다 낮아 더 높은 고도에서 엔진동작이 가능하다. 운용 비용측면에서는 디젤엔진은 연비가 좋고 디젤엔진용 연료가 더 저렴하므로 직접적인 운용비용을 줄일 수 있다. 또한 디젤엔진의 연비가 가솔린 엔진에 비해 15~25% 증가하므로 항속거리도 증가한다.

반면 디젤엔진은 가솔린엔진에 비해 무겁고, 터보차저를 사용하여 높은 고도 운행에서는 좋지만 이륙 시와 같은 낮은 고도 운행에서는 성능이 다소 저하된다. 또한 디젤엔진용 연료는 낮은 온도에서 점성이 큰 단점이 있다.

CHAPTER 11

항공기 왕복기관

프로펠러

프로펠러는 왕복기관 또는 터보프롭기관으로부터 동력을 전달받아 회전함으로써 프로펠러 회전 원판을 지나는 공기에 동력을 주어 비행에 필요한 추력을 발생시키는 항공기의 주요 부분이다. 프로펠러는 기관의 회전축에 연결되어 허브배럴(hub barrel), 버트(butt) 또는 베이스(base), 생크(shank), 블레이드(blade), 팁(tip), 피치 조정 장치로 이루어져 있다.

프로펠러 팁이 음속에 가까우면 유동박리가 일어나서 진동을 발생시키고 과도한 응력을 일으키며 추진효율을 떨어뜨리는 원인이 되므로 팁속도는 음속 이하로 운용시켜야 한다. 효율을 최대로 내기 위해서는 프로펠러와 기관이 잘 매칭되어야 한다.

11.1 프로펠러의 구조

프로펠러는 허브에 블레이드가 장착되며, 크랭크축이 저속 회전하는 항공기에서는 크랭크축과 직접 연결되나, 프로펠러 팁 속도가 음속에 가까우면 진동을 발생시키며 과도한 응력이 발생되므로 축이 고속 회전하는 항공기에서는 감속기어를 거쳐 회전하도록 연결된다. 초창기의 비행기나 소형 기관의 프로펠러는 피치를 변화시킬 수 없는 고정 피치 프로펠러였으나, 현재 비행기는 대부분 비행 중에 블레이드각을 조정하여 비행상태에 맞게 자동으로 피치를 조정하며 일정한 프로펠러 회전속도를 유지할 수 있는 가변 피치 프로펠러가 많이 사용된다. 정속프로펠러에서 항공기의 속도가 작을 때는 저피치, 속도가 빠를 때는 고피치를 자동적으로 유지한다. 또한, 기관이 고장날 때 활강을 잘 하도록 할려면 프로펠러가 회전하지 않도록 블레이드를 비행방향과 평행이 되도록 피치를 변경시키는 페더링(feathering) 프로펠러와 착륙 후 활주거리를 짧게 하기 위해 피치를 반대로 하여 후진방향으로 추력을 발생시켜 브레이크로 사용하는 역(reverse)피치 프로펠러가 있다.

11.1.1 프로펠러 블레이드의 명칭

프로펠러는 2개 이상의 블레이드가 허브에 장착되며, 블레이드의 단면은 날개의 에어포일과 같다. 블레이드의 단면은 그림 11-1과 같이 앞전(leading edge), 뒷전(trailing edge), 곡면으로 된 윗면 또는 등(back or chambered side), 밑면(face or flat side)으로 구분할 수 있다. 블레이드 회전면에서 볼 때 블레이드 윗면은 항공기의 앞쪽이고 블레이드의 밑면은 뒤쪽에 해당된다. 블레이드 앞전은 둥근 모양을 하고 있으며 프로펠러가 회전할 때 공기를 직접 가르는 부분이며 블레이드 뒷전은 앞전의 반대쪽으로 날카로운 끝을 가지고 있다. 앞전이 공기를 가를 때 공기는 블레이드의 윗면과 밑면을 지나면서 압력차이에 의해 블레이드 윗면 쪽으로 양력이 발생하여 추력이 발생된다.

그림 11-1에서 블레이드가 회전하는 축에 수직한 가상면을 회전면이라 한다. 블레이드의 시위선과 회전면이 이루는 각을 블레이드각(θ) 또는 피치각(β)이라 하고, 비행속도와 블레이드의 회전속도를 합한 합성속도를 상대공기 유입 속도라 하며 상대공기 유입방향과 회전면이 이루는 각을 유입각(ϕ)이라 하고, 상대공기 유입 방향과 시위선이 이루는 각을 받음각(α)이라 한다. 상대공기 유입은 항공기 전진속도와 프로펠러에 의해 유도된 유입속도의 합과 같다. 받음각은 블레이드각에서 유입각을 제외한 각도와 같다.

프로펠러 블레이드는 그림 11-2와 같이 블레이드 생크, 블레이드, 블레이드 팁으로 나누어진다. 블레이드 버트 또는 베이스는 허브 속에 블레이드를 꼭 맞게 끼워 맞출 수 있는 블레이드 끝이다. 블레이드 생크는 블레이드의 뿌리부분으로 강도를 주기 위해 두껍게 되어 있고 허브 배럴에 연결되며, 추력이 발생되지 않는다. 블레이드 팁은 블레이드의 가장 끝 부분으로 회전 반지름이 가장 크고, 눈에 잘 보일 수 있는 색깔을 칠해 회전 범위나 회전 여부를 나타낸다.

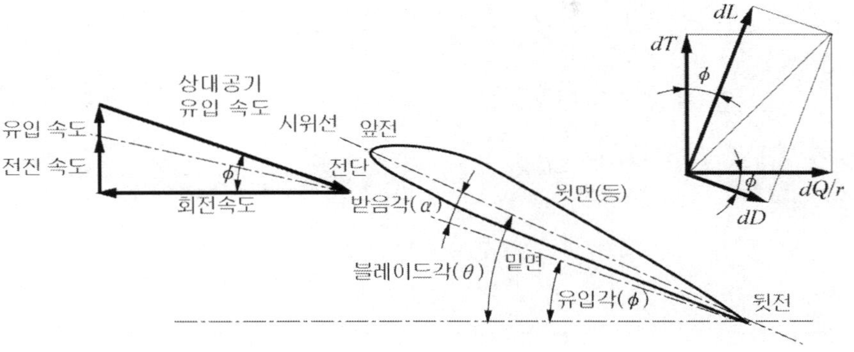

그림 11-1 프로펠러 블레이드의 에어포일 단면

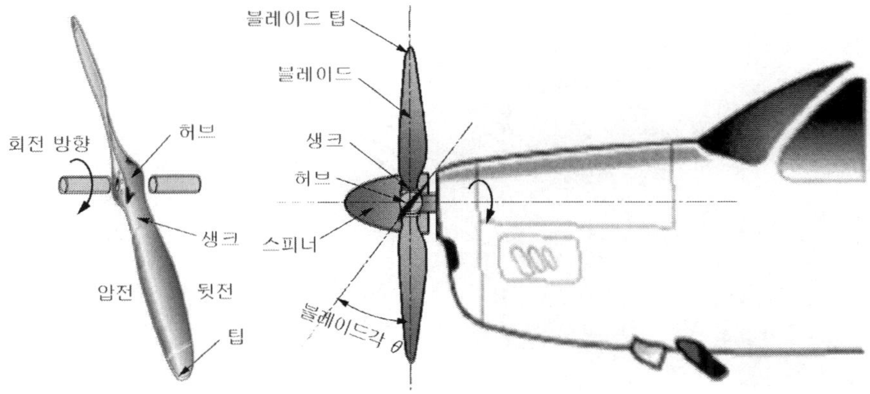

그림 11-2 프로펠러의 구조

허브에서 팁에 이르는 각 위치에서 각 블레이드 요소는 다른 속도로 회전한다. 즉 허브 쪽이 팁 쪽보다 속도가 낮다. 프로펠러가 회전할 때 블레이드의 각 요소는 최적 받음각이 되도록 블레이드각은 일정하지 않고 허브 쪽의 블레이드각이 크다. 각 요소에서 블레이드각이 다르므로 블레이드는 뒤틀려 있다.

블레이드의 위치는 그림 11-3과 같이 허브의 중심으로부터 블레이드를 따라 위치를 표시한 것으로 일정한 간격으로 나누어 정한다. 이것은 일반적으로 허브의 중심에서 6인치 간격으로 블레이드 팁까지 나누어 표시하며, 블레이드의 성능이나 블레이드의 결함, 블레이드각을 측정할 때에 그 위치를 알기 쉽게 한다. 그리고 그림 11-3과 같이 회전축선 위의 한 점을 향하도록 블레이드의 위치에 따라 각도를 다르게 하여, 허브 쪽에는 각이 크고 블레이드 팁 쪽으로 갈수록 각도를 작게 만들어야 한다.

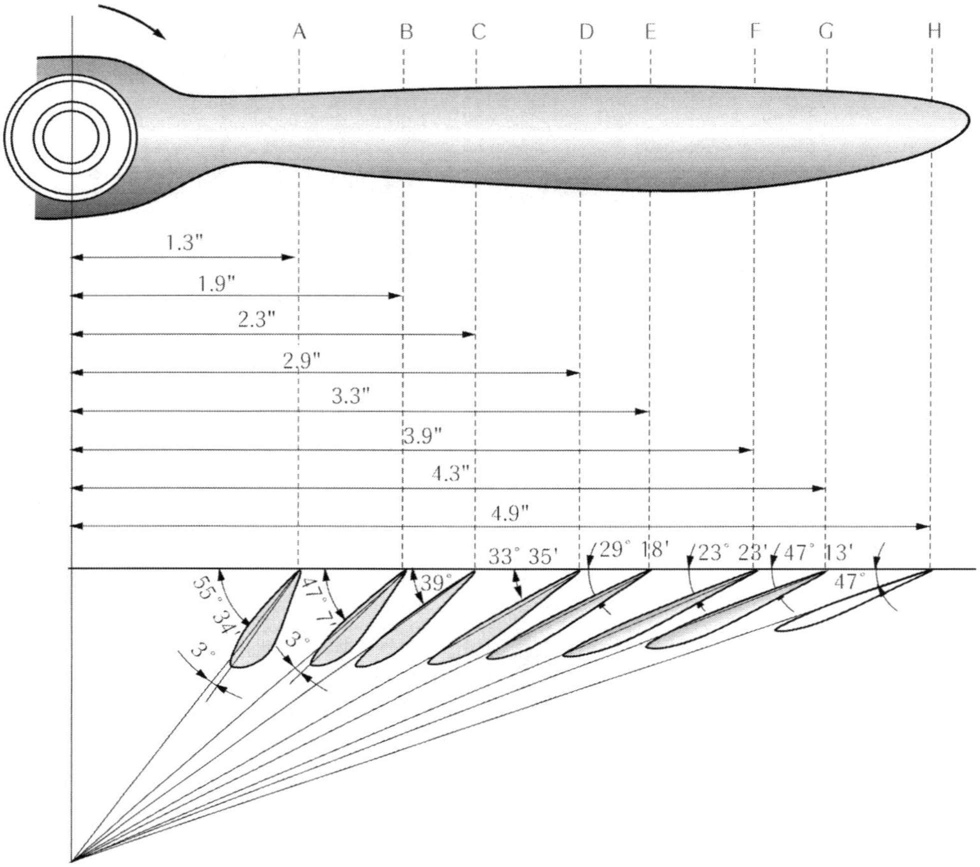

그림 11-3 프로펠러 블레이드의 단면

피차란 나사와 같은 스크루가 1회전할 때 진행하는 거리를 의미하며 프로펠러 피치는 프로펠러가 1회전할 때 비행체가 전진하는 거리를 말한다.

피치는 블레이드각이 크면 커지고 블레이드각이 작으면 작아지므로 블레이드각을 피치각이라고도 부른다.

11.1.2 프로펠러 피치

유효피치는 프로펠러가 1회전하는 동안에 항공기가 전진한 실제 거리를 나타내며 기하학적 피치는 프로펠러의 요소가 프로펠러 블레이드각과 같은 각으로 나선을 따라 움직일 때 1회전하는 동안 항공기가 전진하는 거리를 말한다.

프로펠러 블레이드각은 블레이드의 전 길이에 걸쳐 일정하지 않고 블레이드 뿌리에서 블레이드 팁으로 갈수록 작아진다. 일반적으로 프로펠러의 블레이드각을 대표하여 표시할 때에서는 프로펠러의 허브 중심에서 75% 되는 위치의 블레이드각을 말한다.

(1) 기하학적 피치

기하학적 피치(geometric pitch)는 프로펠러 블레이드를 한 바퀴 회전시켰을 때 앞으로 전진할 수 있는 이론적 거리를 말한다. 이것은 나사와 같이 한 바퀴 돌렸을 때 나아갈 수 있는 거리와 같다라고 생각할 수 있다.

즉, 공기를 강체로 가정하여 블레이드각 θ인 프로펠러의 블레이드를 1회전시킬 때, 중심으로부터 거리 r인 프로펠러의 블레이드가 전진하는 거리를 기하학적 피치(H_{geo})라 하며 다음과 같이 나타낼 수 있다.

$$H_{geo} = 2\pi r \tan\theta \tag{11 · 1}$$

$$\tan\theta = \frac{H_{geo}}{2\pi r} \tag{11 · 2}$$

블레이드의 길이에 따라 블레이드각이 일정하다면 기하학적 피치는 블레이드 끝으로 갈수록 커지므로 1회전하는 동안에 도달하는 거리가 커지면서 휨 응력도 점점 크게 받게 된다. 따라서, 블레이드의 전 길이에 걸쳐 프로펠러가 1회전하는 동안에 도달하는 거리 즉 기하학적 피치를 같게 하려면 블레이드 팁으로 갈수록 블레이드각이 작아지도록 비틀리게 설계하여야 한다.

(2) 유효피치

유효피치(effective pitch)는 공기 중에서 프로펠러가 1회전할 때에 실제로 전진하는 거리로써, 항공기의 진행거리이다. 비행속도가 V, 회전속도가 N(rps)인 프로펠러의 경우, 1회전하는데 소요되는 시간은 $1/N$초이므로, 프로펠러가 1회전하는 데 비행기가 실제로 전진하는 거리인 유효피치(H_{eff})는 $V \times 1/N$이 된다.

유효피치각은 다음과 같이 구할 수 있다.

$$\tan\theta_{eff} = \frac{H_{eff}}{2\pi r} = \frac{V}{2\pi r N} \tag{11 · 3}$$

공기는 실제로 강체가 아니고 유체이므로 일반적으로 유효피치는 기하학적 피치보다 작으며, 이것의 차이를 평균 기하학적 피치로 나누어 백분율로 표시한 것을 프로펠러 슬립이라 한다. 그림 11-4에는 프로펠러 슬립 거리를 나타내고 있다.

$$\text{슬립} = \frac{\text{기하학적 피치} - \text{유효피치}}{\text{기하학적 피치}} \tag{11 · 4}$$

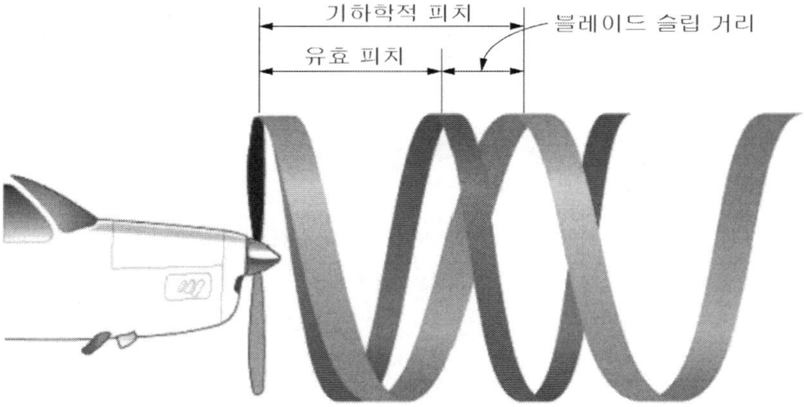

그림 11-4 프로펠러 슬립

예제 11-1

3,000 rpm으로 상승비행속도 130 km/h로 상승할 때 r =0.7인 곳에서의 유효피치각을 구하라.

풀이

$$\tan\theta_{eff} = \frac{V}{2\pi rN} = \frac{130 \times 10^3 / 3600}{2\pi \times 0.7 \times 3000 / 60} = 0.1642$$

$$\theta_{eff} = 9.325°$$

11.1.3 프로펠러 블레이드 개수

동력이 큰 기관일수록 더 많은 블레이드 개수가 요구된다. 블레이드는 특정한 기관의 요구에 맞게 형상이나 개수가 최적화되어야 한다. 대부분의 소형항공기에서 블레이드 개수는 2~3개가 보통이고 대형항공기에서는 4개 또는 그 이상, 최대 8개까지의 블레이드가 사용되고 있다.

블레이드는 기관의 동력을 흡수하여 프로펠러 회전 원판을 지나는 공기를 가속하여 추력을 내게 하는 역할을 하는데 기관이 커질수록 보다 큰 동력을 흡수할 수 있는 프로펠러를 설계하는 방안으로는 프로펠러의 블레이드각(또는 피치각)을 증가시키거나, 프로펠러 디스크 직경, 즉 블레이드 길이를 증가시키거나, 프로펠러 회전수를 증가시키거나, 블레이드 개수를 증가시키면 가능하다. 그러나 블레이드각은 공력효율이 최적이 되도록 설계되며, 이것에서 벗어나면 효율이 떨어지고, 블레이드 길이를 증가시키거나 회전속도를 증가시키면 블레이드팁 속도가 증가하기 때문에 제한이 있고, 에어포일 캠버도 공력효율이 최적이 되도록 설계되기 때문에 이것에서 벗어나면 효율이 떨어지며, 또 캠버가 크게 되면 블레이드의 구조적인 문제도 야기한다. 블레이드의 코드(넓이)를 증가시키거나 블레이드 개수를 증가시키면 프로펠러 회전원판의 공기가 흐르는 면적 중 블레이드가 차지하는 면적비인 솔리디티(solidity)가 커지게 된다. 솔리디티가 증가할수록 프로펠러는 공기에 더 많은 동력을 전달할 수 있다. 블레이드 코드(넓이)를 증가시키는 것은 상대적으로 쉽지만 블레이드의 종횡비를 감소시켜 공력효율을 감소시키므로 동력이 증가할수록 블레이드 개수를 증가시키는 편이 더 효과적인 방법이다.

프로펠러 허브에 공간이 없을 때는 같은 기관에 서로 반대방향으로 회전하는 2쌍의 프로펠러를 장착하여 블레이드 개수를 증가시키는 효과를 내기도 한다.

11.2 프로펠러의 성능

프로펠러에 공급한 동력에 따라 프로펠러에서 발생하는 추력의 관계를 구하는 것을 프로펠러의 성능해석이라 한다. 프로펠러의 성능해석 방법은 크게 두 가지로 나누어지는데 모멘텀 이론과 블레이드 요소 이론이다.

모멘텀 이론은 거시적인 입장에서 공기의 운동량 변화로 추력을 예측하는 방법이다. 이 이론은 프로펠러의 전반적인 특성을 이해하는 데는 편리하지만 블레이드각 비틀림 정도와 같이 블레이드의 기하학적 형태는 감안되지 않으므로 프로펠러의 구체적인 성능해석 방법으로는 적합하지 않다. 프로펠러 앞에 있던 공기 질량이 프로펠러를 거치면서 속도가 빨라지므로 결국 프로펠러에 의해 모멘텀의 변화가 일어난다. 이 모멘텀의 변화에 대한 반작용으로 추력이 발생한다.

모멘텀 이론에 비해 블레이드 요소 이론은 블레이드의 단면에 작용하는 바람의 받음각을 계산하여 그 받음각에서 발생하는 공기력의 성분을 구하는데 모든 단면에 걸쳐 같은 계산을 수행하고 적분하면 프로펠러 축에 공급하는 동력과 추력의 관계를 구하는 이론이다.

프로펠러의 블레이드 단면에 작용하는 공기의 받음각을 계산하는 것은 간단하지 않다. 프로펠러의 블레이드 각이 주어져 있더라도 프로펠러가 전진하는 속도 성분이 있고 회전면을 통해 빨려 들어가는 유도 흐름 속도가 있어 이들 요소들의 합성속도로 받음각이 결정된다. 더구나 유도 흐름의 속도는 추력을 알아야 계산할 수 있는데 추력은 유효받음각이 계산되어야 알 수 있다. 모멘텀 이론과 블레이드 요소이론을 결합하면 프로펠러 주위의 유도 속도장은 평가할 수 있고 블레이드 요소이론에서 가정한 유입속도 조건을 더 정확하게 수정할 수 있다.

11.2.1 모멘텀 이론에 의한 프로펠러 추력

그림 11-5와 같이 프로펠러를 지나는 유선튜브를 생각하자. 모멘텀 이론에서 프로펠러를 지나는 공기는 비압축성, 비점성의 완전기체로 가정한다. 항공기의 전진속도는 V_0이고 주위 압력은 P_0이며 프로펠러에 의해 가속되어 유도되는 축방향 속도를 u 라 하자. 프로펠러 원판 부근에서 유입공기는 가속되며 프로펠러를 지나는 공기의 속도 및 압력변화도 그림 11-5의 (b)와 (c)에 나타나 있다.

질량 보존 법칙에서 프로펠러를 지나는 질량유량은

$$\dot{m}_p = \rho V_0 A_0 = \rho (V_0 + u_p) A_p = \rho V_e A_e \tag{11 · 5}$$

모멘텀 식은 $\Sigma F = \frac{\partial}{\partial t}\int_{CV} \rho \vec{V} dV + \int_{CS} \rho \vec{V} (\vec{V} \cdot \vec{n}) dA$이고 정상상태로 가정하고 축방향에 대하여 적용하면

$$F_x = \dot{m}_p (V_e - V_0) = \dot{m}_p u \tag{11 · 6}$$

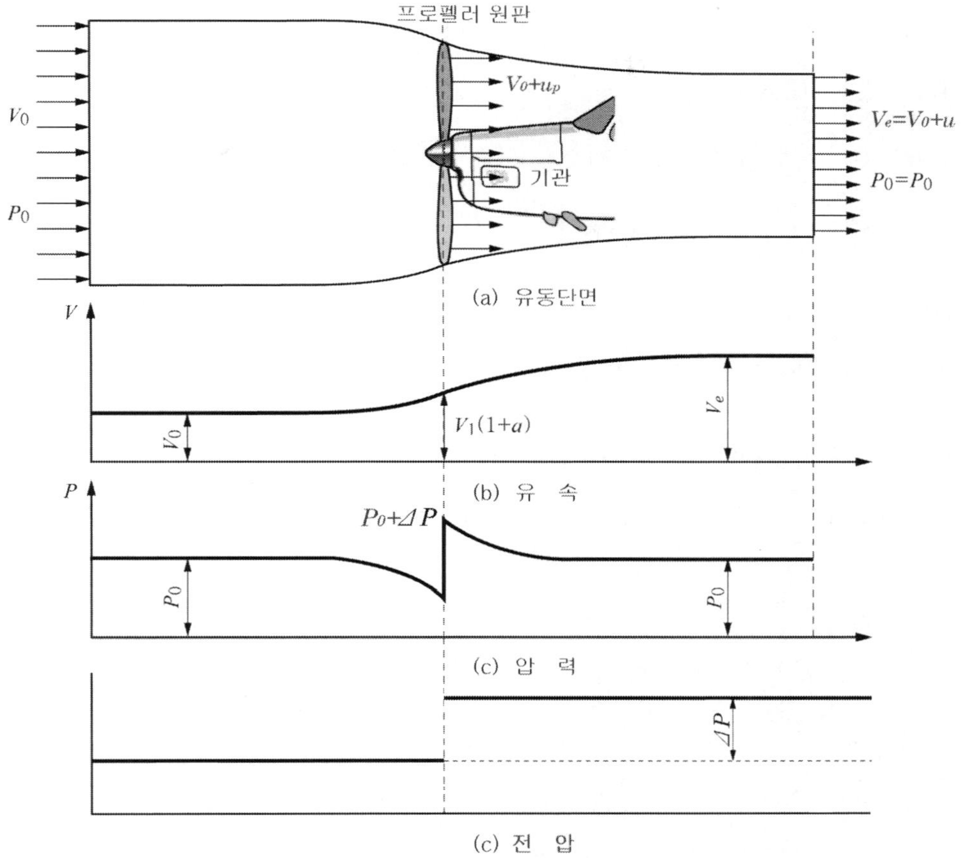

그림 11-5 프로펠러를 지나는 유선튜브

여기서 $u = V_e - V_0$ 이다.

따라서 추력은

$$T = \dot{m}_p (V_e - V_0) = \rho A_p (V_0 + u_p)(u) \tag{11·7}$$

에너지 보존식은

$$\frac{d}{dt}\int_{CV} e_0 \rho dV + \int_{CS} e\rho(\vec{V} \cdot \vec{n})dA = \int_{CS} q'' dA - \dot{W}_{shaft} - \int_{CS} P(\vec{V} \cdot \vec{n})dA \tag{11·8}$$

여기서 $e_0 = e + e_k + e_p$ 이고 e는 $\frac{1}{2}\rho V^2$ 이다.

정상상태로 가정하고 연소 등으로 인한 열전달항이 포함된 $\int_{CS} q'' dA - \dot{W}_{shaft}$ 를 묶어서 프로펠러를 회전시키는 데 필요한 동력 $\dot{W}$로 나타내면 정상상태 에너지 보존식은

$$\dot{W} = \int_{CS} e\rho(\overrightarrow{V} \cdot \overrightarrow{n})dA + \int_{CS} P(\overrightarrow{V} \cdot \overrightarrow{n})dA \tag{11 · 9}$$

유선튜브에 적용하면

$$\dot{W} = P_e V_e A_e + \frac{1}{2}\rho V_e^3 A_e - P_0 V_0 A_0 - \frac{1}{2}\rho V_0^3 A_0 \tag{11 · 10}$$

그런데 $P_e = P_0$ 이고 $V_e A_e = V_0 A_0$ 이므로

$$\dot{W} = \frac{1}{2}\rho V_e A_e (V_e^2 - V_0^2) = \frac{1}{2} T(V_e + V_0) \tag{11 · 11}$$

그리고 $V_e = V_0 + u$ 라 가정하면

$$\dot{W} = TV_0 + \frac{1}{2} Tu \tag{11 · 12}$$

식 (11 · 9)에서 추력을 내기 위해 필요한 동력은 기계적인 추진 유용 동력(TV_0)와 함께 추가적으로 유도 동력 $\frac{1}{2}Tu$가 필요함을 알 수 있다.

토크에 의해 발생된 총동력 중 프로펠러의 유도 동력과 기타 소음 동력으로 손실이 일어나며 이들은 추력을 발생시키는 데 유용하지 못하다.

따라서 추진효율은

$$\begin{aligned}\eta_p &= \frac{\text{추진 유용 동력}}{\text{총 동력}} = \frac{TV_0}{\dot{W}} = \frac{TV_0}{TV_0 + \frac{1}{2}Tu} \\ &= \frac{V_0}{V_0 + \frac{1}{2}u} = \frac{1}{1 + \frac{u}{2V_0}}\end{aligned} \tag{11 · 13}$$

예제 11-2

항공기가 전부하 상태에서 252 km/h의 속도로 비행하고 있다. 동일속도로 실험실 벤치 시험에서 기관동력은 1.5 kW이었다. 공기밀도는 1.225 kg/m^{2}일 때 주어진 속도에서 발생되는 추력을 구하라. 마찰과 회전손실이 아주 작은 프로펠러로 효율이 97%라면 추력을 발생시키기 위해 프로펠러에 의해 가속되는 유도속도를 구하라.

풀이

$$V_0 = 252 \text{ km/h} \times \frac{1000 \text{ m}}{1 \text{ km}} \times \frac{1 \text{ h}}{3600 \text{ s}} = 70 \text{ m/s}$$

$$T = \frac{\eta_p \dot{W}}{V_0} = \frac{0.97 \times 1500}{70} = 20.8(\text{N})$$

$\dot{W} = TV_0 + \frac{1}{2} Tu$ 에서

$$u = \frac{\dot{W} - TV_0}{\frac{1}{2} T} = \frac{1500 - 20.8 \times 70}{\frac{1}{2}(20.8)} = 4.23(\text{m/s})$$

실제 경우는 프로펠러가 Ω의 각속도로 움직이고 프로펠러를 지난 제트로 ω의 각속도로 그림 11-6과 같이 회전한다면 식 (11 · 13)은 다음과 같이 수정된다.

$$\eta_{p,R} = \frac{1 - \frac{\omega}{2\Omega}}{1 + \frac{u}{2V_D}} \tag{11 · 14}$$

프로펠러를 지난 제트의 각 운동 ω는 기관 토크에 의해 발생되므로

$$\frac{\omega}{\Omega} \approx \frac{2u\left(V_0 + \frac{u}{2}\right)}{R^2 \Omega^2} \tag{11 · 15}$$

여기서 R는 프로펠러의 반지름이다.

속도 V_0가 큰 경우

$$\eta_{p,R} \approx \frac{1}{1 + \frac{u}{2V_0(1 + 2\lambda^2)}} \tag{11 · 16}$$

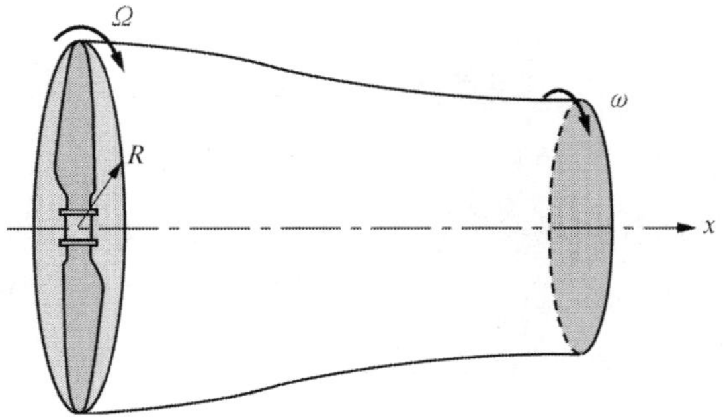

그림 11-6 프로펠러를 지나는 제트

여기서 $\lambda = \dfrac{V_0}{R\Omega}$이며 보통 0.3 이하이기 때문에 제트의 회전에너지는 진행 에너지보다 작다.

11.2.2 블레이드 요소 이론에 의한 추력

프로펠러 블레이드의 단면은 에어포일과 같은 형태로 되어 있으며, 추력 발생 원리도 날개의 양력 발생 원리와 같다. 날개에서는 양력이 비행방향에 직각인 수직방향으로 발생되나, 프로펠러 블레이드는 비행방향과 같은 앞쪽 방향으로 양력을 발생시켜 추력을 얻는다. 프로펠러 블레이드의 회전면은 크랭크축에 수직이며 추력을 얻기 위하여 프로펠러 블레이드는 각 요소가 회전면에 어떤 각도를 이루고 있다. 프로펠러의 추력은 프로펠러의 회전속도, 블레이드각, 그리고 블레이드의 수 및 모양 등에 의해 결정된다.

허브배럴 끝에서부터 프로펠러 블레이드 팁까지의 프로펠러 블레이드는 여러 가지 작은 에어포일 단면을 이루므로 프로펠러의 성능을 해석하기 위해 블레이드 요소 이론을 적용한다.

그림 11-7과 같이 프로펠러를 길이에 따라 몇 개의 독립된 요소들로 나누어서 생각해 볼 수 있다. 축과 각속도 구성 요소들만이 있다라고 가정하고 각 요소를 독립적으로 분석할 수 있다.

블레이드각은 특정 블레이드 단면의 시위(chord)와 프로펠러 회전면 사이의 각도를 말한다.

그림 11-7의 단면 A-A는 그림 11-8과 같으며, 프로펠러에 발생되는 힘과 속도성분을 보여주고 있다.

여기서 V_1은 임의의 요소에 작용하는 상대공기 유입 속도, V_0는 비행속도 $V_{0,eff}$는 임의의 요소에 작용하는 상대공기 유입 속도의 축방향의 속도 성분, V_2는 임의의 요소에 작용하는 상대공기 유입 속도의 회전방향의 속도 성분이다. 또한 임의의 요소의 양력이 0이 되는 무양력선과 기준선의 각을 θ로 정하고 상대유입 속도와 회전면의 각을 ϕ로 정하면 무양력받음각은 α로 $\theta - \phi$와 같다.

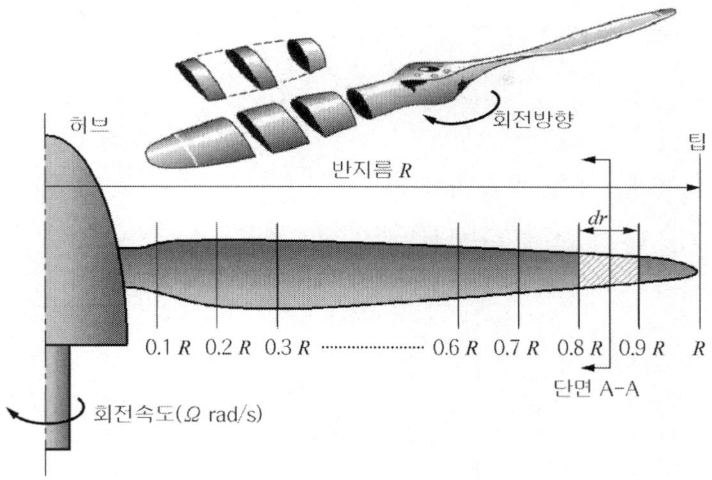

그림 11-7 프로펠러 블레이드의 요소

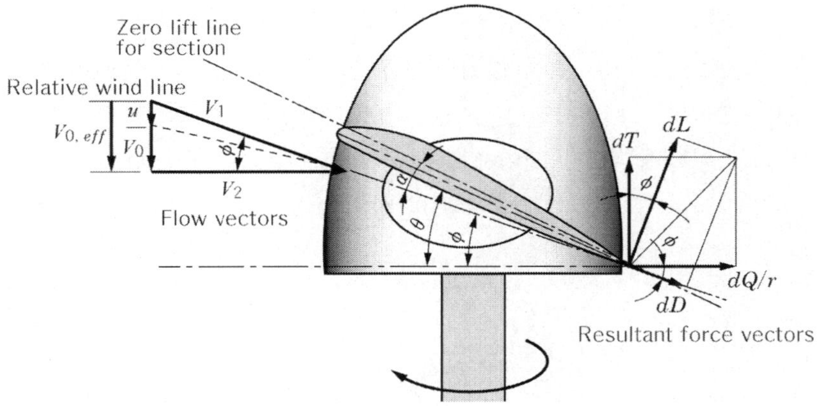

그림 11-8 프로펠러에 의해 발생되는 힘과 속도성분

미소영역 dr에서의 미소 추력(dT)와 미소 토크(dQ/r)는 다음과 같다.

$$dT = dL\cos\phi - dD\sin\phi \qquad (11 \cdot 17)$$

$$dQ/r = dD\cos\phi + dL\sin\phi \qquad (11 \cdot 18)$$

또, 이 요소에서 무양력받음각 α를 알면 C_L과 C_D를 알 수 있으므로 이때의 미소 양력과 미소 항력은 다음과 같다.

$$dL = \frac{1}{2}\rho V_1^2 C_L c dr \qquad (11 \cdot 19)$$

$$dD = \frac{1}{2}\rho V_1^2 C_D c dr \qquad (11 \cdot 20)$$

여기서 ρ는 공기밀도 c는 블레이드 코드이고 블레이드의 개수를 B개라 하면 윗식을 식 (11 · 17), (11 · 18)에 대입하면 다음과 같다.

$$dT = \frac{1}{2}\rho V_1^2 c(C_L\cos\phi - C_D\sin\phi)Bdr \qquad (11 \cdot 21)$$

$$dQ = \frac{1}{2}\rho V_1^2 c(C_L\sin\phi - C_D\cos\phi)Brdr \qquad (11 \cdot 22)$$

한편 $V_{0,eff}$ 과 V_2를 알기 위해 그림 11–9와 같이 단면 A–A를 빠져나가는 전형적인 흐름도관을 생각해 볼 수 있다.

여기서 V_0는 항공기의 비행속도이며 프로펠러로 들어오는 유입공기의 초기 속도이며, $V_{0,eff}$ 는 프로펠러를 지나는 유효 공기속도이다. 프로펠러 회전에 의해 가속되어 축방향으로 유도되는 속도 성분인 u만큼 증가하여 $V_{0,eff}$ 가 된다. V_2는 회전방향의 속도성분 $r\Omega$ 와 근사적으로 같은 값을 가진다. 프로펠러로 유발되는 흐름의 스월(swirl)의 영향으로 V_2가 약간 줄어들게 된다. 제어체적의 출구속도 V_e 는 프로펠러 출구속도이다.

V_x는 x 축 방향의 속도 성분, V_θ는 회전방향의 속도 성분으로 다음과 같이 표기할 수 있다.

$$V_x = V_0(1+a), \quad V_\theta = br\Omega \qquad (11 \cdot 23)$$

여기서 a는 프로펠러 회전에 의해 축방향의 유도속도 증가를 비례적으로 나타내는 비례상수, b는 프로펠러의 회전에 의한 스월의 영향으로 줄어드는 값을 비례적으로 나타내는 비례상수이다.

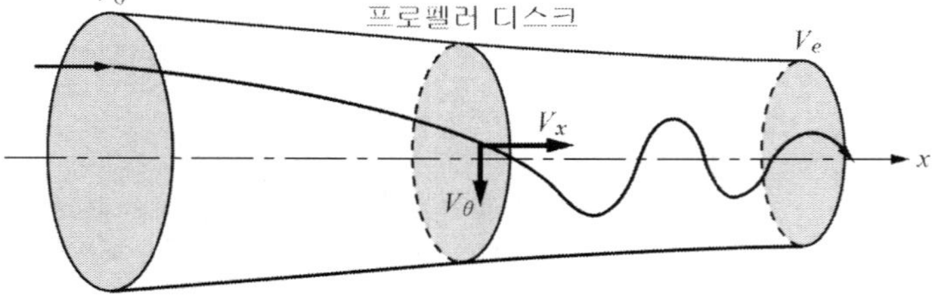

그림 11–9 프로펠러 주위의 공기 흐름

따라서 $V_{0,eff}$ 와 V_2를 다시 생각해 보면 다음과 같다.

$$V_{0,eff} = V_0 + aV_0, \quad V_2 = r\Omega - br\Omega \tag{11 · 24}$$

이를 기준으로 V_1과 a를 정리하면 다음과 같다.

$$V_1 = \sqrt{\left(V_{0,eff}^2 + V_2^2\right)} \tag{11 · 25}$$

$$\alpha = \theta - \phi = \theta - \tan^{-1}\left(\frac{V_{0,eff}}{V_2}\right) \tag{11 · 26}$$

정상상태에서 그림 **11–10**과 같이 단면 A–A의 미소부분에 의해 발생되는 미소추력은 유동의 축방향 모멘텀 변화율과 같으므로 다음과 같이 표기할 수 있다.

$$dT = d\dot{m}\,dV = \rho 2\pi r dr\, V_{0,eff}(V_e - V_0) \tag{11 · 27}$$

프로펠러를 지나는 공기유동의 속도 $V_{0,eff}$ 는 근사적으로 V_0과 V_e의 평균값이라고 생각할 수 있다.

$$V_{0,eff} = (V_0 + V_e)/2$$

$$\text{따라서 } V_e = V_0(1 + 2a) \tag{11 · 28}$$

윗식을 식 (11 · 27)에 대입하면 다음과 같다.

$$dT = \rho 2\pi r V_0(1+a)(V_0(1+2a) - V_0)dr$$

$$dT = \rho 2\pi r V_0^2(1+a)2adr$$

$$dT = \rho 4\pi r V_0^2(1+a)adr \tag{11 · 29}$$

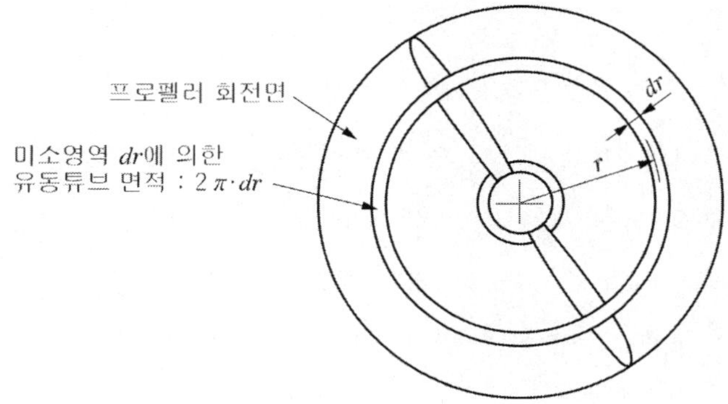

그림 11–10 프로펠러 회전면의 미소면적

각운동량 법칙을 적용하여 미소영역에서의 토크 dQ를 구할 수 있다. dQ는 각운동량 변화율과 반지름의 곱으로 표기되므로

$$dQ = d\dot{m}\, dV_\theta r = \rho 2\pi r dr V_{0,eff}(V_{e,\theta} - V_{0,\theta})r \tag{11·30}$$

축방향의 속도변화와 관련하여 각운동량 보존을 생각하면 슬립스트림에서의 각속도는 프로펠러 회전면에서의 값보다 2배가 된다.

$$V_{e,\theta} = 2br\Omega \tag{11·31}$$

따라서 이것을 식 (11 · 30)에 대입하면

$$dQ = \rho 2\pi r V_0 (1+a)(2br\Omega) r dr$$

$$dQ = \rho 4\pi r^3 V_0 (1+a) b\Omega dr \tag{11·32}$$

앞에서 구한 식 (11 · 21), (11 · 22), (11 · 25), (11 · 26), (11 · 28), (11 · 32)는 4개의 미지변수 dQ, dT, a, b를 포함하고 있는 비선형식이므로 반복법에 의해 미지수를 구한다. 처음에 비례상수 a, b를 가정하고, 식 (11 · 14)와 (11 · 15)에서 블레이드각을 구한다. 식 (11 · 21), (11 · 22)에서 dT와 dQ를 구한다.

식 (11 · 29), (11 · 32)에서 다시 a와 b를 구하여 처음 가정과 비교한다. 가정값과 다르면 가정값을 수정하여 수렴할 때까지 반복적으로 과정을 수행한다. 수렴된 a와 b값을 사용하여 식 (11 · 21), (11 · 22)에서 dT와 dQ를 구한다.

전체 프로펠러 추력과 토크는 미소영역 전체를 적분하여 구할 수 있다.

$$T = \int dT, \quad Q = \int dQ \tag{11·33}$$

추력과 토크 값은 무차원화하면 다음과 같이 표기할 수 있다.

$$C_T = T/(\rho N^2 D^4), \quad C_Q = Q/(\rho N^2 D^5), \quad J = V_0/(ND) \tag{11·34}$$

여기서 C_T는 추력의 무차원 값인 추력계수, C_Q는 토크의 무차원 값인 토크계수, J는 프로펠러로 들어오는 유입공기의 초기 속도 V_0를 프로펠러 선속도로 나눈 무차원 값인 진행률(advance ratio), N은 프로펠러 회전수(rps), D는 프로펠러 지름이다.

추력계수와 토크계수를 사용하여 추력(T)과 프로펠러에 전달되는 동력($\dot{W}$)을 구하면 다음과 같다.

추력 ; $T = C_T \rho N^2 D^4$ (11 · 35)

토크 ; $Q = C_Q \rho N^2 D^5$ (11 · 36)

동력 ; $\dot{W} = Q \cdot \Omega = Q 2\pi N = C_Q 2\pi \rho N^3 D^5$ (11 · 37)

여기서 Ω는 프로펠러의 회전 각속도이다. 프로펠러 구동에 필요한 동력은 회전수의 3승에 비례함을 알 수 있다. 프로펠러 부하곡선은 3장의 그림 3-9에 나타나 있다.

프로펠러의 동력계수를 C_p라 하면

$$C_P = \frac{\dot{W}}{\rho N^3 D^5} = 2\pi C_Q \tag{11 · 38}$$

따라서 프로펠러 효율은 다음과 같이 표기할 수 있다.

$$\eta_p = \frac{TV_0}{\dot{W}} = \frac{C_T}{C_Q}\frac{J}{2\pi} = \frac{C_T}{C_P}J \tag{11 · 39}$$

위 식을 사용할 때는 1마력은 75 kgf · m이고 1 kg_f = 9.8 N 임을 상기하여 단위환산에 주의하여야 한다.

블레이드각 변화 및 진행률에 따른 추진효율은 그림 11-11에 나타나 있다. 프로펠러 효율은 블레이드각뿐만 아니라 진행률에 따라 결정되며, 하나의 블레이드각에서 효율이 최대가 되는 진행률은 1개뿐이다. 예를 들면, 그림 11-11에서 블레이드각이 15°일 때 효율이 최대인 진행률은 0.6이며, 이 진행률에서 N과 D가 정해지면 이에 따라 프로펠러의 효율이 가장 좋은 속도 V_0도 정해진다.

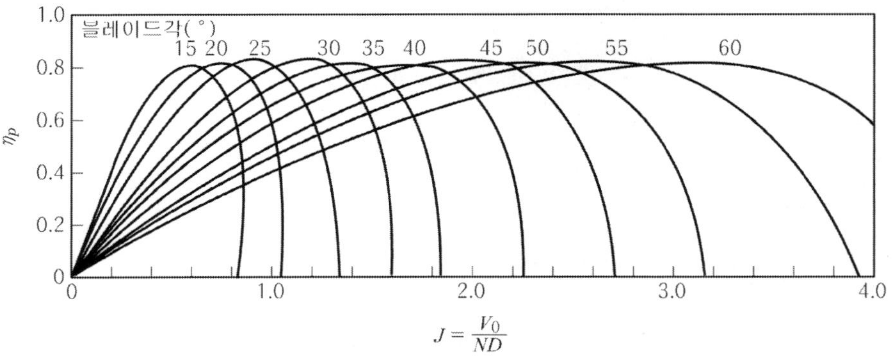

그림 11-11 프로펠러의 효율

그림 11-11에서 보면 진행률이 작을 때에는 블레이드각을 작게 하고, 진행률이 커짐에 따라 블레이드각을 크게 해야만 효율이 좋아진다는 것을 알 수 있다.

따라서, 비행기가 이륙하거나 상승할 때에는 속도가 느리므로 블레이드각을 작게 하고, 비행속도가 빨라짐에 따라 블레이드각을 크게 하면 비행속도에 따라 프로펠러 효율을 좋게 유지할 수 있다. 이러한 이유로 비행 중 비행 속도와 프로펠러 효율에 따라 프로펠러의 블레이드각을 변화시킬 수 있는 가변 피치 프로펠러를 사용한다.

예제 11-3

지름 1.5 m이고 블레이드각 25°인 프로펠러를 갖는 왕복용 항공기관이 회전수 3,600 rpm에서 동력 800 HP를 내면서 고도 4,000 m를 230 km/h로 비행하고 있다. 또 프로펠러의 추력계수는 0.48이다. 프로펠러의 효율과 추력, 토크계수, 동력계수를 구하라.

풀이

고도 4,000 m에서 $\rho = 0.819\,\text{kg/m}^3$이다.

$$J = \frac{V_0}{ND} = \frac{230 \times 10^3/3600}{3600/60 \times 1.5} = 0.71$$

$$Q = \frac{\dot{W}}{2\pi N} = \frac{800 \times 75}{2\pi \times 3600/60} = 159.2\,\text{kg}_\text{f} \cdot \text{m}$$

$$C_T = \frac{T}{\rho N^2 D^4} \text{에서 } T = C_T \rho N^2 D^4 = 0.48 \times 0.819 \times \left(\frac{3600}{60}\right)^2 \times (1.5)^4$$

$$= 7164.6\,\text{N} = 731\,\text{kg}_\text{f}$$

$$\eta_p = \frac{TV_0}{\dot{W}} = \frac{731 \times 230\left(\frac{10^3}{3600}\right)}{800 \times 75} = 0.78 = 78\,\%$$

$$C_Q = \frac{Q}{\rho N^2 D^5} = \frac{159.2 \times 9.8}{0.819 \times \left(\frac{3600}{60}\right)^2 \times (1.5)^5} = 0.07$$

$$C_P = \frac{\dot{W}}{\rho N^3 D^5} = \frac{800 \times 75 \times 9.8}{0.819 \times \left(\frac{3600}{60}\right)^3 \times (1.5)^5} = 0.44$$

11.2.3 프로펠러에 작용하는 힘과 응력

(1) 추력과 휨 응력

그림 11-12 (a)처럼 추력은 프로펠러가 회전하는 동안 블레이드의 윗면 쪽으로 공기의 힘이 생겨 블레이드를 앞으로 전진하게 하는 힘을 말하며, 이 추력에 의하여 프로펠러 깃은 앞쪽으로 휘어지는 휨 응력을 받는다. 휨 응력은 공기 저항에 의해 생기기도 하나, 추력에 의한 휨 응력에 비하면 그 영향이 매우 작다.

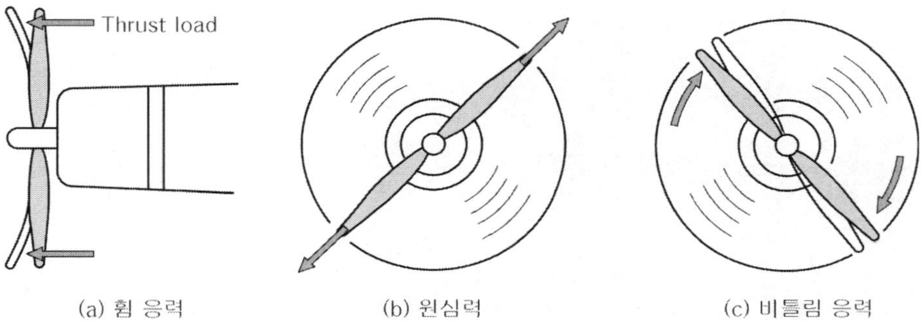

그림 11-12 프로펠러에 작용하는 힘과 응력

휨 응력은 프로펠러 블레이드를 앞으로 굽히려는 경향이 있으나, 프로펠러의 원심력과 상쇄되어 실제로는 휨 현상이 크지 않다.

(2) 원심력에 의한 인장 응력

그림 11-12 (b)처럼 원심력은 프로펠러의 회전에 의해 일어나며, 블레이드를 허브의 중심에서 밖으로 빠져나가게 하는 힘을 말한다. 이 원심력에 의해 프로펠러 블레이드에는 인장 응력이 발생된다. 이러한 힘을 이겨내기 위해 허브부분으로 갈수록 단면적이 크도록 만든다.

(3) 비틀림과 비틀림 응력

그림 11-12 (c)처럼 블레이드에 작용하는 공기의 합성속도가 프로펠러 중심축의 방향과 같지 않기 때문에 생기는 힘으로 비틀림이 생기며 프로펠러 블레이드에는 비틀림 응

력이 발생한다.

회전하는 프로펠러 블레이드에는 공기력 비틀림 모멘트와 원심력 비틀림 모멘트가 발생한다. 공기력 비틀림 모멘트는 블레이드가 회전할 때에 풍압 중심이 블레이드의 앞전 쪽에 있게 되므로 블레이드의 피치를 크게 하려는 방향으로 작용하며, 원심력 비틀림 모멘트는 블레이드가 회전하는 동안 원심력이 작용하여 블레이드의 피치를 작게 하려는 경향을 말한다.

프로펠러 블레이드각을 조절할 때에는 원심력 비틀림 모멘트를 이용하여 블레이드각이 조절되도록 하기도 한다. 비틀림 응력은 프로펠러 회전속도의 제곱에 비례한다.

11.3 프로펠러의 종류

프로펠러의 종류는 블레이드의 사용재료, 피치 변경 방법 및 프로펠러 장착 방법 등에 따라 구분할 수 있다. 보통 프로펠러의 재료로 사용되는 것은 목제나 금속제이다. 목제 프로펠러는 값이 싸고 제작이 쉽지만 고출력 기관에서는 사용하기 힘들고 수명이 짧다는 단점이 있다. 금속제 프로펠러는 강도가 높고 내구성이 좋지만 제작비가 비싸다는 단점이 있다.

11.3.1 피치변경 방법에 따른 분류

피치에 의한 분류방법에는 고정 피치 프로펠러, 조정 피치 프로펠러, 가변 피치 프로펠러, 페더링 프로펠러 및 역피치 프로펠러가 있다.

(1) 고정피치 프로펠러

프로펠러 전체가 한 부분으로 만들어지며, 블레이드각이 하나로 고정되어 피치 변경이 불가능하다. 순항속도에서 프로펠러 효율이 가장 좋도록 블레이드각이 결정되어 있으며 이 프로펠러는 보통 2개의 블레이드로 되어 있으며 주로 소형비행기에 사용된다.

(2) 지상 조정 피치 프로펠러

1개 이상의 비행속도에서 최대의 효율을 얻을 수 있도록 피치의 조정이 가능하다. 이것은 보통 분할 허브형식으로 만들어지며, 지상에서 기관이 작동되지 않을 때 정비사가 조정나사로 조정하여 비행목적에 따라 피치를 조정한다.

(3) 가변 피치 프로펠러

공중에서 비행목적에 따라 조종사에 의해서 또는 자동으로 피치 변경이 가능한 프로펠러로써, 기관이 작동될 동안에 유압이나 전기 또는 기계적 장치에 의해 작동된다. 가변 피치 프로펠러는 그 기능에 따라 다음과 같이 나눌 수 있다.

1) 2단 가변 피치 프로펠러

2단 가변 피치 프로펠러는 고정 피치 프로펠러에서 기관동력이 낭비되는 것을 막기 위해 개발된 것으로 2단 가변 피치 프로펠러는 조종사가 저피치와 고피치인 2개의 위치만을 선택할 수 있는 프로펠러이다. 저피치는 이착륙 때와 같은 저속에서 사용되고, 고피치는 순항 비행시에 사용된다.

2) 정속 프로펠러

2단 가변 피치 프로펠러는 저속과 고속 비행에 맞추어 2개의 피치만을 선택하도록 되어 있어 이 두 비행속도에서는 프로펠러 효율이 좋지만, 그 중간 비행 속도에 대한 피치를 선택할 수 없다.

이러한 결점을 없애기 위해 정속 프로펠러에서는 3방향 선택 밸브 대신 조속기(governor)가 설치되었다. 조속기에 의해 저피치에서 고피치까지 자유롭게 피치를 조정할 수 있어, 비행속도나 기관출력의 변화에 관계없이 프로펠러를 항상 일정한 속도로 유지하여 가장 좋은 프로펠러 효율을 가지도록 한다.

그림 11-13은 피치 변경 기구와 조속기의 작동을 나타낸 것이다. 조속기는 기관 윤활유의 일부를 조속기 펌프로 가압하여 파일럿 밸브로 공급한다. 파일럿 밸브는 프로펠러축에 베벨 기어로 연결되어 회전하며, 그 위쪽에 플라이 웨이트(flyweight)가 장착되어 있다.

프로펠러 피치 변경 기구의 작동원리는 다음과 같다.

① 과속회전 상태 : 프로펠러가 그림 11-13 (a)와 같이 과속회전 상태가 되면 플라이 웨이트도 회전이 빨라져 원심력에 의해 밖으로 벌어진다. 이때, 파일럿 밸브는 위로 올라가 프로펠러의 피치 조절은 실린더로부터 윤활유가 배출되며, 따라서 2단 가변 피치 프로펠러에서와 같이 고피치가 된다. 고피치가 되면 프로펠러 회전 저항이 커지기 때문에 회전속도가 증가하지 못하고 정속회전 상태로 돌아오며, 조속기의 상태도 중립이 된다.

② 저속회전 상태 : 프로펠러가 그림 11-13 (b)와 같이 저속회전 상태가 되면 플라이 웨이트도 회전이 느려지고, 따라서 원심력이 작아져 안쪽으로 오므라든다. 이때, 파일럿 밸브는 밑으로 내려가 열리는 위치가 되며, 가압된 윤활유는 프로펠러의 피치조절 실린더를 앞으로 밀어내어 저피치가 된다. 프로펠러가 저피치가 되면 회전수가 회복되어 다시 정속회전 상태에 도달한다.

프로펠러가 과속회전이나 저속회전 상태에 놓이게 되면 위와 같은 방법에 의하여 항상 일정한 회전속도를 유지한다.

③ 정속회전 상태 : 그림 11-13 (c)는 파일럿 밸브가 중앙 위치에 놓여 가압된 윤활유가 들어가고 나가는 것을 막는다.

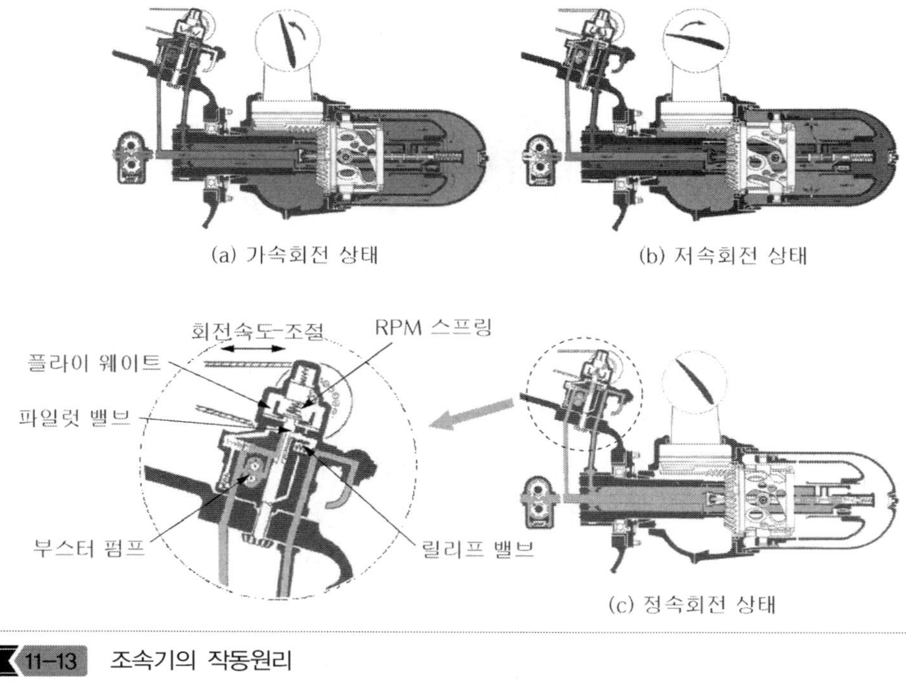

그림 11-13 조속기의 작동원리

프로펠러의 정속회전 상태를 변경시키려면 프로펠러 피치 레버를 조작하여 플라이웨이트를 누르고 있는 스프링 강도를 조절하면 된다. 스프링 강도를 증가시키면 플라이웨이트를 오므라들게 하여 회전수가 증가하고, 스프링 강도를 떨어뜨리면 회전수가 감소한다. 그림 11-14는 유압에 의해 프로펠러 피치가 어떻게 작동하는지를 보여주고 있는 정속 프로펠러이다.

3) 페더링 프로펠러

비행 중 기관이 정지되었을 때에 기관이 프로펠러를 회전시키는 것이 아니고, 프로펠러가 기관을 회전시키게 되어 풍차회전(windmill)이 생긴다.

프로펠러 페더링(feathering)이란 비행 중 기관에 고장이 생겼을 때에 정지된 프로펠러에 의한 공기저항을 감소시키고, 프로펠러가 풍차회전에 의하여 기관을 강제로 회전시켜 주어 기관고장을 확대하는 것을 방지하기 위해서 프로펠러 블레이드를 비행 방향과 평행이 되도록 피치를 변경시키는 것을 말한다.

페더링 방법에는 여러 가지가 있으나, 신속한 작동을 위해 유압에서는 페더링 펌프를 사용하고, 전기식에서는 전압 상승 장치를 이용한다.

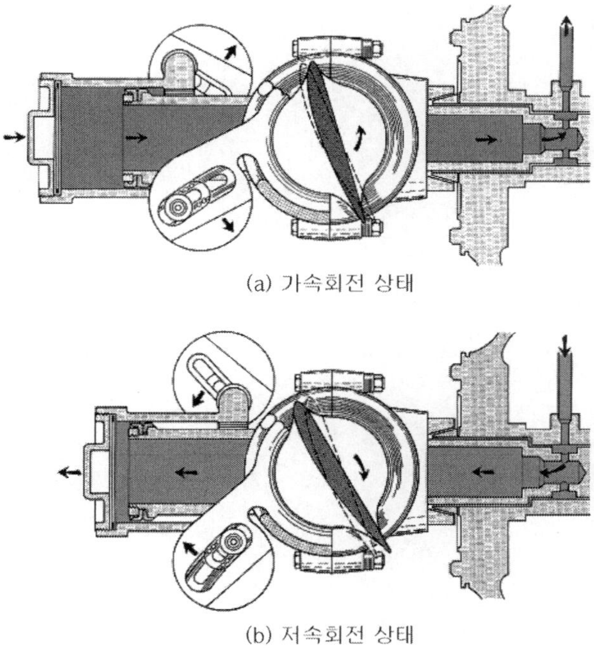

(a) 가속회전 상태

(b) 저속회전 상태

그림 11-13 정속 프로펠러

4) 역피치 프로펠러

역피치 프로펠러는 정속 프로펠러에 페더링 기능과 역피치 기능을 더한 것이다. 가변 피치프로펠러에서 피치 변경 기구를 조작하여 피치각을 감소시키면 페더링 상태인 영의 피치각이 되고, 더욱 줄이면 부(−)의 각이 된다. 이와 같이 부(−)의 피치각을 가질 때를 역피치라 한다. 착륙 후 프로펠러를 역피치로 하고, 출력을 증가시키면 프로펠러의 회전방향이 똑같으면서 피치각이 반대가 되어 역추력이 발생되므로 착륙 거리를 단축시킬 수 있다.

연습문제

1. 비행 중 프로펠러에 작용하는 주요 힘과 응력에 대하여 설명하라.

2. 허브로부터 팁까지 블레이드 각이 변화하는 이유는 무엇인가?

3. 진행률이란 무엇이며, 프로펠러의 효율에 어떤 영향을 미치는지 설명하라.

4. 프로펠러 피치의 종류를 들고 설명하라.

5. 2,000 rpm으로 회전하는 프로펠러의 길이를 10% 짧게 하여 3,000 rpm으로 회전시키면 추력과 동력의 증감은 얼마인가?

6. 정속 프로펠러란 무엇인지 설명하고, 그 작동 원리에 대해 설명하여라.

7. 프로펠러의 회전속도를 감속시키는 이유는 무엇인가?

8. 가변피치와 역피치 프로펠러의 사용 목적은 무엇인가?

9. 왕복 항공기가 고도 3,000 m에서 230 km/h의 속도로 비행하고 있다. 이 항공기에는 기관동력이 230 kW이고 프로펠러 효율이 93%일 때 추력과 프로펠러에 의해 가속되는 유도속도를 구하라.

10. 지름 2.0 m이고 블레이드각 20°인 프로펠러를 갖는 왕복 항공기관이 3,000 rpm에서 동력 900 HP를 내면서 고도 5,000 m를 시속 240 km/h로 비행하고 있다. 프로펠러의 추력계수가 0.3일 때 프로펠러의 효율과 추력을 구하라.

CHAPTER 12 항공기 왕복기관

왕복기관의 운용

항공용 왕복기관의 운용은 정확한 작동을 하는지 승무원이나 승객, 기체에 대한 안전 등을 고려하여 기관 시동시, 난기 시동시, 난기 후 · 이륙 전 지상 점검시, 이륙시, 비행시, 기관 정지시 체크하여야 할 사항과 주의사항을 준수하여야 한다. 여기서는 일반적인 내용만을 기술하며, 실제 항공기 운용에서는 제작업체가 제시하는 절차와 규정을 준수하여야 한다.

12.1 기관 시동

시동 전에 지상에 프로펠러에 빨려 들어가 손상을 주는 이물질 등이나 프로펠러의 후류에 의해서 피해를 받는 것이 있는지를 확인하여야 한다. 시동 전의 조작장치의 점검사항으로는 프로펠러가 움직이기 전 즉 시동 전에는 점화 스위치와 연료 공급은 "OFF" 위치에 있어야 하며, 연소실에 사용하는 액체 연료에 의해 과부하와 하이드롤릭 로크(hydraulic lock)의 방지를 위해서 혼합비 레버는 "IDLE CUT OFF" 위치에 있어야 한다. 연소실에 연료나 오일 등의 액체가 남아 있으면 실린더 용적이 감소해서 압축비가 오르고 과부하가 된다. 극단적인 경우에는 압축 행정에서 피스톤이 액체의 바닥에 붙어서 피스톤이나 커넥팅 로드 등을 파손한다. 이것을 왕복기관의 유압폐쇄(hydraulic lock)라고 한다. 시동 전 기관 정지 중에 기관을 수동 또는 시동기로 공회전시켜 액체를 제거해야 한다. 또 기관의 부하를 작게 하기 위해서 프로펠러 레버는 "저피치"에 있어야 하며 공기의 순환을 좋게 해서 내부의 부품 특히 점화계통을 보호하기 위해서 외부 온도와 실린더 온도에 관계없이 카울 플랩은 "열림" 상태이어야 하고 난기를 빠르게 하기 위해서 오일 냉각기의 도어도 "열림" 상태이어야 한다.

기관을 시동할 때 흡기 밸브 입구나 실린더 안에 직접 연료를 분사시켜 농후한 혼합가스를 만들어 줌으로써 시동을 쉽게하는 것을 프라이머(primer) 시스템이라 한다. 시동 시의 가연혼합기는 연료가 직접 실린더 흡기 포트나 흡기 시스템으로 보내지는 프라이밍(priming)에 의한 연료와 실린더로 유입되는 공기에 의해 정해진다. 프라이밍이 부족하면 발화가 잘되지 않아 역화가 일어나고, 프라이밍이 과도하거나 프라이밍 부족으로 시동이 여러번 반복되면 실린더 내에 액체 연료가 쌓이고 실린더 벽이나 피스톤 링에서 오일유막을 제거시켜 실린더 벽이 손상되거나 피스톤 고착의 원인이 되기도 한다.

(1) 벤딕스 RSA 연료분사 시스템의 시동절차는 다음과 같다.

1) 혼합기 조정을 "IDLE CUT OFF" 위치에 놓는다.
2) 스로틀을 1/8"(3.18 mm) 열리게 조정한 후, 주 스위치를 켜고 연료 부스트 펌프 스위치를 켠다.
3) 혼합기 조정을 연료 유량게이지가 4~6 gal/h(15.14~22.7 l/h)를 지시할 때까지 "FULL RICH" 위치로 놓은 후, 이 값이 도달되면 즉시 혼합기 조정을 "IDLE CUT OFF"로 돌려놓는다. 항공기에 연료 유량게이지가 없을 때는 혼합기 조정을 4~5초 동안 "FULL RICH"에 놓으면 기관을 프라이밍하기 위해 흡기 매니폴드 내의 노즐을 통해 연료가 기관으로 흘러들어 가게 한다. 뜨겁거나 더운 기관이 시동될 때, 기관은 반드시 프라임할 필요는 없다.
4) 프로펠러 주위를 깨끗이 한다.
5) 점화 스위치를 "START" 위치로 돌린다.
6) 기관이 시동되자마자 혼합 조종은 "FULL RICH"로 이동시키고 점화 스위치를 놓는다.
7) 오일 압력을 점검한다.

(2) 텔레다인-컨티넨탈(TCM) 연속흐름 연료 분사 시스템의 시동 절차는 다음과 같다.

1) 점화 스위치를 "ON"으로 돌려놓고 스로틀을 약 1/2" 열어 놓는다.
2) 프로펠러 피치 레버를 완전히 전진시켜 "HIGH RPM"으로 맞추고 혼합기 조종 레버를 완전히 전진시켜 "FULL RICH"로 맞춘다.
3) 프로펠러 주위를 깨끗이 한다.
4) 보조 연료 펌프 스위치를 프라임 위치로 돌린다. 만일 기관이 시동되지 않으면 보조 연료 펌프 스위치를 "PRIME" 위치나 "ON" 위치에 수초 이상 있게 하는 것은 피하여야 한다.
5) 연료 흐름이 2~4 gal/h(7.57~15.14l/h)에 다다르면 점화 스위치를 "START"로 돌리고 나서 보조 펌프 스위치를 "PRIME"으로 돌린다. 기관이 따뜻하다면 우선 점화 스위치를 "START"로 돌리고 나서 보조 펌프 스위치를 "PRIME"으로 돌린다.
6) 기관이 점화되자마자 곧 점화 스위치를 놓고, 기관이 부드럽게 가동될 때 보조 연료 펌프 스위치를 끈다. 매우 더운 날씨에 기관 가동으로 연료 시스템에 증기 현상이 있게 되면 시스템에서 증기가 제거(purge)될 때까지 보조 연료 펌프 스위치를 "ON"으로 돌린다.
7) 정상 기후에서는 30초 이내에 오일 압력 지시를 체크하고 찬 기후에는 60초 이내에 오일 압력 지시가 정상인지 확인하라. 지시가 나타나지 않으면 기관을 끄고 조사해야 한다.
8) 외부전원을 사용했다면 외부전원을 차단한다.
9) 기관을 800~1,200 rpm에서 난기시킨다.

12.2 난기 작동 및 지상 점검

오일 압력과 온도가 정해진 범위 내에 있지 않는다면 베어링 및 다른 중요한 부품에 오일 부족이 생겨 기관 손상을 초래하기 때문에 절대로 고출력으로 기관을 작동해서는 안 된다. 왕복기관은 최대출력 작동이 시작되기 전에 적당히 난기(warm-up)되어야 한다.

시동 후, 수분간 기관의 난기 작동을 한다. 난기를 충분히 하지 않고 고출력을 내면, 오일의 온도가 낮고 윤활 부족상태가 되고 흡기 계통의 온도가 낮고, 연료 베이퍼가 저온의 흡입관 벽 표면에 달라붙어 혼합기가 엷게 되며, 기관의 작동이 원활하지 않게 되는 결함이 발생할 수 있다. 또 기관 부품은 팽창률이 다른 여러 종류의 금속으로 구성되기 때문에 충분한 난기 후에 각 부품은 설계치수가 된다. 난기를 하지 않고 고출력을 내면 간격이 설계값보다 작기 때문에 윤활 부족 상태가 될 수도 있고 난기 부족시에는 밸브 간격이 설계값보다 작게 되고 작동이 원활하게 되지 않을 수도 있다. 저온에서 오일은 점도가 높기 때문에 유압지시가 높아진다. 난기를 충분하게 하지 않고 유압 조정을 하면 난기 후 유온이 정상값이 되었을 때에 유압이 조정값보다 낮게 되므로 유의하여야 한다.

보통 난기의 최적 회전수는 800~1,200 rpm로 되어 있지만, 실제로 난기 작동시에는 기관의 작동이 가장 원활한 회전수를 택해서 한다. 기관 온도를 빨리 상승시키려고 카울 플랩을 닫고 난기 작동을 해서는 안 되며, 지상 작동 중에 카울 플랩은 항상 전개하여야 한다.

난기 후에 기관과 구동 보기류가 정상으로 작동하는지를 점검하여야 한다. 이때 프로펠러는 저피치로 하며 고정 피치 프로펠러로써 동력을 측정한다. 기관 작동 중에는 오일 압력, 오일 온도, 실린더 헤드 온도(CHT), 기관 회전속도(rpm), 매니폴드압력(MAP), 배기가스온도(EGT), 정속 프로펠러 피치, 단일 마그네토 작동 스위치 전환시 rpm 강하, 프로펠러 가버너 등을 점검하여야 한다. 기관이 시동될 때 오일 압력 시스템이 정상적으로 기능하는지를 알기 위하여 오일 압력계기를 관찰해야 한다. 오일 압력이 시동 후 30초 이내에 지시되지 않으면 기관을 반드시 정지시키고 잘못된 곳을 찾아내야 한다. 30초를 넘어서도 오일 압력 없이 기관을 작동시키면 기관 손상을 초래한다.

기관을 수분 동안 난기시키고, 과도한 오일 압력을 나타내지 않고 최대출력과 최대 기관 회전속도(rpm)까지 가속되고, 기관이 부드럽게 가동되면 이륙을 해도 안전하다. 항공기가 이륙 활주로 끝에서 이륙준비 운전을 하는 동안 왕복기관은 점화 점검과 최대출력 시험을 거쳐야 한다. 마그네토 점검시에는 기관 rpm이 제작자가 추천하는 회전수가 될 때까지 스로틀을 천천히 앞으로 움직여 조정한다.

단일 마그네토 작동 스위치 전환시 rpm 강하 점검은 다음과 같이 한다. 이중 점화에서 단독 점화로 바꿀 때에 발생하는 출력 감소를 이용해서 마그네토의 작동을 점검하는 것으로 회전 감소로 출력 저하를 알 수 있다. 마그네토 점검은 1,700~2,000 rpm, MAP가 15 inHg에서 실시한다. 이것에는 먼저 점화 스위치를 "BOTH"에서 "LEFT"로 바꿔서 "BOTH"로 돌리고, 다음에 "BOTH"에서 "RIGHT"로 바꿔서 몇 초 동안 "BOTH"로 돌린다. 한쪽(예를 들어 "LEFT")으로 바꿨을 때에 회전 감소가 없을 때는 나머지 한쪽(이 경우 "RIGHT")의 마그네토가 아직 작동하고 있다는 표시이며, 이것은 이 쪽("RIGHT")의 접지불량임을 의미한다. "LEFT"로 바꿨을 때에 완전하게 회전이 감소하는 것은 바꾼 쪽("LEFT")의 점화 계통이 작동하고 있지 않은 것을 나타낸다. "LEFT"와 "RIGHT"에서의 회전수의 차가 너무 클 때는 좌우의 점화 계통에 이상이 있음을 의미한다. 점화 플러그의 파울링 가능성이 있으므로 기관을 단식 마그네토에서 수 초 이상 동안 작동하지 않아야 한다.

마그네토 점검에서 rpm 강하의 허용 범위는 작동 지침서의 지시에 따라 다양하지만 보통 50~125 rpm 사이에 있다. 보통 rpm 강하 범위는 지침서에 명시된 최대값보다 다소 적게 나온다. 정속 또는 가변 피치 프로펠러를 가진 항공기의 마그네토를 점검할 때는 프로펠러가 최고 rpm(저피치) 위치에서 마그네토를 점검하여야 한다. 프로펠러가 최고 rpm 강하가 정확하게 지시되지 않을 수도 있다.

피치조종 및 피치변환 기계장치의 적절한 작동을 확실히 하기 위해서 프로펠러 점검을 해야 한다. 가변피치 프로펠러의 작동은 프로펠러 가버너 조종이 한 지점에서 다른 지점으로 이동될 때 회전속도계와 매니폴드 압력(MAP) 계기의 지시에 의해 점검된다. 프로펠러 점검 중에는 프로펠러 허브로부터 찬 오일을 순환시켜서 더워진 오일을 허브로 들어가게 하여야 한다. 프로펠러를 순환시키기 위하여 운전자는 조정실에서 프로펠러 조정을 완전히 감소된 rpm 위치로 재빨리 옮긴다. 기관 rpm이 서서히 떨어지기 시작하면 완전히 증가된 rpm 위치로 조정을 되옮긴다. 프로펠러 순환은 기관을 약 1,600에서 2,000 rpm에 맞추고 가동시키는 동안 이루어진다. 보통 이 절차 동안에 rpm이 500 rpm 이상 떨어지지 않아야 하며 프로펠러 형태마다 그 절차가 다르므로 제작자의 지침서를 따라야 한다. 이륙 전 지상에서 기관의 최대출력도 점검하여야 한다. 이 점검은 스로틀을 최대 전진 위치로 서서히 증가(전진)시켜서 최대 rpm이 얻어지는가를 확인하면 된다. 기관 회전(rpm) 수준과 MAP가 만족스럽고, 기관이 부드럽게 작동되면, 스로틀은 원하는 아이들 속도까지 되돌아오도록 서서히 감소시킨다. 최대출력 점검시에는 프로펠러 후류 영향이 미치는 곳이 있는지 또 제동장치가 잘 걸려 있는지 확인한 후에 수행하여야 한다.

아이들 혼합비는 최대출력혼합비가 사용될 것 같지만 실제는 최대출력혼합비보다 약간 농후한 혼합비로 조절된다. 따라서 각 기관 고유의 최대출력 운전에서 아이들 혼합비 출력 운전 사이에는 출력 감소가 있을 것이며 이 출력 저하시 회전수 저하를 관찰하여 혼합비가 농후한지 희박한지를 점검한다. 스로틀을 닫고 혼합기 레버를 "IDLE CUT OFF"의 방향으로 움직여서 rpm 변화를 관찰한다. 기관 회전수가 50 rpm 이상 증가한 후에 감소하는 것은 아이들 혼합비 조절이 너무 짙고, 회전수가 증가하지 않고 바로 감소하는 것은 혼합비가 너무 엷다. 이 회전수 변화의 값은 기관 형식에 따라 다르기 때문에 각 기종의 정비 매뉴얼을 참고하여야 한다.

일정한 공기밀도에서 프로펠러가 규정된 출력을 흡수하기 위해서는 프로펠러의 피치와 기관 회전수가 어느 규정값 범위에 있어야 한다. 기관 회전수는 MAP에 따라 달라진다. 회전수와 MAP의 관계에서 기관의 상태를 판단하도록 하는 것이 출력점검이다. 출력 점검 기준은 기관 형식과 프로펠러 형식에 따라 다르다. 기관 시동 전에 흡기 압력은 대기압(29.92 inHg)이지만, 슈퍼차저가 장착된 기관에서는 스로틀을 전진시키면 MAP는 일단 감소한 후, 서서히 상승한다. 보통 슈퍼차저가 장착된 대향형 기관에서는 2,700~2,900 rpm에서 MAP가 대기압과 같이 된다.

슈퍼차징되지 않은 자연흡입식 기관에서는 스로틀을 전개해도 흡기계통의 저항 때문에 MAP는 28.5~29 inHg밖에 되지 않는다. 출력 점검에서는 MAP가 상승하고 대기압에 달할 때에 회전수를 점검한다. 자연흡입식 기관의 출력점검은 스로틀 전개에서의 회전수를 점검한다. 고정 피치 프로펠러의 흡수 마력은 회전수의 3제곱에 비례한다.

터보차저의 웨스트 게이트 엑츄에이터는 정유압으로 작동하기 때문에 유온이 낮을 때에 스로틀을 진행하면 유압이 높아지기 때문에 오버부스트가 되기 쉽다. 이륙 전의 기관 점검은 유온이 75°F(23.9℃) 이하에서 해서는 안 된다. 특히 이륙시에는 오버부스트의 위험이 있기 때문에 이륙은 유온이 100°F(37.8℃) 이상이 되기까지 기다려야 한다.

정지 상태에서는 램압력이 없고 냉각이 불충분해지기 때문에, 오버히트하기 쉽고, 장시간의 고출력 작동은 피해야 한다. 또 고출력 작동에서는 지상의 모래나 이물질 등을 빨아들여 프로펠러를 손상시킬 우려가 있으므로 주의하여야 한다.

12.3 이륙시 운용

이륙시에는 출력, 회전수, MAP, CAT, CHT의 관리와 혼합기 조정에 유의하고 이 값들이 제한된 범위에 있어야 한다. 이륙 출력은 최대 5분 이내로 허용되지만 가능한 빨리 하는 것이 바람직하다. 이륙 후의 저속도와 고출력에서 기관 온도가 상승하기 때문에, 가능한 한 빨리 가속해서 출력을 상승 출력에 설정하고 기관 온도를 내려야 한다. 이륙 출력 이하의 출력에서 충분히 이륙이 가능하더라도, 정속 프로펠러의 경우, 이륙시의 회전수는 이륙 회전수에 설정해야 한다. 이륙 중 몇 가지 이유로 최대 이륙 출력이 필요했을 때, 이륙 회전수 이하에서 작동하고 있으면 곧 출력을 올리는 것이 불가능하고, 그대로 스로틀을 진행하면 오버부스트를 만들어 기관 고장의 원인이 된다. 흡입 압력계를 주시해서 오버부스트가 안 되도록 스로틀을 조작하여야 한다. 보통 기화기가 장착된 기관에서는 혼합기 조정 레버를 최농 위치(최전방)로 하고 연료 분사 장치가 장착된 기관에서는 비행장의 표고(elevation)에 맞게 설정한다. 혼합비는 일반적으로 농후하게 하는 편이 좋지만, 혼합기 자동 조정장치(AMC)가 없는 기관에서 표면고도가 높은 비행장에서 이륙할 때는 혼합기 조정 레버를 최농 위치로 하면 너무 짙게 되고 과농 연료가 오일을 씻어내려 실린더와 피스톤의 이상 마모 등의 결함을 일으키기 때문에 기체 및 기관 제작사의 지시에 따라서 적절한 혼합기를 설정할 필요가 있다.

기하기 착빙이 생기기 쉬운 대기 상태일 때와 지상 작동 중에 착빙이 생긴 경우에는 이륙 전 90% 정격 위치로 출력을 올리고 단시간 동안, 기화기 히트를 "FULL HOT"으로 한 후 이륙 전에 "FULL COLD"로 돌린다. 이륙 중 기화기 가열이 필요한 경우에는 흡기 온도계를 보면서 흡기 온도가 40℃(100°F) 이상으로 오르지 않도록 조정해야 한다. 최대출력 상태에서 흡기 온도가 오르면 데토네이션이 발생할 염려가 있다. 이륙 중에는 기관 냉각 공기가 부족하기 때문에 실린더 온도가 45~55°F 이상 상승한다. 이륙 전 이 온도 상승을 고려해서 제한 범위를 초과하지 않도록 해야 하며 카울 플랩은 열림 위치로 해야 된다. 그 외에도 유압, 오일 온도, 연료 압력 등은 제한 범위 내에 두어야 된다.

12.4 비행 및 순항 운용

항공기 작동 중 기관출력은 이륙, 상승, 순항, 강하, 착륙 등 다양한 작동상태에 따라 알맞게 설정되어야 한다. 출력 맞춤을 변화시키는 방법은 기관의 형태, 프로펠러의 형태, 기관에 과급기가 있는지 여부, 연료 공급장치 형태, 기타 요인들에 따라서 달라진다. 특정 항공기의 적절한 절차는 운용 지침서를 참고해야 하며, 일반적으로 대부분의 항공기용 왕복기관 운용은 다음과 같이 하는 것이 바람직하다.

1) 출력 증가나 감소를 하기 위하여 스로틀을 움직일 때는 항상 서서히 움직여야 한다.
2) 명시된 상승 출력이 최대출력보다 적다면 이륙 직후에 출력을 상승 수치로 낮추어 맞춘다. 최대출력으로 계속 상승하면 실린더 헤드온도(CHT)가 초과되고 데토네이션이 생길 수 있다.
3) CHT가 높을 때(계기상에 적색 선상 또는 그 근처) 갑자기 출력을 줄이면 안 된다. 출력이 갑자기 낮아질 때 갑작스런 냉각이 일어나서 실린더 헤드에 균열이 생길 수도 있다. 착륙을 위한 강하를 준비할 때 점진적인 온도 감소를 할 수 있도록 출력을 서서히 낮추어야 한다.
4) 정속 프로펠러 항공기를 작동할 때는 항상 프로펠러 조종으로 rpm을 감소시키기 전에 먼저 스로틀로 MAP를 감소시켜야 한다. 즉, 항상 MAP가 증가하기 전에 프로펠러 조종으로 rpm을 증가시켜야 한다. 기관 rpm 맞춤이 너무 낮게 되어 있고 스로틀이 전진되어 있으면 실린더 압력이 과도해질 가능성이 있다. 정속 프로펠러는 프로펠러 조종 위치에 따라서 특정 값으로 기관 rpm이 유지된다. 스로틀을 앞으로 이동할 때 프로펠러 블레이드 각이 증가하고 MAP도 증가하지만 rpm은 여전히 같은 상태이다. 정속 프로펠러 기관에서 출력을 증가시키기 위해서는 혼합비를 농후하게 하고, rpm을 증가시키고 나서 그 다음에 스로틀을 조종한다. 정속 프로펠러 기관에서 출력을 감소시키기 위해서는, 스로틀과 rpm을 감소시키고 나서 그 다음에 혼합비를 조정한다.
5) 기관이 최대출력에서 또는 그 근처에서 작동될 때 수동 혼합 조종은 항상 최대 농후 위치에 놓아야 한다. 이렇게 하면 과열을 방지할 수 있다. 기관은 운용자 지침서의 지시사항에 따라서 순항 중에서만은 혼합 조종을 희박 위치에 놓고 작동해야 한

다. 강하하여 착륙 준비를 하기 위해 출력을 감소할 때 혼합 조종은 최대 농후 위치로 놓아야 한다. 혼합기 조종기와 기화기 중 어떤 것들은 최대 농후 맞춤이 없는 경우 혼합기 조종은 고출력과 이륙을 하기 위해서 농후 위치에 놓으면 된다.

6) 착륙하기 위한 강하 준비를 위해 출력을 감소시키는 동안 기화기에 결빙이 형성될 가능성이 있다면, 기화기 가열 조종을 "HEAT ON" 위치에 놓는다.
7) 고고도에서는 혼합기 조종을 저고도에서 사용된 것보다 덜 농후한 위치로 조정한다. 고고도에서의 공기밀도가 저고도에서보다 적으므로 같은 양의 공기라도 산소를 덜 함유하고 있다. 보통 MAP 계기에서는 혼합기 조종을 적당히 조정하도록 유용한 정보를 제공해 주지만, 정상 비행 고도에서 순항 출력에 맞는 혼합을 희박하게 하는 데는 정확한 EGT 계기가 더 실질적이다.
8) 저출력으로 활공시 점화 플러그 파울링을 방지하기 위해서는 스로틀을 중간 출력 위치로 전진시켜서 운행한 후, 기관이 부드럽게 작동하면 출력을 다시 감소시켜 운행한다.

고정 피치 프로펠러의 토크는 회전수의 2제곱에, 마력은 회전수의 3제곱에 비례한다. 따라서 고정피치 프로펠러에서는 스로틀 밸브에서 MAP를 증감하는 것에 의해 회전수를 변화시켜 출력을 설정한다.

출력은 MAP와 회전수가 다르면 기관출력이 달라진다. 정속 프로펠러의 회전수는 프로펠러 조절로, 토크는 스로틀 밸브로 향하는 흡기 압력을 증감하는 것에 의해 각각 따로따로 조절할 수 있기 때문에 흡기 압력과 회전수에 의해 출력을 설정할 수 있다.

회전수가 증가하면 마찰 마력이 증가하고 동일 지시 마력에 대해서 정미 마력이 감소하기 때문에 높은 MAP와 낮은 회전수의 조합으로 출력을 설정하면 기관의 연료 소비율은 낮아진다.

스로틀 전개 위치를 풀 스로틀과 아이들 스로틀 사이의 임의의 위치를 부분 스로틀(part throttle)이라고 한다. 부분 스로틀에서 작동 중의 가변 피치 프로펠러가 장착된 기관에서 스로틀 밸브 위치를 변화시키지 않고 회전수를 줄이면 스로틀 밸브 부분의 저항이 감소해서 흡기 압력이 증가한다. 따라서, 허용 최대 흡기 압력으로 작동 중에 회전을 줄이면, 흡기 압력이 한계를 넘게 되기 때문에 부분 스로틀에서 출력을 줄일 때에는 먼저 스로틀에서 흡기 압력을 줄이고 난 후, 회전수를 내린다. 회전수의 감소에 의한 흡기 압력 증가를 스로틀에서 재조정한다. 부분 스로틀에서 출력을 올릴 때에는 먼저 회전수를 올린다. 회전수 상승에 의한 흡기 압력의 감소 후에 스로틀로 흡기 압력을 올린다.

실린더 헤드 온도(CHT)가 너무 높으면 데토네이션 등의 문제가 생기므로 CHT를 적절히 유지하여야 하며 CHT를 내리기 위해 다음과 같은 방법이 사용될 수 있다.

1) 동일 비행 조건에서 카울 플랩을 열면 실린더 후방의 압력이 내려가고 전후의 압력차가 커지고, 냉각 공기 유량이 증가하여 CHT가 내려간다.
2) 카울 플랩을 전개해서도 여전히 온도를 감소시킬 필요가 있을 때에는 상승률을 감소시키면 일정한 출력상태에서 비행기 속도가 증가하고 실린더 전방의 압력이 상승해서 냉각 공기 유량이 증가하여 CHT가 내려간다.
3) 냉각 계통에 의해서 실린더 헤드 온도를 조절할 수 없는 경우에는 혼합비를 현재의 상태보다 짙게 하면 CHT가 내려간다.
4) 동일 비행 조건에서 위 방법으로 CHT가 내려가지 않으면 출력 자체를 줄인다. 효과적으로 온도를 내리기 위해서 회전수를 감소시켜 흡입 공기 압력을 낮추어 양쪽에서 출력을 줄인다.

오일 온도를 내리기 위해서는 오일 냉각기의 문을 연다.

배기가스 온도(EGT)는 출력, 혼합비, 밸브 개폐, 점화 시기 및 고도에 의해 변동된다. 출력이 크게 되면 EGT는 높아진다. EGT와 혼합비와의 관계는 혼합비가 13 : 1 정도에서 최고가 되고, 그보다 짙게 되거나 엷게 되도 EGT는 내려간다. EGT와 고도와의 관계는 고도가 높으면 EGT는 낮게 된다.

착륙 접근 중일 때에는 때때로 스로틀을 열어서 연소실에 쌓인 배기나 점화 플러그의 더럽고 손상된 부분을 제거한다. 착륙하다가 다시 이륙할 경우(착륙복행)를 생각해서 프로펠러는 저피치로, 혼합기 레버는 “RICH”로 하여 허용되는 한 고회전으로 유지시킨다.

저회전수에서 스로틀을 급하게 열면 오버스로틀을 만드는 위험이 있기 때문에 회전수를 낮게 해두면 착륙복행이 필요할 때, 출력을 올리기 때문에 즉시 스로틀을 열 수가 없다.

순항 조종은 원하는 항속거리, 경제성, 비행시간 등을 얻기 위해 기관을 조정하는 것이다. 기관을 최량 경제 출력에 맞출 때보다 최대출력에 맞출 때 연료가 더 많이 소모되기 때문에 한 가지 출력 설정으로 최고속도와 최대항속거리 또는 경제성이 달성될 수는 없다. 최대비행거리를 비행하려면 최량 경제 저출력 맞춤으로 작동함으로써 연료를 절약하는 것이 바람직하고 최고속도를 얻으려면 최대출력에 설정하는 것이 좋다.

12.4.1 항공거리와 속도 도표

그림 12-1은 PIPER PA-23-160 항공기의 항속거리와 비행속도에 따른 출력 설정을 나타내고 있다. 왼쪽 그림은 연료 탱크에 108 gallon의 연료를 탑재하였을 때 출력 맞춤에 따른 항속거리의 영향을 나타내고 있으며, 각 출력 설정에서 연료 소비율도 나타내고 있다.

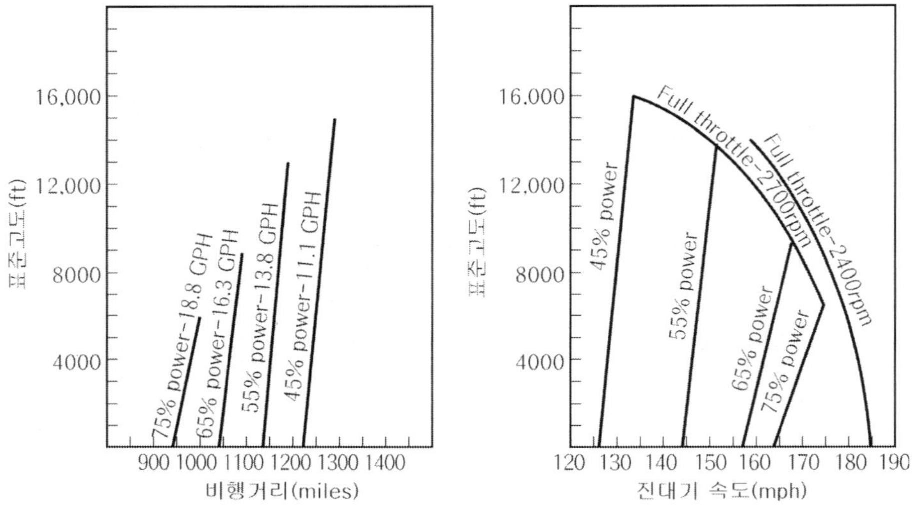

그림 12-1 항속거리와 비행속도에 따른 출력 설정

연료탱크 용량이 달라지면 이 그림도 달라진다. 오른쪽 그림은 출력 맞춤과 진대기속도(True Airspeed ; TAS)와의 관계를 나타내고 있다. 원하는 비행고도, 비행거리, 요구 비행시간을 고려하여 항공기 비행범위 내에서는 어떤 비행이라도 적절한 출력 맞춤을 이들 도표를 보고 결정할 수 있다. 표준고도 6,500 ft에서 900 mile(1448.4 km)거리를 비행을 하려고 할 때 최대출력값 또는 최대항속거리값으로 비행하려면 기관 출력의 75%가 사용된다. 이렇게 출력설정(2,700 rpm과 WOT) 순풍과 역풍이 없다고 가정할 때 TAS는 약 175 mph이고 비행은 5.14 h이 걸리고, 연료는 18.8 gal/h(71.17l/h) 소모되어 총 비행동안 96.7 gallon의 연료가 필요하게 된다. 동일 비행을 가장 경제적으로 하려고 할 때 기관이 허용하는 한 혼합 조종을 희박하게 하고 출력의 45%로 기관을 설정할 수도 있다. 45% 출력 설정을 하면 TAS는 약 128 mph가 되고 총 비행에 필요한 연료는 약 77.7 gallon이 되며, 비행시간은 약 7시간이 걸린다.

순항 비행 조건으로 권장되는 출력 맞춤은 출력의 65%이기 때문에 위에서 언급된 두 가지 극한 상태로는 기관을 거의 작동하지 않는다. 9,500 ft 고도에서 2,700 rpm에서 WOT로 65% 출력 설정으로 하면 TAS를 약 166 mph로 한다. 만일 좀더 경제적 비행을 원하거나 좀더 긴 항공거리로 작동하기를 원한다면 출력 맞춤을 최대의 약 55%로 사용하면 좋을 것이고 이때 TAS는 약 150 mph가 된다. 900 mile을 이 출력 설정으로 비행하면 6시간이 걸리고 82.8 gallon의 연료가 사용될 것이다.

12.4.2 출력 맞춤

기관 조종을 특정 출력을 내도록 맞추기 위해서 정속 프로펠러 항공기는 MAP와 rpm이 밀도고도(density altitude)에 따라 조정된다. 표 12-1에서는 텍스트론 라이코밍 O-320-B 대향형 기관의 출력 설정을 나타내고 있다. 이 표는 밀도고도 대신에 표준온도 T_s 에서의 압력고도를 사용하도록 조정되어 있다. MAP와 rpm을 맞추는 데 있어서 다음의 사실을 주지하여야 한다.

고도 증가에 따라 공기의 T_s 가 감소하므로 밀도가 증가하기 때문에 일정한 rpm과 일정한 출력 설정에서 MAP는 고도 증가에 따라 감소되어야 한다. 어떤 압력에서 일정량의 공기는 고도 증가에 따라 중량은 더 커지고 MAP는 일정한 출력을 유지하기 위하여 감소되어야 한다. 더 높은 rpm으로 기관을 작동할 때 동일한 출력을 내기 위해 더 낮은 MAP를 사용해야 하며, 어떤 높이의 고도에서는 대기압이 감소하기 때문에 MAP가 더 이상 유지될 수 없다. 또 정격 출력의 55% 출력은 15,000 ft 압력고도까지 유지될 수 있으며 75% 출력은 약 7,000 ft 압력고도까지만 유지될 수 있다. MAP 설정은 외부 공기온도가 표에서 주어진 표준보다 이상이거나 이하인 경우 특정 출력을 유지할 수 있도록 조정해야 한다.

표 12-1 텍스트론-라이코밍 O-320-B 기관의 압력고도에 따른 기관의 출력 설정

압력고도 1000 ft [304.8 m]	표준고도 온도 ℉ [℃]	88 HP(출력의 55%) 연료 소모율 : 7 gal/h rpm에 따른 MAP				104 HP(출력의 65%) 연료 소모율 : 8 gal/h rpm에 따른 MAP				120 HP(출력의 75%) 연료 소모율 : 9 gal/h rpm에 따른 MAP		
		2100	2200	2300	2400	2100	2200	2300	2400	2200	2300	2400
SL	59[15.0]	22.0	21.3	20.6	19.8	24.4	23.6	22.8	22.1	25.9	25.2	24.3
1	55[12.8]	21.7	20.0	20.3	19.6	24.1	23.3	22.5	21.8	25.6	24.9	24.0
2	52[11.1]	21.4	20.7	20.1	19.3	23.8	23.0	22.3	21.5	25.0	24.3	23.5
3	48[8.9]	21.1	20.5	19.8	19.1	23.5	22.7	22.0	21.2	25.3	24.6	23.8
4	45[7.2]	20.8	20.2	19.6	18.9	23.1	22.4	21.7	21.0	24.7	24.0	23.2
5	41[5.0]	20.5	19.9	19.3	18.6	22.8	22.1	21.4	20.7	FT	23.7	23.0
6	38[3.3]	20.2	19.6	19.0	18.4	22.5	21.8	21.2	20.5		FT	22.7
7	34[1.1]	19.9	19.3	18.8	18.2	22.2	21.5	20.9	20.2			FT
8	31[−0.56]	19.5	19.0	18.5	18.0	FT	21.2	20.6	19.9			
9	27[−2.8]	19.2	18.8	18.3	17.7		FT	20.3	19.7			
10	23[−5.0]	18.9	18.5	18.0	17.5			FT	19.4			
11	19[−7.2]	18.6	18.2	17.8	17.3				FT			
12	16[−8.9]	18.3	17.9	17.5	17.0							
13	12[−11.1]	FT	17.6	17.3	16.8							
14	9[−12.8]		FT	17.0	16.6							
15	5[−15.0]			FT	16.3							

12.5 기관 정지

착륙 후 항공기를 주기 지역까지 이동하는 데 시간이 걸리기 때문에 항공기 왕복기관 정지 이전에 충분한 시간이 있어 동력비행 출력 설정 상태에서의 고온 상태로부터 충분히 냉각된다. 그러나 CHT가 정지 전에 400℉(204.24℃) 미만을 가리키는지 CHT 계기를 관찰하여야 한다.

기관 정지에 앞서 카울 플랩을 전개해서 아이들로 작동하고 실린더 온도를 낮추어야 한다. 이것을 냉기 작동이라 하며, 기관 부품의 온도를 내리는 것에 의해 밸브 고착을 방지하고, 또 오일 온도를 내리는 것에 의해 기관 각 부 표면에 유막을 남기고 다음의 시동시에 윤활을 도와 금속 마찰을 예방한다. 실험에 의하면 오일은 360℃(500℉)에

서 탄화(코킹)된다.

실린더 온도가 높은 상태로 기관을 정지하면 기관이 냉각하고 배기 밸브 가이드가 수축할 때에 밸브 고착을 만드는 경우가 있다. 이처럼 냉기작동은 난기 작동과 같이 기관의 고장 방지에 필요하지만, 필요 이상으로 긴 지상 작동은 실린더나 피스톤 링을 마모시키고 점화 플러그를 오염하기도 하고 오일 소비량을 증대시키므로 기관 제작사의 정지 순서에 따르는 것이 필요하다.

텍스트론-라이코밍 기관(TVO-435)을 정지할 때는 착륙 후 실린더 온도가 204℃(400℉) 이상이고 외기온도가 21℃(70℉) 이상인 경우는 실린더 온도가 착륙시의 온도보다 적어도 22℃(40℉) 저하될 때까지는 2,200 rpm의 아이들 회전수로 냉기작동을 하여야 한다.

텔레다인-컨티넨탈 기관(TSIO-520)을 정지할 때는 착륙 후 기관 및 터보차저의 냉각을 위해 약 5분간 아이들로 냉기작동을 한다. 이 경우, 착륙 후의 택싱 시간도 5분간의 냉기작동 시간에 포함된다.

정지는 혼합기 조정 레버를 "IDLE CUT OFF"에 위치시켜 연료 공급을 차단함으로써 행한다.

점화 플러그는 계속 작동하고 있기 때문에, 실린더 내의 혼합기의 연소가 끝나면 정지한다. 그 후에 점화 스위치를 "OFF"로 한다. 점화 스위치를 차단시켜서 정지시키면 실린더 내에 혼합기를 남긴 채로 기관이 타성으로 계속 회전되고 연소실 내의 핫 스포트로 점화될 가능성이 있으며, 프로펠러 주위의 사람에게 위해를 줄 우려가 있기 때문이다.

여열이 제거되지 않으면 점화 계통의 배선을 손상시키기 때문에 정지 후는 카울 플랩을 전개해서 기관의 남은 열을 제거한다.

부 록

표 A-1 : 고도변화에 따른 공기의 성질(SI 단위)

고도 [m]	온도 [℃]	압력 [kPa]	중력 g [m/s^2]	음속 c [m/s]	밀도 ρ [kg/m^3]	점성계수 μ [kg/m · s]	열전도도 k [W/m · ℃]
0	15.00	101.33	9.807	340.3	1.225	1.789×10^{-5}	0.0253
200	13.70	98.95	9.806	339.5	1.202	1.783×10^{-5}	0.0252
400	12.40	96.61	9.805	338.8	1.179	1.777×10^{-5}	0.0252
600	11.10	94.32	9.805	338.0	1.156	1.771×10^{-5}	0.2510
800	9.80	92.08	9.804	337.2	1.134	1.764×10^{-5}	0.2500
1,000	8.50	89.88	9.804	336.4	1.112	1.758×10^{-5}	0.0249
1,200	7.20	87.72	9.803	335.7	1.090	1.752×10^{-5}	0.0248
1,400	5.90	85.60	9.802	334.9	1.069	1.745×10^{-5}	0.0247
1,600	4.60	83.53	9.802	334.1	1.048	1.739×10^{-5}	0.0245
1,800	3.30	81.49	9.801	333.3	1.027	1.732×10^{-5}	0.0244
2,000	2.00	79.50	9.800	332.5	1.007	1.726×10^{-5}	0.0243
2,200	0.70	77.55	9.800	331.7	0.987	1.720×10^{-5}	0.0242
2,400	−0.59	75.63	9.799	331.0	0.967	1.713×10^{-5}	0.0241
2,600	−1.89	73.76	9.799	330.2	0.947	1.707×10^{-5}	0.2400
2,800	−3.19	71.92	9.798	329.4	0.928	1.700×10^{-5}	0.0239
3,000	−4.49	70.12	9.797	328.6	0.909	1.694×10^{-5}	0.0238
3,200	−5.79	68.36	9.797	327.8	0.891	1.687×10^{-5}	0.0237
3,400	−7.09	66.63	9.796	327.0	0.872	1.681×10^{-5}	0.0236
3,600	−8.39	64.94	9.796	326.2	0.854	1.674×10^{-5}	0.0235
3,800	−9.69	63.28	9.795	325.4	0.837	1.668×10^{-5}	0.0234
4,000	−10.98	61.66	9.794	324.6	0.819	1.661×10^{-5}	0.0233
4,200	−12.30	60.07	9.794	323.8	0.802	1.655×10^{-5}	0.0232
4,400	−13.60	58.52	9.793	323.0	0.785	1.648×10^{-5}	0.0231
4,600	−14.90	57.00	9.793	322.2	0.769	1.642×10^{-5}	0.0230
4,800	−16.20	55.51	9.792	321.4	0.752	1.635×10^{-5}	0.0229
5,000	−17.50	54.05	9.791	320.5	0.736	1.628×10^{-5}	0.0228
5,200	−18.80	52.62	9.791	319.7	0.721	1.622×10^{-5}	0.0227
5,400	−20.10	51.23	9.790	318.9	0.705	1.615×10^{-5}	0.0226
5,600	−21.40	49.86	9.789	318.1	0.690	1.608×10^{-5}	0.0224
5,800	−22.70	48.52	9.785	317.3	0.675	1.602×10^{-5}	0.0223
6,000	−24.00	4.22	9.788	316.5	0.660	1.595×10^{-5}	0.0222
6,200	−25.30	45.94	9.788	315.6	0.646	1.588×10^{-5}	0.0221
6,400	−26.60	44.69	9.787	314.8	0.631	1.582×10^{-5}	0.0220
6,600	−27.90	43.47	9.786	314.0	0.617	1.575×10^{-5}	0.0219
6,800	−29.20	42.27	9.785	313.1	0.604	1.568×10^{-5}	0.0218
7,000	−30.50	41.10	9.785	312.3	0.590	1.561×10^{-5}	0.0217
8,000	−36.90	35.65	9.782	308.1	0.526	1.527×10^{-5}	0.0212
9,000	−43.40	30.80	9.779	303.8	0.467	1.493×10^{-5}	0.0206
10,000	−49.90	26.50	9.776	299.5	0.414	1.458×10^{-5}	0.0201
12,000	−56.50	19.40	9.770	295.1	0.312	1.422×10^{-5}	0.0195
14,000	−56.50	14.17	9.764	295.1	0.228	1.422×10^{-5}	0.0195
16,000	−56.50	10.53	9.758	295.1	0.166	1.422×10^{-5}	0.0195
18,000	−56.50	7.57	9.751	295.1	0.122	1.422×10^{-5}	0.0195

표 A-2 : 고도변화에 따른 공기의 성질(British 단위)

고도 [ft]	온도 [℉]	압력 [psia]	음속 c [m/s]	밀도 ρ [slug s/ft^3]	밀도 ρ [lbm/ft^3]	점성계수 μ [lbm/ft · s]	열전도도 k [Btu/h · ft]
0	59.00	14.70	1,116	0.002378	0.07647	1.202×10^{-5}	0.0146
500	57.22	14.40	1,115	0.002343	0.07536	1.199×10^{-5}	0.0146
1,000	55.43	14.20	1,113	0.002309	0.07426	1.196×10^{-5}	0.0146
1,500	53.65	13.90	1,111	0.002275	0.07317	1.093×10^{-5}	0.0145
2,000	51.87	13.70	1,109	0.002242	0.07210	1.190×10^{-5}	0.0145
2,500	50.09	13.40	1,107	0.002209	0.07104	1.186×10^{-5}	0.0144
3,000	48.30	13.20	1,105	0.002176	0.06998	1.183×10^{-5}	0.0144
3,500	46.52	12.90	1,103	0.002144	0.06985	1.180×10^{-5}	0.0143
4,000	44.74	12.70	1,101	0.002112	0.06792	1.177×10^{-5}	0.0143
4,500	42.96	12.50	1,099	0.002080	0.06690	1.173×10^{-5}	0.0142
5,000	41.17	12.20	1,097	0.002049	0.06590	1.170×10^{-5}	0.0142
5,500	39.39	12.00	1,095	0.002018	0.06491	1.167×10^{-5}	0.0141
6,000	37.61	11.80	1,093	0.001988	0.06393	1.164×10^{-5}	0.0141
6,500	35.83	11.60	1,091	0.001957	0.06296	1.160×10^{-5}	0.0141
7,000	34.05	11.30	1,089	0.001928	0.06200	1.157×10^{-5}	0.0140
7,500	32.26	11.10	1,087	0.001898	0.06105	1.154×10^{-5}	0.0140
8,000	30.48	10.90	1,085	0.001869	0.06012	1.150×10^{-5}	0.0139
8,500	28.70	10.70	1,083	0.001840	0.05919	1.147×10^{-5}	0.0139
9,000	26.92	10.50	1,081	0.001812	0.05828	1.144×10^{-5}	0.0138
9,500	25.14	10.30	1,079	0.001784	0.05738	1.140×10^{-5}	0.0138
10,000	23.36	10.10	1,077	0.001756	0.05648	1.137×10^{-5}	0.0137
11,000	19.79	9.72	1,073	0.001701	0.05473	1.130×10^{-5}	0.0136
12,000	16.23	9.43	1,069	0.001648	0.05302	1.124×10^{-5}	0.0136
13,000	12.67	8.99	1,065	0.001596	0.05135	1.117×10^{-5}	0.0135
14,000	9.12	8.63	1,061	0.001545	0.04973	1.110×10^{-5}	0.0134
15,000	5.55	8.29	1,057	0.001496	0.04814	1.104×10^{-5}	0.0133
16,000	1.99	7.97	1,053	0.001448	0.04659	1.097×10^{-5}	0.0132
17,000	−1.58	7.65	1,049	0.001401	0.04508	1.090×10^{-5}	0.0132
18,000	−5.14	7.34	1,045	0.001355	0.04361	1.083×10^{-5}	0.0130
19,000	−8.70	7.05	1,041	0.001310	0.04217	1.076×10^{-5}	0.0129
20,000	−12.20	6.76	1,037	0.001267	0.04077	1.070×10^{-5}	0.0128
22,000	−19.40	6.21	1,029	0.001183	0.03808	1.056×10^{-5}	0.0126
24,000	−26.50	5.70	1,020	0.001103	0.03553	1.042×10^{-5}	0.0124
26,000	−33.60	5.22	1,012	0.001028	0.03311	1.028×10^{-5}	0.0122
28,000	−40.70	4.78	1,003	0.000957	0.03082	1.014×10^{-5}	0.0121
30,000	−47.80	4.37	995	0.000889	0.02866	1.000×10^{-5}	0.0119
32,000	−54.90	3.99	987	0.000825	0.02661	0.986×10^{-5}	0.0117
34,000	−62.00	3.63	978	0.000765	0.02468	0.971×10^{-5}	0.0115
36,000	−69.20	3.30	969	0.000704	0.02285	0.956×10^{-5}	0.0113
38,000	−69.70	3.05	968	0.000640	0.02079	0.955×10^{-5}	0.0113
40,000	−69.70	2.73	968	0.000582	0.01890	0.955×10^{-5}	0.0113
45,000	−69.70	2.15	968	0.000458	0.01487	0.955×10^{-5}	0.0113
50,000	−69.70	1.69	968	0.000361	0.01171	0.955×10^{-5}	0.0113
55,000	−69.70	1.33	968	0.000284	0.00922	0.955×10^{-5}	0.0113
60,000	−69.70	1.05	968	0.000224	0.00726	0.955×10^{-5}	0.0113

표 B-1 : 각종 연료의 성질

Formula (phase)	Name	Molecular weight	Specific gravity (density) [kg/m^3]	Heat of vaporization [kJ/kg]	Specific heat Liquid [kJ/kg · K]	Specific heat Vapor c_p [kJ/kg · K]
Practical fuels						
$C_nH_{1.87n}$ (l)	Gasoline	~110	0.72~0.78	305	2.4	~1.7
$C_nH_{1.87n}$ (l)	Light diesel	~170	0.84~0.88	270	2.2	~1.7
$C_nH_{1.7n}$ (l)	Heavy diesel	~200	0.82~0.95	230	1.9	~1.7
$C_nH_{3.8n}N_{0.1n}$ (g)	Natural gas	~18	~0.79	–	–	~2
Pure hydrocarbons						
CH_4 (g)	Methane	16.04	0.72	509	0.63	2.2
C_3H_8 (g)	Propane	44.10	0.51	426	2.5	1.6
C_8H_{18} (g)	Isooctane	114.23	0.692	308	2.1	1.63
$C_{16}H_{34}$ (l)	Cetane	226.44	0.773	358	–	1.6
C_6H_6 (l)	Benzene	78.11	0.879	432	1.72	1.1
C_7H_8 (l)	Toluene	92.14	0.867	412	1.68	1.1
Alcohols						
CH_4O (l)	Methanol	32.04	0.792	1103	2.6	1.72
C_2H_6O (l)	Ethanol	46.07	0.785	840	2.5	1.93
Other fuels						
C (s)	Carbon	12.01	~2	–	–	–
CO (g)	Carbon monoxide	28.01	1.25	–	–	1.05
H_2 (g)	Hydrogen	2.015	0.09	–	–	1.44

Formula	Higher heating value [MJ/kg]	Lower heating value [MJ/kg]	LHV of stoich mixture [MJ/kg]	A/F	F/A	Fuel octane rating RON	Fuel octane rating MON
Practical fuels							
$C_nH_{1.87n}$ (l)	47.3	44.0	2.83	14.6	0.0685	92~98	80~90
$C_nH_{1.87n}$ (l)	44.8	42.5	2.74	14.5	0.0690	–	–
$C_nH_{1.7n}$ (l)	43.8	41.4	2.76	14.4	0.0697	–	–
$C_nH_{3.8n}N_{0.1n}$ (g)	50	45	2.9	14.5	0.0690	–	–
Pure hydrocarbons							
CH_4 (g)	55.5	50.0	2.72	17.23	0.0580	120	120
C_3H_8 (g)	50.4	46.4	2.75	15.67	0.0638	112	97
C_8H_{18} (g)	47.8	44.3	2.75	15.13	0.0661	100	100
$C_{16}H_{34}$ (l)	47.3	44.0	2.78	14.82	0.0675	–	–
C_6H_6 (l)	41.9	40.2	2.82	13.27	0.0753	–	115
C_7H_8 (l)	42.5	40.6	2.79	13.50	0.0741	120	109
Alcohols							
CH_4O (l)	22.7	20.0	2.68	6.47	0.155	106	92
C_2H_6O (l)	29.7	26.9	2.69	9.00	0.111	107	89
Other fuels							
C (s)	33.8	33.8	2.70	11.51	0.0869	–	–
CO (g)	10.1	10.1	2.91	2.467	0.405	–	–
H_2 (g)	142.0	120.1	3.40	34.3	0.0292	–	–

표 B-2 : 파라핀계 연료의 성질

Formula	Name	Mole weight (M)	Specific gravity (/)	Freezing temperature [℉] − 1 atm	Boiling temperature [℉] − 1 atm	Vapor pressure [psia] − 100℉	c_p [Btu/lb · ℉] − 60℉	
							Ideal gas	Liquid − 1 atm
CH_4	Methane	16.04	0.3	−296	−259	−	0.527	−
C_2H_6	Ethane	30.07	0.37	−298	−128	−	0.410	0.926
C_3H_8	Propane	44.09	0.5	−306	−44	189	0.388	0.592
C_4H_{10}	Butane	58.12	0.579	−217	31	51.6	0.391	0.564
C_4H_{10}	Isobutane	58.12	0.557	−255	11	72.2	0.387	0.570
C_5H_{12}	Pentane	72.15	0.626	−202	97	15.6	0.388	0.524
C_5H_{12}	Isopentane (2-methyl butane)	72.15	0.620	−256	82	20.4	0.383	0.535
C_6H_{14}	Hexane	86.17	0.659	−140	156	4.96	0.386	0.533
C_6H_{14}	Isohexane (2,3-dimethyl butane)	86.17	0.662	−199	136	7.40	0.378	0.513
C_7H_{16}	Heptane	100.20	0.684	−131	209	1.62	0.385	0.528
C_7H_{16}	Triptane	100.20	0.690	−13	178	3.37	0.381	0.498
C_8H_{18}	Octane	114.22	0.703	−70	258	0.537	0.385	0.523
C_8H_{18}	Isooctane (2,2,4-trimethyl pentane)	114.22	0.692	−161	211	1.72	0.380	0.489
C_9H_{20}	Nonane	128.25	0.718	−64	303	0.18	0.384	0.522
$C_{10}H_{22}$	Decane	142.28	0.730	−21	345	0.073	0.384	0.521
$C_{10}H_{22}$	Isodecane (2,2,3,3-tetramethyl hexane)	142.28	0.768	−65	321	−	−	−
$C_{11}H_{24}$	Undecane	156.30	0.740	−14	385	−	0.383	−
$C_{12}H_{26}$	Dodecane	170.33	0.749	15	421	−	0.383	−
$C_{13}H_{28}$	Tridecane	184.35	0.756	22	456	−	0.383	−
$C_{14}H_{30}$	Tetradecane	198.38	0.763	42	488	−	0.382	−
$C_{15}H_{32}$	Pentadecane	212.41	0.768	50	519	−	0.382	−
$C_{16}H_{34}$	Hexadecane(center)	226.43	0.773	65	548	−	0.382	−
$C_{17}H_{36}$	Heptadecane	240.46	0.778	72	575	−	0.382	−
$C_{18}H_{38}$	Octadecane	254.48	0.782	83	602	−	0.382	−
$C_{35}H_{72}$	Pentariacontane	492.3	0.781	176	628	−	−	−

Formula	Critical compress ratio	Ignition temperature [℉] − 1 atm	Constant-pressure heating value liquid − 77℉			h_{fg} Btu/lb	A/F ratio	Octane rating			
								Research(F−1)		Motor(F−2)	
								ml TEL/gal			
			Btu/lb Higher	Btu/lb Lower	Btu/ft^3 Mixture			0	3	0	3
CH_4	12.6	1,350	23,650	21,297	87.0	219	17.2	120	−	120	−
C_2H_6	12.4	940	22,169	20,270	92.3	210	16.1	115	−	99	−
C_3H_8	12.2	−	21,484	19,768	93.7	183	15.7	112	−	97	−
C_4H_{10}	5.5	807	21,122	19,494	94.8	166	15.5	94	104	90	104
C_4H_{10}	8.0	890	21,072	19,444	94.6	157	15.5	102	118	98	−
C_5H_{12}	4.0	544	20,913	19,340	95.3	154	15.3	62	85	63	85
C_5H_{12}	5.7	800	20,874	19,301	95.3	147	15.3	93	105	90	107
C_6H_{14}	3.3	501	20,771	19,233	95.5	144	15.2	25	65	26	65
C_6H_{14}	9.0	799	20,730	19,192	95.5	136	15.2	104	118	94	111
C_7H_{16}	3.0	477	20,668	19,157	96.4	136	15.2	0	44	0	47
C_7H_{16}	14.4	849	20,614	19,104	96.4	124	15.2	112	−	101	116
C_8H_{18}	2.9	464	20,591	19,100	96.5	129	15.1	−20	25	−17	28
C_8H_{18}	7.3	837	20,556	19,065	95.5	117	15.1	100	116	100	116
C_9H_{20}	−	−	20,531	19,056	96.5	127	15.1	−	−	−	−
$C_{10}H_{22}$	−	−	20,483	19,020	96.6	119	15.1	−	−	−	−
$C_{10}H_{22}$	−	−	20,460	19,010	96.6	−	15.1	113	114	92	97
$C_{11}H_{24}$	−	−	20,443	18,990	96.8	114	15.0	−	−	−	−
$C_{12}H_{26}$	−	−	20,410	18,966	96.9	110	15.0	−	−	−	−
$C_{13}H_{28}$	−	−	20,382	18,945	96.8	106	15.0	−	−	−	−
$C_{14}H_{30}$	−	−	20,357	18,927	96.8	103	15.0	−	−	−	−
$C_{15}H_{32}$	−	−	20,338	18,911	96.8	100	15.0	−	−	−	−
$C_{16}H_{34}$	−	−	20,322	18,898	96.9	97	15.0	−	−	−	−
$C_{17}H_{36}$	−	−	20,302	18,895	97.2	95	15.0	−	−	−	−
$C_{18}H_{38}$	−	−	20,288	18,875	97.3	92	15.0	−	−	−	−
$C_{35}H_{72}$	−	−	20,250	18,850	97.5	−	14.9	−	−	−	−

표 B-3 : 다른 계통 연료의 성질

Formula	Name	Mole weight (M)	Specific gravity (l)	Melting temperature [℉] – 1 atm	Boiling temperature [℉] – 1 atm	Vapor pressure [psia] – 100℉	c_p [Btu/lb · ℉] – 60℉	
							Ideal gas	Liquid – 1 atm
Naphthene								
C_4H_8	Methylcyclopropane	56.104	–	−287	33	–	–	–
C_5H_{10}	Cyclopentane	70.130	0.745	−137	121	9.9	0.271	0.422
C_6H_{12}	Cyclohexane	84.156	0.779	44	177	3.3	0.290	0.433
C_6H_{12}	1,1,2–trimethyl cyclopropane	84.156	–	−217	126	–	–	–
C_7H_{14}	Cycloheptane	98.182	0.816	18	246	0.85	0.282	0.436
C_8H_{16}	Cyclooctane	112.208	0.841	59	304	0.31	0.280	0.439
Aromatic								
C_6H_6	Benzene	78.108	0.879	42	176	3.29	0.240	0.410
C_7H_8	Toluene(methyl benzene)	92.134	0.867	−139	231	1.03	0.260	0.402
C_8H_{10}	Ethyl benzene	106.16	0.867	−139	277	0.371	0.280	0.411
C_8H_{10}	Xylene–m(1,3–dimethyl benzene)	106.16	0.864	−54	282	0.326	0.278	0.404
Olefin								
C_3H_6	Propene(propylene)	42.078	0.514	−301	−54	226.4	0.354	0.585
C_4H_8	Butane–1	56.104	0.595	−302	21	63	0.355	0.535
C_5H_{10}	Pentene–1	70.130	0.641	−265	86	19	0.364	0.520
C_6H_{12}	Hexene–1	84.156	0.673	−220	146	6	0.366	0.512
Diolefin								
C_5H_8	Isoprene(2–methyl–1, 3–butadiene)	68.114	0.687	−231	93	16.7	0.357	0.525
C_6H_{10}	1,5–hexadiene	82.140	0.697	−221	139	7.1	0.332	0.510
Cycloolefin								
C_5H_8	Cyclopentene	68.114	0.767	−211	112	–	0.254	0.420
Alcohol								
CH_4O	Methanol	32.04	0.792	−144	149	4.55	–	–
C_2H_6O	Ethanol	46.06	0.785	−170	172	2.25	–	–
C_3H_8O	Propanol	60.08	0.799	−197	208	0.89	–	–
$C_4H_{10}O$	Butanol	74.10	0.805	−112	244	0.33	–	–
Nitroparafin								
CH_3NO_2	Nitromethane	61.04	–	−20	–	14	–	–
$C_2H_5NO_2$	Nitroethane	75.07	–	–	–	9.7	–	–

Formula	Critical compress ratio	Ignition temperature [°F] − 1 atm	Constant-pressure heating value liquid − 77°F			h_{fg} Btu/lb	A/F ratio	Octane rating			
								Research(F−1)		Motor(F−2)	
								ml TEL/gal			
			Btu/lb Higher	Btu/lb Lower	Btu/ft^3 Mixture			0	3	0	3
Naphthene											
C_4H_8	−	−	−	−	−	−	−	102	104	81	87
C_5H_{10}	12.4	725	20,175	18,826	94.1	167	14.8	101	110	85	95
C_6H_{12}	4.9	518	20,026	18,676	94.1	154	14.8	84	97	78	87
C_6H_{12}	12.2	−	−	−	−	−	14.8	111	116	88	93
C_7H_{14}	3.4	−	20,080	18,716	−	144	14.8	39	60	41	65
C_8H_{16}	−	−	20,088	18,724	−	133	14.8	71	−	58	−
Aromatic											
C_6H_6	−	1,097	17,986	17,259	96.8	169	13.3	−	−	115	−
C_7H_8	15	1,054	18,245	17,424	99.0	156	13.5	120	120	109	113
C_8H_{10}	13.5	860	18,487	17,596	−	146	13.7	111	116	98	102
C_8H_{10}	15.5	1,045	18,434	17,543	97.5	147	13.7	118	120	115	120
Olefin											
C_3H_6	10.6	−	20,946	19,578	96.5	188	14.8	102	−	85	−
C_4H_8	7.1	−	20,727	19,364	97.0	168	14.8	99	102	80	−
C_5H_{10}	5.6	569	20,590	19,225	97.0	154	14.8	91	99	77	83
C_6H_{12}	4.4	521	20,495	19,132	96.0	144	14.8	76	92	63	76
Diolefin											
C_5H_8	7.6	−	19,998	18,876	−	153	14.2	99	99	81	79
C_6H_{10}	4.6	−	20,170	18,990	−	134	14.3	71	81	38	43
Cycloolefin											
C_5H_8	7.2	−	19,672	18,551	−	−	14.2	93	95	70	73
Alcohol											
CH_4O	−	−	9,770	8,644	90.0	502	6.4	106	−	92	−
C_2H_6O	−	−	12,780	11,604	93.8	396	9.0	107	102	89	−
C_3H_8O	−	−	14,500	13,300	94.0	295	10.5	−	−	−	−
$C_4H_{10}O$	−	−	15,500	14,284	94.4	254	11.1	−	−	−	−
Nitroparafin											
CH_3NO_2	−	−	5,160	−	−	268	1.7	−	−	−	−
$C_2H_5NO_2$	−	−	7,790	−	−	239	4.1	−	−	−	−

표 C-1 : 각종 연료의 증발잠열 및 발열량

Formula	Name	Heat of vaporization h_{fg} [Btu/mol] − 77℉	HHV[Btu/mol] − 77℉		HHV[Btu/mol] − 77℉	
			Constant pressure [$-\Delta H°$]	Constant volume [$-\Delta U°$]	Constant pressure [$-\Delta H°$]	Constant volume [$-\Delta U°$]
CO	Carbon monoxide	−	121,666	121,133	−	−
H_2	Hydrogen	−	122,891	121,292	103,968	103,435
C	Carbon(graphite)	−	169,182	169,182	−	−
Nomal paraffins						
CH_4	Methane	−	382,492	380,360	344,644	344,644
C_2H_6	Ethane	−	670,235	667,570	613,463	613,996
C_4H_{10}	Butane	10,494	1,236,697	1,232,966	1,142,077	1,143,676
C_5H_{12}	Pentane	−	1,519,755	1,515,491	1,406,211	1,408,343
C_7H_{16}	Heptane	−	2,086,665	2,081,335	1,935,273	1,938,471
C_8H_{18}	Octane	17,784	2,369,824	2,364,011	2,199,548	2,203,279
$C_{10}H_{22}$	Decane	21,868	2,936,787	2,929,858	2,728,623	2,733,420
C_8H_{18}	2−2−3 trimethyl pentane	15,079	2,363,096	−	2,192,783	2,196,514
Normal alcohol						
CH_3OH	Methyl alcohol	16,128	329,374	327,775	291,560	292,089
C_2H_5OH	Ethyl alcohol	18,256	607,551	605,419	550,830	551,890
C_3H_7OH	Propyl alcohol	19,934	889,733	887,070	814,105	815,698
C_4H_9OH	Butyl alcohol	21,287	1,172,420	1,169,222	1,077,885	1,080,007
Aromatics						
C_6H_6	Benzene	13,710	1,427,685	1,425,020	1,370,964	1,371,491
C_7H_8	Toluene	14,252	1,699,729	1,695,465	1,624,101	1,624,093
C_8H_{10}	Xylene	15,875	1,977,003	1,973,272	1,882,468	1,884,058

표 C-2 : 각종 화학성분의 분자량과 형성엔탈피

Formula	Name	Molecular weight [g/mol]	State	$\overline{h_f^0}$	
				MJ/kmol	kcal/mol
A	Argon	18.01	gas	0	0
O_2	Oxygen	32.00	gas	0	0
N_2	Nitrogen	28.01	gas	0	0
NH_3	Ammonia	17.03	gas	−46.21	−11.04
C	Carbon	12.011	solid	0	0
CO	Carbon monoxide	28.01	gas	−110.5	−26.42
CO_2	Carbon dioxide	44.01	gas	−393.5	−94.05
H_2	Hydrogen	2.016	gas	0	0
H_2O	Water	18.02	gas	−241.8	−57.80
H_2O	Water	18.02	liquid	−285.38	−68.32
CH_4	Methane	16.04	gas	−74.9	−17.89
C_2H_2	Acetylene	26.02	gas	226.86	54.194
C_2H_4	Ethylene	28.06	gas	52.3	12.496
C_2H_6	Ethane	30.08	gas	−84.71	−20.236
C_3H_8	Propane	44.10	gas	−103.8	−24.82
C_4H_8	Butene	56.12	gas	−0.126	−0.03
C_4H_{10}	Butane	58.14	gas	−126.21	−30.15
C_6H_6	Benzene	78.12	gas	82.97	19.82
C_6H_{14}	Hexane	86.20	gas	−167.3	−39.96
C_7H_{16}	Heptane	100.22	gas	−187.91	−44.89
C_8H_{18}	Isooctane	114.23	gas	−224.1	−53.57
C_8H_{18}	Isooctane	114.23	liquid	−259.28	−61.97
$C_{16}H_{34}$	Cetane	226.44	liquid	−454.5	−108.6
CH_3OH	Methyl alcohol	32.04	gas	−201.2	−48.08
CH_3OH	Methyl alcohol	32.04	liquid	−238.6	−57.02
C_2H_5OH	Ethyl alcohol	46.07	gas	−234.6	−56.08
C_2H_5OH	Ethyl alcohol	46.07	liquid	−277.0	−66.20

표 C-3 : 온도 변화에 따른 C, CO, CO_2, H_2, H_2O, N_2, O_2의 현열엔탈피

Temperature [K]	$\Delta\bar{h}=\bar{h}(T)-\bar{h}(298.15)$ [kcal/mol]						
	C	CO	CO_2	H_2	H_2O	N_2	O_2
298	0.000	0.000	0.000	0.000	0.000	0.000	0.000
300	0.004	0.013	0.016	0.013	0.015	0.013	0.013
400	0.250	0.711	0.958	0.707	0.825	0.710	0.740
500	0.569	1.417	1.987	1.406	1.654	1.413	1.455
600	0.947	2.137	3.087	2.106	2.509	2.125	2.210
700	1.372	2.873	4.245	2.808	3.390	2.853	2.988
800	0.831	3.627	5.453	3.514	4.300	3.596	3.786
900	2.318	4.397	6.702	4.226	5.240	4.355	4.600
1,000	2.824	5.183	7.984	4.944	6.209	5.129	5.427
1,100	3.347	5.983	9.296	5.670	7.210	5.917	6.266
1,200	3.883	6.794	10.632	6.404	8.240	6.718	7.114
1,300	4.432	7.616	11.988	7.148	9.298	7.529	7.971
1,400	4.988	8.446	13.362	7.902	10.384	8.350	8.835
1,500	5.552	9.285	14.750	8.668	11.495	9.179	9.706
1,600	6.122	10.130	16.152	9.446	12.630	10.015	10.583
1,700	6.696	10.980	17.565	10.233	13.787	10.858	11.463
1,800	7.275	11.836	18.987	11.030	14.964	11.707	12.354
1,900	7.857	12.697	20.418	11.836	16.160	12.560	13.249
2,000	8.442	13.561	21.857	12.651	17.373	13.418	14.149
2,100	9.029	14.430	23.303	13.475	18.602	14.280	15.054
2,200	9.620	15.301	24.755	14.307	19.846	15.146	15.966
2,300	10.212	16.175	26.212	15.146	21.103	16.015	16.882
2,400	10.807	17.052	27.674	15.993	22.372	16.886	17.804
2,500	11.403	17.931	29.141	16.848	23.653	17.761	18.732
2,600	12.002	18.813	30.613	17.708	24.945	18.638	19.664
2,700	12.602	19.696	32.088	18.575	26.246	19.517	20.602
2,800	13.203	20.582	33.567	19.448	27.556	20.398	21.545
2,900	13.807	21.469	35.049	20.326	28.875	21.280	22.493
3,000	14.412	22.357	36.535	21.210	30.201	22.165	23.446

표 D-1 : 공기의 물성치

Temperature		c_p [kJ/kg · K]	c_v [kJ/kg · K]	$\gamma = c_p/c_v$	Gas constant $R = c_p - c_v$ [kJ/kg · K]
K	℃				
273	0	1.004	0.717	1.40	0.287
298	25	1.005	0.718	1.40	0.287
300	27	1.005	0.718	1.40	0.287
500	227	1.029	0.742	1.39	0.287
850	577	1.108	0.821	1.35	0.287
1,000	727	1.140	0.853	1.34	0.287
1,500	1,227	1.210	0.923	1.31	0.287
2,000	1,727	1.249	0.962	1.30	0.287
2,500	2,227	1.274	0.987	1.29	0.287
3,000	2,727	1.291	1.004	1.29	0.287

Temperature		c_p [Btu/lb$_m$ · °R]	c_v [ft · lb$_f$/lb$_m$ · °R]	$\gamma = c_p/c_v$	Gas constant $R = c_p - c_v$	
°R	°F				[Btu/lb$_m$ · °R]	[ft · lb$_f$/lb$_m$ · °R]
492	32	0.240	0.171	1.40	0.069	53.33
537	77	0.240	0.171	1.40	0.069	53.33
1,000	540	0.249	0.180	1.38	0.069	53.33
1,500	1,040	0.264	0.195	1.35	0.069	53.33
2,000	1,540	0.277	0.208	1.33	0.069	53.33
2,500	2,040	0.287	0.218	1.32	0.069	53.33
3,000	2,540	0.293	0.224	1.31	0.069	53.33
3,500	3,040	0.298	0.229	1.30	0.069	53.33
4,000	3,540	0.302	0.233	1.30	0.069	53.33
4,500	4,040	0.305	0.236	1.29	0.069	53.33
5,000	4,540	0.307	0.238	1.29	0.069	53.33
5,500	5,040	0.309	0.240	1.29	0.069	53.33

표 D-2 : 각종 화학성분의 25℃(77℉)에서의 기체상수, 정적비열과 정압비열[]

Formula	Name	Molecular weight	R [ft · lb_f/lb_m · °R]	c_p [Btu/lb_m · °R]	c_v [Btu/lb_m · °R]	γ c_p/c_v
C_2H_2	Acetlene	26.038	59.39	0.4030	0.3267	1.234
	Air	28.967	53.36	0.2404	0.1718	1.399
NH_3	Ammonia	17.032	90.77	0.5006	0.3840	1.304
A	Argon	39.944	38.73	0.1244	0.0746	1.668
C_6H_6	Benzene	78.114	19.78	0.2497	0.2243	1.113
C_4H_{10}	n-Butane	58.124	26.61	0.4004	0.3662	1.093
C_4H_{10}	Isobutane	58.124	26.59	0.3979	0.3637	1.094
C_4H_8	1-Butene	56.108	27.55	0.3646	0.3282	1.111
CO_2	Carbon dioxide	44.011	35.12	0.2015	0.1564	1.288
CO	Car monoxide	28.011	55.19	0.2485	0.1776	1.399
CCl_4	Carbon tetrachloride	153.839	-	-	-	-
D_2	n-Deuterium	4.029	-	-	-	-
$C_{12}H_{26}$	Dodecane	170.340	9.07	0.3931	0.3814	1.031
C_2H_6	Ethane	30.070	51.43	0.4183	0.3522	1.188
$C_4H_{10}O$	Ethyl ether	74.124	-	-	-	-
C_2H_4	Ethylene	28.054	55.13	0.3708	0.3000	1.236
CCl_2F_2	Freon, F-12	120.925	12.78	0.1369	0.1204	1.136
He	Helium	4.003	386.33	1.2410	0.7446	1.667
C_7H_{16}	n-Heptane	100.205	15.42	0.3956	0.3758	1.053
C_6H_{14}	n-Hexane	86.178	17.93	0.3966	0.3736	1.062
H_2	Hydrogen	2.016	766.53	3.4160	2.4310	1.405
H_2S	Hydrogen sulfide	34.082	-	-	-	-
Hg	Mercury	200.610	-	-	-	-
CH_4	Methane	16.043	96.40	0.5318	0.4079	1.304
CH_3F	Metyl fluoride	34.035	-	-	-	-
Ne	Neon	20.183	76.58	0.2460	0.1476	1.667
NO	Nitric oxide	30.008	51.49	0.2377	0.1715	1.386
N_2	Nitrogen	28.016	55.16	0.2483	0.1774	1.400
N_2	Nitrogen(apparent)	28.161	54.87	0.2483	0.1774	1.400
C_8H_{18}	Octane	114.232	13.54	0.3949	0.3775	1.046
O_2	Oxygen	32.000	48.29	0.2191	0.1570	1.396
C_5H_{12}	n-Pentane	72.151	21.42	0.3980	0.3705	1.074
C_5H_{12}	Isopentane	72.151	21.42	0.3972	0.3697	1.074
C_3H_8	Propane	44.097	35.07	0.3982	0.3531	1.128
C_3H_6	Propylene	42.081	36.72	0.3627	0.3055	1.187
SO_2	Sulfur dioxide	64.066	24.12	0.1483	0.1173	1.264
H_2O	Water vapor	18.016	85.80	0.4452	0.3349	1.329
Xe	Xenon	131.300	11.78	0.0378	0.0227	1.667

표 D-3 : 온도변화에 따른 각종 가스의 정압비열 관계식

Formula	Name	Molecular weight	Specific heat at constant pressure c_p[Btu/lbm · °R], T[°R]	Range [°R]	Maximum deviation from experimental data [%]
N_2	Nitrogen	28.02	0.227 + 0.0000292T	720~1,900	< 1
H_2O	Water	18.016	0.433 + 0.0000166T	720~1,900	–
CO_2	Carbon dioxide	44.00	0.186 + 0.0000625T	720~1,900	< 3
CO	Carbon monoxide	28.00	0.226 + 0.0000321T	720~1,900	< 1
H_2	Hydrogen	2.016	3.350 + 0.0001140T	720~1,900	< 1
CH_4	Methane	16.03	0.208 + 0.0005610T	720~1,900	–
O_2	Oxygen	32.00	0.200 + 0.0000353T	720~1,900	< 1
	Air	28.96	0.220 + 0.0000306T	720~1,900	< 1
C_8H_{18}	Octane	114.14	0.105 + 0.0004860T	720~1,900	–

표 D-4 : 이상기체 상태에서 각종 가스의 정압비열

Formula	Equation c_p[Btu/lbm · °R]	Range [°R]	Maximum error [%]
O_2	$c_p=11.515-\frac{172}{\sqrt{T}}+\frac{1530}{T}$	540~5,000	1.1
	$=11.515-\frac{172}{\sqrt{T}}+\frac{1530}{T}+\frac{0.05}{1000}(T-4000)$	5,000~9,000	0.3
N_2	$c_p=9.47-\frac{3.47\times10^3}{T}+\frac{1.16\times10^6}{T^2}$	540~9,000	1.7
CO	$c_p=9.46-\frac{3.29\times10^3}{T}+\frac{1.07\times10^6}{T^2}$	540~9,000	1.1
H_2	$c_p=5.76-\frac{0.578}{1000}T+\frac{20}{\sqrt{T}}$	540~4,000	0.8
	$=5.76-\frac{0.578}{1000}T+\frac{20}{\sqrt{T}}-\frac{0.33}{1000}(T-4000)$	4,000~9,000	1.4
H_2O	$c_p=19.86-\frac{597}{\sqrt{T}}+\frac{7500}{T}$	540~5,400	1.8
CO_2	$c_p=16.2-\frac{6.53\times10^3}{T}+\frac{1.41\times10^6}{T_2}$	540~6,300	0.8
CH_4	$c_p=4.52+0.00737T$	540~1,500	1.2
C_2H_4	$c_p=4.23+0.01177T$	350~1,100	1.5
C_2H_6	$c_p=4.01+0.01636T$	400~1,100	1.5
C_8H_{18}	$c_p=7.92+0.0601T$	400~1,100	Est.4
$C_{12}H_{26}$	$c_p=8.68+0.0889T$	400~1,100	Est.4

표 D-5 : 온도변화에 따른 공기의 정적비열, 정압비열, 비열비

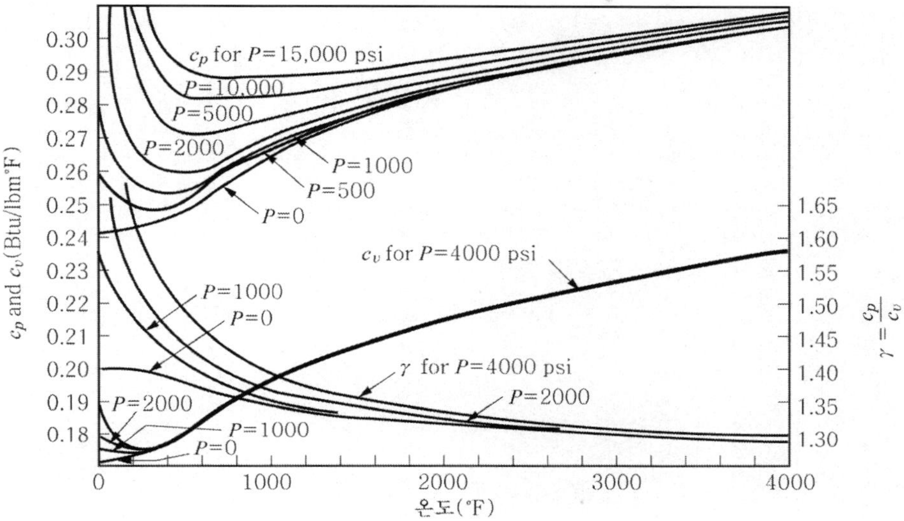

표 E-1 : 대기압 상태에서 온도에 따른 공기 성질

온도 T [K]	밀도 ρ [kg/m^3]	정압비열 c_p		점성계수 $\mu \times 10^5$ [kg/m·s]	동점성계수 $\nu \times 10^6$ [m^2/s]	열전도도 k		열확산율 $\alpha \times 10^4$ [m^2/s]	프란틀수 Pr
		[kJ/kg·℃]	[kcal/kg·℃]			[W/m·℃]	[kcal/m·h·℃]		
100	3.6010	1.0266	0.2453	0.6924	1.923	0.009246	0.010750	0.02501	0.770
150	2.3675	1.0099	0.2413	1.0283	4.343	0.013735	0.015969	0.05745	0.753
200	1.7684	1.0061	0.2404	1.3289	7.490	0.018090	0.021032	0.10165	0.739
250	1.4128	1.0053	0.2402	1.5990	11.310	0.022270	0.025892	0.15675	0.722
300	1.1774	1.0057	0.2403	1.8462	15.690	0.026240	0.030508	0.22160	0.708
350	0.9980	1.0090	0.2411	2.0750	20.760	0.030030	0.034914	0.29830	0.697
400	0.8826	1.0140	0.2423	2.2860	25.900	0.033650	0.039123	0.37600	0.689
450	0.7833	1.0207	0.2439	2.4840	31.710	0.037070	0.043099	0.42220	0.683
500	0.7048	1.0295	0.2460	2.6710	37.900	0.040380	0.046947	0.55640	0.680
550	0.6423	1.0392	0.2483	2.8480	44.340	0.043600	0.050691	0.65320	0.680
600	0.5879	1.0551	0.2521	3.0180	51.340	0.046590	0.054167	0.75120	0.680
650	0.5430	1.0635	0.2541	3.1770	58.510	0.049530	0.057586	0.85780	0.682
700	0.5030	1.0752	0.2569	3.3320	66.250	0.052300	0.060806	0.96720	0.684
750	0.4709	1.0856	0.2594	3.4810	73.910	0.055090	0.064050	1.07740	0.684
800	0.4405	1.0978	0.2623	3.6250	82.290	0.057790	0.067189	1.19510	0.686
850	0.4149	1.1095	0.2651	3.7650	90.750	0.060280	0.070084	1.30970	0.689
900	0.3925	1.1212	0.2679	3.8990	99.300	0.062790	0.073002	1.42710	0.692
950	0.3716	1.1321	0.2705	4.0230	108.200	0.065250	0.075862	1.55100	0.696
1,000	0.3524	1.1417	0.2728	4.1520	117.800	0.067520	0.078501	1.67790	0.699
1,100	0.3204	1.1600	0.2771	4.4400	138.600	0.732000	0.851052	1.96900	0.702
1,200	0.2947	1.1790	0.2817	4.6900	159.100	0.078200	0.090918	2.25100	0.704
1,300	0.2707	1.1970	0.2860	4.9300	182.100	0.083700	0.097313	2.58300	0.707
1,400	0.2515	1.2140	0.2900	5.1700	205.500	0.089100	0.103591	2.92000	0.705
1,500	0.2355	1.2300	0.2939	5.4000	229.100	0.094600	0.109986	3.26200	0.705
1,600	0.2211	1.2480	0.2982	5.6300	254.500	0.100000	0.116264	3.60900	0.705
1,700	0.2082	1.2670	0.3027	5.8500	280.500	0.105000	0.122077	3.97700	0.705
1,800	0.1970	1.2870	0.3075	6.0700	308.100	0.111000	0.129053	4.37900	0.705
1,900	0.1858	1.3090	0.3127	6.2900	338.500	0.117000	0.136029	4.81100	0.704
2,000	0.1762	1.3380	0.3197	6.5000	369.000	0.124000	0.144167	5.26000	0.702
2,100	0.1682	1.3720	0.3278	6.7200	399.600	0.131000	0.152306	5.71500	0.700
2,200	0.1602	1.4190	0.3390	6.9300	432.600	0.139000	0.161607	6.12000	0.707
2,300	0.1538	1.4820	0.3541	7.1400	464.000	0.149000	0.173233	6.54000	0.710
2,400	0.1458	1.5740	0.3761	7.3500	504.000	0.161000	0.187185	7.02000	0.718
2,500	0.1394	1.6880	0.4033	7.5700	543.500	0.175000	0.203462	7.44100	0.730

주 : μ, k, C_p, Pr는 압력변화에 따라 크게 변하지 않는다.

표 F-1 : 단위 환산 1 nautical mile = 1,852 m

Length	1 cm = 0.01 m = 10 mm = 0.394 in = 0.0328 ft 1 m = 100 cm = 1000 mm = 3.281 ft = 39.37 in 1 km = 0.6214 mile = 3281 ft 1 in = 0.0833 ft = 0.0254 m = 2.54 cm 12 in = 1 ft1 ft = 0.3048 m 1 nautical mile = 1852 m
Area	1 cm^2 = 0.0001 m^2 = 0.155 in^2 1 m^2 = 10,000 cm^2 = 10.76 ft^2 = 1550 in^2 1 in^2 = 0.00694 ft^2 = 6.4516 cm^2 1 ft^2 = 144 in^2 = 0.092903 m^2 = 92.9 cm^2
Volume	1 cm^3 = 0.001 l = 0.061 in^3 1 l = 0.001 m^3 = 1000 cm^3 = 61.2 in^3 = 0.264 gal 1 m^3 = 1000 l = 35.32 ft^3 = 10^6 cm^3 1 in^3 = 0.000574 ft^3 = 16.39 cm^3 = 0.01639 l 1 ft^3 = 1728 in^3 = 7.481 gal = 28.32 l = 0.02832 m^3 1 gal = 0.1337 ft^3 = 231 in^3 = 3.785 l
Specific volume	1 m^3/kg = 16.018 ft^3/lb_m 1 ft^3/lb_m = 0.0624 m^3/kg
Density	1 kg/m^3 = 0.0624 lb_m/ft^3 1 lb_m/ft^3 = 16.02 kg/m^3
Mass	1 kg = 2.20462 lb_m = 0.06852 slug = 1.1023 × 10^{-3} U.S.ton = 10^{-3} ton = 9.8421 × 10^{04} *U.K.ton* 1 lb_m = 0.4536 kg 1 slug = 32.16 lb_m
Force	1 dyn = 2.248 × 10^{-6} lb_f 1 N = 10^5 dyn = 0.225 lb_f 1 lb_f = 4.448 N
Energy or Work	1 kJ = 0.948 Btu = 737.6 ft · lb_f 1 cal(15°C) = 4.1855 J 1 Btu = 778.2 ft · lb_f = 1.055 kJ = 252 cal 1 ft · lb_f = 0.00129 Btu = 0.00135582 kJ 1 PS · hr = 632.9 kcal
Power	1 kW = 1.341 HP = 3412 Btu/hr 1 HP = 2545 Btu/hr = 550 ft · lb_f/sec = 0.7457 *kW* 1 Btu/h = 0.293 W

표 F-2 : 단위 환산

Torque	$1\,N \cdot m = 0.738\,lb_f \cdot ft$ $1\,lb_f \cdot ft = 1.355\,N \cdot m$
Pressure	$1\,kPa = 0.145\,psia$ $1\,psia = 6.895\,kPa$ $1\,atm = 101.325\,kPa = 14.696\,psia = 2116\,lb_f/ft^2 = 1.033\,kg_f/cm^2$ $1\,atm = 76.0\,cmHg = 29.92\,inHg$ $1\,inHg = 70.73\,lb_f/ft^2$ $1\,lb_f/in^2 = 6894.76\,Pa$
Velocity	$1\,m/sec = 3.60\,kf/hr = 3.281\,ft/sec = 2.237\,mph$ $1\,km/hr = 0.2778\,m/sec = 0.6214\,mph$ $1\,ft/sec = 0.682\,mph = 0.3048\,m/sec = 1.097\,km/hr$ $1\,mph = 1.467\,ft/sec = 1.609\,km/hr$ $1\,knot = nautical\ mile/hr = 0.514444\,m/s$
Acceleration	$1\,m/sec^2 = 3.281\,ft/sec^2$ $1\,ft/sec^2 = 0.305\,m/sec^2$
Rotational speed	$1\,rpm = 0.0167\,rev/sec = 0.1047\,rad/sec$ $1\,rev/sec = 60\,rpm = 2\pi\,rad/sec$
Mass flow rate	$1\,kg/sec = 2.205\,lb_m/sec$ $1\,lb_m/sec = 0.4536\,kg/sec$
Specific energy or Heating value	$1\,kJ/kg = 4.299\,Btu/lb_m$ $1\,Btu/lb_m = 2.326\,kJ/kg$
Specific heat or Gas constant	$1\,kJ/kg \cdot K = 0.2388\,Btu/lb_m \cdot {}^\circ R = 185.8\,ft \cdot lb_f/lb_m \cdot {}^\circ R$ $1\,Btu/lb_m \cdot {}^\circ R = 778.2\,ft \cdot lb_f/lb_m \cdot {}^\circ R = 4.1868\,kJ/kg \cdot K$ $1\,ft \cdot lb_f/lb_m \cdot {}^\circ R = 0.001285\,Btu/lb_m \cdot {}^\circ R = 0.005382\,kJ/kg \cdot K$
Heat transfer coefficient	$1\,W/m^2 \cdot K = 0.1761\,Btu/hr \cdot ft^2 \cdot {}^\circ R$ $1\,Btu/hr \cdot ft^2 \cdot {}^\circ R = 5.6782\,W/m \cdot K$
Thermal conductivity	$1\,W/m \cdot K = 0.5778\,Btu/hr \cdot ft \cdot {}^\circ R = 0.8604\,kcal/m \cdot hr \cdot {}^\circ C$ $1\,Btu/hr \cdot ft \cdot {}^\circ R = 1.7307\,W/m \cdot K$ $1\,cal/s \cdot m \cdot {}^\circ C = 242\,Btu/h \cdot ft \cdot {}^\circ R$
Dynamic viscosity	$1\,kg/m \cdot sec = 0.672\,lb_m/ft \cdot sec$ $1\,lb_m/ft \cdot sec = 1.488\,kg/m \cdot sec$
Shear force	$1\,N/m^2 = 0.0209\,lb_f/ft^2$ $1\,lb_f/ft^2 = 47.84\,N/m^2$
Mass moment of inertia	$1\,kg \cdot m^2 = 23.74\,lb_m \cdot ft^2$ $1\,lb_m \cdot ft^2 = 0.0421\,kg \cdot m^2$
Angular momentum	$1\,kg \cdot m^2/sec = 23.74\,lb_m \cdot ft^2/sec$ $1\,lb_m \cdot ft^2/sec = 0.0421\,kg \cdot m^2/sec$

연습문제 정답

1장

1, 2, 3, 4, 5 설명 문제

6. 1) $b = s = 8.6\,\mathrm{cm}$ 2) $V_c = 56.82\,\mathrm{cc}$ 3) $\overline{U_p} = 10.32\,\mathrm{m/s}$

4) $V = 76.77\,\mathrm{cm}^3$ 5) $y(22°) = 0.4141\,\mathrm{cm}$

2장

1, 2, 3 설명 문제

4. $\eta_{Otto(\gamma=1.33)} = 0.514\ (51.4\%)$, $\eta_{Otto(\gamma=1.4)} = 0.583\ (58.3\%)$

5. 1) $bsfc = 0.2836\,\mathrm{kg/kW \cdot h}$ 2) $bsac = 4.691\,\mathrm{kg/kW \cdot h}$

3) $\dfrac{\dot{m}_a}{\dot{m}_f} = 16.54$ 4) $\eta_b = 0.282\ (28.2\%)$

6. $\eta_{Otto} = 0.585\ (58.5\%)$

7. 설명 문제

8. $m_1 = 7.24 \times 10^{-4}\,\mathrm{kg}$, $P_3 = 5.953\,\mathrm{MPa}$, $T_3 = 2101.87\,\mathrm{K}$

9. $\dot{W}_b = 116.25\,\mathrm{kW}$, $\dot{W}_i = 140.1\,\mathrm{kW}$, $\dot{W}_f = 23.85\,\mathrm{kW}$, $\eta_b = 0.2611\ (26.11\%)$,

$\eta_m = 0.3146\ (31.46\%)$, $bsfc = 0.316\,\mathrm{kg/kW \cdot h}$

10, 11 설명 문제

3장

1, 2 설명 문제

3. $P_b = 5.655\,\mathrm{kgf/cm^2}\ (5.5 \times 10^5\ \mathrm{N/m^2})$, $\eta_0 = 0.335\ (33.5\%)$, $A/F = 26.2$

4. 1) $Power = 74\,\mathrm{kW}$ @3000 rpm ($T = 236\,\mathrm{Nm}$), $T = 191\,\mathrm{Nm}$ @5000 rpm ($Power = 100\,\mathrm{kW}$)

2) $BMEP = 9.867 \times 10^5\,\mathrm{N/m^2}$ @3000 rpm, $BMEP = 8 \times 10^5\,\mathrm{N/m^2}$ @5000 rpm

$IMEP = 1.161 \times 10^6\,\mathrm{N/m^2}$ @3000 rpm, $IMEP = 9.41 \times 10^5\,\mathrm{N/m^2}$ @5000 rpm

3) $\eta_0 = 0.2525\ (25.25\%)$, $\eta_{Otto} = 0.585\ (58.5\%)$

4) $\eta_v = 0.9067\ (90.67\%)$, $A/F = 12.16$

5. 1) $b = s = 8.6\,\mathrm{cm}$ 2) $V_c = 58.8\,\mathrm{cc}$ 3) $Power = 140.7\,\mathrm{PS}$

4) $BMEP = 11.73\,\mathrm{kgf/cm^2}$ 5) $\overline{U_p} = 10.32\,\mathrm{m/s}$ 6)

$\dot{m}_a = 0.0963\,\mathrm{kg/s}$

7) $\dot{m}_f = 6.42 \times 10^{-3}\,\mathrm{kg/s}$　　8) $bsfc = 6.2 \times 10^{-5}\,\mathrm{g/J}$

6. 1) $5893.3\,\mathrm{cm^3}$　　2) $470.88\,\mathrm{N \cdot m}$　　3) $100.45\,\mathrm{N/cm^2}$

4) 0.0587　　5) 0.892　　6) 0.364

8. $R = 8009\,\mathrm{mile}$, $E = 63.6\,\mathrm{hr}$

4장

1. 1) $A/F = 15.05$　　2) $\bar{h}_c = -5074590\,\mathrm{kJ/kmol}$　　3) 80.3%

4) $C_8H_{18} + 1.3 \times 12.5(O_2 + 3.76N_2) \rightarrow 8CO_2 + 9H_2O + 3.75O_2 + 61.1N_2$

5) $C_8H_{18} + 0.9 \times 12.5(O_2 + 3.76N_2) \rightarrow 5.5CO_2 + 2.5CO + 9H_2O + 42.3N_2$

6) $\phi = 0.769$, $\phi = 1.11$

2. $C_8H_{18} + 1.2 \times 12.5(O_2 + 3.76N_2) \rightarrow 8CO_2 + 9H_2O + 2.5O_2 + 56.4N_2$,

$\phi = 0.83$, $T_3 = 2760\,\mathrm{K}$, $P_3 = 7.94 \times 10^6\,\mathrm{MPa}$

3. 1) 설명 문제　　2) 42° ATDC　　3) 15° BTDC

4. 설명 문제

5. 1) 가장 가까운 곳 2.5 msec, 24.98 CA (ATDC)

2) 가장 먼 곳(화염종료) 3.95 msec, 48.48° CA (ATDC)

6. 설명 문제

5장

1~25 설명 문제

6장

1~6 설명 문제

7. $\eta_H = 2251\,\mathrm{rpm}$

8. $D_v = 3.23\,\mathrm{cm}$, $l_{\max} = 0.45\,\mathrm{cm}$

9. $D_v = 2.28\,\mathrm{cm}$, $l_{\max} = 0.57\,\mathrm{cm}$

11. $\dot{Q} = 8.29\,\mathrm{kW}$, $-(W_{12})_{act} = 10.3\,\mathrm{kW}$, $T_4 = 741.78\,\mathrm{K}$, $(W_{34})_{act} = 13.1\,\mathrm{kW}$

7장

1~15 설명 문제

16. 1) $\dot{m}_a = 0.1564\,\mathrm{kg/s}$　　2) $d_f = 2.8\,\mathrm{mm}$　　3), 4) 설명 문제

8장

1~11 설명 문제

12. $u = 29.77\,\text{m/s}$, $h_a = 108.6\,\text{kcal/m}^2\,\text{h}\,℃$, $h_B = 3157\,\text{kcal/m}^2\,\text{h}\,℃$

13. $V_0 = 63.67\,\text{m/s} = 229\,\text{km/h}$

14. $G_a = 0.00347\,\text{kg/s}$, $Q_i = 400.9\,\text{kcal/h}$, $\Delta T = 133.92\,℃$, $\Delta P' = 24.1\,\text{mmH}_2\text{O}$

15. $A_F = 32750\,\text{cm}^2$, $\dfrac{A_F}{V_d} = 1.1424\,\text{m}^2/l$, $\dfrac{\text{A}_\text{F}}{\text{BHP}} = 0.0273\,\text{m}^2/\text{HP}$

9장

1~14 설명 문제

15. 99.9

11장

1~3 설명 문제

4. 1.476배의 추력 증가, 1.993배의 동력 증가

5~7 설명 문제

8. $T = 3348\,\text{N}$, $u = 9.62\,\text{m/s} = 34.6\,\text{km/h}$

9. $C_T = 8832\,\text{N} = 901\,\text{kgf}$, $\eta_p = 0.89\,(89\%)$

참고문헌

구자예 외 5인 공역, 내연기관(*Introduction to Internal Combustion Engine*), 사이텍미디어, 1996.

이성렬, 내연기관, 보성각, 1994.

航空工學講座ピストンエンジン(Piston Engine), 社團法人 日本航空技術協會, 2004.

平尾收, 自動車機關計劃原論, 山海堂, 1972.

Annand, W. J. D and Roe, G. E. *Gas Flow in the Internal Combustion Engine*, G. T. Foulis, 1974.

Bent, R. D. & McKinley, J. L., *Aircraft Powerplants*, McGraw-Hill, 1985.

Crane, D., *Aviation Technician Training Powerplant Section*, Aviation Supplies & Academics, 2001.

Ferguson, C. R. & Kirkpatrick A. T., Internal Combustion Engines Applied Thermosciences, Wiley, 2001.

Ganesan, V., *Internal Combustion Engine*, McGraw-Hill, 1995.

Heywood, J., *Internal Combustion Engine Fundamentals*, McGraw-Hill, 1988.

Inc. Staff Jeppesen Sanderson, *A&P Technician Powerplant Textbook*, Iap, 1997.

Kroes, M. J. & Wild, T. W.(7th), *Aircraft Powerplants*, McGraw-Hill, 1994.

Obert, E., *Internal Combustion Engines and Air Pollution*, Harper & Row, 1968.

Pulkrabek, W. W., *Internal Combustion Engine*, Prentice Hall, 1997.

Stone, R., *Introduction to Internal Combustion Engines*, MacMillian Publishers, 1992.

Taylor, C. F., *The Internal Combustion Engine in Theory and Practice*, Cambridge : Mit Press, 1996.

Textron-Lycoming Co., *Operator's Manual*, Textron-Lycoming Co., 2000.

Textron-Lycoming Co., *Overhaul Manual(Direct Drive Engine)*, Textron-Lycoming Co., 1974.

Textron-Lycoming Co., *Textron-Lycoming Aircraft(Parts Catalog)*, Textron-Lycoming Co., 1985.

찾아보기

ㄷ

ㄹ

ㅁ

ㅂ

ㅅ

ㅈ